TECHNOLOGIE DER TEXTILFASERN

HERAUSGEGEBEN VON

DR. R. O. HERZOG

PROFESSOR, DIREKTOR DES KAISER WILHELM-INSTITUTS FÜR FASERSTOFFCHEMIE
BERLIN-DAHLEM

VII. BAND

KUNSTSEIDE

BEARBEITET VON

E. A. ANKE · E. ELÖD · G. v. FRANK · A. HAVAS
L. MÖNKEMEYER · E. RAEMISCH
H. SUIDA · A. ZART

Springer-Verlag Berlin Heidelberg GmbH
1933

KUNSTSEIDE

BEARBEITET VON

PROF. E. A. ANKE, CHEMNITZ · PROF. DR.-ING. E. ELÖD, KARLSRUHE
DR. G. v. FRANK, BERLIN · DR.-ING. A. HAVAS, MAGYARÓVÁR
DR. L. MÖNKEMEYER, HANNOVER · DR. E. RAEMISCH,
BERLIN · PROF. DR. H. SUIDA, WIEN · DR. A. ZART,
WUPPERTAL-ELBERFELD

ZWEITE
VÖLLIG NEU BEARBEITETE AUFLAGE

MIT 202 TEXTABBILDUNGEN

Springer-Verlag Berlin Heidelberg GmbH
1933

ISBN 978-3-662-35707-1 ISBN 978-3-662-36537-3 (eBook)
DOI 10.1007/978-3-662-36537-3

Ursprünglich erschienen bei Julius Springer in Berlin 1933
Softcover reprint of the hardcover 2nd edition 1933

Vorwort.

Während die erste Auflage des Bandes „Kunstseide" zu einer Zeit abgefaßt wurde, in der bei den Herstellungsverfahren viele Fragen noch nicht endgültig gelöst erschienen, die Verarbeitung recht vielseitige Schwierigkeiten bot, in einer Zeit, in der der wissenschaftliche Einblick in den Aufbau der Faser, in die Kolloidchemie der Zellulose und in manche andere Gebiete im Beginn der Entwicklung stand, hat sich vieles seither geändert. Die Industrie ist sich im klaren darüber, welche Erzeugungsverfahren mehr oder weniger als abgeschlossen anzusehen und welche Verbesserungsmöglichkeiten — wenigstens mit dem vorgegebenen Material — in Aussicht zu nehmen sind; sie weiß, daß nach der Periode des Experimentierens die erste Hauptaufgabe, nämlich die Rationalisierung im Betriebe, bei der Kunstseidegewinnung zum großen Teil geleistet ist. Auch die verarbeitende Industrie bewegt sich auf gesichertem Boden, und ebenso ist die wissenschaftliche Bearbeitung des Gegenstandes in ruhige Bahnen gelangt, nachdem sich in vielen wesentlichen Punkten eine Einigung ergeben hat.

Diesen geänderten Verhältnissen entspricht eine fast völlig neue Bearbeitung des vorliegenden Werkes. Es wird ein Überblick über das in der Praxis Erzielte gegeben, zum größten Teil durch neugewonnene Mitarbeiter.

Da inzwischen in Band I/1 dieser Technologie in einer Darstellung der Zellulose die Kolloidchemie der Kunstseide eingehend berücksichtigt worden ist, konnte jetzt hier ein entsprechender Absatz wegfallen. Ein weiterer Unterschied gegen die erste Auflage besteht in einer eingehenden Darstellung der Azetatseide mit einem zusätzlichen Beitrag über die Wiedergewinnung der Essigsäure. In einem eingehenden Aufsatz wird der Entwicklung der Kunstseideveredelung Rechnung getragen. In der mechanischen Technologie der Kunstseideverarbeitung ist das bereits in der ersten Auflage behandelte Material nicht mehr wiedergegeben, sondern nur darauf hingewiesen worden, während sich der neue Beitrag im wesentlichen auf die Fortschritte bei Verfahren und Maschinen bezieht. Der wirtschaftliche Überblick endlich entspricht in gleicher Weise der Entwicklung der Industrie.

Wenn also die Neuauflage ein völlig neues Werk darstellt, bildet sie demnach nicht einen Ersatz, sondern die erforderliche zeitgemäße Ergänzung der ersten Auflage.

Berlin-Dahlem, Juli 1933.

Der Herausgeber.

Inhaltsverzeichnis.

Die Viskosekunstseide.

Von Dr. L. Mönkemeyer, Hannover.

Die Kupferseide.

Von Dr. A. Zart, Wuppertal-Elberfeld.

Die Nitro-(Chardonnet-)Kunstseide.

Seite

Von Dr. Ing. **A. Havas**, Magyaróvár.

Die Azetatkunstseide.

Von Dr. **G. von Frank**, Berlin-Dahlem.

Wiedergewinnung der Essigsäure.

Von Prof. Dr. **H. Suida**, Wien.

Die chemische Veredelung der Kunstseiden.

Von Prof. Dr. Ing. **E. Elöd**, Karlsruhe.

Mechanische Technologie der Kunstseideverarbeitung.

Von Prof. Dipl.-Ing. **E. A. Anke**, Chemnitz.

Die Wirtschaft der Kunstseide.

Von Dr. **E. Raemisch**, Berlin.

Zur Einführung.

Die „Technologie der Textilfasern“ ist so angelegt, daß die ersten drei Bände die allgemeinen naturwissenschaftlichen und technologischen Grundlagen des Gegenstandes enthalten, während die weiteren Bände die spezielle Kenntnis der wichtigsten Textilfasern und ihrer Verarbeitung vermitteln. Je nach dem Umfang sind die Bände unterteilt, und zwar in „Teile“ bzw. „Abteilungen“.

Im **I.** Band sind die Physik und Chemie der Cellulose[1] (1) und der faserbildenden Proteide (2) behandelt, den Teil (3) bildet die Darstellung der mikroskopischen, physikalischen und chemischen Untersuchungsmethoden.

Der **II.** Band enthält die mechanische Technologie, das Spinnen, Weben, Wirken, Stricken, Klöppeln, Flechten, die Herstellung von Bändern, Posamenten, Samt, Teppichen, die Stickmaschinen und einen Abriß der Bindungslehre.

Die Spinnerei ist etwa im Rahmen eines eingehenderen Hochschulkollegs behandelt, da die Ausbildung der Maschinen und ihre Anpassung an die einzelne Faser den speziellen technologischen Darstellungen überlassen werden mußte. Denselben Umfang besitzt die Weberei, ausführlicher ist dagegen die Beschreibung in den weiteren angeführten Kapiteln, so daß nur bei wichtigen Sonderfällen in den späteren Bänden Wiederholungen zu finden sind.

Der **III.** Band gibt eine Darstellung der Farbstoffe, während die Färberei und überhaupt die chemische Veredelung in den Abschnitten bzw. Teilbänden „Chemische Technologie“ bei jeder Faser gesondert besprochen wird.

Der **IV.** Band, mit dem die Darstellung der Einzelfasern und ihrer Technologie beginnt, ist der **Baumwolle** gewidmet; der wirtschaftlichen Bedeutung der Faser entsprechend ist er neben dem Wollband der umfangreichste. Der Aufbau ist aber auch bei den nationalökonomisch weniger wichtigen Fasern der gleiche.

Der 1. Teilband enthält die Botanik und Kultur der Baumwolle und einen Abschnitt über die Chemie der Baumwollpflanze.

In der mechanischen Technologie (2) ist die Spinnerei eingehend, und zwar einmal vom Standpunkt des Maschinenbauers (IV, 2, A a), einmal von dem des praktischen Spinners (IV, 2, A b) behandelt. Auf eine spezielle Beschreibung der Weberei wurde verzichtet (s. oben), dagegen sind die Baumwollgewebe von dem warenkundlichen Standpunkt aus in IV, 2 B dargestellt worden, wobei gleichzeitig erwünschte webtechnische Hinweise gebracht werden; ein ziemlich eingehender Überblick über die Gardinenstoffe ist angefügt.

Der 3. Teilband enthält die chemische Technologie nebst einer Beschreibung der maschinellen Hilfsmittel zur Veredelung der Baumwolltextilien.

Der 4. Teilband bringt die Weltwirtschaft der Baumwolle.

Der **V.** Hauptband ist dem **Flachs** (V, 1), **Hanf** und anderen **Seilerfasern** (V, 2) und der **Jute** (V, 3 in 2. Abt.) gewidmet. Eingehend ist die Darstellung der ersten und der letzten der genannten Fasern[2].

---

[1] Mit Rücksicht auf den Erscheinungstermin ist die schon lange früher fertiggestellte Arbeit von H. Steinbrinck über den Feinbau der Cellulosefaser vom botanischen Standpunkt als Einführung zu den Bastfasern in V, 1; 1. Abt. aufgenommen worden. Sie war ursprünglich für I, 1 bestimmt.

[2] Auf eine Monographie der Ramie wurde zunächst verzichtet; bei den Seilerfasern sind im Hinblick auf die ausführliche Bearbeitung der Jute nur die wichtigsten und diese zumeist kurz dargestellt.

So ist die Botanik, Kultur, Bleicherei, Aufbereitung und Wirtschaft des Flachses (V, 1; 1. Abt.), ferner die Spinnerei (V, 1; 2. Abt.) ausführlich beschrieben. In der Leinenweberei (V, 1; 3. Abt.) werden sehr wesentliche Ergänzungen zum allgemeinen Webereibande gebracht, so daß damit auch der Leser des Bandes II, 2, aber auch des VIII., 2 B Bandes (Wolle) eventuell erwünschte wichtige Erweiterungen findet.

In ähnlicher Weise bildet die eingehende Beschreibung der Jutetechnologie auch eine Ergänzung zu V, 2.

Der **VI.** Band behandelt die **Seide,** der 1. Teilband die Seidenspinner, der 2. die Technologie und Wirtschaft.

Der **VII.** Band ist der **Kunstseide** gewidmet. Die bereits vor einigen Jahren erschienene Darstellung hatte den damaligen Bedürfnissen vor allem gerecht zu werden. Aus diesem Grunde ist mehr als bei anderen Werken über den Gegenstand die naturwissenschaftliche Seite betont worden. Nachdem hier ein erstes Niveau erreicht worden ist, dessen Grenzen inzwischen in Band I, 1 eingehend diskutiert sind, und da seither auch ein gewisser Abschluß in dem Ausbau der technischen Methoden der Kunstseide-Industrie erzielt ist, wird eine erforderliche Neuauflage wesentlich die letzteren wiederzugeben haben.

Der **VIII.** Band enthält die Darstellung der **Schafwolle**[1]: der 1. Teilband die Wollkunde, der 2. in drei Abteilungen die Streichgarn- und die Kammgarnspinnerei, sowie die Tuchmacherei, wo vor allem Manipulation und Dessinatur ihren Platz finden, ferner die Filzherstellung; der 3. Teilband bringt die chemische Technologie, der 4. die Wollwirtschaft.

Eventuell sollen vorläufig ausgeschaltete Sondergebiete späterhin in Ergänzungsbänden ihren Platz finden. Es erschien zweckmäßig, weniger Wesentliches vorläufig zu opfern, um Raum für das Hauptsächliche zu finden, wozu auch die Ausfüllung wichtiger Lücken im Schrifttum und in einer Reihe von Fällen die Betrachtung eines Gegenstandes von verschiedenen Gesichtspunkten gehört.

Die gewählte Anordnung ist nicht aus einer willkürlichen pädagogischen Organisation hervorgegangen, sondern scheint am besten dem inneren Aufbau der Textiltechnik zu entsprechen. Es mußte jeder Beitrag ein organisches Glied des Ganzen bilden, in manchen Bänden auch ein Gegenstand erörtert werden, der aus raumökonomischen Gründen in einem anderen Bande nicht gebracht wird; trotzdem stellt — ganz der praktischen Einstellung des Textiltechnikers entsprechend — jeder „Teilband“ und jede „Abteilung“ für sich ein abgeschlossenes Ganzes dar.

An dieser Stelle sei noch einmal allen Mitarbeitern, deren Bemühung und Anpassungswilligkeit oft in ungewöhnlichem Maße in Anspruch genommen werden mußte, der Dank ausgesprochen! In gleichem Maße gebührt der Dank der Verlagsbuchhandlung, die das Wagnis eines so umfangreichen Werkes auf diesem Gebiete unternommen hat! Endlich sei noch allen öffentlichen und privaten Stellen sowie allen Firmen gedankt, die die Herstellung des Werkes durch Überlassung oft neuen Materials unterstützt haben!

Der Herausgeber.

[1] Die Technologie anderer Tierhaare ist zunächst nicht dargestellt worden.

Die Viskosekunstseide.

Von **Dr. L. Mönkemeyer**, Hannover.

Einführung.

In der Industrie der künstlichen Fasern hat sich die Viskosekunstseide in wenigen Jahren die erste Stelle erobert. Dieses Verfahren ist zurückzuführen auf die Patente von Croß, Bevan und Beadle aus dem Jahre 1892. Im Jahre 1905 wurde das Viskoseverfahren in England durch Courtauld unter Verwendung der Stearnschen Spinnbäder in die Praxis übergeführt. Wenn es auch damals auf diese Weise schon gelang, brauchbare Fäden herzustellen, so kam man jedoch erst im Jahre 1911 zu der eigentlichen Lösung des Problems, mit einfachen Mitteln künstliche Fäden herzustellen, und zwar durch Einführung des Müller-Koppe-Bades. Die Vereinigten-Glanzstoff-Fabriken übernahmen dieses Verfahren und brachten es in kurzer Zeit zu voller Blüte. Bis dahin war das wichtigste Verfahren, künstliche Fäden herzustellen, das Nitroverfahren, das besonders in Frankreich vorwärts gebracht worden war. Außerdem war aber auch schon das Kupferverfahren entwickelt worden, in Deutschland besonders durch die Vereinigten-Glanzstoff-Fabriken. Diese entschlossen sich, ihren Betrieb auf das Viskoseverfahren umzustellen, weil das Viskoseverfahren den beiden obigen Verfahren gegenüber den Vorteil hat, daß es mit billigen und leicht zu beschaffenden Rohstoffen arbeitet. In kurzer Zeit stellte man nach dem Viskoseverfahren bereits 85% der gesamten Produktion an künstlichen Fasern her.

In neuester Zeit kommt zu den genannten Verfahren die Gewinnung von Azetatkunstseide. Bei diesem Verfahren besteht die Möglichkeit, eine Kunstseide mit geringer Quellfähigkeit und darum hoher Naßfestigkeit zu erzeugen.

Die Gesamtproduktion der Kunstfasern beträgt zur Zeit nur etwa 3% der erzeugten Textilfasern, aber es ist anzunehmen, daß die Fabrikation der Kunstfasern in der Zukunft noch eine große Entwicklungsmöglichkeit vor sich hat. Ob das Ziel erreichbar ist, künstliche Fäden herzustellen mit Eigenschaften, die denen der natürlichen Fasern gleichwertig sind, und ob die künstliche Faser eine ernste Konkurrenz für die Baumwolle, Wolle und Seide bilden wird, braucht hier nicht erörtert zu werden. Im Gegensatz zu den übertriebenen Hoffnungen der Kunstfaserindustrie vor wenigen Jahren steht der augenblickliche Niedergang, der aber sicherlich zweifellos zum Teil in den allgemeinen weltwirtschaftlichen Verhältnissen begründet liegt. Ein Teil der Schuld an dem Rückschlag liegt aber auch in der Entwicklung der Kunstseidenindustrie selbst, die in den verflossenen Jahren stürmisch vor sich gegangen war. Die außerordentlich hohen Gewinne ließen eine gewisse Gleichgültigkeit gegenüber technischen Erfordernissen aufkommen, so daß die Krisis die Industrie ziemlich unvorbereitet dem einsetzenden Konkurrenzkampf gegenüber vorfand. Man konnte zwar auf die Gewinne verzichten, aber eine gründliche Durchrationalisierung — wie sie übrigens inzwischen erfolgt ist — war so schnell nicht möglich. Man mußte sich zunächst damit begnügen, die vorhandenen Verfahren so gut wie möglich wirtschaftlich zu gestalten, indem man die Leistung steigerte, die Arbeitsgänge abkürzte und die Ausbeute unter Wiedergewinnung aller Abfallprodukte möglichst hoch brachte. Man kann aber auch sagen, daß die Krisis zur rechten Zeit kam, denn es war deutlich ein Stillstand in der technischen Entwicklung festzustellen, und die Verfahren hatten eine gewisse Standardisierung erreicht. Die Not ließ die Industrie, die gerade so weit war, die Kinderkrankheiten der jungen Verfahren überwunden zu haben und den Ansprüchen der verarbeitenden Industrie zu genügen, von neuem das ganze Problem der Herstellung der Kunstseide aufgreifen. Und so stehen wir vielleicht heute an einem Wendepunkt in der Entwicklung, der es etwas schwierig gestaltet, eine geschlossene Darstellung der Produktion zu geben. Wir werden bei der folgenden Beschreibung der Verfahren auf den ausgearbeiteten Arbeitsmethoden fußen und hierauf die neueren Arbeitsmethoden betrachten. Ein klares Bild, wohin die Entwicklung geht, ist noch nicht zu geben.

Bezeichnend für die Herstellung der Viskosekunstseide, aber auch für die Herstellung der anderen künstlichen Textilfasern ist das Arbeiten mit außerordentlich kleinen Einheiten im Verhältnis zur Produktionsgröße und das absolute Anklammern an einmal eingeführte Arbeitsmethoden. Vielleicht ist dieses zurückzuführen auf die anfänglichen großen Schwierigkeiten, ein gleichmäßiges Produkt herzustellen, und bei der Viskoseseide besonders auf die geringe Kenntnis der wissenschaftlichen Grundlagen der einzelnen Vorgänge. Man wundert sich anfänglich, mit wieviel kleinen Arbeitseinheiten gearbeitet wird und wie wenig kontinuierlich die Betriebe eingerichtet sind. Erst bei genauer Kenntnis des Betriebes versteht man die Ursache hierfür. Anfänglich arbeitete die Industrie mit ziemlich vielen Geheimverfahren, und es waren nur einige wenige Fabriken, die einwandfreie Produkte lieferten. Nachdem durch die gewaltige Ausdehnung der Produktion und durch die finanzielle Verquickung der einzelnen Konzerne und die Mitarbeit vieler an den Problemen der Kunstseidenherstellung der Schleier des Geheimnisses gelüftet war, stellte sich der ganze Arbeitsgang verhältnismäßig einfach dar. Die Bearbeitung der wissenschaftlichen Probleme der Viskosetechnik hat lange im argen gelegen. Hierin hatte die Industrie der Kupfer-, Nitro- und Azetatseide vor der der Viskoseseide manches voraus.

Wie schon vorher erwähnt, besitzt das Viskoseverfahren vor den übrigen Verfahren den großen Vorteil, daß es mit billigen Rohstoffen arbeitet. Nachdem vor allem die Baumwolle als Rohstoff — wenigstens in Deutschland — fast gänzlich in der Viskoseseide ausgeschieden ist, und fast nur noch der Zellstoff als Ausgangsprodukt gewählt wird, ist dieses Verfahren in der Lage, zu äußerst billigen Preisen ein Textilprodukt herzustellen.

Im folgenden werden wir zuerst die Rohstoffe betrachten in bezug auf ihre Eigenschaften, die von der Kunstseidenfabrikation gefordert werden. Sodann werden wir das Herstellungsverfahren schildern, wie es bis vor einiger Zeit üblich war. Da man nicht in der Lage ist, zu entscheiden, welche Neuerungen sich endgültig durchsetzen werden, werden in einem besonderen Kapitel die Neuerungen für sich besprochen. Ein anderes Kapitel dient dem Problem der Abfallverwertung.

Hier sei noch kurz zum allgemeinen Verständnis der Arbeitsgang skizziert. Der Zellstoff wird durch Behandlung mit Natronlauge in Alkalizellulose verwandelt. Diese Alkalizellulose gibt mit Schwefelkohlenstoff das sog. Xanthat, wodurch die Zellulose in Natronlauge resp. in Wasser löslich wird. Diese Lösung, genannt Viskose, wird in feinen Strahlen in ein flüssiges Bad gespritzt, wobei durch Koagulation und Zersetzung die gelöste Zellulose in fester Form regeneriert wird. Das ist kurz der chemische Vorgang. Es schließt sich diesem Arbeitsgang noch der textile Teil an, in dem die Kunstseide gezwirnt evtl. gehaspelt in Strangform oder in eine andere Verbrauchsform übergeführt wird. In diesen textilen Arbeitsgang schaltet sich noch ein chemischer Nachbehandlungsprozeß ein, in dem der Faden gereinigt, gebleicht und weich gemacht wird.

A. Rohstoffe.

Die Hauptrohstoffe, die für die Herstellung der Kunstseide in Frage kommen, sind Zellulose, Natronlauge, Schwefelkohlenstoff, Schwefelsäure und Wasser.

1. Zellulose.

Die Grundlage für die Herstellung der künstlichen Fasern bildet die Zellulose, die uns die Natur in verschiedenster Form liefert.

Der Sulfitzellstoff, der eine möglichst reine und zugleich eine möglichst wenig veränderte Form der aus dem Holze (Fichtenholz) gewonnenen Zellulose darstellt, wird heute in allen Ländern als hauptsächliches Ausgangsmaterial für die Herstellung der künstlichen Fasern gebraucht. Die Herstellung des Sulfitzellstoffes geschieht nicht in den Kunstseide-, sondern in den Zellstoffabriken.

Der Zellstoff wird von den Zellstoffabriken in Plattenform geliefert, die in den einzelnen Fabriken nach den angewandten Arbeitsmethoden in ihrer Größe verschieden ist. Es hat anfangs größere Schwierigkeiten gegeben, für die Kunstseide den richtigen Zellstoff herzustellen. Auch heute kennt man noch keine einwandfreien Analysenmethoden, die das Charakteristische für die Geeignetheit zur Herstellung der künstlichen Faser erfassen. Man ist darauf angewiesen, entweder in der Fabrikation selbst einen Großversuch durchzuführen oder aber zum mindesten im Laboratorium in einer kleinen Apparatur, die genau der Großfabrikation entspricht, einen Versuch anzustellen, um die Gebrauchsfähigkeit und die Art des Verhaltens in den einzelnen Fabrikationsgängen zu erkennen.

Die Bedingungen, die man an einen guten Kunstseidenzellstoff stellt, sind folgende: Der Zellstoff muß 85 bis 88% Alphazellulose[1] enthalten; einen solchen Zellstoff herzustellen, ist verhältnismäßig einfach. Dann wird in den Kunstseidefabriken großer Wert darauf gelegt, daß der Zellstoff möglichst wenig Aschenbestandteile enthält. Vor allem soll der Zellstoff möglichst frei von metallischen Verunreinigungen sein, da diese Metalle durch ihre katalytische Wirkung unter Umständen einen großen Einfluß auf den chemischen Vorgang in der Viskosefabrik haben können. Aber auch den Kalk sieht man nicht gerne in dem Zellstoff, da er mit der in der Natronlauge vorkommenden Soda leicht zu Kristallbildungen neigt, die dem Filtrations- und dem Spinnprozeß hinderlich sein können.

Den größten Wert muß man auf die Viskosität[2] legen, die die Xanthatlösung ergibt. Die Ansichten über die notwendige Viskosität gehen stark auseinander bzw. ist sie abhängig von der Ausführung der einzelnen Arbeitsgänge.

---

[1] Bestimmung von α-Zellstoff nach H. Jentgen: Laboratoriumsbuch für die Kunstseide- und Ersatzfaserstoffindustrie. Halle 1923. Vgl. auch E. Schmidt: Papierfabrikant Bd. 27 (1929) S. 249; ferner O. Faust: Kunstseide 4. u. 5. Aufl. S. 113ff. Dresden 1931.

[2] Ausführung der Prüfung: Man füllt einen Glaszylinder von 20—30 mm Durchmesser mit Viskose von 20° C und läßt eine kleine Stahlkugel vom Durchmesser 0,2 Zoll oder etwa 5 mm hineinfallen. An dem Zylinder sind im Abstand von 20 cm zwei Marken angebracht. Die Fallzeit der Kugel von der oberen Marke bis zur unteren, in Sekunden ausgedrückt, gibt die Viskosität an.

Man hat oft angenommen, daß eine gewisse Dünnflüssigkeit der herzustellenden Viskose für die Fabrikation notwendig ist. Es ist auch ohne weiteres einzusehen, daß eine geringe Zähigkeit den Fabrikationsgang erleichtert. Infolgedessen bevorzugt man heute einen Zellstoff, der nach der Kugelfallmethode eine Viskosität von 20 bis 30 ergibt. Es ist aber nicht zu leugnen, daß höhere Viskositäten unter Umständen für die Kunstseide große Vorteile haben können. Unter der Voraussetzung, daß man dieselben Arbeitsmethoden anwendet, spricht höhere Viskosität des Zellstoffs dafür, daß die Zellulose weniger abgebaut ist, sie also ihre natürlichen Eigenschaften mehr oder weniger beibehalten hat. Die Hauptsache bleibt jedoch, daß die Zellstoffabriken einen Zellstoff liefern, der von ziemlicher Gleichmäßigkeit in der Viskosität ist.

Gewisse Bestrebungen gehen dahin, einen Zellstoff herzustellen, der mehr der Baumwolle entspricht, d. h. also einen solchen mit möglichst hohem Alphazellulosegehalt zu erzeugen. Man ist heute in der Lage, derartige Zellstoffe mit 95% Alphazellulose herzustellen. Aber der erforderliche zusätzliche Arbeitsgang in den Zellstoffabriken verteuert das Rohprodukt außerordentlich, und da bisher die Kunstseidefabriken bei der Herstellung der Viskose noch einen Abbauprozeß der Zellulose mit Natronlauge durchführen müssen, bei dem nebenbei auch die Verunreinigungen, die in einem Zellstoff mit 88% enthalten sind, herausgenommen werden, so bedeutet wenigstens vorläufig die Herstellung eines Zellstoffes mit solch hohem Gehalt an Alphazellulose keinen Vorteil für die Kunstseidefabriken.

Es gibt noch andere Eigenschaften des Zellstoffes, auf die man bei der Lieferung Wert legen muß und die alle darauf hinauslaufen, nach möglichst verschiedenen Richtungen hin die Gleichmäßigkeit eines Zellstoffes zu erkennen. So beobachtet man bei der Anlieferung eines Zellstoffes die Saugfähigkeit in bezug auf Natronlauge. Man wendet diese Probe deshalb an, da man hierbei erkennt, ob der Zellstoff von der Natronlauge gleichmäßig durchdrungen wird; je größer das Saugvermögen ist, desto besser wird in der Fabrikation die Bildung der Natronzellulose durchgeführt. Ebenso wird man darauf achten, daß die Zellstoffblätter von möglichst gleichmäßiger Dicke sind. Besonders muß darauf gesehen werden, daß die Zellstoffabriken den Trocknungsprozeß des Zellstoffes vorsichtig durchführen, d. h. für den Zellstoff ist es von Vorteil, wenn er bei nicht zu hoher Temperatur und möglichst langsam getrocknet wird, so daß die äußeren Fasern der Zellstoffplatten das gleiche Quellungsvermögen behalten wie die inneren Fasern. Um die Verunreinigungen resp. die von der Natur in der Zellulose enthaltenen Nebenprodukte zu entfernen, wird der Zellstoff nach dem Kochprozeß in den Zellstoffabriken der Bleiche unterzogen. Besonders dieser Prozeß bedarf größter Achtsamkeit, damit sich der Oxydationsprozeß nicht zu sehr auf die eigentliche Alphazellulose ausdehnt unter Bildung von Oxyzellulose. Zur Erkenntnis des richtigen Bleichgrades bedient man sich der Kupferzahlbestimmung. Jedoch ist man heute zu der Erkenntnis gekommen, daß die Kupferzahl nicht von der Wichtigkeit für die Beurteilung eines Kunstseidenzellstoffes ist, wie man das anfangs gedacht hat, denn es ist schwierig, diese Reaktion mit dem Zellstoff einwandfrei durchzuführen. Vielfach verlangt man eine weitgehende Entfernung des Lignins aus dem Zellstoff. Jedoch gibt es Zellstoffe, die trotz eines verhältnismäßig hohen Ligningehaltes zur Herstellung von Kunstseide bevorzugt werden. Der Nachweis des Lignins hat mehr Bedeutung für die Zellulosefabriken, die an Hand des Verschwindens der Ligninreaktion den Aufschlußgrad im Kochprozeß verfolgen können. Sehr wichtig ist der Wassergehalt des Zellstoffes. In Deutschland liefert man noch vielfach einen Zellstoff mit 12% Wassergehalt, im Auslande ist man dazu übergegangen, den Wassergehalt auf 8 bis 10% herunterzudrücken. Da man ohnehin verlangt, daß der Zellstoff auf dem Transport vor Feuchtigkeit geschützt werden muß, so bedeutet das Heruntergehen mit dem Wassergehalt für die Kunstseidefabriken eine Ersparnis an Fracht und eine Erleichterung und Verbilligung der Trocknung, die nötig ist, um den Zellstoff für die Alkalizellulosereaktion auf die erforderliche absolut gleichmäßige Feuchtigkeit zu bringen.

Verwendung von Linters beim Viskoseverfahren.

In Amerika und England ersetzt man einen Teil des Holzzellstoffes durch Linterszellstoff. Die höheren Kosten werden zum Teil durch den höheren Gehalt an Alphazellulose und durch die geringere Verunreinigung der Tauchlauge ausgeglichen. Es werden bis zu 40% Linterszellstoff verwendet. Jedoch sind auch schon bei 20% Verbesserungen der Fadeneigenschaften zu beobachten.

Bei dem Herstellungsprozeß sind nur geringfügige Änderungen erforderlich. Wichtig ist vor allem, daß die Blätter der beiden Zellstoffsorten in dem gewünschten Verhältnis schon beim Tauchen gemischt werden, und zwar auch in den einzelnen Unterteilungen der Tauchwanne, damit sich die Hemizellulose gleichmäßig verteilt. Außerdem ist zu berücksichtigen, daß der Linterszellstoff etwas stärker schrumpft als der Holzzellstoff. Infolgedessen müssen die Lintersblätter etwas größer im Format sein, damit nicht beim gemeinsamen Abpressen die Kanten des Holzzellstoffes überstehen und dann ungenügend abgepreßt werden.

Das Abpressen wird nicht ganz so weit getrieben wie beim Holzstoff. Man preßt z. B. nur auf das 3,2- statt auf das 3,1fache ab, bezogen auf absolut trockenes Ausgangsmaterial. Die Alkalizellulose fällt etwas lockerer aus, was sich beim Sulfidieren als Vorteil erweist. Das Schüttgewicht beträgt nur 175 bis 200 g je l. Die Reife, Sulfidierung und der Löseprozeß sind annähernd normal. Die Filtration geht vielleicht etwas schwieriger. Das Verspinnen und die Nachbehandlung erfolgen in der üblichen Weise.

2. Natronlauge.

Um die Zellulose in die Form der Alkalizellulose überzuführen, ist eine Behandlung des Zellstoffes mit Natronlauge vorzunehmen. Im allgemeinen wird die Natronlauge in den Kunstseidefabriken nicht hergestellt, sondern sie wird aus den chemischen Fabriken bezogen. Die Natronlauge kann entweder in flüssigem Zustande bezogen werden, d. h. in großen Tankwagen, wobei man darauf zu achten hat, daß man je nach der Jahreszeit die Konzentration der Natronlauge so hält, daß keine Gefahr der Auskristallisation besteht, oder in festem Zustande in Eisenfässern. Welche Form für die einzelne Fabrik zu bevorzugen ist, hängt von der Frachtlage der Fabrik und andererseits von der Einstellung der einzelnen Fabriken zu dieser Frage ab. Man wird großen Wert darauf legen, den NaOH-Gehalt möglichst hoch zu halten, da der Gehalt an Soda eine zwecklose Beigabe ist, und ebenso wird man, wie beim Zellstoff, darauf sehen, daß der Metallgehalt möglichst niedrig ist. Da es praktisch nicht möglich ist, eine absolut reine Natronlauge zu liefern, sind die Kunstseidefabriken darauf angewiesen, die bezogene Natronlauge während des Auflösens oder des Verdünnungsprozesses nachträglich zu reinigen. Bevorzugt wird in den Kunstseidefabriken Natronlauge, die nach dem Solvayverfahren hergestellt ist, während man gegenüber der Elektrolytlauge aus nicht recht bekannten Gründen eine gewisse Abneigung zeigt.

3. Schwefelkohlenstoff.

Es gibt heute kaum noch Fabriken, die sich den Schwefelkohlenstoff selbst herstellen, wie es früher häufig der Fall war. Die Herstellung des Schwefelkohlenstoffes ergibt gewisse Gefahrenquellen für eine Fabrik, vor allem Feuersgefahr, und außerdem bedeutet die Herstellung der Rohprodukte im eigenen Betriebe eine unnütze Belastung der eigentlichen Fabrikation. Die Forderung, die man an einen guten Schwefelkohlenstoff stellen muß, ist die nach möglichster Reinheit. Deshalb wendet man im allgemeinen Schwefelkohlenstoff an, der doppelt rektifiziert und nach den bekannten Untersuchungsmethoden möglichst frei von Metallen, Sulfiden und Schwefel ist; der Schwefelkohlenstoff muß wasserklar, nur schwach opalisierend sein und darf beim Verdunsten einen kaum merkbaren Rückstand ergeben.

4. Schwefelsäure und andere chemische Produkte.

Die Schwefelsäure, die in der Hauptsache für die Spinnbäder gebraucht wird, wird in möglichst konzentrierter Form in Waggons von den chemischen Fabriken bezogen. Man bevorzugt Schwefelsäure, die arsenfrei ist; im übrigen wird man auch hier großen Wert auf Reinheit des Rohstoffes legen. Im allgemeinen wird sogenannte Kontaktschwefelsäure angewandt.

Außer Schwefelsäure, die in großen Mengen gebraucht wird, sind noch andere Chemikalien für die Fabrikation der Kunstseide notwendig, so für die Entschwefelung und für die Bleiche der Rohfäden. Hier kommt noch in Frage: Schwefelnatrium, Natriumsulfit, Salzsäure, Bleichlauge und Seife.

5. Wasser.

Zu den Rohstoffen, die eine Kunstseidefabrik gebraucht, muß man auch das Wasser zählen. Für die Kesselanlagen wird man mit den normalen, bekannten Reinigungsverfahren des Wassers auskommen.

Bei der Herstellung der Viskose verwendet man am besten destilliertes Wasser. Dieses ist im allgemeinen vorhanden als Kondenswasser, das man zweckmäßig in der Fabrik sammelt und nach einem entsprechenden Reinigungsverfahren für die Herstellung der Viskoselösung gebraucht.

Sodann ist eine Hauptverbrauchsstelle für Wasser die Wäscherei nach dem Spinnprozeß. Auch hier ist es nicht gleichgültig, wie das Wasser beschaffen ist, denn die Seide stellt bei dem Auswaschprozeß gewissermaßen ein Filter dar, so daß also alle Verunreinigungen, die in dem Wasser sind, auf der Seide niedergeschlagen werden. Man muß darauf achten, daß das angewandte Wasser vollständig klar und frei von organischen Substanzen und besonders absolut frei von Eisen ist.

Die dritte Verbrauchsstelle für Wasser stellt die Strangwäsche dar. Hier muß das Wasser frei von Eisen und möglichst weich sein.

Aus dieser Zusammenstellung geht hervor, daß man in den seltensten Fällen das Wasser so gebrauchen kann, wie es an Ort und Stelle anfällt, sondern man ist gezwungen, möglichst große Reinigungsanlagen für das Wasser einzurichten. Zweckmäßig erscheint es, das Wasser an Ort und Stelle selbst zu gewinnen, vor dem Eintritt in die Fabrikation zu filtrieren, von Kohlensäure zu befreien und eine gewisse Vorenthärtung vorzunehmen. Sodann wird das Wasser an den Verbrauchsstellen direkt einer nochmaligen Behandlung unterzogen, entsprechend seinem Verwendungszwecke. Für die Kesselanlagen werden die bekannten Reinigungsverfahren angewandt.

B. Herstellungsverfahren der Viskosekunstseide.

Bei Betrachtung der Herstellungsverfahren soll so vorgegangen werden, daß zunächst die Herstellung der Kunstseide beschrieben wird, wie sie bis vor kurzer Zeit im allgemeinen in allen Fabriken üblich war. Anschließend daran werden die Arbeitsgänge beschrieben, die sich in der letzten Zeit entwickelt haben. Es ist nicht möglich, sämtliche in der Kunstseidefabrik gebrauchten Arbeitsmethoden anzugeben; im Prinzip bestehen jedoch kaum grundsätzliche Unterschiede, so daß eine allgemein gültige Beschreibung des Herstellungsverfahrens gegeben werden kann. Ebenso stellen die Abbildungen nur einen einzelnen Typ der maschinellen Einrichtungen dar, der hier nur erkennen lassen soll, wie der Arbeitsgang vor sich geht.

Der Herstellungsprozeß der Kunstseide ist ein fortlaufender, d. h. der chemische Arbeitsgang bis zur Herstellung des Fadens und das Auswaschen und Trocknen müssen in einem Zuge durchgeführt werden; der sich anschließende textile Teil könnte zwar ohne Schädigung der Faser eine Unterbrechung vertragen, aber auch hier ist ein unterbrochener Arbeitsgang kaum zulässig, da sich keine Möglichkeit bietet, das halbfertige Produkt zu stapeln. Trotzdem ergeben sich durch die Arbeitsweise gewisse Abschnitte in der Fabrikation, die wir im folgenden getrennt voneinander behandeln wollen, und zwar:

1. Herstellung der Alkalizellulose einschließlich der Vorreife.
2. Sulfidierung, Lösung, Filtration und Nachreife der Viskose.
3. Spinnprozeß, Wäsche und Trocknung.
4. Zwirnung und Haspelung.
5. Entschwefelung, Bleiche, Avivage und Trocknung.
6. Sortierung und Verpackung.

Bei dieser Einteilung ist zu berücksichtigen, daß sich zwei Maschinentypen für die Herstellung des Fadens ausgebildet haben, einmal die Spulenspinnmaschine, auf der anderen Seite die Zentrifugenspinnmaschine. Für beide Maschinentypen ist die Viskoseherstellung dieselbe, ebenso die eigentliche Spinnvorrichtung. Der Unterschied besteht darin, daß bei der Spulenspinnmaschine das Fadenbündel kreuzweise auf das Aufwickelorgan aufläuft und in einem besonderen Arbeitsgange gezwirnt werden muß, während bei der Zentrifugenspinnmaschine die Zwirnung mit dem Spinnprozeß vereinigt ist, indem das Fadenbündel über eine Gleitrolle von einem sich schnell drehenden Topfe aufgenommen wird. Die obige Einteilung gilt für das Spulenverfahren; bei dem Zentrifugenverfahren ergeben sich nach dem Spinnprozeß gewisse Abweichungen.

1. Herstellung der Alkalizellulose.

Der chemische Vorgang, der für die Herstellung der Alkalizellulose in Frage kommt, ist verhältnismäßig einfach. Der Zellstoff wird mit Natronlauge bestimmter Konzentration — als Optimum hat sich bei Zimmertemperatur 18% ergeben — behandelt, wobei 1 Mol. NaOH an $2\,C_6H_{10}O_5$-Gruppen gebunden wird, während weitere Mengen Lauge durch Adsorption und auch rein mechanisch zurückgehalten werden. Nach dem Abpressen sind je $C_6H_{10}O_5$-Gruppe etwa 2 Mol. NaOH vorhanden. Diese Verbindung, die man Natronzellulose nennt, kann aber nicht ohne weiteres für die Herstellung einer normalen Viskoselösung verwendet werden. Vor der weiteren chemischen Behandlung schaltet man einen Vorreifeprozeß ein, durch den ein Abbau des Zellulosemoleküls bezweckt wird. Man erreicht hierdurch später eine Lösung von der gewünschten Dünnflüssigkeit. Wir unterscheiden also in dieser Abteilung mehrere Arbeitsgänge, und zwar die Vorbereitung des Zellstoffes zu der Behandlung mit Natronlauge, die Herstellung der eigentlichen Alkalizellulose und den Vorreifeprozeß. Da man für die weitere chemische Behandlung der Alkalizellulose die Blattform, in der der Zellstoff angeliefert wird, nicht verwenden kann, findet vor dem Vorreifeprozeß die Zerfaserung statt, d. h. man überführt die Zellstoffblätter in geeigneten Apparaten in eine möglichst krümelige lockere Masse.

Vorbereitung des Zellstoffes.

Die Zellstoffblätter sind zu großen Ballen vereinigt. Um eine gute Durchmischung des Zellstoffes zu erreichen, die bei den heute noch bestehenden Ungleichmäßigkeiten immer noch notwendig ist, sind die Kunstseidefabriken gezwungen, die Ballen verschiedener Lieferungen zu durchmischen. In einzelnen Fabriken geht man so weit, daß man möglichst viele Ballen zu gleicher Zeit in Arbeit nimmt. Diese Vorsichtsmaßnahmen erfordern, daß die Kunstseidenfabriken immer ein gewisses Lager an Zellstoff in Vorrat halten müssen. Ein

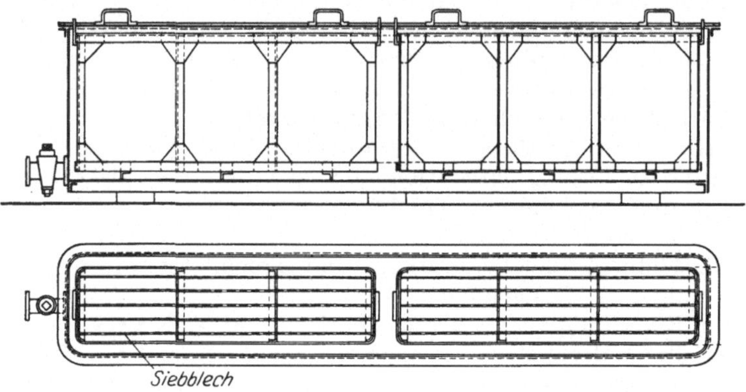

Abb. 1. Tauchapparate. Inhalt pro Einheit etwa 1 bis 2 m³. (Maschinenbauanstalt Pirna-Dresden.)

allzu langes Lagern des Zellstoffes vermeidet man jedoch, denn erfahrungsgemäß können unerwünschte Änderungen der physikalischen Eigenschaften bei längerem Lagern eintreten. Die Lagerräume für den Zellstoff wird man zweckmäßig so einrichten, daß dieser bei gleicher Temperatur und gleicher Feuchtigkeit aufbewahrt wird.

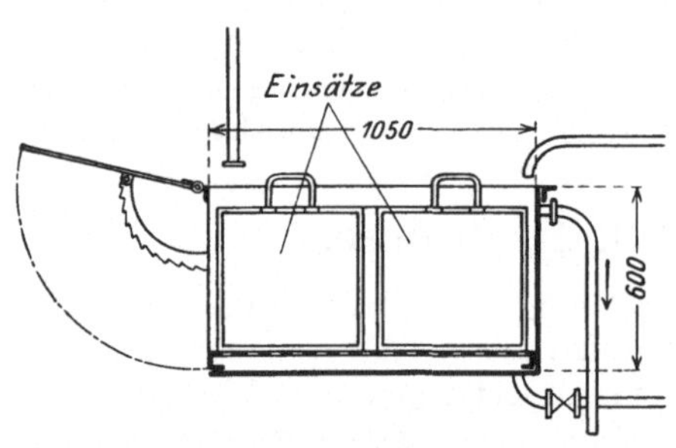

Abb. 2. Tauchwanne, Querschnitt, mit den Zuläufen, dem Ablauf und dem Überlauf für die Natronlauge. (Aus J. Eggert: Herstellung der Viskose.)
In den Einsätzen, die aus starkem Drahtgeflecht oder gelochtem Blech bestehen, befindet sich der Zellstoff in aufrecht stehenden Platten.

Da der Zellstoff ziemlich hygroskopisch ist, und da man andererseits Wert darauf legt, ihn immer mit demselben Feuchtigkeitsgehalt in den Fabrikationsprozeß kommen zu lassen, so unterwirft man manchmal den Zellstoff kurz vor dem Eintauchen in die Natronlauge einem Trocknungsprozeß. Hierzu verwendet man entweder Trockenkammern, in denen die Zellstoffblätter auf großen Regalen locker nebeneinander hochgestellt werden, oder man benutzt hierfür Trockenschränke oder Trockenkanäle, durch die der Zellstoff automatisch hindurchgeführt wird.

Man legt deshalb sehr großen Wert auf einen gleichmäßigen Feuchtigkeitsgehalt der Zellstoffblätter, weil schon mit dem Eintauchen des Zellstoffes in die Natronlauge der Vorreifeprozeß beginnt. Besonders ist daran zu denken, daß die Natronlauge verhältnismäßig langsam in den Zellstoff eindringt, und daß durch den Feuchtigkeitsgehalt des Zellstoffes die Konzentration der eindringenden Natronlauge verändert werden kann, wodurch eine ungleichmäßige Quellung des Zellstoffes bedingt ist. Die Ansichten über den richtigen Wassergehalt des Zellstoffes sind in den Fabriken unterschiedlich. Einzelne Fabriken bevorzugen eine Trocknung bis zu 96%, andere einen Trockengehalt von 90 bis 92%. Hierbei ist jedoch zu berücksichtigen, daß zwar die höhere Trocknung dadurch einen Vorteil bringt, daß die angewandte Natronlauge weniger verdünnt wird, so daß also auch die anfallende Abfallauge höher konzentriert ist. Andererseits besteht jedoch die Gefahr, daß ein zu hoch getrockneter Zellstoff infolge seiner natürlichen hygroskopischen Eigenschaften auf dem Wege zwischen Trockenschrank und Verarbeitungsstelle wieder ungleichmäßig Feuchtigkeit aufnimmt.

Herstellung der Alkalizellulose.

Ursprünglich und auch wohl heute noch benutzt man in manchen der alten Fabriken folgende Arbeitsmethode: Die Zellstoffblätter werden in eisernen Behältern hochkant eingesetzt. Man arbeitet in Chargen von 100 bis 200 kg trockenen Zellstoffes. Dabei werden immer 10 Blätter zwischen gelochte Eisenbleche gelegt, die etwas größer sind als die Zellstoffblätter. Fünf derartige Portionen werden in einen perforierten Blechkasten, der mit Handgriffen versehen ist, eingesetzt (siehe Abb. 1 u. 2). Diese Blechkästen werden nun zu mehreren in größeren eisernen Wannen vereinigt. Nach dem Einsetzen läßt man in diese Wannen die Tauchlauge (18 bis 18,5%) langsam von unten aufsteigen. Nach 2- bis 2½ stündigem Verweilen in dieser Natronlauge, die man auf konstanter Temperatur hält, wird der Zellstoff aus der Lauge herausgenommen und nun unter einer hydraulischen Presse so weit abgepreßt, daß man eine Alkalizellulose zurückbehält, die 28 bis 30% Zellulose bei 15% Alkali enthält (siehe Abb. 3). Um diesen Prozeß auszuführen, wird der Zellstoff mit den gelochten Eisenblechen aus den perforierten Eisenkästen herausgenommen, übereinandergeschichtet und der hydraulischen Presse zugeführt.

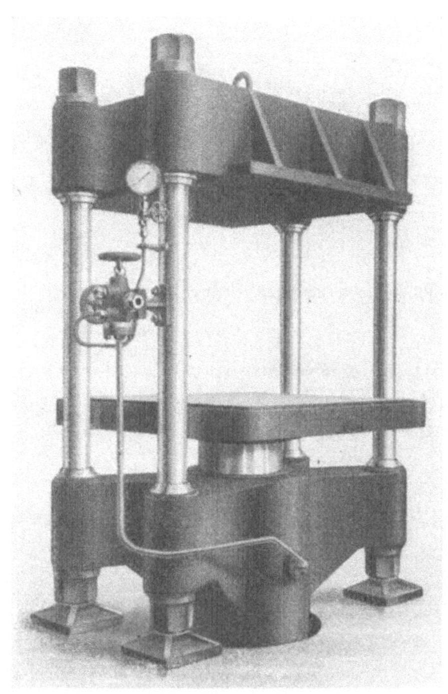

Abb. 3. Hydraulische Presse. (Wegelin & Hübner, Halle a. S.)

Wie oben erwähnt, findet man diese Arbeitsweise nur noch in alten Fabriken vor. Dieses Verfahren ist für die Arbeiter unangenehm, da die Gefahr der Laugenverätzung besteht, und die Arbeitsräume durch das vielfache Hantieren mit der Natronlauge stets einen schmutzigen Eindruck machen. Infolgedessen findet man in den meisten Fabriken Tauchpressen vor.

Die Tauch- oder Merzerisierungspressen vereinigen den Arbeitsgang des Tauchens mit dem des Abpressens; sie werden so ausgeführt, daß die Arbeit sehr schnell, gefahrlos (ohne Laugenverätzung) und mit wenig Arbeitskräften erfolgt. Abb. 4 zeigt eine solche Tauchpresse. Zur Entfernung der merzerisierten Zellulose ist am Kopfende der Wanne ein herausnehmbarer Sammelkorb angebracht. Beim Pressen schiebt der Preßstempel die Zellulose samt den Zwischenblechen in den Sammelkorb. Dann wird der Druck gelöst, der Sammelkorb mittels Kran gehoben, gewogen, zum Transportwagen, Schacht usw. gerollt und der

Boden ausgezogen, so daß die Zellulose herausfällt, während die Bleche, auf den Führungen hängend, im Korb verbleiben. Abb. 5 zeigt eine andere Ausführungsform. Hier liegt die durch die Klappe verschließbare Ausstoßöffnung im Boden der Tauchwanne. Die Zellstoffblätter werden auf einen bestimmten Grad gepreßt und dann werden unter Lösung des Preßstempels durch eine besondere Kette die gepreßten Blätter zurückgezogen und über dem Entleerungsschlitz unter Öffnung der Verschlußklappe aus der Tauchwanne entfernt; sie fallen auf diese Weise in die darunter angebrachten Zerfaserer.

Andere Konstruktionen zeichnen sich dadurch aus, daß man das Kopfstück der Presse entfernen kann und sodann die Zellstoffblätter mit dem Preßstempel aus der Wanne herausdrückt. Die Anlage einer derartigen Preßeinrichtung ist an und für sich teuer, sie gibt aber den Vorteil eines absolut sauberen Arbeitens auch an dieser Stelle, ganz abgesehen davon, daß durch das Ausschalten des vielen Hantierens mit dem Zellstoff Verluste vermieden werden.

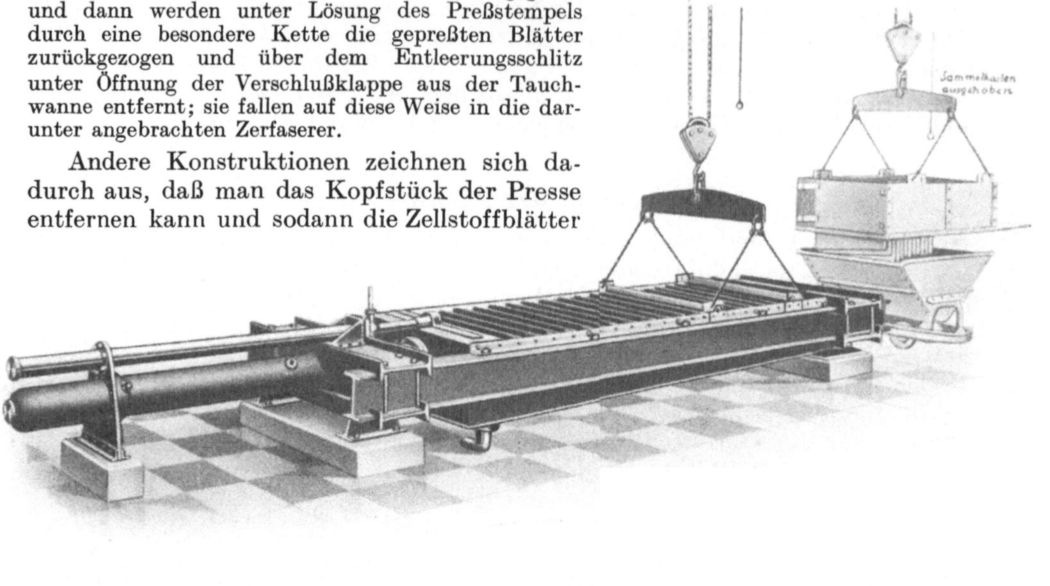

Abb. 4. Merzerisierungspresse „Original-Häusser" kombiniert mit Tauchwanne und herausnehmbarem Sammelkorb (M. Häusser, Neustadt-Haardt).

Abb. 5. Merzerisierungspresse „Original-Häusser" mit Rückzugsentleerung. (M. Häusser, Neustadt-Haardt.)

Da bei dem Tauchvorgang eine gewisse Steigerung der Temperatur eintritt und jede Temperaturänderung einen Einfluß auf die Wirkung der Lauge ausübt, baut man heutzutage diese Pressen derartig, daß man die Lauge durch eine Umpumpvorrichtung dauernd durch die Presse laufen läßt, indem man zu gleicher Zeit eine Einrichtung vorgesehen hat, die Lauge bei konstanter Konzentration und Temperatur zu halten.

Zerfaserung.

Der hierauf folgende Arbeitsgang muß eingeschaltet werden, um den Zellstoff für die darauf folgende Vorreife und Sulfidierung vorzubereiten. Durch die Zerfaserer (Werner & Pfleiderer) wird der Zellstoff in eine krümelige, gleichmäßig flockige Masse überführt (siehe Abb. 6).

Da die Einwirkung der Natronlauge auch während dieses Prozesses weiter fortschreitet, und da der ganze Vorreifeprozeß abhängig ist von Temperatur und Zeit, so muß auch bei diesem Arbeitsvorgang auf eine sehr gute Temperiereinrichtung gesehen werden, zumal durch den Vorgang eine verhältnismäßig starke Temperaturerhöhung eintritt. Dieses bedingt, daß die Zerfaserer mit einer intensiven Kühlvorrichtung versehen sind. Außerdem wird ein Antrieb benutzt, der es ermöglicht, die in dem Apparat befindlichen Flügel durch ein Wendegetriebe innerhalb gewisser Zeit in verschiedener Richtung zu bewegen. Diese Wendegetriebe werden in neuester Zeit automatisch betrieben, während in der Abbildung noch die alte Form des Wendegetriebes gezeigt wird. Der Trog dieser Maschine besteht, wie aus der Abb. 7 zu ersehen ist, unten aus 2 Halbzylindern, die in der Mitte einen Sattel bilden. Dieser Sattel ist

Abb. 6. Zerfaserer in Arbeitsstellung. Die sichtbaren Gegengewichte erleichtern das Umkippen des Troges. (Werner & Pfleiderer, Cannstatt.)

Abb. 7. Zerfaserer zum Zerkleinern der Alkalizellulose, zur Entleerung hochgeklappter Trog, rechts das Dreischeibenwendegetriebe. (Werner & Pfleiderer, Cannstatt).

aufgerauht, und an den Knetflügeln befinden sich Schneidvorrichtungen. Um die Entleerung dieser verhältnismäßig großen Apparatur bequemer zu gestalten, kann der Trog nach Beendigung der Zerfaserung gekippt werden. Die Zerfaserung dauert etwa 3 bis 4 Stunden. Um einen genauen Überblick über die in der Apparatur vorhandene Temperatur zu erhalten, um aber auch besonders die Zerfaserung bei einer gewissen gewünschten Endtemperatur auszuführen, hat man die Zerfaserer mit Schreibthermometern versehen.

Vorreife.

Hierauf folgt die eigentliche Vorreife, die zwar, wie schon oben erwähnt, mit dem Eintauchen beginnt. Die Vorreife hat den Zweck, durch Einwirkung von Zeit und Temperatur einen bestimmten Abbau der Zellulose vorzunehmen, um dadurch in der nachher hergestellten Viskose einen bestimmten Viskositätsgrad zu erzielen. Um einen regelmäßigen Arbeitsgang in der Fabrik zu erreichen, wird man nach Möglichkeit versuchen, mit gleichmäßigen Zeiten zu arbeiten und nur die Temperatur zu verändern. Es ist Sache der Kunstseidefabriken, den Zellstoffabriken aufzugeben, welche Viskosität unter gewissen Vorreifebedingungen erreicht werden soll. Im allgemeinen hat man in den Kunstseidefabriken den Arbeitsgang so eingestellt, daß vom Eintauchen bis zum Verspinnen der Viskoselösung entweder 7 oder 14 Tage vergehen. Auf diese Weise hat man für die Vorreife bei 7 Tagen etwa 3 Tage zur Verfügung. Da die Alkalizellulose in ihrem Abbau sehr stark von der Temperatur beeinflußt wird, muß die Temperatur in den Räumen, in denen die Alkalizellulose zur Vorreife aufgestellt wird, sehr genau regulierbar sein. Man stellt hier die Anforderung, die Temperatur bis auf $\frac{1}{2}^{0}$ genau einzustellen. Da während des Abbaus der Zellulose Wärme entwickelt wird, und andererseits die Alkalizellulose ein schlechter Wärmeleiter ist, ist man leider heute noch gezwungen, diese in verhältnismäßig kleinen Behältern aus Eisenblech aufzubewahren. Um auch die Einwirkung des Luftsauerstoffes auszuschalten, der leicht zur Oxydation des Zellstoffes führen kann, und um eine Austrocknung der Alkalizellulose und damit eine Konzentrationsänderung der Natronlauge zu verhindern, deckt man die Alkalizellulose in diesen eisernen Behältern besonders ab und verschließt die angewandten Kästen mit einem eisernen Deckel. Um von den vielen kleinen Kesseln abzukommen, hat man schon versucht, eine größere Anzahl zu einem Aggregat zu vereinigen, wobei man allerdings gezwungen ist, bei größeren Aggregaten Zwischenräume einzubauen, durch die die Luft zirkulieren kann. Da die Räumlichkeiten sehr genau in ihrer Temperatur reguliert sein müssen, legt man die Vorreiferäume aus Zweckmäßigkeitsgründen am besten im Keller an, um auf diese Weise von den äußeren Lufttemperaturen frei zu werden. Man arbeitet, um die Temperierung möglichst einfach zu gestalten, mit Temperaturen zwischen 18 und 26^{0}. Um an allen Stellen dieser Räumlichkeiten die gewünschte Temperatur zu erhalten, wandte man früher Heizschlangen an, die sich am Boden, und Kühlschlangen, die sich unter der Decke befanden, und versuchte durch hängende Ventilatoren die Luft gut zu durchmischen. In neueren Fabriken wird mitunter die Temperierung dadurch vorgenommen, daß man die Luft durch große Umwälzventilatoren, die mit Heiz- und Kühlvorrichtung versehen sind, in diesen Räumen gleichmäßig durch ein möglichst verzweigtes Rohrsystem verteilt. Da, wie oben erwähnt, die Alkalizellulose die Temperatur schlecht annimmt, so wird man dafür sorgen, daß die Alkalizellulose aus den Zerfaserern mit ungefähr der Temperatur herauskommt, die in den Vorreiferäumen erwünscht ist. Da die angelieferten Zellstoffmengen unter Umständen eine unterschiedliche Temperatur in der Vorreife benötigen, so richtet man zweckmäßig mehrere Vorreiferäume ein, um auf diese Weise, trotz gewisser Unterschiede in der Behandlung, ein gleichmäßiges Endprodukt zu erzielen. Auch dieser Arbeitsgang bedingt sehr viel Kleinarbeit. In dem Bestreben, diese Arbeit zu vereinfachen, müßte man daran denken, die Alkalizellulose auf Transportbändern langsam durch Kanäle zu führen, die mit verschiedenen Temperiereinrichtungen versehen sind, um auf diese Weise den ganzen Arbeitsgang zu automatisieren.

Daß der Luftsauerstoff tatsächlich eine Einwirkung auf den Vorreifevorgang ausübt, ist erwiesen. Deshalb hat man vielfach versucht, die ganze Vorreife unter Ausschaltung des Luftsauerstoffes vor sich gehen zu lassen. Es sind in dieser Richtung viele Vorschläge gemacht worden, die aber für einen Großbetrieb eine Erschwerung der Arbeit mit sich bringen. Meistens handelt es sich dabei um Zusätze zur Natronlauge, die eine Wasserstoffentwicklung ermöglichen und unter Umständen während der ganzen Vorreife fortwirken sollen. Man wird aber diese Vorschläge erst dann zur Ausführung bringen, wenn alle Arbeitsgänge möglichst zu einem Gang vereinigt werden können; so z. B., wenn man sich entschließen sollte, die Vorreife in Kanälen vorzunehmen, in denen es möglich wäre, durch Umwälzen der Kühl- oder Wärmluft eine Atmosphäre zu erzielen, die unter Ausschaltung des Sauerstoffes reduzierend wirken würde. Vorläufig wird man sich mit der Tatsache abfinden, daß der Sauerstoff einen gewissen Einfluß auf die Vorreife ausübt.

Laugenstation.

Die Natronlauge, die in dieser und in der Viskosestation gebraucht wird, bedarf einer Vorbereitung. Diese geschieht in einem besonderen Raume, Laugenstation genannt. Schematisch ist diese in der Abb. 8 zu sehen.

Die Natronlauge wird entweder in Blockform oder flüssig in Tanks bezogen. Bei dem Bezuge der flüssigen Lauge nimmt man im Winter ca. 30prozentige, im Sommer ca. 37 prozentige. Auf jeden Fall muß man die Auskristallisation vermeiden, da hierdurch viel Arbeit beim Entleeren der Waggons entsteht. Bei der Anwendung von festem Ätznatron erhält man durch den Lösevorgang eine heiße Lauge, die gewisse Vorteile bietet; z. B. setzen sich die Verunreinigungen schneller ab. Da die Natronlauge immer noch gewisse Verunreinigungen zeigt, und man für den Betrieb eine möglichst reine und klare Natronlauge benötigt, so sind größere Vorrichtungen vorzusehen, um dieses zu erreichen. Das Problem der Filtration der Lauge ist noch nicht einwandfrei gelöst. Es fehlt an geeignetem Filtriermaterial, das sowohl widerstandsfähig ist gegen konzentrierte wie auch gegen verdünnte Natronlauge. Man hilft sich dadurch, daß man die Verunreinigungen durch Absetzenlassen herausbringt. Da andererseits die Löslichkeit der verschiedenen Verunreinigungen von der Konzentration der Natronlauge abhängig ist, so wird man einmal die Natronlauge bei höherer Konzentration stehen lassen, wobei die noch vorhandenen Karbonate ausfallen, andererseits wird man aber auch die verdünnte Natronlauge stehen lassen, da sich dann die Eisensalze und die Kieselsäure ausscheiden. Man braucht also für die Vorbereitung der Natronlauge eine größere Anzahl von eisernen Kesseln, am besten von hoher zylindrischer Form. Es sei hier schon erwähnt, daß in dieser Abteilung auch die Natronlauge für die Viskoselösung hergestellt wird. Bei der Anwendung des festen Ätznatrons hat man heute sehr praktische Apparate in Benutzung, die ohne weiteres einen Block von 300 kg Ätznatron in 1 bis 2 Stunden lösen (Löseapparat nach Czapek[1]).

[1] Z. angew. Chem. Bd. 38 (1925) S. 841.

Die bei dem Tauchen und dem Abpressen des Zellstoffes anfallende Abfalllauge wird auch in diese Abteilung zurückgeführt. Die Tauchlauge wird entweder durch Hinzufügen von frischer Ätznatronlösung wieder auf die ursprüngliche Konzentration gebracht, oder man benutzt diese Natronlauge zur Herstellung der Viskoselösung. Da diese Natronlauge in der Hauptsache durch die aus dem Zellstoff gelösten Hemizellulosen verunreinigt ist, muß man darauf achten, daß der Hemizellulosegehalt nicht zu hoch steigt. Man wird daher den Betrieb so einrichten,

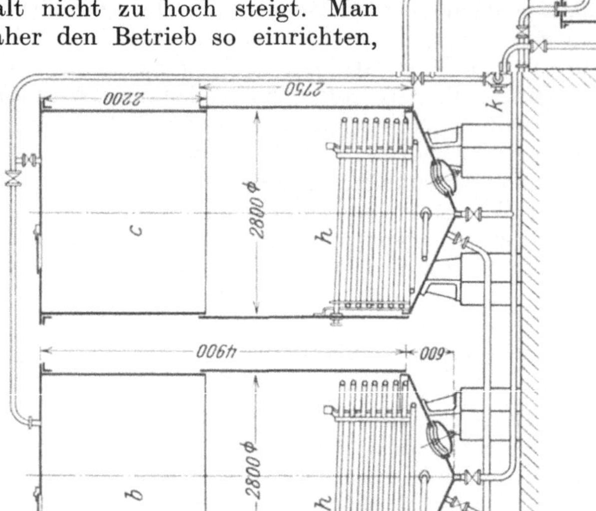

Abb. 8. Laugen- und Tauchstation (nach J. Eggert: Herstellung der Viskose).

daß der Hemizellulosegehalt konstant ist; im allgemeinen wird man den Hemizellulosegehalt nicht höher steigen lassen als bis zu 1%.

Bei dem Pressen des Zellstoffes fängt man den ersten Teil der ablaufenden Lauge getrennt auf und läßt ihn zum Wiederverbrauch zurücklaufen. Der zuletzt ablaufende Teil der Natronlauge, genannt Schwarzlauge, enthält so viel Hemizellulose, daß diese Natronlauge nicht ohne weiteres wieder verwendbar ist.

Während man früher diese als Abfallauge zu verhältnismäßig niedrigem Preise abstieß, ist man heute infolge der scharfen Selbstkostenberechnung dazu übergegangen, sie im eigenen Betriebe zu regenerieren. Es sind hierfür zwei Verfahren entstanden, die sich allgemein durchgesetzt haben.

Das Wiedergewinnungsverfahren nach Cerini arbeitet nach dem Prinzip der Dialyse, wie aus Abb. 9 u. 10 zu ersehen ist. Ein eiserner Behälter enthält eine größere Anzahl Diaphragmensäcke, die mit Wasser gefüllt werden. Die unreine Natronlauge befindet sich in dem eisernen Kasten außerhalb der Säcke. Die Lauge diffundiert in das reine Wasser hinein und läßt die organischen Verunreinigungen zurück. Diese Apparate arbeiten vollkommen automatisch und bedürfen nur innerhalb einer gewissen Zeit einer Auswechslung der Diaphragmensäcke. Die Konzentration der anfallenden Lauge beträgt etwa 8 bis 10% bei einer Ausbeute von etwa 90% Natron.

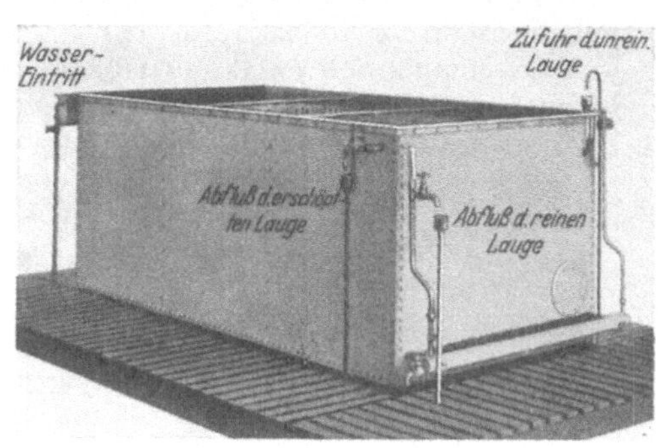

Abb. 9. Dialysator nach Dr. Cerini. S. I. R. S. I., Castellanza.

Eine andere Apparatur, die für die Wiedergewinnung der Natronlauge in Frage kommt, ist der Dialysator Heibig der Société des Filtres Philippe in Frankreich. Sie arbeitet auch nach dem Prinzip der Dialyse und erinnert an eine Filterpresse. Die einzelnen Kammern in der Filterpresse sind durch

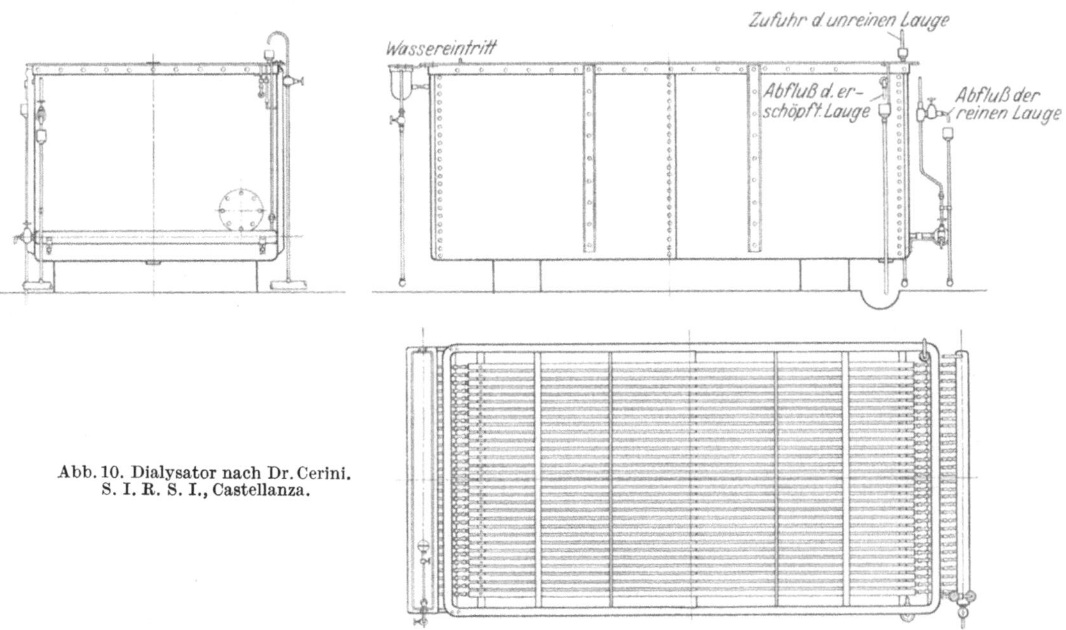

Abb. 10. Dialysator nach Dr. Cerini. S. I. R. S. I., Castellanza.

Pergamentpapier getrennt. Jede zweite Kammer ist miteinander verbunden, und man läßt die verunreinigte Lauge im Gegenstrom von Wasser durchlaufen. Auch diese Apparate arbeiten nach einmaliger Einstellung vollkommen selbständig, jedoch sind sie in der Anlage teurer als die vorher erwähnten italienischen Apparate. Die auf diese Weise wiedergewonnene Natronlauge, die einen Gehalt von 8 bis 12% aufweisen kann, dabei frei von organischen Verunreinigungen ist, wird bei der Herstellung der Viskose direkt wieder verwandt.

2. Sulfidierung, Lösung, Filtration und Nachreife der Viskose.

Sulfidierung.

Unter Sulfidierung versteht man die Einwirkung von Schwefelkohlenstoff auf die Natronzellulose.

Die Menge Schwefelkohlenstoff, die nötig ist, um ein lösliches Xanthat herzustellen, beträgt theoretisch 1 Mol CS_2 auf 1 Mol $C_6H_{10}O_5$. In der Praxis begnügt man sich mit 0,7 bis 0,8 Mol CS_2. Praktisch ist es möglich, auch noch mit 0,5 Mol CS_2 ein in Natronlauge lösliches Xanthat herzustellen.

Nachdem dieser Prozeß vor sich gegangen ist, wird das Xanthogenat in Natronlauge gelöst, filtriert und der Nachreife unterzogen. Dieser Vorgang besteht darin, daß von dem Xanthat eine gewisse Menge Schwefelkohlenstoff wieder abgespalten wird, so daß bei der Spinnreife noch etwa 0,3 bis 0,25 Mol CS_2 auf 1 Mol $C_6H_{10}O_5$ vorhanden ist.

Die Apparatur, die für diese Arbeitsgänge gebraucht wird, ist — wie alle in der Viskosefabrik verwendeten — aus Eisen hergestellt. Nach einiger Zeit des Gebrauches ist das Eisen das unempfindlichste Metall für die Viskose. Man vermeidet in einer Kunstseidefabrik peinlichst die Anwendung von Kupfer, Messing und Blei; das letztere dient höchstens für die Lagerung des Schwefelkohlenstoffes und für die Herstellung der Spinnbadwannen.

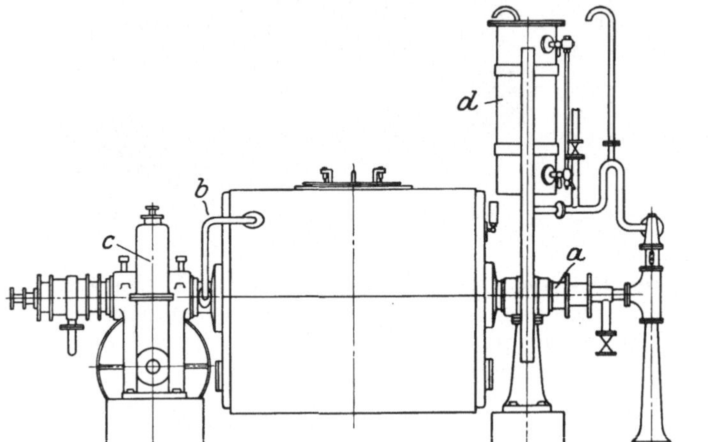

Abb. 11. Sulfidiertrommel. (Maschinenbauanstalt Pirna-Dresden.)
a Hohlwelle (Einlaß für Schwefelkohlenstoff und Absaugung), *b* Kühlwasser-Ein- und Austritt, *c* Schneckenradantrieb, *d* Meßgefäß für Schwefelkohlenstoff.

Um den Schwefelkohlenstoff auf die Alkalizellulose einwirken zu lassen, wird die Alkalizellulose in die Sulfidiertrommeln, auch Butterfässer oder Baratten genannt, eingefüllt. Diese Trommeln bestehen aus Eisen, auch aus Holz. Sie sind so eingerichtet, daß sie sich langsam drehen, während der Schwefelkohlenstoff durch die Achse eingelassen wird, und die äußeren Flächen gekühlt werden können. Der Schwefelkohlenstoff hat so Gelegenheit, mit allen

Teilen der krümeligen, in steter Bewegung gehaltenen Masse in Berührung zu kommen. Außerdem befinden sich an den Gefäßen Schaugläser, Thermometer, evtl. Druckmesser. Die Hauptsache ist, daß diese Gefäße absolut dicht schließen, denn der Schwefelkohlenstoff ist äußerst gesundheitsschädlich. Deshalb sind die Sulfidiertrommeln auch noch so eingerichtet, daß man in der Lage ist, nach fertiger Sulfidierung den noch in der Trommel in gasförmigem Zustande vorhandenen Schwefelkohlenstoff abzusaugen. Eine Ausführungsform dieser Sulfidiertrommeln zeigen Abb. 11 u. 12. Bei der Einwirkung des Schwefelkohlenstoffes auf die Alkalizellulose tritt Gelbfärbung auf, die unter Umständen bis zur Dunkelorangefärbung geht. Ferner ballt sich die krümelige Masse mehr oder weniger zusammen. In vielen Betrieben entstehen direkt größere Knollen, und das Ende der Sulfidierung glaubte man daran zu erkennen, daß die Knollen beim Durchbrechen die Farbe im Innern nicht wesentlich heller als im äußeren Teile zeigen. Die Beschaffenheit des Xanthates kann aber ganz verschieden sein und hängt sowohl von dem angewandten Rohstoff wie von dem Grade der Abpressung bei der Herstellung der Alkalizellulose ab. Es ist bekannt, daß die Gelbfärbung nicht auf die Bildung des Xanthates der Zellulose zurückzuführen ist, denn diese Verbindung ist weiß. Die Färbung hängt vielmehr mit der Bildung des Trithiokarbonates und vielleicht anderer Verunreinigungen zusammen. Der chemische Vorgang der Bildung des Xanthates ist mit Wärmebildung verbunden; infolgedessen sind zweckmäßig an den Sulfidiertrommeln Kühlvorrichtungen vorgesehen. Man wird die Sulfidierung im allgemeinen mit einer Temperatur von 18^0 beginnen und die Temperatur bis etwa 25^0 steigen lassen. Nach dem Einfüllen des Schwefelkohlenstoffes findet man in den Baratten einen Überdruck, nach fertiger Sulfidierung einen geringen Unterdruck. Von den heute bei der Sulfidierung angewandten Schwefelkohlenstoffmengen gehen etwa 10% nutzlos verloren.

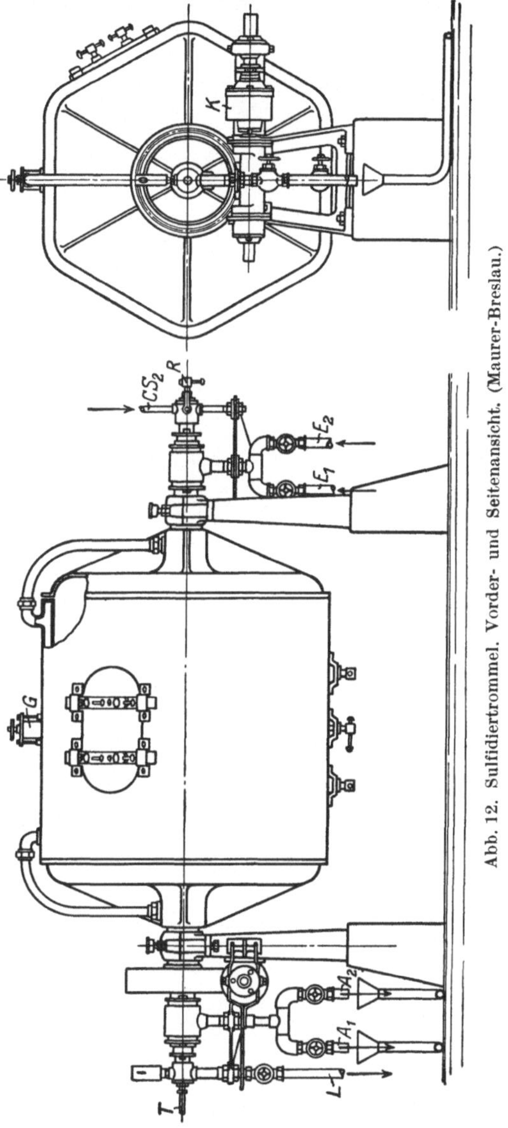

Abb. 12. Sulfidiertrommel. Vorder- und Seitenansicht. (Maurer-Breslau.)

Der Schwefelkohlenstoff macht in dieser Abteilung besondere Vorsichtsmaßnahmen erforderlich. Wegen seiner hohen Feuergefährlichkeit kann man nicht genügend Vorsicht walten lassen, diese Anlage so sicher wie möglich zu bauen. Wie oben erwähnt, wird der Schwefelkohlenstoff in den meisten Fabriken fertig bezogen. Der Betrieb verlangt einen gewissen Vorrat an Schwefelkohlenstoff. Während man früher sich damit begnügt hat, den Schwefelkohlenstoff unter

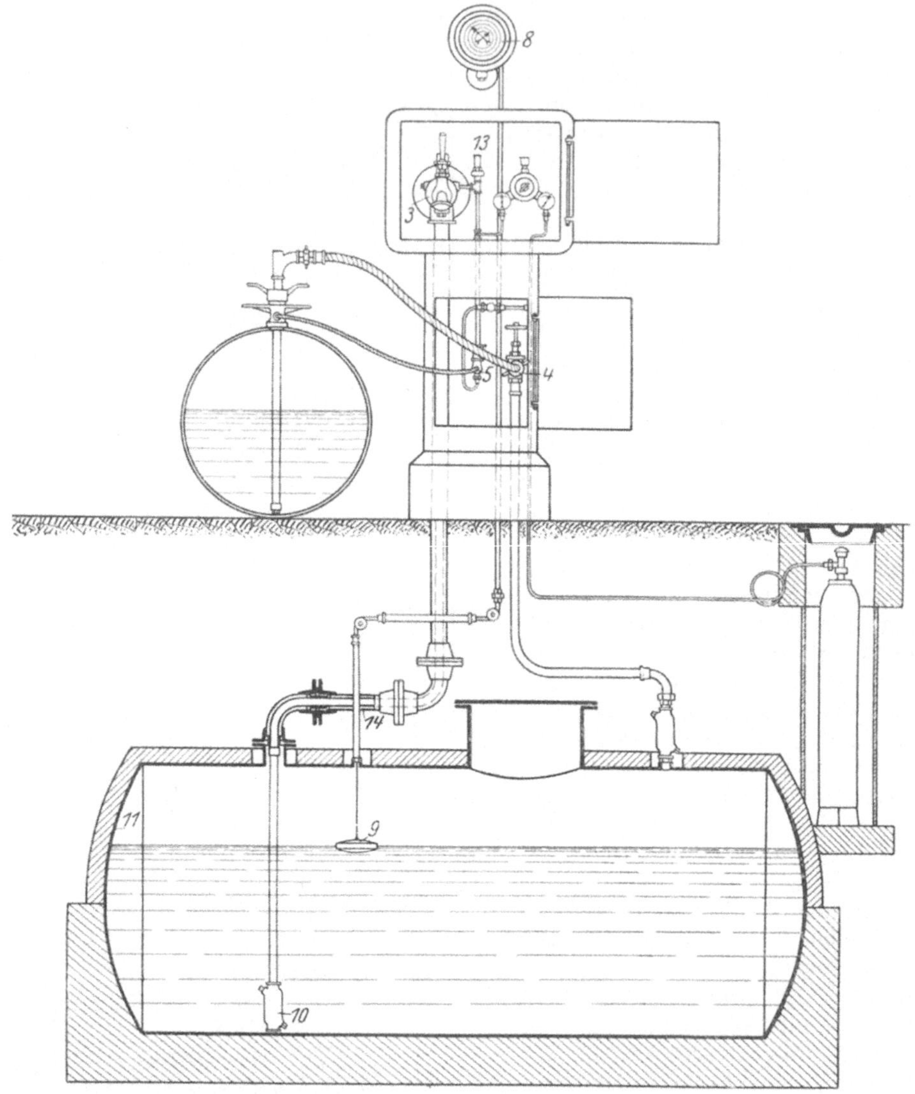

Abb. 13. Tankanlage für Schwefelkohlenstoff. (Hermann Hoffmann. Apparatebauges. m. b. H., Frankfurt a. M.)

Wasser zu leiten, ihn auch mit Wasserdruck zu seiner Verarbeitungsstelle zu befördern, ist man wohl heute in den meisten Fabriken dazu übergegangen, den Schwefelkohlenstoff in Tankanlagen aufzubewahren, wie sie im allgemeinen auch beim Benzin üblich sind. Das Beispiel einer derartigen Anlage zeigt Abb. 13.

Die Förderleitungen sind aus doppelwandigen Mannesmann-Stahlröhren hergestellt. Der Hohlraum zwischen beiden Rohren steht mit dem Kesselhohlraum in Verbindung und ist ständig mit Schutzgas gefüllt. Dadurch ist bei Undichtwerden des Rohres ein Füllen automatisch verhindert. Das Zapfventil *3* ist als Hebelselbstschlußventil ausgebaut und mit einer Einrichtung versehen, welche nach beendeter Zapfung die Flüssigkeit in den Lagertank zurückfallen läßt, so daß sämtliche Rohrleitungen der Anlage in der Ruhelage flüssigkeitsleer, dagegen mit Schutzgas gefüllt sind; *4* das Einfüllventil, *5* das Gaspendelventil, *8* der Inhaltsanzeiger, welcher den jeweiligen Kesselinhalt anzeigt und gleichzeitig als Kontrollapparat dient für eingefüllte sowie entnommene Flüssigkeitsmengen; *9* Schwimmer des Inhaltsanzeigers, *10* die Diffusionsverschlüsse zur Verhinderung des Luftzutritts in den Kessel sowie Dampfaustritts aus letzterem, *11* der Lagerbehälter mit 1 m Erddeckung eingebaut, *13* das Sicherheitsventil; *14* der Röhrenbündelkühler wirkt im Prinzip als verbessertes Davysches Sicherheitsnetz und verhütet das Eindringen einer bei etwaiger Explosion über Erde auftretenden Stichflamme in den Lagerkessel.

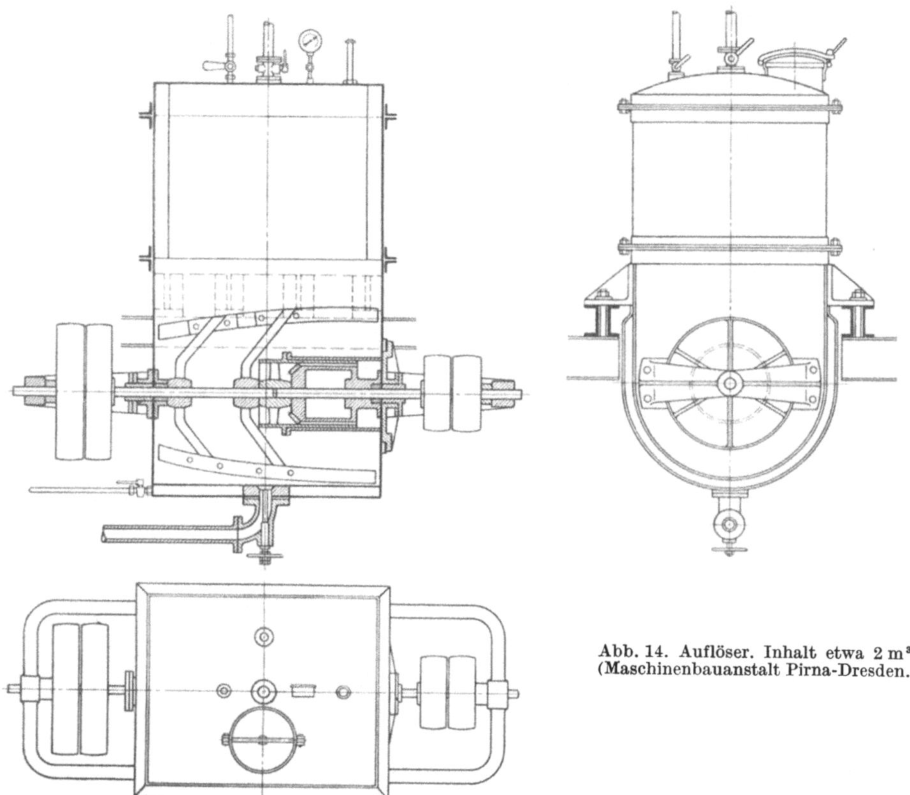

Abb. 14. Auflöser. Inhalt etwa 2 m³. (Maschinenbauanstalt Pirna-Dresden.)

Das Einfüllen erfolgt durch Heberwirkung nach dem Gaspendelverfahren. Die Flüssigkeit lagert unter Druckschutzgas, das wie bei anderen Typen gleichzeitig die automatische Förderung der Flüssigkeit nach Öffnen des Zapfventils übernimmt. Zapf-, Gas- und Einfüllapparaturen mit allen Sicherheitsvorkehrungen werden in einem außer mit Dornverschluß gleichzeitig mit besonderem Sicherheitsschloß versehenen eisernen Schutzkasten eingebaut. Die Einfüllung aus Eisenbahn-Kesselwagen erfolgt im allgemeinen an hierfür besonders vorgesehener Einfüllstelle, in einen Erdschacht nächst dem Gleisanschluß verlegt, wobei sich die Flüssigkeit unter eigenem Gefälle nach dem unterirdischen Lagerbehälter bewegt und das dort verdrängte Gas durch die Gaspendelleitung spannungslos in den Zisternenwagen hinübergeleitet wird, diesen dadurch gleichzeitig sichernd. Von dem jeweils in Betrieb befindlichen Kessel gelangt sie alsdann unter dem Druck des Schutzgases zu den für veränderliche Dosierung eingerichteten Meßgefäßen, von welchen aus sie den Sulfidiertrommeln zugeführt wird.

Zur Herstellung von Schutzgasen werden mitunter die Auspuffgase eines Explosionsmotors, bestehend aus Kohlensäure, Wasserdampf — der sich zu Wasser kondensiert und ausfällt — und Stickstoff, verwendet, die durch einen Kompressor auf die Gebrauchsspannung verdichtet werden, nachdem sie zuvor in einem Reinigerkessel von übelriechenden Gasen und Rußkörperchen ausgespült wurden. Von anderer Seite wird dieses Verfahren abgelehnt, da die Reinigung leicht mangelhaft wird.

Eine Gefahr bei der Schwefelkohlenstoffzuführung bilden heute noch oft die vorhandenen Meßgefäße für den Schwefelkohlenstoff, die sich an jeder Baratte befinden, die jedoch auch feuersicher ausgeführt werden können, ähnlich den Benzinuhren.

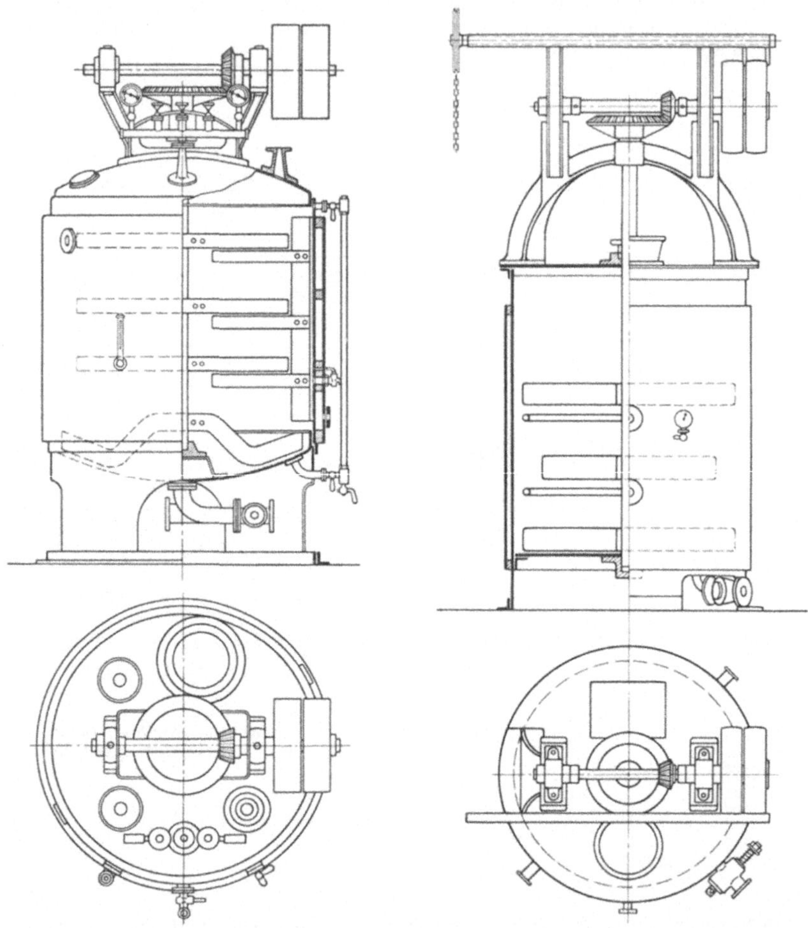

Abb. 15. Auflöser (vertikaler Typ). Inhalt etwa 2,5 m³, auch als Mischer benutzt.

Abb. 16. Mischkessel. Inhalt 4 bis 6 m³. (Maschinenbauanstalt Pirna-Dresden.)

Aus Gründen der Feuergefährlichkeit ist in Deutschland den Kunstseidefabriken vorgeschrieben, die Räumlichkeiten, in denen mit Schwefelkohlenstoff gearbeitet wird, in einem gewissen Abstande von den übrigen Arbeitsräumen aufzuführen. Dieses bedingt eine gewisse Erschwerung der Fabrikation durch Transporte und Störung des einheitlichen Fabrikationsganges. Es ist selbstverständlich, daß in den Räumen, in denen Schwefelkohlenstoff entweichen kann, jede Funkenbildung zu vermeiden ist; deshalb sind die Antriebsmotoren für die Sulfidiertrommeln außerhalb des Arbeitsraumes gelagert. In einer gut geleiteten Fabrik wird man die Anwendung von eisernen Geräten vermeiden; man wird den darin beschäftigten Leuten Holzschuhe geben, um beim eventuellen Ausgleiten nicht Funkenbildung zu erzeugen. Wenn auch heute die Apparaturen so dicht ausgeführt sind, daß ein Entweichen von Schwefelkohlenstoff kaum möglich ist, so wird man dennoch dafür sorgen, daß in diesen Räumen eine besonders intensive Ventilation eingebaut wird, und man wird vor allem darauf sehen, daß der Schwefelkohlenstoff, der bekanntlich schwerer als Luft ist, besonders gut am Fußboden entweichen kann.

Die Anordnung der Sulfidiertrommeln wird man so treffen, daß sie sich oberhalb der Auflösegefäße befinden. Nachdem die Sulfidierung beendet ist, läßt man das Arbeitsgut durch Trichter in die darunter stehenden Lösegefäße fallen. In den Lösegefäßen befindet sich verdünnte Natronlauge, die wiederum möglichst weit abgekühlt ist. Der Löseprozeß des Xanthates ist nicht ganz einfach. Im allgemeinen wird man mit einem einfachen Rührwerkskessel nicht auskommen. Verschiedene Ausführungsformen zeigen Abb. 14, 15 u. 16.

Um die Temperatur beim Lösen zu regulieren, ist es erforderlich, die Lösegefäße mit einem intensiv wirkenden Kühlmantel zu versehen. Außerdem wird man an die Lösekessel eine Umpumpvorrichtung anbringen in Verbindung mit einer Anlage, die entweder durch Quetschen oder Schneiden vorhandene größere Klumpen zerkleinert.

Abb. 17. Vakuum-Xanthat-Viskose-Kneter. (Werner & Pfleiderer-Cannstatt.)

Neuerdings sind Apparate aufgekommen, besonders von der Firma Werner & Pfleiderer, die den Sulfidier- und Löseprozeß in einem Apparate ausführen. Dieser Apparat ist ähnlich ausgebildet wie die Zerfaserer der gleichen Firma, nur wird die Masse nicht geschnitten, sondern nur geknetet. Eine Ausführungsform stellt Abb. 17 dar. Diese Apparate arbeiten mit einem Einsatz von 200 bis 280 kg trockenem Zellstoff. Der Vorgang der Sulfidierung und der Lösung kann in etwa 4½ bis 5 Stunden durchgeführt werden. Sicherlich liegt in dieser neuen Arbeitsweise ein großer Vorteil für die Herstellung der Kunstseide. Aber auch hier spielt der Anschaffungspreis einer derartigen Maschine eine große Rolle. Eine gewisse Schwierigkeit stellt das Lösen des Xanthates dar. Der Lösungsvorgang ist hierbei ein ganz anderer wie bei den früheren Verfahren, weil man hier die Natronlauge zu einem Xanthat geben muß, das nicht als krümelige Masse oder in Knollenform vorhanden ist, sondern in einer brotteigartigen Form. Man muß im Anfang darauf achten, daß nur soviel Natronlauge zufließt, als durch den Knetvorgang von der Masse aufgenommen werden kann. Man arbeitet überhaupt zweckmäßig, wenn man anfänglich höher konzentrierte Natronlauge benutzt. Die Masse wird dann durch das Kneten und durch das Hinzufügen der Natronlauge allmählich dünnbreiiger, so daß man den Rest des Lösungsmittels nachher schnell zugeben kann. Es ist ohne weiteres einzusehen, daß durch die Einführung dieser kombinierten Maschine viel Arbeit gespart, der Betrieb vereinfacht wird und durch das Ausschalten mehrerer Aggregate die Verluste verringert werden.

Nachreife.

An den Vorgang der Sulfidierung schließt sich die Nachreife an. Unter Nachreife verstehen wir den Vorgang, bei dem eine Abspaltung des Schwefelkohlenstoffes vor sich geht; die Viskose wird versponnen, wenn das Verhältnis von 0,3 bis 0,25 Mol CS_2 zu 1 Mol $C_6H_{10}O_5$ erreicht ist. Dieser Vorgang ist abhängig

Abb. 18. Filterpressen. (Maschinenfabrik Sangerhausen A.-G., Sangerhausen.)

von der Zeit und der Temperatur. Um auch hier den gleichmäßigen Gang der Fabrikation zu gewährleisten, variiert man die Temperatur und erreicht den gewünschten Reifegrad. Verbunden mit der Nachreife ist die Filtration der Viskose. Besonders der letztere Vorgang ist für die gesicherte Herstellung eines gleichmäßigen Fadens von großer Wichtigkeit. Deshalb begnügt man sich nicht mit nur einem Filtrationsvorgang, sondern im allgemeinen wird man 3 bis 4 Filtrationen einschalten, bis die Viskoselösung zum Verspinnen kommt.

Man filtriert mit den üblichen Filterpressen (Abb. 18). Diese Rahmenpressen werden belegt mit Nessel, Barchent oder Batist, zwischen diese Stoffe kommt Watte. Auf die Beschaffenheit der Watte ist die größte Aufmerksamkeit zu verwenden. Man bevorzugt eine langfaserige Watte, fettfrei und frei von Staubteilen. Die Watte muß in ihren Lagen absolut gleichmäßig dicht sein, damit die Viskose durch die ganze Fläche gleichmäßig gedrückt wird. Filtriert wird durch diese Filterpressen mit Druck, der entweder durch Luftdruck oder durch Pumpen erzeugt wird. Der Filtrationsvorgang gestaltet sich unter Umständen schwierig. Je gleichmäßiger der Sulfidierungs- und Vorreifeprozeß vor sich gegangen ist, desto einfacher gestaltet sich die Filtration.

Da die Nachreife von der Temperatur abhängt, ist man gezwungen, die letztere außerordentlich genau einzustellen; um eine bestimmte Reife zu erhalten, bringt man die Nachreiferäume auch möglichst im Keller an. Man isoliert die Räume sehr gut und versieht sie mit einer Temperiereinrichtung, ähnlich der in der

Vorreife. Da es sich schwierig gestaltet, den großen Viskosemengen gleichmäßige Temperatur zu geben, wird man im allgemeinen schon bei dem Lösungsprozeß darauf achten, daß die Viskose annähernd mit der Temperatur in die Nachreife kommt, bei der sie gehalten werden muß, um den nötigen Reifegrad zu erzielen. Außerdem ist es erforderlich, daß die Viskose in nicht zu großen Gefäßen untergebracht wird, um ihre Temperatur schneller beeinflussen zu können.

Auch hier besteht die Apparatur wiederum aus Eisen, das nach einer gewissen Zeit von der Viskose kaum angegriffen wird. Die Form der Kessel, die man für die Vorreife wählt, ist verschieden. Einzelne Fabriken bevorzugen stehende, andere liegende Kessel. Da während des Nachreifevorganges auch die Luft, die bei dem Mischvorgang in die Viskose gekommen ist, herausgebracht werden muß, und außerdem durch den Nachreifevorgang eine gewisse Gasentwicklung in der Viskose stattfindet, so wird man die Schichthöhe der Viskose in den Kesseln möglichst niedrig wählen und eine Höhe von 1 m nicht überschreiten.

Um die Luft aus der Viskose zu entfernen, hat man früher — wie auch zum größten Teil heute noch — die Viskose evakuiert, indem man sämtliche Aufbewahrungskessel der Viskose mit einer Vakuumpumpe verbunden hat. Aber man hat auch andere Wege eingeschlagen, um die Viskose luftfrei zu bekommen; z. B. führt man die Viskose in dünner Schicht über ein ausgedehntes Blech, das sich in einem Kessel befindet, der allein unter Vakuum gehalten wird, so daß man gewissermaßen den Evakuierungsvorgang an einer Stelle konzentriert. Das Evakuieren der Viskose in den vielen einzelnen Aggregaten bringt unweigerlich gewisse Schwierigkeiten mit sich, da die Kessel mit ihren Zuführungs- und Abführungsleitungen und den Abschlußventilen absolut dicht gehalten werden müssen. Andererseits besteht insofern eine Schwierigkeit, die Viskose luftfrei zu erhalten, da in den meisten Fabriken die Viskose mit Luftdruck befördert

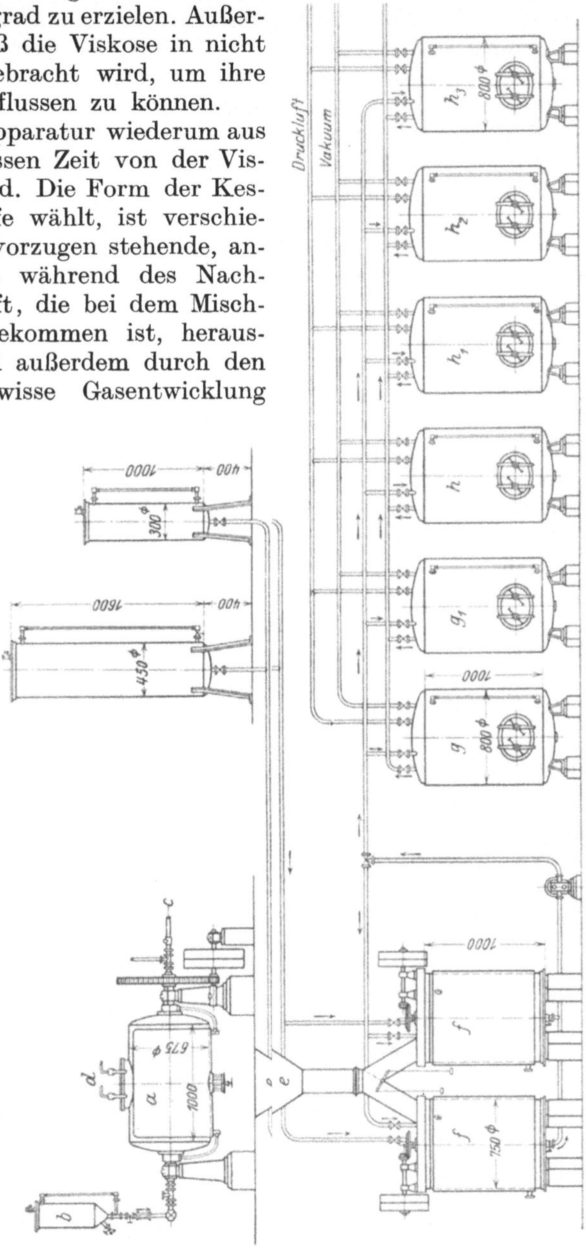

Abb. 19. Anlage zur Herstellung der Viskose. (Nach J. Eggert: Herstellung der Viskose.)

wird. Man evakuiert also auf der einen Seite und löst andererseits durch Druck Luft in der Viskose auf. Deshalb haben manche Fabriken die Evakuierung ganz verlassen und rechnen damit, daß die Viskose, wenn sie in nicht zu großer Schicht in den Kesseln aufbewahrt wird, von selbst luftfrei wird.

Wie aus dem Vorhergehenden hervorgeht, müssen für die Nachreife eine große Anzahl von Kesseln vorhanden sein. Eine schematische Darstellung für die Viskoseherstellung und ihre spätere Lagerung zeigt die Abb. 19. Auch für die Nachreife läßt sich kein bestimmtes Schema angeben, da auch hier die einzelnen Fabriken verschiedene Arbeitsmethoden bevorzugen. Eine Reihe von Fabriken drückt die Viskosemengen in der Reihenfolge, wie sie hergestellt werden, langsam nacheinander durch eine Reihe von Kesseln bis zu den Gefäßen, aus denen die Viskose zum Verspinnen entnommen wird. Dabei ist die Filtration zwischen die ersten Kessel eingeschaltet. Andere Fabriken meinen, daß die Viskose während des Nachreifeprozesses möglichst wenig bewegt werden soll. Diese Fabriken arbeiten so, daß sie die Hauptfiltration der Viskose gleich nach der Lösung einbauen und dann die fertig filtrierte Viskose in einzelnen Kesseln bis zur Vollendung des Reifeprozesses stehen lassen. Außerdem legen manche Fabriken großen Wert darauf, eine möglichst intensive Durchmischung der einzeln hergestellten Viskoselösung durchzuführen, um vor allem die kleinen Unterschiede, die zwischen den einzelnen Chargen bestehen, möglichst zu verwischen. Hierzu wird zwischen den Mischern und der eigentlichen Vorreife ein möglichst großer Kessel eingebaut mit dem Fassungsraum mehrerer Chargen, der mit einem Rührwerk versehen ist, in dem man nun die anfallenden Viskosemengen kontinuierlich zulaufen läßt und andererseits fortlaufend abnimmt. Da man bei der Bereitung der Viskose vorläufig noch durch die Eigenart des verarbeiteten Materials gezwungen ist, verhältnismäßig kleine Arbeitseinheiten einzuhalten, so muß man bei der Herstellung der Viskoselösung immer wieder versuchen, eine möglichst große Durchmischung zu erreichen, um zu einer möglichst großen Gleichmäßigkeit zu kommen.

Die Kessel, die man zu der Aufbewahrung der Viskose benutzt, sind etwa folgendermaßen gebaut. Man bevorzugt zylindrische, liegende oder stehende Kessel. Sämtliche Kessel müssen mit einem Wasserstandsrohr, einem Ablaßventil am Boden, einem Mannloch, Zuführungs- und Abführungsrohr für die Viskose und einem Zuführungsrohr für Druckluft und einem für Vakuum versehen sein. Bei ruhender Viskoselagerung schließt man die ganzen Kessel an eine Ringleitung an. Im allgemeinen wird man nicht die einzelnen Kessel mit Kühlvorrichtung versehen, sondern man wird sich mit einer Raumkühlung begnügen.

Die Räumlichkeiten der Nachreife werden nach Möglichkeit unterteilt, um auf diese Weise Gelegenheit zu haben, den lagernden Viskosen verschiedene Temperaturen zu geben. Außerdem ist dies für eine Einschränkung der Fabrikation zweckmäßig, damit je nach Bedarf ein Viertel oder ein Drittel stillgelegt werden kann. Aus Gründen der Zweckmäßigkeit lassen einzelne Fabriken die Nachreife auch im normalen Betriebe in mehreren Strängen nebeneinander hergehen.

Eine noch nicht befriedigend gelöste Frage ist die, auf welche Weise man am günstigsten die Viskose auf den notwendig langen Wegen befördert. Wie schon vorher erwähnt, wird im allgemeinen mit Druckluft gearbeitet, aber neuerdings versucht man auch, die Viskose durch Räderpumpen zu bewegen, wie ja auch bei dem folgenden Spinnprozeß die Viskose mit Räderpumpen befördert wird. Der Einbau von Räderpumpen bedeutet eine Vereinfachung des Fabrikationsganges, denn es fallen die langen Druckluftleitungen fort. Und außerdem ist man nicht mehr darauf angewiesen, in geschlossenen Kesseln zu arbeiten, die auf Druck geprüft werden müssen. Schwierig bleibt das Beförderungsproblem der Viskose insofern, als die Strömungen in den Rohrleitungen variieren. Die Strömungsgeschwindigkeit in der Mitte der Rohrleitung ist bedeutend größer als an den Wandungen. Das Ideal wäre die Bewegung der Viskose in Rohrleitungen, in denen sich ein Schneckengetriebe befände.

3. Spinnprozeß, Wäsche und Trocknung.

Spinnmaschinen.

Sobald die Viskose die gewünschte Reife erreicht hat, muß sie versponnen werden. Die Reifegrade werden nach der Methode von Hottenroth bestimmt[1]. Bei dem normalen Spinnen nimmt man eine Viskose mit einer Reife von 8 bis 11°. Das Lagern der Viskose ist nicht möglich, da der Reifungsprozeß unter normalen Verhältnissen nicht aufzuhalten ist.

Gesponnen wird der Faden mittels Maschinen entsprechend Abb. 20 und 21. An diesen Maschinen befinden sich die einzelnen Spinnstellen, und zwar je nach Bauart ca. 30 bis 150. Im allgemeinen werden die Maschinen doppelseitig ausgebaut, einzelne Maschinentypen aber auch einseitig. Der Antrieb befindet sich meistens an dem einen Ende der Maschine.

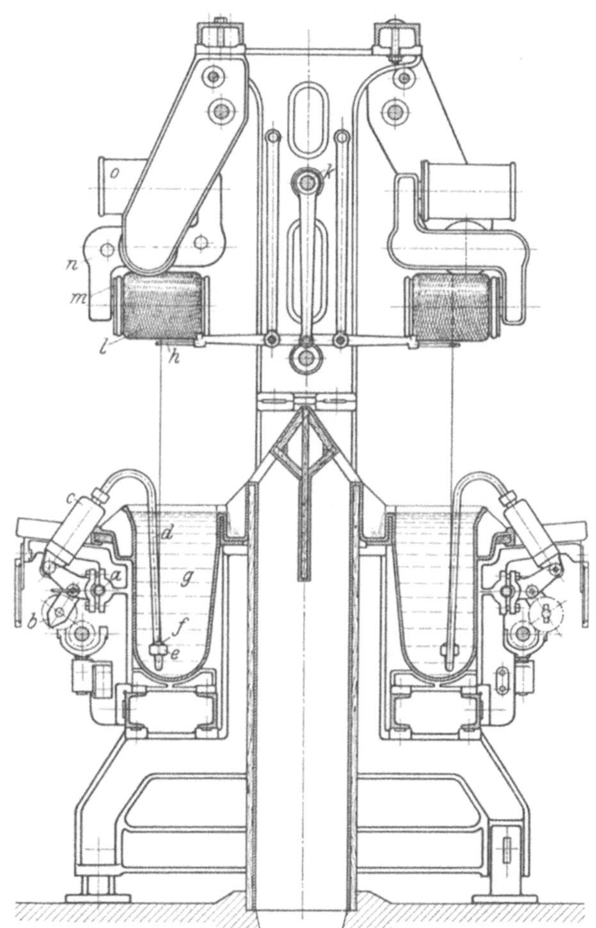

Abb. 20. Spulenspinnmaschine mit automatischer Umlegevorrichtung. (O. Kohorn & Co., Maschinenfabrik, Chemnitz.)

a Stoffleitung, *b* Räderpumpe, *c* Filterkerze, *d* Glasrohr, *e* Düsenverschraubung, *f* Düse, *g* Spinnbad, *h* Fadenführer, *l* vollgesponnene Spule, *m* Spulenhalter, *o* leere Spule, *n* Umlegevorrichtung.

Die Anordnung der Maschine ist folgende: In etwa 1 m Höhe befindet sich die Spinnwanne, durch die das Spinnbad geleitet wird, indem man an der Vorderseite an verschiedenen Stellen das Bad zulaufen und an der Rückwand durch einfachen Überlauf austreten läßt, um auf diese Weise einen intensiven Umlauf des Spinnbades zu erreichen. Die Zu- und Ableitung des Spinnbades zu den Maschinen legt man zweckmäßig in Kanäle, die in den Fußboden des Spinnsaales eingelassen sind.

Vor der Spinnwanne befindet sich die Spinnvorrichtung. Diese setzt sich

[1] Chem.-Ztg. Bd. 39 (1925) S. 119. — Man verwendet in der Praxis die Hottenroth-Methode und die Salzpunkt-Methode. Vgl. zu letzterer z. B. E. Berl: Z. angew. Chem. Bd. 45 (1932) S. 355.

zusammen aus dem Zuleitungsrohr, den Spinnpumpen, den Filterkerzen und den Düsen. Die Spinnpumpen werden unter Zwischenfügung einer Brücke auf das Zuleitungsrohr montiert. Die Filterkerze ist an den Spinnpumpen derartig befestigt, daß sie über der Spinnwanne liegt und zwecks Austausches hochgekippt werden kann. An der Spitze der Filterkerze wird ein gebogenes Glas- oder Bleirohr befestigt, das bei dem Spinnprozeß in das Spinnbad eintaucht. Am Ende dieses Rohres befindet sich die Düse. Die Rohre sind derartig gebogen, daß die Düse senkrecht nach oben steht. Die Aufwickelorgane befinden sich etwa 1 m über der einzelnen Spinnstelle und sind wagerecht angeordnet, lotrecht zur Maschinenwand. Über den Aufwickelorganen bringt man die Ventilationsvorrichtung an.

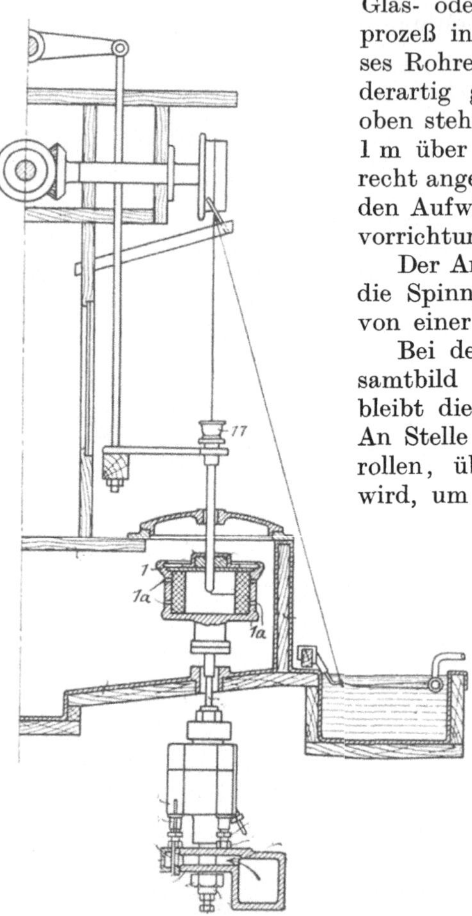

Abb. 21. Zentrifugenspinnmaschine mit Druckwasser-(Turbinen) antrieb.
17 der auf- und abgehende trichterförmige Fadenführer, *1* Spinntopf mit den Löchern, *1a* zum Entweichen der von den Fäden abgeschleuderten Spinnflüssigkeit.

Der Antrieb der Maschine geht so vor sich, daß die Spinnpumpen, wie auch die Aufwickelorgane von einer Welle aus in Bewegung gesetzt werden.

Bei den Zentrifugenmaschinen ist das Gesamtbild etwas geändert. Die Spinnvorrichtung bleibt dieselbe wie bei den Spulenspinnmaschinen. An Stelle der Aufwickelorgane befinden sich Glasrollen, über die der gesponnene Faden geführt wird, um in einen Spinntopf zu fallen, der sich mit hoher Tourenzahl dreht. Beide Maschinen sind mit einer Changiervorrichtung ausgestattet, die dem Faden auf den Aufwickelorganen oder im Spinntopf eine bestimmte Lage gibt.

Schwierig ist die Führung der Viskose an und zu der Maschine. Da man den Reifungsvorgang in den Rohrleitungen nicht aufhalten kann, auch wenn sie gut isoliert werden, so ist man gezwungen, einen wohldurchdachten Führungsplan für die Viskose auszuarbeiten. Das Ziel der Anordnung der Rohrleitungen muß sein, möglichst kurze und gleichmäßige Wege von den Spinnkesseln zu den Maschinen zu erreichen. Im allgemeinen wird man mehrere Spinnmaschinen zu einem Spinnblock vereinigen. Die Größe dieses Blocks richtet sich nach der Anzahl der vorhandenen Spinnkessel oder nach der Anzahl der Stränge, die in der Nachreife eingerichtet sind. Durch eine geeignete Verteilung der gesponnenen Titer kann man ungefähr erreichen, daß jeder Block dieselbe Menge Viskose verspinnt. Um die Zuführungsleitungen der Viskose so kurz wie möglich zu halten, richtet man die Nachreiferäume in den Kellern unter den Spinnmaschinen ein, wobei man zu gleicher Zeit darauf achtet, daß der Spinnkessel zentral unter dem zu bedienenden Maschinenblock angeordnet ist.

Bei der Spinnmaschine bestehen auch Schwierigkeiten für die Führung der Viskose. Aus technischen Gründen muß die Stoffleitung an der Maschine gleichmäßig dimensioniert sein; das hat zur Folge, daß die letzte Spinnstelle immer eine etwas ältere Viskose verspinnt als die erste. Neuerdings hat man Versuche angestellt, diese Ungleichmäßigkeit auszumerzen, nicht nur in bezug auf die Stoffzufuhr, sondern auch um den Druck in den Leitungen konstant zu halten (siehe Abb. 22 u. 23). Hierzu hat man eine Ringleitung an der Maschine für den Stoff angeordnet. In diese Ringleitung wird die Viskose durch eine Räderpumpe gedrückt. Diese Pumpe ist eingestellt auf eine Fördermenge, die etwas mehr ergibt als bei 100proz. Ausnutzung der Spinnstellen nötig wäre. Die überschüssige Menge geht durch ein gedrosseltes Ventil wieder in die Ausgangsleitung zurück. Bei Anwendung dieses Prinzipes erreicht man, daß kein Stagnieren der Viskose in der Rohrleitung eintritt und daß der Druck in der Stoffleitung an allen Spinnstellen ziemlich der gleiche ist. Da der Spinnvorgang heute in einer gut geleiteten Fabrik so einwandfrei durchgeführt ist, daß fast alle Spinnstellen regelmäßig durchlaufen, so bestehen keine Bedenken, diese begrüßenswerte Neuerung anzuwenden. Dasselbe Prinzip könnte für die gesamte Stoffzufuhr zweckmäßig sein, denn in den Hauptleitungen haben wir dieselben Fehlerquellen wie bei den Nebenleitungen an den Maschinen. Bisher gebrauchte man Luftdruck, der die Viskose vom Spinnkessel zu den Maschinen drückte. Hierdurch entstanden Druckunterschiede, die je nach Größe der Fabrik bedenklich erscheinen konnten. Allgemein half man sich zur Aufrechterhaltung eines ziemlich gleichen Druckes durch Anwendung verjüngter Rohre. Bei einem gleichmäßigen Verbrauch von Stoff an jeder Maschine könnte man sich hierdurch helfen, um aber den Wünschen der Kundschaft nachzukommen, ist man leider gezwungen, verschiedene Mengen von Viskose, entsprechend den verschiedenen Titern, durch die Leitungen zu drücken. Hierdurch ergibt sich, daß die Dimensionierung dem größten Verbrauch entsprechen muß, so daß mehr oder weniger

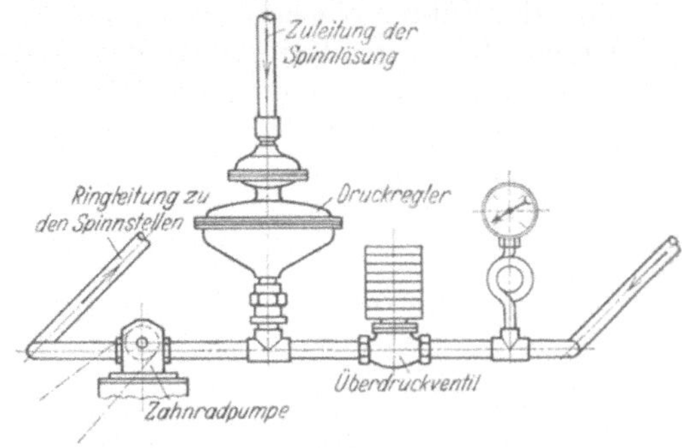

Abb. 22. Druckregeleinrichtung (Schema) für Kunstseidenspinnmaschinen der Maschinenfabrik Kimmig & Dabringhaus Komm.-Ges., Wuppertal-Barmen.

Abb. 23. Anbau der Druckregeleinrichtung für Kunstseidenspinnmaschinen der Maschinenfabrik Kimmig & Dabringhaus Komm.-Ges., Wuppertal-Barmen.

große Druckunterschiede entstehen. Bei Anwendung der oben erwähnten Ringleitung unter Einschaltung von Räderpumpen könnte auch hier diese Schwierigkeit überwunden werden.

Um jeder Spinnstelle eine bestimmte Menge Viskose zuzuführen, was erforderlich ist, um fortlaufend einen gleichmäßig dicken Faden zu erzeugen, wird eine Dosierungsvorrichtung in Gestalt der Spinnpumpen eingebaut. Diese Spinnpumpen werden auf eine Anbohrung der Stoffleitung gesetzt.

Abb. 24. Zahnradpumpe, geöffnet. (Arendt u. Weicher, Berlin.)

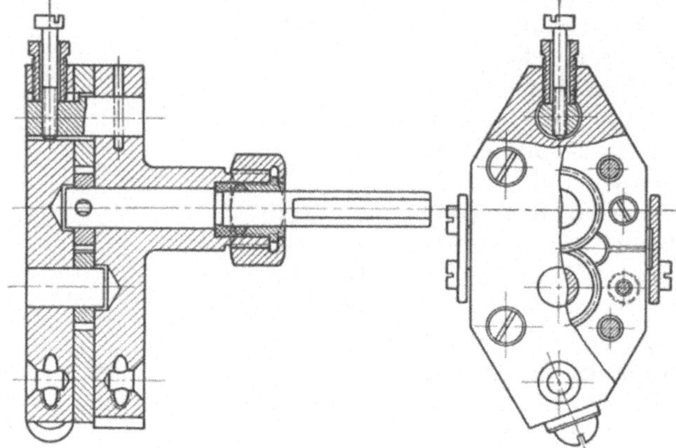

Abb. 25. Verstellbare Spinnpumpe. (Fr. A. Neidig, Mannheim.)

Bei den Spinnpumpen sind zwei Arten zu unterscheiden: die Zahnradpumpe und die Kolbenpumpe (siehe Abb. 24, 25 u. 26).

Abb. 26 ist die Ansicht einer Kolbenpumpe von der Seite, in der Mitte ein Querschnitt und rechts ein Längsschnitt von dieser Pumpe (oder Zuflußregelungsapparatur) mit 2 Zylindern und Kolben.

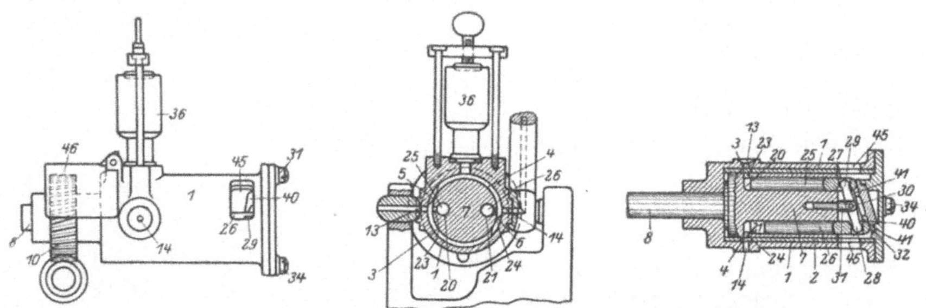

Abb. 26. Zweikolben-Spinnpumpe (mit Druckausgleichsgefäß).

1 ist das Gehäuse der Apparatur, das innen zylindrisch ist, und in dem sich ein Einsatz befindet, in welchem die Zuflußöffnung *3* und die Abflußöffnung *4* angebracht sind; diese beiden Öffnungen sind Teile eines Kreises, dessen Unterbrechungen die Teile *5* und *6* der Gehäusewandung sind. Der zylindrische Bolzen *7* paßt genau in den Einsatz, ist durch eine Spindel *8* verlängert und wird durch das entsprechende Zahnrad *10* in Bewegung gesetzt. In der Gehäusewandung, in Verbindung mit der Zuflußöffnung *3*, befindet sich die Öffnung *13*, an der die Viskose in die Apparatur eintreten soll, ebenso, aber in Verbindung mit der Abflußöffnung *4*, befindet sich in der Gehäusewand die Öffnung *14*, an der die Viskose ausfließen soll.

In dem oben genannten zylindrischen Bolzen *7* sind zwei Höhlungen *20* und *21*, mit Öffnungen *23* und *24*, die zu den Zufluß- bzw. Ausflußöffnungen *3* und *4* führen. In jedem von diesen Zylindern befindet sich ein Kolben *25* bzw. *26*, diese liegen bei *27* und *28* auf dem Hebel *29* auf, der im Punkt *30* an dem Zapfen *31* aufgehängt ist, dieser Zapfen *31* ist an dem Bolzen *7* befestigt. Dadurch können die Kolben *25* bzw. *26* sich in den Zylindern hin und her bewegen. Die genannten Kolben *25* bzw. *26* werden angetrieben durch die Scheibe *32*, die an dem Deckel des Gehäuses *1* angebracht ist. Die Antriebscheibe *32* ist so angelegt, daß die damit bewegten Kolben *25* und *26* angezogen werden — also Saugwirkung ausüben —, wenn die Öffnungen *23* und *24* mit der Abflußöffnung *4* in Verbindung stehen. Um das Abfließen möglichst zu regulieren, kann man an dem Abfluß *4* ein Gefäß anschließen, am besten eine Glasfläche *36*, deren Öffnung von einer Schraube fest angepreßt wird.

Wenn der Apparat in Betrieb ist, kommen durch die Rotation des zylindrischen Bolzens *7* die Öffnungen *23* und *24* nacheinander in Verbindung mit der Zuflußöffnung; gleichzeitig machen die entsprechenden Kolben saugende Bewegung, dann passieren sie die Abflußöffnung *4*, während die Antriebsscheibe *32* auf die betreffenden Kolben die drückende Bewegung überträgt. Dadurch zieht also jeder Kolben nacheinander die Viskose in den Zylinder ein und stößt sie wieder aus.

Die Frage, welches die richtige Pumpe für den Viskosebetrieb sei, ist noch nicht entschieden. Die Anforderung, die man an eine gute Pumpe stellen muß, ist in der Hauptsache die, daß die Förderung das Höchstmaß an Gleichmäßigkeit gibt. Da die Pumpen nicht nur unter gleichen Druckverhältnissen absolut gleiche Mengen liefern sollen, sondern auch unter den im Betriebe vorläufig noch nicht zu vermeidenden Druckunterschieden vor und hinter der Pumpe absolut gleichmäßig arbeiten müssen, ergeben sich Schwierigkeiten in der Herstellung der Pumpen. Der Verschleiß der Pumpen muß im Verhältnis zum Anschaffungspreis und zur Lebensdauer stehen. Bei dem Erfordernis absoluter Dichtigkeit, um auch die geringsten Schwankungen in der Fördermenge zu vermeiden, werden in den Pumpen Reibungen verursacht, die leicht zu einem Verschleiß des Materials führen, wenn nicht Qualitätsmaterial in Härte und Güte verwandt wird.

Beide Pumpenarten können den an sie gestellten Ansprüchen genügen. Ursprünglich fand man in der Kunstseidenindustrie nur die Kolbenpumpe. Bei der Kolbenpumpe hatte man zum Ausgleich der Stöße der zwei oder drei Kolben Druckausgleichsgefäße angebracht, die jedoch in keiner der gebrachten Konstruktionen eine Befriedigung der Ansprüche bringen konnten, so daß man allmählich zu der Mehrkolbenpumpe überging, und zwar im allgemeinen zu fünf Kolben oder bei radialer Anordnung zu noch mehr Kolben. Die Zahnradpumpe entspricht im Grunde genommen am besten der Bedingung der gleichmäßigen Fördermenge; aber hier kommt es in der Hauptsache auch darauf an, daß Präzisionsarbeit geliefert wird, und daß man nur das beste Material für die Förderräder und die eigentliche Kammer verwendet. Ferner spielt es eine große Rolle, daß die Antriebsachse richtig gelagert ist und nicht einseitigen Druck erhält. Auf die Einzelheiten der Konstruktion kann hier nicht eingegangen werden. Es gibt heute eine ganze Reihe von brauchbaren Modellen. Eine Forderung, die man noch an eine gute Pumpe stellen muß, ist ihre Austauschbarkeit im Betriebe. Dies bedingt für den Hersteller große Schwierigkeiten und muß beim Preis mit berücksichtigt werden. Es bedeutet für den Betrieb eine außerordentliche Erschwerung, wenn Pumpen verschiedener Förderleistung vorhanden sind, so daß für jede Maschine andere Antriebsverhältnisse eingehalten werden müssen. Eine jede Kunstseidefabrik wird auf die Kontrolle der Pumpen den größten Wert legen. Man wird jede Pumpe auf besonderen Prüfständen vor der Inbetriebnahme auf ihre Leistung prüfen. Hierbei muß man die Verhältnisse zugrunde legen, die im Betriebe herrschen können. Wie vorher bereits erwähnt, befinden sich in den Stoffleitungen verschiedene Drucke, wenn man nicht die Einrichtung mit der Ringleitung, die oben beschrieben worden ist, einbaut. Andererseits ist hinter den Pumpen, wie wir nachher sehen werden, noch eine Filtration eingeschaltet, die die Möglichkeit gibt, daß hohe Gegendrucke entstehen. Die Folge davon ist, daß die Pumpen unter Umständen bei großen Druckunterschieden vor und hinter der Pumpe arbeiten müssen, ohne daß dadurch die Fördermenge leiden darf. Die Prüfung der Pumpen geschieht auf gesonderten Prüfmaschinen, in denen man die Pumpen mit einem Öl von der gleichen Viskosität, wie sie die Viskose hat, laufen läßt und die Förderleistung bei bestimmten Drucken mißt. Während des Betriebes hält man die Pumpen unter beständiger Kontrolle in Zwischenräumen von 8 bis 14 Tagen.

Zwischen Spinnpumpe und Düse befindet sich nochmals ein Filter.

Das Modell für ein solches Filter stellt Abb. 27 u. 28 dar. Die Spinnlösung tritt durch einen Mittelkanal in die eigentliche Kerze ein und durch einen seitlichen Kanal an die Oberfläche der Kerze, die mit zahlreichen Längs- und Querrillen versehen und mit Filtrierleinwand und Batist fest umwunden ist. Die Spinnlösung verbreitet sich auf den Rillen auf der Kerzenoberfläche, dringt durch das Filtermaterial in den Hohlraum der die Kerze umgebenden Hülse und von da durch das Rohr zu der Düse. Als Material für die Filterkerzen hat sich am besten Hartgummi bewährt. Diese Filterkerzen müssen von Zeit zu Zeit ausgewechselt und gereinigt werden, da sie die Ursache von außerordentlich hohen Drucken sein können, gegen die die Pumpe nicht mehr sicher arbeitet.

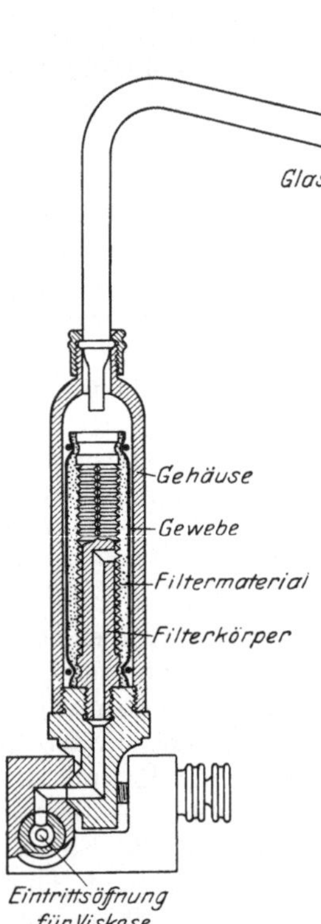

Abb. 27. Filterkerze. (Traun, Harburg.)

Die Verbindung zwischen der Filterkerze und der Düse wird durch ein Glas- oder Bleirohr hergestellt. Das Glasrohr hat den Vorteil, daß man die Viskose gut beobachten kann. An dem Glasrohr wird das eigentliche Spinnaggregat, die Düse, angeschraubt (siehe Abb. 28). Sämtliche Verbindungen zwischen Düse und Pumpe müssen absolut dicht schließen, damit die durch die Pumpe genau abgemessene Menge Viskose zum Verspinnen kommt. Die Verschraubungen bestehen aus Hartgummi.

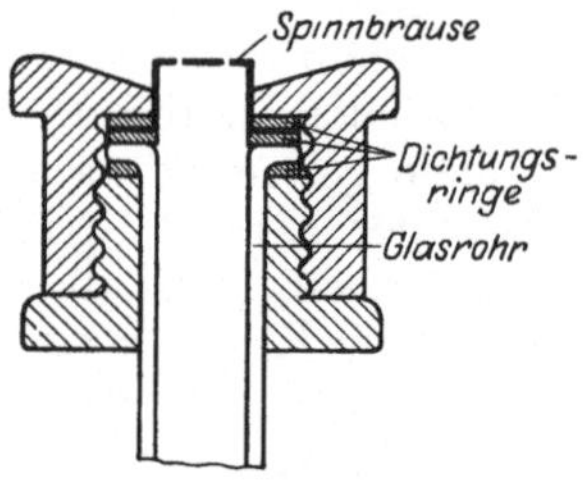

Abb. 28. Verschraubung der Spinnbrausen der Kautschukwerke. (Dr. Heinr. Traun u. Söhne, Hamburg.)

Für jeden Titer[1] müssen besondere Düsen vorhanden sein. Es werden leider außerordentlich viele Titer (Denier) verlangt. Dies bedeutet, daß eine Kunstseidefabrik einen ziemlich hohen Bestand an Düsen vorrätig halten muß, um möglichst vielen Ansprüchen gerecht werden zu können. Muß ein neuer Titer eingeführt werden, so müssen evtl. alte Düsen zur Anfertigung neuer eingeschmolzen werden. Dies ist mit hohen Unkosten verbunden. Es liegt also im Interesse der Verbilligung und Vereinfachung der Produktion, daß sich Verbraucher und Kunstseidenindustrie bezüglich einer bestimmten Serie von Titern mit bestimmten Einzeltitern einigen. Die Vorschläge der internationalen Kunstseidenindustrie haben sich leider noch nicht bei der Verbraucherschaft im gewünschten Sinne durchgesetzt.

[1] Die Bezeichnung für die Fadenstärke ist Denier. Denier bedeutet das Grammgewicht von 9000 m Faden (Turiner Titer). Es wird z. B. hergestellt Titer 120 mit 24 Einzelfäden, d. h. 9000 m des Gesamtfadens wiegen 120 g, das Gewicht von 9000 m des Einzelfädchens beträgt 5 g. Bei der Viskose werden Titer von 40 bis 300 und mehr Denier angefertigt, wobei der Einzeltiter heute 1 bis 5 evtl. 7 den. beträgt.

Die Spinndüsen, die in der Spinnerei gebraucht werden, haben eine zylindrische Form, eine Höhe von etwa 10 mm und einen Durchmesser von ca. 12 mm. In dem Bodenblech befinden sich die Löcher für die Einzelfädchen, der Rand von 2 bis 2,5 mm dient dazu, die Düse in der Verschraubung festzuklemmen. In die Verschraubung legt man ein kleines Batistläppchen, um die Viskose kurz vor dem Austritt noch einmal zu filtrieren. Die Düse wird aus Edelmetall hergestellt. Anfangs verwendete man reines Platin, später Goldpalladium, Goldplatin oder auch Iridiumlegierungen. Ein Ersatz der Edelmetalle durch Glas, Porzellan oder Speckstein hat sich nicht bewährt; aber in neuerer Zeit gelangen auch vollwertige Düsen aus widerstandsfähigen Legierungen mit unedlen Metallen zur Verwendung. Die Metalldüsen lassen sich zwar

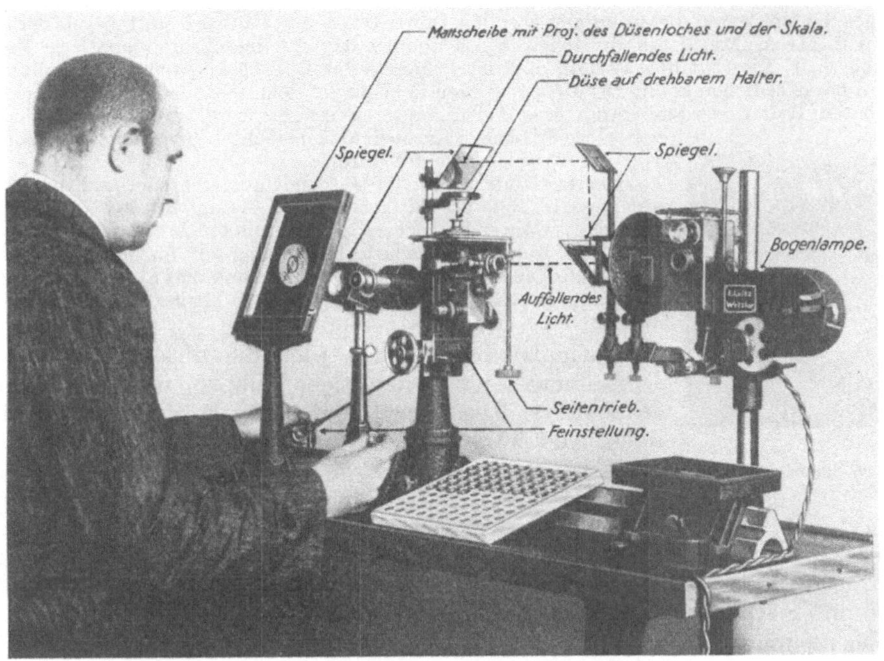

Abb. 29. Projektionsapparat zum Messen und Prüfen der Löcher in Metallspinndüsen. (E. Leitz, Wetzlar u. W. C. Heraeus G. m. b. H., Hanau a. M.)

schwierig, aber sehr genau herrichten. Die Spinnkanäle, die in dem Bodenblech, das nur eine Stärke von 0,25 mm zu haben braucht, in möglichst gleichmäßiger Entfernung voneinander angeordnet werden, müssen absolut kreisrund und in ihrem Innern glatt poliert sein. Je kürzer die Spinnkanäle gehalten werden können, um so geringer ist der Druck, der zum Durchfluß viskoser Flüssigkeiten durch die kapillaren Öffnungen nötig ist. Außerdem löst sich der koagulierte Faden besser von einer blankpolierten Fläche. Bei den normalen Düsen kann man in die Bodenfläche bis zu 60 Löcher anordnen; werden mehr Fäden verlangt, so nimmt man Düsen von entsprechend größerem Durchmesser. Es ist einzusehen, daß diese Düsen einer besonderen Wartung bedürfen. Ehe die Düsen in Betrieb genommen werden, müssen sie auf einem Prüfapparat genauestens untersucht werden. (Siehe Abb. 29.) Ebenso müssen aber auch die Düsen während des Betriebes einer dauernden Kontrolle unterzogen werden. In manchen Fabriken wechselt man die gesamten Düsen innerhalb gewisser Zeitabstände aus. Auf die Reinigung der

Düsen vor der Wiederinbetriebnahme muß man den größten Wert legen. Für die Reinigung der Düsen und die Montierung der gereinigten Düsen hat man besondere Räume. Von der anhaftenden Viskose werden die Düsen, wenn sie aus Edelmetallen bestehen, durch Bichromatschwefelsäure gereinigt. Nach dem Trocknen wird jede Düse unter Vergrößerungsapparaten durchgesehen, dabei werden diejenigen Düsen zurückgehalten, bei denen einzelne Löcher verstopft oder bei denen die Löcher nicht mehr gleichmäßig rund sind. Die vorhandenen Prüfapparate lassen es zu, in kurzer Zeit eine große Anzahl von Düsen zu prüfen.

Die Firma W. C. Heraeus G. m. b. H., Hanau a. M., und E. Leitz in Wetzlar haben neuerdings einen Spinndüsen-Prüfapparat gebaut, welcher gestattet, die feinen Löcher in den Spinndüsen aus Edelmetall rasch und genau zu prüfen.

Auf einer optischen Bank sind montiert: der Beleuchtungsapparat, ein Zentralstativ, welches die Optik und die zu untersuchenden Düsen trägt, und dahinter ein Spiegel, der das Bild auf eine senkrecht zur optischen Achse unmittelbar vor dem Prüfer montierte Mattscheibe wirft. Dies hat den Vorteil, daß der Prüfende das Bild beobachten und gleichzeitig den Apparat bedienen kann. Die Düsen werden in einen auf dem Zentralstativ angebrachten drehbaren Halter gesetzt; durch eine Teilung des Lichtweges wird erreicht, daß gleichzeitig jedes Loch von oben durchleuchtet und der Düsenboden von unten her beleuchtet wird.

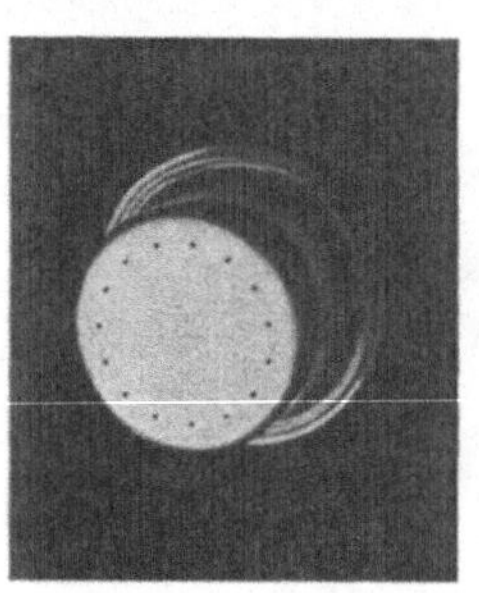

Abb. 30. Spinndüse. Platin.

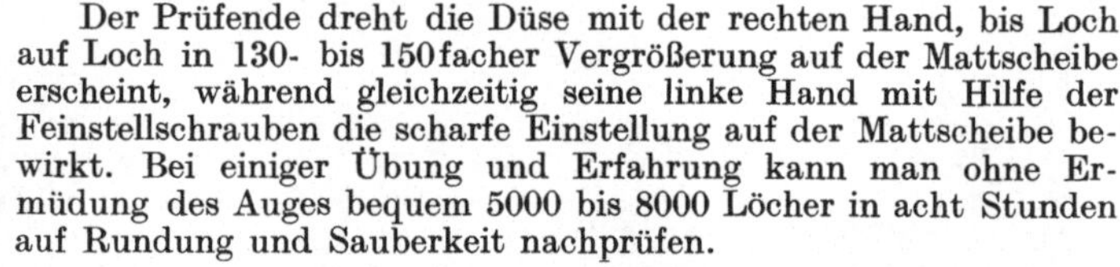

Der Prüfende dreht die Düse mit der rechten Hand, bis Loch auf Loch in 130- bis 150facher Vergrößerung auf der Mattscheibe erscheint, während gleichzeitig seine linke Hand mit Hilfe der Feinstellschrauben die scharfe Einstellung auf der Mattscheibe bewirkt. Bei einiger Übung und Erfahrung kann man ohne Ermüdung des Auges bequem 5000 bis 8000 Löcher in acht Stunden auf Rundung und Sauberkeit nachprüfen.

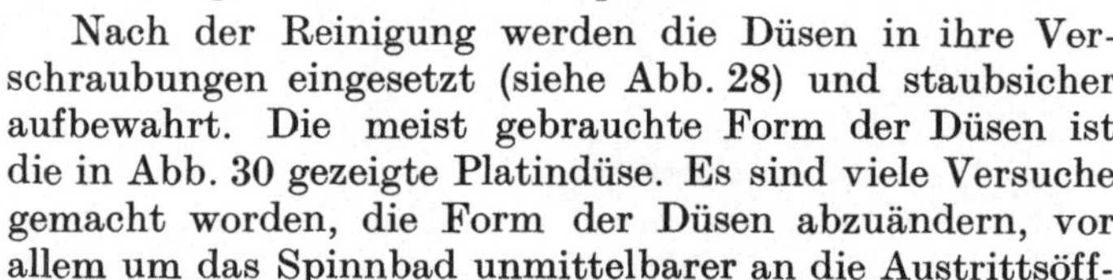

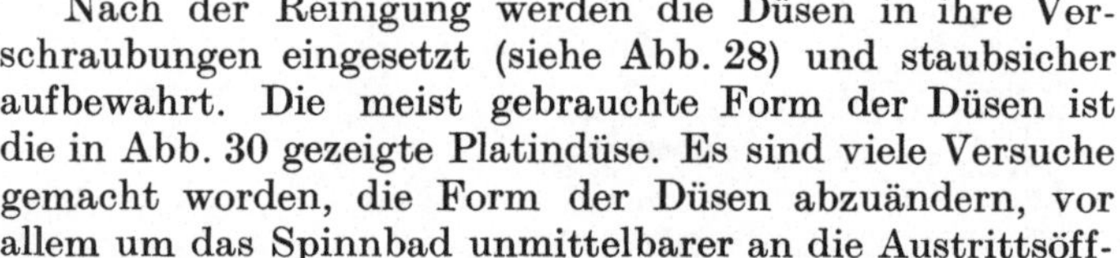

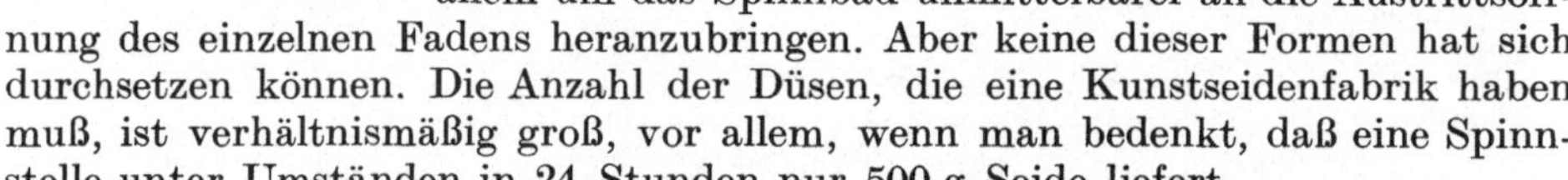

Nach der Reinigung werden die Düsen in ihre Verschraubungen eingesetzt (siehe Abb. 28) und staubsicher aufbewahrt. Die meist gebrauchte Form der Düsen ist die in Abb. 30 gezeigte Platindüse. Es sind viele Versuche gemacht worden, die Form der Düsen abzuändern, vor allem um das Spinnbad unmittelbarer an die Austrittsöffnung des einzelnen Fadens heranzubringen. Aber keine dieser Formen hat sich durchsetzen können. Die Anzahl der Düsen, die eine Kunstseidenfabrik haben muß, ist verhältnismäßig groß, vor allem, wenn man bedenkt, daß eine Spinnstelle unter Umständen in 24 Stunden nur 500 g Seide liefert.

Die Spinndüsen werden mittels der beweglich angeordneten Filterkerze in das Bad eingelegt. Man ordnet für je eine Seite der Spinnmaschine ein gemeinsames Spinnbad an. Um die notwendige Zirkulation der Badflüssigkeit aufrechtzuerhalten, läßt man sie an der Vorderseite an mehreren Stellen eintreten und ebenso an der Rückwand ablaufen. Die Breite der Spinnbäder beträgt ungefähr 20 bis 25 cm; man ist hierbei in der Größe beschränkt, da der Faden einen vorgeschriebenen Weg durchmachen muß. Früher hat man die Wannen aus Holz hergestellt, die man mit einem starken Bleiüberzug versehen hat. Das Blei ist aber nicht ganz widerstandsfähig gegen die Spinnbäder, und so hat man lange danach gesucht, einen geeigneten Werkstoff für die Spinnwannen zu finden. In neuerer Zeit scheinen sich einzelne Hartgummisorten hierfür bewährt zu haben. Die aus den letzteren Materialien hergestellten Spinnwannen sind zwar teurer als die aus Blei, lassen sich aber präziser und sauberer anfertigen.

Bis hierher ist die Einrichtung der Fabrik dieselbe, ob sie Spinnspulmaschinen oder Zentrifugenspinnmaschinen benutzt (nur daß man bei den Zentrifugenspinnmaschinen einen Zusatz von Natriumsulfit in der Viskose verwendet). Im weiteren muß aber die Spulenspinnmaschine von der Zentrifugenspinnmaschine getrennt betrachtet werden.

An den Spulenspinnmaschinen muß eine besondere Vorrichtung vorhanden sein, damit der Faden in gleichmäßiger Stärke auf die Spulen aufgewickelt wird. Die mechanisch angetriebenen Spulen laufen immer mit derselben Tourenzahl. Durch das Dickerwerden des Gespinstes wird die Abzugsgeschwindigkeit aber eine immer größere; es muß also in dem Antrieb eine Vorrichtung eingebaut sein, die mit Vermehrung der Fadenlagen auf der Spule die Tourenzahl verlangsamt. Am gebräuchlichsten ist der Einbau zweier Konoide, auf denen der Antriebsriemen automatisch verschoben wird.

Von Wichtigkeit ist auch die Art des Auflaufens des Fadens auf die Spule. Durch eine geeignete Fadenführung muß der Faden so gelegt werden, daß das Gespinst an allen Stellen die gleichmäßige Dicke hat und der Faden von der Spule nach dem Auswaschen leicht abgezogen werden kann. Dies erreicht man dadurch, daß die einzelnen Schichten kreuzweise gelegt werden.

Die Größe der Spulen betrug anfänglich im Durchmesser 7 cm, die Länge etwa 12 bis 15 cm. Um ein leichtes Auswechseln der Spulen zu erreichen, werden

Abb. 31. Kunstseidentopfspinnmaschine. (C. G. Haubold A.-G., Chemnitz.)

sie senkrecht zur Maschine aufgesteckt. Die Spulenhalter müssen so gebaut sein, daß sie die Spulen so fest fassen, daß ein Rutschen nicht möglich ist und sie exakt aufgesteckt werden können, und daß endlich ein zentrischer Lauf der einzelnen Spulen gesichert ist. Die modernen Maschinen arbeiten zum Teil mit größeren Spulen, man ist auf einen Durchmesser von 9 bis 12 cm gegangen und hat dadurch erreicht, daß die Spinndauer bedeutend länger ist und sich dadurch die Arbeit an den Maschinen verringert hat. Um den Spinnvorgang bei dem Auswechseln der besponnenen Spulen nicht zu unterbrechen, sind meist für jede Spinnstelle zwei Spulen angeordnet. Bei den älteren Maschinen wird nach dem Vollaufen der Spulen die zweite Spulenreihe in Gang gesetzt und der Faden von Hand auf die leere Spule übergelegt. Da dieser Arbeitsgang zeitraubend ist, hat man an neueren Maschinen eine automatische Vorrichtung angebracht, durch die auf einer ganzen Maschinenseite sämtliche Fäden mechanisch von einer Spule auf die andere umgelegt werden (siehe Abb. 20).

Die Zentrifugenspinnmaschine (siehe Abb. 31 und 32) entspricht, wie erwähnt, in ihrer Spinnanordnung genau der Spulenspinnmaschine. Bei diesen Maschinen wird der Faden auch zuerst einer Abzugsrolle zugeführt, die sich in derselben Höhe befindet wie die Spule an der Spulenspinnmaschine. Der Faden läuft jedoch von dieser Abzugsrolle in einen sich schnelldrehenden Topf, so daß der Faden sofort gezwirnt wird. Bei einer Abzugsgeschwindigkeit von 45 m müssen sich diese Töpfe mit etwa 5000 Touren in der Minute drehen. Während man anfänglich den Antrieb dieser Spinntöpfe durch Schneckenräder von einer gemeinsamen Welle aus betrieb, ist man heute dazu übergegangen, den elektrischen Einzelantrieb durchzuführen (siehe Abb. 33 und 34).

Abb. 32. Topfspinnmaschine. (C. G. Haubold A.-G., Chemnitz.) Ansicht von vorn. Bei der Spinnstelle von links ist die Düse gerade herausgenommen und der Fadenführertrichter hochgeklappt, um den Spinntopf auszuwechseln.

Für die Anordnung der Spinntöpfe mit elektrischem Einzelantrieb gibt es die mannigfaltigsten Konstruktionen. Zu bedenken ist, daß es sich nicht nur um den Bau einer mit gleichmäßiger Tourenzahl laufenden Spindel handelt. Im Betriebe ist der Spinntopf großen Unregelmäßigkeiten unterworfen. Einmal tritt eine unregelmäßige Belastung durch das Einlaufen des Fadenmaterials mit anhaftendem Spinnbad auf, sodann ist es infolge des natürlichen Verschleißes nicht zu vermeiden, daß Unbalancen auftreten, wodurch der Schwerpunkt aus der Symmetrieachse verlegt wird. Da zur Erzeugung eines regelmäßigen Fadens mit gleichmäßiger Drehung ein absolut einwandfreier Lauf der Spindel verlangt werden muß, so haben die Konstruktionen eine gewisse Entwicklung durchgemacht. Der Verschleiß und die Herstellungskosten müssen in einem bestimmten Verhältnis stehen. Während die ersten Konstruktionen festgelagerte Spindeln in festeingebauten Motorgehäusen zeigten, wobei man zum Ausgleich der Unbalancen möglichst lange Spindeln verwandte, um die außerordentlich stark auftretenden Lagerdrucke zu vermeiden, ist man später dazu übergegangen, elastische Lagerungen einzuführen. Dadurch erreichte man aber auch, daß die Drehzahl durch eine stark verringerte Belastung nicht mehr zu sehr beeinflußt wurde, so daß für gleichmäßigen Lauf eine gewisse Gewähr gegeben war. Während ein Teil der Konstruktionen elastisch gelagerte Motorgehäuse zeigt, ziehen andere eine gebrochene Spindel vor, wobei allerdings die Motorwelle noch festgelagert ist. Neuerdings geht man dazu über, auch diese

Abb. 33. Zentrifugentopf mit elektrischem Antrieb. Ansicht. (Berlin-Karlsruher Industriewerke A.-G.)

Welle elastisch zu lagern. Aber auch andere Bedingungen werden an die Konstruktion gestellt. Daß die kritische Drehzahl von der Gebrauchsdrehzahl möglichst weit entfernt sein muß, ist selbstverständlich. Besonders wichtig ist die Abdichtung des Motors gegenüber den Einflüssen der Spinnbadflüssigkeit. Da der Spinntopf oberhalb des Motors gelagert ist und die Spindel einen gewissen Spielraum bei ihrem Austritt aus dem Gehäuse haben muß, sind die Motoren möglichst gut einzukapseln und die Austrittsstelle gegen herunterfließendes Bad gut abzudecken. Der absolut dichte Abschluß ist aber auch erforderlich, um die Schmierung der Spindeln ordnungsgemäß durchzuführen. Bei der hohen Tourenzahl und bei dem Bestreben, jegliche Reibung in ihrer Auswirkung auf die Drehzahl soweit wie möglich zu verringern, ist besonders auf eine gute Schmierung Wert zu legen. Ob man eine Fettschmierung oder eine zirkulierende Ölschmierung bevorzugt, hängt von der angewandten Tourenzahl ab. Auf jeden Fall müssen die verwendeten Schmiermittel von einwandfreier Qualität sein; man erspart sich dadurch viele Kosten und erhöht die Lebensdauer der Spindeln.

Abb. 34. Spinntopfmotor der Siemens-Schuckertwerke G. m. b. H. *2* Hauptleitung, *5* Schaltergehäuse, *6* Schalthebel, *7* Motorenzuleitung, *8* Aufsatzstück für den Spinntopf, *9* Schutzhaube, *11* Gummipuffer, *13* Motorgehäuse.

Im allgemeinen wird die Spindel stark beansprucht. Eine gewisse Schwere der Spinntöpfe ist nötig, damit durch die unregelmäßige Belastung, die der Betrieb ergibt, die Schwerpunktsabweichung eine nicht zu große ist. Die Spindel kann nicht beliebig verkürzt werden, da ein gewisser Zwischenraum zwischen Topf und Motor sein muß; dazu kommt die immer höher werdende Drehzahl der Spinntöpfe. Aus Zweckmäßigkeitsgründen führt man im Betriebe eine regelmäßige Kontrolle der Antriebsmotoren und der Spinntöpfe ein, wobei man feststellt, ob bei einer bestimmten zusätzlichen einseitigen Belastung noch ein ruhiger Gang vorliegt. Dem Wunsche, die Drehzahl zu erhöhen, kommt die Industrie soweit wie möglich nach. Aber der Drehzahl ist auch eine gewisse Grenze gesetzt.

Die Zentrifuge, die im allgemeinen den Herstellungsprozeß sehr verkürzt und so auf den ersten Blick eigentlich die Entscheidung, welches System zu bevorzugen ist, zugunsten dieses Systems fallen läßt, ist in der Anschaffung immer teuer und hat eine zu kurze Lebensdauer, um ohne weiteres die Spulenspinnerei aus dem Felde zu schlagen. Mit steigender Drehzahl steigt der Kraftverbrauch der Zentrifuge derartig, daß er erheblich zu den Selbstkosten beiträgt.

Man kann heute wohl sagen, betriebssicher und wirtschaftlich arbeiten die Zentrifugen bis 9000 Touren. Die Spinntöpfe müssen sehr exakt gebaut und widerstandsfähig gegen die außerordentlich hohen Zentrifugalkräfte sein. Als Werkstoff für die Zentrifugentöpfe nimmt man heute Aluminium, Aluminium mit Hartgummi überzogen, reines Hartgummi oder Formaldehydkondensationsprodukte (Preßmasse mit Fasereinlage). Die Töpfe müssen vor der Inbetriebnahme ausgewuchtet sein, um einen ruhigen Gang zu gewährleisten. Die Zentrifugenspinnmaschinen haben den Spulenspinnmaschinen gegenüber den Vorteil, daß ein Spinntopf bedeutend mehr Material aufnehmen kann als eine Spule. Wenn man auch bei der hohen Umdrehungsgeschwindigkeit, die notwendig ist, mit dem

Durchmesser der Töpfe nicht über ein bestimmtes Maß hinausgehen kann, so zeigt dennoch die moderne Entwicklung der Zentrifugenmaschine, daß man in der Auswahl der Größe der Töpfe bis an die äußerste Grenze geht. Auf diese Weise ist man in der Lage, die Laufzeit eines Spinntopfes bei einem mittleren Titer auf 5 bis 6 Stunden auszudehnen, d. h. auf etwa die dreifache Laufzeit gegenüber den Spulen.

Das Auswechseln der Spinntöpfe geschieht folgendermaßen. Bei den Maschinen mit Gruppenantrieb wird eine ganze Maschinenseite stillgesetzt, einschließlich der Spinnpumpen. Dann werden die einzelnen Töpfe herausgenommen und neue eingesetzt. Die Arbeitsmethode ist schlecht, da hierbei der Spinnprozeß unterbrochen wird. Man hat sich dadurch geholfen, daß man den Antrieb der Maschine zerlegte, so daß der Antrieb für die Spinntöpfe allein stillgelegt werden

Abb. 35. Zwirnmaschine für Glaswalzen, älteres Modell, besonders für Vorzwirnung. (Gebr. Meyer, Maschinenfabrik, Barmen.)

konnte und man während des Auswechselns der Töpfe den Faden auf die Abzugsrolle laufen ließ. Der elektrische Einzelantrieb bietet diesem Verfahren gegenüber große Vorteile, da jeder einzelne Spinntopf mit einem Ein- und Ausschalter versehen ist und außerdem Bremsvorrichtungen angebracht sind, um den Topf in möglichst kurzer Zeit zum Stehen zu bringen.

Um dem Faden in den Spinntöpfen die richtige Lage zu geben, muß auch an diesen Maschinen eine Changiervorrichtung vorhanden sein, die den Faden ähnlich legt wie auf der Spule. Hierzu wird der Faden in den Topf durch einen Glastrichter geführt, der sich genau in der Mitte des Topfes befindet und automatisch, entsprechend der gewollten Lage der Fäden, auf und abwärts bewegt wird. Die Spinntöpfe werden in einzelne Kammern eingesetzt, die noch durch einen Deckel verschlossen werden, um auf diese Weise zu vermeiden, daß die von den Fäden mitgenommene Säure in dem Arbeitsraum umherspritzt. Das Bad, das von den Fäden mitgenommen wird, kann aus den Töpfen durch Löcher, die sich in demselben befinden, abgeleitet werden. Die Kammern sind so eingerichtet, daß das sog. Schleuderbad sich hinten an der Maschine in einer Rinne sammelt und so wieder verwendet werden kann. Die Zentrifugenmaschinen sind außerdem noch mit einer intensiven Absaugvorrichtung versehen, die sich sowohl oberhalb der Maschine befindet, wie auch hinter den einzelnen Spinnkammern.

Erwähnt werden muß auch, daß in einzelnen Fabriken noch eine Abart der Spulenmaschine läuft. Bei diesen Maschinen werden als Aufwickelorgan Glaswalzen verwandt, wie sie aus Abb. 35 zu ersehen sind. Diese Spinnmethode ist von dem früheren Kupferverfahren übernommen, obwohl bei diesem Verfahren ein Arbeitsgang mehr eingeschaltet werden muß, denn die Seide muß, um gezwirnt werden zu können, von den Glaswalzen auf besondere Zwirnspulen überführt werden. Dieser vermehrte Arbeitsgang wird dadurch ausgeglichen, daß derartig große Aufwickelorgane außerordentlich lange Laufzeit haben.

Spinnbäder.

Die Spinnbäder, die für die Ausfällung der Zellulose benutzt werden, bestehen grundsätzlich aus verdünnter Säure und Salzen. Es gibt eine außerordentlich große Zahl von Vorschlägen für derartige Bäder. Heute basieren die meisten Spinnbäder auf dem Müller-Patent.

Der Zweck der Spinnbäder ist, einmal eine Koagulation der Spinnmasse und weiterhin die Regeneration der Zellulose aus dem Xanthogenat zu bewirken. Als Säure kommt nur Schwefelsäure in Frage, da sie billig ist und Metalle am wenigsten angreift; als Salz in der Hauptsache Natriumsulfat, das sich in den Spinnbädern durch den Eintritt der alkalischen Viskose bildet. Weiterhin wird vielfach ein Zusatz von Magnesiumsulfat gewählt, da das Magnesiumsulfat verhältnismäßig leicht löslich in Schwefelsäure ist. Außerdem hat man sehr viele anorganische oder organische Salze als Zusatz zu den Spinnbädern vorgeschlagen.

Zur Bereitung der Spinnbäder befindet sich in der Nähe des Spinnsaales eine besondere Anlage. Das Spinnbad wird durch die eintretende alkalische Flüssigkeit dauernd verändert. Da aber andererseits die Zusammensetzung des Spinnbades innerhalb geringer Grenzen konstant gehalten werden muß, ist es erforderlich, daß man eine genügende Spinnbadmenge zur Verfügung hat, und daß das Spinnbad sich in starkem Umlauf befindet. Man rechnet etwa 20 l Bad je Spinnstelle. Um eine Konzentrationsänderung des Spinnbades an der einzelnen Spinnstelle zu verhindern, muß man das Spinnbad mit einer gewissen Geschwindigkeit an den Spinnstellen vorbeiführen. Um den Spinnvorgang durch die Geschwindigkeit nicht zu stören, läßt man das Spinnbad an möglichst vielen Stellen der Spinnwanne eintreten und an ebenso vielen Stellen austreten. Da man unter Umständen in einer Fabrik verschiedene Spinnbäder gebraucht, wird man nicht alle Spinnstellen an ein Spinnbad anschließen, sondern die Maschinen gruppenweise mit einem Spinnbad arbeiten lassen. Das gebrauchte Spinnbad wird an eine Sammelstelle zurückgeführt. Bei einem regelmäßigen Fabrikationsgang ist der Verbrauch an Spinnbad konstant. Es sind leicht Vorrichtungen zu treffen, durch die das verbrauchte Bad ergänzt wird. Man wird also an der Sammelstelle konstant Schwefelsäure zulaufen lassen und ebenso die Ergänzung an Salzen vornehmen.

Da das Spinnbad durch den Spinnvorgang sich leicht trübt, während es wünschenswert ist, daß das Spinnbad möglichst klar verwandt wird, hat man auch hier eine Filtration eingeführt. Früher hat man vielfach das Spinnbad durch Holzwolle filtriert; dagegen wird heute entweder die Kiesfiltration oder die Filtration durch Asbestfilter, bei denen sich die Seitz-Filter bewährt haben sollen, verwendet.

Weiter müssen für die Spinnbäder Temperiereinrichtungen vorgesehen sein, um die Temperatur der Spinnbäder äußerst genau innezuhalten. Man kann die Spinnbäder in der Spinnwanne durch Dampfschlangen erwärmen, wobei aber eine scharfe Aufsicht geführt werden muß, da in den einzelnen Spinnwannen leicht Unterschiede eintreten können. Besser ist es, für mehrere Maschinen eine zentrale Temperierung einzuführen. Die Temperatur der Spinnbäder beträgt meistens 40 bis 50°. Es ist noch nicht einwandfrei gelungen, mit Spinnbädern von gewöhnlicher Raumtemperatur künstliche Fäden von gleicher Güte herzustellen.

Bei der Zusammensetzung der Spinnbäder muß man sich klar sein über die Vorgänge, die bei dem Regenerationsprozeß der Zellulose eintreten. Es wird im allgemeinen mit einer wenig konzentrierten Zelluloselösung gesponnen, im Mittel mit 7 bis 8% Zellulose. Es schrumpft also die Flüssigkeitssäule, die aus den Düsen in das Spinnbad eintritt, sehr stark zusammen. Der Fällungsprozeß der Zellulose muß nun so geleitet werden, daß die Zelluloseteilchen Zeit haben, sich so zu lagern, daß ein möglichst fester Verband entsteht. Bei dem normalen Spinnverfahren erreicht man nicht die ideale Lagerung der Kristallite, durch die die Höchstfestigkeit erreicht wird.

Die Einwirkung der Spinnbäder geht so vor sich, daß sich zuerst um den austretenden flüssigen Xanthatfaden eine dünne Zellulosehaut bildet, so daß anfänglich ein Schlauch entsteht, in dem sich noch flüssige Spinnmasse befindet. Bei der weiteren Einwirkung des Spinnbades wird durch Osmose Wasser aus der Spinnmasse herausgezogen, wodurch eine Schrumpfung der Fadenmasse eintritt; ferner wird durch die eindiffundierende Säure in dem anfangs gebildeten Schlauch die innere Masse zur Zellulose regeneriert. Dieser Vorgang verlangt eine gewisse Zeit.

Da man also einmal eine Koagulation des Fadens, andererseits eine Wasserentziehung und eine chemische Zersetzung der Viskosemasse erreichen muß, setzt man die Bäder im Prinzip so zusammen, daß die reine Säurewirkung zurückgedrängt wird. Dies erreicht man dadurch, daß man den Spinnbädern eine möglichst hohe Menge Salz zusetzt, die infolge ihrer koagulierenden Eigenschaften dem Eindringen der Säure einen gewissen Einhalt gebietet. Die Festigkeit erreicht der Faden dadurch, daß dieser bei starker Schrumpfung unter eine konstante Spannung gesetzt wird.

Man erhält bei den Viskosekunstseiden die verschiedensten Formen des Fadenquerschnittes. Früher glaubte man, aus dem Querschnitt erkennen zu können, in welchem Spinnbade der Faden gesponnen wurde. Der Querschnitt des Fadens ist aber nicht nur abhängig von der Spinnbadzusammensetzung, sondern hier spielt auch die Tauchstrecke und die Abzugsgeschwindigkeit eine gewisse Rolle. Man hat heute Querschnitte von kreisrunder, von glatter nierenförmiger und von stark gezackter Form; trotzdem sind die Eigenschaften solcher Fäden fast gleich. Eine Beeinflussung der Fadenform durch die Düsenöffnung, wie sie in vielen Patenten vorgeschlagen ist, tritt nicht ein. Der Schrumpfungsvorgang ist derartig stark, daß die ursprüngliche Form verschwindet. Die Form des Fadens ist erst kreisrund, dann bohnenartig, bis die Bohnenform sich mit ihren Enden zusammenlegt und schließlich — häufig — einen pflastersteinförmigen Querschnitt liefert.

Waschprozeß und Trocknung.

Nachdem der Faden gesponnen ist, wird er sofort von Säure freigewaschen. Bei den Spulenspinnmaschinen stellte man früher eine große Anzahl von Spulen in Holzbottiche und ließ durch diese Bottiche Wasser im Gegenstrom laufen.

Dieser Vorgang beanspruchte mehrere Tage. In der Erkenntnis, daß es für die Seide ungünstig ist, so lange im Wasser zu stehen, übertrug man das Waschverfahren, das bei den Glaswalzen angewandt wurde (siehe Abb. 36) auf die Spulenwäsche. Man reihte also mehrere Spulen auf einen Tragstock, legte diese Tragstöcke in einem Gestell übereinander und ließ von oben Wasser über die Spulen laufen. Hierdurch wurde der Waschprozeß schon bedeutend verkürzt. Eine Beschleunigung des Waschprozesses wurde auch dadurch noch erreicht, daß man die Spulen von Zeit zu Zeit dem heruntertropfenden Wasser unter Umlegen entgegenbewegte. Bei diesem Waschverfahren wird die äußerlich anhängende Säure schnell abgewaschen. Die Säure der unteren Lagen oder bei durchlochten Spulen der Mittelschichten mußte durch osmotische Wirkungen herausgebracht werden. Zwangsläufig ergab sich aus dieser Waschmethode das heute allgemein übliche Verfahren, das schematisch in Abb. 37 dargestellt ist. Im Prinzip arbeiten die neuen Waschverfahren alle derartig, daß man mehrere Spulen zu einer Röhre vereinigt. Man läßt die Waschflüssigkeit entweder durch Druck von innen nach außen durch das Gespinst hindurchdringen, oder man saugt durch Vakuum von außen die Waschflüssigkeit nach innen. Dieses Waschverfahren hat zur Voraussetzung, daß das Gespinst auf der Spule exakt aufgelaufen ist. Die Löcher, die sich in den Spulen befinden, müssen auch am Rande gleichmäßig bedeckt sein; andererseits muß der Faden so gleichmäßig auf die Spule aufgewickelt sein, daß das Waschwasser gezwungen ist, gleichmäßig durch das Gespinst hindurchzugehen. Da man bei diesem Verfahren ein richtiges Ausspülen der Fadenmasse vornimmt, kann dieser Waschprozeß bis auf die Zeit abgekürzt werden, die notwendig ist, um eine Spule zu bespinnen. Dies bedeutet gegenüber dem ursprünglichen Waschverfahren eine außerordentliche Ersparnis an Zeit und an Wasser.

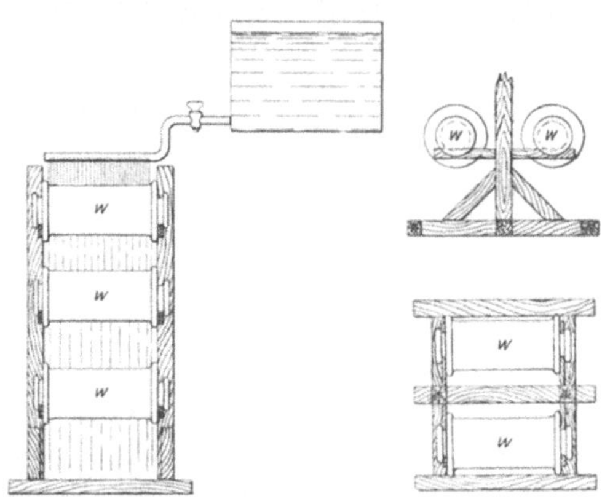

Abb. 36. Spulenwaschvorrichtung.
w Walzen oder Bobinen nach Framery und Urban. (D.R.P. 111409.)

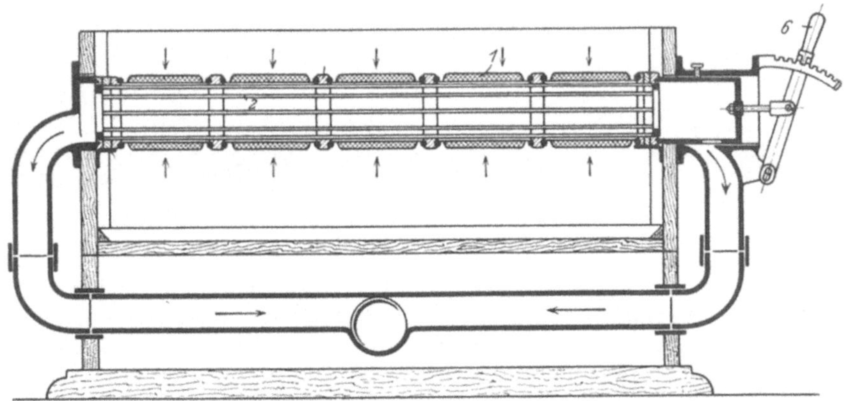

Abb. 37. Spulenwaschmaschine. (O. Kohorn & Co., Maschinenfabrik, Chemnitz i. Sa.)

Bei der Zentrifugenseide arbeitete man anfänglich ziemlich umständlich, indem man den Faden nach dem Spinnen auf einen Haspel zu einem Strang aufhaspelte. (siehe Abb. 38). Dieser Vorgang war unangenehm, da man mit dem sauren Faden arbeiten mußte, wodurch das Maschinenmaterial sehr zu leiden hatte; ebenso war es für die Arbeiter keine angenehme Tätigkeit. Sobald die Seide in Strangform gebracht war, wurden mehrere Stränge auf einen Stab gehängt und nun auf einem Förderband oder von Hand unter einer Wasserbrause durchgeführt. Später hat man auf die verschiedenste Weise versucht, den Kuchen direkt säurefrei zu waschen. Hierfür sind die mannigfaltigsten Vorschläge gemacht worden. Der eine Teil der Erfindungen geht dahin, die Seide in dem Spinntopf zu lassen und darin auszuwaschen, sei es, indem man den Topf rotieren läßt und nun die Waschflüssigkeit in das Innere des Topfes bringt und durch die Schleuderkraft durch das Gespinst nach außen austreten läßt, oder daß man durch Druck, ähn-

Abb. 38. Kuchenhaspelmaschine für Zentrifugenspinnerei. (O. Kohorn & Co., Maschinenfabrik, Chemnitz i. Sa.)

lich wie bei den Spulen, die Waschflüssigkeit bei ruhendem Spinntopf durchdringen läßt. Die anderen Verfahren gehen dahin, den fertig gesponnenen Spinnkuchen aus dem Topf herauszunehmen und ihn nun unter Zuhilfenahme geeigneter Hilfsapparaturen mit mehreren anderen zu einer Säule zu vereinigen, ähnlich den Spinnspulen, wobei man dann das Wasser durch Druck von innen nach außen durch die Spinnkuchen durchdrückt. Eine gewisse Schwierigkeit ergibt sich aus der Notwendigkeit, die Form des Spinnkuchens zu erhalten, um den Faden nachträglich einwandfrei abziehen zu können. Man muß hierbei berücksichtigen, daß der Faden während des Waschprozesses arbeitet, da das Volumen des Fadens in Säure ein anderes ist als in Wasser. Durch das Auswaschen tritt anfangs eine Quellung und dann eine Längung des Fadens ein, denen die Stützaggregate gerecht werden müssen.

Man hat auch verschiedentlich vorgeschlagen, den Waschwässern alkalische Flüssigkeiten zuzusetzen, um dadurch den Waschprozeß abzukürzen. Aber ganz abgesehen davon, daß durch diese Zusätze eine Verteuerung in der Herstellung bewirkt wird, haben sich diese Vorschläge nicht durchsetzen können, da hierdurch unter Umständen bei dem nachherigen Trocknungsprozeß Salze in Kristallform zur Ausscheidung kommen, die den Faden beschädigen können.

An den Waschprozeß schloß sich früher allgemein, heute nur noch vereinzelt der Trockenprozeß an. Bei der Spulenseide geschah dies, um den später erforderlichen Zwirnvorgang besser durchführen zu können. Bei der Zentrifugenseide glaubte man, daß durch diese sog. erste Trocknung dem Faden besondere Eigenschaften beigelegt würden. Die Spulen wurden getrocknet, indem sie, zu größeren Mengen auf einen Wagen vereinigt, durch einen Trockenapparat geschickt wurden. Einen derartigen Trockenkanal zeigt Abb. 39. Die Luftführung ist zu ersehen aus Abb. 40. Wichtig bei allen Trockenapparaten ist, daß die Luftzuführung, di immer im Gegenstromprinzip arbeitet, so eingerichtet wird, daß alle Spulen gleichmäßig getrocknet werden, und daß eine Überhitzung

Abb. 39. Trockenapparat. Ansicht. (Maschinenfabrik Friedr. Haas, Lennep, Rhld.)

einzelner Spulen nicht eintreten kann. Die Einrichtung der neuzeitigen Trockenschränke ist so, daß die Seide nicht übertrocknet wird, sondern daß sie mit einem gewissen Feuchtigkeitsgehalt aus den Trockenschränken herauskommt. So einfach auch das Verfahren der Trocknung aussieht, sind dennoch damit gewisse Schwierigkeiten verbunden. Man hat erkannt, daß es nicht richtig ist, das Gespinst auf einer festen Unterlage zu trocknen. Durch den Trocknungsprozeß tritt eine Schrumpfung des Fadens ein, die jedoch in den Fadenlagen nächst der Spule verhindert wird. Dadurch wird der Faden einer starken Spannung ausgesetzt, die sich späterhin in den physikalischen Eigenschaften auswirkt; ähnlich dem gezogenen Eisendraht entsteht durch die Spannung eine höhere Festigkeit unter Verringerung der Dehnbarkeit. Die Fäden, die sich außen an der Spule befinden, trocknen unter anderen Voraussetzungen, denn durch die Schrumpfung der gesamten Masse können die äußeren Lagen der Fäden ihrem Schrumpfungsvermögen teilweise nachgeben. Auch hier liegen verschiedene Vorschläge vor, diesen Nachteil der Trocknung auf fester Unterlage zu umgehen, indem man versucht hat, elastische Spulen zu nehmen oder aber die Spule selbst mit einem elastischen Polster zu überziehen. Die Bedenken, die man gegen diese Trocknung hegt, kann man in der Praxis dadurch umgehen, daß man den Trocknungsprozeß so leitet, daß der Faden nicht übertrocknet wird, denn nur hierbei kann es eintreten, daß die einmal entstandenen physikalischen Eigenschaften bei einer darauffolgenden Wäsche nicht reversibel sind.

Bei der Zentrifugenseide hat man früher auch allgemein nach der Wäsche einen Trocknungsprozeß eingeschaltet. In der Erkenntnis, daß bei einem Trocknen unter Spannung eine höhere Festigkeit entsteht, brachte man die ausgewaschenen Stränge auf zwei Metallknüppel, die in eine Spannvorrichtung eingelegt wurden, die sich auf einem Wagen befand, und ließ nun die Stränge unter einer genau eingestellten Spannung in Trockenkammern oder Trockenkanälen trocknen.

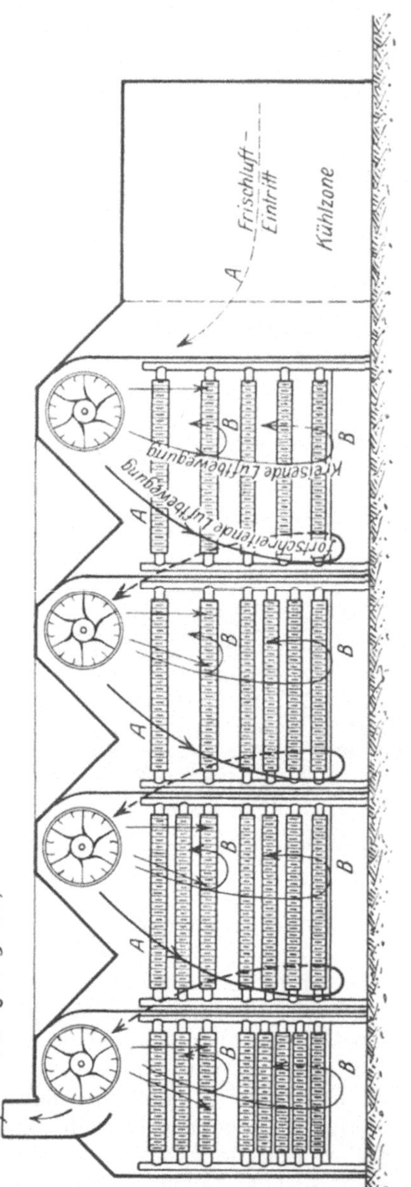

Abb. 40. Trockenapparat. Luftführung. (Maschinenfabrik Friedr. Haas, Lennep, Rhld.)

4. Zwirnung und Haspelung.

Nach der Trocknung muß die Seide der Spulenspinnmaschine dem Zwirnprozeß unterzogen werden. Hierzu benutzt man im allgemeinen Etagenzwirnmaschinen (siehe Abb. 41), deren Leistungsfähigkeit an folgendem Beispiel gezeigt werden möge:

Bei

Kettdrehungen	200
Tourenzahl der Spindel .	5000
Titer	150 (9000 m)

leistet eine Spindel 12000 m in 8 Stunden = 200 g, 360 Spindeln (eine Maschine) liefern also theoretisch 72 kg/Tag, wovon 10% abzuziehen sind, um die praktisch erreichbare Zahl 63,8 kg/Tag zu erhalten.

Diese Maschinen sind entweder mit zwei oder drei Etagen gebaut. Zum Zwecke der Zwirnung wird die Spule unter Zuhilfenahme eines Zwirntellers auf eine Spindel gesteckt, die bis zu 6000 Touren in der Minute macht. Von der Spindel wird der Faden über einen Fadenführer zu einer horizontal laufenden Walze geleitet. Der Antrieb der Spindel geschieht durch Riemen, die an den Spindeln einer ganzen Etage vorbeigeführt werden. Die Spindeln sind teilweise mit einer Federung versehen, so daß sie fest den Riemen anliegen, wodurch eine gleichmäßige Zwirnung hervorgerufen wird. Die Seide läuft auf die Abzugswalzen kreuzförmig auf, damit der Faden später leicht abgezogen werden kann.

Das Aufnehmeorgan wird durch eine Mitnehmerwalze in Bewegung gesetzt. Wir haben also keinen zwangsläufigen Abzug, sondern er wird durch Friktion bedingt. Damit der Abzug möglichst gleichmäßig vor sich geht, wird die Auf-

Abb. 41. Etagenzwirnmaschine, Ansicht. (Maschinenfabrik Hamel, Chemnitz.)

nahmespule beschwert, wobei aber die Beschwerung nicht so weit gehen darf, daß die Seide, die auf den Mitnehmerwalzen läuft, beschädigt wird. Das Faden-

Abb. 42. Haspelmaschinen für Spulenseide. (O. Kohorn & Co., Maschinenfabrik, Chemnitz.)

führermaterial an diesen Maschinen muß einwandfrei, vor allem sehr hart sein, damit der Zellulosefaden nicht einschneidet. Am sichersten wendet man hier Porzellanführer an. Von Wichtigkeit ist, daß die Seide eine genügende Feuchtigkeit enthält. Zu diesem Zwecke bringt man die Spulen vor dem Zwirnprozeß, sofern nicht mit dem Trockenschrank eine ausreichende Feuchtzone verbunden ist, in Schränke oder Kammern, worin man die Spulen 24 Stunden in feuchter Luft stehen läßt. Da die Seide ein schlechter Leiter für elektrische Ströme ist und sich deshalb sehr leicht stark elektrisch auflädt, sorgt man dafür, daß die Räumlichkeiten, in denen die Zwirnmaschinen stehen, unter möglichst hoher Luftfeuchtigkeit gehalten werden. Die Seide wird mit verschiedener Zwirnung hergestellt, d. h. für Schuß bekommt die Seide etwa 100 Umdrehungen je laufendes Meter, bei Kette 220 Touren. Diese Möglichkeit, verschiedene Zwirnungen direkt herzustellen, gab bisher der Spulenspinnmaschine einen gewissen Vorteil gegenüber der Zentrifugenspinnmaschine. Aus spinntechnischen Gründen muß bei der Zentrifugenspinnmaschine mit einer gleichmäßigen Abzugsgeschwindigkeit gesponnen werden, und da bisher die Spinntöpfe nur bis zu 6000 Touren machten, stellte man auf diese Weise nur Material mit 100 Touren her. Wollte man Kettfäden herstellen, so mußte die im Spinnprozeß gezwirnte Seide nachher nochmals nachgedreht werden. Heute sind allerdings auch schon Bestrebungen im Gange, die Tourenzahl der Spinntöpfe so zu erhöhen, daß Kettfäden direkt hergestellt werden können.

Abb. 43. Haspel, zusammengeklappt. Strang ist gefitzt und ist zur Abnahme bereit.

Mit dem Arbeitsgang der Zwirnerei ist die Haspelei verbunden. Bis vor einigen Jahren wurde alle Seide in Strangform verkauft. Dazu ist erforderlich, daß der gezwirnte Faden auf einer Haspelmaschine kreuzweise aufläuft (Abb. 42). Hierbei wird der Faden von der Zwirnspule über Kopf gezogen und auf einen vier- oder sechsarmigen Haspel gebracht. Diese Maschinen laufen mit 300 bis 400 m Abzugsgeschwindigkeit. Der Faden läuft in einer Breite von etwa 10 cm regelmäßig gekreuzt auf. Auch in diesen Arbeitsräumen sorgt man dafür, daß eine möglichst hohe Luftfeuchtigkeit herrscht. Die Stränge werden aus wirtschaftlichen Gründen so lang wie möglich hergestellt, natürlich dürfen bei der Verarbeitung dadurch keine Schwierigkeiten entstehen. Man stellt z. B. Stränge von 80 g, ja von 120 g her. Um die Fadenlage nach dem Abnehmen der Stränge von dem Haspel zu erhalten, wird das Kreuz durch Unterbinden (Fitzung) in seiner Lage fixiert (siehe Abb. 43). Meistens kennzeichnet man noch die äußere Seite des Stranges, damit bei der späteren Verarbeitung ein leichtes Ablaufen des Stranges ermöglicht wird.

5. Entschwefelung, Bleiche, Avivage und Trocknung.

Bei beiden Verfahren wird die Seide jetzt einer chemischen Nachbehandlung unterzogen. Diese besteht darin, daß man der Seide den elementaren Schwefel entzieht und den Faden bleicht. Um diesen Prozeß durchzuführen, bringt man eine Reihe von Strängen auf Stäbe und zieht die Stränge, ähnlich wie in der Färberei, auf den Behandlungsbädern um. Während man anfänglich allgemein diese Arbeitsmethode von Hand vorgenommen hat, ist man auch hierbei, ähnlich wie in der Färberei, zu einer mechanischen Behandlung übergegangen.

Bei der mechanischen Behandlung haben sich prinzipiell zwei Verfahren herausgebildet. Bei dem einen Verfahren werden die Stränge auf Porzellanwalzen gelegt. Diese sind zu einem größeren Aggregat vereinigt, wie aus Abb. 44 zu ersehen ist. Nachdem die Seide in einem Bade behandelt worden ist, wird der ganze Träger mit den Porzellanrollen hochgehoben und auf das nächste Bad gesetzt. Während der Behandlung rotieren die Walzen langsam, so daß die Fäden

Abb. 44. Wasch- und Umziehmaschine. (Maschinenfabrik Gerber-Wansleben, Krefeld.)

durch Eintauchen und gleichzeitiges Durchziehen mit der Behandlungsflüssigkeit in Berührung kommen.

Die andere Arbeitsweise besteht darin, daß die Stränge auf Stäbe gelegt werden, die nun durch einen Apparat auf einem fortlaufenden Bande fortbewegt

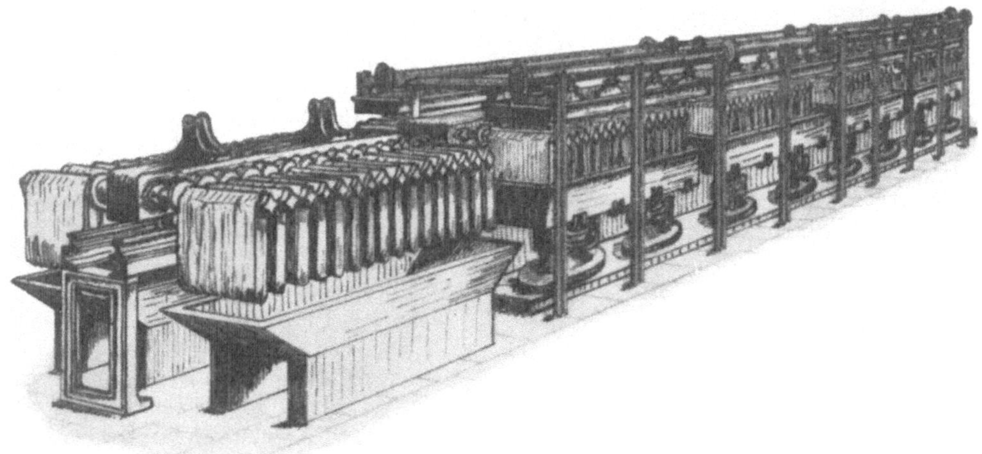

Abb. 45. Berieselungsmaschine. (Maschinenfabrik Gerber-Wansleben, Krefeld.) D.R.P. 506978.

werden (siehe Abb. 45). Die Behandlung mit den verschiedenen Flüssigkeiten wird so vorgenommen, daß die Stränge in den einzelnen Abteilungen dieses Apparates mit den betreffenden Flüssigkeiten berieselt werden. Hierzu ist in Abb. 46 ein Situationsplan angegeben.

Die Anordnung der Behandlungsbäder ist im allgemeinen folgende. Zuerst wird die Seide bei etwa 40^0 bis 90^0 auf Schwefelnatrium oder Natriumsulfit gesetzt, um auf diese Art den Schwefel, der sich bei der Zersetzung im Spinnbade im Faden ausgeschieden hat, herauszulösen. Zu gleicher Zeit werden auch metallische Verunreinigungen in Sulfide überführt. Die Schwefelnatriumlösung läßt man während der Behandlung durch die Barken kontinuierlich durchlaufen oder pumpt sie beim Berieselungsverfahren kontinuierlich um. Die Entschwefelungsbäder werden während der Arbeitszeit dauernd regeneriert, denn je nach der Konzentration der Entschwefelungsbäder tritt eine verschiedene Quellung des Fadens ein; durch die Nachbehandlung mit Alkalien können deshalb die physikalischen Eigenschaften der Seide geändert werden. Es muß darum darauf geachtet werden, daß die Konzentration der Bäder und die Temperatur sehr genau konstant bleiben. Es ist zweckmäßig, die Bäder jede Woche einmal vollkommen zu erneuern. Nach dem Entschwefeln wird die Seide mit Wasser behandelt, um das Alkali auszuwaschen. Da es praktisch schwer durchzuführen ist, das Alkali vollkommen mit Wasser herauszuwaschen, setzt man die Seide nachher auf verdünnte Salzsäure. Darnach wird wiederum mit Wasser gespült. Zum Schluß legt man die Seide in ein Seifenbad ein. Ein Situationsplan einer Wasch- und Umziehmaschine (Porzellanwalzen) ist aus Abb. 47 zu ersehen.

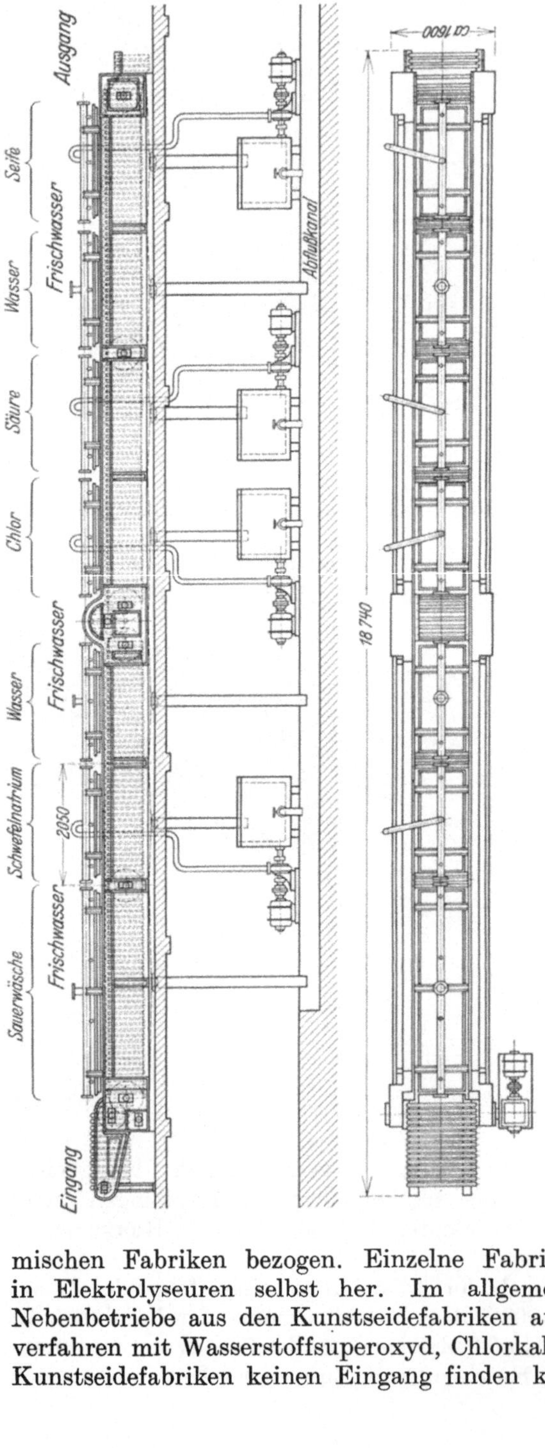

Abb. 46. Berieselungswaschmaschine (Situationsplan). (Maschinenfabrik Gerber-Wansleben, Krefeld.)

In den meisten Fabriken ist die Entschwefelung vereinigt mit der Bleiche. Hier wird so gearbeitet, daß nach der Entschwefelung gespült und dann die Seide auf eine Bleichlauge gesetzt wird. Bevorzugt wird als Bleichlauge Natriumhypochlorit. Die Hypochloritlösung wird im allgemeinen fertig aus den chemischen Fabriken bezogen. Einzelne Fabriken stellen sich die Bleichlauge in Elektrolyseuren selbst her. Im allgemeinen versucht man aber, diese Nebenbetriebe aus den Kunstseidefabriken auszuschalten. Die anderen Bleichverfahren mit Wasserstoffsuperoxyd, Chlorkalk, Perborat, Activin haben in den Kunstseidefabriken keinen Eingang finden können. Auch die Bleichlauge muß einer dauernden Kontrolle unterzogen sein, damit der Bleichgrad immer derselbe bleibt. Nach der Bleiche setzt man die Stränge auf Wasser.

Unter Umständen setzt man noch ein Bad mit Antichlor dazwischen; daraufhin säuert man ab, spült die Säure mit Wasser aus und bringt dann die Seide in ein Seifenbad, um der Zellulose einen etwas geschmeidigeren Griff zu geben. Nach dem Seifen der Seide wird sie in Zentrifugen eingebracht, indem man eine größere Anzahl von Strängen in Tücher einschlägt, um die überschüssige Seifenlauge abzuschleudern.

Nach dem Abschleudern kommt die Seide in Trockenschränke oder Trockenkanäle, je nach dem vorhandenen Raum. Hierbei wird die Seide in Strangform auf Stäbe gehängt, die in einen größeren Rahmen eingelegt werden, der nun automatisch durch einen Trockenschrank geführt wird. Vereinzelt findet man in Kunstseidefabriken noch die reine Kammertrocknung, bei der die Seide längere Zeit in geheizte Trockenräume gehängt wird.

Mit dieser Trocknung ist der eigentliche Herstellungsprozeß der Kunstseide beendet. Gewöhnlich ist dieser Abteilung noch die Sortierung der Seide angeschlossen, bei der die Stränge nach verschiedenen Verkaufsqualitäten ausgesucht werden.

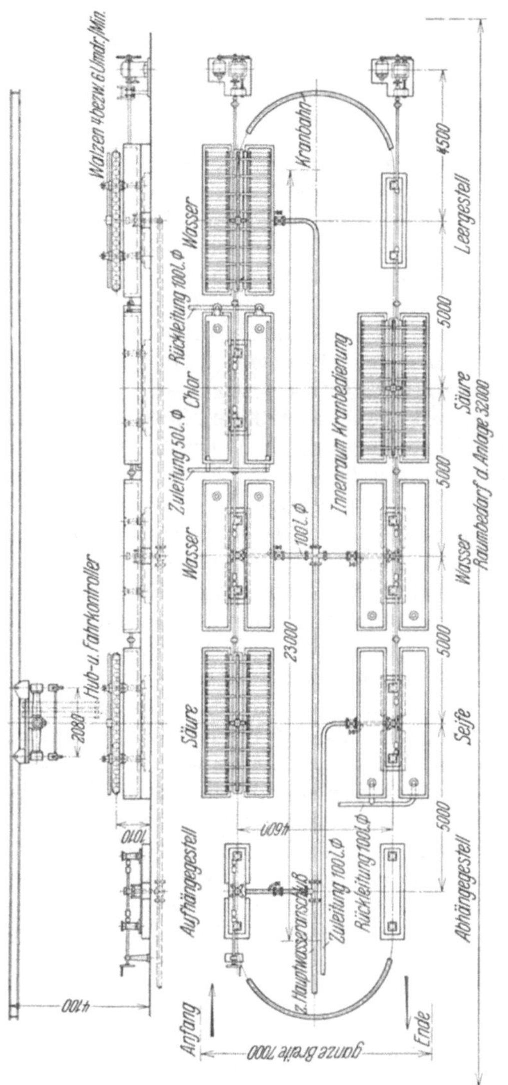

Abb. 47. Situationsplan einer Wasch- und Umziehmaschine. (Maschinenfabrik Gerber-Wansleben, Krefeld.)

C. Neuere Verfahren zur Herstellung der Kunstseide.

Wie schon vorher erwähnt, befindet sich die Kunstseidenfabrikation in einer gewissen Umstellung. Die scharfe Vermehrung der Produktion und die dadurch entstehende Konkurrenz hat die Kunstseidenindustrie gezwungen, den gesamten Arbeitsvorgang so rationell wie nur möglich zu gestalten. Aus der vorhergehenden Beschreibung ist als charakteristisch für die Kunstseidenindustrie zu ersehen, daß sie mit außerordentlich kleinen Arbeitseinheiten umgehen muß. Es ist heute noch nicht vorauszusehen, in welcher Richtung größere Änderungen in der Fabrikation eingeführt werden. Das Ziel wird jedoch sein, den gesamten Arbeitsgang kontinuierlicher und einheitlicher zu gestalten. Im großen und ganzen hat man bisher an der eigentlichen Apparatur wenig geändert, man hat nur versucht, einzelne Arbeitsgänge auszuschalten.

Schon lange sind Bestrebungen im Gange, den Herstellungsgang der Viskose zu verkürzen. Bis jetzt sind immerhin noch 7 Tage für die Herstellung der Viskose üblich, gerechnet vom Tauchprozeß bis zum Verspinnen. Man hat jedoch auch in großem Maßstabe diese Zeit auf 30 bis 40 Stunden abgekürzt. Dabei fällt die Vorreife fort, und die Viskose macht nur eine 24stündige Nachreife durch. Aus der Patentliteratur ist zu ersehen, daß die Tendenz allgemein dahin geht, sowohl von der Vorreife- wie von der Nachreifezeit abzukommen.

Bei der Spinnerei geht neuerdings das Bestreben dahin, die Abzugsgeschwindigkeiten zu erhöhen. Während man sich jahrelang mit einer Abzugsgeschwindigkeit von 45 m begnügte, in einzelnen Fabriken wohl mit 60 m Abzugsgeschwindigkeit gearbeitet wurde, findet man heute schon Abzugsgeschwindigkeiten bis fast 100 m. Die Möglichkeit, diese höheren Abzugsgeschwindigkeiten einzuführen, hängt damit zusammen, daß es in den letzten Jahren gelungen ist, den Spinnprozeß absolut sicher und einwandfrei durchzuführen, so daß ein Brechen des Fadens während einer Spinnperiode, die in den meisten Fabriken sechs Tage dauert, kaum eintritt.

Die höhere Abzugsgeschwindigkeit brachte natürlich den Wunsch nach größeren Aufwickelorganen. Während man früher damit zufrieden war, bei einem Faden von 120 den. 3000 m auf eine Spule auflaufen zu lassen, hat man heute die Spule als solche vergrößert und dadurch eine größere Lauflänge erreicht. Andererseits läßt man prinzipiell mehr Seide auf eine Spule laufen, da man die üblichen Waschmethoden verlassen hat. Um sich einen Begriff zu machen von der Menge Spulen, die bis dahin für einen Betrieb nötig waren, ist in Betracht zu ziehen, daß nach dem früheren Verfahren auf eine Spule bei 100 den. nur etwa 30 g Seide auflaufen. Bei einer Produktionsgröße, die erst bei 3000 kg anfängt rentabel zu werden, bedeuten diese kleinen Aufwickelorgane eine außerordentliche Belastung des Betriebes.

Eine Änderung im Herstellungsverfahren, die wohl allgemein in allen Spulenfabriken mindestens teilweise durchgeführt wird, besteht darin, daß die Zwischentrocknung der Seide vollkommen aufgegeben ist. Nach dem Spinnen wird die Seide auf der Spule entsäuert und anschließend daran sofort entschwefelt und gebleicht. Nachdem anfänglich nach Einführung der Druck- oder Saugwäsche der Entsäuerungsprozeß bedeutend vereinfacht war, ging man kurzerhand auch dazu über, auf dieselbe Weise die Entschwefelung und die Bleiche durchzuführen. Durch Einführung dieser Verfahren gewinnt man nicht nur an Zeit und an Arbeitslohn, sondern, was viel wichtiger ist, die Qualität der Seide wird gehoben. Die bis dahin üblichen vielen getrennten Arbeitsgänge gaben Anlaß zu mancherlei Verletzungen der Seide. Vor allem ist in dieser Richtung die Vermeidung der Strangform, wie später ausgeführt, von großer Bedeutung. Während man früher die Strangform unbedingt nötig hatte, um die Qualität der Seide prüfen zu können, ist dies heute unnötig, da die meisten Kunstseidenfabriken so exakt arbeiten und eine so scharfe Kontrolle während des Betriebes eingeführt haben, daß eine nachträgliche Kontrolle nicht mehr erforderlich ist.

Um auch dem Verarbeiter der Kunstseide eine Verbilligung zu bringen, ist man allgemein dazu übergegangen, in den Kunstseidenfabriken die knotenfreie Lauflänge soweit wie möglich zu vergrößern und die Seide in der Form zu liefern, wie sie der Verarbeiter braucht. Bei den Spulenfabriken ist als gesonderter Arbeitsgang noch der Zwirnprozeß erforderlich. Dieser ist neuerdings an das Ende der Fabrikation gelegt, da der Entschwefelungs- und Bleichvorgang anschließend an die erste Wäsche gelegt ist. Bei dem Zwirnprozeß stellt man zylindrische oder konische Kreuzspulen oder Kötzer direkt her.

Bei dem Zentrifugenverfahren sind selbstverständlich alle diese Neuerungen gleichfalls durchgeführt. Einzelne Fabriken sind dazu übergegangen, den Faden in der Form an die Kundschaft zu liefern, wie er gesponnen wird, d. h. der Spinnkuchen bleibt in seiner ursprünglichen Form während aller Nachbehandlungen erhalten und wird von den Verarbeitern direkt weiter benutzt. Dem Verarbeiter muß daran liegen, einen Faden zu bekommen, der möglichst wenig Knoten hat, da sich dieser Faden leichter und einwandfreier verarbeiten läßt. Während nun die Zentrifugenfabriken schon immer Fäden in einer Länge von 9000 bis 12000 m herstellten, ohne daß sich darin ein Knoten befand, mußte dieser Faden durch die bis dahin übliche Verkaufsmethode in Längen von 3000 m zerschnitten werden, um dann unter Umständen beim Verarbeiter wieder aneinandergeknotet zu werden. Die Zentrifugenfabriken haben augenblicklich den Spulenfabriken gegenüber den Vorteil, daß sie fast jede gewollte Lauflänge herstellen.

D. Die verschiedenen Spezialprodukte aus Viskose.

1. Feine Fäden.

Die Viskose wird zum größten Teile zur Herstellung von Fäden benutzt, bei denen sich der Einzeltiter des Fadens heute zwischen 2 und 5 den. bewegt. Im Laufe der Entwicklung der Kunstseide ist zu beobachten, daß sich das Bestreben geltend machte, den Einzeltiter immer feiner herzustellen. Im Anfang stellte man Einzeltiter von 10 den. her. Der Wunsch, feine Einzeltiter herzustellen, beruht darauf, der Kunstseide hauptsächlich zwei Eigenschaften zu nehmen, die ihrer Anwendung in weitem Umfang im Wege standen: der starke metallische Glanz und die Eigenschaft des Knitterns. Darunter versteht man die Eigenschaft, die auch dem Baumwollgewebe eigentümlich ist, daß Kniffe und Falten, die beim Zusammenpressen entstehen, nicht von selbst wieder verschwinden. Je feiner nun der Einzelfaden ist, desto mehr verschwindet der metallische Glanz und um so weniger zeigt der Faden die Eigenschaft des Knitterns.

Da die natürliche Seide durchweg einen Einzeltiter von 1 den. zeigt, ist man auch in der Kunstseide bestrebt, diese feinen Fäden herzustellen. Hier scheint sich besonders das Verfahren, mit unreifer Viskose zu spinnen, bewährt zu haben. Man erreicht auf diese Weise tatsächlich Fäden, die im Gewebe eine Geschmeidigkeit ergeben, die der echten Seide fast gleich ist. Bis vor kurzem war es nur bei der Herstellung der Kupferseide möglich, derartig feine Fäden herzustellen, aber die neueren Erfahrungen in der Viskoseindustrie zeigen, daß auch hier so feine Fäden erzielt werden können. Die Verfeinerung und die Vollendung, die in der Herstellung der Viskose in der Praxis immer mehr Platz gegriffen haben, haben es ermöglicht, den Spinnprozeß auch bei Anwendung feinster Spinnöffnungen — es wird hier teilweise mit Düsenöffnungen von 0,05 mm gearbeitet — so einwandfrei durchzuführen, daß derartige Fäden ohne Schwierigkeiten hergestellt werden können.

2. Lilienfeld-Seide.

Das Problem der Herstellung feinster Einzelfäden ist noch durch ein anderes Verfahren akut geworden, durch das Lilienfeld-Verfahren. Lilienfeld ist von dem alten Gedanken, den künstlichen Faden aus der Viskose herzustellen, indem man

Bäder anwendet, die den Koagulations- und Zersetzungsprozeß verhältnismäßig langsam vor sich gehen lassen, abgewichen und verwendet als Badflüssigkeit hochprozentige Schwefelsäure (65 bis 85%), wodurch er eine Plastifizierung des Fadens erreicht, verbunden mit einer irreversiblen Quellung. Da zu gleicher Zeit bei dem Verfahren eine Streckung des Fadens angewandt wird, so können sich bei diesem Spinnprozeß die Zellulosemoleküle gleichrichten, wodurch der Faden eine außerordentliche Festigkeit erreicht. Durch die Streckung wird die Naßfestigkeit dieser Fäden derartig gesteigert, daß man praktisch eine Seide erhält, die absolut wasch- und kochfest ist.

Lilienfeld schlägt auch vor, diesem Herstellungsprozeß ein Schrumpfungsverfahren anzufügen, um dadurch zu gleicher Zeit eine hohe Dehnbarkeit zu erreichen, ohne daß die Festigkeit darunter leidet.

Von anderer Seite her sind Verfahren bekannt geworden, die ähnliche Resultate erzielten wie die oben genannten Verfahren.

Praktisch haben sich aber die Verfahren nicht durchsetzen können, die auf Seide mit extremer Festigkeit hinarbeiten, da mit dieser zwangsläufig eine Sprödigkeit verknüpft ist, durch die der Faden unbrauchbar wird. Fabrikatorisch besteht die große Schwierigkeit, die starken Säurebäder bei konstanter Konzentration zu erhalten: die Seide fällt sehr ungleichmäßig aus.

3. Matte Fäden.

Man hat sich auch vielfach bemüht, den starken metallischen Glanz von künstlichen Fasern auf andere Weise als durch Herstellung feinster Fäden zu unterdrücken. Da der reine Kunstseidenfaden durchsichtig wie Glas ist, hat man versucht, eine starke Streuung der reflektierten Strahlen dadurch zu erreichen, daß man der Viskose gewisse Zusätze zufügte, die im fertigen Faden unverändert ausfallen. Teilweise hat man versucht, durch Schwefeleinlagerungen die Brechung der Lichtstrahlen zu erzielen. Bewährt hat sich aber im Großverfahren nur die Hinzufügung von Ölen oder Paraffin zu der Viskose. Man war hierbei darauf bedacht, diese Beimischungen in feinster Verteilung in den Faden hineinzubringen. Hierzu war erforderlich, daß man intensive Mischvorrichtungen herstellte, die die Gewähr gaben, daß die Öle in feinster Verteilung in der Viskose vorlagen. Außer der Anwendung von Ölen hat man auch Petroleum und alle möglichen organischen Flüssigkeiten der Viskose zugesetzt. Die Verfahren, die darauf beruhen, irgendwelche kristallinischen Niederschläge aus Bariumsalzen, Metalloxyden (wie TiO_2) oder Silikaten zu erzielen, haben sich an verschiedenen Orten eingeführt, weniger die Verfahren, die auf der Anwendung von Aluminiumsalzen und nachträglicher Einwirkung von Seifen beruhen. Die Versuche, den Faden nach seiner Herstellung durch irgendeine nachträgliche Behandlung zu mattieren, haben lange keinen Erfolg gehabt, werden aber immer wieder vorgeschlagen, ebenso die Nachbehandlung im textilen Fertigprodukt. Der starke metallische Glanz der anfänglich hergestellten künstlichen Fäden kann schon durch das Spinnbad herabgemindert werden, indem man Spinnbäder anwendet, die die Oberfläche des Fadens in der Längsrichtung in feine Kanäle aufteilen. Allerdings verlangt die Mode mitunter einen noch viel geringeren Glanz.

4. Luftseide.

Ein anderes Produkt, das man aus Viskose herstellt und das auch die Eigenschaft hat, sich durch einen seidenartigen Glanz auszuzeichnen, ist die sog. Luftseide (Celta). Bei der Herstellung dieser Seide war aber nicht maßgebend, ein seidenglänzendes Produkt herzustellen, sondern der künstlichen Seide eine Eigenschaft zu nehmen, die häufig unangenehm empfunden wurde, nämlich, daß die künstlichen Fasern ein zu guter Wärmeleiter waren und infolgedessen bei der Anwendung in der Bekleidungsindustrie kalt wirkten; auch ist der normale Kunstseidenfaden nicht für alle Zwecke füllig genug. Es wurde darum versucht, in Nachahmung des Baumwoll- und des Wollfadens, einen Faden mit einem Hohlraum herzustellen.

Zu diesem Zwecke werden der Viskose Substanzen zugesetzt, die bei dem Spinnprozeß durch die Einwirkung der Säure oder der Wärme des Spinnbades eine Gasentwicklung geben und auf diese Weise einen Hohlraum in dem künstlichen Faden herstellen. Die im Handel befindliche Luftseide zeigt im allgemeinen keinen wirklichen Hohlraum. Man erkennt aber wohl, daß bei dem Spinnprozeß ein Hohlraum vorhanden gewesen ist, der nachher zusammengefallen ist. Immerhin zeigt dieses Material Eigenschaften, die sehr begrüßenswert sind, denn aus Celta hergestellte Stoffe geben wirklich ein gewisses Wärmegefühl, und der Faden zeigt einen Völligkeitsgrad, den normale Kunstseide nicht hat, so daß der Weber bei Anwendung von Luftseide tatsächlich weniger Fäden einzuschießen braucht, um eine gewollte Decke zu erreichen. Die größere Völligkeit ist dadurch zu erklären, daß der Einzelfaden aus einem breiten doppelten Bändchen zu bestehen scheint. Trotz dieser Vorzüge haben sich diese Fäden, die schon einmal in verhältnismäßig großem Maßstabe auf dem Markte waren, in Deutschland nicht auf die Dauer durchsetzen können.

5. Stapelfaser.

Die Stapelfaser, ein kurz-„stapeliges“ Produkt (Länge der Faser etwa wie bei Wolle oder Baumwolle), wird durch Zerschneiden einer auf besonders verbilligtem Wege gewonnenen Viskosefaser hergestellt.

Man spinnt die Kunstfaser auf große Haspel. Nach dem Spinnen wird die Seide in Strangform säurefrei gewaschen, entschwefelt und gebleicht und sodann in 3 bis 5 cm lange Stücke geschnitten. Diese Fasermasse wird getrocknet, in besonderen Apparaten aufgelockert und nachher genau wie bei der Baumwolle zu einem Faden gesponnen. Der Vorteil dieses Verfahrens liegt darin, daß Ungleichmäßigkeiten, die sich durch den Spinnprozeß oder sonstwie im Laufe der Produktion ergeben, infolge der inneren Durchmischung der Fasern im fertigen Faden nicht mehr hervortreten. Man hat auch versucht, den Einzelfasern eine gewisse Kräuselung zu geben, um dadurch den Faden voluminöser zu gestalten. Es lassen sich diese beiden Ziele auch erreichen. Ob aber dieser Weg, aus Kunstseide einen billigen, der natürlichen Faser ähnlichen Faden zu erreichen, der richtige ist, mag dahingestellt bleiben. Eine bedeutende Verbilligung ist durch dieses Verfahren besonders nach den neuerlichen Fortschritten in der Herstellung der künstlichen Fäden kaum zu erwarten, da die Rohstoffpreise für beide Artikel dieselben bleiben.

6. Roßhaar.

Außer den feinen Einzelfäden werden aus der Viskose auch noch andere Artikel hergestellt, wie das künstliche Roßhaar (Sirius). Hierbei handelt es sich um einen dicken Faden von 200 bis 1000 den. Für die Herstellung derartiger Fäden müssen natürlich andere Spinnbedingungen gewählt werden wie für die feinen Fäden. Einmal wird man eine lange Tauchstrecke nötig haben und außerdem muß der Koagulations- und Zersetzungsvorgang so geleitet werden, daß die Schrumpfung dieser verhältnismäßig großen Viskosemasse so vor sich geht, daß das Gefüge des Fadens sich gleichmäßig lagert, woraus eine annehmbare Festigkeit entsteht. Angewandt wird das künstliche Roßhaar einmal als Ersatz für Roßhaar, wie schon der Name sagt, andererseits als Ersatz für Borsten.

7. Bändchen.

Ein dem Roßhaar ähnliches Produkt ist das sogenannte Bändchen. Man stellt entweder Bändchen her von 2 bis 6 mm Breite, die vollkommen gleichmäßig breit sein und glatt liegen müssen. Diese Bändchen werden angefertigt, indem man die Viskose aus schlitzförmigen Düsen austreten läßt. Vielfach werden aber diese Bändchen auch zur Herstellung eines Hanfersatzes benutzt. Zu diesem Zwecke werden mehrere schmale Bändchen von 2 oder 3 mm Breite gezwirnt, was entweder beim Spinnprozeß oder nachträglich geschehen kann. Das einfache glatte Bändchen wird auch teilweise aus Cellophan hergestellt. Ferner gewinnt man auch Bändchen, die einen matten Glanz zeigen. Dies wird dadurch erreicht, daß man ein breites Bändchen während der Herstellung sich zusammenfalten läßt, so daß es dadurch an Durchsichtigkeit verliert und einen gewissen matten Glanz erhält.

8. Fäden mit hoher Naßfestigkeit.

Vielfach hat man sich mit dem Problem beschäftigt, die Naßfestigkeit der künstlichen Seide zu erhöhen. Die Naßfestigkeit der gewöhnlichen Kunstseide beträgt nur 30 bis 40% der Trockenfestigkeit. Alle neueren Bestrebungen gehen dahin, durch das Spinnverfahren eine höhere Naßfestigkeit zu erzielen. Nach dem Bekanntwerden des Lilienfeld-Verfahrens ist es nach dem dort mit so sichtbarem Erfolg angewandten Prinzip des Verstreckens auch nach dem gewöhnlichen Verfahren gelungen, Kunstseiden herzustellen, die wenigstens eine solch hohe Naßfestigkeit haben, daß sie die Wäsche vertragen können.

E. Einrichtung einer Kunstseidenfabrik.

(Siehe Abb. 48.)

Über die Einrichtung einer Kunstseidenfabrik im allgemeinen muß gesondert berichtet werden.

Man wird zweckmäßig eine Kunstseidenfabrik dort anlegen, wo die Rohstoffe, die im allgemeinen sehr billig sind, durch Fracht nicht zu sehr belastet werden. Klimatisch wird man eine Gegend bevorzugen, in der mittlere Temperaturen herrschen, da, wie aus dem Vorhergehenden hervorgeht, ein großer Teil des Betriebes unter konstanten Temperaturen gehalten werden muß.

Eine wichtige Frage für die Anlage einer Fabrik sind die örtlichen Wasserverhältnisse. Es gibt Fabriken, die bei einer mittleren Produktion minutlich 10 cbm Wasser verbrauchen. Es müssen also große Mengen von Wasser vorhanden sein, damit selbst in den trockensten Sommern keine Stilllegung der Fabriken infolge Wassermangels vorgenommen werden muß, wie es mehrfach in den letzten Jahren geschehen ist. Auch die Abwasserfragen sind bei den Plänen einer Fabrik zu berücksichtigen. Wenn man auch heute bestrebt ist, möglichst restlos alle Abfälle wiederzugewinnen, so läßt es sich doch nicht vermeiden, daß ein großer Teil saurer und alkalischer Abwässer beseitigt werden muß. Die Anlage von Klär- und Neutralisationsgruben ist teuer und bedarf einer scharfen Überwachung. Es ist also zweckmäßig, wenn für die Abwässer größere Flußläufe zur Verfügung stehen.

Sodann ist zu berücksichtigen, daß in einer Kunstseidenfabrik Abgase entstehen, die unangenehm riechen und unter Umständen gesundheitsschädlich sein können. In der Nähe einer Stadt wird immer verlangt werden, daß alle Abgase geruchfrei gemacht oder zentral durch einen hohen Schornstein abgeführt werden. Man hat es mit einer außerordentlichen Menge von Abgasen zu tun; allein im Spinnsaal saugt man bis zu 2 cbm Luft je Minute und Spinnstelle ab, das sind bei einer Produktion von 10000 kg je Tag etwa 30000 cbm Luft je Minute.

Baulich kommen folgende Gesichtspunkte in Betracht: Die Viskosefabrik kann man so anlegen, daß der Arbeitsgang von oben nach unten durchgeführt wird. Man spart hierbei Transporte und dadurch Zeit. Andererseits gestaltet sich die Anlage einer Viskosefabrik in einem mehrstöckigen Gebäude verhältnismäßig teuer, da es sich teilweise um außerordentliche Belastungen je qm Bodenfläche handelt. Außerdem kommt hinzu, daß bei dieser Anlage die Räume, die mit konstanter Temperatur gehalten werden müssen, einer ganz besonderen Isolierung bedürfen. Für Deutschland kam bisher ein derartiger Bau gar nicht in Frage, da die baupolizeilichen Bestimmungen verlangen, daß die Arbeitsstellen, bei denen mit Schwefelkohlenstoff gearbeitet wird, getrennt von den anderen Fabrikräumen gebaut werden müssen. Daraus ergab sich für Deutschland im allgemeinen folgende Bauweise. Der chemische Teil, d. h. die Herstellung der Viskose, wird in zwei Gebäude verlegt. In dem einen wird die Alkalizellulose hergestellt, wo im ersten Stock die Taucherei eingerichtet ist. Aus diesen Räumen fällt die Alkalizellulose in die darunterstehenden Zerfaserer, um dann im Keller die Vorreife durchzumachen. In einem Gebäude, das etwas abseits steht, be-

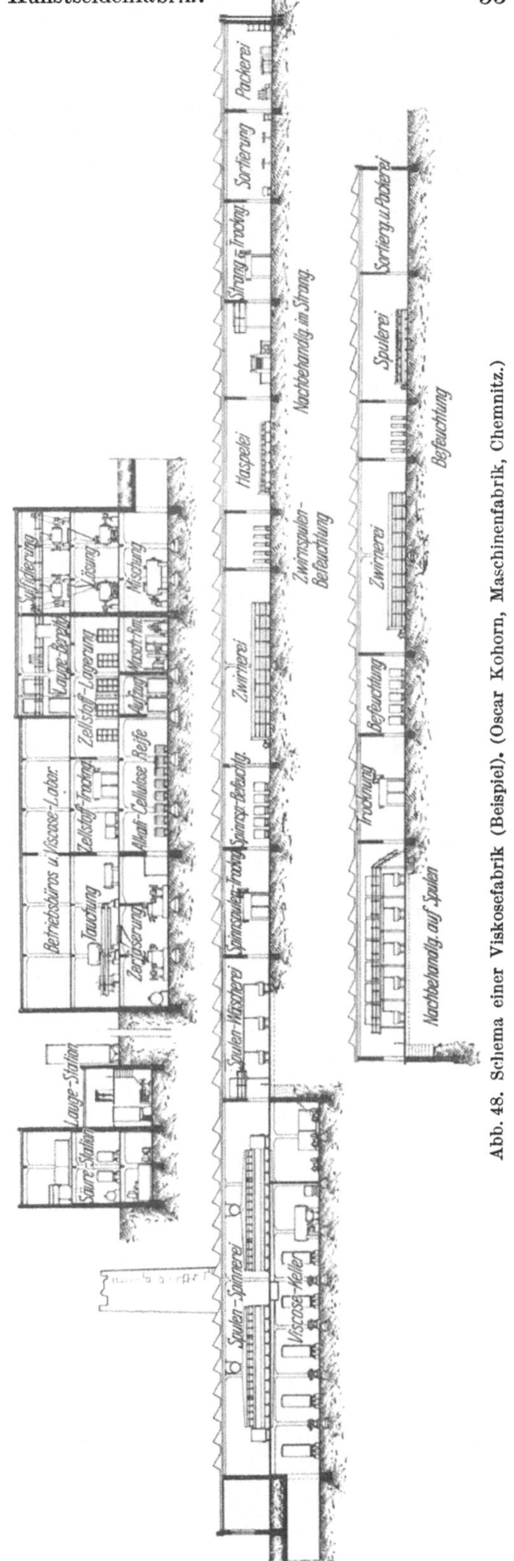

Abb. 48. Schema einer Viskosefabrik (Beispiel). (Oscar Kohorn, Maschinenfabrik, Chemnitz.)

finden sich im ersten Stock die Sulfidierungsanlagen, im Erdgeschoß die Auflöser. Die Nachreiferäume legt man entweder unter diesem Gebäude im Keller an oder aber, was besser ist, man verlegt die Nachreiferäume direkt in den Keller unter dem Spinnsaal. Für die weiteren Arbeitsräume von der Spinnerei bis zum fertigen Faden nimmt man zweckmäßig einen einfachen Shedbau. Um von der Einwirkung der Sonnenstrahlen in diesen Arbeitsräumen möglichst unabhängig zu sein, stellt man dieses Gebäude richtig in Nordsüdrichtung, zweckmäßiger etwas nach Osten verdreht, um auf jeden Fall den Einfall der Abendsonne zu vermeiden. Die Viskoseherstellung liegt am Kopfende der Fabrik. Eine etwas schwierige Frage ist die, wo man die Lagerräume und die Nebenbetriebe hinverlegen soll.

Sehr oft wird eine Fabrik in kleinerem Ausmaße gebaut, wobei eine Vergrößerungsmöglichkeit berücksichtigt werden soll. Man wird darum die eine Längsseite des Shedbaues möglichst freihalten, um hier eine Ausdehnungsmöglichkeit seitlich zu haben. Die Lagerräume der verschiedenen Rohstoffe legt man am vorteilhaftesten dahin, wo sich die geringsten Wege zu der Verbraucherstelle ergeben. Ebenso wird man die kleineren Nebenbetriebe, die speziell für den Spinnsaal notwendig sind, auf dieselbe Seite des Shedbaues legen, auf der sich die Rohmaterialien befinden. Hier kommen für den Spinnsaal in Betracht: Räumlichkeiten für die Reinigung der Düsen und deren Montage, der Pumpenprüfstand, Räume für das Reinigen der Filterkerzen und solche für das Personal.

Daß die Fabrik so gelegen sein soll, daß ein Eisenbahnanschluß in die Fabrik ohne weiteres gelegt werden kann, ist selbstverständlich, denn die mehr oder weniger billigen Rohstoffe müssen zwecks Ersparnis von Unkosten direkt an der Lagerstelle abgeladen werden können.

Eine große Frage für die Kunstseidenfabrik ist die, ob eine eigene Kraftzentrale gebaut werden soll. Das Verhältnis zwischen Dampfverbrauch und Kraftverbrauch ist an und für sich für eine Kunstseidenfabrik nicht günstig. Hinzu kommt aber, daß eine Kunstseidenfabrik auf eine unbedingt sichere Lieferung von Strom angewiesen ist. Besonders im Spinnsaal kommt es darauf an, daß der Strom kontinuierlich geliefert wird, da sich selbst die kürzesten Unterbrechungen außerordentlich störend und verlustbringend auf die Produktion auswirken. Die Motoren der Spinnmaschinen müssen so gesichert sein, daß sie schon bei einem gewissen Abfall der Stromstärke ausfallen, da eine Verlangsamung des Laufes einen Einfluß auf die Qualität der Seide hat. Fällt der Strom auch nur einen Bruchteil einer Minute aus, so ist der Spinnprozeß unterbrochen, und man hat die unvermeidlichen Verluste durch das Wiederanspinnen der Maschinen. Da aber andererseits die Kosten für Kraft und Dampf im Verhältnis zu den Gesamtunkosten nur gering sind, so wird man lieber eine etwas unwirtschaftlich arbeitende eigene Kraftzentrale anlegen mit der Garantie einer gesicherten gleichmäßigen Stromzuführung.

Da man bei der Herstellung der Viskose mit einer alkalischen Flüssigkeit arbeitet, ist die Materialfrage für die verwendeten Apparate und Maschinen verhältnismäßig einfach. Man wird hier, wie bereits oben bemerkt, Eisen in seinen verschiedenen Formen ohne weiteres anwenden, da die alkalische Flüssigkeit ein Rosten des Eisens verhindert. Sind die Apparate einmal eingelaufen, so findet keine weitere Beeinflussung der Viskose durch das Eisen statt. Am schwierigsten gestaltet sich die Materialfrage für die im Spinnsaal benutzten Maschinen. Wenn wir es auch im allgemeinen nur mit der Einwirkung von verdünnter Schwefelsäure zu tun haben, so treten hier Korrosionserscheinungen auf, hervorgerufen durch das Auskristallisieren der in den Spinnbädern vorhandenen Salze. Im allgemeinen wird verbleit, was mit dem Spinnbad in Berührung kommt. Im übrigen müssen die Materialien ein möglichst dichtes Gefüge zeigen, so daß ein Eindringen des Spinnbades in die angewandten Metalle verhindert wird. Auch bei Legierungen muß man besonders vorsichtig sein, denn hier besteht die Möglichkeit, daß die Säure einzelne Komponenten herauslöst. Man wendet darum z. B. Aluminium nur in möglichst reiner Form an. Am widerstandsfähigsten wird dasjenige Aluminium sein, das möglichst feine Korngröße mit möglichst glatter Oberfläche besitzt. Im allgemeinen wird man bestrebt sein — und die Möglichkeit hierzu besteht auch ohne weiteres —, die Maschinen so zu konstruieren, daß die wichtigen Teile mit der Säure nicht in Berührung kommen. Doch können infolge von Zerstäubung sich feine Säurenebel auf den Maschinen niederschlagen. Da ein einwandfreier Werkstoff für die Maschinen und Apparate noch nicht gefunden ist, ist man vielfach dazu übergegangen, diejenigen Gegenstände, die besonders der Einwirkung der Spinnbäder oder der Nachbehandlungsflüssigkeiten ausgesetzt sind, mit einem Überzug zu versehen. Hierbei haben sich, was besonders für die angewandten Spulen in Frage kommt, die Überzüge aus Bakelitlack oder die aus Hartgummi bewährt. Bei der Auswahl derartiger Überzüge über die Metalle ist daran zu denken, daß es sich hierbei nicht nur um Überzüge handeln muß, die widerstandsfähig sind gegen die Einflüsse der angewandten Chemikalien, sondern daß diese Überzüge auch widerstandsfähig sein müssen gegenüber Temperatursteigerung und raschen Temperaturwechsel. Da es sich nicht vermeiden läßt, daß besonders die Spulen gewissen Stößen ausgesetzt werden, so dürfen diese Überzüge nicht spröde sein, sondern sie müssen eine gewisse Elastizität zeigen. Aus der Vielzahl der Vorschläge, die in dieser Richtung gemacht worden sind, geht hervor, daß auch diese scheinbar einfache Frage nicht leicht zu lösen ist. Besondere Hoffnungen scheint man in der letzten Zeit auf die Anwendung von Hartgummi zu setzen, da hier die Möglichkeit besteht, ein Material zu verwenden, das sowohl widerstandsfähig ist gegenüber Alkalien wie auch gegenüber Säuren, vor allen Dingen, nachdem man Hartgummi herzustellen versteht, das auch Temperaturen bis 100^{0} verträgt.

Daß man bei den Anstrichfarben in den Räumen nur Farben anwenden darf, die durch Schwefelwasserstoff nicht beeinflußt werden, ist selbstverständlich.

Ein besonderes Augenmerk legt man auf den Schutzanstrich der Eisen- und Holzkonstruktionen. In vielen Arbeitsräumen hält man einen verhältnismäßig hohen Feuchtigkeitsgehalt der Luft, so daß man gezwungen ist, sich gegen Rostbildung zu schützen. Außerdem läßt es sich nicht vermeiden, daß sich in der Luft durch Zerstäubung oder Verdampfung geringe Spuren von Chemikalien halten, die Eisen oder Holz angreifen. Hiergegen hilft nichts anderes, als den Schutzanstrich einer regelmäßigen Kontrolle zu unterziehen, so daß keine Gefahr der Anfressung der Baustoffe besteht.

Wie aus dem Vorhergehenden hervorgeht, ist ein wichtiger Punkt für eine Kunstseidenfabrik, daß in den Arbeitsräumen eine konstante Temperatur und ein konstanter Feuchtigkeitsgehalt eingehalten wird. Um dieses Ziel zu erreichen, hat man die verschiedensten Konstruktionen benutzt. Anlagen, die in dieser Richtung einwandfrei und im Dauerbetriebe sicher arbeiten, gibt es aber dennoch verhältnismäßig wenig. Man sollte für die Einrichtung dieser Anlagen sich nicht vor den entstehenden Kosten scheuen, denn eine sicher arbeitende Anlage bewahrt eine Fabrik vor vielen Schäden. Es haben sich hier vor allen Dingen Anlagen bewährt, die zentral die gewünschte Temperierung und Befeuchtung vornehmen. Weniger gut sind diejenigen Apparate geeignet, die lokal die Befeuchtung vornehmen unter Zusatz von Dampf.

F. Abfallverwertung.

Solange die Kunstseidenindustrie blühte, hat man sich mit dieser Frage nur soweit beschäftigt, als die Gewerbepolizei gewisse Ansprüche aus gesundheitlichen Rücksichten an die Fabriken stellte. Die Not erst hat die Kunstseidefabriken dazu gebracht, sich mit diesem Problem zu befassen, um die Selbstkosten herabzusetzen.

Bei den neueren Verfahren ist man, wie erwähnt, bestrebt, den Spinnprozeß so wenig wie möglich zu unterbrechen, während man früher durch die kurze Lauflänge der Gespinste und durch die Unterbrechung des Spinnprozesses bei dem Austausch der Abwickelorgane verhältnismäßig große Verluste hatte. Außerdem mußte man vom Anfang und Ende des Gespinstes verhältnismäßig große Stücke herausnehmen, um einen einwandfreien Faden zu haben. Bei den früheren Arbeitsmethoden, bei denen viele Arbeitsgänge vorhanden waren, die voneinander getrennt durchgeführt wurden, war auch die Gefahr der Beschädigung der Seide außerordentlich groß, so daß zum Schluß ganze Stränge als vollständig unbrauchbar zu den sogenannten Abfällen wandern mußten. Durch die neuen Arbeitsmethoden hat man erreicht, diese Verlustquelle bis auf ein Mindestmaß herunterzudrücken.

Auch die Verluste an Schwefelkohlenstoff sind möglichst herabgesetzt worden. Bei der Sulfidierung rechnete man im allgemeinen mit einem Verlust von 10% des angewandten Schwefelkohlenstoffes. Die Wiedergewinnung dieses Schwefelkohlenstoffes erscheint in den Bereich der Möglichkeit gerückt, da sich an dieser Stelle der Schwefelkohlenstoff in verhältnismäßig hoher Konzentration in den Abgasen befindet. Ein Teil des Schwefelkohlenstoffes wird bei dem Spinnprozeß wieder regeneriert und tritt in den Abgasen des Spinnsaales und im Gespinst z. T. als Schwefelwasserstoff auf. Hier ist das Problem, den Schwefelkohlenstoff wiederzugewinnen, schwierig, da er in außerordentlicher Verdünnung erscheint.

Daß man die Natronlauge, insoweit sie als Abfallauge auftritt, bereits wiedergewinnt, ist im vorhergehenden geschildert worden.

Um den Kunstseidenprozeß soweit wie möglich zu verbilligen, ist man der Spinnbadwiedergewinnung nähergetreten, auch wenn nur die billigsten Rohstoffe verwandt werden, wie Schwefelsäure und Natriumsulfat. Die einzelnen angewandten Verfahren sind verschieden je nach den angewandten Spinnbädern. Die Aufgabe der Wiedergewinnungsverfahren beruht darin, das durch die Viskose in das Spinnbad kommende Wasser und das durch die Neutralisation der Schwefelsäure durch die Natronlauge entstehende Natriumsulfat zu entfernen, bei Verwendung von Spinnbädern mit anderen Zusätzen, diese zu konzentrieren resp. im Spinnbade zu belassen. Unter Umständen kommt noch eine Wiedergewinnung der im Waschverfahren anfallenden verdünnten Badlösungen in Frage. Es ist klar, daß bei den meist billigen Zusätzen zu den Spinnbädern diese Verfahren äußerst billig arbeiten müssen. Ein Teil der Wiedergewinnungsverfahren arbeitet nach dem Mehrfachverdampfersystem, andere führen dem zerstäubten Spinnbade heiße Gase entgegen (Turmverfahren). Wieder andere lassen das Spinnbad in sich drehende Trommeln einlaufen, durch die die Heizgase dem Spinnbad entgegengeführt werden. Für jedes Spinnbad müssen besondere Verfahren ausgearbeitet werden; bei zuckerhaltigen Bädern darf keine hohe Temperatur angewandt werden, bei Anwesenheit verschiedener Salze müssen Konzentrationen und Temperaturen eingehalten werden, bei denen ein Bestandteil ausfällt, während der andere in Lösung bleibt. (Zumeist muß Na_2SO_4 entfernt werden.) Daß die Materialfrage für die angewandte Apparatur auch hier eine große Rolle spielt, ergibt sich aus den Eigenschaften der Schwefelsäure, die bei verschiedenen Konzentrationen verschiedene Lösefähigkeiten gegenüber Metallen zeigt.

Bei scharfer Kalkulation muß man auch die Verluste berücksichtigen, die sich an Chemikalien bei dem chemischen Nachbehandlungsprozeß ergeben, dem die fertig gesponnene Seide unterzogen werden muß. Im allgemeinen hat man sich bis jetzt noch nicht die Mühe gemacht, auch die hier verbrauchten Chemikalien wiederzugewinnen, etwa die angewandten Natriumsulfid- oder Natriumsulfitmengen aus dem Entschwefelungsbad aufzuarbeiten. Noch näher liegt, aus den verbrauchten Seifenbädern die darin noch vorhandene Seife, die immerhin ein hochwertiges Produkt darstellt, wieder zu verwenden. Erwähnt muß noch die Aufgabe werden, den bei der Spinnbadfiltration anfallenden Schwefel wieder in Gebrauchsform überzuführen, wobei allerdings der geringe Preis im Wege steht.

Bei den Kosten der Kunstseideherstellung, soweit sie an den Verbrauch von Rohstoffen gebunden ist, wird man bald das äußerste Ziel erreicht haben; dagegen müßte in dem Fabrikationsgang noch manche Änderung eintreten, um eine merkliche Senkung der Preise zu erreichen, wenn dem nicht die Investierung im Wege stünde; anders natürlich bei Neubauten. Vorläufig sieht man allgemein das Bestreben, die Arbeitsgänge zu vereinigen, so die Sulfidierung und das Lösen in einem Apparat vorzunehmen, die Nachbehandlung des gesponnenen Fadens mit dem Auswaschen zu vereinigen und die Seide in der aufgemachten Form zu liefern, wie sie für den Verbraucher am zweckmäßigsten ist. Aber hier darf die Entwicklung nicht stehenbleiben. Der Arbeitsgang müßte verkürzt, die Einzelschritte müßten in größeren Einheiten vorgenommen werden.

Die Kupferseide.

Von **Dr. A. Zart,** Wuppertal.

Einführung.

Die Kupferseide verdankt ihren Namen der Tatsache, daß das Kupfer bei ihrer Herstellung eine ausschlaggebende Rolle spielt. Es scheidet aber im Laufe des Herstellungsverfahrens aus der Zellulose wieder völlig aus und soll in der fertigen Seide nicht mehr vorhanden sein. Kupferseide ist reine Zellulose.

Ähnlich wie die Nitroseide (Swan in England) hat sich auch die Kupferseide aus einem Verfahren zur Herstellung von Kohlefäden für elektrische Glühlampen entwickelt.

Im Jahre 1892 hatten in Deutschland der Chemiker Fremery und der Ingenieur Urban im Rheinland in Oberbruch bei Heinsberg die Herstellung von Glühfäden aufgenommen. Sie benutzten dazu eine Auflösung von Zellulose in Kupferoxydammoniak. Die aus der Lösung gewonnenen sehr dicken Fäden wurden, in Kohle eingebettet, auf Weißglut erhitzt und dadurch verkohlt.

Um diese Zeit war es Chardonnet in Frankreich bereits gelungen, die technischen Schwierigkeiten zur Herstellung von Kunstseide aus Nitrozellulose im Großbetrieb zu überwinden; der neue Faden hatte auf der Pariser Ausstellung 1889 berechtigtes Aufsehen erregt und begann, sich einen Markt zu erobern. Das lockte Erfinder und Geldleute, sich diesem Gebiete zuzuwenden.

Es lag daher nahe, daß man sich in Oberbruch, besonders unter dem Druck eines nachlassenden Geschäfts in Glühfäden, entschloß, auch zur Herstellung von Kunstseide überzugehen, und zwar unter Verwendung der im Betrieb vorhandenen Kupferzelluloselösung. Auf ein solches Verfahren hatte schon ein französisches Patent von Despaissis hingewiesen[1]; die praktische Anwendung war jedoch zunächst ausgeblieben. Die erheblichen Schwierigkeiten wurden erst in Oberbruch überwunden[2]. 1897 war eine kleine Versuchsanlage in Betrieb. Um das Verfahren wirtschaftlich ausbeuten zu können, wurde 1898 unter Hinzunahme einer elsässischen Gruppe (Bronnert in Niedermorschweiler) eine Aktiengesellschaft gegründet, die Vereinigten Glanzstoff-Fabriken A.G. mit dem Sitz in Elberfeld. Der Betrieb blieb in Oberbruch. Dem neuen Erzeugnis wurde der Namen Glanzstoff gegeben. Mit ihm legte die Gesellschaft die sichere Grundlage für ihre wachsende Größe und Bedeutung.

Nach 1914 gaben die Vereinigten Glanzstoff-Fabriken ihr Kupferseideverfahren zugunsten der billigeren Viskoseseide auf.

Noch während der Ausarbeitung des „Glanzstoffverfahrens“ in Oberbruch entwickelte sich an anderer Stelle, jedoch sehr viel langsamer, das sog. Streckspinnverfahren von Thiele, das zweite Kupferseideverfahren, das zu großer Bedeutung gelangt ist.

Es nahm seinen technischen Ausgang bei der Firma J. P. Bemberg A.G. und hat sich bei dieser und den Firmen Hölken, Küttner, Brysilka in verschiedenen, selbständigen Richtungen zu seiner vollen Höhe erst entfaltet, als das von Glanzstoff schon aufgegeben war.

Da das Glanzstoffverfahren kaum mehr ausgeübt wird — es hat sich allerdings an einzelnen Stellen in kleinem Maße zur Herstellung von künstlichem Roßhaar erhalten —, gibt die folgende Darstellung hauptsächlich das moderne Streckspinnverfahren wieder.

Man geht von Linters aus, löst diese nach entsprechender Vorbereitung in Kupferoxydammoniak und verspinnt die erhaltene Zelluloselösung unter starker Verstreckung. Für die Wirtschaftlichkeit des Verfahrens ist die möglichst weitgehende Wiedergewinnung der Chemikalien von großer Bedeutung.

---

[1] Franz. P. 203741 (1890).

[2] D.R.P. 98642 (1897) und entsprechende Auslandspatente.

A. Linters und ihre Vorbereitung.

Die Kupferseidefabriken zogen es bisher vor, die Linters selbst zu reinigen und in geeigneter Weise vorzubereiten, weil sie auf die Auswahl der Rohlinters, die immer gleichmäßige chemische Behandlung und eigene Besonderheiten dabei großen Wert legten. Es könnten aber durch Bezug der gebleichten Linters von sehr leistungsfähigen und zuverlässigen Großbleichereien erhebliche Anlagekosten gespart werden. Ein Umschwung beginnt sich hier anzubahnen.

Linters[1] sind die kurzen Samenhaare, die auf den Kapseln der Baumwollsamen als dichter, weißer Pelz sitzen. Die Baumwolle wird in einer Entkörnungsanlage in der Nähe der Baumwollfelder von den Samenkapseln befreit. Diese kommen zur Ölmühle. Bevor sie hier gebrochen werden, um die Samenkörner für die Ölpresse zu gewinnen, wird der Haarpelz von den Schalen abgeschnitten. Die Linters werden für den Versand zu großen Ballen außerordentlich stark zusammengepreßt. Ein Ballen hat ein Gewicht von 220 bis 250 kg und die Abmessungen $170 \times 60 \times 60$ cm³. Die Jahreserzeugung in den Vereinigten Staaten ist im groben Durchschnitt 68000 t.

Die Linters werden für die Herstellung von Kupferseide der Baumwolle und Baumwollabfällen vorgezogen einmal wegen des billigeren Preises, dann aber auch, weil die langen Baumwollfasern sich sehr viel langsamer lösen. Der chemische Aufbau ist derselbe. Sie bestehen aus sehr reiner Zellulose. Der Feuchtigkeitsgehalt ist ungefähr 6 bis 8%. Steigt derselbe bei zu feuchter Lagerung über 9%, so siedeln sich Bakterien an und schädigen die Fasern. Die trocknen Fasern bestehen zu 97 bis 98% aus in Alkali unlöslicher, zu 1,8% aus alkalilöslicher Zellulose, 0,25 bis 0,5% Wachs, davon 77% Unverseifbares, 0,12% Asche.

Beim Einkauf hat man darauf zu achten, daß die Linters möglichst hellfarbig sind und möglichst wenig Staub und Samenschalen enthalten. Zur Wertbestimmung kommen die folgenden Untersuchungen in Betracht[2].

1. **Anorganischer Glührückstand.** Es werden 5 g in Platinschale geglüht, zuletzt nach Zugabe von 5 cm³ Wasserstoffsuperoxyd.

2. **Verunreinigung an Staub und Schalenresten.** Man befeuchtet auf einer Glasplatte eine dünne Schicht von Rohlinters mit Schwefelsäure von 62,5%. Die Zellulose löst sich, die Verunreinigungen bleiben ungelöst und können quantitativ geschätzt werden.

3. **Farbstoffgehalt.** 5 g Linters werden im Erlenmeyer unter Durchleiten von Stickstoff in 250 cm³ Natronlauge von 5,5% mit 10 Tropfen Türkischrotöl 1 Std. gekocht. Dann wird durch Jenenser Glasfilter filtriert und die Farbtiefe bestimmt. Dieselbe ist z. B. für gereinigte Linters 1,05 und für den erhaltenen Abfall 3,13.

4. **Viskositätszahl.** Sie ist besonders wichtig, insbesondere für die Untersuchung der Wirkung von Beuche und Bleiche. Man bereitet sich Schweizer Reagens nach folgender Vorschrift: 60 g kristallisiertes Kupfersulfat werden in 1 l heißem Wasser gelöst, dazu gibt man wenige Tropfen Schwefelsäure und kühlt auf 50° ab. Dann gibt man Ammoniak ($D = 0{,}88$) zu bis zur völligen Ausfällung des Kupfers als basisches Sulfat und neutralisiert einen Überschuß an Ammoniak mit einigen Tropfen Schwefelsäure. Man läßt absitzen, dekantiert und wäscht mit heißem Wasser unter Dekantieren. Dann fügt man 200 cm³ einer 20proz. Lösung von Natriumhydroxyd zu und schüttelt bei gewöhnlicher Temperatur. Der Niederschlag verwandelt sich in blaues Kupferhydroxyd. Man läßt absitzen, dekantiert und wäscht so lange mit kaltem Wasser, bis der Niederschlag frei ist von Alkali und Schwefelsäure. Er wird dann auf ein Filter gebracht, mit destilliertem Wasser gewaschen und auf einer Tonplatte bei 40° getrocknet. Das

[1] Vgl. diese Technologie Bd. IV, 1.
[2] Gibson: J. Amer. chem. Soc. Bd. 117 (1920) S. 484.

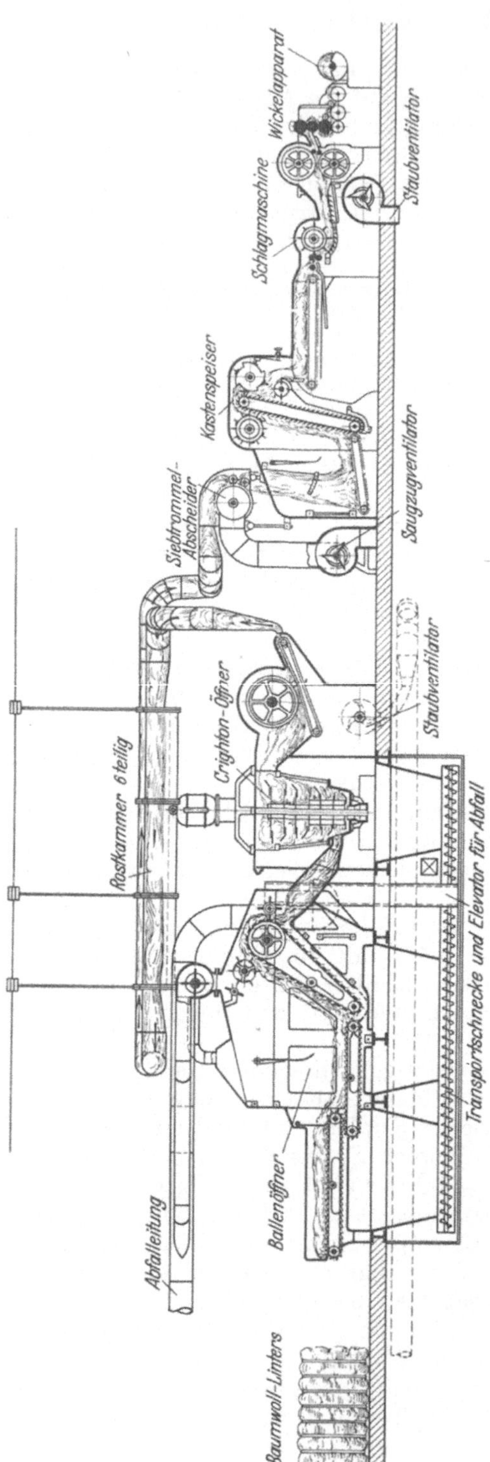

Abb. 1. Mechanische Reinigung des Linters.

getrocknete Hydroxyd wird in einer Flasche mit 800 cm^3 Ammoniak (200 g/l NH_3) überschichtet und geschüttelt. Den Überschuß an Kupferhydroxyd läßt man absitzen und filtriert die überstehende Lösung durch ein Glasfilter. Man bestimmt den Gehalt an Kupfer und gibt so viel Ammoniak zu, daß die Lösung 11 g/l Cu und 200 bis 210 g/l NH_3 enthält. In dieser Lösung wird unter sorgfältigem Ausschluß von Luft unter Wasserstoffatmosphäre eine 1 proz. Lösung der Zellulose hergestellt. Die Löseapparatur[1] ist mit einem Ostwaldschen Kapillarviskosimeter in geeigneter Weise verbunden, so daß man unter Wasserstoffabschluß in ihm gleich im Anschluß die Viskosität bestimmt. Nur bei Einhaltung dieser Vorsichtsmaßnahmen erhält man konstante Zahlen. Nach Gibson (loc. cit.) schwanken die Viskositätszahlen von in gleicher Weise gereinigten Linters (nach Abkochen und Bleichen) zwischen 41 und 81.

5. Kochverlust. Im Anschluß an die Bestimmung des Farbstoffgehalts (3.) wird der Rückstand auf dem Filter ausgewaschen und getrocknet. Der Kochverlust schwankt bei verschiedenen Linterssorten zwischen 14 und 17,5%.

Im Betriebe werden beim Beginn der Verarbeitung Linters verschiedener Herkunft und verschiedener Ballen miteinander vermischt, um Unterschiede in den Eigenschaften, vor allem in der Farbe, auszugleichen. Farbunterschiede pflegen sich bis in das Enderzeugnis hinein zu erhalten.

Die Linters werden zunächst mechanisch und dann chemisch gereinigt.

Die mechanische Reinigung soll in der heutigen Ausführungsform an einer schematischen Über-

[1] Siehe auch F. Brauns: Kunstseide Bd. 12 (1930) S. 319.

sichtsskizze, Abb. 1, die von der Fa. Sächs. Maschinenfabrik vorm. Rich. Hartmann in Chemnitz zur Verfügung gestellt worden ist, besprochen werden.

Von den Lintersballen, die von den Haltebändern und der Jutepackung befreit sind, werden Lagen abgenommen und auf ein Förderband gelegt, das sie dem Ballenöffner zuführt. Dieser zerreißt die festgepreßten Schichten und führt die gelockerten Fasern in gleichmäßiger Lieferung dem Crighton-Öffner zu. Ein Ventilator saugt sie in diesen hinein und durch ihn hindurch. Kurze Fasern und Staub fallen durch das Korbgitter nach unten. Die Anlage entspricht der in der Baumwollspinnerei üblichen.

Dieser Abfall wird in einem Silo gesammelt und zum Verkauf in Ballen gepreßt.

Die Linters werden durch die Druckluft weiterbefördert. Sie fliegen dabei durch eine Rostkammer, das heißt einen Blechkanal, der im unteren Teil einen Rost trägt. Durch diesen fallen noch Verunreinigungen und Staub heraus.

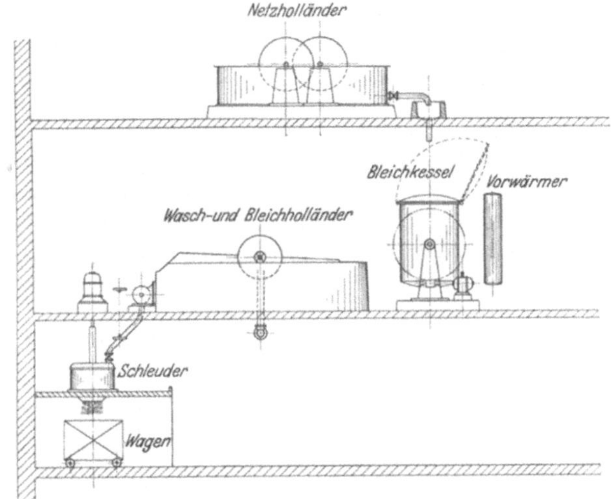

Abb 2. Chemische Reinigung des Linters.

Man kann die Linters dann in geräumigen Kammern lagern und aus ihnen zur Verarbeitung abwiegen. Da aber 100 kg der lockeren Fasern rund 2,5 m^3 einnehmen, müssen Kammern und Wägeeinrichtung für einen Großbetrieb sehr geräumig sein.

Man zieht es daher vor — was in der Zeichnung dargestellt ist —, die Linters in festere Form zu bringen. Dazu werden sie über einen Siebtrommelabscheider einem Kastenspeiser und weiter einer Schlagmaschine zugeführt. Diese leitet sie in einem gleichmäßigen Band in einen Wickelapparat, der sie in gleichmäßiger breiter Wattebahn um einen Holzstab aufwickelt. Sobald der Wickel eine bestimmte Dicke und damit ein bestimmtes Gewicht erreicht hat, stellt sich der Apparat selbsttätig ab. Alle Wickel haben dann das gleiche Gewicht. Auf ein besonderes Zuwiegen der Linters kann nun verzichtet werden. Weitere Vorzüge dieser Arbeitsweise sind leichte Lagerung und ein staubfreieres Arbeiten.

Es folgt nun die c h e m i s c h e R e i n i g u n g, die im wesentlichen darin besteht, daß die Linters unter Druck mit heißer Natronlauge behandelt und hinterher gebleicht werden.

Eine schematische Darstellung für die Einrichtung der gesamten chemischen Reinigung, wie sie von der Fa. Gebr. Bellmer, Niefern, geliefert wird, gibt die Abb. 2.

Die Linters werden in gewichtsmäßig gleichen Ansätzen so in Arbeit genommen, daß jeder zu einem Lösungsansatz führt. Das Gewicht wächst mit der Größe der Fabrik und ist beispielsweise 180 kg oder ein Vielfaches davon.

Die Linters werden zunächst in einem Holländer aus verzinktem Eisenblech mit einer dünnen Lösung von schwarzer Seife genetzt und mit Wasser gewaschen. Dabei wird noch Schmutz und Staub entfernt.

Aus dem Netzholländer werden die Linters in einen Druckkessel geschlämmt. Dieser wird nach Ablauf des Wassers mit Natronlauge gefüllt, der einige Liter Natriumbisulfitlösung zugegeben sind, und zwar so, daß sämtliche Luft aus dem Kessel verdrängt wird. Nun wird die Lauge umgepumpt und dabei durch einen Vorwärmer getrieben, in dem sie auf die vorgeschriebene Temperatur gebracht und gehalten wird. In der Wahl der Kochbedingungen, d. h. der Stärke der Lauge, Temperatur und Kochzeit, besteht einige Freiheit, beispielsweise 4 Stunden bei 140° und 5% NaOH, notwendig ist nur, daß diese Bedingungen immer gleich bleiben. Es ist ferner wichtig, daß aus dem Kessel Luft ferngehalten wird, weil der Sauerstoff bei der Kochung die Zellulose oxydiert und schädigt.

Wichtig ist, daß nach der Kochung die Schwarzlauge gut ausgewaschen wird. Das geschieht zweckmäßig in einem Waschholländer. Um die Linters aus dem Kessel in den Holländer zu befördern, sind die verschiedensten mechanischen Maßnahmen im Gebrauch.

Es folgt die Bleiche, die man zweckmäßig im gleichen Holländer vornimmt. Er besteht aus Beton und erhält eine Auskleidung von Porzellankacheln. Man bleicht mit einer Chlorlauge von ungefähr 1 g/l aktivem Chlor bei 18° und schwachsaurer Reaktion mit einem p_H Wert von 10.

Nach dem Bleichen wird zunächst gründlich mit Wasser gespült, dann mit einer Lösung von Natriumbisulfit behandelt, wieder gespült und abgeschleudert oder abgepreßt. Dies muß so geschehen, daß der Feuchtigkeitsgehalt immer der gleiche ist, beispielsweise 50%. Für den Löseprozeß werden die Linters in feuchtem Zustande verwendet.

Es wurde gesagt, daß man in der Wahl der Abkoch- und Bleichbedingungen einige Freiheit hat. Die gewählten Bedingungen sind von Einfluß auf die Viskositätszahl und den Weißgehalt der gereinigten Fasern. Die richtige Viskositätszahl liegt bei 50. Der Weißgehalt muß möglichst immer der gleiche sein, weil Unterschiede in der Seide wieder erscheinen und sich in ihr bei der Verarbeitung ungünstig auswirken.

Gibson[1] faßt seine Erfahrungen über den Einfluß von Beuche und Bleiche auf die Viskosität in folgende Ergebnisse zusammen:

1. Der Temperatur kommt der Haupteinfluß zu für die Herabsetzung der Viskosität beim Kochen von Baumwolle mit Natronlauge.
2. Die Viskosität fällt rasch am Anfang des Kochens und weiterhin immer langsamer.
3. Die Stärke der Lauge beeinflußt die Viskosität derart, daß z. B. mit einer 2proz. Lösung die Viskosität 50% höher ist als mit einer 4proz.
4. Bei höherer Temperatur fällt die Viskosität so rasch, daß die Stärke der Lauge von geringerer Bedeutung wird.
5. Dagegen ist bei niederer Kochtemperatur der Unterschied in der Verwendung starker oder verdünnter Lauge mehr ins Gewicht fallend.
6. Das Bleichen mit verdünnter Chlorlauge hat wenig Einfluß auf die Viskosität.
7. Versuche mit verschiedenen Baumwollsorten zeigten, daß sie sich verschieden verhalten. So gab östliche Baumwolle nach dem Beuchen nur die halbe Viskosität wie die amerikanische. Auch lang- und kurzstapelige Baumwolle verhielt sich verschieden.

Für die Veränderung des Aschengehaltes im Verlaufe der Reinigung sei folgendes Beispiel einer untersuchten Arbeitsfolge gegeben: Rohlinters ohne Schalen 1,75%, nach mechanischer Reinigung 0,87%, nach Netzholländer 0,21%, nach Beuche und Bleiche 0,07%, in der Seide 0,17%.

[1] Gibson: J. Amer. chem. Soc. Bd. 117 (1920) S. 479.

B. Herstellung der Spinnlösung.

Die Herstellung der Spinnlösung beruht darauf, daß Zellulose beim Zusammenbringen mit Kupferoxydammoniak in Lösung geht[1]. Nach neueren Vorstellungen[2] nimmt man an, daß sich ein Teil des Kupfers in das Zellulosemolekül einlagert, während ein anderer Teil als Kupfertetraminhydroxyd kationisch gebunden ist. Der in Lösung vorhandenen Zelluloseverbindung kann man die Formel geben

$$x \cdot [C_{12}H_{14}O_{10}Cu_2][Cu(NH_3)_4].$$

Sie ist aber abhängig von dem quantitativen Verhältnis der Anteile in der Lösung und ihrer Konzentration.

Zur Herstellung der Lösung ging man ursprünglich von Kupferdrehspänen aus, jetzt kommt als Ausgangsmaterial praktisch nur Kupfersulfat in Betracht. Dies muß möglichst eisenfrei sein, da ein Eisengehalt deutlich die Festigkeit der Seide schädigt. Um einer Kupferlösung Eisen zu entziehen, fällt man es als basisches Sulfat aus. Man gibt dazu zu der Kupfersulfatlösung die für diese Fällung notwendige Menge Sodalösung und ein Oxydationsmittel, um das Eisen vollständig in die Ferriform überzuführen. Als Oxydationsmittel kann man den Luftsauerstoff benutzen, indem man Luft durch die heiße Lösung bläst. Besser nimmt man Natriumsuperoxyd oder Natriumnitrit[3]. Diese Maßnahme ist wichtig für den Fall, daß man im Betrieb selbst das Kupfer als Kupfersulfat wiedergewinnt.

Zur Herstellung der Kuprammoniumlösung kann man nach der Patentliteratur nun die verschiedensten Wege gehen. Man kann einmal das Kupfersulfat in Ammoniak lösen und die äquivalente Menge Natronlauge zugeben. Man kann auch aus der Kupfersulfatlösung mit Natronlauge Kupferhydroxyd direkt ausfällen, oder zunächst mit Soda basisches Sulfat und dieses dann mit Natronlauge in Hydroxyd umwandeln; das Hydroxyd löst man in Ammoniak. Man kann auch zunächst nur basisches Sulfat herstellen, dieses in Ammoniak lösen und später die vollständige Umwandlung in Hydroxyd mit Natronlauge vornehmen.

Wenn nun als dritter Bestandteil die Zellulose hinzukommt, so gibt es die folgenden Möglichkeiten: Man kann die Zellulose in die nach einem der eben aufgeführten Verfahren hergestellten Lösungen einrühren. Man kann aber auch das Kupferhydroxyd oder das basische Sulfat mit der Zellulose mischen oder auf ihr ausfällen und die Mischung in Ammoniak eintragen, in dem sie sich löst. Selbst die Vermischung von metallischem Kupfer, z. B. Zementkupfer mit Zellulose und Lösung in Ammoniak unter Oxydation des Kupfers ist geschützt worden. Dies Verfahren dürfte aber aussichtslos sein. Die andern Wege sind praktisch vielfach begangen worden und führen auch zum Ziel.

Bei der technischen Durchführung dieser Methoden haben sich folgende Erfahrungen ergeben:

Kupferhydroxyd hat die starke Neigung, unter Abspaltung von Wasser und unter Verfärbung in Kupferoxyd überzugehen. Dieses ist sehr schwer löslich in Ammoniak und daher unbrauchbar, es bildet in dem Maße seiner Entstehung eine störende Verunreinigung der Lösung. Da die Umwandlung durch Wärme beschleunigt wird, nimmt man die Fällung in der Kälte vor. Die Umwandlung

---

[1] Schweizer: J. prakt. Chem. Bd. 72 (1857) S. 109.

[2] Vgl. K. Heß: Die Chemie der Zellulose 1928 S. 289 bis 321. Mark, H.: Physik und Chemie der Zellulose, diese Technologie Bd. 1 (1932) S. 232 bis 248. An diesen Stellen weitere Literaturangaben. Vgl. auch W. Traube: diese Technologie VII, 1. Aufl., S. 95 (1927). K. Heß u. C. Trogus: Z. physik. Chem. Bd. 145 (1929) S. 401.

[3] D.R.P. 488601 (1927).

ist auch stark abhängig von der Herstellung des Hydroxyds. Sie tritt z. B. weniger leicht ein, wenn man zuerst aus heißer Sulfatlösung das basische Sulfat mit Soda oder Ammoniak ausfällt und dieses dann mit Lauge in Hydroxyd umwandelt, und zwar in der Kälte. Das Hydroxyd wird nach der Fällung mit Wasser elektrolytfrei gewaschen.

Die Zersetzung kann auch durch bestimmte Zusätze zur Lösung verhindert werden. Als solche sind patentiert worden, um nur die wichtigsten zu erwähnen, Zucker, Glyzerin, Milchsäure, Weinsäure und deren Salze[1].

Basische Kupfersulfate gibt es eine große Anzahl, die sich durch einen verschiedenen Gehalt an Schwefelsäure unterscheiden. Bevorzugt wird dasjenige der Formel $CuSO_4 \cdot 3\,[Cu(OH)_2]$*. Man erhält es, wenn man zur Sulfatlösung von über 90° unter Rühren so lange Sodalösung zugibt, bis eine Probe der Flüssigkeit mit Methylrot als Indikator[2] nach Gelb umschlägt. Das basische Sulfat fällt dabei in gut absitzender Form aus, wird von der überstehenden Flüssigkeit durch Abhebern getrennt und praktisch elektrolytfrei gewaschen.

Eine andere, auch praktisch in Gebrauch befindliche Darstellungsweise geht von der Kupritetraminsulfatlösung aus, die bei einem bestimmten Verfahren der Kupferwiedergewinnung erhalten wird. Aus ihr fällt man durch Zugabe von Schwefelsäure in der Hitze das basische Sulfat der oben gegebenen Formel[3].

Für die Herstellung der Zelluloselösung nehmen wir zunächst den Fall, daß die Kupferverbindung, Hydroxyd oder basisches Sulfat, mit der Zellulose vermischt wird. Dann kann man die Fällung im Holländer bei Gegenwart der angeschlämmten Zellulose vornehmen[4], es ist aber auch das zuerst hergestellte Hydroxyd oder basische Sulfat[5] mit der Zellulose nachträglich vermischt worden, und zwar durch Zusammenmahlen im Mahlholländer oder durch gutes Durcharbeiten im Mischholländer bei Gegenwart einer reichlichen Menge Wasser. Das Vermahlen dürfte an Bedeutung verloren haben. In allen Fällen wird die Kupferzellulosemischung von dem Wasser auf Trommelfiltern oder in Filterpressen befreit. Die erhaltene Zellulosekupferpappe wird in einem Mischkessel in kaltes Ammoniak eingerührt und gelöst.

Vorschlägen, zuerst eine Natriumkupferzelluloseverbindung herzustellen[6], kommt keine praktische Bedeutung zu.

Zur Herstellung der Lösungen nimmt man möglichst konzentriertes Ammoniak, vorteilhaft von 25%, weil mit Verdünnung des Ammoniaks in zunehmendem Maße die Lösungsfähigkeit für Zellulose sinkt.

Nach eingetretener Lösung dagegen kann man das Ammoniak gefahrlos verdünnen und der Lösung auch Ammoniak entziehen, bis zu 3% und tiefer, ohne daß die gelöste Zellulose sich ausscheidet[7]. Mit der Verringerung des Ammoniakgehaltes der Lösung steigt aber deren Viskosität an, und das ist als ein Nachteil für die Herstellung von Lösungen mit wenig Ammoniakgehalt zu werten.

Die Auflösung wird zumeist in liegenden Rührkesseln vorgenommen. Es können dabei z. B. Schlagrührer, aber auch alle anderen bewährten Rührvorrichtungen verwendet werden. Den Fortschritt der Lösung beobachtet man mit einer Lupe an einer Lösungsprobe zwischen zwei Glasplatten.

Verwendet man als Ausgangssalz basisches Kupfersulfat, indem man dieses in Ammoniak und in die Mischung dann die Zellulose einträgt, so bindet die

[1] D.R.P. 236537 (1908); Österr. P. 41720 (1909) u. a. * Brit. P. 250212 (1925).
[2] Von Dr. Hölkeskamp vorgeschlagen. [3] D.R.P. 494859 (1925).
[4] Franz. P. 429841 (1910); D.R.P. 189359 (1905); D.R.P. 420422 (1924).
[5] D.R.P. 235219 (1909); D.R.P. 269787 (1908). [6] D.R.P. 184150 (1905) u. a.
[7] D.R.P. 183557 (1904).

Zellulose aus demselben das Kupferhydroxyd. Man rührt dann noch so viel Natronlauge hinzu, daß auch das Kupfersulfat vollständig in Kupferhydroxyd umgewandelt wird.

Nachdem die Lösung vollendet ist, wird mit Wasser und Ammoniak auf einen Zellulosegehalt von beispielsweise 6,75%, einen Ammoniakgehalt von 8% und einen Kupfergehalt von 3% eingestellt. Die fertige Lösung muß eine glatte, glänzende Oberfläche haben und sich zu einem langen, glatten Faden ausziehen lassen. Ist sie matt und blind, so fehlt Kupfer. Man hilft dann durch Zugabe von Kupfersulfatlösung und Natronlauge nach, bis der richtige Glanz erreicht ist. Die Viskosität, die zunächst etwas zu hoch ist, wird durch Rühren auf den gewünschten Grad heruntergebracht.

Über die Höhe der Viskosität und ihren Zusammenhang mit der Festigkeit der Seide sind in einem Patent von Du Pont[1] wichtige und beachtenswerte Angaben gemacht. Die Viskosität wird nach demselben so gemessen[2], daß in einem mit Lösung von 20° gefüllten, senkrechten Glasrohr von 1 cm Innendurchmesser eine Stahlkugel fallen gelassen wird, die 2,38 mm Durchmesser hat. Die Anzahl von Sekunden, die die Kugel braucht, um von einer Marke bis zu einer zweiten im Abstand von 15 cm zu fallen, bezeichnet man als die „Viskosität" der Lösung. Eine Schaulinie in dem Patent zeigt (Abb. 3), daß mit wachsender Viskosität die Festigkeit der Seide zunächst rasch und dann immer langsamer ansteigt in einer Weise, daß man eine Viskosität von 150 für technisch erstrebenswert bezeichnen kann. Die weitere geringe Steigerung der Festigkeit, die noch möglich erscheint, würde mit zu großen Betriebsschwierigkeiten erkauft werden.

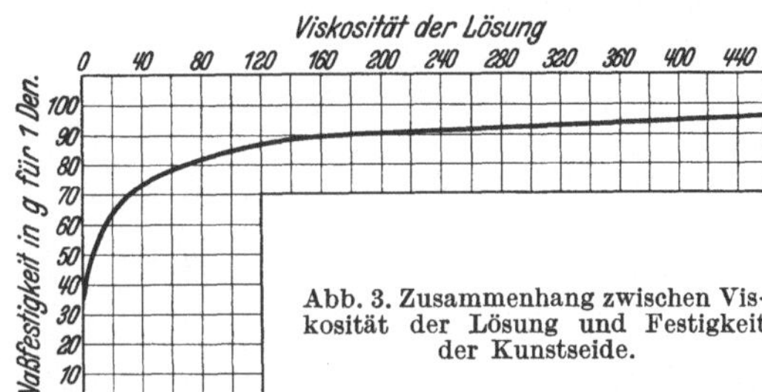

Abb. 3. Zusammenhang zwischen Viskosität der Lösung und Festigkeit der Kunstseide.

Eine zweite, sehr wichtige Kurve zeigt den Zusammenhang zwischen dem Gehalt des Ausgangsstoffes an α-Zellulose und der Festigkeit (Abb. 4). Bei einem Anstieg der α-Zellulose von 70 auf 92% nimmt die Reißfestigkeit zunächst nur langsam zu, ungefähr im gleichen Verhältnis, darüber hinaus aber in steigendem Maß rascher. Aus dieser Kurve wird der hohe Wert der Baumwollzellulose für die Kupferseide verständlich.

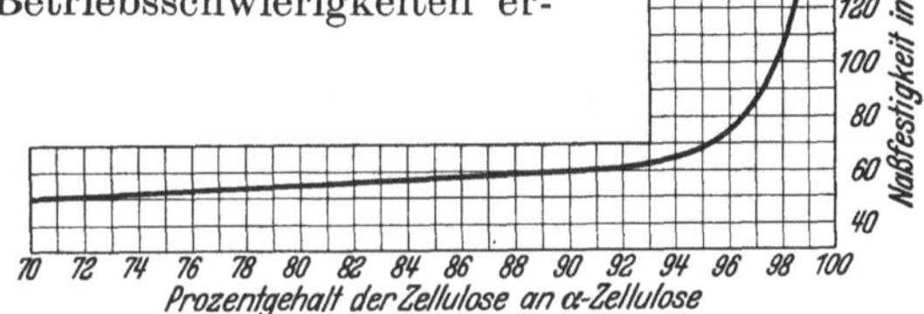

Abb. 4. Zusammenhang zwischen Zellulosegehalt des Zellstoffes und Festigkeit der Kunstseide.

Nur vorübergehend im Kriege hatte Bemberg aus Rohstoffmangel zu Sulfitzellulose gegriffen. Dagegen haben Küttner und Brysilka wohl meist Sulfitzellulose verarbeitet. Die hochwertigste Form für diesen Zweck liegt in der α-Zellulose der Brown Comp. in Portland, Maine, in den Vereinigten Staaten vor, ihr Gehalt an α-Zellulose beträgt 95 bis 96%. Der Sulfitzellstoff löst sich leichter und rascher als die Linters, wenn man ihn als lockere Watte, die aus den Zellstofftafeln in einer Schlagmühle gewonnen wird, oder als dünnes Papier[3] anwendet.

[1] Franz. P. 645676 (1926). [2] Vgl. S. 3, Anm. 2 ds. Bd. [3] Belg. P. 344829 (1927).

Zu beachten ist, daß sich die Lösungen von Linters und Sulfitzellulose bei der späteren Verarbeitung nicht gleich verhalten, und daß auch die daraus gewonnenen Kunstseiden Unterschiede aufweisen in Glanz, Griff, Festigkeit und Dehnbarkeit.

Die richtig eingestellte Lösung wird unter Zwischenschaltung von Druckkesseln den Filterpressen zugeführt, die mit Nickeldrahtgewebe bis zu einer Maschenzahl von 250 auf 1 frz. Zoll bespannt sind.

Die filtrierte Lösung wird einem Vakuum ausgesetzt. Vakuumhöhe (ca. 650 mm) und Entlüftungsdauer hängen von Viskosität und Temperatur ab und müssen für die Betriebsverhältnisse bestimmt werden. Die Aufeinanderfolge der Maßnahmen, anfangend mit dem Lösen, gibt schematisch die Abb. 5.

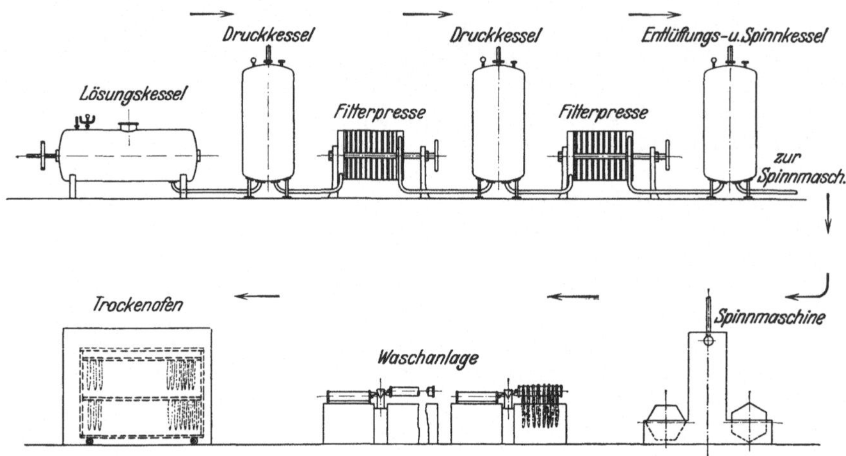

Abb. 5. Übersicht der Betriebsfolge.

Nach der Entlüftung folgt eine Ruhezeit von 2 oder mehr Tagen. Selbst Lösungen, die durch irgendeine Zwangslage mehrere Wochen alt geworden sind, lassen sich, da die Viskosität nur sehr langsam absinkt, ohne jeden Nachteil verarbeiten.

C. Die Spinnerei.

Wie eingangs erwähnt, unterscheiden sich das Glanzstoffverfahren und das Streckspinnverfahren im Grundsätzlichen nur hinsichtlich des Spinnprozesses. Beim Glanzstoffverfahren werden als Fällflüssigkeit starke Chemikalien (Schwefelsäure oder Natronlauge) verwendet, die den Faden sofort verfestigen. Infolgedessen ist eine wesentliche Streckung des Fadens nicht möglich, und es müssen enge Austrittsöffnungen angewendet werden.

Im Gegensatz dazu benützt man beim Streckspinnverfahren als Fällflüssigkeit Wasser, das den Faden nur langsam verfestigt. In dem halbfesten Zustand nach Verlassen der Düse wird der Faden in einer besonderen Vorrichtung, dem Spinntrichter, zu außerordentlicher Feinheit ausgereckt. Dementsprechend sind sehr weite Austrittsöffnungen vorhanden.

Das Glanzstoffverfahren wurde seit 1897 bis zum Weltkriege bei den Vereinigten Glanzstoff-Fabriken in Oberbruch und Niedermorschweiler sowie bei den Tochtergesellschaften im Ausland (St. Pölten in Österreich, Flint in England, Givet und Izieux in Frankreich) ausgeübt. Unabhängige Neugründungen (Hanauer Kunstseiden G. m. b. H., Glanzfäden A.-G.,

Rheinische Kunstseidenfabrik, Sächs. Kunstseidenwerke A.-G.) mußten ihren Betrieb einstellen oder gingen auf das Viskoseverfahren über.

Das Streckspinnverfahren wurde, wie erwähnt, bei I. P. Bemberg entwickelt. Diese Firma, schon 1792 als Türkischrotfärberei gegründet, 1897 in eine Aktiengesellschaft umgewandelt, nahm im Jahre 1900 auf Veranlassung ihres rührigen Direktors Schreiner Versuche zur Herstellung von Kunstseide auf.

Die Zusammenarbeit mit Thiele, dessen erstes Patent 1901 erschien[1], führte zu greifbaren Ergebnissen.

Wie Thiele in der Einleitung zu seinem ersten Patent selbst angibt, hat er die Anregung zu seinem Verfahren von der Nitroseide empfangen, und zwar von dem D.R.P. 58508 aus dem Jahre 1890 von Lehner. Beim Vergleich beider sieht man unmittelbar die Ähnlichkeit. An Stelle der Nitrozelluloselösung von Lehner nimmt Thiele eine konzentrierte Kupferammoniakzelluloselösung und kennzeichnet sein Verfahren durch folgenden Satz: „Das neue Verfahren besteht darin, konzentrierte Kupferoxydzelluloseammoniaklösungen aus weiten Öffnungen in ein sehr langsam wirkendes Fällbad austreten zu lassen und hierin zu feinen Fäden auszustrecken."

Die ganze folgende Entwicklung mit ihren Verzweigungen hat sich in diesem Rahmen gehalten. Die erste Ausführungsform von Thiele verbesserte sich rasch in den folgenden Patenten[2], in denen die Grundzüge des Verfahrens sich so weit klärten, daß alle späteren Verbesserungen und Erfindungen, auch von anderer Seite, nur eine ins einzelne gehende Ausarbeitung des glücklich und klar angelegten Grundplanes bringen.

Eine eigentliche Kunstseidenfirma wurde Bemberg erst nach 1918. Es setzte dann aber eine rasch aufsteigende Entwicklung ein. Sie zeichnet sich ab in der Vergrößerung des Aktienkapitals, dem Anstieg der Dividende und einer regen Gründungstätigkeit.

Es wurden gegründet

1925 die American Bemberg Corporation (Werk Elisabethton) und La Seta Bemberg in Mailand (Werk Gozzano);

1926 Le Cupro Textile in Roanne a. d. Loire;

1928 British Bemberg Ltd. (Werk Doncaster);

1929 Japan Bemberg Corp. Osaka.

Es kam ferner zur Zusammenarbeit mit der I. G. Farbenindustrie, die 1925 ein Werk in Dormagen errichtete, ferner durch beide Gesellschaften zur Übernahme der Kunstseidenfabrik von Hölken in Barmen. Die Barmer Anlagen von Bemberg wurden gewaltig (auf eine Tagesproduktion von 14000 kg) erweitert und der Bau einer neuen Fabrik in Siegburg betrieben. Die Übernahme der Erfahrungen von Hölken und die Zusammenarbeit mit vielen neu aufstrebenden Arbeitsstätten hat zu einer deutlich hervortretenden Hebung des Verfahrens und zur Besserung der Seide geführt.

Die eben erwähnte Kunstseidenfirma Hölken in Barmen hatte im Jahre 1918 ihre Versuche zur Herstellung von Kupferstreckseide aufgenommen. Es war ihr gelungen, im Lauf der Jahre ein Verfahren zu entwickeln, das in wesentlichen Punkten einen Fortschritt gegenüber dem bei Bemberg angewandten bedeutete.

Bei der Firma Küttner in Pirna wurden im Jahre 1919 ähnliche Versuche durch Thieles ehemaligen Mitarbeiter Wagner aufgenommen. Die Anlage wurde später ausgebaut, fiel aber 1930 der Kunstseidenkrise zum Opfer.

Etwas verwickelt ist der Weg, der von Bemberg zu der englischen Gründung Brysilka Ltd. geführt hat. Schon sehr früh hat Bemberg die Thiele-Patente finanziell auszubeuten versucht. Es verkaufte im Jahre 1905 seine Kunstseidenerfahrungen und entsprechenden ausländischen Patente an eine belgische Gesellschaft, die Société Generale de la Soie Artificielle Linkmeyer in Brüssel. Dr. Thiele ging mit zu dieser Gesellschaft. Eine Versuchsanlage wurde in Hall errichtet.

Die Gesellschaft mußte trotz mehrfacher Sanierungen schließlich liquidieren. Sie hatte aber ihre englischen Patentrechte an dem Thiele-Verfahren nach England verkauft, und zwar an „The United Cellulo Silk Spinners Co.", zu der Thiele selbst im Jahre 1907 übertrat.

Nach Beendigung des Krieges wurde zur Ausbeutung der gesammelten Erfahrungen im Jahre 1920 die Gesellschaft Brysilka Ltd. gegründet. Es gelang, das Verfahren so zu entwickeln, daß im Jahre 1928 in dem Werke in Apperley Bridge bei Leeds 1500 kg i. T. einer recht guten Kunstseide, und zwar aus Sulfitzellulose hergestellt wurden. Unter der Einwirkung der Kunstseidenkrise mußte auch dieser Betrieb 1930 vorläufig geschlossen werden.

Noch eine ganze Reihe anderer Versuche sind unternommen worden, so u. a. von der Firma von Heyden in Deutschland, Heberlein & Co. in der Schweiz, aber sie haben ab-

[1] D.R.P. 154507 (1901).

[2] D.R.P. 157157 (1901); D.R.P. 179772 (1905); D.R.P. 148889 (1902); D.R.P. 178942 (1905).

gebrochen werden müssen, da sie in die Zeit des rücksichtslosen Preiskampfes fielen, der Anfängern jede Entwicklungsmöglichkeit nahm. Nur in Belgien wird in Gent von der Gesellschaft Filsoietis eine größere Versuchsanlage mit Erfolg durchgehalten.

Die Kunstseidenkrise hat auch bei Bemberg stark eingewirkt; der Neubau in Siegburg wurde nicht eingerichtet, die Produktion stark eingeschränkt.

Das alte Glanzstoffverfahren hat eine derartige apparative Ähnlichkeit mit dem Viskoseverfahren[1], daß es ganz kurz behandelt werden kann.

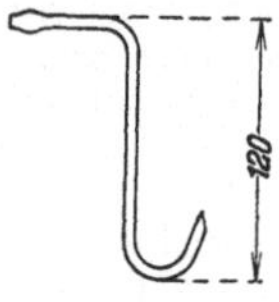

Abb. 6. Spinnröhrchen beim Glanzstoffverfahren.

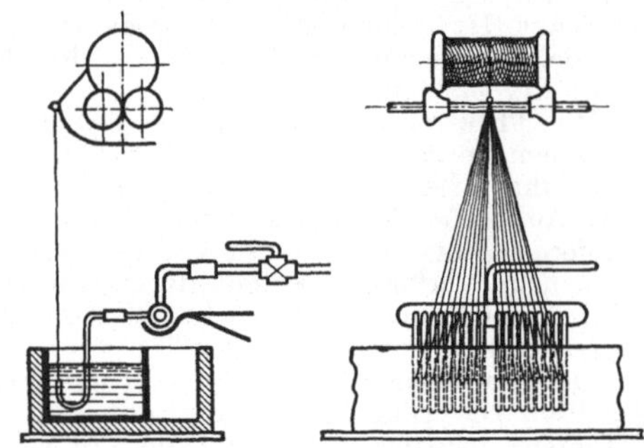

Abb. 7. Spinneinrichtung beim Glanzstoffverfahren.

Gesponnen wurde aus Glaskapillaren von 0,2 mm Durchmesser. Als Spinnbad diente ursprünglich 50proz. Schwefelsäure, später eine Natronlauge von 30% mit einem Gehalt von 8% Glukose und einer Temperatur von 55 bis 60° C. Der Faden wurde auf Glaswalzen aufgewickelt. Von der Spinneinrichtung geben die Abb. 6 und 7 eine gewisse Vorstellung. Das Ammoniak wurde zu 95%, das Kupfer zu 85% wiedergewonnen.

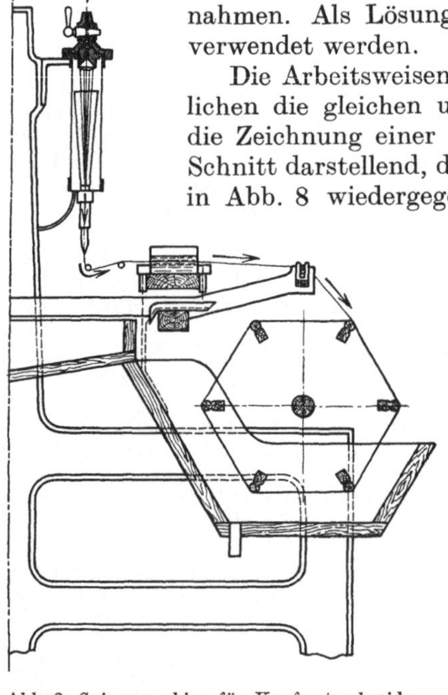

Abb. 8. Spinnmaschine für Kupferstreckseide nach Hölken.

Das Kennzeichnende des Thiele-Verfahrens liegt, wie erwähnt, nicht in der Herstellung der Lösung, sondern in den Spinnmaßnahmen. Als Lösung kann irgendeine der schon besprochenen verwendet werden.

Die Arbeitsweisen von Bemberg und Hölken sind im wesentlichen die gleichen und werden sehr gut veranschaulicht durch die Zeichnung einer Spinnmaschine im D.R.P. 411333, einen Schnitt darstellend, der in leicht veränderter und ergänzter Form in Abb. 8 wiedergegeben wird. Auf diese Zeichnung soll sich die folgende Besprechung stützen.

An der Spinnmaschine werden die folgenden Teile unterschieden: Vom Eintritt der Lösung an zunächst der Brausenkopf mit Hahn, die Spinnbrause im Glaszylinder, der Spinntrichter mit Auslaufröhrchen, die Umlenkstange für den Faden, der Absäuretrog, der Fadenführer und der Aufnahmehaspel.

Den Spinnvorgang machen wir uns am besten klar, wenn wir uns vorstellen, wie der Faden angesponnen wird.

Zunächst wird der abgehobene Brausenkopf ohne Brause mit der Öffnung nach oben durch Öffnen des Hahnes mit Lösung gefüllt. Die Lösung kommt aus dem Spinnkessel, wird zur Maschine durch Luftdruck gefördert und an dieser vorteilhaft durch eine kleine, genau arbeitende Zahnradspinnpumpe für jede Spinnstelle angeliefert. In der Zwischenzeit verschließt man den Spinntrichter am Auslaufröhrchen mit einem Stopfen, füllt ihn mit Wasser bis zum Überlaufen.

[1] In Oberbruch wird auch heute noch auf Spinnmaschinen derselben Bauart gesponnen, obgleich die Kupferseide dort schon lange durch Viskoseseide verdrängt worden ist.

Nun setzt man auf den Brausenkopf die Spinnbrause auf. Sie ist ein Nickelhütchen mit einer bestimmten Anzahl Löcher von 0,8 mm Durchmesser. Tritt die Lösung aus diesen Löchern, so schließt man den Hahn und setzt den Brausenkopf auf den Zylinder auf, ihn mit einer Klammer so fest andrückend, daß keine Luft durch die Anlagefläche hindurch kann. Dann öffnet man wieder den Lösungshahn. Aus der Brause tritt jetzt die Lösung in dicken Fäden aus, die im Wasser herunterfallen und sich dabei durch Ausziehen verfeinern. Nun nimmt man den Stopfen aus dem Ausflußröhrchen, dem Wasser freien Durchfluß schaffend. Dieser Durchfluß muß aber geregelt und für alle Spinnstellen von gleichem Titer gleich gehalten werden. Je nach Titer und besonderen Anforderungen schwankt die Menge an einer Spinnstelle von 400 bis 800 cm³ in der Minute. Das Wasser reißt die Fäden aus dem Trichter heraus. Man faßt sie und führt sie, unter der Umlenkstange her, dann durch die Säurebarke und den Fadenführer auf den sich drehenden Haspel. Dieser erfaßt sie und wickelt sie bei hin und her gehender Bewegung des Fadenführers in Kreuzwicklung zu Strängen auf. Durch den Haspelzug werden die Fäden zu der gewünschten Feinheit ausgestreckt. Eine Anschauung der Fäden beim Anspinnen und im Spinnverlauf sollen die Abb. 9a u. b geben.

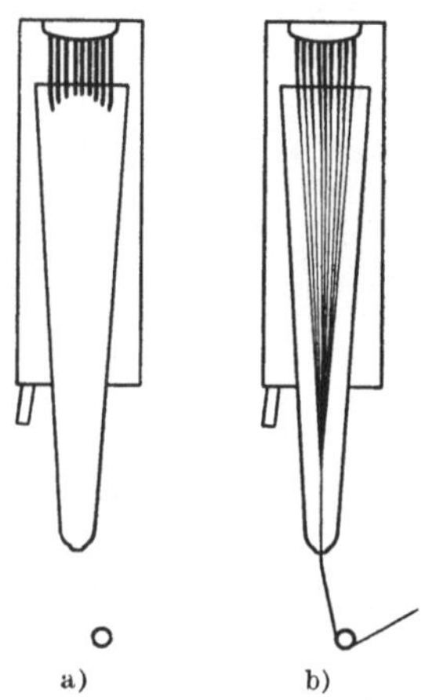

Abb. 9a und b. Fäden beim Anspinnen und während des Spinnens.

Das Beschriebene mag einfach erscheinen. In Wirklichkeit ist ein gutes Kupferstreckspinnen sehr schwierig und erfordert eine Unmenge von Einzelerfahrungen, von denen hier nur die wichtigsten andeutungsweise behandelt werden können.

Die erwähnte Zahnradspinnpumpe dient dazu, der Spinnstelle eine immer genau gleich bleibende Lösungsmenge ohne Schwankungen und Stöße zuzuführen. Außerdem müssen sämtliche Pumpen möglichst genau die gleichen Mengen fördern, damit alle Fäden gleich dick sind, denselben Titer haben. Man kann beim Kupferspinnen, da vor der Brause kein Filter angebracht ist, das durch einen Belag schwankende Widerstände erzeugen würde, mit nur einer Pumpe an einer ganzen Maschine arbeiten, oder eine größere Anzahl von Spinnstellen versorgen. Das erfordert aber eine sehr sorgfältige Kalibrierung der Ausflußleitungen und Öffnungen, um die Widerstände gleich zu halten, und eine sehr genau gleich bleibende Viskosität der Lösung, im ganzen mehr Sorgfalt und besondere Erfahrung wie bei der Einzelpumpe[1].

Daß die Lösung bei der Feinheit der Einzelfasern sehr rein sein muß, braucht nicht besonders betont zu werden. Sehr schädlich wirken ungelöste Fasern, Luftbläschen, Öltropfen. Die Lösung muß sorgfältig von Verunreinigungen durch Filtern befreit sein.

Als Fällflüssigkeit dient Wasser. Dieses soll möglichst weich sein. Die Menge und Temperatur wird durch die verschiedensten Umstände bestimmt, und zwar durch die Trichterform und -länge, die Höhe des Gesamttiters und die Feinheit der Einzelfädchen, den Ammoniakgehalt der Lösung, den natürlichen Salzgehalt des Wassers, die Abzugsgeschwindigkeit, von dem besonderen Griff und Charakter, den man dem Faden geben will, von der Tatsache, ob man Linters oder Sulfitzellulose gelöst hat usw. Beide sind also von Fall zu Fall und in jedem Betrieb besonders zu regeln. Es kann daher nur ganz allgemein gesagt werden, daß die Menge zwischen 400 und 800 cm³ in der Minute und die Temperatur zwischen 14⁰ und 40⁰ schwankt.

[1] D.R.G.M. 1018364 (1927).

Wichtig ist ferner, daß das Wasser etwas entlüftet wird[1]. Man spinnt in hängender Wassersäule. Hierdurch und durch das aus der Lösung diffundierende Ammoniak wird leicht Luft aus dem Wasser ausgeschieden. Die Luftblasen setzen sich neben die Brausenlöcher oder hängen sich an den Faden und geben dann zu schweren Spinnstörungen Anlaß. Es ist aber nicht notwendig, das Wasser vollständig von gelösten Gasen zu befreien. Während normales Wasser ungefähr 24 cm^3 Luft in 1 l enthält, ist Wasser mit 15 cm^3 Luft im Liter schon zum Spinnen brauchbar.

Die Vorgänge im Trichter sind für die Natur des Fadens von großer Bedeutung. Sie sind recht verwickelter Natur, auch noch nicht restlos erforscht, so daß hier nur auf die wichtigsten Gesichtspunkte hingewiesen werden kann.

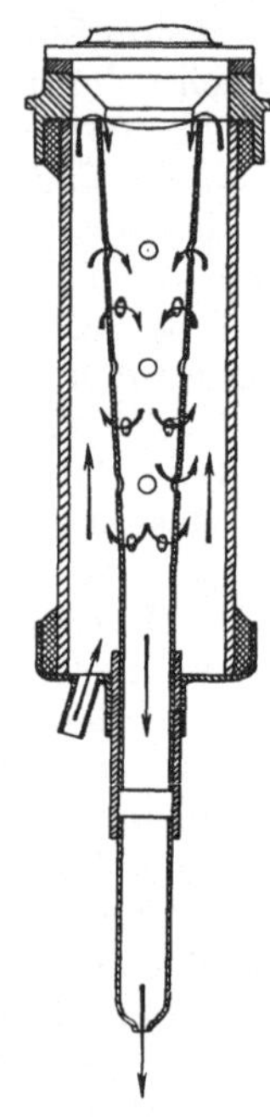

Abb. 11. Ausgleichstrichter.

Zunächst die Streckung des Fadens. Sie vollzieht sich beinahe vollständig im Trichter, nur noch in sehr geringem Maße außerhalb, und beträgt im ganzen etwa 30000% der Anfangslänge, d. h. ein Fadenstück von 1 mm hinter der Brause wird bis zu 30 cm auf dem Haspel ausgezogen. Dem Faden wird auf seinem Wege durch den Trichter Ammoniak und Kupfer entzogen, und in dem Maße, in dem dies geschieht, erhärtet er. Der durch den Haspel und die Wasserströmung ausgeübte Zug wird durch den gefestigten Faden hindurch auf den noch flüssigen Teil im Anfang des Trichters übertragen, so daß hier die Hauptstreckung erfolgt. Etwas kann der Faden aber auch noch im unteren Trichterteil gestreckt werden, nämlich dadurch, daß das Wasser den Fadenzug abbremst.

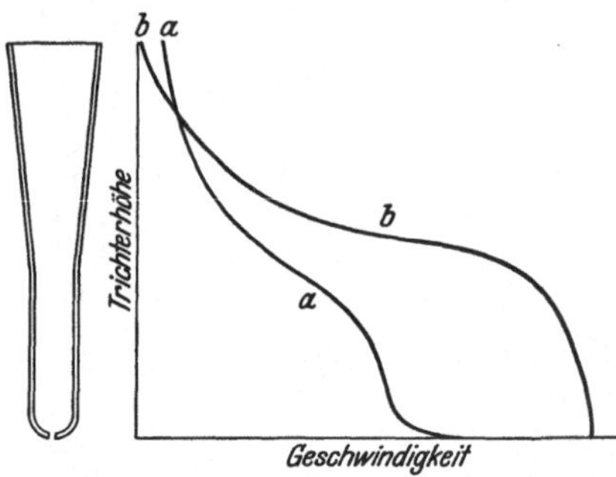

Abb. 10. Geschwindigkeiten in verschiedenen Trichterhöhen von a) Wasser und b) Faden.

Im oberen Trichterteil hat der dick austretende Faden nur eine geringe Geschwindigkeit, das raschere Wasser wird deshalb durch Reibung die Streckung unterstützen. Je dünner aber der Faden wird, um so größer wird seine Geschwindigkeit, so daß sie schließlich die des Wassers übertrifft. Abb. 10 veranschaulicht die Veränderung der Geschwindigkeiten von Wasser und Faden im Spinntrichter.

Damit tritt die Bremsung des Fadens durch das Wasser auf. Aber der raschere Faden beschleunigt seinerseits auch wieder die Geschwindigkeit der benachbarten Wasserschichten und erzeugt dadurch im Trichter Kreisströme des Wassers, Wirbel, die man beobachten kann. Diese Wirbel sind schädlich, denn sie schaffen im Trichter ungleiche und schwankende Ammoniakkonzentrationen und damit ungleiche Fällbedingungen.

Zur Abhilfe hat man den Trichter so geformt, daß die Wassergeschwindigkeit möglichst der des Fadens angenähert wird. Ganz ist das aber nicht möglich, weil ja die Wasserausflußmengen veränderlich sind, weil mit Titer und Fadenzahl die Reibung eine andere wird und weil weiter auch das Maß der Verjüngung des Fadens ein wechselndes ist. Man kann nicht für alle vorkommenden Möglichkeiten besondere Trichterformen bereithalten. Die Aufgabe war also, den Trich-

[1] D.R.P. 303047 (1916).

ter so auszubilden, daß er einen Druckausgleich des Wassers ermöglicht. Es entstand der sog. Ausgleichs- oder Lochtrichter[1] mit der in Abb. 11 wiedergegebenen Form. Durch die Löcher hindurch findet ein Druckausgleich statt, und die Wirbelbildung wird vermieden. Auf andere in dieser Richtung dann noch entwickelte und auch brauchbare Trichterformen hier einzugehen würde zu weit führen.

Die Umlenkstange, unterhalb des Auslaufröhrchens, lenkt den Faden aus der senkrecht abfallenden in eine schräg aufsteigende Richtung.

Die Absäuervorrichtung hat die mannigfachste Ausbildung erfahren. Bei Hölken[2] (Abb. 8) ist es eine Säurebarke. Der Faden tritt durch Schlitze, durch die die Säure ausfließt, in diese ein und aus. Eine wesentlich andere Form hat sich bei Bemberg entwickelt[3]. Hier ist es für jeden Faden eine einzelne Ton- oder Porzellanrinne, die gleichzeitig als Fadenführer dient. Sie ist in einen hin- und hergehenden Holzbalken eingebaut und so ausgeführt, daß der Faden in ihr schräg ansteigt und die Säure dem Fadenlauf entgegen hinunterfließt, den Faden bespülend. Die Säure wird dann noch durch eine Rückflußleitung, die sich an die Rinne anfügt, auf den Haspel geleitet, um den Faden auf diesem noch weiter abzusäuern. Zur Veranschaulichung dient Abb. 12.

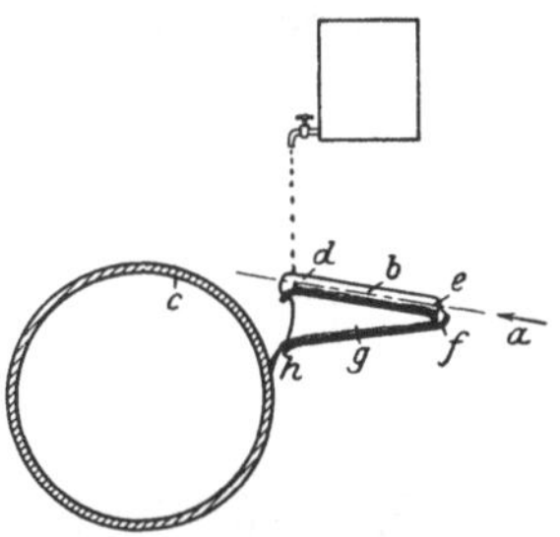

Abb. 12. Absäuerungsrinne.

Die hin- und hergehende Rinne übt auf den einlaufenden Faden eine Scheuerwirkung aus. Sie ist in jeder Rinne etwas anders, so daß die Seide dadurch ungleich im Griff wird. Dieser Fehler wurde behoben durch Einsetzen eines Drahtreiters aus säurefestem Stahl, wie es Abb. 13 zeigt[4]. Die gleichmäßige Form dieses Reiters schafft für alle Fäden gleichmäßige Führungsbedingungen. Dabei ist selbst die Stelle der Rinne von großer Bedeutung, an der der Reiter sitzt, und durch bloßes Verschieben kann man die Art des Fadens in bezug auf Härte oder Weichheit des Griffes wesentlich beeinflussen. Der Griff soll aber immer der gleiche sein.

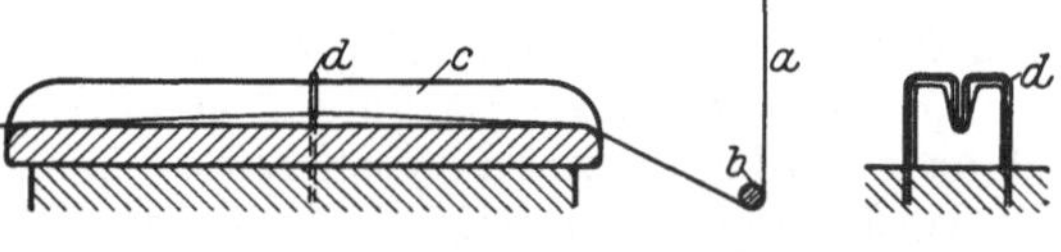

Abb. 13. Absäuerungsrinne mit Reiter.

Die Schwefelsäure wird in einer Stärke von 5 bis 10% verwendet.

Wesentlich für die Natur des Fadens ist auch die Spannung, die der Faden bei der Absäuerung hat. Sie wird im wesentlichen erzeugt durch den Zug der Aufwickelvorrichtung und die Bremsung an der Umlenkstange. Für diese wieder ist der Umlenkwinkel bestimmend. Von Einfluß auf die Spannung sind aber auch die Auslaufgeschwindigkeit und die Temperatur des Wassers, die Widerstände in der Absäuerung und anderes. Säuert man ganz ohne Spannung ab, so erhält man einen ganz anderen Faden mit wesentlich höherer Dehnung und geringerer Festigkeit, auch anderem Glanz. Aufgabe des Betriebes ist es nun, die Höhe der Spannung festzulegen und sie immer gleichmäßig zu halten.

Die Titer, die in der Praxis gesponnen werden, liegen zwischen 15 und 240 den. (Mit Denier wird das Gewicht eines Fadens von 9000 m Länge bezeichnet.) Höhere Titer zu spinnen, macht Schwierigkeiten. Die Anzahl der Einzelfädchen wird so eingestellt, daß der Einzeltiter ungefähr 1,0 bis 1,25 den. beträgt, daß z. B. ein Faden von 120 den. aus 95 Fädchen von 1,25 den. besteht oder einer von 100 den. aus 100 von 1 den. Es besteht gar keine Schwierigkeit,

[1] Franz. P. 702790. [2] D.R.P. 411333 (1924).
[3] D.R.P. 363916 (1921); D.R.P. 374507 (1922). [4] Brit. P. 283923 (1927).

mit dem Einzeltiter noch weiter hinunterzugehen, bis 0,5 den. und weiter, aber es haben sich dabei keine praktisch ins Gewicht fallenden Vorteile ergeben. Die Reißfestigkeit steigt etwas, jedoch nicht wesentlich, und die Weichheit ist auch bei 1 den. schon genügend. Als Sonderfälle sind Fäden mit 0,6 den. Einzeltiter im Handel.

Nach Säurerinne und Fadenführer gelangt der Faden zum Haspel. Die Verwendung desselben als Aufnahmevorrichtung ist eine Besonderheit des bei Bemberg[1] und bei Hölken ausgebildeten Verfahrens. Dieser Haspel muß verschiedene Forderungen erfüllen. Er muß zunächst säurefest sein. Es haben sich solche aus Holz, aus säurefestem Stahl und aus mit Hartgummi überzogenem Aluminium bewährt. Er muß weiter sehr fest sein, denn die sauren Fäden ziehen sich langsam zusammen und üben dadurch eine sehr große Spannung aus. Der Haspel soll ferner möglichst weit zusammenklappbar sein, damit die nassen und empfindlichen Stränge ohne Reibung und Beschädigung heruntergezogen werden können.

Haben die Stränge auf einem spinnenden Haspel die vorgeschriebene Dicke erreicht, so werden die Haspel, immer nach gleichen Zeiten, durch leere ersetzt. Die fertigen Stränge werden in einer besonderen Barke zunächst leicht mit Wasser abgespritzt und dann gefitzt, d. h. in der Querrichtung mit Fäden durchzogen, die die Aufgabe haben, die Kreuzung im Strang festzuhalten und den Faden vor Verwirrung zu schützen. Dann werden die Stränge vom Haspel abgezogen und kommen in die Strangwäsche.

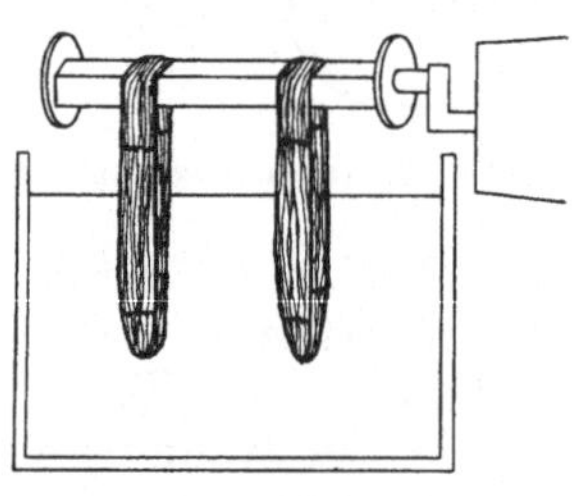
Abb. 14. Strangwäsche.

Hier werden die Stränge vorteilhaft auf einer Waschmaschine[2] gewaschen, die grundsätzlich einer Färbemaschine entspricht[3]. An ihr hängen die Stränge auf langen, kantigen Porzellanarmen, die gedreht werden (Abb. 14). Dabei werden die Stränge einmal in dem darunter in einer Barke befindlichen Bade umgezogen und gleichzeitig auch abwechselnd gehoben und gesenkt. Außerdem wird nach kurzer Zeit die Drehrichtung geändert. Die Porzellanarme befinden sich an einem Tragbalken, von dem aus sie angetrieben werden und der fahrbar ausgebildet ist, so daß er mittels Kran von einer Barke zur andern gefahren werden kann. In diesen Barken werden die Stränge nacheinander zuerst mit verdünnter Schwefelsäure, dann mit Wasser, weiter mit verdünnter Oxalsäure, wieder mit Wasser, mit verdünnter Sodalösung und zum Schluß mit Seifenlösung behandelt, jedesmal ungefähr 15 Min. Dann werden sie in einem Kanaltrockenschrank bei 60° getrocknet. Aus diesem kommen sie in stark verklebtem Zustand als sog. Stockfische heraus. Sie werden deshalb nochmals in Wasser geweicht, wieder geseift, nun geschleudert und wieder getrocknet und sind jetzt weich und offen. Diejenige Ware, die für Strickereiverarbeitung bestimmt ist, wird nicht geseift, sondern geölt. Hierfür hat sich die bekannte Emulsion von Olivenöl in Seife bewährt, deren Herstellung kurz angegeben sei. Zum Ansatz einer Vorratslösung vermischt man 100 kg reines Olivenöl mit 54 kg Olein und gibt 23 l Äthylalkohol (mit Holzgeist vergällt) und 9 l Ammoniaklösung von 25% zu. Von dieser Vorratslösung, die gut verschlossen aufbewahrt werden muß, gibt man beispielsweise 15 kg in 1 m³ Wasser. Das Bad wird weiter benutzt unter Ersatz des herausgenommenen Öles. Die Seide wird 15 Min. umgezogen, dann 2½ Min. lang geschleudert bei 950 Umdrehungen in der Minute. Die Seide soll dann nach dem Trocknen ungefähr 2% Öl enthalten. Statt des Olivenöls kann man Erdnußöl, Schaftalg, auch Paraffinöl verwenden, an Stelle

[1] D.R.P. 244375 (1910). [2] Gerber-Wansleben, Krefeld. [3] Brit. P. 216422 (1923).

von Ölsäure Stearinsäure. Es hat sich gezeigt, daß die verschiedenen Titer und die Seide in verschiedenen Betrieben verschiedene Aufnahmefähigkeit für das Öl haben.

Die zum zweitenmal getrocknete Seide beläßt man mindestens zwei Tage in einem Raum mit mindestens 70% rel. Feuchtigkeit. Sie nimmt dabei Wasser auf und wird weich.

Dann folgt die Aussucherei des ungezwirnten Fadens, der für einen großen Teil des Verbrauchs nun schon verwendungsfähig ist. Der größere Teil aber wird noch mit einer mehr oder minder starken Drehung versehen, je nach Bestimmung. Das geschieht auf den bekannten Etagen- oder auch an Ringzwirnmaschinen. Die gedrehte Seide kann gleich auf den Spulen an die Kundschaft geliefert werden, oder sie wird vorher wieder in Strangform gebracht und nochmals sortiert und gesäubert.

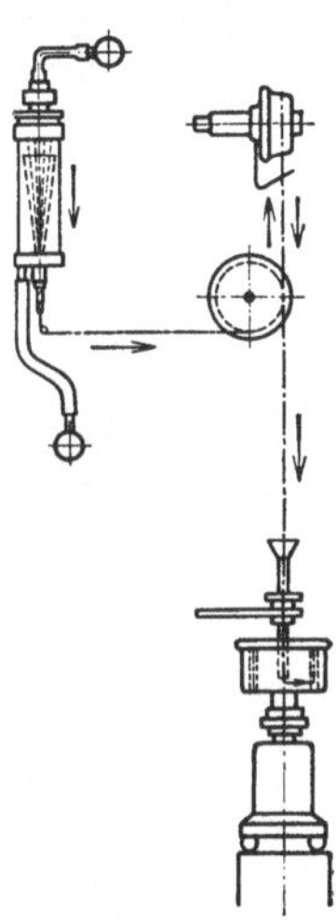

Abb. 15. Spinnanordnung an der Zentrifugenmaschine.

Während bei Bemberg die eben beschriebene Haspelspinnmaschine entwickelt und in sämtlichen Werken übernommen worden ist, hat Küttner die Zentrifugenspinnmaschine dem Kupferverfahren angepaßt[1]. Sie ist aus der Viskoseindustrie übernommen. Der Faden wird, wenn er aus der Absäuerung kommt, über Abzugs- und Leitrollen einem auf- und abgehenden Trichter zugeführt, der als Fadenführer wirkt, und fällt durch ihn in die Spinnschleuder. Die Abb. 15, einem Bemberg-Patent entnommen[2], veranschaulicht den Vorgang. Die Schleuder wird durch einen Einzelmotor angetrieben. Sie macht je nach Wahl 6000 bis 10000 Umdrehungen in der Minute. Infolge dieser Schleuderkraft wird der Faden eingezogen und an der Wand abgelegt, und zwar, durch den Einlauftrichter geführt, in Kreuzwicklung in Form eines Kuchens. Der Faden erhält dabei auch gleichzeitig eine Drehung, deren Höhe von dem Verhältnis der Drehzahl der Schleuder zur Abzugsgeschwindigkeit bestimmt wird. Bei 6000 Umdrehungen und 50 m Abzug z. B. ist die Drehung des Fadens etwa 120 auf 1 m.

Der Faden wird nach Verlassen des Trichters mittels mehrerer Abzugs- und Leitrollen durch Nachbehandlungsbäder geführt[3]. Die Abzugsrollen dienen dazu, die gewünschte Spannung und Streckung zu erreichen. Als Nachbehandlungsbad wird eine Lösung von Aluminiumsulfat verwendet[4]. Diese bewirkt die weitere Erhärtung des Fadens und verhindert Verklebungen, die besonders beim Zentrifugenspinnen leicht eintreten und den Faden hart machen. Diese Behandlung mit Salzlösung hat aber den Nachteil, daß am Zentrifugentrichter sich Salzkrusten ansetzen.

Wenn die Wandstärke des Kuchens ungefähr 2 cm beträgt, wird der Motor abgestellt, die Schleuder abgenommen und der Kuchen aus dem umgestülpten Spinntopf herausgeschlagen. Die Schleuder wird dann wieder eingesetzt und der Faden wieder eingesponnen.

Für die weitere Kuchenbehandlung bieten sich zwei Wege. Der eine und ältere ist der, daß man den feuchten Faden abhaspelt und die Stränge ebenso wäscht wie bei dem Haspelverfahren.

Neuerdings sind vielfach Verfahren ausgebildet worden, um den Kuchen zu waschen und zu trocknen, so daß erst der trockene Faden abgearbeitet zu werden

---

[1] Franz. P. 627569 (1927), D.R.P. 496437 (1930). [2] Brit. P. 297417 (1928).
[3] Franz. P. 627569 (1927). [4] D.R.P. 496437 (1930).

braucht. Küttner hat hierzu eine Packwäsche ausgebildet[1]. Bei dieser werden die Kuchen flachgedrückt, in Kästen verpackt und nun so gewaschen, daß die Waschbäder nacheinander hindurchgepumpt werden. Man kann die Kuchen auch, ähnlich wie die gelochten Spulen bei der Viskoseseide, in geeigneter Weise übereinanderstellen und die entstehenden, an den Enden abgedichteten Röhren mittels Saug- oder Druckwäsche auswaschen. Nach einem anderen in der Praxis bewährten Verfahren werden die Kuchen durch elastische Haspel oder durch Umbänder und Stabeinlage[2] gegen Ablösen der Fäden geschützt, auf Stöcke aufgehängt und an einer Waschmaschine genau wie Stränge[3] gewaschen. Dies Verfahren scheint mir das einfachste.

Der ausgewaschene Kuchen wird getrocknet und der Faden durch Abhaspeln in Strangform gebracht oder gleich auf eine Kreuzspule aufgewickelt.

In letzter Zeit ist die Arbeit an der Zentrifugenmaschine auch von Bemberg versuchsweise aufgenommen worden. Dabei sind wesentliche Verbesserungen an der Maschine herausgekommen. Einem Patent ist die gegebene Abb. 15 entnommen, an der wesentlich die Anordnung von zwei Abzugsrollen ist. Eine andere Neuerung besteht darin, daß zur Erhöhung der Maschinenleistung vor jeder Maschine zwei Reihen von Spinnschleudern angeordnet sind[4]. Diese Ausführungen haben sich im Gebrauch bewährt.

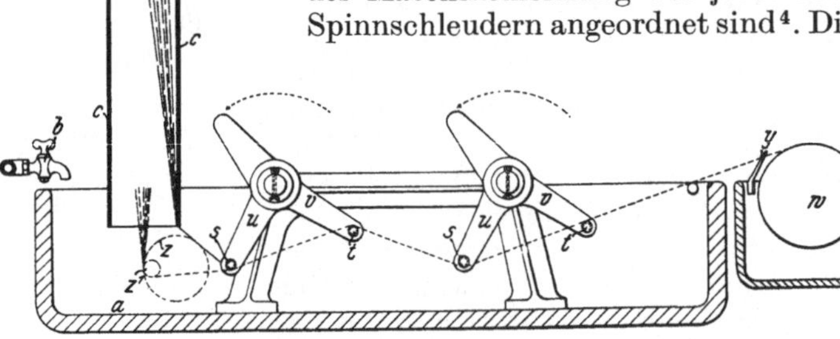

Abb. 16. Spinnvorrichtung bei Brysilka.

Eine in jeder Richtung andere Ausbildung hat das Thiele-Verfahren bei Brysilka in England durch Schubert erfahren. Es sind drei wesentliche Unterschiede hervorzuheben. Zunächst dient als Fällflüssigkeit verdünnte Natronlauge[5], dann ist die Trichterausbildung mit Flüssigkeitszuführung eine andere und endlich dient zur Aufnahme des Fadens eine Spule. Es ist ein Weg verwirklicht worden, den Thiele schon aufgenommen[6], den Bemberg dann aber verlassen hatte.

Aus der Abb. 16 ersieht man das Wesentliche des Spinnvorganges. Die Spinnflüssigkeit, verdünnte Natronlauge, wird in den Spinnzylinder zunächst hineingesogen und in ihm dann durch den Luftdruck gehalten. Ihr Umlauf und ihre Erneuerung aus dem Troge, in den der Zylinder hineinhängt, wird durch den bewegten Faden selbst bewirkt. Der Faden reißt durch Reibung in der Mitte des Zylinders Flüssigkeit nach unten, und die entsprechende Menge strömt aus dem Troge an den Wandungen hoch. Die Stärke dieses Stromes hängt ab von der Abzugsgeschwindigkeit des Fadens, der Viskosität der Spinnlösung, ihrer Zusammensetzung, dem Titer des Fadens, der Anzahl der Einzelfädchen und der Stärke und Temperatur der Lauge, ferner von der Trichterform und vielleicht auch noch von anderen Bedingungen. Gleichzeitig kann in schwachem Strome oben noch etwas stärkere Lauge zugeführt werden[7].

Abb. 17 zeigt eine zweckmäßige Ausführungsform des Spinnzylinders, durch

---

[1] D.R.P. 474789 (1927); Brit. P. 288990 (1928); Brit. P. 300131 (1928).
[2] D.R.P. 545765 (1928). [3] Belg. P. 365212 (1929); Franz. P. 706331.
[4] Brit. P. 297424 (1928). [5] Brit. P. 258372 (1925).
[6] D.R.P. 173628 (1902); D.R.P. 220051 (1907). [7] Brit. P. 22635 (1911).

die schädliche Flüssigkeitswirbel vermieden werden sollen[1]. In dieser Richtung ist auch der in Abb. 18 wiedergegebene spiralförmig gewundene, trichterförmige Einsatz bemerkenswert[2], der bei diesem Verfahren denselben Zweck erfüllen soll, den der Lochtrichter bei Bemberg erfüllt.

Der aus der alkalischen Fällflüssigkeit kommende Faden wird zunächst in einer Absäurevorrichtung durch verdünnte Schwefelsäure geführt (in der Abbildung nicht gezeigt), und dann auf einer Spule in Kreuzwicklung aufgewickelt. Vorteilhaft wäre vor der Säure noch eine Wasserbehandlung, um den Säureverbrauch zu verringern.

Auf der Spule wird der Faden zunächst durch Wasserberieselung säure- und möglichst kupferfrei gewaschen. Die besondere Einrichtung hierzu ist im Brit. Pat. 274928 beschrieben, auf das verwiesen sei. Es gelingt auf diese Weise nur sehr schwer und nie ganz sicher, das Kupfer herauszuwaschen. Die Seide wird deshalb von der Spule noch naß durch Abhaspeln in Strangform gebracht. Die Stränge werden dann nochmals mit verdünnter Schwefelsäure und den üblichen Waschbädern (siehe S. 72) behandelt und dann getrocknet. Die weitere Behandlung ist dieselbe wie bei Bemberg, nur erfolgt das Zwirnen auf einer Ringzwirnmaschine, an der der Faden gleich vom Haspel herunter auf die Zwirnspule geführt wird.

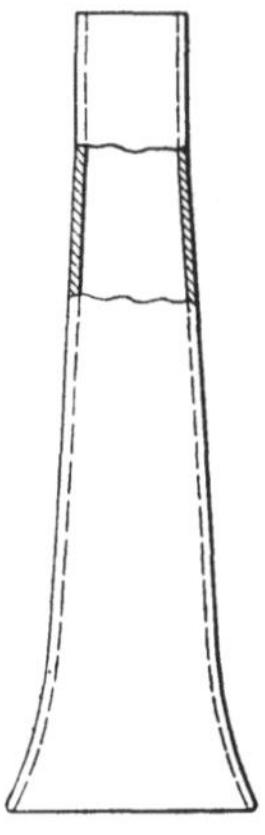

Eine bemerkenswerte Fortentwicklung des Thiele-Verfahrens, bei der die Festigkeit, die bei Kupferstreckseide schon eine sehr gute ist, noch ungefähr verdoppelt wird, gelang Zart und Hölkeskamp[3] (bei Bemberg). Das Verfahren ist in gleicher Weise anzuwenden bei Haspel-, Spulen- und Zentrifugenverfahren. Die wesentlichen Bedingungen zur Erreichung dieses Zieles sind die folgenden: 1. Der Faden wird im Trichter nur schwach und nur so weit koaguliert, daß er diesen noch in hoch plastischem Zustand verläßt. Das ist möglich durch Senkung der Temperatur des Fällwassers. 2. Der Faden wird außerhalb des Trichters, praktisch in der Luft, durch eine besondere Streckvorrichtung, nochmals erheblich gestreckt. Man verwendet vorteilhaft zwei Rollen, von denen die zweite (vom Trichter aus gesehen) eine höhere Umfangsgeschwindigkeit hat als die erste, und um die beide der Faden so geschlungen wird, daß er nicht gleiten kann. Die Streckung beträgt hier ungefähr 100%. 3. Die Absäurung geschieht erst nach dem Strecken, kann aber zwischen den Rollen erfolgen, weil die Streckung sich dann von selbst vor die Säurung bis auf die erste Rolle verlegt. Man könnte daran denken, diese Streckung in den Trichter zu verlegen, und zwar in den Teil des Fadens, der schon eine gewisse Härtung erfahren hat, dadurch, daß man die Bremsung des Fadens durch das Wasser, die auf S. 70 erwähnt wurde, erhöht. Versuche haben ergeben, daß das möglich ist und daß dabei auch eine Festigkeitserhöhung eintritt. Der Faden ist unter dem Namen Festseide bekannt geworden.

Abb. 17. Spinntrichter bei Brysilka.

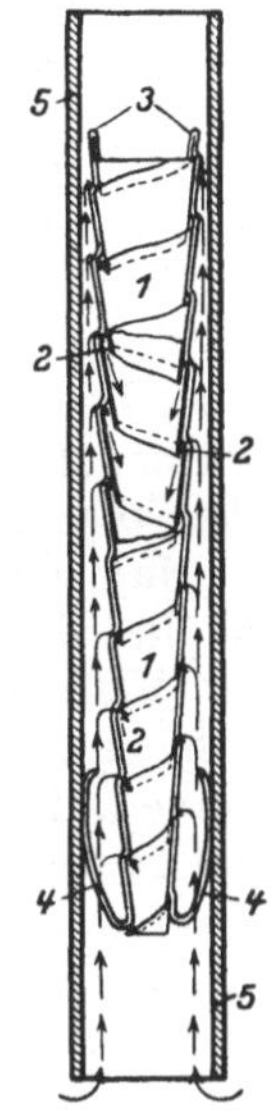

Abb. 18. Spinntrichtereinsatz.

In den Vereinigten Staaten von Amerika ist von Furness lange Jahre an einem andern Kupferseidespinnverfahren gearbeitet worden. Seine wesentlichen Kennzeichen sind die folgenden[4]:

[1] Brit. P. 296856 (1927). [2] Brit. P. 293977 (1927); D.R.P. 499975 (1930).
[3] Brit. P. 299038; D.R.P. 556251 (1932).
[4] The Rayon Record 1932 S. 63; Brit. P. 378467 u. 385477.

Der Faden wird in ätzalkalischem Fällbad gesponnen, und zwar in einem Trichter in strömender Fällflüssigkeit von unten nach oben. Er wird dann, und das ist nun das Eigenartige, in ununterbrochenem Arbeitsgange auf einer Fördertrommel, auf der er in einer Schraubenlinie voranbewegt wird, nachbehandelt, gewaschen und getrocknet, um dann auf eine Ringzwirnspule aufzulaufen.

Die Fördertrommel entspricht im grundsätzlichen derjenigen, die von den Vereinigten Glanzstoff-Fabriken in den D.R.P. 236584 und 239821 erstmalig für die Herstellung von Kunstfäden beschrieben worden ist. Ihr Mantel besteht aus Metallstäben, die in ihrer Längsrichtung kreisförmige Bewegungen derart ausführen, daß, wenn ein Stab sich vorwärts und radial aufwärts hebt, der andere, benachbarte sich abwärts und rückwärts senkt.

Durch diese vorschiebenden Bewegungen der zwei Stabgruppen des Trommelmantels wird der Faden in einer Schraubenlinie voranbewegt. In dem ersten der erwähnten Patente heißt es: „Er kann auf diesem Wege einem bestimmten Prozeß unterworfen werden, beispielsweise kann er mit Chemikalien behandelt, ausgewaschen und getrocknet werden.“

Furness bringt den Faden auf seinem spiraligen Lauf um den Zylinder unter die Traufen der Nachbehandlungs- und Waschbäder und zuletzt in eine Trockenzone. Es wird mit einer Abzugsgeschwindigkeit von 70 m gesponnen. Die Ringzwirnspule, auf die der Faden endgültig aufläuft, hat eine Drehgeschwindigkeit von 7000 m/min.

Man hat sich sehr viel Mühe gegeben, die Fördertrommel des D.R.P. 236584 für die Durchführung eines ununterbrochenen Arbeitsganges zur Herstellung von Viskoseseide zu verwenden. Das Verfahren hat lange Zeit in großem Maßstabe gearbeitet, sich aber endgültig gegen die andern Verfahren nicht behaupten können. Inzwischen sind dem Ingenieur neue Werkstoffe zu Hilfe gekommen, und es wäre erfreulich, wenn es doch noch gelänge, diese immer wieder Erfinder verlockende Arbeitsweise zum Erfolg zu bringen.

Auf die eigenartige Fördertrommel sei hier aber besonders aufmerksam gemacht, sie hat sich für manche Sonderzwecke als vorteilhaft erwiesen.

Die Thieleseide ist gegenüber der Viskoseseide eine Mattseide. Trotzdem wird sie noch in einer besonderen sehr matten Abart herausgebracht. Das geschieht auf die Weise, daß man geglühtes, sehr feines Zirkonoxyd von der mittleren Teilchengröße 0,5 μ in die Lösung einrührt und sie dann genau wie die gewöhnliche filtriert und verspinnt[1]. Man verwendet je nach dem gewünschten Grad der Mattheit von dem Oxyd 1 bis 2% vom Gewicht der Kunstseide.

D. Rückgewinnung der Chemikalien.

Die Rückgewinnung der Chemikalien ist erstrebenswert für die Wirtschaftlichkeit.

Das Ammoniak ist in der Hauptsache in dem Abwasser der Spinntrichter enthalten, und zwar ungefähr 85% des eingesetzten. Die Konzentration ist aber so gering, 0,04%, daß es unwirtschaftlich ist, es wiederzugewinnen, etwa durch Übertreiben aus einer Ammoniakdestillationskolonne. Man hat auch versucht, das Ammoniak als Magnesium-Ammonium-Phosphat auszufällen[2], aber auch dieser Weg hat sich nicht als lohnend erwiesen.

Aussichtsreicher ist ein anderer Weg, nämlich der, das Ammoniak im Fällwasser anzureichern, d. h. also, mit einem ammoniakalkalischen Fällwasser zu spinnen. Das ist praktisch möglich und auf mehreren Wegen versucht worden.

[1] Franz. P. 680492 (1930). [2] Brit. P. 233669 (1925).

Man hat einmal die Fällflüssigkeit umgepumpt, also im Kreislauf verwendet, und dabei nur so viel abgeführt und durch Wasser ersetzt, als notwendig ist, um einen bestimmten Ammoniakgehalt aufrecht zu halten. Die abgeführte Menge kommt in die Destillationskolonne; das Ammoniak wird abgetrieben und aufgefangen, und dabei fällt auch das Kupfer in gut filtrierbarer Form als Kupferoxyd aus.

Einen andern Weg wies dann der Lochtrichter. Hier findet ein Wasserumlauf statt. Um diesen noch wirkungsvoller zu gestalten, wurden sogenannte Umlauftrichter entwickelt[1], von denen Abb. 19 eine wirksame Form zeigt. Der Überdruck im Zylinder treibt die Flüssigkeit durch die Löcher in den Zylinder und zum Umlauf. Die so dem Zylinder wieder zugeführte Menge kann man am Zufluß und damit auch am Auslauf abziehen, so daß also die verringerte Fällwassermenge sich an Ammoniak anreichern muß.

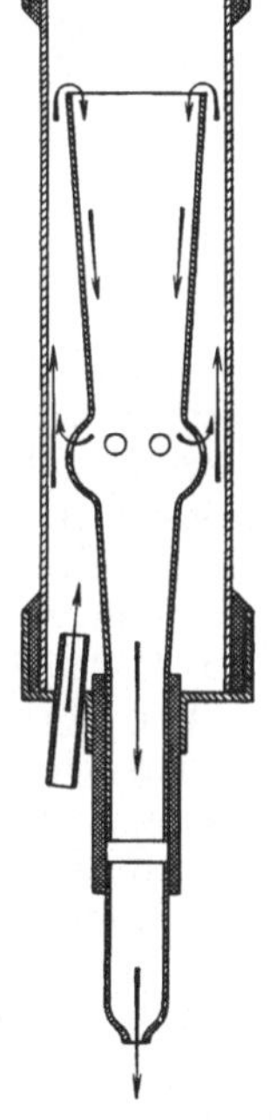

Abb. 19. Umlauftrichter.

Mit dem Bad müssen natürlich auch die andern Fällbedingungen geändert werden. Es besteht die Gefahr, daß die Natur des Fadens eine andere wird. Deshalb brauchen derartig neue Arbeitsweisen sehr lange Zeit, ehe sie sich durchsetzen, wenn ihnen das überhaupt gelingt.

Das **Kupfer** fällt in der Hauptsache an zwei Stellen an, zu 36% im ammoniakalkalischen Fällwasser in einer Stärke von ungefähr 0,03 g/l und zu 52% in der Spinnsäure mit 0,55 g/l. Der Rest ist in sauren Tropf- und Waschwässern enthalten.

Es gibt verschiedene Möglichkeiten der Wiedergewinnung.

Man führt dem ammoniakalkalischen Blauwasser so viel von dem sauren kupferhaltigen Bade zu, daß das Kupfer als basisches Sulfat ausfällt. Man läßt es in Türmen oder Klärbecken mit mechanischer Schlammabführung absitzen und gewinnt das basische Sulfat durch Filtration. Es ist recht schwierig, den richtigen Absättigungsgrad einzuhalten. Etwas zu wenig oder zu viel Säure bringt durch unvollständige Fällung Kupferverluste.

Man kann ferner im alkalischen Blauwasser das Kupfer auch durch Flockungsmittel zum Absitzen bringen, indem man z. B. eine Lösung von Magnesiumsulfat und Lauge (Ablauge aus Beuchkessel) hinzufügt. Der entstehende Schlamm von Magnesiumhydroxyd und Kupferhydroxyd setzt sich gut ab. Verwendet man zum Absitzen hohe Türme, so genügt ihr Wasserdruck, um den Schlamm in Filterpressen zu filtrieren. Er enthält viel organische Verunreinigung. Man löst ihn deshalb in den sauren Abwässern und gewinnt das gesamte Kupfer durch Zementation.

Für die Überführung von wiedergewonnenem Kupferhydroxyd und Zementkupfer in die wiederverwendungsfähige Form des basischen Sulfates ist bei Bemberg folgendes Verfahren praktisch durchgebildet worden[2]: Kupferhydroxyd und Zementkupfer werden in einer Lösung von Ammonsulfat und Ammoniak heiß gelöst, bei Zementkupfer unter kräftigem Durchblasen von Luft. Eisenschlamm bleibt ungelöst. Die Lösung wird filtriert und das Kupfer durch abgemessene Zugabe von Schwefelsäure als basisches Sulfat gefällt. Dies geht in den Lösungsbetrieb.

Das im Gebrauch befindliche Verfahren der Flockung mit Magnesiumhydroxyd hat gewisse Nachteile, und zwar einmal die starke Verunreinigung

[1] D.R.P. 500742 (1930). [2] Brit. P. 260212 (1925).

des Kupferhydroxydschlammes mit organischen Stoffen aus der Beuchlauge, weiter die Zementation. Bei dieser gehen ungeheure Mengen Eisen in Lösung und verschmutzen den Vorfluter. In einem Werke von beispielsweise 5000 kg Tageserzeugung an Kupferseide sind es 4000 kg Eisenhydroxyd, die sich durch die Farbe und Schlammablagerung sehr lästig machen.

Gewisse Vorteile bietet die Flockung mit Ferrihydroxyd[1]:

1700 kg Eisenschlamm, der im Arbeitsgange als basisches Eisensulfat anfällt, und 12% Eisen und 1% Kupfer enthält, wird mit 20 m³ Abfallspinnsäure (2,5% H_2SO_2 und 0,4% Cu) und 60 kg Schwefelsäure von 60⁰ Bé gelöst. Die Lösung wird von Verunreinigungen, besonders organischer Natur, abfiltriert. 20 m³ dieser Lösung, die 1% dreiwertiges Eisen und 0,25% freie Schwefelsäure enthalten soll, werden zu 1000 m³ Blauwasser allmählich im Maße ihres Anfalles hinzugefügt. Man kann auch noch die kupferhaltigen Abwässer der Kunstseidenwäsche hinzulaufen lassen. Es entsteht ein gut absitzender Niederschlag, der, in Filterpressen abgepreßt, in ungefähr 5000 kg 4% Cu und 4% Fe enthält. Ihm kann man durch abgemessene Zugabe von Schwefelsäure zunächst das Kupfer entziehen. Man verwendet dazu wieder Abfallspinnsäure, 5 m³, verstärkt durch 350 kg Schwefelsäure von 60⁰ Bé. Das Eisenhydroxyd geht in basisches Sulfat über und bleibt ungelöst. Die Kupfersulfatlösung wird durch Filterpressen klar filtriert. Sie enthält bei richtiger Arbeit nur 0,02% Fe, die durch Zugabe von Sodalösung noch auf 0,0025% herabgesetzt werden können. Aus dieser Kupfersulfatlösung kann man nun unmittelbar wieder basisches Kupfersulfat fällen, das sofort im Lösungsbetrieb verwendbar ist. Der abgepreßte Schlamm von basischem Eisensulfat wird wieder in Abfallspinnsäure gelöst und zum Fällen benutzt, das Eisen geht im Kreislauf durch das Verfahren.

Der Vorteil der beschriebenen Arbeitsweise von Dr. Wichert besteht darin, daß das Kupfer sowohl der alkalischen wie der sauren Anfälle in einheitlichem Arbeitsgange ohne organische Verunreinigungen unter Vermeidung der Zementation in einer Form und Reinheit wiedergewonnen wird, in der es gebrauchsfertig für den Lösungsbetrieb ist.

Ein anderes Wiedergewinnungsverfahren für das Kupfer, das auch die Zementation vermeidet, ist die elektrolytische. Die Einrichtung für dieselbe wird von der Firma Siemens geliefert. Die Arbeitsmaßnahmen müssen in jedem Werk den dort vorhandenen Formen des Kupferanfalles angepaßt werden. Man erhält das Kupfer dabei natürlich als Metall.

Zusammenfassend kann gesagt werden, daß bei dem Thieleverfahren eine ganze Anzahl bewährter Vorschriften für die Kupferwiedergewinnung zur Verfügung stehen und im Gebrauch sind, daß aber die Ammoniakwiedergewinnung noch eine Aufgabe weiterer Erfahrungen und Versuche ist.

Bei dem Brysilka-Verfahren mit Natronlauge als Fällungsmittel wird die verdünnte Ablauge in Mehrfachverdampfern verstärkt. Hierbei wird ein großer Teil des Ammoniaks wiedergewonnen.

E. Die Eigenschaften der Kupferseide.

Die alte Glanzstoffkupferseide war sehr grobfädig, mit einem Einzeltiter von ungefähr 8 bis 10 den. Sie entsprach in Festigkeit und Dehnbarkeit ungefähr der Viskoseseide und fand Verwendung hauptsächlich zur Herstellung von Tressen und Litzen, in Deutschland in Barmen und Plauen.

---

[1] D.R.P. 547559 (1932).

Im Gegensatz zu ihr hat die Thiele-Seide eine Reihe besonderer wertvoller Eigenschaften, die sie immer zu einem der wertvollsten Textilfäden machen werden.

Der ruhige und angenehme Glanz des milchig weißen Fadens ist bei dem ungezwirnten Faden natürlich höher als beim gezwirnten und nimmt mit ansteigender Zwirnung ab. Glanz und Deckkraft können gemessen werden[1]. Eigene vergleichende Messungen ergaben für den Glanz bei Thiele- und Viskoseseide angenähert gleiche Zahlen, für die Deckkraft bei der ersten die Zahl 18 bis 19, bei der zweiten dagegen nur 3 bis 4. Deckkraft und mattes Aussehen der Thiele-Seiden rühren wohl von ihrer Ultrastruktur her. Man erkennt den Feinbau unter dem Ultramikroskop[2]. Aber auch schon unter dem gewöhnlichen Mikroskop sieht die Oberfläche schwach narbig aus, auf die Ultrastruktur hindeutend. Die Deckkraft zeigt gelegentlich Schwankungen, wodurch dann Schattierungen in der Anfärbung oder Banden im Gewebe entstehen. Die Ursache für diese Schwankungen ist meist in Ungleichheiten im Spinnbetrieb zu suchen und kann mehrfacher Natur sein.

Wertvoll ist der weiche und doch kräftige Griff des Fadens. Die Weichheit beruht auf der Feinfädigkeit. Der kräftige Griff rührt daher, daß der Faden sehr leicht den krachenden Seidengriff der Naturseide schon durch Seife annimmt, in verstärktem Maße, wenn man mit Milchsäure nachbehandelt, und daß er diesen Griff sehr lange beibehält.

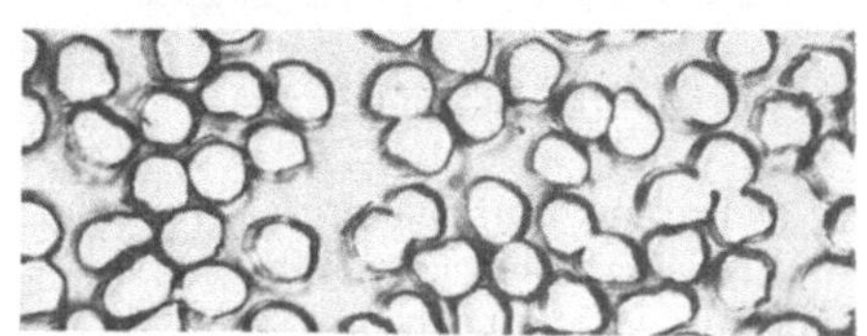

Abb. 20. Querschnitt einer Kupferstreckseide.

Der Querschnitt der Fädchen ist ungefähr rund. Die Abb. 20 zeigt solch ein Querschnittsbild. An ihm fällt auf, daß manche Einzelfädchen miteinander verklebt sind, was bei Viskoseseide als schwerer Fehler angesprochen werden würde. Nicht so bei der Thieleseide, bei der es schwer fällt, einen besseren Querschnitt für Reklamezwecke zu finden. Genaue Untersuchungen haben gezeigt, daß in der Fadenlänge diese Verklebungen nur ganz kurze Stellen befallen und dabei zwischen verschiedenen Fädchen wechseln. In leichtem Ausmaße ist das kein Fehler; ein solcher entsteht erst, wenn die Verklebungen stark werden und viele Fäden unter Verschwinden der Umrandungen verschmelzen. Die leichte Verklebung gibt dem ungezwirnten Faden einen gewissen Zusammenhalt und ist wohl die Ursache, daß dieser Faden in so weitgehendem Maße ungezwirnt verarbeitet werden kann. Er bietet dabei den Vorzug der größeren Völligkeit. Die Querschnittsuntersuchung ist von Wert zunächst zur Erkennung der Thieleseide, dann aber auch, um zu erkennen, ob ein fehlerhafter Faden vorliegt oder nicht. Der stark verklebte Faden zeigt andere textile Eigenschaften.

Die Gleichmäßigkeit in der Stärke des Fadens, im Titer, ist eine sehr gute. Hier sei nur hingewiesen auf verschiedene Gesichtspunkte bei der Beurteilung derselben. Für die Handelsbeurteilung werden Fäden von 450 m Länge abgewogen, und nach den gefundenen Zahlen wird die Regelmäßigkeit des Titers beurteilt[3]. Nun können aber in dieser Länge noch erhebliche Schwankungen der Stärke auftreten. Um daraufhin zu prüfen, kann man kurze Fadenstücke an einer empfindlichen Torsionswage messen, die von Hartmann & Braun in Frankfurt a. M. erhältlich ist. Diese Wage eignet sich auch für rasche

[1] Klughard: Textile Forschg. 1927 S. 56. Zart: Melliands Textilber. 1923, S. 161 u. 218.

[2] Herzog, A.: Kunstseide Bd. 10 (1928) S. 281.

[3] Vorschrift des Reichsausschusses für Lieferbedingungen RAL.

Betriebsuntersuchungen an kurzen Fadenstücken. Die Usines de Rhone haben einen Apparat gebaut[1], an dem von dem zu untersuchenden Faden fortlaufend bestimmte Stücke eingeklemmt und in Schwingung versetzt werden. Es bilden sich stehende Wellen aus, deren Länge den Titer anzeigt.

Dietz hat einen Apparat angegeben[2], bei dem die Dehnbarkeit als Maß für Schwankungen in der Stärke benutzt wird. Dazu wird der Faden ruckweise vorbewegt, jedesmal wird ein kurzes Stück zwischen zwei Klemmen von gleichbleibendem Abstand eingespannt und mit immer dem gleichen Gewicht belastet. Die Dehnungsausschläge werden in einer Schaulinie fortlaufend aufgezeichnet und geben ein Maß für die Regelmäßigkeit des Titers. Dickere Stellen werden sich weniger dehnen als dünnere. Diese Untersuchungsart ist sehr zu empfehlen. Sie hat als Betriebshilfe schon wesentliche Dienste zur Auffindung von Fehlerquellen geleistet.

In anderer Richtung bewegen sich die sehr begrüßenswerten Arbeiten von Viviani[3]. Von mehreren Methoden sei hier die folgende erwähnt: Er führt den Faden durch eine enge Kapillare, durch die er gleichzeitig ein Gas strömen läßt. Mit schwankendem Titer wird sich der Gasdurchfluß ändern. Die Druckschwankungen wirken auf den Flüssigkeitsstand eines Manometerrohres, und die Schwankungen desselben werden im Lichtbild festgehalten. Es entsteht eine Schaulinie (Abb. 21), die einen Maßstab für die Titerschwankungen auf kleinste Strecken gibt.

Abb. 21. Schaulinie für Titerschwankungen nach Viviani.

Derartige Untersuchungen stellen ein außerordentlich wichtiges Hilfsmittel für Betriebsverbesserungen dar. Es gelang mit ihnen z. B., den Zusammenhang zwischen Wirbelbildung im Trichter und Titerschwankungen aufzuklären.

Ein besonderer Vorzug der Kupferstreckseide ist ihre hohe Festigkeit, vor allem des nassen Fadens. Sie wird nach der Vorschrift des RAL an dem Reißapparat der Firma Louis Schopper in Leipzig gemessen und gibt das Gewicht in Grammen an, mit deren Belastung der Faden reißt. Die dabei eingetretene Verlängerung des Fadens, umgerechnet auf Hundertteile, gibt die prozentuelle Dehnung an. Die nebenstehende Zusammenstellung gibt eine Anzahl solcher Bestimmungen von Kupferstreckseiden verschiedener Herkunft, sämtlich umgerechnet auf 100 den.

Herkunft	Festigkeit		Dehnung %	
	trocken	naß	trocken	naß
A	205	123	10	21,5
A	195	125	9	22,4
B	174	124	5	13
B	170	121	6	13,3
C	187	101	9	15
C	157	98	7	17
D	185	101	11,8	21,6
D	187	107	10,4	21,6

Die hohe Naßfestigkeit ist von großem Vorteil für die Verarbeitung zu Leibwäsche, die ohne Gefahr gekocht werden kann und auch die Beanspruchung der mechanischen Behandlung bei der Wäsche besser aushält.

In der Weberei bietet die hohe Festigkeit zusammen mit der verhältnismäßig geringen Dehnbarkeit den Vorteil, daß die Thiele-Seide durchaus nicht in dem Maße wie die Viskoseseide Neigung für Glanzschüsse und zum Boldern zeigt. Denn bei derselben Beanspruchung wird der Faden viel weniger ausgezogen, und die Streckung gerät auch weniger in den unelastischen Teil.

[1] Kunstseide Bd. 13 (1931) S. 384. [2] Kunstseide Bd. 12 (1930) S. 460.
[3] Kunstseide Bd. 13 (1931) S. 281 u. 321.

Dies ist aus den Belastungs-Dehnungs-Schaubildern der Abb. 22 deutlich zu entnehmen. Sie stammen von Handelsproben einer Kupferstreckseide und einer Viskose-Zentrifugenseide und sind jede einer größeren Linienschar von Untersuchungen entnommen. Jede ist so gewählt, daß sie ungefähr als Durchschnitt gelten kann. Andere Proben mögen etwas andere Linienscharen geben, aber der grundsätzliche Unterschied wird der gleiche bleiben. An diesen Linien sieht man folgendes: Mit wachsender Belastung dehnen sich die Fäden zunächst nur wenig, die Linien steigen steil an. In diesem Teil geht die Dehnung nach Aufhören der Belastung wieder ziemlich vollständig zurück, d. h. sie ist elastisch. Weiterhin verlaufen beide Linien von bestimmten Belastungen an schräg; die diesem Teil entsprechende Dehnung ist unelastisch, d. h., sie geht nach Entlastung nicht zurück, wohl aber geschieht dies, wenn der Faden naß gemacht und wieder getrocknet wird. Hierin liegt die Gefahr für Verarbeitungsfehler. Man sieht an den beiden Linien, daß z. B. bei einer Belastung von 160 g die Dehnung der Kupferseide noch elastisch ist, bei der Viskoseseide aber schon über 5% im unelastischen Gebiet liegen.

Für die Strickerei und Wirkerei ist die Dehnbarkeit von ca. 10% noch durchaus genügend.

Die guten Festigkeitseigenschaften stehen in Zusammenhang mit der weitgehenden Gleichrichtung der Zellulosemizellen, die durch die starke Verstreckung hervorgerufen wird[1].

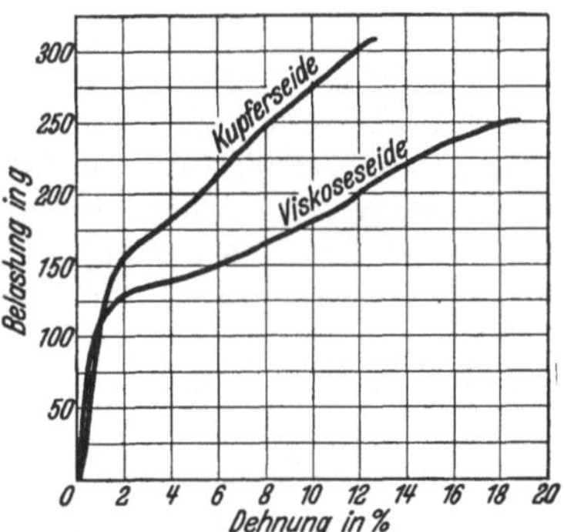

Abb. 22. Belastungs-Dehnungs-Schaubilder für Kupferstreckseide und Viskoseseide.

Die **färberischen Eigenschaften** sind sehr gute. Die Thiele-Seide färbt sich sehr gleichmäßig an, so daß ungleiche Färbungen durchaus selten sind.

Im Anfärbevermögen unterscheidet sie sich wesentlich von der Viskoseseide. Während die letztere auch ohne Beize ein deutliches Aufnahmevermögen für basische Farbstoffe hat, wird die Kupferstreckseide von ihnen nur sehr schwach angefärbt. Diese hat dagegen eine stärkere Verwandtschaft zu den direkt färbenden Baumwollfarbstoffen, die sehr rasch aufgenommen werden. Diese Eigenschaft kann man sehr gut zur **färberischen Unterscheidung** beider Kunstseidenarten benutzen, wobei man basische oder direkte Farbstoffe allein oder noch besser in geeigneter Mischung verwendet.

Eine ganze Reihe von Vorschriften sind veröffentlicht worden (siehe auch RAL-Vorschrift), bewährt hat sich die folgende:

Man mischt gleiche Mengen der Lösungen (0,2%) von Siriusblau B und Eosin der I. G. Farbenindustrie. In dem reichlich gehaltenen Färbebad von 18^0 färbt man die zu untersuchende Probe 10 Min. lang unter fortgesetztem Umziehen. Dann spült man gut. Viskoseseide ist rosa angefärbt und Kupferseide dunkelblau.

In der **Verarbeitung** kann die Kupferseide auf allen Gebieten der Textilindustrie Verwendung finden. Ihr höherer Preis gegenüber Viskoseseide beschränkt sie aber auf besondere Gebiete, auf denen an Schönheit, Weichheit und Festigkeit höhere Anforderungen gestellt werden, und auf denen ein höherer Preis für diese Eigenschaften angelegt wird.

[1] Mark, H.: Kunstseide Bd. 12 (1930) S. 214, ferner vgl. dieses Handb. I, 1.

Die Nitro-(Chardonnet-)Kunstseide.

Von Dr.-Ing. **Adalbert Havas,** Generaldirektor der Magyaróvárer Kunstseidenfabrik A.G. in Magyaróvár.

Einführung.

Das älteste, technisch in Verwendung stehende Kunstseideverfahren ist das Nitro- oder Chardonnet-Verfahren. Es bildet daher den Ausgangspunkt und Grundstein der anderen, technisch wichtigen, in den Großbetrieb übergegangenen Kunstseideerzeugungsmethoden.

Das Bestreben, die durch die Natur gebotenen Textilfasern durch künstlich erzeugte Textilrohstoffe zu ergänzen, hat schon lange bestanden, bevor es gegen Ende des vorigen Jahrhunderts technische Verwirklichung fand.

Dieser Erfolg war den Bemühungen des Grafen Hilaire de Chardonnet beschieden, der als erster Nitroseide in technischem Maßstabe hergestellt hat. 1890 wurde die erste Gesellschaft zur Herstellung von Nitrokunstseide in Besançon errichtet. Zweigwerke entstanden im Laufe der nächsten Jahre in der Schweiz (Spreitenbach), in Ungarn (Sárvár), in Belgien (Obourg und Tubize), in Italien (Pavia) und in Deutschland (Kelsterbach). Viele andere Gründungen schlossen sich an. Auf Grund der Erfolge Chardonnets entwickelten sich neue Verfahren, das Kupferoxyd-Ammoniak-, das Viskose- und viel später das Azetatverfahren.

A. Allgemeine Beschreibung der Herstellung und Betriebskontrolle.

Die technische Herstellung der Nitro-(Chardonnet-)Kunstseide erfolgt prinzipiell noch immer nach den Grundsätzen, die in großen Zügen von Graf Chardonnet festgelegt wurden, doch sind im Laufe der Entwicklung ganz gewaltige Fortschritte erzielt worden. Das chemische Grundprinzip ist ziemlich einfach; die Zellulose wird nitriert und das so hergestellte Zellulosenitrat (die Kollodiumwolle) in Ätheralkohol gelöst; die Fäden werden durch Verdunsten der flüchtigen Lösungsmittel ausgefällt und nachher durch Verseifen mittels schwacher Alkalien denitriert, so daß das Endprodukt aus reiner Zellulose besteht.

1. Ausgangsmaterial.

Als Ausgangsmaterial dient Zellulose in ihrem reinsten Vorkommen, also die Baumwolle in Form von Baumwoll-Linters. Linters sind die kurzen Pflanzenhaare, die die Samenkörper der Baumwollstauden (Gossypiumarten) unmittelbar einhüllen und beim Egrenieren der Baumwolle an dem Samen hängenbleiben. Sie werden gewonnen, ehe die Saat zwecks Gewinnung des Baumwollsamenöles gepreßt wird. Früher wurde die gute langstapelige Spinnbaumwolle als Rohstoff verwendet, sie ist aber heute hierzu viel zu teuer. Die billigeren Spinnereiabfälle (Kämmlinge) kommen als Ausgangsmaterial ebenfalls nicht in Betracht, da sie einerseits zu wenig einheitlich sind und andererseits einer sehr sorgfältigen und umständlichen mechanischen und chemischen Vorbehandlung bedürfen. Es hat auch nicht an Bemühungen gefehlt, die billigere Holzzellulose an Stelle der Baumwollzellulose zu verwenden, doch haben die diesbezüglichen zahlreichen Anstrengungen zu keinem positiven Resultat geführt. Die Verwendung des Holzzellstoffes in der Nitrokunstseidenindustrie hat, trotz des billigeren Einstandspreises, weder kalkulatorisch, noch technisch Fortschritte zu bringen vermocht. Wirtschaftlich nicht, weil die geringeren Anschaffungskosten durch die geringere Ausbeute und den höheren Säureverbrauch bei der nachträglichen Nitrierung wettgemacht wurden, technisch nicht, weil die aus Holzzellstoff hergestellten Kunstseidenfäden, ebenso wie bei der Kupferseide, ihren ursprünglichen, holzigen und strohigen Charakter beibehalten und qualitativ den viel edleren, aus Baumwolle hergestellten Produkten nicht ebenbürtig sind.

Die technischen Fortschritte der Unternehmungen, die ausschließlich Rohbaumwolle für Spinnzwecke vorbereiten, haben dafür gesorgt, daß genügende Quantitäten und gleichbleibende Qualitäten an den nicht spinnfähigen Baumwollinters den Kunstseidefabriken zur Verfügung stehen, wobei diese zwar kurzfaserigen, aber chemisch und physikalisch betrachtet, ganz intakten Baumwollarten bei den erforderlichen chemischen Umwandlungen den langstapeligen Produkten gleichwertig sind. Die Linters müssen vor Verwendung einer sorgfältigen mechanischen und chemischen Reinigungsbehandlung unterworfen werden.

Die mechanische Reinigung verfolgt den Zweck, die meist in festgepreßtem Zustande transportierten Lintersballen aufzulockern und die mechanischen Verunreinigungen, wie Schalen und Samenreste, Schmutz, Staub und Sand nach Möglichkeit aus dem Fasermaterial zu eliminieren. Die hierzu verwendeten maschinellen Einrichtungen sind dieselben, wie sie in der Baumwollindustrie bei der Herstellung einer spinnfähigen Baumwolle verwendet werden[1]. Die Auflockerung und Reinigung erfolgt durch Öffner (Opener) und dann durch Schlagmaschinen und Reißwölfe.

Die chemische Reinigung bezweckt, durch Abkochen mittels Alkali (1 bis 2% NaOH) unter Druck (2 bis 3 Atm.) bei 135 bis 140° C und unter sorgfältiger Fernhaltung des Luftsauerstoffes die pektinartigen Zusätze und Beimengungen zu entfernen. Nach gründlichem Waschen mit enthärtetem Wasser erfolgt die Behandlung mit Natriumhypochloritlösung (0,2 bis 0,3% Cl) zur Oxydation der Farbstoffe und zuerst nochmaliges Waschen mit Antichlor und Wasser in großen Waschholländern, dann Entwässerung und Trocknen. Bei der A b k o c h u n g ist es ratsam, etwas Harz zuzusetzen, da die entstehende Harzseife die wachsartigen Bestandteile der Baumwolle emulgiert. Im allgemeinen werden diese Operationen nicht in den Kunstseidefabriken vorgenommen, sondern in großen, speziell hierfür eingerichteten Baumwollbleichereien durchgeführt, die für die gleichmäßige Beschaffenheit, Herkunft und sonstigen Eigenschaften der Linters Gewähr bieten, viel mehr, wie dies bei den auf den Märkten aufgekauften Rohlintersqualitäten jemals der Fall sein könnte. Die gleichbleibende Qualität und Beschaffenheit der Linters ist eine der Hauptbedingungen für einen gleichmäßigen und störungslosen Betrieb, und die erforderliche chemische Kontrolle kann dies allein nicht gewährleisten.

---

[1] Vgl. diese Technologie Bd. IV, 2 A.

Eine für die Nitrokunstseideerzeugung brauchbare Baumwolle hat neben den vorher erwähnten Eigenschaften folgende Anforderungen zu erfüllen: möglichst staubfrei (nicht über 2%), nicht zu kurzstapelig (4 bis 8 mm), reinweiß und von guter Tauchfähigkeit zu sein (hängt zum Teil mit dem Fettgehalt zusammen). Die chemische Kontrolle hat sich des weiteren zu erstrecken auf Feuchtigkeitsgehalt (Usance max. 7%), α-Zellulose (über 98,5%), Fettgehalt (unter 0,15%), Kupferzahl (unter 2%), Asche (unter 0,2%), Chlorgehalt (nur geringe Spuren) und schließlich Viskosität (Sollwert nach Ost 20 bis 25).

Bezüglich der bei den Untersuchungen anzuwendenden Methoden wird auf Lunge-Berl[1] verwiesen.

2. Herstellung der Kollodiumwolle.

Unter Kollodiumwolle versteht man Zellulosenitrate, also Salpetersäureester der Zellulose, die bei einem Stickstoffgehalt von 9 bis 12,5% in Ätheralkohol löslich sind und sich so zur Herstellung von Kunstseide, sowie plastischer Massen (Zelluloid, Filme, Kunstleder usw.) eignen. — Die Zellulosenitrate mit einem Stickstoffgehalt von 12,5 bis 13,15% werden allgemein Schießbaumwollen genannt und dienen hauptsächlich zur Herstellung rauchschwacher Pulver.

Beim technischen Fabrikationsprozeß geschieht die Nitrierung durch Eintauchen der Zellulose in ein Salpeter-Schwefelsäuregemisch, das als dritte Komponente Wasser enthält. Croß und Bevan haben angenommen, daß zuerst ein gemischter Schwefelsäureester entsteht, der dann durch Hydrolyse zu Salpetersäureester umgesetzt wird. Nach Berl und Klaye wirkt die Schwefelsäure nicht nur als wasserbindendes Mittel, sie beteiligt sich auch aktiv im Nitrierungsprozeß durch Bildung unstabiler Schwefelsäureester. Saposchnikov versucht Zusammenhänge zwischen der Dampfspannung der Salpetersäure im Nitriergemisch und der Nitrierungsstufe der Zellulose festzustellen. Vom chemischen Standpunkte ist es außer Zweifel, daß die nitrierte Zellulose als salpetersaurer Ester betrachtet werden kann, die Nitriersäure ist also ein esterbildendes Gemisch und die Nitrierung ist eine Veresterung, also eine zu einem Gleichgewicht führende Reaktion. Tatsächlich zeigen alle Zellulosenitrate den Charakter von Estern, sie sind durch H-Ionen der Säuren und OH-Ionen der Basen verseifbar. — Die Zellulose tritt bei der Bildung von Nitraten maximal mit drei alkoholischen Hydroxylgruppen in Reaktion, so daß der Verlauf der Esterbildung durch folgende Gleichung dargestellt wird:

$$[C_6H_7O_2(OH)_3]\,x + 3\,x\,(NO_2OH) = 3\,x\,H_2O + [C_6H_7O_2(O{-}NO_2)_3]\,x.$$

Die Reaktionsgeschwindigkeit ist am Anfang groß, später immer kleiner, bis durch Einwirkung des bei der Esterbildung entstehenden Wassers die umgekehrte Reaktion, die Verseifung eintritt.

Das Gleichgewicht wird also bedingt durch die Menge des gebildeten Wassers. Das gebildete Wasser hält die Reaktion auf, ehe sie ganz beendet ist, und so ist es erklärlich, daß es nicht gelingen kann, die höchste theoretische Nitrierungsstufe (die des Trinitrates) von 14,14% N zu erreichen, sondern praktisch nur maximal 13,8%. Lehrreiche Untersuchungen von Berl und Klaye haben gezeigt, daß man die Zellulosenitrate durch Einwirkung verschieden zusammengesetzter Nitrierbäder höher nitrieren oder auch denitrieren kann und daß gleiche Endzusammensetzung der Bäder, ungeachtet der vorhergehenden Zwischenstufen, gleiche Nitrierungsstufe, d. h. gleichen Stickstoffgehalt des Zellulosenitrates, bedingt.

---

[1] Chem. technische Untersuchungsmethoden 7. Aufl. Bd. IV S. 582.

Für die Herstellung der Nitrokunstseide eignet sich am besten ein Zellulosenitrat mit 11,5% N, also eine Kollodiumwolle, die in Ätheralkohol gut löslich ist.

Die Faktoren, die die Herstellung des Nitrates wesentlich beeinflussen, sind:

1. Die Beschaffenheit des Rohmaterials. Die Anforderungen, die an die Ausgangszellulose gestellt werden müssen, sind im vorhergehenden ausführlich beschrieben.

2. Die Zusammensetzung der Nitriersäure ist der wichtigste Faktor. Vor allem entscheidend ist der Gehalt an Wasser, da von diesem die Hydrolyse der Zellulose, d. h. der Grad ihres Abbaues, abhängt. Im allgemeinen soll der Wassergehalt der Nitriersäure — allerdings abhängig von der Beschaffenheit der Linters und vom Verhältnis Schwefelsäure zu Salpetersäure — 16 bis 17% betragen. Das beste Verhältnis der Säuren ist 2,5 bis 3 Teile H_2SO_4 auf 1 Teil HNO_3. Bei Wassergehalten über 20% oder Schwefelsäuregehalten über 65% ist auch dann, wenn die Nitrierung auf dem gewünschten Grad erfolgt, die Hydrolyse und die Oxydation der Zellulose so stark, daß einerseits die Ausbeuten sehr schlecht sind, andererseits der Abbau so stark erfolgt, daß das Nitrat die Baumwollstruktur ganz verliert und zu Pulver zerfällt. Auf die Rolle und Auswirkung des Zelluloseabbaues auf die fertige Seide kommen wir später noch kurz zurück. Die Ausbeute soll bei guter Wahl des Rohmateriales, der Säure und der Apparatur nahezu theoretisch sein.

3. Temperatur und Dauer der Nitrierung beeinflussen den Stickstoffgehalt nicht, wohl aber die Löslichkeit und Gleichmäßigkeit, sowie den Abbau. Erhöhung der Temperatur beschleunigt die Reaktionsgeschwindigkeit sehr stark, so daß das Optimum der Nitrierung in wesentlich kürzerer Zeit erreicht wird, allerdings begleitet von einem starken Teilchenabbau. Im allgemeinen wird die Dauer durch das Erreichen des Gleichgewichtszustandes, d. h. die vollkommene Nitrierung, bestimmt. Bei gleicher Temperatur sind hierfür Rohmaterial und Säurezusammensetzung maßgebend. Für die Nitrierung werden im allgemeinen — je nach der Apparatenkonstante — ca. 1½ Stunden ausreichend sein. Die optimale Temperatur ist dann mit Rücksicht auf eine gleichbleibende Viskosität des Endproduktes durch praktische Versuche zu ermitteln und liegt — von der Lintersviskosität abhängig — normal zwischen 24 und 34° C.

4. Das Mengenverhältnis von Zellulose zur Nitriersäure hängt von der gewünschten Gleichförmigkeit des Nitrates ab. Der Vorgang der Nitrierung läuft praktisch derart ab, daß in die festgesetzte Säuremenge die zugewogene Zellulosequantität allmählich in kleinen Partien eingetragen bzw. eingetaucht wird. Die erste Zellulosepartie trifft ein verhältnismäßig konzentriertes Säuregemisch, das durch die Zuführung weiterer Zellulosequantitäten durch das bei der Reaktion freiwerdende Wasser immer weiter verdünnt wird und gleichzeitig durch die Bindung der Salpetersäure immer ärmer an Salpetersäure wird. Es entstehen daher immer niedrigere Nitrierungsstufen, die, sofern eine genügend lange Nitrierdauer vorliegt, sich auf Grund der vorhergehenden Ausführungen langsam ausgleichen. Dies tritt jedoch bei der praktischen Nitrierungsdauer von 1½ bis 2 Stunden nicht in genügendem Maße ein. Wird daher, wie es bei der Nitrokunstseidefabrikation der Fall ist, auf eine sehr große Gleichmäßigkeit des Nitrates unbedingt Wert gelegt, so ist das Verhältnis Säure zu Linters möglichst groß, im allgemeinen 50 : 1 oder gar 60 : 1 zu wählen. Je größer die Verhältniszahl, desto kleiner ist der Unterschied zwischen Anfangs- und Endzusammensetzung der Nitriersäure und desto kleiner die Differenz in den Nitrierungsstufen, d. h. um so größer die Gleichmäßigkeit. Der einzige Nachteil, die Bewegung größerer Säurequantitäten fällt nicht so schwer in die Wagschale.

Nach Beendigung des Nitrierprozesses wird das Nitrat von der überschüssigen Endsäure — im Betrieb allgemein Abfallsäure genannt — getrennt. Diese wird mit konzentrierten Säuren aufgefrischt, auf die ursprüngliche Zusammensetzung gebracht und kehrt wieder in den Fabrikationsprozeß zurück.

Das Nitrat wird mit großen, überschüssigen Wassermengen gewaschen und zwecks Zerstörung der labilen Schwefelsäureester, die im Nitrat enthalten sein können, schwach schwefelsauer ($^1/_{10}$ N) einige Stunden bei Siedehitze gedämpft und nochmals gut durchgewaschen. Die so erhaltenen stabilen Nitrate werden auf 20 bis 25% Wassergehalt abgeschleudert und kommen zur Lösung in Ätheralkohol.

Die Betriebskontrolle bei der Nitrierung hat sich erstens auf die genaue Untersuchung der Säuren, und zwar Schwefelsäure (Oleum), Salpetersäure und Nitriersäure bzw. Abfallsäure zu erstrecken. Die Untersuchung erfolgt nach den in den Chemisch-technischen Untersuchungsmethoden von Lunge-Berl 7. Bd. I S. 878 und Bd. II S. 1214 angegebenen Methoden. Wichtig ist die dauernde Kontrolle der Säuren auf Nitrose und organische Säuren, bei deren Nichtbeachtung unangenehme Überraschungen entstehen können. Auch hat die jeweilige Verstärkung der Abfallsäure mit frischen Säuren mit aller Sorgfalt zu geschehen. Die Verstärkung kann entweder rechnerisch nach Lunge-Berl 7. Bd. I S. 881 oder nach Berl und Samtleben Bd. IV S. 642 unter Zuhilfenahme eines Dreieck-Koordinatensystems (Gibbsches Dreieck) erfolgen.

Die Untersuchung des Nitrates erstreckt sich auf:

a) Feuchtigkeitsgehalt durch Trocknung über Chlorkalzium bei 40 bis 50° im Vakuumtrockenschrank bis zur Gewichtskonstanz.

b) Aschegehaltsbestimmung durch Befeuchtung mit aschefreiem Ammonsulfid, Trocknung auf dem Wasserbad und Veraschung.

c) Stickstoffgehaltsbestimmung mit dem Lungeschen Gasvolumeter oder nach der Schlösingschen Methode, am besten in der von Schulze und Tieman modifizierten Form.

d) Gebundene Schwefelsäure durch mehrmaliges Abrauchen mit Königswasser in einer Porzellanschale, Trocknung und Aufnahme in verdünnter Salzsäure. Bestimmung der Schwefelsäure als Bariumsulfat.

e) Löslichkeit in Ätheralkohol durch Trocknung und Wägung des in Ätheralkohol ungelöst gebliebenen Anteiles oder Ausfällung des gelösten Teiles durch Verdünnen mit Wasser und Trocknen des ausgefällten Nitrates, sowie Vergleich des Sollwertes mit dem gefundenen.

f) Nicht nitrierte Zellulose durch Kochen des in Ätheralkohol ungelösten Anteiles mit Natriumsulfid und Wägung des mit verdünnter Salzsäure gewaschenen Rückstandes.

g) Untersuchung der Gleichmäßigkeit der Nitrierung durch Betrachtung der Einzelfasern unter dem Polarisationsmikroskop. Alle Fasern sollen eine gleiche, bläuliche oder graue Färbung aufweisen. Bei unvollständiger Nitrierung erscheinen Fasern, die die optischen Eigenschaften der Baumwolle, das ist Aufleuchten in allen Spektralfarben, zeigen.

h) Stabilität durch Erhitzen des vorgetrockneten Nitrates auf 135° C in einem an einem Ende offenen Glasrohr. Die Stabilität genügt, wenn binnen 2 Stunden keine sichtbare Abspaltung von nitrosen Dämpfen erfolgt.

i) Viskositätsbestimmung in Ätheralkohollösung nach der Methode von Cochius oder nach Kämpf[1]. Wichtig ist bei vergleichenden Viskositätsbestimmungen, daß das Nitrat sich stets in demselben Zustand befindet, gleichen Feuchtigkeitsgrad und Reinheitsgrad aufweist und daß auch die Lösungsmittel ganz genau dieselbe Beschaffenheit und Zusammensetzung haben.

3. Fadenherstellung und Denitrierung.

Das auf 20 bis 25% Wassergehalt abgeschleuderte Zellulosenitrat wird in einem Ätheralkoholgemisch (60 : 40) gelöst. Je nach der Viskosität des Nitrates enthält das so hergestellte „Kollodium" 16 bis 20% Kollodiumwolle. Der Kunstseidefaden entsteht, indem dieses durch vorheriges Filtrieren gut gereinigte Kollodium durch enge Öffnungen (Düsen) gepreßt wird. Die gebildeten flüssigen

[1] Kunstseide 1930 Nr. 4.

Fäden erstarren infolge der Verdunstung der flüchtigen Lösungsmittel. Man erhält so reine Zellulosenitratfäden. Die Fadenbildung erfolgt, indem zuerst ein äußerer semipermeabler Zellulosenitratschlauch entsteht. Dieser Schlauch erfährt, je nach der Geschwindigkeit des Fadenabzuges, eine Streckung. Unter der Einwirkung des eindringenden Kondenswassers, das infolge der durch die Verdunstung entstandenen Abkühlung sich an der Fadenoberfläche niederschlägt, scheidet sich aus dem im Schlauchinnern befindlichen flüssigen Kollodium das Zellulosenitrat aus. Die flüchtigen Lösungsmittel entweichen durch die Schlauchwand hindurch. Die Volumverminderung hat eine Kontraktion zur Folge, wodurch Einschnürungen im Fadenquerschnitt erzeugt werden. Das Spinnen erfolgt in geschlossenen temperierten Räumen, aus denen die Luft abgesaugt wird, so daß die zur Verdunstung gelangenden Lösungsmittel fast restlos zurückgewonnen werden können.

Mit der Frage der Lösungsmittelrückgewinnung werden wir uns im fabrikatorischen Teil noch ausführlicher beschäftigen.

Die oben geschilderte Art der Fadenherstellung ist das „trockene Spinnverfahren“. Werden aber die Lösungsmittel nicht durch Verdunstung, sondern durch Auswaschen in Flüssigkeiten, die nur für die Lösungsmittel des Nitrates, nicht aber auch für die Zellulosenitrate selbst als Löser in Betracht kommen, entfernt, so liegt ein „Naßspinnverfahren“ vor. Trotzdem diese letztere Fadenherstellungsart neben kleinen Nachteilen auch sehr entschiedene Vorteile bietet, wird sie gegenwärtig in technischem Ausmaß nicht angewendet.

Die so entstandenen Nitratfäden machen dann die entsprechenden Textiloperationen durch, werden gezwirnt und gehaspelt, also in Strangform gebracht und müssen dann zwecks Rückbildung der Zellulose denitriert werden.

Die Denitrierung

erfolgt durch Sulfhydrate (meistens mittels Natriumsulfhydrat). Diese Verseifung des Nitrates muß möglichst vollkommen durchgeführt werden, so daß ein reiner Zellulosefaden entsteht. Die Nitrokunstseide ist also im Endstadium ebenso wie die Kupfer- oder Viskosekunstseide eine reine „regenerierte“ Zellulose.

Es hat an Bestrebungen nicht gefehlt, diese Operation zu vermeiden, denn, abgesehen vom Gewichtsverlust (ca. 40%), der beim Denitrieren durch Abspaltung der Nitrogruppen entsteht, hat der Zellulosefaden als Esterfaden ganz hervorragende Eigenschaften, und zwar große Festigkeit und Dehnbarkeit sowie eine ziemlich große Wasserunempfindlichkeit, die er zum großen Teil bei der Regenerierung einbüßt. Es wurde versucht, durch Imprägnierung mit Metallsalzen die leichte Entflammbarkeit des Esterfadens zu vermindern, doch haben diese Imprägnierungsversuche zu keinem positiven Erfolg geführt.

Bereits im Jahre 1890 gelang Chardonnet die vollständige Denitrierung des Nitratfadens durch alkalische Verseifungsmethoden, also durch Behandlung des Nitrates mit Lösungen von Sulfiden, Polysulfiden, Sulfokarbonaten und Sulfhydraten der Alkalien und der Erdalkalien. Die Verwendung der Sulfide und der Polysulfide scheiterte jedoch daran, daß sie zu stark auf das regenerierte Zellulosehydrat einwirken und daher die Festigkeit des Fadens zu stark vermindern. Die Sulfokarbonate eignen sich besser, die Anschaffungskosten sind jedoch zu hoch, so daß eigentlich nur die löslichen Sulfhydrate, und zwar $(NH_4)SH$, $NaSH$, $Ca(SH)_2$ und $Mg(SH)_2$ in Betracht kommen. Von diesen verlangt das Ammoniumsulfhydrat zu große Vorsicht wegen des Faserangriffs und ist auch zu teuer. Bei Kalzium- und Magnesiumsulfhydrat stören die sich auf den Fäden ausscheidenden Hydroxyde, die die Fäden brüchig und unansehnlich machen und auch beim Verseifungsprozeß störend wirken können. Das einzige heute technisch in Betracht kommende Denitriermittel ist daher die Natriumsulfhydratlauge, die, vorsichtige Behandlung vorausgesetzt, allen Anforderungen voll entspricht.

Der chemische Vorgang bei der Denitrierung ist sehr kompliziert, da neben der Verseifung gleichzeitig eine Reihe von Nebenreaktionen sich abspielt, und ist noch nicht in allen Phasen ganz geklärt. Die Sulfhydrate reduzieren die Nitratreste zu Alkalinitriten unter gleichzeitiger Schwefelabscheidung. Der Schwefel wird vom überschüssigen Sulfhydrat als Polysulfid in Lösung gehalten, wobei Schwefelwasserstoff entweicht. Der Vorgang läßt sich daher schematisch etwa folgendermaßen darstellen:

1. $[C_6H_7O_2(O{-}NO_2)_3]\,x + 3\,x\,NaSH = [C_6H_7O_2(OH)_3]\,x + 3\,x\,NaNO_2 + 3\,x\,S$,
2. $2\,NaSH + 2\,S = Na_2S_3 + H_2S$.

Die Reduktion des Nitrates bleibt auch nicht beim Nitrit stehen, sondern geht zu Ammoniak weiter, und durch die weitgehende Oxydation des Sulfhydrates entstehen noch andere Schwefelverbindungen. Durch einen weit über die theoretisch erforderliche Menge (die ca. 40% der angewandten beträgt) hinausgehenden Sulfhydratüberschuß und durch Vermeidung von lokalen Überhitzungen muß dafür gesorgt werden, daß der sich ausscheidende Schwefel sofort gelöst wird und keine Gelegenheit hat, sich auf der Fadenoberfläche auszuscheiden, da er von dieser gar nicht oder nur unvollkommen weggelöst werden kann. Die Reaktion nimmt einen exothermen Verlauf, die optimale Temperatur zur Erreichung der erforderlichen Reaktionsgeschwindigkeit ist 40 bis 44° C. Das Denitrierbad muß auf diese Temperatur vorgewärmt werden, und beim Einsetzen der Reaktion muß durch rasches Bewegen der Flüssigkeit und Kühlung dafür gesorgt werden, daß keine lokalen Überhitzungen erfolgen. Gegen Ende der Operation ist durch Erwärmung für die Beschleunigung der Endreaktion zu sorgen, bis der Stickstoffgehalt der Kunstseide 0,1% nicht übersteigt. — Bei schwer verseifbaren, also durch Trocknung gealterten Nitratfäden ist der Zusatz von Ammoniak zu den Bädern in bescheidenem Ausmaß empfehlenswert, da die Verseifung durch Zusatz von Stoffen, die auf das Zellulosenitrat quellend einwirken, beschleunigt wird. Die Fäden dürfen nicht länger, als unbedingt notwendig ist, im Denitrierbad verweilen, müssen es aber unbedingt so lange, bis die Denitrierung vollkommen beendet ist, so daß dieser Vorgang sehr stark unter Kontrolle stehen muß. Die genaue Bestimmung des Endpunktes kann nicht durch Bestimmung des Stickstoffgehaltes des Fadens erfolgen, da dies zu lange Zeit in Anspruch nehmen würde (sie kommt nur nachher als notwendige Betriebskontrolle in Betracht), sondern entweder weniger zuverlässig durch Untersuchung mit dem Polarisationsmikroskop oder aber, wie allgemein üblich, durch titrimetrische Bestimmung der Schwefelwasserstoffabnahme des Denitrierbades. Bei exakter Arbeit ist die Denitrierung als beendet anzusehen, wenn die durch praktische Versuche festgelegte Sulfhydratmenge verbraucht ist, wobei aber folgende Gesichtspunkte zu beachten sind: a) Die Zusammensetzung des Denitrierbades muß immer die gleiche sein; b) es muß immer dieselbe bestimmte Menge Lauge auf die trockene Gewichtseinheit des Fadens kommen; c) der Wassergehalt der Kunstseide muß annähernd gleich sein; d) Anfangs- und Endtemperaturen der Bäder müssen gleich eingehalten werden, sowie eine gleichmäßige Erwärmung bzw. Abkühlung im Verlauf des Prozesses; e) gleichmäßiger Stickstoffgehalt des Nitrates; f) möglichst gleiche Gesamtzeitdauer der Einwirkung.

Die denitrierte Kunstseide wird zunächst gut mit Wasser gespült, sie ist dann von unansehnlicher, schmutzig-grünlichgrauer Farbe, die hauptsächlich von Schwefeleisen herrührt und durch Bleichen entfernt werden kann. Das Bleichen erfolgt technisch meistens mit selbstangefertigter Natriumhypochloritlauge bei 28 bis 32° C. Die Konzentration (ca. $^{6}/_{1000}$ N = 0,21 g Cl/l) muß so gewählt werden, daß ein Angriff des Fadens nicht erfolgt. Wasserstoffsuperoxyd und Persalze (Perborate) geben sehr guten Bleicheffekt und schonen auch den Faden, sind aber verhältnismäßig teuer.

Nach dem Bleichen erfolgt ein intensives Waschen und zur endgültigen Entfernung der Chlorreste Absäuerung mit Salz- oder Essigsäure ($^{1}/_{10}$ bis $^{5}/_{100}$ N) und nochmaliges wiederholtes Waschen, Behandlung mit einer Olivenölemulsion, Abschleudern und Trocknung bei 40 bis 50° C. Die getrocknete Kunstseide wird dann zur Beseitigung der durch die Trocknung entstandenen Sprödigkeit geschlagen (Battage) und nach Qualität und Stärke sortiert und ist so zur textilen Weiterverarbeitung fertig.

Die Betriebskontrolle hat sich bei den zuletzt beschriebenen Betriebsphasen zu erstrecken auf:

a) **Untersuchung der Lösungsmittel.** 1. Alkohol. Bestimmung des spezifischen Gewichtes bei 15° mit Aräometer oder Pyknometer.

Aziditätsbestimmung durch Titrieren mit $^{1}/_{10}$ N, NaOH und Phenolphthalein als Indikator ergibt die Gesamtazidität. Titrieren wie vorher nach erfolgter Kochung am Rückflußkühler ergibt die Azidität ohne Kohlensäure.

2. Äther. Bestimmung des spezifischen Gewichtes und Azidität wie oben. Es ist auch ratsam, auf Äthylperoxyd zu prüfen. Die mit Kaliumjodidlösung gut durchgeschüttelte Ätherprobe darf nach einstündigem Stehenlassen im Dunkeln keine Braunfärbung zeigen.

3. Äther-Alkohol. Die Bestimmung von Äther und Alkohol in ihren wasserfreien Gemischen erfolgt angenähert genau nach Fleischer und Frank[1].

b) **Untersuchung der Kollodiumlösung.** 1. Der Nitrozellulosegehalt wird durch Einlaufenlassen einer gewogenen Menge der Lösung in heißes Wasser und Trocknen des erhaltenen Nitrates bestimmt.

2. Die Viskosität der Lösung wird mit der Kugelfallprobe oder, wie beim Nitrat erwähnt, nach Cochius oder Kämpf bestimmt.

3. Die Feststellung des Lösungsmittelgehaltes erfolgt, indem zuerst das Nitrat mit überschüssiger Lauge in großer Verdünnung unter Erwärmung am Wasserbad in einem mit Rückflußkühler versehenen Kolben verseift wird. Der Äther- und Alkoholgehalt wird nach Abkühlung des Kolbeninhaltes durch fraktionierte Destillation bestimmt.

c) **Sulfhydratlauge.** Für die Analyse der technischen Sulfhydratlauge, die normal mit ca. 35% Gehalt an Natriumhydrosulfid angeliefert wird, ist auch die Bestimmung der begleitenden Chemikalien, wie Sulfid, Thiosulfat, Sulfit, Sulfat, Karbonat und Hydrokarbonat von besonderer Wichtigkeit, weil der Gehalt an diesen über die Brauchbarkeit der Lauge als Denitrierlauge entscheidet. Die Bestimmung der erwähnten Bestandteile erfolgt nebeneinander nach der geistreichen kombinierten Jod- und Quecksilberchloridmethode von Wöber[2]. Laugen, die über 1% Na_2S, 0,5% $Na_2S_2O_3$ und 1 bis 1,5% Na_2CO_3 bzw. $NaHCO_3$ enthalten, sind nicht zu empfehlen.

Bei der Kontrolle des Denitrierungsvorganges im Betriebe begnügt man sich meistens mit der einfachen NaHS-Bestimmung, indem 10 cm³ der Betriebslauge auf 100 cm³ verdünnt werden und 10 cm³ dieser verdünnten Lauge, unter Zugabe von 5 cm³ 10 proz. Natriumazetatlösung mit n/10 Jodlösung titriert werden.

d) Bei den Bleichlaugen wird der Gehalt an **aktivem Chlor** durch Zugabe von KJ-Lösung und Salzsäure und Rücktitrieren des freigewordenen Jodes durch $Na_2S_2O_3$-Lösung bestimmt.

e) Bei der fertigen **Kunstseide** erstrecken sich die chemischen Prüfungen auf:

1. Wassergehalt: Er soll auf Grund der allgemeinen Handelsusance nicht mehr als 11% betragen.

2. Freie Säure: 3 bis 5 g Nitratseide werden unter Zugabe von Methylorange 2 bis 3 Stunden in destilliertem Wasser stehengelassen und dann mit n/100 NaOH kalt titriert. Es dürfen nicht mehr als 1 bis 2 Tropfen zur Entfärbung gebraucht werden.

3. Stabilität: Nach Stadlinger Vorbehandlung mit 1 proz. Essigsäure, 24stündiges Trocknen an der Luft und Erhitzen ¼ Stunde auf 127° C. Gute Nitroseiden dürfen nicht mehr als 20 bis 30% an Reißfestigkeit einbüßen.

Die Beständigkeitsprobe nach Berl wird durch Erhitzen der Nitrokunstseiden auf 135° C vorgenommen. Zweckmäßigerweise verwendet man hierzu kleine Fraktionierkölbchen mit

---

1 Chem.-Ztg. Bd. 31 (1907) S. 665. 2 Wöber: Chem.-Ztg. Bd. 44 (1920) S. 60.

angeschmolzenem, nach oben gerichtetem Kühlrohr. In den Hals der Fraktionierkölbchen steckt man ein Reagenzrohr und verschmilzt es oben mit dem Kölbchen, in welchem sich Meta-Xylol befindet. Eine beständige Seide muß mindestens 7 bis 8 Stunden Erhitzung bei 135° aushalten, bevor saure Reaktion eintritt. Unbeständige Seiden spalten schon weit früher freie Säure ab, die eine Verkohlung der Faser herbeiführt.

4. Chlorbestimmung: 5 bis 10 g Kunstseide wird mit Wasser 3mal ausgekocht und die so erhaltenen Wassermengen auf 100 cm³ eingedampft und mit einer $AgNO_3$-Lösung titriert, bei welcher 1 cm³ 1 mg Chlor entspricht. Sulfatbestimmung gleich, nur Fällung mit $BaCl_2$.

5. Nitrogenbestimmung: 1 g lufttrockene Kunstseide wird mit 6 cm³ H_2SO_4 (spez. Gewicht = 1,8) übergossen und im Wasserbad 32° C erwärmt, 1½ Stunden stehengelassen und dann im Nitrometer ausgeschüttelt. Gut denitrierte Kunstseiden dürfen keinen höheren Wert als maximal 0,3 cm³ ergeben.

6. Oxyzellulosebestimmung wie bei Linters.

7. Öl und Seife durch neutrale und sauere Extraktion im Soxhletapparat.

8. Asche durch langsame Verkohlung in der Platinschale.

Die physikalischen Untersuchungen erstrecken sich auf die Bestimmung

des Titers,
der Reißfestigkeit und
der Bruchdehnung sowie
der Zwirnung,

die nach in der Textilindustrie allgemein bekannten Methoden ermittelt werden[1].

Die Bestimmung der Anzahl der Kapillarfäden und der Gleichmäßigkeit derselben erfolgt am besten durch mikroskopische Querschnitte, die an anderer Stelle ausführlich behandelt werden.

Vom Standpunkt der physikalischen Eigenschaften des erzeugten Fadens ist es äußerst wichtig, daß die bei der Fadenherstellung angewendeten chemischen und physikalischen Operationen so geleitet werden, daß der Abbau der Zellulose auf das unvermeidliche Maß beschränkt wird. Schon die Auswahl des Ausgangsmaterials (Linters) ist unter Berücksichtigung dieses Gesichtspunktes zu treffen. Bei vorsichtiger und schonender Nitrierung ist es zu erreichen, daß kein wesentlicher Teilchenabbau erfolgt. Viel größer ist noch diese Gefahr bei der Denitrierung, und dieser Operation ist auch von diesem Standpunkte aus die größte Aufmerksamkeit zu schenken. Jede durch Abbau verursachte Veränderung der Teilchengröße, die in einem Zwischenstadium der Erzeugung erfolgt, kommt auch in den darauffolgenden Phasen, sicher aber in den physikalischen Eigenschaften des Endfadens, zum Ausdruck.

B. Technisches Verfahren.

1. Vorbereitung der Baumwolle.

Als Ausgangsmaterial dienen — wie schon vorher erwähnt — bereits vorgebleichte und gereinigte Baumwollinters, die in gepreßten Ballen von den Lintersbleichereien angeliefert werden und nach Kocherchargen gleicher Viskosität gruppiert, in großen, gleichmäßigen Partien zur Verarbeitung gelangen. Nur ganz wenige Betriebe sind auf die Verarbeitung von Rohlinters eingerichtet, indem sie die Bäuchung, Bleichung und Reinigung im eigenen Betriebe erledigen, so daß hier von der Beschreibung dieser Arbeitsoperationen Abstand genommen werden kann.

Die stark gepreßten Ballen werden vom Verpackungsmaterial befreit und müssen vor der Weiterverarbeitung aufgelockert, entstaubt und möglichst wasserfrei getrocknet werden.

Die Auflockerung erfolgt mit Hilfe von Reißwölfen. Abb. 1 zeigt eine derartige Baumwollreißmaschine.

[1] Lunge-Berl: Chem.-techn. Untersuchungsmeth. Bd. 4 (1924) S. 636—641.

Abb. 1. Baumwollreinigungsmaschine mit Absaugung. (Maschinenfabrik R. Hartmann A.-G., Chemnitz.)

Die vorher mit der Hand etwas gelockerte Baumwolle wird mittels eines Bandtransporteurs der Maschine zugeführt, wobei sich Gelegenheit bietet, evtl. grobe Verunreinigungen (Emballageteilchen usw.) zu entfernen. Die Auflockerung der Baumwolle erfolgt durch eine große, mit starken Schlagbolzen besetzte eiserne Trommel. Ein kräftiger, einstellbarer Ventilator befördert den entstandenen Staub nach einer Staubkammer oder einer Staubfilteranlage. Die möglichst vollkommene Entfernung des Staubes — meistens aus zu stark abgebauter Zellulose herrührend — ist sehr wichtig, da dieser bei der nachfolgenden chemischen Operation nur störend wirken würde.

Abb. 2. Simplex-Hordentrockner der Fa. O. Schilde, Hersfeld.

Die aus der Maschine tretende gelockerte, flockige und knotenfreie Baumwolle muß kurz vor der Nitrierung gut getrocknet werden. Der normale, handelsübliche Feuchtigkeitsgehalt der Baumwolle beträgt 7 bis 8% und soll, um eine unnötige Verdünnung der Nitriersäure zu verhüten, auf mindestens 1% heruntergetrocknet werden.

Die Trocknung der aufgelockerten Baumwolle erfolgt bei kleineren Einheiten in Kammertrockenapparaten, im Großbetrieb am besten in den mechanisch betätigten Hordenapparaten nach Abb. 2, die von den Firmen O. Schilde, Hersfeld, und F. Haas, Lennep, gebaut werden.

Der Simplex-Trockner besteht aus einem Trockenschacht mit angegliedertem Heizkasten zum Einbau der Rippen-Heizkörper, der Belüftungseinrichtung, den Horden und der Einrichtung für die mechanische Hordenbewegung. Die Funktionsweise des Apparates ist aus Abb. 3 zu ersehen.

Die zu trocknende Baumwolle wird in die Horden eingefüllt, die gefüllten Horden werden in den Trockenschacht eingefahren und durchwandern diesen am besten im Gegenstrom. Der Ventilator saugt die Luft durch die Heizbatterie und dann von unten durch das Trockengut und fördert entsprechend der Einstellung die durchgesaugte Luftmenge direkt ins Freie, oder zum Teil im Kreisweg wieder der Heizbatterie zu.

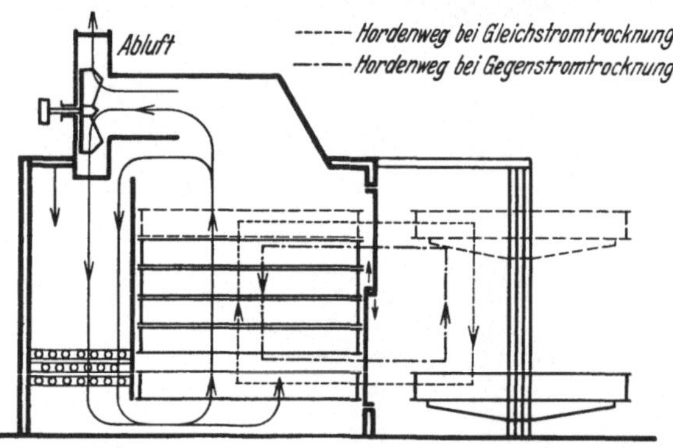

Abb. 3. Schematische Arbeitsweise des Simplex-Trockners.

Neuerdings werden auch Bandtrockner mit direkt angebautem Baumwoll-Reinigungsapparat von der Fa. Haas gebaut, doch bringt diese Vollautomatisierung, solange die Nitrierung periodisch, also nicht in kontinuierlich fließender Arbeit erfolgt, keine nennenswerten Vorteile.

Die große Hygroskopizität der Baumwolle bedingt eine sofortige Verarbeitung, oder aber Abwiegung und Aufbewahrung in luftdicht geschlossenen Behältern, denn bei freier Lagerung erfolgt bereits in wenigen Minuten eine beträchtliche Wasseraufnahme.

2. Vorbereitung der Nitriersäure.

Die Nitriersäure besteht — wie im allgemeinen Teil bereits ausführlicher erörtert — aus einem Gemisch von Schwefelsäure (ca. 60 bis 64%), Salpetersäure (ca. 18 bis 24%) und Wasser (ca. 16 bis 18%). Die zur Aufnahme des Betriebes nötige Nitriersäure wird aus Schwefelsäure (66° Bé) und Mischsäure (50% HNO_3, 50% Oleum) hergestellt, indem man die entsprechenden Mengen der beiden Säuren durch eine Mischbatterie langsam in die Säurelagerkessel zusammenfließen läßt. Je nach der Außentemperatur ist für eine entsprechende Kühlung des Säuregemisches zu sorgen. Da die Nitrierung mit großen Säureüberschüssen erfolgt, wird der überwiegende Teil der Säuren durch Abschleudern nach erfolgter Nitrierung als gebrauchte Säure zurückgewonnen. Die Abfallsäure weicht von der ursprünglichen Zusammensetzung nicht allzusehr ab; sie ist nur etwas ärmer an Salpetersäure und reicher an Wasser. Sie wird durch Zugabe von hochkonzentrierten Säuren, also 20proz. Oleum und einer Mischsäure von 90% HNO_3 und 10% Oleum aufgefrischt, also auf die ursprüngliche Zusammensetzung der Nitriersäure gebracht. — In einem richtig geleiteten Betrieb herrscht „Säuregleichgewicht“, d. h. die Quantität der zur „Aufbesserung“ verwendeten konzentrierten Säuren stimmt mit den Säureverlusten, die durch die Nitrierung entstehen, überein, so daß auch nach längeren Arbeitsperioden weder ein Säureüberschuß, noch ein Säuremanko entsteht. — Die Berechnung der Zusätze an frischen Säuren erfolgt nach den im allgemeinen Teil ausführlicher beschriebenen Methoden.

Abb. 4. Anlage der Säurekessel.

Da alle im Betrieb verwendeten Säuren, also Nitriersäure, Abfallsäure Oleum und Mischsäure inaktiv gegen Eisen sind, können alle Behälter und Rohrleitungen aus Flußeisen hergestellt werden. Nur bei den Absperrorganen und Pumpen empfiehlt es sich, säurefeste Legierungen zu nehmen. Es muß allerdings nach Möglichkeit dafür gesorgt werden, daß die Behälter, besonders aber die Leitungen, bei längeren Betriebsstillständen möglichst gefüllt bleiben oder aber sorgfältig ausgespült werden; keinesfalls dürfen sie halb oder noch weniger gefüllt, längere Zeit stehen bleiben, da sonst sehr unangenehme Korrosionen unvermeidlich sind.

Abb. 5. Säurepumpenstation.

Die Säurestation hat außer den Lagerkesseln für Frischsäuren aus mindestens 5 großen Einheiten (ca. 50 bis 60 m^3) für die Umlaufsäure zu bestehen. Am besten haben sich liegende, genietete Walzblechkessel mit Wandstärken von 12 bis 18 mm bewährt. Die Umlaufsäurekessel müssen derartig eingerichtet sein, daß sie jeweils zur Aufnahme der Abfallsäuren, zur Aufbesserung und zur Beförderung der fertigen Nitriersäure durch die Temperiereinrichtung zur Nitrierstation verwendet werden können. — Eine zweckmäßige Anordnung der Umlaufsäurekessel ist aus der Abb. 4 zu ersehen.

Die Kessel dürfen aus Rücksichten der Betriebssicherheit nur oben Armaturen und Stutzen haben. Sie sind zweckmäßig auf Sockel hochzustellen. Der Fußboden soll säurefest ausgekleidet sein und starkes Gefälle haben, die Abwasserkanäle sind groß zu dimensionieren.

Die früher allgemein übliche barbarische Art der Säurebewegung durch

Druckluft wird in modern eingerichteten Betrieben nicht mehr angewendet. Die Förderung der Säuren erfolgt am besten durch stopfbüchsenlose Säurezentrifugalpumpen aus säurefesten Legierungen, deren Haltbarkeit beinahe unbegrenzt ist und — entsprechende Wartung vorausgesetzt — auch in ihrer Betriebssicherheit nichts mehr zu wünschen übriglassen. Entsprechende Ausführungen werden von einer großen Anzahl von Pumpen- und Armaturenfabriken hergestellt.

Die Aufstellung der Säurepumpen hat, soweit sie direkt mit ventiliert gekapselten Elektromotoren gekuppelt sind, in einem anschließenden, abgeschlossenen Raum zu erfolgen, wie bei Abb. 5.

Für je einen Umlaufsäurekessel sind 2 Pumpen vorgesehen; die eine mit großer Fördermenge und kleiner manometrischen Förderhöhe dient zum Mischen, die andere mit kleiner Leistung und großer Förderhöhe zur Beförderung der Nitriersäure zur Nitrierstation. — Die Pumpen sind mit den Kesseln mittels Heberleitungen verbunden, die durch Vakuum angesaugt werden können. Zwischen Vakuumleitung und Heberleitung ist ein Zwischenrezipient vorzusehen, um das Aufsteigen der Säure in die Vakuumleitung sicher zu verhindern. Die Anordnung ist aus der nebenstehenden Abb. 6 zu ersehen.

Abb. 6. Heberleitungen und Meßbehälter.

Der Arbeitsvorgang in der Säurestation spielt sich folgendermaßen ab: Die Abfallsäure fließt mit eigenem Gefälle aus der höher liegenden Nitrierstation den Umlaufsäurekesseln zu. In diese Zuleitung muß ein Kiesfilter eingeschaltet werden, um die mitgeschwämmte Wollsuspension zurückzuhalten. — Die Aufbesserung der Abfallsäure erfolgt in den Umlaufsäurekesseln, indem die auf Grund der Analyse berechneten Quantitäten an Oleum und Mischsäure aus den Lagerkesseln in die oberhalb der Säurekessel befindlichen Wiegekessel bzw. Meßgeräte gepumpt werden und von dort mit freiem Gefälle den Umlaufsäurekesseln zufließen.

In den Wintermonaten empfiehlt es sich, auch das Oleum wegen Einfrierens nicht rein, sondern mit etwas Salpetersäure gespritzt zu beziehen.

Es erfolgt dann ein gutes Durchmischen des Kesselinhaltes mit Hilfe der Mischpumpe, bis der Inhalt ganz homogen ist. Auf Grund der Kontrollanalyse wird die Feineinstellung gemacht und nochmals gut durchgerührt. — Die so fertiggestellte Nitriersäure wird dann mittels der Druckpumpe durch ein Temperiergefäß, das die genaue Einstellung der zur Nitrierung erforderlichen Temperatur gestattet, in einen isolierten Hochbehälter gepumpt und fließt von dort mit freiem Gefälle durch isolierte Leitungen zu den Meßbehältern der Nitrierstation und aus der Nitrierstation nach Verwendung in der Nitrierapparatur als Abfallsäure zurück zur Säurestation.

3. Nitrierung der Baumwolle.

Ohne auf die historische Entwicklung der Nitrierapparaturen einzugehen, wollen wir uns hier nur auf die wichtigsten, im Großbetrieb verwendeten technischen Verfahren beschränken.

a) Zentrifugenverfahren.

Dieses Verfahren arbeitet mit sog. Nitrierzentrifugen mit Säurezirkulation. (Abb. 7.)

Diese Nitrierzentrifugen haben unteren Antrieb mit festgelagerter Spindel; die Trommel, sowie gleichzeitig das sie umgebende Gehäuse kann mit Säure angefüllt werden, ohne daß das Halslager der Spindel mit den Säuren in Berührung kommt. Die Schleuderkörbe werden aus Eisen oder V_2A-Stahl hergestellt, die Deckel besitzen Anschlüsse zum Absaugen der Säuredämpfe.

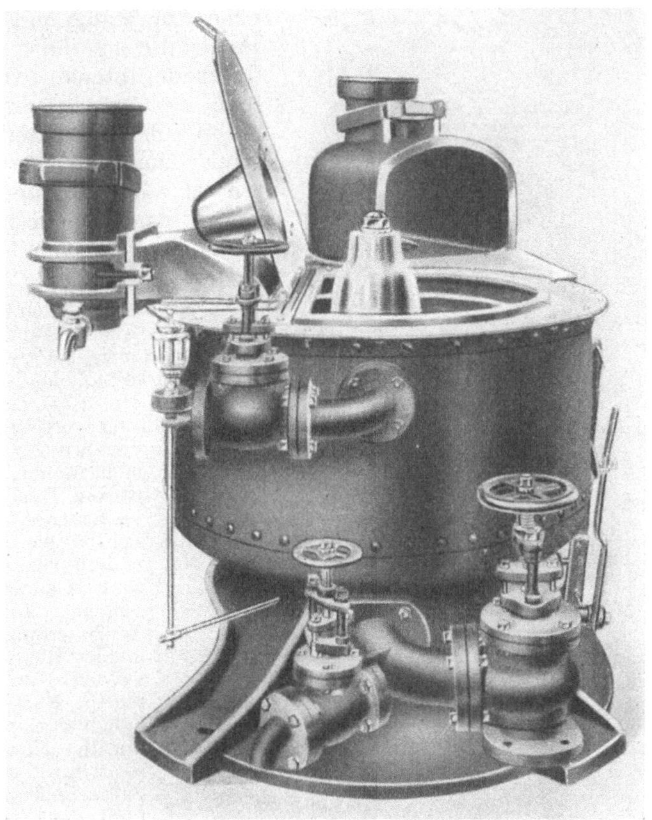

Abb. 7. Nitrierzentrifuge von der Fa. Selvig & Lange.

Der Arbeitsgang ist folgender: Die stillstehende Zentrifuge wird mit Nitriersäure aus dem Meßgefäß gefüllt und dann langsam in Gang gesetzt. Dann wird die abgewogene Baumwollquantität partieweise mit Hilfe von Aluminiumgabeln eingefüllt. Auf dem Rand der Zentrifuge ist eine Vorrichtung angebracht, wobei aus Aluminium oder V_2A bestehende, schräggestellte Schaufeln die Zellulose ständig in die Säure hineindrücken (Abb. 8), so daß eine vollständige Untertauchung und Durchtränkung stattfindet.

Während des Nitrierprozesses, dessen Dauer von den Betriebsverhältnissen abhängt, verbleibt die Zentrifuge in langsam rotierender Bewegung, bei geschlossenem Deckel. Nach beendeter Nitrierung wird die Säure durch Öffnen des Ablaufhahnes abgelassen und zwecks Abschleuderns der anhaftenden Säure die Zentrifuge auf raschen Gang umgeschaltet, und so lange auf voller Tourenzahl belassen, bis keine nennenswerte Säuremenge mehr abfließt. Nach beendigtem Abschleudern wird die Zentrifuge zum Stillstand gebracht, mit Aluminiumgabeln das Zellulosenitrat herausgeschaufelt und durch einen Schwemmapparat (Abb. 9) den Waschapparaten zugeführt.

Die Zentrifugen werden in Größen von 200 bis 1000 kg Säureinhalt gebaut. Die normal in mittleren Betrieben verwendeten Größen haben 400 bis 500 kg Säureinhalt.

b) Rührtopfverfahren.

Diese Arbeitsweise ist aus dem ursprünglichen, primitiven Topfverfahren mit Handtauchung hervorgegangen. Die Töpfe sind aus säurefestem Metall oder manganhaltigem Gußeisen hergestellt und bestehen aus einem zylindrischen Ober- und einem konischen nach unten verlaufenden Unterteil (Abb. 10).

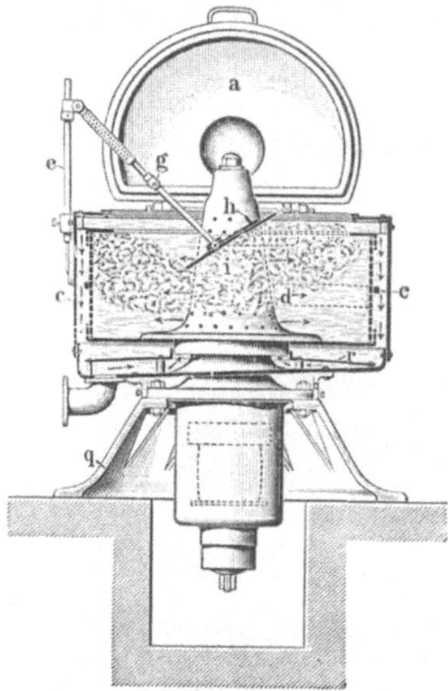

Abb. 8. Tauchvorgang bei der Nitrierzentrifuge.

Die Rührtöpfe werden mit einem Inhalt von 200 bis 1000 l hergestellt. Ein doppeltes, von oben durch den mit Stopfbüchsen versehenen Deckel durchgeführtes Flügelrührwerk sorgt für dauernde, intensive Rührung des Inhaltes während des Arbeitsprozesses. Der konisch nach unten zulaufende Boden trägt einen Hahn mit großer Durchlaßöffnung. Der zylindrische Oberteil ist zur Kühlung bzw. Heizung mit einem Doppelmantel oder mit eingegossenen Heizschlangen versehen.

Die Arbeitsweise ist folgende: Der Topf wird mit der abgemessenen Quantität Säure gefüllt, temperiert und unter Einschaltung des Rührwerkes die abgewogene Baumwollmenge in kleinen Partien durch die am Deckel befindliche Öffnung eingetragen. Das Rührwerk ist in den meisten Fällen mit automatischer Umkehrvorrichtung versehen, um eine tadellose gleichmäßige Durchrührung zu erreichen. Es ist allgemein nicht üblich, das Rührwerk während der ganzen Dauer der Nitrierung (ca. 1 bis 1½ Stunden) laufen zu lassen, es empfiehlt sich, 5 bis 10 Minuten dauernde Ruhepausen einzuschalten. Während der Nitrierung ist auch die Temperatur zu kontrollieren, sie ist infolge der Temperierbarkeit der Topfwandung und der Rührung — wodurch lokale Überhitzungen sicher vermieden werden — sehr leicht einzuhalten und zu regeln. Nach Beendigung der Nitrierung läßt man durch den Bodenhahn die Säure und das Nitrat in die darunter befindliche Zentrifuge ablaufen. Die überschüssige Säure fließt zur Säurestation zurück, während das Zellulosenitrat in dem durchlöcherten Schleuderkorb bleibt. Es empfiehlt sich, die Zentrifuge bereits während des Füllens langsam anlaufen zu lassen, um eine gleichmäßige Verteilung des Nitrates im Einsatzkorb zu erreichen. Nach Ablauf der Hauptsäuremenge ist die Zentrifuge auf volle Tourenzahl zu bringen, bis zum möglichst vollkommenen Abschleudern der Säure. Aus der stillgesetzten Zentrifuge wird das Nitrat mit Schaufeln oder durch Heben des ganzen Einsatzkorbes in die Schwemmgosse (Abb. 9) entleert. Bei Zentrifugen mit Untenentleerung kann die Entleerung in die unterhalb der Zentrifuge eingebaute Schwemmgosse bei langsamem Lauf der Zentrifuge mechanisch mit einer hereingesenkten, schräggestellten Abstreifvorrichtung erfolgen. Die mit reichlicher Wasserzufuhr arbeitende Schwemmgosse führt das Nitrat direkt in den Waschraum.

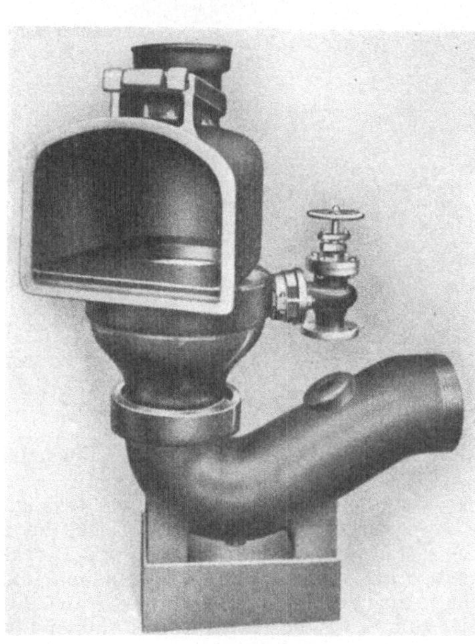
Abb. 9. Schwemmgosse von Selvig & Lange.

c) Drehscheibenverfahren.

Die Apparatur besteht im wesentlichen aus einer großen, mechanisch angetriebenen Drehscheibe, auf welcher 8 bis 12 große, gußeiserne Töpfe mit 800 bis 1200 l Fassungsraum, ebenfalls mechanisch kippbar, in einem vollkommen gasdicht geschlossenen Kanal untergebracht sind. Die Anordnung ist aus den Abb. 11a und 11b zu ersehen. Die Drehscheibe wurde unter Mitkonstruktion des Verfassers von der Maschinenfabrik I. M. Voith in St. Pölten erbaut.

Abb. 10. Nitrierrührtöpfe der Fa. P. I. Wolff & Söhne, Dühren.

Das Eintauchen der Baumwolle besorgt eine wagerecht gestellte durchlochte Metallscheibe, die zum automatischen Senken und Heben eingerichtet, um die wagerechte Achse drehbar, mit Rührflügeln und Abstreifvorrichtung versehen ist. Die 8 große Töpfe tragende Drehscheibe ist mit zwei gegen-

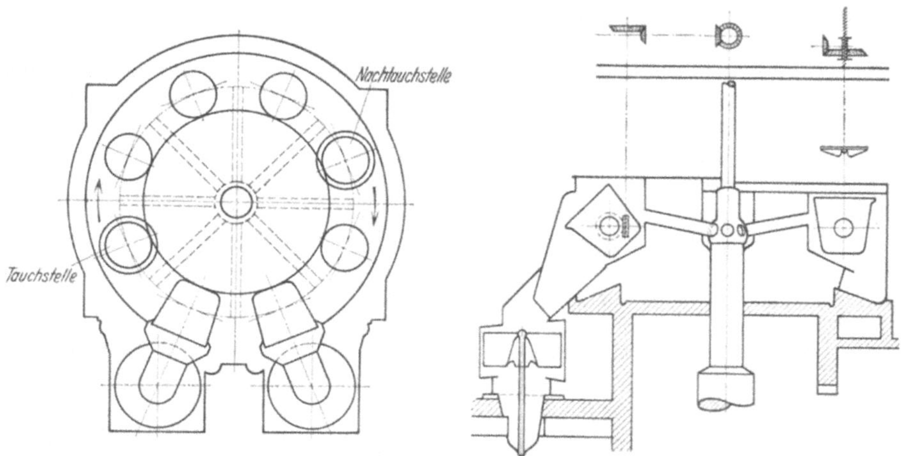

Abb. 11a. Grundriß der Nitrierdrehscheibe von I. M. Voith, St. Pölten.

Abb. 11b. Querschnitt der Nitrierdrehscheibe von I. M. Voith, St. Pölten.

überliegenden Tauchvorrichtungen ausgerüstet, von welchen die eine das Tauchen, die andere das Nachtauchen besorgen soll. Die Nitriertöpfe sind in einem geschlossenen Ringtunnel aus Glasscheiben untergebracht und durch Vermittlung von Steinzeugröhren, die sich in der Mitte zu einer Sammelleitung vereinigen, mit dem Säuredampfabzugskanal verbunden. Der Ringkanal ist mittels einer Heizvorrichtung temperierbar. Schleifende gußeiserne Deckel sorgen für die Abdichtung der Töpfe. Vor zwei nebeneinanderliegenden Töpfen — die letzteren gerechnet von der Tauchvorrichtung in der Drehrichtung der Drehscheibe — sind zwei Zentrifugen so angeordnet, daß der Inhalt der umgekippten Töpfe durch einen drehbaren und gegen den Ringkanal durch eine Klappe verschließbaren Verbindungstrichter in die Zentrifuge gleiten kann. Die zweite Zentrifuge dient aus Gründen der Betriebssicherheit als Reserve.

Der Arbeitsgang ist folgender: Der Topf wird an der Tauchstelle mit einer abgemessenen Säurequantität gefüllt. Die Wolle wird dann unter Inbetriebsetzung des Tauchapparates in kleinen Partien zugegeben. Nach vollkommener Durchtränkung und Mischung wird die Drehscheibe um einen Topf weitergedreht und der nächste Topf gefüllt. Die Dauer des Füllens muß so bemessen werden, daß sie $^1/_8$ der erforderlichen Nitrierdauer beträgt. Die so allmählich neugefüllten Töpfe kommen an der Nachtauchstelle zur nochmaligen Durcharbeitung. Letztere hat sich zur Vermeidung von Nestern, die leicht zu einer Zersetzung führen können, sehr gut bewährt. Nach Ablauf der Nitrierdauer erreicht der betreffende Topf die Kippstelle und der Inhalt wird in die Zentrifuge entleert. Der so entleerte Topf wandert dann wieder im Kreisprozeß zur Füllung.

Die Arbeitsweise in der Zentrifuge, in welche je nach den Abmessungen 1 bis 2 Töpfe entleert werden, ist genau dieselbe wie bei dem Rührtopfverfahren; der Inhalt wird nach erfolgtem Abschleudern mittels der Schwemmgosse in den Waschraum gespült.

Andere, sonst angeregte Nitrierungsverfahren haben sich bei der Erzeugung von Nitrat für Kunstseideherstellung nicht bewährt.

Alle oben beschriebenen Verfahren haben das eine gemeinsam, daß nach Durchführung der Nitrieroperation als letztes Glied die Zentrifuge die Trennung der Säure vom Zellulosenitrat bewirkt. Die Wirtschaftlichkeit des Nitrierverfahrens hängt in erster Linie von dem Säureverbrauch ab und dieser ist wieder in der Hauptsache davon abhängig, inwieweit es gelingt, nach erfolgter Nitrierung die verbrauchte Säure (Abfallsäure) von dem Nitrat zu trennen. Die zuerst angewandte mechanische Auspressung zwischen Druckwalzen und später in hydraulischen Pressen hat sich ebensowenig dauernd einzubürgern vermocht, wie die auf Verdrängung der Säure mit Wasser aufgebaute Methode von Thomson und der von Vajdaffy (ung. Pat. 8184) angeregte Verdrängungsapparat. Bei den hydraulischen Pressen sind die Anlagekosten sehr hoch, da die Einheiten, besonders mit Rücksicht auf die bei der stark ausgepreßten Wolle immerhin vorhandene Explosionsgefahr, nur klein dimensioniert werden können. Auch darf deshalb der Druck nicht zu hoch gesteigert werden. Das Verdrängungsverfahren besitzt den Nachteil, daß ein großer Teil der verdrängten Säure infolge der zu großen Verdünnung praktisch nicht zu verwerten ist. Auch sind lokale Zersetzungen an den Berührungsflächen von Wasser, Säure und Nitrat nicht ganz zu vermeiden und können sich bei der Weiterverarbeitung des Nitrates, besonders beim Spinnen, verhängnisvoll auswirken.

Zwar hat auch die Zentrifuge verschiedene technische Mängel aufzuweisen, wie starken Verschleiß, unangenehme Entleerung usw. Sie stellt jedoch bei dem jetzigen Stand der Technik noch immer die beste Lösung dar. Durch entsprechende Erhöhung der Umlaufsgeschwindigkeit kann die zurückgehaltene Säure auf ein Minimum heruntergedrückt werden, man kann auch die an Salpetersäure immer reichere zurückgehaltene Säure durch salpetersäurearme Abfallsäure, oder am besten durch tief gekühlte (auf minus 4 bis 0° C) Schwefelsäure von 60° Bé, ohne große Gefahr des Abbaues verdrängen. Aber auch mit diesen Maßnahmen gelingt es nicht, den Säureverbrauch nahe an den theoretischen zu bringen. Denn auch bei dem bestgeleiteten Betrieb ist es nicht möglich, den Verbrauch anstatt der effektiv gebundenen 0,6 kg Salpetersäure je kg Baumwolle unter 0,8 bis 0,9 kg Salpetersäure und 0,8 bis 1 kg Schwefelsäure je kg Zellulosenitrat zu bringen.

Das ausgeschleuderte Zellulosenitrat ist noch immer stark säurehaltig und muß, um eine Selbstzersetzung zu vermeiden, möglichst rasch mit viel Wasser in Berührung gebracht werden. Dies geschieht bei kleineren Einheiten durch

Entleeren der Zentrifuge mit der Hand mittels Aluminiumschaufeln in die Schwemmgosse. Bei größeren Einheiten haben die Zentrifugentrommeln Einsatzkörbe oder Einsatzrahmen, welche das Herausheben des ganzen Zentrifugeninhaltes auf einmal mittels mechanisch betriebener Hebezeuge ermöglichen. In diesem Falle wird die Schwemmgosse als offener Bottich ausgebildet, so daß die gefüllten, ausgehobenen Einsatzkörbe oberhalb des Bottiches entleert werden können, oder aber die Einsatzrahmen in die Bottiche eingesenkt und der Inhalt durch starke Wasserströmung weggeschwemmt wird.

d) Auswaschen.

Das „Auswaschen" des Zellulosenitrates geschieht in Waschholländern. Dies sind ovale Holzbottiche, welche in der Richtung der Längsachse durch eine Holzwand so abgeteilt sind, daß zwischen den Wänden des Bottiches und der Zwischenwand überall ein gleichweiter Raum vorhanden bleibt. Es ist ratsam, die innere Wandung mit einem säurefesten Kachelbelag auszukleiden, um durch Absplittern des Holzes eintretende Verunreinigungen des Nitrates zu vermeiden. Eine im vorderen Drittel auf den Seitenwänden lagernde, säurefest umkleidete Welle trägt ein hölzernes oder aus Aluminiumblech bestehendes Schaufelrad, mit dessen Hilfe das im Holländer befindliche aufgeschwemmte Nitrat in rasch umlaufende Bewegung gebracht werden kann. Unterhalb des Schaufelrades ist in der Richtung der Drehbewegung eine sattelartige Erhöhung im Boden eingebaut, wodurch die Waschwirkung erhöht wird. An der Seitenwand sind verschließbare Siebwände aus V_2A-Stahl angebracht, um das Ablassen des Wassers unter Rückhalten der Wolle zu ermöglichen. Die verlängerte Schwemmgosse mündet in eine Reihe derartiger Waschholländer, deren Anordnung aus der Abb. 12 zu ersehen ist.

Abb. 12. Anordnung der Waschholländer.

Nachdem der Waschholländer je nach den vorhandenen Abmessungen den Inhalt einer oder mehrerer Zentrifugen aufgenommen hat, wird unter fortwährendem Rühren das kalte Waschwasser so oft gewechselt, bis die Wolle neutral ist.

Die „Stabilisierung" erfolgt in schwach schwefelsaurer Suspension durch Erwärmen auf Siedehitze während 1½ bis 3 Stunden. Ist eine genügende Anzahl von Waschholländern vorhanden, so kann die Stabilisierung im Waschholländer selbst vorgenommen werden. Von Vorteil ist in diesem Falle die Möglichkeit, die gedämpfte Masse öfters durchzurühren und so die Bildung nicht durchgekochter Nester zu vermeiden. Sonst wird nach erfolgter Kaltwäsche der Inhalt des Holländers durch einen großen Stoffschieber in eine schräggestellte Rinne (Abb. 12) abgelassen und mittels eines Heberades oder einer Zentrifugalstoffpumpe in die Dämpferbottiche verteilt. Die Dämpfer sind viereckige Holzbottiche mit schräggestelltem, großem Deckel (Abb. 13). Sie besitzen einen doppelten Siebboden mit einer Ablaßöffnung am Boden zur Entwässerung.

Die zur Kochung dienenden Dampfschnatter befinden sich im Doppelboden. Die Stabilisierung des Nitrates erfolgt wie vorher beschrieben.

Neuerdings verwendet man für die Stabilisierung aus säurefestem Material hergestellte Autoklaven, die zum Rühren unter Druck oder als Drehautoklaven ausgebildet sind. In diesen Apparaten erfolgt die Stabilisierung mit größter Sicherheit und mit großer Dampfersparnis. Da aber das Kochen unter Druck die Viskositätswerte sehr erheblich beeinflußt, muß auf sorgfältigste Einhaltung gleichbleibender Arbeitsbedingungen sehr geachtet werden.

Abb. 13. Dämpferbottiche.

Nach erfolgter Stabilisierung erfolgt eine gründliche Neutralwaschung mit kaltem Wasser.

Die Dämpferbottiche eignen sich auch als Aufbewahrungsbehälter für das fertige Nitrat, da sie eine bequeme und absolut gefahrlose nasse Lagerung des Zellulosenitrats auch längere Zeit hindurch ermöglichen.

Der Inhalt der Bottiche wird vor Weiterverarbeitung grob entwässert, in Transportwagen zu den Entwässerungszentrifugen gebracht und auf ca. 25% Wassergehalt abgeschleudert. Die Entwässerungszentrifugen sind meistens Pendelzentrifugen mit oberer Aufhängung (Abb. 14) und Untenentleerung.

Abb. 14. Entwässerungszentrifugen.

Die Weiterverarbeitung des Nitrates erfolgt in der L ö s e s t a t i o n.

Bei einer modernen Nitrieranlage ist schon aus hygienischen Gründen für eine tadellose Ventilation unter gleichzeitiger Absaugung der Säuredämpfe zu sorgen. Mit starken Absaugvorrichtungen sind in erster Linie die Nitrierapparate, aber vor allem die Zentrifugen zu versehen. Die Absaugleitungen sind zweckmäßig aus Steinzeugröhren herzustellen, ebenso ist ein Ventilator aus armiertem Steinzeug zu empfehlen. Abb. 15 zeigt einen derartigen Steinzeugexhaustor von Selvig & Lange.

Die Entfernung der Säuredämpfe lediglich aus den Arbeitsräumen genügt im allgemeinen nicht und besonders bei einer Kunstseidenfabrik muß unbedingt dafür gesorgt werden, daß diese die Luft der Umgebung nicht verpesten und

Abb. 15. Steinzeugexhaustor von Selvig & Lange.

in den Stätten der Fadenerzeugung und Verarbeitung keine Unannehmlichkeiten verursachen. Es empfiehlt sich daher, eine regelrechte Absorptionsanlage vorzusehen. Sie besteht aus einem kleineren Trockenabscheider für die mitgerissenen Säurenebel, 2 bis 3 größeren saueren Berieselungstürmen und dahintergeschaltet aus 1 bis 2 alkalischen, mit Sodalösung berieselten Absorptionstürmen. Abb. 16 zeigt eine derartige Absorptionsanlage.

Abb. 16. Säureabsorptionsanlage.

Werden alkalische Endtürme verwendet, so kann an Stelle des Steinzeugexhaustors auch ein Eisenexhaustor treten, bei welchem durch axialen Eintritt ebenfalls Sodalösung zum Verstäuben kommt, die dann den letzten Rest der Absorptionsarbeit leistet. Bei guter Überwachung ist es zumindest möglich, die Kosten der Entlüftung durch die rückgewonnenen Säuren zu decken. Auf eine eingehendere Beschreibung der Türme, die in der Säureindustrie allgemein verwendet werden, kann hier verzichtet werden.

4. Herstellung der Spinnlösung.

Die eigentliche Kunstseideherstellung beginnt mit der Herstellung der Spinnmasse, also der Kollodiumlösung. Der Auflösung des Nitrates in Ätheralkohol folgt die Filtration der erhaltenen Kollodiumlösung unter gleichzeitiger Entlüftung und Lagerung (Reifung).

Das Auflösen des Zellulosenitrates, das, wie vorher erwähnt, auf einen Wassergehalt von etwa 25% abgeschleudert wurde, geschieht in großen, geschlossenen, schmiedeeisernen Rührwerken — am besten eignen sich die Planetrührwerke — von ca. 6 bis 12 m³ Inhalt. Zuerst wird das abgewogene Quantum Nitrat eingetragen, dann die berechnete Menge Alkohol zugelassen und ca. eine halbe Stunde durchgeknetet. Es erfolgt hierauf das Zuteilen der berechneten Äthermenge, das Rühren wird bis zur vollkommenen Lösung und Homogenisierung, etwa 6 bis 8 Stunden, durchgeführt. Der Antrieb und die Rührarme — die von unten nach oben arbeiten — müssen derart konstruiert sein, daß sie den großen mechanischen Anforderungen, die besonders am Anfang der Knetoperation auftreten, gewachsen sind. Der rotierende Deckel schließt mit einem Flüssigkeitsverschluß den Rührwerksinhalt luftdicht ab.

Abb. 17. Kollodiumförderpumpen.

Das Mengenverhältnis der Lösungsmittel zu der aufzulösenden Kollodiumwolle ist ca. 5:1, d. h. auf etwa 5 Teile Ätheralkohol kommt ca. 1 Gewichtsteil Zellulosenitrat (trocken gerechnet). Doch kann dieses Verhältnis, je nach der Viskosität des Nitrates und je nach den sonstigen Betriebsanforderungen, in weiteren Grenzen variieren. Das Verhältnis Äther zu Alkohol beträgt normal 60 : 40, doch kann auch hier der Alkoholteil auf Kosten des Äthers je nach den Betriebsverhältnissen erhöht werden.

Nach erfolgter Lösung erfolgt die Einstellung auf gleiche Viskosität, möglichst nicht durch Zufügung von Nitrat, sondern durch Lösungsmittelzugabe, doch darf bei gutgeleitetem Nitrierbetrieb dies nur eine Feineinstellung sein und keine wesentliche Verschiebung des praktisch festgelegten Lösungsmittelverhältnisses bedeuten.

Die so fertiggestellte Lösung bleibt kürzere Zeit zwecks Grobentlüftung stehen und wird dann durch groß bemessene Bodenschieber in unterhalb stehende geschlossene Behälter abgelassen.

Es ist unbedingt empfehlenswert, die mit der Spinnlösung in unmittelbare Berührung kommenden Leitungen, Armaturen, Bewegungsorgane aus Bronce und die Behälter aus V_2A-Stahl oder Schmiedeeisen mit verzinntem Kupferblech auszukleiden. Verunreinigungen der Spinnlösung, die später nicht nur spinntechnisch, sondern evtl. auch in der Färberei Schwierigkeiten verursachen, können sonst kaum vermieden werden. Es ist nicht zu umgehen, daß die Spinnlösung etwas sauren Charakter hat, was nicht so sehr von Säureresten im Nitrat als vielmehr vom Essigsäuregehalt der Lösungsmittel herrührt. Letzterer ist besonders dann nicht ganz zu vermeiden, wenn rückgewonnene Lösungsmittel zur Verwendung kommen.

Die honigartige, stark viskose Kollodiumlösung wird aus den Zwischenbehältern, die sich unter den Auflöserührwerken befinden, mit Hilfe von Kolbenschlitzpumpen (Abb. 17) der ersten Filtrieranlage zugeführt.

Abb. 18. Kollodiumfilterpresse.

Die erste Filtration soll die gröberen Verunreinigungen, wie Holzsplitter, nicht nitrierte Baumwolle usw., aus der Kollodiumlösung entfernen.

Die Filter sind 8- bis 12kammerige Hochdruckfilter-Pressen (Abb. 18). Die mit dem zu filtrierenden Material in Berührung kommenden Teile sollen aus Metall sein.

Als Filtermaterial dienen bei dieser ersten Filtration feinmaschige Metallsiebe oder starke Flanelle. Der Filterdruck steigt während der Filtration entsprechend der Verstopfung der Filterporen allmählich bis zu 30 bis 35 Atm., worauf ein Wechsel der Tücher vorzunehmen ist. Die Reinigung der Filtertücher erfolgt durch alkalisches Kochen und Spülen im Gegenstrom mit Wasser.

Abb. 19. Löse- und Filtrierstation.

Die aus den Filterpressen kommende Lösung wird in einer Sammelleitung vereinigt und steigt zum nächsten, hochgestellten Kollodiumbehälter.

Zu bemerken ist noch, daß mit Rücksicht auf die geringe Saugwirkung der Schlitzpumpen die Saugleitungen entsprechend überdimensioniert sein müssen und das Kollodium mit eigenem Gefälle zufließen muß. Es ist außerdem empfehlenswert, an der Saugseite einen Überdruck von ½ bis 1 Atm. anzuwenden.

Die Zwischenbehälter, die für die Aufnahme des Filtrats dienen, sind derart zu bemessen, daß sie das Kollodium während mindestens 1 bis 2 Tage ruhen lassen, um eine entsprechende Entlüftung sicherzustellen.

Aus diesen Behältern wird die Kollodiumlösung mittels der Schlitzpumpen durch die zweite Filterstation geschickt, die ebenfalls aus einer entsprechenden Anzahl von Filterpressen besteht. Bei dieser zweiten Filtration besteht das Filtermaterial aus ganz feinmaschigen, dichten Batisttüchern und aus Baumwollwatte hergestellten, ca. 1½ bis 2 cm starken Filtervliesen. Der Filterdruck steigt auch hier allmählich bis zu 30 bis 35 Atm. Die verbrauchten Filterwatten und Tücher werden zwecks Rückgewinnung der Lösungsmittel unter Wasser destilliert und dann zwecks Verseifung der Nitratreste alkalisch gekocht und so regeneriert.

Die gefilterte Spinnlösung wird weiteren Vorratsbehältern zugeführt und hat vor Weiterverarbeitung zum Spinnen zwecks Entlüftung und Reifung einige Tage zu ruhen.

Abb. 20. Hydraulische Kollodiumpressen.

In einzelnen Betrieben ist es üblich, noch eine dritte Feinfiltration einzufügen, doch ist dies im allgemeinen nicht unbedingt erforderlich.

Eine zweckmäßige Aufstellung einer Löse- und Filtrierstation ist aus der Abb. 19 zu ersehen.

In dieser Abbildung sind rückwärts zwei hochgestellte Löserührwerke mit den darunterstehenden Zwischenbehältern zu sehen. Links befinden sich zwei hochgestellte zylindrische Kollodiumvorratsbehälter und im Vordergrund eine Filterpressenkolonne.

Die früher übliche Bewegung der Kollodiumlösung mit Druckluft hat in modernen Betrieben in Anbetracht der damit verbundenen Explosionsgefahr keine Berechtigung mehr. Es sei denn, daß an Stelle von Druckluft inerte Gase zur Verwendung kommen. Aber auch dies ist infolge der hohen Anschaffungskosten für Druckbehälter und Kompressoren, sowie wegen der unvermeidlichen Lösungsmittelverluste abzulehnen.

Zu erwähnen wäre noch die Kollodiumförderung mit hydraulischen Pressen (Abb. 20).

Sie bestehen im wesentlichen aus durch hydraulischen Druck indirekt bewegten, großdimensionierten Kolben (nutzbarer Inhalt des Kolbengehäuses 200 bis 400 l), die mit von Hand aus getätigten Druck- und Saugventilen arbeiten und bei denen je ein Kolben abwechselnd in Funktion tritt. Nachteilig sind die unverhältnismäßig hohen Anschaffungskosten und der hohe Kraftaufwand; gegenüber den Pumpen besitzen sie den Vorteil, daß eine Berührung des Kollodiums mit beweglichen Teilen praktisch vermieden wird und daher zu einer Verunreinigung der Spinnlösung keine Veranlassung vorliegt.

5. Das Verspinnen des Kollodiums.

In der Nitrokunstseidenindustrie wird im technischen Betrieb ausschließlich nach dem Trockenspinnverfahren gearbeitet. Die näheren Umstände der Fadenbildung sind im allgemeinen Teil bereits ausführlich behandelt.

Die Spinnmaschinen bestehen aus 10 bis 15 m langen Einheiten (Abb. 21).

Abb. 21. Ansicht der Spinnmaschine.

Aus dem Reinkollodiumlagerbehälter wird das Kollodium den Spinnmaschinen mittels Pumpen durch eine Ringleitung zugeführt, damit tote Stellen vermieden werden. Die Ringleitung ist durch ein Rückflußsicherheitsventil mit dem Lagerbehälter verbunden. Um die Reibungsverluste auf ein Minimum zu beschränken, muß die Leitung entsprechend groß dimensioniert sein.

Die Funktionsweise der Spinnmaschine ist aus dem Maschinenquerschnitt (Abb. 22) zu ersehen.

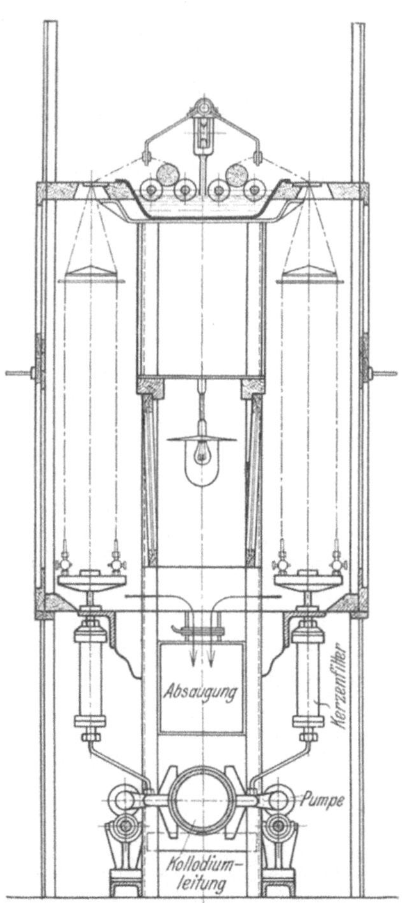

Abb. 22. Querschnitt der Spinnmaschine.

In der Mitte unten befindet sich die Kollodiumzuleitung, sie ist beiderseits an die Kollodiumringleitung angeschlossen. Es ist empfehlenswert, auf beiden Seiten des Zutrittes je ein kleines Planfilter einzuschalten, um die letzten Reste der Verunreinigungen, die aus Pumpen, Ventilen und Leitungen herrühren könnten, zurückzuhalten. Unmittelbar auf der Kollodiumleitung sitzen die Spinnpumpen; ihre Aufgabe ist es, das Kollodium den Spinnstellen genau mengenmäßig zuzuteilen. Über ein Kerzenfilter, bei dem die Kerze mit Seidengaze bewickelt ist, gelangt das Kollodium weiter zu den Spinnköpfen, die um die Zuführungsleitung als Achse drehbar sind und am Rand eine entsprechende Anzahl Spinndüsen tragen. Die Spinndüsen sind mit Überwurfmuttern an kleinen Hähnchen auswechselbar befestigt. Die Anzahl der Düsen — gleiche Stärke der Einzelfäden vorausgesetzt — hängt von der Stärke (dem Titer) des Gesamtfadens ab, der gesponnen werden soll. Die aus den Einzelkapillaren austretenden Fäden werden durch den mit Schiebefenstern abgeschlossenen Spinnraum hochgeführt, durch einen am Spinnkopf befestigten Ring auseinandergehalten, dann durch einen im obersten Teil des Spinnraumes angebrachten Fadenführer vereinigt, und auf die meistens aus Holz angefertigten Spinnspulen aufgespult.

Die Luft aus dem Spinnraum, der am besten für jeden Spinnkopf abgeteilt wird, wird von unten abgesaugt. Die Absaugverhältnisse müssen für die ganze Maschinenlänge gleichmäßig sein.

Die Spulen laufen zwischen zwei Abzugswalzenpaaren, deren Geschwindigkeit den Fadenabzug regelt. Die Abzugsgeschwindigkeit beträgt normal 50 bis 60 m/min. Da die Spulen an der bewickelten Fläche laufen, ist die Abzugsgeschwindigkeit gleichmäßig. In einzelnen Betrieben werden zwecks Schonung der Seide nur die Spulenränder angetrieben, in diesen Fällen ist für eine automatische Geschwindigkeitsverminderung im Verhältnis zur Bewicklungsstärke zu sorgen. Nach erfolgter voller Bewicklung der Spule (4000 bis 6000 m), die durch ein Zählwerk angezeigt wird, wird mit einem Griff für die ganze Maschinenlänge der Faden auf die daneben leerlaufende Spule umgeschaltet und nach Bewicklung dieser auf die inzwischen ausgetauschte Leerspule zurückgeschaltet.

Mit dem Fadenführer verbunden ist eine Berieselungsvorrichtung, mit der die Spule während der Aufwickelung dauernd gewaschen wird, um den in der Seide noch enthaltenen, nicht verdunsteten, aus Alkohol bestehenden Lösungsmittelrest auszuwaschen. Die Waschflüssigkeit wird nach entsprechender Anreicherung auf 5 bis 6% Alkohol zur Destillation geleitet.

Die von den Spinnmaschinen abgesaugte Luft enthält den ganzen Äther und einen großen Teil des Alkohols und wird der Rückgewinnungsanlage, über die wir an anderer Stelle berichten, zugeführt.

Die wichtigsten Teile der Spinnapparatur sind die **Spinnpumpen** und **Düsen,** über die etwas ausführlicher berichtet werden muß.

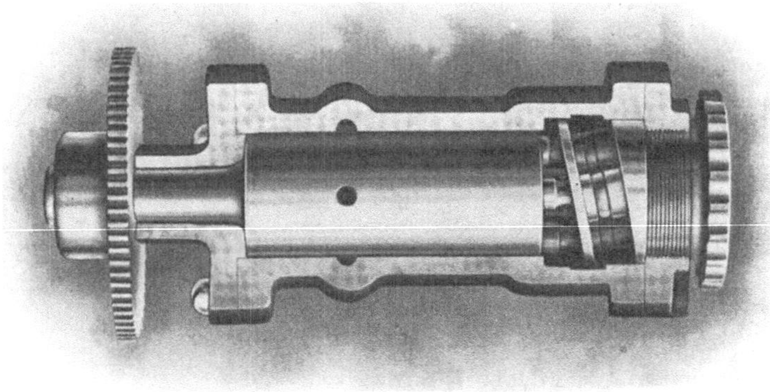

Abb. 23. Kolbenpumpe der Pumpenfabrik Werdohl.

Die sonst vielfach brauchbaren Zahnradpumpen haben sich bei der Nitrokunstseidenerzeugung gar nicht bewährt. Schuld daran ist einerseits der hier erforderliche hohe Druck, dem auf die Dauer auch die aus best gehärtetem Stahl angefertigten Lagerzapfen nicht standhalten, und andererseits die durch die mangelhafte Schmierfähigkeit des Kollodiums verursachte große Reibung zwischen Stirnfläche und Gehäusewand.

Besser bewährt haben sich die 3- oder 5-Kolbenpumpen, wie sie z. B. in speziell verstärkter Ausführung (Abb. 23) von der Fa. Pumpenfabrik Werdohl hergestellt werden.

Die aus säurefestem Metall ausgeführte Pumpe besteht aus einem im Gehäuse umlaufenden Zylinder. Dieser besitzt mehrere Bohrungen, in welche je 1 Kolben aus Stahl geführt ist. Die Bohrungen stehen mit einer inneren unterteilten Ringnute in Verbindung, welche zur Zu- bzw. Abführung der Spinnlösung dient. Die wechselweisen Verbindungen der Pumpenzylinder mit dem einen oder anderen Teil der Ringnute werden selbsttätig durch Umdrehung des Zylinders gesteuert. An der Innenseite des Zylinderdeckels ist die eine schiefe Ebene bildende feste Hubscheibe angebracht. Die Enden der Kolben gleiten nicht unmittelbar auf der Hubscheibe, sondern sie werden durch Hilfskolben bewegt.

Durch entsprechend angeordnete Austrittslöcher am Gehäuse muß dafür gesorgt werden, daß das Kollodium, das zwischen Gehäuse und Zylinder durch nicht zu vermeidende Undichtigkeiten gerät, automatisch entfernt wird, da es sonst infolge der Verflüchtigung der Lösungsmittel hart wird und zu einem schnellen Verschleiß führt. Die Anbringung eines

Druckausgleiches bzw. einer Umlaufvorrichtung ist nicht erforderlich, da der Spinnkopf selbst, entsprechend konstruiert, als Druckausgleichbehälter dient. Für reichliche und leicht zugängliche Schmierungsstellen ist Sorge zu tragen.

Nicht minder gute Erfolge werden mit den von der Firma A. Friedmann, Wien, erbauten Präzisionskolben-Spinnpumpen (Abb. 24) erzielt.

Bei dieser Pumpenart ist der große, rotierende Kolben vermieden, und die Förderkolben sind selbststeuernd ausgebildet. Der Antrieb der Pumpen erfolgt durch eine Taumelscheibe (*5*), welche durch einen exzentrischen Fortsatz an der Welle (*3*) derart bewegt wird, daß sie die Kolben (*2*) in eine drehende, aber auch gleichzeitig in eine auf- und abgehende Bewegung versetzt. Die rotierende Bewegung wird gleichzeitig zum Öffnen und Schließen der Saug- und Druckkanäle benützt. Durch die Regulierscheibe (*6*) kann die Leistungsfähigkeit der Pumpe um ca. 15% verändert werden.

Die Kappe der Spinnpumpe enthält einen Ölraum (*V*), so daß das Getriebe vollständig in Öl läuft.

Ein großer Vorteil der Pumpen ist der sehr geringe Kraftaufwand. Die beweglichen Teile sollen aus Stahl, die mit dem Kollodium sonst in Berührung kommenden Teile aus Bronze angefertigt werden. Eine separate Druckausgleichsvorrichtung ist nicht erforderlich.

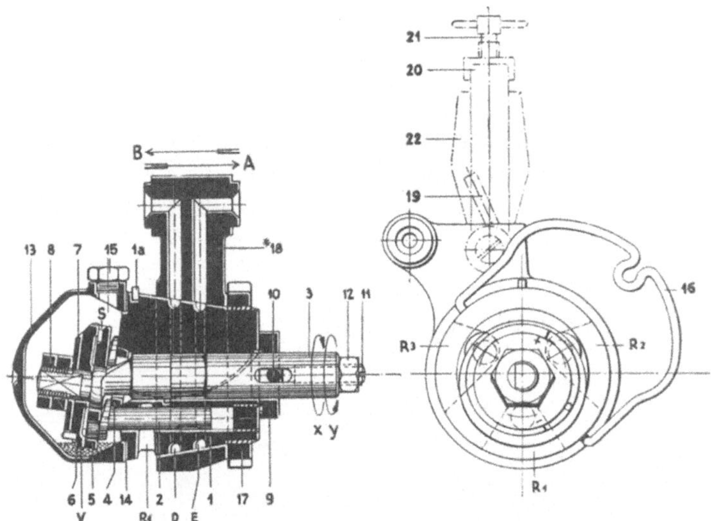

Abb. 24. Kolbenspinnpumpe. (A. Friedmann, Wien.)

Als Spinndüsen wurden längere Zeit hindurch ausschließlich Glasdüsen, also Glasröhrchen mit angeschmolzener Kapillare von 0,06 bis 0,08 mm Öffnung verwendet.

Äußerst wichtig für die Erzeugung gleichmäßiger Einzelfäden ist die entsprechend sorgfältige Auswahl und Sortierung der Kapillaren. Die Auswahl nach Kapillardurchmesser bietet keine Schwierigkeiten, da die Messung optisch einwandfrei durchgeführt werden kann, auch die Kapillarenlänge kann, wenn auch nicht so einwandfrei, schon beim Abschneiden der Kapillaren mit ziemlicher Genauigkeit eingehalten werden. Gleiche Längen bei gleichem Kapillarenquerschnitt müßten eigentlich gleiche Strömungswiderstände, d. h. bei konstantem Druck dieselben Strömungsgeschwindigkeiten, also gleiche Fadenstärken ergeben. Die Unvollkommenheiten bei der fabrikmäßigen Herstellung der Kapillarröhrchen ergeben aber ziemlich große Abweichungen innerhalb der üblichen Kapillarenlänge, so daß eine weitergehende Prüfung sich als notwendig erweist. Dies kann durch Messung des Luftströmungswiderstandes oder, noch zuverlässiger, durch Messung der unter gleichen Druckbedingungen in der gleichen Zeit ausfließenden Flüssigkeitsquantitäten geschehen.

An Stelle der Glasdüsen werden jetzt vielfach Metalldüsen aus Kupfer oder Nickel (Abb. 25) verwendet.

Die Metalldüsen besitzen als Vorteile, daß bei genau vorher bestimmbarer und leicht einzuhaltender Bodenstärke nur die optisch leicht kontrollierbare Bohrung geprüft werden muß, daß die Fäden gleichmäßiger sind und auch der Widerstand geringer ist, daher mit niedrigerem Spinndruck gearbeitet werden kann. Nachteilig ist die schwierigere Reinigung nach Gebrauch, die bei Glasdüsen mit heißer Schwefelsäure glatt vor sich geht. Die Metalldüsen werden zuerst mit Lösungsmittel extrahiert, dann werden mit Ahlen die mechanischen Verunreinigungen ausgestoßen. Diese Arbeit bedingt eine große Gewandtheit, ist sehr langwierig und führt oft zur Beschädigung der Löcher, so daß bei den Metalldüsen im Gegensatz zu den Glasdüsen eine fortwährende Kontrolle auch der gebrauchten Düsen erforderlich ist.

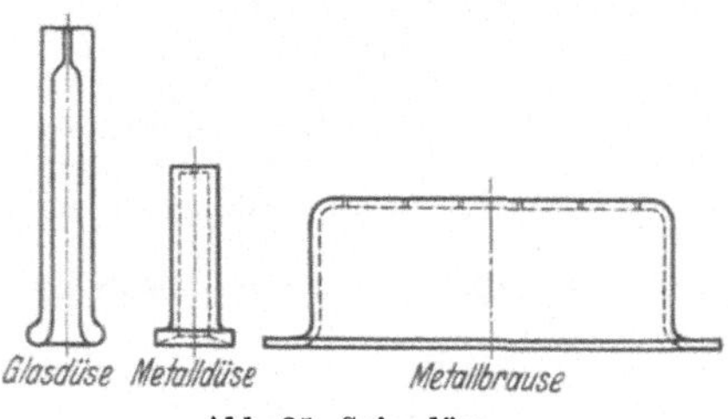

Abb. 25. Spinndüsen.

Bei Verfahren, bei denen, wie bei dem Azetatspinnverfahren, das Spinnen von oben nach unten erfolgt, können auch Brausendüsen (Abb. 25) verwendet werden. Doch werden solche Verfahren technisch noch nicht benützt. Sie besitzen neben den Vorteilen der großen Spinngeschwindigkeiten (100 bis 200 m/sek) und daher geringer Anschaffungskosten für die Spinnapparatur einige Nachteile, die noch nicht vollkommen überwunden sind.

Abb. 26. Etagenzwirnmaschine von Wegmann & Co., Baden.

6. Das Zwirnen der Nitroseide.

Die auf den aus der Spinnerei kommenden Spinnspulen befindliche Seide besteht aus einer entsprechenden Anzahl parallel liegender Einzelfäden, die zur Weiterverarbeitung gezwirnt werden müssen.

Für die Nitrokunstseide werden im allgemeinen 2- bis 3etagige Zwirnmaschinen (Abb. 26) verwendet.

Auf die nähere Beschreibung kann hier (s. S. 42, 43) verzichtet werden, zu betonen ist nur, daß in Anbetracht der großen Gewichte der nassen Holzspulen stark gelagerte Rabethspindeln verwendet werden müssen. Auch ist wegen der Feuchtigkeit der Antrieb mit gummierten Riemen dem Spindelschnurantrieb vorzuziehen. Anstatt der allgemein üblichen Zwirnteller werden Läufer, die sogenannten „Traveller“ zur Verhinderung der Schlaufenbildung und zur Vermeidung der Fadenunreinlichkeiten verwendet, wobei Gewicht und Drahtstärke von der Fadenstärke abhängig gewählt werden muß.

Um ein Austrocknen der Nitroseiden zu vermeiden, wodurch außer der zwar nicht beträchtlichen Feuersgefahr auch chemische Schwierigkeiten bei der nachträglich notwendigen Denitrierung durch Alterung des Nitrates auftreten können, muß für eine tadellose, gleichmäßige Raumbefeuchtung bis nahezu 100% rel. Luftfeuchtigkeit gesorgt werden. Am zweckmäßigsten ist es, diese Anlagen gleichzeitig für die Raumluftheizung zu benützen und so die Gefahr von lokalen Überhitzungen bei Heizungsbedarf sicher auszuschließen.

Abb. 27. Haspelmaschine der Firma Gegauf, Steckborn.

Trotz dieser Vorsichtsmaßregeln ist es empfehlenswert, die von den Zwirnmaschinen abgenommenen Zwirnspulen in Vakuumapparaten zu befeuchten. Die so behandelten Spulen können dann vor Weiterverarbeitung, auch ohne Denitrierschwierigkeiten befürchten zu müssen, in feuchten Räumen längere Zeit aufbewahrt werden.

7. Das Haspeln der Nitroseide.

Für die Weiterbehandlung der Nitroseide (Denitierung, Bleiche usw.) ist die Strangform des Fadens notwendig. Die Überführung des Fadens der Zwirnspulen in Strang besorgt die Haspelmaschine (Abb. 27).

Bei diesem Vorgang des Haspelns, ebenso wie bei den dazu verwendeten Maschinen besteht kein prinzipieller Unterschied gegenüber dem gleichen Prozeß bei der Baumwollverarbeitung und bei den anderen Kunstseideherstellungsarten. Jede Haspelmaschine besitzt ein Zählwerk, das die Anzahl der Umdrehungen und damit die Länge des aufgelaufenen Fadens angibt und ist mit einer Vorrichtung verbunden, durch welche der Haspel nach Aufnahme der gewünschten Fadenlänge sich automatisch abstellt, ebenso wie beim Reißen eines Fadens.

Die oben abgebildete Maschine ist für die Nitroseidenverarbeitung deswegen besonders geeignet, weil sie das Abhaspeln von oben angebrachten Spulen gestattet und die hierdurch bedingte Anordnung der Fadenführung ein Schließen der Maschine von vorne gestattet, und so eine Belästigung des Personals durch Spritzen der nassen Seide vermieden wird.

Dieselbe Firma bringt auch eine geistreich konstruierte, automatisch wirkende Fitzmaschine mit automatischem Einfädeln, Fitzen, Knoten und Abschneiden des Fitzfadens.

Das gleiche Ziel erreicht die automatische Fitzmaschine von Goldberger (D.R.P. 496625) nach Abb. 28.

Das Hauptprinzip dieser Maschine — die auf den normalen Haspelmaschinen mit unterer Fadenzuführung angebracht werden kann — ist, daß die den Fitzfaden tragenden Halter abwechselnd über und unter dem Gebinde geführt und dabei von beiden Seiten von Abnehmern gehalten werden. Die Knüpfung besorgt ein einkonstruierter Fadenknüpfapparat ebenfalls automatisch.

Abb. 28. Automatische Fitzmaschine Goldberger.

Durch diese Einrichtungen ist es gelungen, die bisher übliche Handunterbindung mit der Höchstleistung von ca. 5 Minuten je Haspel auf etwas über 1 Minute herunterzudrücken.

Auch in den Haspelsälen der Nitrokunstseidenfabrikation ist ebenso wie in der Zwirnerei für eine sehr ausgiebige Luftbefeuchtung zu sorgen, obzwar hier die Gefahr des Trockenwerdens der Seide erheblich geringer ist, doch ist auch hier ein längeres Lagern unbedingt zu vermeiden. Es ist möglichst dafür zu sorgen, daß die abgehaspelten Stränge noch am selben Tage zur Denitrierung gelangen.

Es soll noch bemerkt werden, daß in Anbetracht der großen Reißfestigkeit der undenitrierten Nitroseide Haspelgeschwindigkeiten bis zu 200 bis 350 m/min zulässig sind.

8. Die Denitrierung und Weiterbehandlung der Nitrokunstseide.

Die Denitrierung der aus der Haspelei kommenden Stränge erfolgt mechanisch auf Maschinen, die wesentlich dieselbe Konstruktion haben, wie die allgemein üblichen Stranggarnfärbe- bzw. Waschmaschinen. Die Strangträger sind große gerippte Porzellanwalzen mit automatischem Umkehrantrieb. Die Wanne, die die Sulfhydratlösung aufnimmt, ist am besten aus säurefest ausgekleidetem Beton anzufertigen und derart auszugestalten, daß die Stränge zu zwei Drittel in die Flüssigkeit eintauchen. Die Flüssigkeitsbewegung erfolgt durch Zentrifugalpumpen; ihre Leistung ist so zu bemessen, daß eine gute und rasche Zirkulation entsteht, sie darf jedoch nicht so stark sein, daß die Stränge durch die Strömung verwirrt werden. Die Temperierung mit Wasser- und Dampfanschluß zur indirekten Kühlung und Heizung ist zweckmäßig in die Umlaufleitung einzubauen. Die Denitriermaschine ist mit starker Luftabsaugung zu versehen, um eine Belästigung durch die bei der Reaktion auftretenden Ammoniak- und Schwefelwasserstoffgase zu vermeiden.

Nach erfolgter Denitrierung — der hierbei sich abspielende chemische Vorgang ist im allgemeinen Teil ausführlich behandelt — erfolgt auf der Maschine eine sorgfältige Waschung, wobei für einen raschen Abfluß der verbrauchten Denitrierlauge und der Waschwässer gesorgt werden muß. Es folgt dann eine Hypochloritbleiche, nochmaliges Waschen, ein Salzsäurebad zugleich als Antichlor, wiederholtes Waschen und endlich Avivierung in einem Olivenölemulsionsbad.

Abb. 29. Waschmaschine der Firma T. Gerbers Söhne, Wansleben.

Sehr gut bewährt haben sich die (Abb. 29) von der Firma Gerber erbauten, transportabel eingerichteten Waschmaschinen.

Der Vorteil ist zweifelsohne der, daß jede Operation mit den verschiedene apparative Vorkehrungen heischenden verschiedenen Chemikalien wie Lauge, Chlor und Säure in den eigens zu diesem Zweck hergerichteten Bottichen und Bewegungsorganen erfolgt und daß nur die Seide mit dem die Porzellanwalzen tragenden Antrieb mittels eines leicht lenkbaren Kranes transportiert wird, ohne daß die Seide von der Hand berührt werden muß.

Abb. 30. Kanaltrockenofen der Firma Haas, Lennep.

Das Unschädlichmachen der verbrauchten Laugen erfolgt unter gleichzeitiger Rückgewinnung des größeren Teiles des Schwefels durch Neutralisation mit den saueren Abwässern der Nitrierung, oder aber auch durch Abscheiden des Schwefels aus der konzentrierten Ablauge mittels der Kohlensäure der Rauchgase.

Die nach der Avivage abgetropften Seidenstränge werden in Docken gewunden, in Flanelltücher eingeschlagen und in Zentrifugen ausgeschleudert. Sie kommen dann auf nichtrostenden Metallrohren aufgehängt in einen Kanaltrockenofen (Abb. 30).

Der Kanaltrockner ist zweckmäßig so einzurichten, daß nach den Trockenzonen eine Kühl- und schließlich eine Befeuchtungszone eingeschaltet wird, in der die Seide nach der Trocknung die zulässige Feuchtigkeit von ca. 11% wieder aufnimmt.

Es folgen dann das Zopfen (Battage), Reinigen (Sortieren) und Ordnen nach Nummern (Titrieren) und schließlich die Verpackung in Bündeln nach den bei den anderen Textilgarnherstellungsbetrieben üblichen Methoden.

C. Rückgewinnung der Lösungsmittel.

Die Rückgewinnung der flüchtigen Lösungsmittel, des Äthers und des Alkohols, ist eine der wichtigsten Fragen der Nitrokunstseidenindustrie. Das Verfahren kann bei den verhältnismäßig hohen, primären Erzeugungskosten nur dann rentabel arbeiten, wenn es gelingt, die Frage der Rückgewinnung der verwendeten Lösungsmittel mit nicht allzu hohen Kosten und Aufwand an Energie technisch restlos zu lösen.

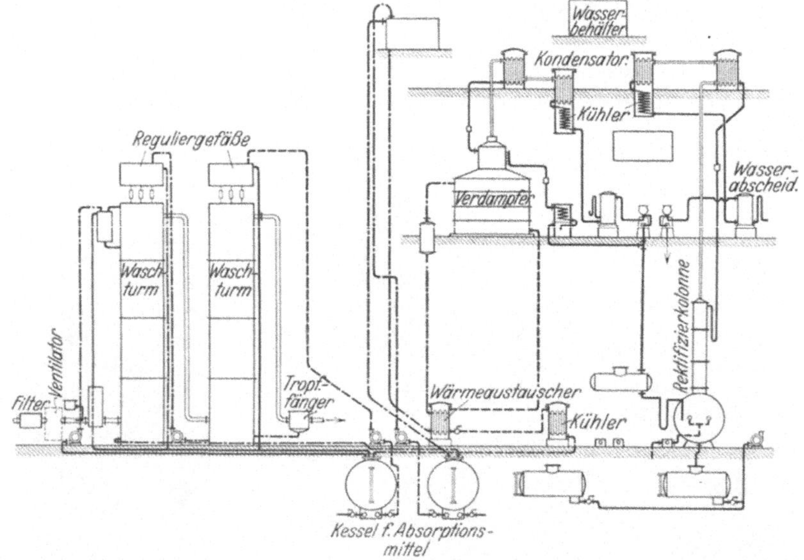

Abb. 31. Schematische Darstellung einer Kresolrückgewinnungsanlage nach Prof. Weißenberger.

Als primäres Lösungsmittel kommt für die Nitrokunstseidenherstellung nur Alkohol in Betracht: die erforderliche Äthermenge wird überall im eigenen Betrieb, nach bekanntem Verfahren, aus Alkohol und Schwefelsäure erzeugt.

Die Erfassung eines kleinen Teiles der Lösungsmittel erfolgt, wie im Fadenerzeugungsabschnitt näher beschrieben, durch Waschen der Spinnspulen und Destillation der verdünnten, wässerigen Lösung, sowie bei der Regenerierung des Filtermaterials. Der weit überwiegende Hauptteil steht in der Absaugluft der Spinnmaschinen zur Verfügung. — Der maximale Gehalt in der Absaugluft beträgt bei dem bestgeleiteten Betrieb und bei guter Kapselung der Spinnapparatur nicht über 20 bis 30 g je m³. Bei einer derartigen Verdünnung kommen Verfahren, die mit Kondensation oder mit Kompression arbeiten, nicht in Betracht, sondern ausschließlich die Absorptions- oder Adsorptionsverfahren.

Unter „Absorption" verstehen wir einen Lösungsvorgang, bei welchem die flüchtigen Lösungsmittel mit den absorbierenden, flüssigen Stoffen labile chemische Verbindungen bilden, die beim Erhitzen wieder in ihre Bestandteile zerfallen. — Da im vorliegenden Falle nur Alkohol- und Ätherdämpfe in Betracht kommen, eignen sich als Absorbens am besten die Schwefelsäure oder die technischen Kresole bzw. Urteerphenole. — Die Verwendung der Schwefelsäure kann wegen der apparativen Schwierigkeiten, der Notwendigkeit der Schwefelsäurekonzentration, der auftretenden chemischen Nebenreaktionen und der hohen Investitionskosten wegen ausgeschaltet werden, so daß von der Gruppe der Absorptionsverfahren technisch nur das Kresol- bzw. Phenolverfahren in Betracht kommt.

Als Absorptionsmedium dient am besten Metakresol mit 10 bis 30% Tetralin. Die Rückgewinnung erfolgt in 3 Etappen: in der Absorptions-, Abtreibe- und Rektifikationsapparatur.

Eine schematische Darstellung der Gesamtanlage ist aus Abb. 31 zu ersehen.

Die Luft, welche aus den Arbeitsräumen kommt und etwa 20 g/m³ flüchtige Stoffe enthält, wird der Waschanlage zugeführt. Zweckmäßig ist die Einschaltung eines Luftfilters vor den Ventilator, um in der Luft schwebende feine Staubteilchen und sonstige Verunreinigungen zurückzuhalten.

Die Waschanlage besteht entweder aus einem „Schleuderwäscher" oder aus einem „Hordenwäscher". Entscheidend für die Wahl der Waschvorrichtung sind Räumlichkeits-, Montage- und Anordnungsfragen.

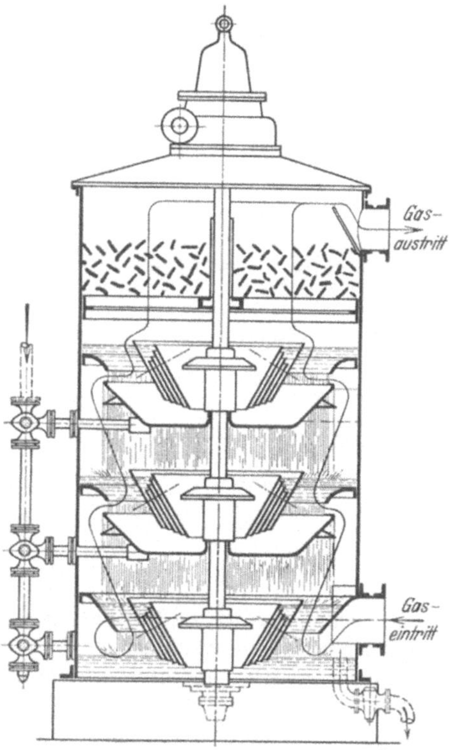

Abb. 32. Schleuderwäscher. (Bauart Cheminova.)

Die Schleuderwäscher enthalten eine rotierende Welle (Abb. 32) mit Verteilerkörpern. Durch die Rotation der Welle wird die Waschflüssigkeit im Innern des Mantels fein zerstäubt und kommt daher mit sehr großer Oberfläche mit den in umgekehrter Richtung durchgesaugten oder gedrückten Gasen in Berührung.

Die Hordenwäscher sind hohe Türme, die mit großoberflächigen Füllkörpern (Wendeldrähte) gefüllt sind. Es ist zweckmäßig, vier solche Türme hintereinanderzuschalten (in der schematischen Abb. 31 sind nur zwei angedeutet), von denen die ersten drei der Wiedergewinnung der flüchtigen Lösungsmitteldämpfe dienen, der vierte hingegen soll die dampfförmig von der Luft mitgeführten kleinen Mengen Absorptionsmittel zurückhalten. Zwischen den dritten und vierten Turm ist noch ein Tropfenfänger einzubauen, welcher die mechanisch mitgerissenen Tröpfchen des Absorptionsmittels abscheiden soll. Die dampfbeladene Luft und das Absorptionsmittel durchlaufen die Türme entgegengesetzt nach dem Gegenstromprinzip, so daß die frische Absorptionsflüssigkeit mit der schon fast gereinigten Luft zusammentrifft und das schon beinahe gesättigte Absorptionsmittel mit der noch ganz beladenen Luft in Berührung kommt. Die Luft tritt nach dem vierten Turm ins Freie und die stark beladene Absorptionsflüssigkeit des ersten Turmes wird der „Spaltanlage" zugeführt.

In der Spaltanlage (Abtreibeapparatur) gibt die gesättigte Absorptionsflüssigkeit durch Erhitzen auf 130° C ihren Lösungsmittelgehalt ab und die gereinigte und im Gegenstromkühler zur Vorwärmung benützte Absorptionsflüssigkeit tritt in den Kreisprozeß in die Waschanlage zurück.

Die wenig Wasser enthaltenden rückgewonnenen Lösungsmittel werden in normalen Rektifikationsapparaten fraktioniert destilliert und der Lösungsmittelstation zugeführt.

Die Hauptvorteile des Kresolverfahrens sind: die Möglichkeit einer 90- bis 95proz. Rückgewinnung, sofern genügend konzentrierte Dämpfe (20 bis 30 g je m^3) vorliegen. Die rückgewonnenen Lösungsmittel sind verhältnismäßig rein und konzentriert. Der Kraftverbrauch und der kalorische Bedarf sind bei der gut durchgeführten Wärmeausnützung verhältnismäßig niedrig, ca. 0,1 bis 0,15 kWh und 2,5 bis 3,5 kg Dampf je kg der rückgewonnenen Lösungsmittel.

Nachteile sind die nicht zu hohe Beladungsfähigkeit des Kresols. Sie beträgt maximal 15 bis 20 g je kg Kresol. Je nach der Dampftension werden ungefähr 1 g Lösungsmittel je m^3 nicht mehr absorbiert, so daß stark verdünnte Lösungsmitteldämpfe (4 bis 5 g je m^3) nicht mehr mit guter Ausbeute zurückgewonnen werden können. Ein weiterer Nachteil ist der verhältnismäßig hohe Verlust an Kresol (ca. 2 bis 5 g je kg Lösungsmittel), das von der austretenden Luft mechanisch

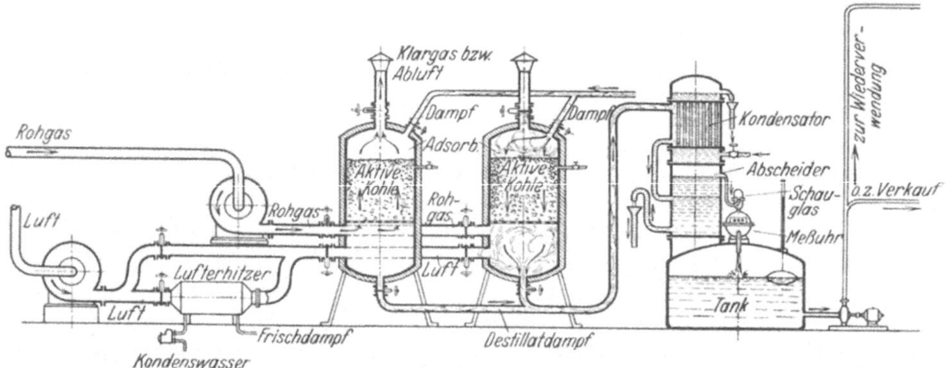

Abb. 33. Schematische Zeichnung einer „Bayer“-Anlage.

mitgerissen wird und nicht mehr abgeschieden werden kann. Dieser Verlust ist wieder um so ungünstiger, je verdünnter die Lösungsmitteldämpfe zur Wiedergewinnung gelangen, und kann auch nur dann auf die obige Zahl heruntergedrückt werden, wenn am Ende des Systems sehr gut funktionierende Tropfabscheider bzw. Waschvorrichtungen angebracht werden. Große Nachteile bringt auch die starke Neigung des Kresols mit sich, Kondensationsprodukte zu bilden, die nur durch größere Tetralinzugabe, wenn auch nicht vermieden, so doch beträchtlich vermindert werden kann. Wichtig ist in diesem Belange noch die möglichst niedrig zu haltende Temperatur (10 bis 20° C) des Absorptionsvorganges, so daß bei warmer Witterung künstliche Kühlung zu empfehlen ist. Auch müssen die zur Absorption gelangenden Gase möglichst wasserarm sein.

Die Adsorptionsverfahren beruhen auf der Eigenschaft einiger großoberflächiger, fester Stoffe, Gase und Dämpfe auf ihrer Oberfläche festzuhalten und sich mit ihnen zu „beladen“. Die Adsorption ist gegenüber der Absorption ein rein physikalischer Vorgang. Es sind eine größere Anzahl derartiger poröser, großoberflächiger Stoffe bekannt, doch hat bisher nur die aktive Kohle und das Silicagel praktische und technische Bedeutung zu erlangen vermocht.

Das Rückgewinnungsverfahren mit aktiver Kohle, das sogenannte „Bayer“-Verfahren beruht auf der vorzüglich adsorbierenden Eigenschaft der mit Chlorzinklösung behandelten Holz- oder Braunkohle. Diese Kohlen fanden schon vor längerer Zeit zur Entfärbung von Flüssigkeiten in der Zuckerindustrie, sowie während des Krieges zur Herstellung von Einsätzen für Gasmasken Verwendung. Zur technischen Benützung als Adsorbens für Lösungsmitteldämpfe hat die Erkenntnis geführt, daß die aktive Kohle die adsorbierten Dämpfe bei einfacher Dämpfung abgibt und durch einfache Trocknung wieder reaktiviert werden kann.

Die apparative Einrichtung und der Betrieb sind verhältnismäßig einfach und aus der nebenstehenden schematischen Aufstellung (Abb. 33) zu ersehen.

Die Anlage besteht aus 2 bis 4 zylindrischen, hochgestellten Behältern, die bis zu ⅔ des Inhaltes mit aktiver Kohle gefüllt sind. Die Lösungsmitteldämpfe enthaltende Luft wird abwechselnd durch die Behälter gedrückt oder gesaugt.

Nach Erreichen der vollen Beladung, die mit einem Gasinterferometer oder mit einer geistreich konstruierten, mit elektrischem Kontakt versehenen Durchbruchswage festgestellt wird, erfolgt die Umschaltung auf einen unbeladenen Behälter. Der erste Behälter wird mit Wasserdampf von oben nach unten abgeblasen, der Spüldampf verdrängt die Lösungsmittel und das gekühlte wässerige Kondensat enthält ca. 50% Lösungsmittel. Nach

Abb. 34. Betriebsanordnung einer aktiven Kohlenanlage nach „Lurgi" für 20 t/Tag Kunstseide.

erfolgtem Abblasen wird der Behälterinhalt mit heißer Luft getrocknet, in kaltem Luftstrom abgekühlt, und ist wieder aktionsbereit. Die erforderliche Behälteranzahl hängt von der Dauer der oben beschriebenen Operationen ab und kann bei entsprechend dimensionierter Anlage 2 bis 4 betragen.

Das wässerige Kondensat wird in üblicher Weise mit Rektifizierapparaten gereinigt und fraktioniert.

Ein großer Vorteil des Aktivkohleverfahrens ist die sehr einfache apparative Einrichtung, die leichte Übersichtlichkeit und die einfache Bedienung. Ein weiterer Vorteil ist die große Beladungsfähigkeit der Kohle (bei 20° C), theoretisch 45%, praktisch 25%, sowie ihre große Adsorptionsfähigkeit, die es gestattet, auch mit ganz verdünnten Dämpfen beinahe theoretische Rückgewinnungsziffern (95%) zu erreichen.

Ein Nachteil ist der verhältnismäßig hohe Dampfverbrauch (4 bis 4,5 kg je kg Lösungsmittel), doch kann diese Ziffer um ca. 30% ermäßigt werden durch Einschaltung eines den kalorischen Inhalt des Kondensates ausnützenden Sparverdampfers. Eine noch weitergehende Dampfersparnis ist zu erreichen, wenn das Abblasen unter 20 bis 30 mm Vakuum erfolgt, doch sind in diesem Falle die durch den Unterdruck bedingten apparativen Vorkehrungen sehr kostspielig und die Bedienung ist viel komplizierter.

Der Kraftverbrauch beträgt ca. 0,1 bis 0,15 kWh je kg Lösungsmittel.

Der Kohlenverlust durch Verstaubung beträgt ca. 1 bis 1,5% je Jahr, kontinuierlichen Betrieb vorausgesetzt.

Es gibt noch andere auf der Basis der aktiven Kohle arbeitende Verfahren, mit komplizierter Apparatur, bei denen z. B. die Kohle selbst im Gegenstrom bewegt wird, doch bieten sie im Betrieb eher Nach- als Vorteile. Eine Ausnahme ist das neuerdings propagierte Acticarbone-Verfahren. Hier erfolgt die Erhitzung und Kühlung der Kohle im geschlossenen Gasstrom und beim Adsorptionsvorgang trifft die gekühlte Luft auf gekühlte Kohle. Das Abblasen beginnt mit der Erhitzung der Kohle im geschlossenen Luftstromkreis und so gelingt es, ca. 50% der Lösungsmittel in konzentrierter Form durch Kühlung zu gewinnen. Durch Dämpfen der auf 130 bis 150° vorgewärmten Kohle wäscht man den Rest der adsorbierten Lösungsmittel aus; es soll auch keine Trocknung zur Reaktivierung der Kohle notwendig sein, da sie infolge der hohen vorherigen Erhitzung keine nennenswerten Wasserquantitäten zurückhält. Die Kühlung erfolgt ebenfalls im geschlossenen Kreislauf.

Neben dem Aktivkohleverfahren gewinnt in letzterer Zeit das „Silicagel"-Verfahren immer größere Bedeutung.

Bei dem Silicagel ist der Adsorptionsvorgang grundsätzlich derselbe wie bei der aktiven Kohle. Der schematische Aufbau einer Silicagel-Rückgewinnungsanlage ist aus der nebenstehenden Abb. 35 zu ersehen.

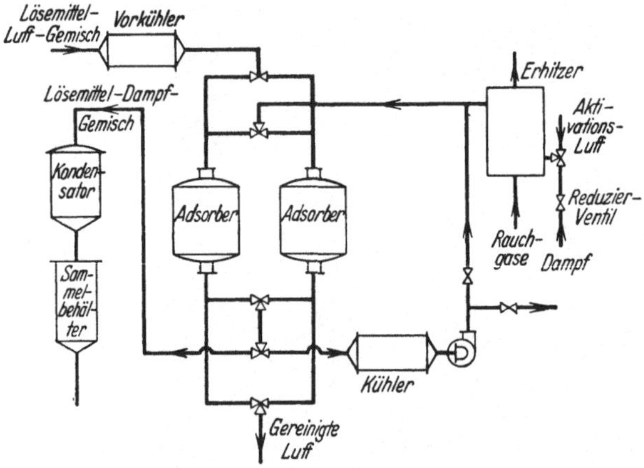

Abb. 35. Schematischer Aufbau einer Silicagel-Rückgewinnungsanlage.

Die mit den Lösungsmitteldämpfen beladene Luft wird in einem Vorkühler vorgekühlt und gefiltert und durchströmt dann einen der mindestens zwei Adsorber, die ebenso ausgebildet sind wie beim Kohleverfahren. Da das Silicagel aus der Luft außer den Lösungsmitteldämpfen auch Wasserdampf aufnimmt, ist zur Vermeidung der Verringerung der Beladefähigkeit nasse Luft nach Möglichkeit zu vermeiden. Die Abluft ist unbedingt frei von Wasserdampf und kann an anderen Betriebsstellen, z. B. für Trockenzwecke, gut verwendet werden.

Nach erfolgter Beladung werden die vom Gel aufgenommenen Lösungsmittel durch Wasserdampf von niedriger Spannung verdrängt und im Kondensator niedergeschlagen. Das erhaltene wässerige Kondensat wird rektifiziert. Nach durchgeführter Abtreibung erfolgt die Reaktivierung des Adsorbers durch Trocknung mit heißer Luft oder auch mit Kesselabgasen, die infolge Unempfindlichkeit des Gels gegen höhere Temperaturen ebenfalls verwendet werden können.

Ein Vorteil des Silicagelverfahrens gegenüber der Aktivkohle ist in erster Linie die größere Betriebssicherheit, da das Gel ja unverbrennlich ist und daher auch durch örtliche Überhitzung nie zur Selbstentzündung kommen kann. Auch ist seine mechanische Widerstandsfähigkeit größer, daher sind die mechanischen Verluste durch Verstäubung geringer. Die Reaktivierung durch Trocknung kann bei höherer Temperatur direkt mit Rauchgasen, also schneller und billiger erfolgen. Die an und für sich geringen Oxydationsverluste bei der Kohlenadsorption (Alkohol zu Aldehyd) sind beim Silicagel nicht zu befürchten.

Ein Nachteil gegenüber dem Aktivkohleverfahren ist die geringere Beladungsfähigkeit des Gels. Auch ist das Optimum der Adsorption unterhalb der normalen

Temperaturen, bei 0 bis 10° C, so daß eine künstliche Kühlung unbedingt erforderlich ist. Der größere Dampfverbrauch, bedingt durch die größere Verdünnung des Kondensates, wird wenigstens teilweise durch den geringeren Wärmeaufwand bei der Regenerierung wettgemacht. Der Kraftverbrauch ist ungefähr bei beiden Verfahren derselbe.

Die Frage, welches von den drei ausführlicher beschriebenen Verfahren sich am besten für die Wiedergewinnung der flüchtigen Lösungsmittel in der Nitrokunstseidenindustrie eignet, ist nicht so ohne weiteres zu entscheiden. Es spielen bei der Auswahl des geeigneten Verfahrens neben den jeweils mitgeteilten Vor- und Nachteilen die lokalen Arbeits-, Raum-, Rohmaterial-, Energie- und Lizenzfragen eine entscheidende Rolle, da diese die Wirtschaftlichkeit zugunsten des einen oder anderen Verfahrens wesentlich beeinflussen können.

Mindestens so wichtig wie die Auswahl des den lokalen Verhältnissen am besten entsprechenden Rückgewinnungsverfahrens ist aber die richtige Erfassung aller Stellen, wo überhaupt Verluste entstehen können. Die Rückgewinnung muß bereits beim Eintreffen der Lösungsmittel in der Fabrik, bei der Entleerung der Kesselwagen einsetzen und sich um die weitere Beförderung der Lösungsmittel, sowie um die Vorgänge und Apparate beim Lösen, Filtrieren, Pumpen und Destillieren kümmern. Auch bei einer ideal geleiteten Rückgewinnung mit dem besten System kann nur bei einem bestgeleiteten Betrieb ca. 95% dessen gerettet werden, was auch effektiv der Rückgewinnungsanlage zugeführt wird, und so hat die Erfassung aller möglichen Zwischenverluste mit derselben Sorgfalt zu geschehen, wie sie die richtige Führung der Rückgewinnungsanlage erfordert. Bei einem in jeder Hinsicht gutgeleiteten Betrieb kann ca. 90 bis 92% der verbrauchten Lösungsmittel auch effektiv zurückgewonnen werden.

Eine ebenso entscheidende Rolle wie bei der Nitrokunstseidenindustrie spielt die Rückgewinnung der flüchtigen Lösungsmittel bei der Azetatkunstseidenindustrie, nur kommen hier als Lösungsmittel an Stelle von Äther und Alkohol, Alkohol und Azeton in Frage. Ein weiterer, wenn auch nicht entscheidender Unterschied ist die etwas höhere Temperatur des der Rückgewinnung zugeführten Luftgemisches, sowie die etwas höhere Konzentration (30 bis 35 g/cm³).

Die Azetatkunstseide.

Von Dr. Georg von Frank, Berlin-Dahlem.

Von den übrigen Kunstseiden unterscheidet sich die Azetatseide sehr wesentlich durch ihre chemischen und physikalischen Eigenschaften, die anfänglich in mancher Hinsicht ihre Verwertbarkeit zu mindern schienen. Insbesondere war es schwierig, die neue Faser zu färben. Deshalb sind auch die technischen Prozesse zu ihrer Herstellung erst spät entwickelt worden. Schließlich aber waren es gerade die Besonderheiten der Azetatseide, die sie befähigten, sich neben den eingeführten Fasern durchzusetzen[1].

Keineswegs erscheint die technische Entwicklung des Azetatseidenprozesses als abgeschlossen. Die Natur des Gewinnungsverfahrens läßt noch viele Vereinfachungsmöglichkeiten offen, so daß zur Zeit die untere Preisgrenze für die wirtschaftliche Gewinnung dieser Kunstfaser noch nicht erreicht sein dürfte; sie ist noch immer die teuerste.

Das allgemeine Prinzip der Gewinnung von Kunstfasern aus Zellulose, wonach man Zellulose in eine lösliche Verbindung überführt, die so gewonnene Lösung in Fadenform bringt und die Fäden fixiert, gilt auch für die Erzeugung der Azetatseide. Durch Azetylierung der Zellulose wird ein Essigsäureester der Zellulose, das Zelluloseazetat, erhalten, das analog der Nitrozellulose in organischen Lösungsmitteln löslich ist und daraus gesponnen werden kann. Beim Nitroverfahren müssen die so erhaltenen Fäden wegen ihrer Feuergefährlichkeit vor ihrer praktischen Verwendung verseift, „denitriert" werden, eine Operation, mit der nicht nur ein Gewichtsverlust von etwa 40% verbunden ist, sondern die auch eine Reihe vorteilhafter Eigenschaften verlorengehen läßt. Beim Azetatseidenfaden liegt auch im fertigen Kunstseidefaden nicht eine regenerierte Zellulose vor, sondern ein Zellulose-Ester, woraus sich der grundlegende Unterschied gegenüber den andern textiltechnisch verwendeten Kunstseiden ergibt.

A. Die Azetylierung der Zellulose.

1. Allgemeines über den Azetylierungsvorgang.

Die Gewinnung eines textiltechnisch brauchbaren Zelluloseazetates hat jahrzehntelang die größten Schwierigkeiten gemacht. Auch die wissenschaftliche Durchdringung der sich bei der Azetylierung der Zellulose abspielenden Vorgänge machte nur langsame Fortschritte. Hauptsächlich mit den Bedingungen einer zweckentsprechenden Azetylierung befaßten sich die wissenschaftlichen Arbeiten von Ost[2]. Die Quellungserscheinungen an Azetylzellulose studierte eingehend Knoevenagel[3]. Aber erst in den letzten Jahren hat man für die gleichzeitig

---

[1] Über die Geschichte vgl. die Darstellung von A. Eichengrün in der 1. Auflage Bd. VII dieser Technologie.

[2] Z. angew. Chem. Bd. 19 (1906) S. 993; Bd. 32 (1919) S. 66, 76, 82.

[3] Kolloidchem. Beih. Bd. 13 (1921) S. 193, 233, 242, 262; Bd. 14 (1921) S. 1; Bd. 16 (1922) S. 180; Bd. 17 (1923) S. 51; Bd. 18 (1923) S. 39.

chemischen und kolloid-chemischen Veränderungen, infolge derer die Verhältnisse bei der Azetylierung so kompliziert werden, das richtige Verständnis gewonnen[1]. Immerhin ist unsere Kenntnis noch recht lückenhaft und manche Beobachtung der Praxis harrt weiter der wissenschaftlichen Erschließung, manche Hypothese der experimentellen Prüfung.

Bevor die technische Durchführung des Azetylierungsprozesses beschrieben wird, sollen im folgenden die bei der Azetylierung der Zellulose in Betracht kommenden Vorgänge dargelegt werden. Die Natur der Zellulose als eine polymere Anhydroglukose legt es nahe, bei der Veresterung gesondert zu betrachten:

1. das kolloidchemische Verhalten,
2. die Funktionen der alkoholischen Hydroxylgruppen,
3. das Verhalten der die Glukosereste verknüpfenden glukosidischen Bindungen.

a) Kolloidchemisches Verhalten.

Wie in Bd. I/1 der Technologie ausführlicher dargelegt ist, muß man sich die Zellulose aus sehr kleinen, gleichartigen kristallartigen Einheiten, den Mizellen, aufgebaut denken. Sie bedingen auch das kolloidchemische Verhalten der Zellulose. Bringt man Zellulosefasern in ein aus Salpetersäure und Schwefelsäure zusammengesetztes Nitriergemisch, so vollzieht sich die Umwandlung in Nitrozellulose ohne morphologische Änderung der Faser. In derselben Weise kann auch nach Gleichung (I) die Azetylierung der Zellulose mit Essigsäureanhydrid in Gegenwart eines Katalysators unter Erhaltung der Faserstruktur durchgeführt werden, wenn ein Zelluloseazetat nicht lösendes Verdünnungsmittel, z. B. Benzol, zugegen ist[2]:

$$C_6H_7O_2(OH)_3 + 3\,(CH_3CO)_2O \rightarrow C_6H_7O_2(OCOCH_3)_3 + 3\,CH_3COOH. \qquad (I)$$

Bei dieser besonderen Art von Umsetzungen hat man zuerst die Feststellung machen können, daß bei der Umwandlung der Zellulose in ein Derivat die Mizellen erhalten bleiben können. Um trotzdem ihre Umsetzung verständlich zu machen, muß den Mizellen die Fähigkeit zugeschrieben werden, nach Art einiger anorganischer Silikate unter Erhaltung des geordneten Zustandes durchzureagieren, sich „permutoid“ umzusetzen. Hiermit steht auch das Verhalten bei der Quellung der Mizellen in Zusammenhang.

Auch bei den unter Zerstörung der Faserstruktur verlaufenden Umsetzungen erfolgt primär ein derartiges Durchreagieren der Mizelle. Zu dieser Gruppe gehört das technische Azetylierungsverfahren von Zellulose. Azetyliert wird hierbei mit einem Gemisch von Essigsäureanhydrid, Essigsäure und einem Katalysator. Die Essigsäure dient bei dem anfänglich permutoiden Durchreagieren als Verdünnungsmittel für die azetylierenden Reagenzien der flüssigen Phase, mit fortschreitender Azetylierung aber als Lösungsmittel für das gebildete Zelluloseazetat.

Der permutoiden Umwandlung muß stets ein Diffusionsprozeß vorangehen, durch den die reagierenden Stoffe im Falle der Veresterung, z. B. das Essigsäureanhydrid, in die Mizelle eindringen. Die Umsetzung der Mizelle erfolgt von der Oberfläche her und schreitet mit der Zeit bis ins Innere der Mizelle fort. Bei zu frühzeitig unterbrochener Nitrierung oder Azetylierung werden demnach beispielsweise nur oberflächlich nitrierte oder azetylierte Mizellen entstehen. Umgekehrt kann bei der partiellen Hydrolyse von Zelluloseazetat leicht der Fall eintreten, daß man Produkte erhält, deren mizellare Oberfläche einen höheren Verseifungsgrad aufweist als das Innere der Mizelle.

[1] Vgl. die Literaturzusammenstellung in Bd. I,1 dieser Technologie.
[2] D.R.P. 184201 (1904) der Badischen Anilin- und Sodafabrik.

Da der Diffusionsprozeß im Verhältnis zu der eigentlichen chemischen Reaktion ein relativ langsam verlaufender Vorgang ist, ist er bei den Umsetzungen der Zellulose der zeitbestimmende Faktor. Die Geschwindigkeit der Umsetzung kann daher durch eine Vorbehandlung gesteigert werden, die geeignet ist, das Eindringen der Reagenzien in die Zellulose zu beschleunigen.

Das Quellvermögen der Mizellen bietet hierzu das wirksamste Hilfsmittel. Die Quellung beruht auf der Eigenschaft der Mizellen, Stoffe aufzunehmen und einzulagern. Die intramizellare Einlagerung hat eine Auflockerung der Mizellen zur Folge, wodurch der Diffusionsprozeß ganz wesentlich erleichtert wird.

Bei der technischen Azetylierung von Zellulose ist es daher erwünscht, in Gegenwart von Stoffen zu arbeiten, die sowohl gegenüber Zellulose als auch gegenüber Zelluloseazetat Quellungsvermögen besitzen. In der gebräuchlichsten Azetylierungsmischung Essigsäure—Schwefelsäure—Essigsäureanhydrid oder in der anderen weniger üblichen Essigsäure—Zinkchlorid—Essigsäureanhydrid erfüllt jeweils die Kombination der ersten beiden Komponenten diese Forderung. Die hierbei schließlich auftretende Auflösung des Zelluloseazetates ist besonders vorteilhaft, da durch die Ablösung der azetylierten Schichten die noch unvollständig umgesetzten Anteile dem Angriff der azetylierenden Agenzien in gesteigertem Maße zugänglich werden.

Nicht so günstige Verhältnisse liegen bei der bereits erwähnten Azetylierung unter Erhaltung der Faserstruktur vor. Es werden dabei — sofern man nicht unter besonderen Vorsichtsmaßregeln arbeitet[1] — oft nicht völlig klar lösliche Azetate erhalten, d. h. Produkte, die noch unvollständig azetylierte Bestandteile enthalten. Deshalb hat diese Art der Azetylierung trotz großer Vorteile, die sie gegenüber dem üblichen Verfahren hauptsächlich für die Wiedergewinnung der Essigsäure aufweist, keinen Eingang in die Technik finden können. Anders ist es bei der unter Erhaltung der Struktur verlaufenden Nitrierung. Hier ist die Quellung der Zellulose durch die im Nitriergemisch vorhandene Salpetersäure so stark und erfolgt deshalb das Durchreagieren der Faser so rasch, daß mit Leichtigkeit völlig durchnitrierte und darum auch klar lösliche Produkte erhalten werden.

Während der mizellare Aufbau der Zellulose eine längst gesicherte Erkenntnis ist, haben K. Heß und seine Mitarbeiter[2] in den letzten Jahren versucht, Beweise für die Existenz noch anderer, größerer Strukturelemente im Bau der Zellulosefaser beizubringen. Nach diesen Autoren werden Mizellagglomerate der Zellulose in der Faser von dünnen, aber sehr widerstandsfähigen Häuten umschlossen, die wahrscheinlich aus anderem Material als Zellulose bestehen. Durch eine geeignete Vorbehandlung können diese Schichten beseitigt werden. Für die Azetylierung der Zellulose könnten diese Beobachtungen insofern Bedeutung besitzen, als sie eine Erklärung liefern würden für die bekannte Beobachtung, daß gewisse Bestandteile auch der „reinen" Zellulosefaser sehr schwierig zu azetyliereu sind und daß es überhaupt erst nach einer Vorbehandlung der Faser gelingt, ein völlig klar lösliches Azetat zu erhalten.

b) Funktion der alkoholischen Hydroxylgruppen.

Die Veresterung der Zellulose vollzieht sich ebenso wie diejenige eines gewöhnlichen Alkohols beim Erhitzen mit esterifizierenden Reagenzien, wie Säureanhydriden oder Säurechloriden.

Um bei niedrigen Temperaturen arbeiten zu können, ist die Gegenwart ge-

---

[1] Heß, K.: Die Chemie der Cellulose, S. 411.

[2] Z. angew. Chem. Bd. 43 (1930) S. 471.

eigneter Katalysatoren erforderlich. Bei der technischen Gewinnung von Zelluloseazetat hat sich bisher lediglich Essigsäureanhydrid als Esterifizierungsmittel durchgesetzt[1], als gebräuchlichster Katalysator wird zur Zeit Schwefelsäure verwendet.

Bei der Umsetzung mit Essigsäureanhydrid verhält sich Zellulose wie ein dreiwertiger Alkohol, d. h. es werden nacheinander drei Hydroxylgruppen verestert. Die vollständige Veresterung verläuft nach Gleichung (I) unter Bildung von Zellulosetriazetat. Ein Teil des Essigsäureanhydrids wird hierbei gleichzeitig in Essigsäure übergeführt.

Der nähere Reaktionsmechanismus, der zu der bekannten Beschleunigung der Azetylierung durch die Katalysatoren führt, ist keineswegs geklärt.

Bei Schwefelsäure als Katalysator wird primär die Bildung von Zwischenverbindungen, teils mit der Zellulose (Zelluloseschwefelsäure), teils mit dem Essigsäureanhydrid angenommen. Für beide Annahmen finden sich Anhaltspunkte. Stets enthalten die Zellulosetriazetate, je nach der Menge der angewandten Schwefelsäure, mehr oder weniger Schwefelsäure gebunden, deren Betrag bei der partiellen Hydrolyse auf etwa 0,2% vermindert wird. Es scheint fernerhin festzustehen, daß sich beim Zusammenbringen von Schwefelsäure mit Essigsäureanhydrid Azetylschwefelsäure $CH_3CO-O-SO_2OH$ bildet, die ihrerseits auch azetylierend zu wirken vermag[2]. Bei höheren Temperaturen soll sich die Azetylschwefelsäure in die Sulfoessigsäure $HOOC-CH_2-SO_2OH$ umlagern. Letztere besitzt kein Azetylierungsvermögen mehr und kann auch durch Hydrolyse nicht in Essigsäure und Schwefelsäure gespalten werden.

Für das Verständnis der Wirkungsweise des Zinkchlorids sind die Untersuchungen von Meerwein[3] von Bedeutung. Danach bildet Zinkchlorid mit Essigsäure eine Komplexverbindung, die den Charakter einer starken Säure besitzt.

Außer der höchsten Azetylierungsstufe der Zellulose lassen sich auch niedere Grade der Veresterung voraussehen, in denen ein Teil der Hydroxylgruppen unverestert ist. Diesen Zwischenstufen der Veresterung kommt bei den Azetaten ebenso wie bei den Zellulosenitraten größte praktische Bedeutung zu. Das Zellulosetriazetat — jedenfalls so, wie es bisher gewonnen wurde — ist, hauptsächlich seiner mechanischen und Löslichkeitseigenschaften zufolge, für die Herstellung von Kunstfäden nicht geeignet, wohl aber die niederen Veresterungsstufen, und zwar insbesondere Produkte mit einem Essigsäuregehalt zwischen etwa 53 und 56% Essigsäure. Werner und Engelmann[4] geben die Löslichkeitseigenschaften unter denselben Bedingungen gewonnener Zelluloseazetate mit verschiedenem Essigsäuregehalt wie folgt an. Azetate mit einem Essigsäuregehalt von

62,5%	Essigsäure sind löslich in	Chloroform
59 bis 50%	„ „ „ „	Azeton
56%	„ „ „ „	Äthylazetat
55 bis 50%	„ „ „ „	einem Gemisch Benzol—Alkohol—Azeton = 1 : 1 : 1
unter 50%	„ „ „ „	Azeton-Wassergemischen, außerdem in Azeton-Methylalkohol oder Azeton-Äthylalkohol.

In Essigsäure und Ameisensäure sind sowohl die hohen als auch die niederen Veresterungsstufen löslich. Da die Löslichkeit von Zelluloseazetaten in unter-

[1] In den ersten Azetylierungspatenten, z. B. D.R.P. 139669 (1899), 86368, 105347 wird der Vorschlag gemacht, mittels Azetylchlorid zu azetylieren. Neuerdings wurde Keten als Esterifizierungsmittel empfohlen.

[2] Ber. dtsch. chem. Ges. Bd. 38 (1905) S. 1241; Ann. Chem. Bd. 398 (1913) S. 323.

[3] Z. angew. Chem. Bd. 39 (1926) S. 1191; Ann. Chem. Bd. 453 (1927) S. 16, Bd. 455 (1927) S. 250.

[4] Z. angew. Chem. Bd. 42 (1929) S. 438.

geordneter Weise auch von der Teilchengröße abhängt, ist obige Zusammenstellung auf Teilchengrößen beschränkt, wie sie bei technisch verwendeten Azetaten vorkommen.

Mit abnehmendem Essigsäuregehalt nimmt die Löslichkeit in hydroxylhaltigen Lösungsmitteln zu. Die in Azeton löslichen Veresterungsstufen sind die technisch wertvollen.

Während das Zellulosetriazetat schon lange bekannt ist, ist unsere Kenntnis dieser wertvollen Zwischenstufen, die gelegentlich auch als Zellulosehydroazetate bezeichnet worden sind, jüngeren Datums. Die Auffindung der azetonlöslichen Zelluloseazetate durch Miles[1] und Eichengrün[2] hat die Entwicklung der Azetatindustrie erst möglich gemacht.

Die späte Entdeckung der niederen Azetylierungsstufen wird verständlich, wenn man die Verhältnisse bei der Nitrierung und Azetylierung der Zellulose miteinander vergleicht. Die Nitrierung der Zellulose gemäß Gleichung (II):

$$C_6H_7O_2(OH)_3 + 3\,HNO_3 \rightleftarrows C_6H_7O_2(ONO_2)_3 + 3\,H_2O \qquad \text{(II)}$$

vollzieht sich in einem wasserhaltigen System. Je nach der Menge des vorhandenen und gebildeten Wassers wird ein Gleichgewichtszustand der Nitrierung erreicht, da auch umgekehrt eine Verseifung des Zellulosenitrates durch das Wasser stattfindet. Zu Beginn der Reaktion zu hoch nitrierte Zelluloseanteile erfahren demnach im Verlauf des Nitrierungsprozesses wieder eine teilweise Denitrierung, so daß schließlich im Reaktionsprodukt unabhängig von der erreichten Nitrierungsstufe alle Zelluloseanteile etwa gleichen Veresterungsgrad besitzen.

Demgegenüber vollzieht sich die Azetylierung der Zellulose [Gleichung (I)] unter Ausschluß von Wasser. Sie kann zu keinem Gleichgewichtszustand für niedere Veresterungsstufen führen, da eine gegenläufige Reaktion, eine teilweise Verseifung von Zellulosetriazetat durch Essigsäure, nicht möglich ist. Unter diesen Umständen kann also eine Vergleichmäßigung des Reaktionsproduktes nicht stattfinden und man wird bei unvollständiger Veresterung stets ein inhomogenes, unbrauchbares Azetat erhalten.

Die vorstehenden Ausführungen machen es verständlich, warum es nicht möglich ist, durch Azetylierung unmittelbar die wertvollen azetonlöslichen Azetate zu gewinnen. Es ist das Verdienst von Eichengrün[2], gezeigt zu haben, daß man das in einer primären Reaktion erhaltene Zellulosetriazetat (Primärazetat) durch anschließendes Erhitzen mit wässerigen Mineralsäuren bis zu dem gewünschten Veresterungsgrad desazetylieren kann [Gleichung (IIIa)]. So wird ein azetonlösliches Sekundärazetat erhalten:

$$C_6H_7O_5(COCH_3)_3 + H_2O \rightarrow C_6H_8O_5(COCH_3)_2 + CH_3COOH, \qquad \text{(III a)}$$

$$C_6H_7O_5(COCH_3)_3 + C_2H_5OH \rightarrow C_6H_8O_5(COCH_3)_2 + CH_3COOC_2H_5. \qquad \text{(III b)}$$

In Wirklichkeit desazetyliert man bei der Sekundärreaktion nicht wie angegeben bis zum Diazetat, sondern nur bis zu Azetaten mit 54 bis 56% Essigsäure.

Knoll[3] hat später allgemeiner die Brauchbarkeit von hydroxylhaltigen Verbindungen, wie z. B. Alkoholen, für denselben Zweck dargetan [Gleichung (IIIb)]. Nach einem anderen Verfahren von Knoll ist es auch möglich, bei der Desazetylierung ohne Katalysatoren zu arbeiten; allerdings sind dann höhere Temperaturen erforderlich[4].

Bei sämtlichen neueren Azetylierungsverfahren wird nach dem Vorschlage von Miles[5] Primär- und Sekundärreaktion verknüpft. Anschließend an die Bil-

---

[1] U.S.A. P. 838350 (1904). [2] D.R.P. Anmeldung F. 20963 (1905).
[3] D.R.P. 306131 (1912). [4] D.R.P. 305348 (1912).
[5] U.S.A. P. 838350 (1904); Engl. P. 19330 (1905); D.R.P. 252706 (1906).

dung des Zellulosetriazetates wird dieses, ohne vorher ausgefällt zu werden, durch Zugabe wässeriger Essigsäure zu der Azetylierungsmischung in das Sekundärazetat übergeführt.

Bis vor kurzem war die Frage ungeklärt, inwieweit man die Sekundärazetate als einheitliche Verbindungen zu betrachten hat. Der experimentelle Befund verbietet zunächst, diese Zwischenstufen als Verbindungen aufzufassen, die nach einer stöchiometrischen Formel konstante Zusammensetzungen haben, da die praktisch gefundenen Essigsäuregehalte meist zwischen den so geforderten liegen. Zellulosemonoazetat $C_6H_9O_5COCH_3$ besitzt einen Essigsäuregehalt von 29,4%, Diazetat $C_6H_8O_5(COCH_3)_2$ 48,8% Essigsäuregehalt und Triazetat $C_6H_7O_5(COCH_3)_3$ 62,5% Essigsäuregehalt. Auch der Ausweg, in den Zwischenstufen Gemische solcher Verbindungen zu sehen, etwa von Triazetat mit Zellulose oder von Triazetat mit Diazetat, ist nicht gangbar. Man erhält nämlich bei der Fraktionierung von sekundären Azetaten, z. B. durch allmählichen Wasserzusatz zu einer Lösung in Azeton, stets Anteile mit nahezu gleichem Essigsäuregehalt[1].

Den experimentellen Verhältnissen wird am besten durch die von Werner und Engelmann[2] vertretenen Anschauungen Rechnung getragen. Danach liegt den Zwischenstufen kein bestimmtes stöchiometrisches Verhältnis zwischen Essigsäuregruppen und Zelluloserest zugrunde, und die Abspaltung der mit den Hydroxylgruppen des polymeren Kohlehydrates veresterten Essigsäuregruppen bei der partiellen Hydrolyse erfolgt statistisch. Zwischen dem höchsten Veresterungsgrad und der unveresterten Zellulose existiert eine kontinuierliche Reihe von Azetaten mit abnehmendem Essigsäuregehalt und den auf Seite 121 gekennzeichneten Löslichkeiten.

Für das Löslichkeitsverhalten ist nach Ansicht der genannten Autoren insbesondere die chemische Zusammensetzung der mizellaren Oberflächenschichten eines Zelluloseazetates von Bedeutung. Sind die Innenschichten der Mizellen eines Sekundärazetates noch weitgehend Triazetat, die Außenschichten aber schon so weitgehend verseift, daß Azetonlöslichkeit zustande kommt, so wird damit verständlich, daß auch sehr hohen Azetylgehalt aufweisende sekundäre Zelluloseazetate (z. B. mit 59% Essigsäure) bereits in Azeton löslich sein können.

c) Verhalten der glukosidischen Bindungen.

Es wurde bereits erwähnt, daß Zellulose rein formelmäßig als ein polymeres Glukoseanhydrid zu betrachten ist. Dem entspricht, daß Zellulose bei der Behandlung mit Mineralsäuren über eine Reihe von Zwischenprodukten bis zu Glukose hydrolysiert werden kann, ein Vorgang, den man auch als Azidolyse bezeichnet. Arbeitet man bei diesem Abbau in Gegenwart von azetylierenden Reagenzien, so wird hierfür der Ausdruck Azetolyse gebraucht.

Von den gewöhnlichen kristallisierbaren organischen Verbindungen unterscheidet sich Zellulose durch eine Reihe von Eigenschaften, wie z. B. Nichtdestillierbarkeit, hohe Viskosität der Lösungen, Filmbildungsvermögen usw., die schon frühzeitig Anlaß dazu gegeben haben, der Zellulose nicht nur eine polymere Formel $(C_6H_{10}O_5)_n$, d. h. ein hohes Molekulargewicht zuzuschreiben, sondern auch über die Art der Verknüpfung der einzelnen Glukosereste besondere Vorstellungen zu bilden. Diesbezüglich hat sich in den letzten Jahren ziemlich allgemein eine Auffassung durchgesetzt, die das Vorliegen sog. Kettenmoleküle annimmt [Gleichung (IV)]:

$$\ldots\text{—O—}C_6H_7O(OH)_3\text{—O—}C_6H_7O(OH)_3\text{—O—}C_6H_7O(OH)_3\text{—O—}\ldots \qquad \text{(IV)}$$

[1] Rocha: Kolloidchem. Beih. Bd. 30 (1930) S. 230. [2] l. c.

Die Verknüpfung der Glukosereste erfolgt hier durch Sauerstoffbrücken, welche in vorliegendem Falle als glukosidische Bindungen bezeichnet werden.

Im Rahmen der genannten Auffassung kommt der Anzahl der miteinander verknüpften Glukosereste (Kettenglieder), die die Kettenlänge bedingt, eine ganz besondere Bedeutung zu. Da bei Zugrundelegung dieser Anschauungen das Verständnis für viele der bei der technischen Azetylierung von Zellulose sich abspielenden Vorgänge ganz wesentlich erleichtert wird, soll im folgenden kurz darauf eingegangen werden.

Führt man die Azetolyse einer Zelluloselösung ganz allmählich durch, so beobachtet man ein kontinuierliches Absinken der Viskosität und der Zerreißfestigkeit der aus solchen Lösungen hergestellten Filme. Bei weiterem Abbau wird es möglich, aus dem Reaktionsgemisch kristallisierbare Verbindungen, die aus 6, 4 und weniger Zuckerresten bestehen, zu isolieren[1]. Schließlich erhält man Glukoseazetat. Da es bekannt ist, daß glukosidische Bindungen durch Säuren gesprengt werden, erscheint es hiernach ganz plausibel, für Zellulose eine sehr große Anzahl von miteinander verbundenen Glukoseresten, d. h. eine sehr erhebliche Kettenlänge anzunehmen und das Wesentliche bei einer Azidolyse oder Azetolyse in einer fortschreitenden Verkürzung dieser Kettenmoleküle zu sehen. Diese Verkürzung erfolgt nicht regelmäßig etwa in der Weise, daß jeweils nur ein Glukoserest vom Ende der Kette abgespalten wird. Man muß vielmehr annehmen, daß ein statistischer Zerfall der Kettenmoleküle stattfindet, da man beim azetolytischen Abbau als Reaktionsprodukt stets ein Gemisch von verschieden langen Molekülen findet.

Staudinger hat eine von ihm gefundene empirische Formel dazu benutzt, um aus der Viskosität sehr verdünnter Zelluloseazetatlösungen auf das Molekulargewicht der azetylierten Zellulose Rückschlüsse zu ziehen[2]. Eine chemische Methode zur Bestimmung der Kettenlänge der Zellulosemoleküle haben dagegen Bergmann und Machemer angegeben[3]. Sie gehen von der Überlegung aus, daß die Enden der Kettenmoleküle eine Aldehydgruppe tragen müssen, mithin das Reduktionsvermögen von verseiftem Zelluloseazetat ein Maß für die Kettenlänge sein muß. Die Bestimmung des Reduktionsvermögens wird mittels einer alkalischen Jodlösung vorgenommen, das Ergebnis als Jodzahl bezeichnet. Sowohl Staudinger als auch Bergmann und Machemer kommen zu sehr hohen, ziemlich übereinstimmenden Werten für die Molekulargrößen von Zelluloseazetat. Für technisch brauchbare Zelluloseazetate wurden so Molekulargewichte in der Größenordnung von 50 bis 100000 gefunden. Diese Werte stehen in Übereinstimmung mit direkten osmotischen Messungen, die in letzter Zeit von verschiedenen Seiten gemacht wurden.

Für die zweckentsprechende Durchführung einer technischen Azetylierung ist es von größter Bedeutung, über eine bequeme Methode zu verfügen, die die Kontrolle der bei einer Azetylierung nie ganz auszuschließenden azetolytischen Vorgänge erlaubt. Es ist hierbei nicht nötig soweit zu gehen, daß man, wie in den obengenannten wissenschaftlichen Arbeiten, Molekulargewichte der Azetate feststellt, es genügt, Produkte verschiedener nach demselben Verfahren durchgeführter Azetylierungsoperationen oder in verschiedenen Stadien ein und desselben Azetylierungsprozesses entnommene Proben miteinander vergleichen zu können.

---

[1] Willstätter u. Zechmeister: Ber. dtsch. chem. Ges. Bd. 46 (1913) S. 2401; Bd. 62 (1929) S. 722; Bd. 64 (1931) S. 854.

[2] Ber. dtsch. chem. Ges. Bd. 63 (1930) S. 3132; Bd. 64 (1931) S. 1688.

[3] Ber. dtsch. chem. Ges. Bd. 63 (1930) S. 316, 2304; vgl. auch Haworth: Ber. dtsch. chem. Ges. Bd. 65 A (1932) S. 43.

Die Feststellung der Viskositäten gleichprozentiger Lösungen ist hierzu ein in der Technik lange benutztes, wertvolles, wenn auch nicht stets ausreichendes Hilfsmittel. Azetate gleichen Veresterungsgrades und ähnlicher Herstellungsweise können in gleichen aber beliebigen Lösungsmitteln, z. B. Azeton, verglichen werden, für verschiedene Veresterungsgrade muß indessen Ameisensäure oder Essigsäure als Lösungsmittel gewählt werden, da nur in diesen Lösungsmitteln die Viskositäten erfahrungsgemäß in gewissen Grenzen vom Veresterungsgrad unabhängig sind[1].

Bei einer großen Anzahl von Bestimmungen hat sich ergeben, daß zwischen den so ermittelten Viskositäten von Zelluloseazetatlösungen und den Eigenschaften der daraus hergestellten Filme oder Fäden eine Beziehung besteht in der Richtung, daß der höheren Viskosität auch die höhere Reißfestigkeit entspricht. Dies gilt wenigstens unter der Voraussetzung, daß Azetate derselben Herstellungsmethode miteinander verglichen werden. Mit dieser Einschränkung seien nebenstehend von Werner und Engelmann[2] gefundene Werte wiedergegeben. Bei noch weiter ansteigender Viskosität findet das gleichzeitige Anwachsen der Festigkeit eine Grenze.

Viskosität von Zelluloseazetaten in Ameisensäure Durchflußzeiten in Sek.	Zerreißfestigkeit in kg/mm²
200 bis 350	6,0 bis 7,5
350 „ 450	7,5 „ 8,2
450 „ 650	8,2 „ 10,0

Aus den vorstehenden Ausführungen ergibt sich die Schlußfolgerung, daß bei der technischen Azetylierung die Aufspaltung der glukosidischen Bindungen zwischen den Glukoseresten, d. h. der azetolytische Abbau der Zellulose möglichst gering zu halten ist und keineswegs Beträge erreichen darf, die sich in einer Schädigung der mechanischen Eigenschaften des Zelluloseazetates bemerkbar machen. Es sei gleich hier bemerkt, daß die Kontrolle der mechanischen Eigenschaften, insbesondere der Falzfestigkeit von Probefilmen, zur Zeit am sichersten hydrolytischen Abbau erkennen läßt.

Da die Mehrzahl der zur Beschleunigung der Veresterung gebräuchlichen Katalysatoren Mineralsäuren sind oder doch solche abzuspalten vermögen, mithin auch auf Zellulose hydrolysierend wirken können, ist eine Gefahr für eine azidolytische Schädigung meist vorhanden. Die Veresterung muß demnach unter Bedingungen durchgeführt werden, die zwar eine genügend rasche Azetylierung, aber nur geringe Azetolyse der Zellulose gewährleisten. Arbeitet man z. B. mit Schwefelsäure als Katalysator, so sind niedrige Azetylierungstemperaturen und geringe Katalysatormengen einzuhaltende Erfordernisse.

Bezüglich der Bewertung der andern sehr zahlreichen in der Patentliteratur vorgeschlagenen Katalysatoren, auf deren Aufzählung aber an dieser Stelle verzichtet wird[3], ist zu sagen, daß sie hauptsächlich in bezug auf ihre Eignung zur Erfüllung der obengenannten Forderungen zu erfolgen hat. Es wurde bereits erwähnt, daß außer Schwefelsäure und sauren Salzen der Schwefelsäure nur sehr wenige andere Katalysatoren in die Praxis Eingang gefunden haben. Es sind dies vor allem Sulfurylchlorid und Zinkchlorid, das letztere hauptsächlich deswegen, weil es infolge seiner geringen hydrolysierenden Wirkung bei der Azetylierung ein gefahrloseres Arbeiten z. B. bei höheren Temperaturen ermöglicht.

In diesem Zusammenhang ist von Interesse zu erwähnen, daß man bei unveresterter Zellulose einerseits und bei Azetylzellulose andererseits bezüglich

[1] Werner und Engelmann: l. c.; vgl. auch K. Werner: Zellulosechemie Bd. 12 (1931) S. 320. [2] Werner und Engelmann: l. c.

[3] Eine Zusammenstellung sämtlicher die Azetylierung der Zellulose betreffender Patente findet man in der Patentsammlung von O. Faust. Berlin: Julius Springer 1933.

ihrer Widerstandsfähigkeit gegen azetolytischen Angriff wiederholt Unterschiede beobachtet hat: Die unveresterte Zellulose ist gegenüber hydrolysierenden Agenzien empfindlicher als die Azetylzellulose. Der in der Praxis vielfach als wichtig erkannte Grundsatz, besonders zu Beginn der Azetylierung, wo noch viel unveresterte Zellulose vorhanden ist, niedrige Temperaturen einzuhalten, findet hierin zum Teil seine Rechtfertigung. Bei der Durchführung der partiellen Verseifung durch Zugabe von Wasser hat man demgegenüber den Vorteil, daß eine allzu rasche Depolymerisation des Zelluloseazetates nicht erfolgt.

Die im Verlauf der partiellen Hydrolyse eintretenden Löslichkeitsänderungen des Zelluloseazetates glaubte man bis vor kurzem nicht lediglich auf eine Verminderung des Essigsäuregehaltes, sondern auch auf eine Verringerung der Molekülgrößen zurückführen zu müssen. Durch neuere Arbeiten von D. Krüger[1] und E. Elöd[2] ist aber dargetan worden, daß sich bei vorsichtig gewählten Verseifungsbedingungen ein azetolytischer Abbau der Zellulose bei der Verseifung ausschließen läßt.

2. Die technische Gewinnung von Zelluloseazetat.

Was bisher über die allgemeinen Grundlagen des Azetylierungsprozesses gesagt worden ist, weist darauf hin, daß eine große Anzahl von Faktoren die Eigenschaften des technischen Endproduktes beeinflussen. Die Verhältnisse liegen kompliziert und die Folge ist die sehr große Anzahl von Azetylierungspatenten. Oft handelt es sich dabei um geringfügige Veränderungen des Veresterungsprozesses, die aber durchaus ihre Berechtigung besitzen können. Ein überaus sorgfältiges technisches Arbeiten ist Vorbedingung für die Gewinnung eines brauchbaren Produktes. Einmal als günstig erkannte Einzelheiten der Arbeitsweise sind aufs genaueste einzuhalten, da sonst eine Gleichmäßigkeit der Chargen nicht erzielt werden kann.

Von den zahlreichen Patenten[3] sollen in der vorliegenden Darstellung nur die wichtigsten angeführt werden, und zwar vorzugsweise solche, deren Verfahren der in der Technik angewandten Arbeitsweise entsprechen oder nahekommen. In einem besonderen Abschnitt wird auf prinzipiell neue Verfahren, denen wirtschaftliche Bedeutung zukommen mag, kurz hingewiesen.

a) Ausgangsmaterial.

An die für die Azetylierung in Frage kommenden Zellulosen müssen besondere Anforderungen gestellt werden. Es sind dies: hoher Reinheitsgrad, stets gleichmäßige Beschaffenheit, die Fähigkeit, bei der Azetylierung hochviskose Lösungen zu liefern, und nicht zu hoher Preis. Bisher vermochten dem lediglich die Baumwollinters zu genügen, die zu Spinnzwecken nicht brauchbaren kurzen Baumwollfasern, die nach Entfernung der langen Fasern an den Samenteilen zurückbleiben und mittels besonderer Maschinen von diesen abgetrennt werden. Die verschiedentlich unternommenen Versuche, anstatt Baumwolle Zellstoff als Ausgangsmaterial zu benützen, hatten keinen befriedigenden Erfolg. Der niedrigere Zellstoffpreis wird durch die Notwendigkeit, in einem besonderen Arbeitsgang den α-Zellulosegehalt im Zellstoff anzureichern, und durch die schlechteren Azetatausbeuten wieder wettgemacht. Vor allem aber zeigt der Azetatfaden aus Holzzellulose nicht den erwünschten weichen Griff.

---

[1] Melliand Textilber. Bd. 10 (1929) S. 966. [2] Z. angew. Chem. Bd. 44 (1931) S. 933.

[3] Es sei hier wiederholt auf die Zusammenstellung der Azetylierungspatente von O. Faust hingewiesen.

Die Wachs- und Fettbestandteile enthaltenden Linters werden durch Abkochen mit verdünnter Natronlauge unter Druck, „Beuchen", gereinigt und anschließend gebleicht. Die im Handel befindlichen bereits gereinigten Linterssorten unterscheiden sich durch ihren Bleichgrad. Als Regel gilt, daß hochgebleichte Ware infolge des beim Bleichvorgang unvermeidlichen Abbaus stets niedriger viskose Lösungen liefert als weniger gebleichte. In der Praxis zieht man daher die Verwendung einer Mittelqualität vor, und sucht den Erhalt stets gleichmäßiger Ware durch Vornahme von Viskositätsmessungen, z. B. in Kupferoxydammoniak, oder durch Ausführung einer Probeazetylierung zu gewährleisten.

b) Vorbehandlung.

Unter mittleren atmosphärischen Bedingungen weisen Linters einen Feuchtigkeitsgehalt von etwa 8% auf. Ein so feuchtes Material würde bei der Azetylierung einen übermäßigen Verbrauch an Essigsäureanhydrid bedingen und außerdem ungleichmäßig durchreagieren, da bei der Umsetzung des in den Fasern enthaltenen Wassers mit Essigsäureanhydrid lokale Temperatursteigerungen entstehen. Andererseits verbietet sich aber auch die Verwendung völlig getrockneter Linters: durch die Trocknung verhornt die Faseroberfläche und erhält eine schlechte und ungleichmäßige Benetzbarkeit. Es ist zweckmäßig, die Linters vor ihrer Verwendung bei möglichst niedriger Temperatur (bis 50°) auf 2 bis 3% Feuchtigkeit vorzutrocknen.

Azetyliert man gereinigte Baumwolle ohne weitere Vorbereitung als die oben angeführte, so macht man stets die Erfahrung, daß die Zellulose sich inhomogen verhält, d. h. daß die Azetylierung einzelner Teile vorauseilt, die anderer zurückbleibt. Besonders sichtbar werden diese Verhältnisse gegen Ende einer solchen Azetylierung. Man beobachtet dann in der azetylierten Masse noch eine große Anzahl feiner Fäserchen, die sich nur sehr schwierig in Lösung bringen lassen. Um klar lösliche und gleichmäßige Azetate zu erhalten, muß man daher die Zellulose vor der Einwirkung des Azetylierungsgemisches in geeigneter Weise vorbehandeln. Bei der Vorbehandlung wird durch Quellung und wohl auch auf chemischem Wege die Reaktionsfähigkeit der Zellulose gesteigert.

In der Patentliteratur findet man eine sehr große Anzahl hierher gehörender Verfahren. Meist wird die Zellulose mit anorganischen oder organischen Säuren, in der Regel kombiniert mit mechanischer Rührung, Knetung usw., behandelt. Eingang in die Praxis haben aber aus wirtschaftlichen Gründen nur solche Verfahren gefunden, die sich mit dem eigentlichen Azetylierungsvorgang bequem kombinieren lassen.

Als charakteristisch seien die folgenden Verfahren angeführt:

D.R.P. 118538 (1899) von Lederer, der als erster die Vorbehandlung durchführte. Lederer benützte ein Essigsäure-Schwefelsäure-Gemisch.

D.R.P. 339824 (1913) des Vereins f. chem. Ind. A.-G., Frankfurt/M. Vorbehandlung der Zellulose mit einem aus Essigsäure und Essigsäureanhydrid bestehenden Gemisch. Durch diese Behandlung wird gleichzeitig die Zellulose völlig entwässert.

Franz. P. 473399 (1914) der Soc. Chim. des Usines du Rhône. Vorbehandlung wie oben, gegebenenfalls in Gegenwart geringer Katalysatormengen [vgl. auch D.R.P. 535724 (1928) des Vereins f. chem. Ind.].

D.R.P. 505610 (1924) der Soc. des Usines Chim. Rhône-Poulenc. Die Zellulose wird mit so viel Essigsäure befeuchtet, daß mit dem in den Linters vorhandenen Wasser eine ca. 80proz. Essigsäure entsteht.

Engl. P. 282788 (1927) der Ruth Aldo Comp. Vorbehandlung mit heißen Essigsäuredämpfen.

U.S.A. P. 1783184 (1927) der Celanese Corp. of America. Tränken mit Essigsäure im Vakuum zur vollständigen Entlüftung der Zellulose.

Wird die Vorbehandlung mit den oben angegebenen Gemischen vorgenommen, so ist es ohne weiteres möglich, anschließend durch Hinzufügen der fehlenden Bestandteile die Azetylierung durchzuführen.

Mit dieser Art der Vorbehandlung ist meist bereits eine schwache Azetylierung der Zellulose verbunden. Es ergibt sich hieraus, daß, abgesehen von der wichtigen Konditionierung des Ausgangsmaterials, die in gewissem Sinne zur Vorbehandlung gerechnet werden kann, bei den in der Praxis geübten Verfahren kaum allzuviel Berechtigung besteht, von einer völlig abgetrennt vom eigentlichen Azetylierungsprozeß durchgeführten Vorbehandlung der Zellulose zu sprechen.

c) Die Herstellung des primären Azetats.

a) Allgemeines. Es ist bereits ausgeführt worden, daß von der großen Anzahl für die Azetylierung vorgeschlagener und an sich in Betracht kommender Katalysatoren nur einige wenige technisch verwendet werden. Es sind dies im wesentlichen Schwefelsäure[1], Sulfosäuren[2] und Sulfurylchlorid[3], schließlich Zinkchlorid[4]. Nicht nur ist die Arbeitsweise je nach Wahl dieses Katalysators verschieden, auch für einen und denselben Katalysator ist es unmöglich, ein bestimmtes Verfahren als allgemein gültig hinzustellen, da je nach den gegebenen Verhältnissen — Beschaffenheit des Ausgangsmaterials, vorhandener Apparatur, Anforderungen an das Azetat — Abänderungen notwendig sind. Außerdem hat die verwickelte Patentlage bisher das Herauskristallisieren allgemein gültiger Arbeitsvorschriften verhindert. Die Hersteller sind oft zu Modifikationen gezwungen, die nicht lediglich sachlichen Momenten entspringen und zudem sorgfältig geheim gehalten werden. An dieser Stelle soll daher vorerst auf einige, bei der Azetatgewinnung wichtige Prinzipien hingewiesen werden. Im Anschluß hieran wird die Azetylierung der Zellulose mit Schwefelsäure als Katalysator skizziert.

Infolge der Gegenwart von hydrolytisch wirkenden Säuren ist eine besonders sorgfältige Temperaturregelung bei der Azetylierung notwendig. Erschwert wird diese durch die sehr geringe Wärmeleitfähigkeit der Masse und durch das Freiwerden von beträchtlichen Wärmemengen während des Azetylierungsvorganges. Gute Durchmischung ist daher in erster Linie erforderlich. Es läßt sich aber voraussehen, daß hier durch die Heterogenität der Azetylierungsmasse im Anfangs- und durch die hohe Viskosität im Endstadium schließlich eine Grenze gesetzt ist. Um trotzdem die Temperaturschwankungen in der Azetylierungsmasse möglichst gering zu halten, bieten sich die folgenden Mittel:

1. Verminderung und Abstufung der Reaktionsgeschwindigkeit,
2. Begrenzung der Chargengröße nach oben,
3. Herabsetzung der Viskosität der Masse durch starke Verdünnung mit Essigsäure.

Innerhalb dieser Möglichkeiten besteht ein gewisses Äquivalenzverhältnis. Je mehr es gelingt, eine oder zwei derselben besonders günstig zu gestalten, desto mehr Spielraum hat man bezüglich der übrigbleibenden. Aus wirtschaftlichen Gründen wird man die Chargen möglichst groß und die Verdünnung mit Essigsäure möglichst gering zu halten suchen. Dagegen besteht durchaus die

---

[1] Erste Patente von Lederer [D.R.P. 118538 (1899)] und von Eichengrün und Becker [D.R.P. 159524 (1901)].

[2] Engl. P. 27102 (1909); Franz. P. 406465.

[3] Franz. P. 681624; Engl. P. 168778 (1927), 336349 (1929).

[4] D.R.P. 203178; Franz. P. 661935; Engl. P. 291001.

Möglichkeit, durch niedrige Temperaturführung die Reaktionsdauer zu verlängern oder durch Vorbehandeln der Zellulose, durch allmähliches Zugeben des Katalysators oder des Essigsäureanhydrids (sog. stufenweise Azetylierung) die Geschwindigkeit der Umsetzung zu regeln.

b) Azetylierung mit Schwefelsäure als Katalysator. So wird verständlich, daß die in den Patentschriften zur Azetylierung von 1 kg Zellulose als notwendig angegebenen Mengen Essigsäureanhydrid, Schwefelsäure und Essigsäure innerhalb ziemlich weiter Grenzen schwanken. Auf ein Gewichtsteil Zellulose werden von 0,05 bis 0,25 Teile Schwefelsäure, 3 bis 8 Teile Essigsäure und mindestens 3 Teile Essigsäureanhydrid verwendet. Der Überschuß an Essigsäureanhydrid über die theoretisch erforderliche Menge (1,9 Teile) erklärt sich durch Nebenreaktionen, z. B. Verbrauch eines Teiles des Essigsäureanhydrids durch das in den Linters noch enthaltene Wasser.

Bei Azetylierung einer verhältnismäßig kleinen Charge vereinfacht sich teilweise der Azetylierungsprozeß. Für diesen Fall sei im folgenden ein Ausführungsbeispiel gegeben[1].

In einer mit Salzsolekühlung und Warmwasserheizung versehenen Knetmaschine z. B. von Werner-Pfleiderer wird eine Mischung aus 200 kg Essigsäureanhydrid und 330 kg Essigsäure nach Kühlung auf 5° allmählich unter Rühren mit 10 kg Schwefelsäure (auf 100% berechnet) versetzt, wobei die Temperatur um etwa 5° steigt. Nachdem wieder die ursprüngliche Temperatur erreicht ist, werden im Laufe von 30 bis 40 Minuten 80 kg Linters (2 bis 3% Feuchtigkeit) eingetragen. Inzwischen steigt die Temperatur auf 6 bis 8° an. Die weitere Temperaturführung wird in folgender Weise vorgenommen:

Kennzeichnung des Reaktionszustandes	Dauer	Temperaturführung in je 15 Min.	Erreichte Temperatur
Bis zum Flüssigwerden der Mischung	1 bis 2 Std.	um 1° steigend	10 bis 13°
Bis zum Zähwerden der Mischung	30 Min.	um 1,3 bis 1,8° steigend	
Erreichen des Temp.-Maximums .	2 Std.	um 2 bis 2,5° steigend	maximal 30°
Beendigung der Azetylierung . .	3 bis 4 Std.	um 0,5° fallend	ca. 23°

Die Azetylierung ist beendet, sobald eine entnommene Probe unter dem Mikroskop völlig klar erscheint. (Weitere Prüfungsmethoden sind in einem nachfolgenden Abschnitt beschrieben.) Die Gesamtdauer der Azetylierung beträgt demnach 8 bis 9 Stunden.

Läßt man die Temperatur höher als auf 30° steigen, so erhält man niedrig viskose Azetate. Doch sollte über 35° auf keinen Fall hinausgegangen werden.

Das so gewonnene primäre Azetat kann durch Zusatz von Wasser zu plastischen, glasigen zusammenhängenden Gebilden koaguliert werden. Ihre vollständige Erhärtung nimmt infolge der sehr langsamen Diffusion erhebliche Zeit in Anspruch. Es ist daher schwierig, das primäre Azetat vollständig säurefrei zu waschen, insbesondere läßt sich festgehaltene Schwefelsäure daraus kaum vollständig entfernen. Nach dem Trocknen bekommt man das primäre Azetat leicht in Form von hornigen Stücken. Bei ihrer analytischen Untersuchung findet man einen Essigsäuregehalt von etwa 60% (gegenüber theoretisch 62,5% für Triazetat) und etwa 0,5% anscheinend gebundene Schwefelsäure. Eine höhere Azetylierung als die angegebene ist ohne stärkeren azetolytischen Abbau nicht erzielbar und auch nicht erforderlich.

Infolge des relativ hohen Gehaltes an Sulfoazetat besitzt das primäre Azetat eine nur geringe Stabilität. Beim Erhitzen schmilzt es bei niederer Temperatur unter Verkohlung. In der Technik hat die Verwendung des primären Azetates als solches keine Bedeutung erlangt, woran die erwähnte Instabilität und die Schwierigkeiten bei der Fällung schuld sind. Da das primäre Azetat sich außerdem nur in einigen Lösungsmitteln (Eisessig, Methylenchlorid, Chloroform,

[1] Rayon Record Bd. 4 (1930) S. 1137.

Tetrachloräthan) lösen läßt, die technisch unerwünschte Nebeneigenschaften zeigen (giftig!), sind auch dadurch seine Verwendungsmöglichkeiten sehr beschränkt.

d) Die Herstellung des sekundären Azetats.

Dieser in der Technik als „Reifung" bezeichnete Vorgang schließt sich direkt an die vorbeschriebene Azetylierung an. Ohne vorhergehende Ausfällung des Primärazetates wird zu der Azetylierungsmischung wässerige Essigsäure allmählich zugegeben. Die zugeführte Wassermenge muß ausreichen, sowohl um das bei der Azetylierung unverbrauchte Essigsäureanhydrid in Essigsäure überzuführen, als auch um die so von Anhydrid befreite, für das primäre Zelluloseazetat als Lösungsmittel dienende Essigsäure auf einen Gehalt von 97 bis 94% zu verdünnen. In einem so beschaffenen Lösungsmittel kann die Umwandlung des primären, chloroformlöslichen Azetates in den sekundären azetonlöslichen Zustand nach zwei verschiedenen Verfahren erfolgen.

Grundlegend für das erste ist das aus der Vereinigung der Verfahren von Miles und Eichengrün hervorgegangene D.R.P. 252706 (1905) der Farbenfabriken Friedrich Bayer & Co. Die Umwandlung in das sekundäre Azetat vollzieht sich hier unter Zuhilfenahme der katalytischen Wirkung derselben Schwefelsäure, die bereits bei der Bildung des primären Azetates wirksam war, nach Zusatz der wässerigen Essigsäure aber in etwas verdünnterem Medium vorliegt.

Trotzdem in der Folgezeit neben der Schwefelsäure — ähnlich wie bei der Azetylierung — noch eine sehr große Anzahl anderer Katalysatoren in Vorschlag gebracht wurde[1], ist noch jetzt das Bayer-Verfahren dank seiner Einfachheit am meisten in Gebrauch. Die Arbeitsweise ist gekennzeichnet durch niedere Reifetemperaturen. Die Gegenwart der Schwefelsäure bedingt eine sehr sorgfältige Überwachung, die Bedingungen müssen so gewählt werden, daß azetolytische Vorgänge nicht stattfinden.

Bei dem zweiten von Knoll [D.R.P. 305348 (1912)] stammenden Reifeverfahren wird vor Zugabe der wässerigen Essigsäure die Schwefelsäure durch Natriumazetat vollständig abgestumpft. Die für die Reifung erforderlichen Temperaturen liegen in diesem Fall viel höher, weil man ohne Katalysator arbeitet. In einem Ausführungsbeispiel gibt Knoll als erforderliche Umsetzungstemperatur etwa 100° an.

Im Anschluß an das für die Azetylierung mit Schwefelsäure gegebene Beispiel wird nachstehend die Verseifung des Primärazetates nach dem Bayer-Verfahren beschrieben[2].

Zu der auf 23° abgekühlten Azetylierungsmischung gibt man unter dauerndem Rühren allmählich 45 kg einer Mischung aus gleichen Gewichtsteilen Wasser und Essigsäure. Infolge der Umsetzung des noch vorhandenen Essigsäureanhydrids zu Essigsäure steigt die Temperatur vorübergehend bis auf 30°. Man kühlt wieder bis auf 21° und füllt die Masse nach guter Homogenisierung aus der Mischmaschine in fahrbare Reifekessel um, die in einen temperaturkonstanten Raum (21°) geschafft werden. Hier vollzieht sich innerhalb von 65 bis 75 Std. der Reifeprozeß.

Man entnimmt den Reifekesseln nach etwa 44 Std. Reifedauer in bestimmten Abständen fortlaufend Proben, fällt die Azetylzellulose durch Zusatz von Wasser aus, wäscht säurefrei und prüft die Löslichkeit in Chloroform und Azeton.

Die Reife ist beendet, wenn — nach Durchschreiten einer Reihe von Zwischenstufen, die durch abnehmende Löslichkeit in Chloroform und zunehmende Löslichkeit in Azeton charakterisiert sind — ein Punkt erreicht wird, in dem die Azetylzellulose in Azeton löslich geworden ist und in Chloroform eine bestimmte plastische Beschaffenheit annimmt. Es ist zweckmäßig, zur schärferen Erfassung des Löslichkeitsverhaltens auch das Verhalten gegen Chloroform in der Hitze,

[1] Vgl. z. B. D.R.P. 297504 (1912); D.R.P. 303530.

[2] Rayon Record Bd. 5 (1931) S. 15.

gegen Äthylazetat und eine Benzol-Alkoholmischung zu prüfen und evtl. auch den Azetylgehalt festzustellen.

Da gewisse Schwankungen im Ausfall der primären Azetylierung einzelner Chargen unvermeidlich sind, ist durch entsprechende Bemessung der Reifedauer auf deren Ausgleich hinzuarbeiten.

Im Abschnitt über die apparativen Hilfsmittel der Azetylierung wird auszuführen sein, daß die Zweckmäßigkeit der Verwendung des Reifeverfahrens nach Bayer oder Knoll hauptsächlich von der vorhandenen Apparatur abhängt. Schon hier sei erwähnt, daß das Knollsche Verfahren die Möglichkeit bietet, aus dem Azetylierungsgemisch vor der Fällung einen Teil der Essigsäure bei vermindertem Druck direkt abzudestillieren.

Außer der Löslichkeitsänderung bewirkt die Reife eine Vergleichmäßigung der Azetylzellulose und eine Herabsetzung des Gehaltes an gebundener Schwefelsäure auf etwa 0,25%. Genügende Stabilität besitzen aber erst Produkte mit weniger als 0,1% Schwefelsäure. Das aus dem Reifeprozeß hervorgehende sekundäre Azetat muß daher im allgemeinen noch einem Stabilisierungsprozeß unterworfen werden, der den Schwefelsäuregehalt auf das angegebene Maß vermindert.

e) Ausfällung und Stabilisierung.

Infolge ihres hohen Wertes muß die große Menge der als Lösungsmittel dienenden Essigsäure nach der Verdünnung unbedingt regeneriert werden. Die Ausfällung des sekundären Azetates hat deshalb mit einer möglichst geringen Wassermenge zu erfolgen. Die Aufarbeitung von Säurelösungen mit weniger als 25% Essigsäuregehalt gestaltet sich unwirtschaftlich. (Über die zur Regenerierung der Essigsäure dienenden Verfahren handelt ein besonderer Abschnitt dieses Buches.)

Abhängig davon, in welcher Verdünnung mit Essigsäure bei der Azetylierung und Verseifung gearbeitet worden ist, d. h. je nachdem sehr viskose oder dünnflüssigere Azetylzelluloselösungen vorliegen, nimmt man die Ausfällung durch allmähliches Eintragen von Wasser in die Lösung oder im umgekehrten Sinne vor. Besonders intensive mechanische Rührwirkung ist hierbei unerläßlich. Während primäres Azetat beim Ausfällen mit Wasser, wie erwähnt, zu einer glasig-durchsichtigen, schwer auswaschbaren Masse wird, verhält sich hier das sekundäre günstiger. Das undurchsichtig weiße Fällungsprodukt erhärtet infolge seiner mehr hydrophilen Beschaffenheit rascher und läßt sich besser auswaschen als das primäre Azetat. Dabei ist es sehr wesentlich, die Fällung so zu leiten, daß das Azetat in Form nicht zu großer, gleichmäßiger, faseriger Brocken erhalten wird, da die Verteilung und Oberflächenbeschaffenheit des Fällungsproduktes für die Geschwindigkeit des Säurefreiwaschens ausschlaggebend sind.

Wenn man die Ausfällung durch Eingießen der essigsauren Lösung in Wasser oder besser in verdünnte Essigsäure vornimmt, so ist es zweckmäßig, den Ausfällungsprozeß durch Anwendung von warmem, auf 50 bis 70° erhitztem Fällwasser zu beschleunigen. Es muß allerdings darauf geachtet werden, daß ein Zusammenbacken der durch das heiße Wasser plastisch gemachten Azetylzellulose nicht stattfindet.

Das ausgefällte Azetat wird in einer Zentrifuge von der verdünnten zu regenerierenden Essigsäure abgetrennt und anschließend mit mehrmals erneuertem, reinem Wasser nahezu essigsäurefrei gewaschen.

Die letzten Anteile zurückgehaltener Essigsäure verschwinden bei der anschließenden Stabilisierung. Man stabilisiert das Azetat durch mehrstündiges Auskochen mit 0,02% Schwefelsäure enthaltendem Wasser. Während der Stabilisierung steigt infolge der Zersetzung der Sulfoazetate der Schwefelsäuregehalt der Flotte an, er muß deshalb in von Zeit zu Zeit entnommenen Proben ermittelt und sich ergebende Überschüsse durch Verdünnen oder Abstumpfen unschädlich gemacht werden. Das Ende des Prozesses ist an weiteren, feineren Änderungen im Löslichkeitsverhalten zu erkennen. So beginnt das in heißem Chloroform plastische sekundäre Azetat in diesem Lösungsmittel beim Abkühlen nunmehr bröcklige Beschaffenheit anzunehmen.

Schließlich wird das Azetat mit reinem Wasser gründlich gewaschen und anschließend bei 100° getrocknet. In sehr ungleichmäßigen Aggregaten vorliegende Chargen können zur Vergleichmäßigung der Brocken gemahlen und gesiebt werden.

f) Azetylierung mit anderen Katalysatoren.

Zweifellos ist die große Mehrzahl der die Verwendung anderer Katalysatoren als Schwefelsäure angebenden Verfahren ursprünglich ausgearbeitet worden, um die Schwefelsäure-Patente zu umgehen. Aber nur wenige können gegenüber dem Arbeiten mit Schwefelsäure wirkliche Vorteile aufweisen. Solche Vorzüge sind ein weniger heftiger Verlauf der Azetylierungsreaktion und das Vermeiden des Entstehens zunächst unstabiler Azetate.

Die heute in der Technik außer Schwefelsäure verwendeten Katalysatoren besitzen teilweise diese Vorzüge. Sulfurylchlorid — in kleinen Mengen angewandt — gestattet auch bei relativ hohen Temperaturen (60 bis 70°) zu arbeiten, Zinkchlorid als Katalysator liefert vollkommen stabile Acetate.

Beim Zinkchloridverfahren muß in dem wie sonst aus Essigsäure und Essigsäureanhydrid bestehenden Veresterungsgemisch die angewandte Menge Zinkchlorid bemerkenswerterweise der Zellulosemenge etwa entsprechen. Da Zinkchlorid ein billiges Abfallprodukt der Färbereien ist, macht indessen seine Beschaffung in ausreichenden Mengen keinerlei Schwierigkeiten. Nach dem D.R.P. 488528 (1927) der Dr. A. Wacker Ges. f. elektrochem. Ind., München, kann die Azetylierung von Zellulose mittels Zinkchlorid mit gutem Ergebnis durchgeführt werden, wenn die Temperaturführung der chlorzinkhaltigen Azetylierungsmasse in folgender Weise vorgenommen wird: Man erwärmt rasch auf 55° und hält auf dieser Temperatur, bis die Fasern ihre Struktur verloren haben (Dauer 1 bis 2 Std.). Hierauf kühlt man auf 35 bis 40°. Bei dieser Temperatur wird die Azetylierung zu Ende geführt (Dauer 3 bis 5 Std.). Die partielle Verseifung erfolgt bei 20° nach Zusatz wässeriger Salzsäure, also in Gegenwart des salzsauren Salzes des Zinkchlorids[1].

g) Die apparativen Hilfsmittel.

a) Azetylierung. Um die erzeugte oder zugeführte Wärme zu verteilen und das Fortschreiten der Reaktion in der ganzen Masse gleichmäßig zu gestalten, ist während der Azetylierung eine intensive Durchmischung unbedingt erforderlich. Der physikalische Zustand der Masse ist dauernden Änderungen unterworfen. Die Anforderungen, die an die mechanischen Vorrichtungen gestellt werden müssen, sind deshalb besonders große.

Zu Beginn der Reaktion sind mit dem Reaktionsgemisch benetzte Fasern vorhanden, die später aufquellen, allmählich ein zähes Gemisch bilden und endlich in eine viskose Lösung übergehen. Der große Widerstand der schließlich teigartigen Masse schließt ein Rühren mit schnell umlaufenden Vorrichtungen völlig aus und bedingt eine langsame mehr knetende Durcharbeitung.

---

[1] D.R.P. 510425 (1926).

Infolge der Zusammenhänge zwischen Temperaturregelung, Reaktionsgeschwindigkeit, Chargengröße und Verdünnungsgrad, auf die bereits auf S. 128 hingewiesen wurde, muß auch das Azetylierungsverfahren bis zu einem gewissen Grade der in Anwendung kommenden Apparatur angepaßt sein.

Man kann die Mischapparaturen in zwei Gruppen zusammenfassen. Zu der ersten Gruppe gehören Azetylierungsvorrichtungen, bei denen in einem feststehenden, mit Doppelmantel versehenen Reaktionsbehälter zwangsläufig bewegte Rührarme die Durcharbeitung der Masse besorgen. Charakteristisch für diese Apparaturen sind Knetmaschinen von Werner & Pfleiderer in Art der für die Viskoseindustrie gebauten Zerfaserer oder ähnliche Vorrichtungen. In diesen Apparaturen wird die Reaktionsmasse stark geknetet, daher kann die Verdünnung des Reaktionsgemisches mit Essigsäure gering gehalten werden. Der für das Kneten erforderliche Kraftaufwand ist sehr erheblich und macht eine massive

Abb. 1. Azetylzellulosezerfaserer von Werner & Pfleiderer.

Konstruktion der Maschine erforderlich. Diese Knetmaschinen können nicht in beliebig großen Dimensionen gebaut werden. Das Verhältnis der kühlenden Wandfläche zum Inhalt wird bei zunehmenden Abmessungen der Maschine immer kleiner, so daß die Ableitung der entstehenden Wärme immer schwieriger wird. Daher dürfte die anwendbare Chargengröße bei Schwefelsäure als Katalysator bei 100 bis 150 kg Zellulose eine obere Grenze finden. Bei Verwendung weniger heftig wirkender Katalysatoren, z. B. Zinkchlorid, sollen wesentlich größere Chargen möglich sein.

Eine speziell für die Azetylierung von der Fa. Werner & Pfleiderer gebaute Maschine dieser Art zeigt Abb. 1. Im Innern des die Azetylierungsmasse aufnehmenden Troges befinden sich zwei nebeneinanderliegende Halbzylinder, in denen zwei gezahnte Mischflügel mit ungleicher Geschwindigkeit gegeneinander rotieren. Ihr Drehungssinn kann vertauscht werden. Zwecks intensiver Kühlmöglichkeit besitzt der Trog einen Doppelmantel. Der vollständig aus säurefester Bronze gefertigte Apparat kann mit Hilfe von Gegengewichten gekippt werden. In derartigen Knetmaschinen kann die Azetylierung in verhältnismäßig kurzer Zeit durchgeführt werden, da durch eine gründliche mechanische Einwirkung der

Fortschritt der Azetylierungsreaktion wesentlich beschleunigt wird. Für die Azetylierung einer Charge in dem oben beschriebenen Maschinentyp sind beispielsweise nur etwa 6 bis 8 Std. erforderlich. Dieses rasche Arbeiten ist andererseits bei Anwendung dieser Knetmaschinen auch aus wirtschaftlichen Gründen geboten. Der hohe Preis der Apparate und die relativ kleinen Chargen sind nur dann wirtschaftlich tragbar, wenn die Maschinen von einer Charge nicht zu lange belegt werden und bald wieder für die Aufnahme einer neuen bereit stehen. Um zu vermeiden, daß eine Knetmaschine während der 36 bis 48 Stunden, die für die vollständige Durchführung der Azetylierung und Reife erforderlich sind, von einer Charge dauernd besetzt ist, wird vielfach gemäß der Azetylierung mit Schwefelsäure verfahren. Man führt nur die eigentliche Azetylierung in den Knet-

Abb. 2. Azetylzellulose-Kombinomaschine von Werner & Pfleiderer.

apparaten aus und bringt nach Zusatz wässeriger Essigsäure und Temperieren die Massen in Behältern oder Wagen in Reiferäume, wo sie entsprechende Zeit bis zur Ausfällung verbleiben.

Will man trotzdem — um das lästige Umfüllen der sauren Azetylierungsmasse zu umgehen — die Reifung anschließend an die Azetylierung in demselben Knetapparat ausführen, so muß man jedenfalls über ein besonders kurzdauerndes Reifeverfahren verfügen. Als teilweisen Ausgleich für die vorerwähnten Nachteile besitzt diese Arbeitsweise den Vorteil von Lohnersparnis.

Die in Abb. 2 wiedergegebene, gleichfalls von der Fa. Werner & Pfleiderer gebaute Mischmaschine gestattet diese Vereinigung des Azetylierungs-, Reife- und auch Ausfällprozesses in einem Apparat. Der untere Trogteil entspricht der oben beschriebenen Mischmaschine, jedoch ist der Trog erheblich höher ausgeführt, um das für den Ausfällprozeß erforderliche Wasser aufnehmen zu können. Der Apparat besitzt neben den beiden horizontal liegenden Mischflügeln auch noch ein senkrechtes Rührwerk, das bei der Durchmischung der vermehrten

Masse nach dem Ausfällen in Aktion tritt. Zum Verschluß sind zwei verschiedene Deckel vorhanden. Während der Azetylierung findet ein flacher, dicht schließender Blechdeckel Verwendung; zu gleicher Zeit wird der zweite Deckel, in welchen das senkrechte Rührwerk eingebaut ist, durch Gegengewicht hochgehalten. Sobald der Azetylierungs- und der Reifeprozeß beendigt ist und das Ausfällen beginnt, wird der flache Blechdeckel aufgeklappt und der mit dem Rührwerk ausgestattete Deckel auf den Trog aufgesetzt. Beim Ausfällen ist eine wesentlich höhere Rührgeschwindigkeit erforderlich als während der Azetylierung. Deshalb kann die Maschine mit zwei verschiedenen Geschwindigkeiten angetrieben werden. Auch diese Maschine wird bei der Entleerung gekippt.

Die beschriebenen Mischmaschinen eignen sich besonders für das Arbeiten mit Schwefelsäure. In diesem Falle wird die Einrichtung so getroffen, daß der Doppelmantel sowohl von Kühlsole als auch von kaltem oder warmem Wasser durchströmt werden kann. Zur genauen Temperaturüberwachung dienen am besten automatische Temperaturschreiber.

Im Gegensatz zu diesen Apparaten handelt es sich bei der zweiten Gruppe von Azetylierungsvorrichtungen um Reaktionsbehälter, die selbst bewegt werden, z. B. rotieren, und durch diese Bewegung, evtl. unterstützt durch eingebrachte Kugeln, Rollen oder Stangen, auf die in ihrem Innern enthaltene Azetylierungsmasse mechanisch einwirken. Da hier eine Knetwirkung nur unter dem Einfluß der Schwerkraft zustande kommt, sind die Kräfte viel schwächer als bei den erst beschriebenen Apparaten. Zur Herabsetzung der Viskosität muß daher die Azetylierungsmasse stärker mit Essigsäure verdünnt werden. Wählt man die Azetylierungsbedingungen so, daß die Reaktionswärme gleichmäßig abgeführt werden kann, so lassen sich mit diesen Vorrichtungen Chargen von 500 bis 1000 kg Azetylzellulose auf einmal herstellen.

An Hand von Patenten läßt sich folgender Überblick über die Ausführungsformen der hierher gehörigen Apparate geben.

Das D.R.P. 511793 (1925) der Société Chimique des Usines du Rhône beschreibt die Azetylierung in Drehvorrichtungen von großem Inhalt und ohne Innenorgane, die man zum besseren Mischen des Inhalts mit Kugeln oder Rollen beschicken kann. Man kann die Zylinder, die um eine wagerechte oder geneigte Achse drehbar sind, von ihrer Peripherie durch Zahnräder oder Laufrollen antreiben. Eine bessere Durchmischung als in diesen Vorrichtungen soll nach Engl. P. 282791 (1927) und 303099 (1928) der Ruth-Aldo Company in Behältern erzielt werden, deren Wandungen gegenüber der Rotationsachse unsymmetrisch angeordnet sind; zylindrisch gebaute Behälter läßt man also z. B. um eine exzentrische Achse rotieren. Während der Azetylierung erfolgt die Zugabe von Reagenzien durch die durchbohrte Welle. Andere Ausführungsformen finden sich im Franz. P. 660377 (1927) von H. L. Barthélemy. Der Rotationskörper hat z. B. die Form eines Würfels, dessen horizontale Rotationsachse durch zwei gegenüberliegende Ecken hindurchgeht. Hierdurch wird das Gleiten der Masse vermieden und so eine bessere Durchmischung erzielt. Dem Wärmeaustausch zwischen dem Reaktionsgut und den Wandungen des Behälters kommt außerdem zugute, daß die Oberfläche der Wand relativ groß ist.

In den D.R.P. 493101 (1926) und 493102 (1926) der Société Chimique des Usines du Rhône werden Verfahren beschrieben, nach denen ein kontinuierliches Durchführen der Azetylierungsoperation möglich sein soll. Die eine Ausführungsform betrifft eine um eine geneigte Achse sich drehende Vorrichtung, deren Durchmesser im Verhältnis zu ihrer Länge gering ist und in der die Reaktionsmasse während des Fortschreitens der Reaktion sich allmählich vorwärts bewegt. Eine derartige Vorrichtung besteht aus einem konischen Rohr von geringer Weite, das mittels eines Radkranzes und Stirngetriebes um eine gegen die Horizontale geneigte Achse gedreht wird. Zellulose und Reaktionsstoffe werden am oberen Ende des Rohres eingeführt, durchlaufen die Vorrichtung und werden dabei mit verschiedenen, im Innern des Rohres angebrachten, dem jeweiligen physikalischen Zustand der Masse angepaßten Rührorganen behandelt. Die fertige Lösung fließt fortlaufend am untern Ende des Rohres ab. Die Temperaturregelung erfolgt durch Berieseln des Rohres mit Kühl- oder Heizflüssigkeiten und kann abschnittsweise variiert werden.

In der gleichen Weise, wie oben beschrieben, kann auch bei den anderen zu dieser Gruppe gehörenden Azetylierungsvorrichtungen die Temperaturregelung durch Berieselung, teilweises Eintauchen der Reaktionsgefäße in Kühl- oder Heizflüssigkeiten oder Ausrüstung mit einem Doppelmantel erfolgen.

Außerhalb der angeführten Gruppen von Azetylierungsvorrichtungen steht das im Franz.P. 670620 (1929) von Giebmanns und Roth beschriebene Verfahren. Hier wird die Reaktionsmasse während der Azetylierung zur Homogenisierung und Reifung im Kreislauf durch Düsen hindurchgepreßt.

b) Beim Reifen benützte Vorrichtungen. Das Reifen nach dem Bayer-Verfahren kann mit und ohne Rühren, lediglich durch Ruhenlassen der vorher gut durchmischten und temperierten Masse erfolgen. Man bringt diese hierzu in verschließbaren Behältern in einen gut durchlüfteten, temperaturkonstanten Raum. Arbeitet man dagegen nach dem Verfahren von Knoll (bei ca. 100°), so darf das Rühren nicht unterbleiben. Da die Azetylierungsmasse zur Einstellung der für die Reife erforderlichen Zusammensetzung verdünnt wird und infolge der hohen Temperatur ihre Viskosität sehr viel geringer ist, bereitet hier das Durchmischen keine großen Schwierigkeiten. Es kann daher mit Rührvorrichtungen besorgt werden, die schwächer gebaut sind und rascher rotieren. Ihre Konstruktion bietet gegenüber der gebräuchlichen keinerlei besondere Merkmale. Als Behälter dienen große, meist zylindrisch gebaute, mit indirekter Heizung versehene Kessel. Benützt man bei der Azetylierung rotierende Trommeln oder ähnliche Vorrichtungen von großem Fassungsraum, dann kann auch die Reifung in diesen Apparaten durchgeführt werden, da die längere Belegung mit einer Charge in diesem Falle verantwortet werden kann.

Die hohe Temperatur beim Knoll-Verfahren gestattet gegen Ende des Reifeprozesses einen Teil der zur Verdünnung verwendeten Essigsäure aus der Masse bei vermindertem Druck abzudestillieren. Dieser Teil der Essigsäure wird also beim Ausfällen nicht verdünnt und braucht deshalb nicht wieder konzentriert zu werden.

c) Beim Ausfällen benutzte Vorrichtungen. Je nachdem, ob die Ausfällung durch allmähliches Einrühren von Wasser in die gereifte Masse (bei hochviskosen Lösungen) oder umgekehrt (bei niedrigviskosen Lösungen) durch Einfließenlassen der Lösung des Azetats in eine größere Wassermenge vorgenommen wird, ist die erforderliche Rührapparatur verschieden. Im ersten Fall benötigt man eine kräftige, langsame Durcharbeitung der Masse etwa entsprechend der von einer Werner-Pfleiderer-Mischmaschine ausgeübten, im zweiten eine lediglich das Fällwasser in rascher Bewegung haltende Vorrichtung.

Von den durch die Patentliteratur bekannt gewordenen hierher gehörigen Verfahren ist besonders bemerkenswert das im D.R.P. 521125 (1928) des Vereins für chemische Industrie A.G. beschriebene. Die Vereinigung der Zelluloseazetatlösung mit der Fällflüssigkeit erfolgt hier kontinuierlich innerhalb einer Zentrifugalpumpe. Abb. 3 zeigt die benutzte Vorrichtung. Durch die Rotation der Pumpe *c* wird durch das Rohr *a* Fällflüssigkeit angesaugt, gleichzeitig wird durch die Leitung *b* Zelluloseazetatlösung unter Druck zugeführt und mit der

Fällflüssigkeit innig vermischt. Das so ausgeschiedene Zelluloseazetat wird sofort vollkommen ausgefällt und besitzt eine faserige, weiche Struktur. Die Fällflüssigkeit kann nach Abtrennung des Zelluloseazetats im Kreislauf durch die Pumpe geschickt werden; es besteht daher die Möglichkeit, bei der Fällung mit relativ kleinen Wassermengen auszukommen. Demnach wird die als Lösungsmittel für das Azetat dienende Essigsäure nicht allzu stark verdünnt, was für deren Regeneration von Vorteil ist. Andere Vorrichtungen zur Ausführung der Fällung sind beschrieben im U.S.A. P. 1560554 (1924).

Für das Abtrennen des ausgefällten Azetates, das Waschen und Stabilisieren werden die auch sonst in der Technik für ähnliche Zwecke gebräuchlichen Apparate benützt wie Zentrifugen, Nutschen, rotierende Waschmaschinen und Kocher u. dgl. Ihre Konstruktion bietet nichts Besonderes.

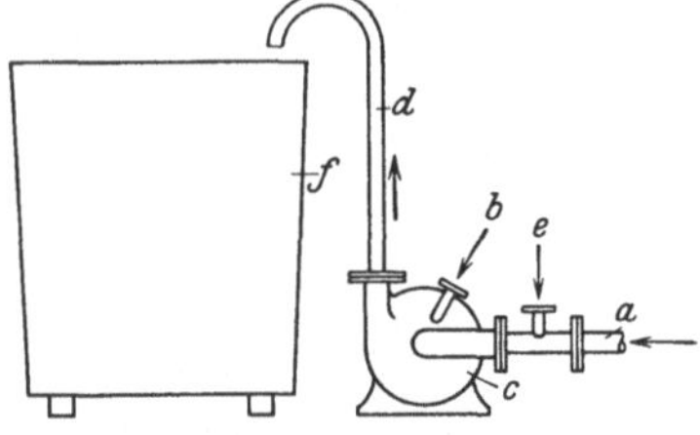

Abb. 3. Vorrichtung zum Ausfällen von Zelluloseazetatlösungen nach D.R.P. 521125.

h) Werkstoffe.

Für die Aufbewahrung von Essigsäure, Essigsäureanhydrid und deren Mischungen kann man Behälter aus hochprozentigem Aluminium verwenden, für konz. Schwefelsäure solche aus Eisen. Als Material für schwefelsäurehaltige Azetylierungsmischungen aufnehmende Mischmaschinen hat sich säurefeste Bronze am besten bewährt, doch muß auf porenfreien Guß besonders geachtet werden. Nach Beendung der Azetylierung in den Reaktionsapparaten zurückbleibende Reste der Mischungen wirken beim Stehenlassen bei Zutritt von Luftsauerstoff sehr korrosiv; die Apparate müssen daher nach Entleerung sofort gereinigt oder bis zur nächsten Beschickung durch Tiefkühlung geschützt werden.

Um das Fördern der azetylierten Masse möglichst zu vereinfachen, ist es zweckmäßig, die notwendigen Apparate in der Reihenfolge ihrer Verwendung so übereinander anzuordnen, daß die höherstehenden ihren Inhalt an die tieferstehenden abzugeben haben. Den Transport des ausgefällten Azetats kann man analog dem in Zellstoffabriken üblichen Verfahren mittels Schwemmrinnen, Schöpfrädern u. dgl. vornehmen.

i) Neue Verfahren.

In diesem Abschnitt soll auf teilweise erst in letzter Zeit bekannt gewordene Verfahren hingewiesen werden, die gegenüber den bisher angewandten besonderes Interesse bieten. Es besteht häufig noch nicht die Möglichkeit, zu unterscheiden, ob durch diese Verfahren die behaupteten Vorteile wirtschaftlicher und technischer Art bereits wirklich erreichbar werden oder ob nur ein Weg gewiesen wird, auf dem solche Möglichkeiten liegen. Jedenfalls zeigt sich, daß das Gebiet der Zelluloseazetatherstellung noch durchaus entwicklungsfähig ist.

Die Regeneration der bei der Fällung des sekundären Azetats entstehenden verdünnten Essigsäure ist ein kostspieliger, die Herstellungskosten des Azetats stark beeinflussender Vorgang. Den Versuchen, gerade diesen Teil des Herstellungsprozesses zu verbessern oder zu eliminieren, kommt deshalb besondere Bedeutung zu.

Ließe sich mit Wasser verdünnte Essigsäure durch einfache Destillation in die reinen Komponenten zerlegen, so wäre die Regeneration dieser Essigsäure weit weniger umständlich. Dagegen können Gemische von Essigsäure mit einer Reihe organischer Lösungsmittel ohne weiteres durch Destillation getrennt werden. Nimmt man demnach die Fällung von Zelluloseazetat anstatt mit Hilfe von Wasser mit organischen Flüssigkeiten vor, die Zelluloseazetat nicht lösen und mit Essigsäure keine azeotropen Gemische geben, so vereinfacht sich die Wiedergewinnung der Säure. Geeignete organische Fällungsmittel, z. B. Benzol, Naphtha, Petroleum, Tetrachlorkohlenstoff geben die Verfahren U.S.A. P. 708457 (1902), Franz. P. 450886 (1912), D.R.P. 473833 (1926) an.

Bei den Verfahren der Kodak-Company[1] wird eine Verdünnung der Essigsäure überhaupt vermieden. Der gereiften Masse wird eine möglichst große Oberfläche erteilt, z. B. durch Auswalzen zu bandartigen Gebilden, von denen dann durch Erhitzung, z. B. auf geheizten Walzen, der Hauptteil der Essigsäure abdestilliert wird.

Von den Versuchen, die bei der Azetylierung die Verwendung von Essigsäure ganz ausschließen, sind am ältesten diejenigen, bei denen die Essigsäure ersetzt wird durch organische Flüssigkeiten, die Zelluloseazetat nicht lösen, z. B. Benzol oder Tetrachlorkohlenstoff. Hier bleibt bei der Azetylierung die Faserstruktur erhalten. Die Trennung von Azetylierungsbad und azetylierter Zellulose ist auf die einfachste Weise durch Abgießen möglich. Auf dieses in dieser Hinsicht ideale, auf dem D.R.P. 184201 (1904) der Badischen Anilin- und Sodafabrik beruhende Verfahren hat man immer wieder zurückgegriffen und es zu verbessern gesucht. (D.R.P. 224330, U.S.A. P. 854374, U.S.A. P. 1236578, U.S.A. P. 1236579, U.S.A. P. 1201260, U.S.A. P. 1338661, U.S.A. P. 1466329, Franz. P. 450886.)

Die Schwierigkeit, unter solchen Bedingungen die Azetylierung völlig gleichmäßig durchzuführen und ganz klar lösliche Azetate zu erhalten, stand bisher der technischen Anwendung im Wege.

Mehr Erfolg versprechen in letzter Zeit aufgetauchte Verfahren, bei denen die Essigsäure in der Azetylierungsmischung ganz oder teilweise durch niedrig siedende, Zelluloseazetat auflösende Stoffe ersetzt wird. Als Katalysator bei der Azetylierung dient auch hier meist Schwefelsäure. Im Prinzip gleichen also diese Verfahren durchaus dem üblichen, sie besitzen aber den Vorteil, daß durch Verdampfenlassen des Lösungsmittels das Zelluloseazetat sofort in fester Form ausgeschieden wird. Zu dieser Verfahrensgruppe gehört die Azetylierung in flüssiger schwefliger Säure als Lösungsmittel[2] oder mit niedrig siedenden chlorierten Kohlenwasserstoffen, wie z. B. Methylenchlorid [D.R.P. 526479 (1929) und D.R.P. 528821 (1929) der I. G. Farbenindustrie]. Da Schwefeldioxyd bei gewöhnlichem Druck bei -10^0 siedet, muß in Autoklaven gearbeitet werden. Beim plötzlichen Abblasen des Schwefeldioxyds wird durch dessen Expansion das Zelluloseazetat in flockiger Form erhalten.

Bei Zusatz solcher leicht verdampfbarer, Zelluloseazetat lösender Stoffe zu einer bereits Essigsäure enthaltenden Azetylierungsmischung hat man den Vorteil einer Essigsäureersparnis, gegebenenfalls auch den einer Wärmeregulierung der Reaktion durch das Verdampfen des Zusatzstoffes [Schw. P. 143699 (1929)].

---

[1] Zum Beispiel U.S.A. P. 1494816 (1923), 1491830 (1923), 1514274 (1923), 1516225 (1923), 1536311 (1924), 1536312 (1924), 1536334 (1924) usw.

[2] 1. Verf. der I. G. Farben: Engl. P. 306036; Franz. P. 664459; Österr. P. 122010; Schw. P. 140410; D.R.P. a. J. 32735 (1927); Engl. P. 343655; Franz. P. 37820; Schw. P. 147446; D.R.P. a. J. 36533 (1928); Franz. P. 38819; Schw. P. 149874; D.R.P. a. J. 38742 (1929); Franz. P. 717083; D.R.P. a. J. 38831 (1929).

2. Verf. der U.S. Industrial Alcohol Co.: U.S.A. P. 1816564; Engl. P. 306531 u. 329718; Franz. P. 667978; Schw. P. 145459; D.R.P. a. U. 10566 (1928); Engl. P. 346430; Franz. P. 686491; U.S.A. P. 1822563 u. 1839295; Schw. P. 149719 (1929); Engl. P. 346824; Franz. P. 686492; Schw. P. 151972 (1929); Engl. P. 356956; Franz. P. 702446.

3. Verf. von Boehringer & Söhne: Engl. P. 312242; Franz. P. 675471; Schw. P. 143699 (1928)

4. Verf. des Etablissement Kuhlmann: Engl. P. 304227; Franz. P. 661210 (1928).

Die Azetylierungsverfahren, die mit leicht siedenden chlorierten Kohlenwasserstoffen als Lösungsmittel arbeiten, scheinen am ersten dazu berufen, die schon seit langem angestrebte direkte Verspinnung der bei der Azetatgewinnung erhaltenen Lösung zu ermöglichen, eine Vereinfachungsmöglichkeit des Azetatverfahrens, bei der das Ausfällen des Azetats und das Wiederauflösen in kostspieligen Lösungsmitteln wegfallen.

Bei Azetylierung in Gegenwart dieser chlorierten Kohlenwasserstoffe hat deren Nichtmischbarkeit mit Wasser den Nachteil, daß die partielle Hydrolyse nicht in der bekannten einfachen Weise durch Zusatz von Wasser zur Azetylierungsmischung ausgeführt werden kann. Hier sind Verfahren ausgearbeitet worden, die nach Zusatz von Alkohol mit Ammoniak, also in alkalischem Medium, die Verseifung ausführen (Franz. P. 724957 der Dr. Alexander Wacker G.m.b.H.).

Die bisher aufgeführten Verfahren erstreben eine Verbilligung des Azetatherstellungsprozesses und schlagen hierzu mehr oder minder neue Wege ein. Mit einer Verbesserung der Qualität des bei der üblichen Azetylierung mit Essigsäureanhydrid, Essigsäure und Schwefelsäure anfallenden Produktes beschäftigt sich das Schw. P. 139513 der Fluida, Arnhem. Die Stabilität von in Gegenwart von Schwefelsäure hergestellten Azetaten kann danach dadurch ganz wesentlich gesteigert werden, daß nach beendeter Primärreaktion zu der Azetylierungsmischung gerade nur eine zur vollständigen Umsetzung des noch vorhandenen Anhydrids zu Essigsäure ausreichende Menge Wasser und nicht mehr zugesetzt wird. Unter diesen Umständen vollzieht sich die Reife in einer 100proz. Essigsäure. Sie hat in diesem Falle keine teilweise Verseifung des Zelluloseazetats, wohl aber einen Austausch von mit der Zellulose esterifizierter Schwefelsäure gegen Azetylgruppen zur Folge. Je nachdem, ob man die Ausfällung des Azetats sofort vornimmt oder erst eine zweite Reife in mit Wasser verdünnter Essigsäure folgen läßt, erhält man sehr hoch oder normal veresterte Azetate mit Schwefelsäuregehalten unter 0,1%. Dieser Schwefelsäuregehalt entspricht dem sonst erst nach Ausführung der Stabilisierung erhältlichen. Durch die Auffindung dieses wichtigen Verfahrens wird die Azetylierung in Gegenwart von Schwefelsäure bezüglich der Stabilität der erhaltenen Azetate solchen Azetylierungsmethoden gleichgestellt, bei denen die Bildung instabiler Produkte von vornherein ausgeschlossen ist.

k) Prüfungsmethoden.

a) Anforderungen an die bei der Azetylierung verwendeten Chemikalien. Die verwendete Essigsäure muß frei sein von teerartigen Bestandteilen und darf kein Eisen, Aluminium und Kieselsäure enthalten. Den Prozentgehalt an reiner Essigsäure bestimmt man in der Weise, daß man eine abgewogene Menge der zu prüfenden Säure mit einer bekannten überschüssigen Laugenmenge gut durchgeschüttelt und dann zurücktitriert. Ein Gehalt von mehr als 99% Essigsäure ist erforderlich.

Die Gehaltsbestimmung des Essigsäureanhydrids kann nach der von A. Rott[1] beschriebenen Methode vorgenommen werden. Eine abgewogene Menge des zu prüfenden Anhydrids wird nach Zusatz einer geringen gemessenen Wassermenge am Rückflußkühler gekocht und der Wassergehalt der erhaltenen Essigsäure nach dem Verfahren von Rüdorff durch Bestimmung des Erstarrungspunktes ermittelt[2]. Die Differenz zwischen der Menge des eingewogenen Wassers und des nach der Reaktion in der erhaltenen Essigsäure wiedergefundenen Wassers entspricht dem Anhydridgehalt der eingewogenen Probe. Der Anhydridgehalt soll nicht unterhalb 94% liegen.

[1] Chem.-Ztg. 1930 S. 954.

[2] Lunge-Berl: Chem.-techn. Untersuchungsmeth. Bd. 3 S. 952.

b) Methoden zur Kontrolle des Azetylierungs- und Reifeverlaufs. Bei Ausführung der Primärreaktion, die mit dem vollständigen Inlösunggehen der Zellulose ihren Abschluß findet, ist es zwecks einer stets gleichmäßigen Reaktionsführung wünschenswert, nicht nur über die sichtbaren Zustandsänderungen der Zellulose, sondern auch über die nicht direkt wahrnehmbaren Veränderungen in der Zusammensetzung der Azetylierungsflüssigkeit fortlaufend unterrichtet zu sein. Für den Reaktionszustand der letzteren ist in erster Linie ihr Gehalt an noch nicht umgesetztem Anhydrid maßgebend. Man kann diesen empirisch nach folgender Methode ermitteln[1]: In einen wärmeisoliert aufgestellten, genau auf die Temperatur der Azetylierungsmischung erwärmten Porzellanbecher bringt man rasch 20 g einer Probe der Reaktionsmasse, fügt 10 cm^3 gleichtemperiertes Wasser hinzu und rührt möglichst intensiv. Der erzielte Temperaturanstieg, zwischen 5 und 10^0 liegend, ergibt auf Grund einer empirisch aufgestellten Tabelle den Gehalt an Anhydrid. Im Reaktionsgemisch fehlende Anhydridmengen können so ergänzt, Überschüsse durch Zugabe wässeriger Essigsäure zerstört werden.

Um den Endpunkt der Reife genauer festlegen zu können, besteht das Bedürfnis, die qualitativen Löslichkeitskriterien, die für das Sekundärazetat als charakteristisch angeführt wurden, durch quantitative Methoden zu ergänzen. Die Titration von Azetylzelluloselösungen mit Nichtlösern bis zur beginnenden Trübung, oder umgekehrt die von trüben Azetylzelluloselösungen mit geeigneten Komponenten bis zur völligen Klärung, gibt hierzu eine Möglichkeit. Allerdings entbehren diese Methoden der Standardisierung, wie sie etwa die Reifeprüfmethoden in der Viskoseindustrie erfahren haben. Jeder Betrieb hat entsprechend seinem Verfahren und der erzeugten Azetylzellulose eine einmal als zweckmäßig erkannte Prüfungsweise ausgebildet und bestimmte Grenzzahlen festgelegt.

Genannt sei die Prüfung der Löslichkeit in Chloroform-Alkoholgemischen bei wachsenden Mengen Alkohol bis zur Ausfällung und die Titration einer Aufschwemmung des Zelluloseazetates in heißem Benzol-Alkohol 1 : 1 (Volumteile) mit Wasser bis zum Klarwerden. Der dem sekundären Azetat entsprechende Löslichkeitszustand ist z. B. erreicht, wenn in letzterem Falle bereits zwei bis drei Tropfen Wasser zur Erzielung der Klärung genügen.

c) Untersuchung und Eigenschaften von Zelluloseazetat. Das erzeugte Zelluloseazetat muß auf seine Zusammensetzung mittels chemisch-analytischer Methoden und bezüglich seiner kolloid-chemischen Eigenschaften physikalisch geprüft werden.

Die chemische Untersuchung hat sich auf Wassergehalt, Aschengehalt, freie Essigsäure, Azetylgehalt, Gesamtschwefelsäure und Zersetzungspunkt zu erstrecken. Allgemein anerkannte analytische Vorschriften sind nicht vorhanden, doch wird meist entsprechend den nachstehend angegebenen Methoden verfahren.

Den Wassergehalt bestimmt man durch Trocknen einer Probe bei 110^0 bis zur Gewichtskonstanz.

Der Aschengehalt ergibt sich auf die übliche Weise durch vollständige Verbrennung (nach Abrauchen mit Ammonnitrat und Schwefelsäure) und Ausglühen des Rückstandes.

Die freie Essigsäure bestimmt man durch Digerieren einer Probe mit kaltem Wasser, Abfiltrieren und Titrieren des Filtrates.

Die Bestimmung des Azetylierungsgrades kann mit einer zumeist ausreichenden Genauigkeit durch alkalische Verseifung — nach vorhergehendem Befeuchten der Probe mit Alkohol — vorgenommen werden. Hierfür sind verschiedene, an

[1] Rayon Record Bd. 4 (1930) S. 1137.

sich ziemlich gleichwertige Methoden[1] vorhanden. Es ist zweckmäßig, nach vollzogener Verseifung mit einem Säureüberschuß zu versetzen und die überschüssige Säure zurückzutitrieren. Genauer, aber umständlicher ist die saure Verseifung nach Ost[2], da hier eine Destillation erforderlich wird.

Zur Ausführung der Gesamtschwefelsäurebestimmung oxydiert man eine Probe des Azetats mit Salpetersäure und Ammonnitrat, und bestimmt im Rückstand die Schwefelsäure auf bekannte Weise mit Bariumchlorid.

Um das Verhalten des Azetats beim Erhitzen festzustellen, bringt man Proben davon in dickwandigen Reagenzgläsern in ein Schwefelsäurebad, dessen Temperatur man, von 180° ab, nur langsam weiter ansteigen läßt. An in Abständen von je 10° entnommenen Proben stellt man die eingetretenen Veränderungen fest. Im allgemeinen bewirkt der Schwefelsäuregehalt der Azetate deren Dunkelfärbung noch vor eintretendem Schmelzen.

Ein für Kunstseidenzwecke verwendbares Zelluloseazetat muß in analytischer Beziehung etwa folgenden Anforderungen genügen:

Aschengehalt	weniger als 0,15%
Freie Essigsäure	weniger als 0,01%
Azetylgehalt	53 bis 55% Essigsäure
Gesamtschwefelsäure	weniger als 0,1%
Dunkelfärbung und Schmelzen	oberhalb 200°

Auch bei der physikalischen Prüfung von Zelluloseazetat ist man von einer Standardisierung der Prüfungsmethoden noch weit entfernt. Weder über die anzuwendenden Methoden noch über deren Ausführung herrscht zwischen Produzenten und Verbrauchern Einverständnis. Meist wird die Messung der Viskosität und der mechanischen Eigenschaften von aus dem Azetat hergestellten Fäden oder Filmen als genügend angesehen. Doch vermag auch die Untersuchung des Quellungsverhaltens und der Löslichkeitsbereiche des Azetats wertvolle Aufschlüsse zu geben[3].

Für die Messung der Viskosität sind mehrere Methoden in Anwendung. Für niedrigprozentige (etwa 2proz.) Lösungen benützt man das Kapillarviskosimeter[4], für etwa 5- bis 10proz. Lösungen das Luftblasenviskosimeter von Cochius[5], für noch höher prozentige Lösungen die Kugelfallmethode[6]. Als Lösungsmittel dient für Azetate gleichen Essigsäuregehaltes Azeton, sonst Ameisensäure oder Essigsäure. Die Messungen müssen innerhalb eines Thermostaten, der meist auf 20° eingestellt wird, vorgenommen werden. Man begnügt sich im allgemeinen mit der Angabe der Viskosität in Sekunden, so daß schon aus diesem Grunde nur mit demselben Apparat, in derselben Konzentration und im gleichen Lösungsmittel ausgeführte Messungen miteinander vergleichbar sind.

Prüft man die Viskositäten gleichzeitig auch bei höheren Temperaturen, etwa 30, 40 und 50°, so beobachtet man einen starken Viskositätsabfall, der indessen nicht bei allen Azetaten gleich steil erfolgt[3]. Azetate, die mit steigender Temperatur weniger rasch abfallende Viskositäten aufweisen, verdienen gegenüber anderen den Vorzug. Zu ähnlichen Unterschieden zwischen verschiedenen Azetaten gelangt man bei Viskositätsuntersuchungen bei steigenden Drucken.

Bei längerem Stehenlassen von Zelluloseazetatlösungen und fortlaufender Prüfung ihrer Viskosität hat man in den ersten Tagen meist erhebliche Visko-

[1] Z. angew. Chem. Bd. 27 (1914) S. 507; Cellulosechem. Bd. 3 (1922) S. 119, 121; vgl. auch K. Heß: Die Chemie der Cellulose S. 415 u. 417.
[2] Z. angew. Chem. Bd. 19 (1906) S. 995; Bd. 29 (1912) S. 1467.
[3] Vgl. Chem.-Ztg. Bd. 54 (1930) S. 605.
[4] Vgl. Kohlrausch: Lehrbuch der praktischen Physik 15. Aufl. S. 248.
[5] Z. angew. Chem. Bd. 19 (1906) S. 2055.
[6] Kohlrausch: Lehrbuch der praktischen Physik 15. Aufl. S. 252.

sitätsschwankungen beobachtet; gelegentlich wurden aber auch noch spätere kleinere Viskositätsänderungen festgestellt. Es ist aber fraglich, inwieweit diese Erscheinungen auch bei sehr sorgfältigem Ausschließen von Verdunstung oder Wasserzutritt und bei Verwendung von völlig stabilisiertem Material noch bestehen bleiben[1]. Jedenfalls sind Azetylzellulosen mit rasch ins Gleichgewicht kommenden Lösungen erwünscht.

Den Löslichkeitsbereich prüft man auf die schon anläßlich der Reifekontrolle erwähnte Weise durch Titration einer etwa 2proz. Lösung der Azetylzellulose in Azeton mit Wasser oder Benzol bis zur beginnenden Trübung. Bei hochviskosen Azetylzellulosen tritt frühere Ausfällung ein als bei niedrigviskosen.

Überläßt man die nach Zusatz des Nichtlösers getrübte Zelluloseazetatlösung eine Zeitlang sich selbst, so findet Abscheidung eines Teiles der gelösten Azetylzellulose statt. Trennt man diesen ab und verfährt man mit der übrigbleibenden Lösung in derselben Weise, so erfolgt wieder eine Abscheidung usf. Schließlich hat man auf diesem Wege eine Fraktionierung des Zelluloseazetats ausgeführt. Die einzelnen Fraktionen unterscheiden sich kaum durch ihren Azetylgehalt, stark durch ihre Viskosität[2]. Ihre Teilchengrößen sind demnach verschieden. In der Fraktionierung von Azetylzellulose hat man also ein Mittel, sich einen Überblick über die in einer technischen Azetatprobe vorliegenden Teilchengrößen zu verschaffen. Ihre Verteilung ergibt sich aus dem Mengenverhältnis der einzelnen Fraktionen.

Die mechanischen Eigenschaften eines für Kunstseidezwecke bestimmten Zelluloseazetates wird man am zweckmäßigsten an Fäden prüfen, die man mittels eines Spinnversuches gewinnt, da so Fehlschlüsse am sichersten vermieden werden. Nur so kann man gewisse sonst nicht in Erscheinung tretende, zwischen zwei Zelluloseazetatproben vorhandene Unterschiede, wie das Streckvermögen beim Spinnen, erfassen. Die Filmprüfung soll nach Möglichkeit nur die Probespinnversuche ergänzen.

Mittels eines Handgießschlittens gießt man aus stets gleichprozentigen Lösungen der Zelluloseazetate in Azeton auf Glasplatten Filme, trocknet diese nach dem Abziehen einige Stunden bei erhöhter Temperatur und prüft Festigkeit und Dehnung am Reißapparat z. B. von Schopper, die Knitterfestigkeit am Falzapparat der gleichen Firma. Ca. 0,1 mm dicke Filme sollten eine Reißfestigkeit von 7 bis 9 kg/m^2, eine Dehnung von ca. 20% und eine Knitterfestigkeit oberhalb von zehn Doppelfalzungen aufweisen. Diese Filme sind auch zur Ausführung der Quellbarkeitsprüfung geeignet. Man schneidet den Film in wenige Quadratzentimeter große Scheiben, bringt dieselben in Wasser von Zimmertemperatur und bestimmt nach 24 Stunden die Gewichtszunahme nach vorsichtigem Abtupfen mit Filtrierpapier. Die Quellbarkeitswerte verschiedenen Materials stehen mit der Naßfestigkeit und Kochbeständigkeit hieraus gesponnener Fäden in der Beziehung, daß mit Abnahme der Quellbarkeit eine Zunahme der Naßfestigkeit und Kochbeständigkeit verbunden ist. In welcher Weise die Quellbarkeit vom Veresterungsgrad der Azetylzellulose beeinflußt wird, zeigt die folgende Zusammenstellung[3]:

% Essigsäure	% aufgenommenes Wasser
50 bis 53	über 14
53 „ 54	12,5 bis 13
54 „ 55	11 „ 12,5
55 „ 56	9,5 „ 11

[1] Vgl. H. Suida: Cellulosechem. Bd. 12 (1931) S. 320.
[2] Kolloidchem. Beih. Bd. 30 (1930) S. 230; Cellulosechem. Bd. 13 (1932) S. 25.
[3] Werner u. Engelmann: Z. angew. Chem. Bd. 42 (1929) S. 438.

Danach könnte die Verwendung von Zelluloseazetaten mit hohem Essigsäuregehalt besonders vorteilhaft erscheinen. Da aber mit steigendem Essigsäuregehalt Fällung und Auswaschen des Zelluloseazetates bedeutend schwieriger werden und insbesondere die Bügelfestigkeit von aus solchem Material hergestellten Azetatfäden abnimmt[1], hat sich als zweckmäßig herausgestellt, in der Praxis über einen Essigsäuregehalt von 53 bis 55% nicht hinaus zu gehen.

B. Verarbeitung der Azetylzellulose zu Kunstfäden.

1. Herstellung der Spinnlösung.

Obwohl man es im letzten Jahrzehnt gelernt hat, den Azetylierungsprozeß in weitem Umfang technisch zu beherrschen, ist es auch jetzt noch nicht völlig gelungen, den Ausfall der einzelnen Chargen ganz gleichmäßig zu gestalten. Hierbei ist es erfahrungsgemäß weniger schwierig, stets denselben Azetylierungsgrad zu erhalten, als geringe Schwankungen in der Viskosität zu vermeiden. Da sich solche Schwankungen beim Spinnprozeß sehr störend bemerkbar machen, wird im allgemeinen zuerst eine größere Anzahl von Chargen hergestellt, die dann in der Weise gemischt werden, daß eine Lösung von der gewünschten Viskosität entsteht.

In verzinnten, mit Kühl- und Absaugevorrichtungen versehenen eisernen Mischgefäßen wird das Zelluloseazetat unter Rühren aufgelöst. Als Lösungsmittel dient meist Azeton-Alkohol, im Verhältnis 8 : 2 gemischt. Die Spinnlösungen enthalten 18 bis 25% Zelluloseazetat. Da Wasser stark viskositätserniedrigend wirkt, ist auf Wasserfreiheit der verwendeten Lösungsmittel und auf eine stets gleichmäßige Trocknung des Zelluloseazetats genau zu achten. Der Auflösungsprozeß ist nach etwa 24 Std. beendet. Anschließend werden die Spinnlösungen durch möglichst weite und kurze Rohrleitungen in Kessel abgefüllt, in denen sie bis zur Filtration verbleiben.

Die hohe Viskosität der Lösungen bedingt bei der Filtration Drucke von 5 bis 15 Atm., also von einer Höhe, wie sie bei der Viskose- und Kupferseidenindustrie nicht erforderlich sind. Dem wird Rechnung getragen durch Verwendung besonders druckfester Filterapparaturen und Leitungen und durch Vornahme der Filtration in mehreren Stufen, unter Verwendung von Filterschichten zunehmender Dichte. Ein geringer Überdruck fördert die Lösungen zu Hochdruckpumpen, die sie durch mit Filtern aus Baumwolltuch, Watte, Batist oder Müllergaze versehene Filterstöcke hindurchpressen. Ein kontinuierlicher Betrieb wird dadurch ermöglicht, daß in die von der Pumpe kommende Leitung jeweils zwei Filterstöcke parallel geschaltet werden, so daß das eine Filter gereinigt werden kann, während das andere in Betrieb ist. Um auch die stufenweise Filtration ohne Unterbrechung ausführen zu können, gelangt die Lösung nach Passieren des ersten Filters wieder in einen Kessel; ist dieser halbgefüllt, so wird das folgende Pumpe-Filteraggregat in Tätigkeit gesetzt usw. So läßt sich das Aufstellen allzu großer Kessel vermeiden. Zur Kontrolle des Filtrationsvorganges dienen den einzelnen Filterstöcken vorgeschaltete Manometer.

Will man sich von der Reinheit der filtrierten Lösungen überzeugen, so kann man eine Probe auf einer Spiegelglasscheibe zu einer dünnen Schicht ausbreiten und den getrockneten Film auf Durchsichtigkeit prüfen. Die Lösung selbst muß von einem Glasstabe vollkommen gleichmäßig abfließen, der entstehende Faden muß sich ganz fein ausziehen lassen und darf dabei keinerlei Verdickungen auf-

[1] Bei sehr hohen Azetylierungsgraden steigt die Bügelfestigkeit allerdings wieder an.

weisen. Grießliche Lösungen lassen sich bei einiger Übung mit dieser einfachen Methode gut erkennen.

Die filtrierten Lösungen werden in einem temperaturkonstanten Raum in großen Kesseln gesammelt, und verbleiben hier bis zur vollständigen Entlüftung, wofür etwa 24 Std. nötig sind.

2. Der Spinnprozeß.

Zelluloseazetatlösungen werden fast ausnahmslos nach dem Trockenspinnverfahren versponnen. Das Prinzip dieses Spinnverfahrens, das von Eichengrün bereits im Jahre 1904 angegeben wurde, ist sehr einfach. Trotzdem bedurfte es jahrelanger Erfahrungen, um die für die Erzeugung eines Fadens mit optimalen Eigenschaften erforderlichen Spinnbedingungen aufzufinden. Nicht mindere Schwierigkeiten hat es bereitet, den Spinnprozeß, den Anforderungen eines Betriebes entsprechend, so auszugestalten und festzulegen, daß es möglich wurde, wirklich gleichmäßige Seide zu fabrizieren. Jahrzehntelang hat das Fehlen geeigneter Wiedergewinnungsverfahren die Entwicklung der Azetatspinnerei gehemmt. Der hohe Preis und die große Menge der zur Herstellung der Spinnlösung benützten Lösungsmittel machen verständlich, wie sehr von dem vollständigen Erfassen der verdampfenden Lösungsmittel das rationelle Arbeiten einer Azetatspinnerei abhängt.

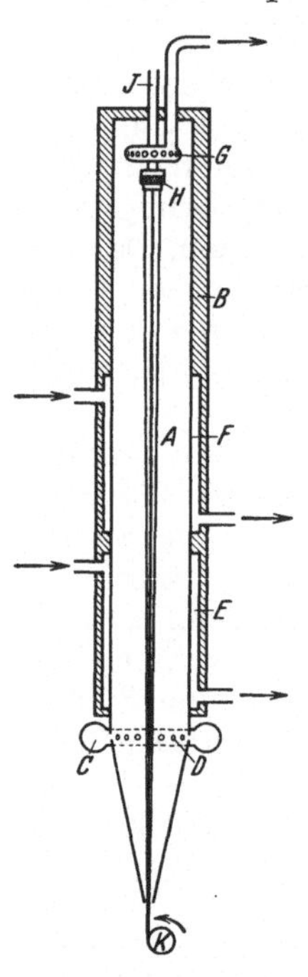

Abb. 4. Schematische Darstellung einer Azetatseide-Spinnapparatur.

a) Die Spinnapparaturen.

Auch die Entwicklung der Spinnapparaturen hat über ein Stadium geführt, in dem eine sehr große Anzahl verschiedenster Konstruktionen ausgearbeitet und patentiert wurde. Im Laufe der Zeit fand aber eine Angleichung der Bauarten statt, so daß die gegenwärtig verwendeten Konstruktionen im allgemeinen nur sekundäre Unterschiede aufweisen.

Eine Spinnapparatur von dem heute verwendeten Typus zeigt schematisch Abb. 4. Die Spinnzelle A, mit wärmeisolierendem Material B umkleidet, besteht aus einem 4 bis 6 m langen, senkrecht aufgestellten zylindrischen Rohr von etwa 30 cm Durchmesser. Durch die Leitung C und die darin befindlichen Öffnungen D wird (gegebenenfalls vorgewärmte) Luft von unten in die Spinnzelle eingelassen. Die Heizmäntel E und F, die von heißem Wasser durchflossen werden, erwärmen die Luft weiter. Die Luft steigt in der Spinnzelle hoch und wird durch die Absaugevorrichtung G aus der Spinnzelle entfernt. Von hier aus gelangt sie in die Wiedergewinnungsanlage. Die Absaugevorrichtung besteht aus einem in Höhe der Spinnbrause H konzentrisch angebrachten Ringrohr, das an der Unterseite mit Öffnungen versehen ist.

Die Spinnlösung wird durch die Leitung J der Spinnbrause zugeführt. Durch den aufsteigenden warmen Luftstrom verdampft das Lösungsmittel der aus den Öffnungen der Brause austretenden Lösung allmählich. Die entstehenden Fäden werden nach unten abgezogen und verlassen die Spinnzelle durch eine schmale Öffnung, die sich an der Spitze des unteren, konisch verjüngten Teiles der Spinnzelle befindet. Die austretenden Fäden werden auf der Spule K gesammelt.

Bei den betriebsmäßig benützten Azetatspinnmaschinen wird eine große Anzahl derartiger Spinnzellen nebeneinander gesetzt. Eine doppelseitige Spinnmaschine von O. Kohorn, Chemnitz, wie sie in den Abb. 5 u. 6 wiedergegeben ist, besitzt beispielsweise auf jeder Seite 50 Kammern. Um den Aufbau der Maschine deutlich zu machen, sind teilweise die die Kammern bildenden Blechzwischenwände und die Vorderwand entfernt. An der abgebildeten Maschine sind alle an Hand der schematischen Abbildung beschriebenen Teile gut zu erkennen.

Die Kammern besitzen hier rechteckigen Querschnitt und werden durch an der Stirnwand der Maschine sichtbare Warmwasserleitungen erwärmt. Zur Kontrolle des Spinnvorganges sind am oberen und unteren Ende der Spinnzellen Beobachtungsfenster eingesetzt. Für jede Kammer ist eine Spinnpumpe, ein Kerzenfilter und eine Brausenhaltevorrichtung vorgesehen. Diese Teile sind zusammen mit der Zuführungsleitung für die Spinnlösung oberhalb des Gehäuses der Spinnmaschine angebracht (Abb. 7). Durch die in der Decke der Spinnzellen sichtbaren Löcher ragen die Brausehaltevorrichtungen in die Kammern. Unterhalb der Spinnzellen befinden sich die Aufspulvorrichtungen nebst Fadenführer. Deren Antrieb sowie der der Spinnpumpen erfolgt durch das an der einen Stirnwand der Maschine sichtbare Getriebe.

Abb. 5. Azetatkunstseide-Spinnmaschine von O. Kohorn, Chemnitz.

Die eben beschriebene Anordnung gilt, wie bereits erwähnt, im großen und ganzen für die Mehrzahl der praktisch benützten Spinnapparaturen. Unterschiede bestehen in der Art, in der das Aufspulen der die Spinnzellen verlassenden Fäden vorgenommen wird. Ebenso findet man Abweichungen in der konstruktiven Lösung einiger beim Trockenspinnen auftretenden Schwierigkeiten. Hier sind von den sich mit der Azetatseidenherstellung befassenden Firmen verschiedene Einrichtungen vorgeschlagen worden, die an Hand der Patente besprochen werden mögen.

Eine der Schwierigkeiten beim Trockenspinnen besteht darin, eine wirbelfreie Luftströmung im Spinnschacht zu erzielen. Besonders beim Luftaustritt in der Nähe der Brause müssen Wirbel vermieden werden, damit es nicht zu Verklebungen von Einzelfäden oder zur Bildung von Schlaufen im vereinigten Fadenbündel kommt. Mitunter wird deshalb die Hauptmenge der mit Lösungsmitteldämpfen beladenen Luft bereits in einem gewissen Abstand unterhalb der Spinnbrause durch dort angebrachte Abzugsöffnungen abgesaugt, so daß im oberen Teil der Spinnzelle eine geringere Luftbewegung herrscht [Engl. P. 263393 (1924) der Soc. chim. d. Usines du Rhône]. Die Unterteilung der Spinnzelle in solche Zonen kann noch verstärkt werden durch das Anbringen von Klappen, Diaphragmen oder ähnlichen Vorrichtungen im Spinnschacht. Sie lassen zwar das Fadenbündel hindurch, behindern aber die freie Luftbewegung [D.R.P. 474043 (1927) der Aceta G. m. b. H.].

Die angegebene Art des Absaugens bietet auch die Möglichkeit, in bestimmten Abschnitten des Spinnschachtes die Lösungsmittelkonzentration des Luftstromes unterschiedlich zu regeln, was unter Umständen zur Beeinflussung der Fadeneigenschaften erwünscht ist. Will man im Zusammenhang hiermit auch die Temperatur im Spinnschacht abschnittweise variieren, so umgibt man die betreffenden Zonen des Spinnschachtes mit Heizkörpern, die von verschieden temperierten Heizflüssigkeiten durchflossen werden [Franz. P. 594610 (1925) der Rhodiaseta, Paris].

Abb. 6. Azetatkunstseide-Spinnmaschine von O. Kohorn, Chemnitz.

Zur Vermeidung der Wirbelbewegung in einer Trockenspinnzelle ist auch vorgeschlagen worden, die Zu- und Ableitung der Trockenluft durch poröse Wände, z. B. porösen gebrannten Ton vorzunehmen. Dieses Material kann in Form von Rohrstücken oder Platten in die zylindrische oder viereckige Spinnzelle eingebaut werden [D.R.P. 461196 (1927) der Aceta G. m. b. H.].

Beim Spinnen kommt es vor, daß Fäden im Innern der Zelle brechen. Befindet sich am unteren Ende der Spinnvorrichtung ein mit polierten Innenwänden versehener Trichter, an dessen Spitze die Fäden durch eine Öffnung austreten (wie bereits in der schematischen Abb. 4 gezeichnet), so ist es in diesem Falle nicht erforderlich, ein Fenster in der Wandung der Zelle zu öffnen und die abgebrochenen Fäden mit den übrigen wieder zu vereinigen. Durch den Trichter erfolgt diese Vereinigung selbsttätig: Der gebrochene Einzelfaden sinkt im Spinnschacht nach abwärts, trifft auf die Wände des Trichters und gleitet abwärts, bis er die übrigen Fäden antrifft, mit denen er sich von neuem vereinigt. Selbstverständlich ist diese Einrichtung beim Anspinnen von großem Vorteil [D.R.P. 403736 (1923) der Rhodiaseta, Paris].

Beim Anspinnen tritt meist noch eine andere Schwierigkeit auf; die aus den Brausenöffnungen austretende Spinnlösung hat die Tendenz, sich über die Brausenaußenfläche zu verteilen und diese zu verschmieren. Die anfängliche Bildung der Fäden wird indessen sehr erleichtert, wenn beim Beginn des Spinnens auf die Lösung eine plötzliche beträchtliche Drucksteigerung ausgeübt wird. Die Druckerhöhung kann z. B. mittels eines Hilfskolbens erzeugt werden, der sich in einem Zylinder bewegt und mit der Zuleitung für die Spinnflüssigkeit durch eine Zweigleitung in Verbindung steht, oder aber auch mittels einer biegsamen Membran oder ähnlicher Vorrichtungen [D.R.P. 458269 (1927) von Courtaulds Ltd. oder D.R.P. 534237 von Dr. Alexander Wacker].

Beim Azetatspinnen muß sehr darauf geachtet werden, die Bedingungen, unter denen das Spinnen erfolgt, für sämtliche Zellen konstant und so ähnlich wie möglich zu machen, damit jede Zelle das gleiche Erzeugnis liefert. Im einzelnen wird es darauf ankommen, daß die einzelnen Spinnbrausen ganz gleichmäßig gespeist werden und daß jede Zelle gleichmäßig erwärmt und von der gleichen Menge des zum Trocknen bestimmten Luftstromes durchflossen wird.

Die Leistung der Spinnpumpen ist nur dann genügend gleichmäßig, wenn ihnen die Spinnlösung mit konstantem Druck zugeführt wird und wenn sie einen stets gleichen Gegendruck zu überwinden haben. Was das erste Erfordernis betrifft, so ist man bei der Azetatspinnerei dazu übergegangen, die einzelnen Spinnpumpen vom Vorratsbehälter aus mit einer Ringleitung zu speisen, in der die Spinnlösung zirkuliert und stets unter gleichem Druck gehalten wird.

Abb. 7. Oberer Teil einer Azetatkunstseide-Spinnmaschine von O. Kohorn, Chemnitz.

Die Teile der Spinnlösung, die sich in der in die Spinnzelle ragenden Zuführungsleitung und der Brausehaltevorrichtung befinden, erfahren durch die Trockenluft eine Erwärmung, die zu einer Viskositätserniedrigung führt. Oft werden daher die obengenannten Teile durch Wassermäntel auf konstanter Temperatur gehalten [Schw. P. 130385 (1928) der Syntheta A. G., Zürich].

Die Heizelemente der einzelnen Spinnzellen können sowohl nebeneinander als auch hintereinander geschaltet werden. Im ersten Fall erzielt man eine einheitliche Regelung der Zellentemperaturen dadurch, daß man den Anschluß sämtlicher Heizkörper mit genau gleichen, auswechselbaren Drosselvorrichtungen ausstattet. Die Heizflüssigkeit erfährt beim Übertritt in die Heizkörper einen Druckverlust, der beträchtlich größer ist als die Druckverluste, die im Heizkörper oder in der Leitung entstehen können. Die Gleichmäßigkeit des die Temperatur regelnden Stromes für sämtliche Zellen wird so gewährleistet [D.R.P. 483000 (1926) der Rhodiaseta, Paris]. Im wesentlichen dieselbe Einrichtung kann dazu benützt werden, den Zellen gleiche und konstante Luftmengen zuzuführen.

Sind die Heizelemente hintereinander geschaltet, so besteht die Gefahr, daß die der Heizquelle nahen Zellen auf höhere Temperaturen gebracht werden als die Zellen am Ende der Reihe. Der Mißstand kann dadurch behoben werden, daß man jede Zelle mit zwei gleichen Heizkörpern versieht und diese mit den entsprechenden Heizkörpern der anderen Zellen so schaltet, daß man zwei Reihen von Heizkörpern erhält, von denen jede — aber im entgegengesetzten Sinne — von derselben Heizflüssigkeit durchflossen wird [D.R.P. 410723 (1924) der Rhodiaseta, Paris].

Die Fäden verlassen den Trockenschacht und gelangen über einen Fadenführer auf die Sammelvorrichtung. Meist läßt man sie vorher noch über einen kleinen Schwamm laufen, der die Fäden zur Erleichterung der Weiterverarbeitung mit einer 1 bis 3% betragenden Ölauflage versieht. Statt des Schwammes können auch Düsen verwendet werden, durch die die Ölauflage dosiert wird [D.R.P. Anm. A 57893 VII/29a der Aceta G. m. b. H.].

Bei der Azetatspinnerei wird meistens auf Spulen gesponnen. Man findet aber auch Einrichtungen, die den Fäden gleich beim Spinnen eine Zwirnung erteilen. Wenig geeignet ist hierzu allerdings das Topfspinnverfahren, da bei den hohen Spinngeschwindigkeiten (150 bis 200 m je Minute) und den sich aus wirtschaftlichen Gründen ergebenden Topfdurchmessern die praktisch erreichbaren Drehzahlen nicht hoch genug sind, um den Fäden die erforderliche Zwirnung zu geben. Eine weitere Schwierigkeit entsteht durch das leichte Zusammenfallen der aus Azetatseide bestehenden Spinnkuchen beim Abbremsen der Töpfe.

Besser bewährt haben sich Capspindeln, da diese mit höheren Drehzahlen laufen können (bis 12000 T. je Min.). Deshalb sind gelegentlich Azetatspinnmaschinen mit diesen Zwirnspindeln ausgerüstet worden.

b) Spinnbedingungen.

Über vorgeschaltete Filterkerzen oder Plattenfilter wird die Spinnlösung mit einem Druck von 15 bis 30 Atm. mittels der Spinnpumpen (Kolben- oder Zahnradpumpen) den Brausen zugeführt und tritt durch deren Öffnungen (Durchmesser 0,05 bis 0,1 mm) in feinen Strahlen aus. Als Brausenmaterial benützte man früher zumeist Edelmetall (Platin-Iridium oder Gold-Palladium). Sie lassen sich bequem reinigen (Kochen mit Säuren) und brechen nicht leicht. Es sind aber jetzt auch hier andere Legierungen im Gebrauch.

Die Luft wird den Spinnzellen in getrocknetem und zweckmäßig bereits vorgewärmtem Zustande zugeleitet. In den zur Lösungsmittelrückgewinnung dienenden Anlagen wird der Luft außer den Lösungsmitteln auch ihr Feuchtigkeitsgehalt entzogen; es ist daher mitunter zweckmäßig, diese Abluft wieder anzusaugen, zumal so auch geringe nicht absorbierte Lösungsmittelreste nicht verlorengehen. Zum Vorwärmen kann die die Spinnzellen verlassende warme Luft nach dem Gegenstromprinzip benutzt werden, man kann die vorzuwärmende Trockenluft ferner auch durch die Heizvorrichtung der Spinnzelle selbst vorwärmen, indem man sie durch einen zweiten, den Heizmantel der Spinnzelle umschließenden Mantel zuströmen läßt [D.R.P. 486369 (1928) der Aceta G. m. b. H.].

Ein brauchbares Zelluloseazetat vorausgesetzt, sind es die Spinnbedingungen, von denen die mechanischen Eigenschaften, ferner Glanz und Querschnitt der fertigen Azetatseide abhängen; sie bestimmen demnach in erster Linie den Verkaufswert einer Azetatseide. Es ist daher nicht verwunderlich, daß sich in der Patentliteratur eine sehr große Anzahl verschiedener Maßnahmen angegeben findet, die zu günstigen Resultaten führen sollen. Gegenüber der vielfach auftretenden Behauptung, daß einzig und allein gerade die angegebene Arbeitsweise zum Erfolge führt, muß aber hier betont werden, daß man im allgemeinen auf sehr verschiedenen Wegen zum Ziel gelangen kann, da die Anzahl der beim Spinnen veränderlichen Faktoren sehr groß ist.

Dies gilt z. B. schon für die Führung des Luftstromes. Im vorhergehenden Abschnitt wurde angegeben, daß nach dem Gegenstromprinzip gesponnen wird, daß man also den entstehenden Faden dem warmen Luftstrom entgegenführt.

Es ist indessen auch ohne weiteres möglich, im Gleichstrom zu spinnen, da in jedem Falle die Trockenluft nur bis zu einem geringen Betrage mit Lösungsmittel beladen werden darf, also stets ein großer Überschuß an erwärmter Luft vorhanden ist. Man stellt die Luftzufuhr so ein, daß sie mit einem Gehalt von 30 bis 50 g Lösungsmittel je m^3 (je nach gesponnenem Titer) die Spinnzellen verläßt. Diese Konzentrationen der Azetondampf-Luftgemische liegen noch unterhalb der Explosionsgrenze.

Die Temperatur im Spinnschacht kann gleichfalls innerhalb eines ziemlich weiten Bereiches liegen. Da bei der Fadenbildung lediglich eine Oberflächenverdampfung des Azetons erfolgen darf, ist die Temperaturgrenze nach oben dadurch gegeben, daß innerhalb der aus den Brausenlöchern austretenden Fäden Dampfblasen nicht entstehen dürfen. Andererseits muß die Temperatur genügend hoch sein, um Verklebungen der Einzelfäden auszuschließen; die Fäden müssen also bei ihrem Durchgang durch die Spinnzelle vor ihrer Vereinigung genügend trocken sein. Die untere Temperaturgrenze wird von der Zusammensetzung der Spinnlösung, gesponnenem Titer, Spinnschachtlänge und Abzugsgeschwindigkeit abhängen. Praktisch ergibt sich so ein Temperaturbereich von 40 bis 70°.

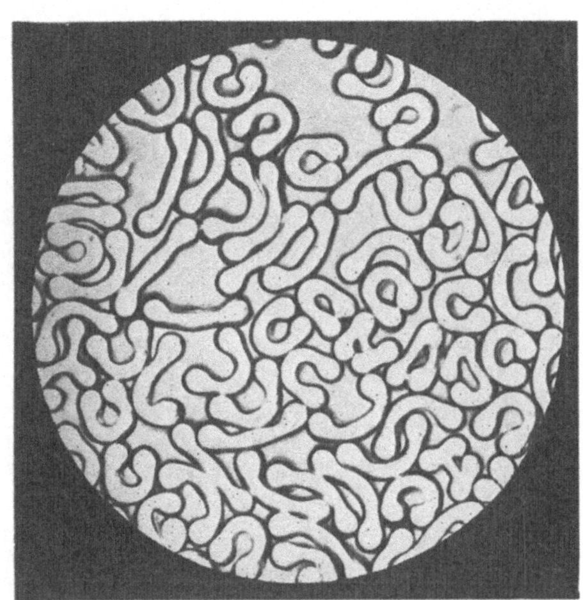

Abb. 8. Querschnittsformen von Azetatseide.

Eine wichtige Eigenschaft des Azetatfadens besteht darin, daß er in halbplastischem Zustande gestreckt werden kann, wobei er sich verfestigt, d. h. höhere Festigkeit und geringere Dehnung erlangt. Ein solcher Zustand tritt vorübergehend auch bei der Fadenbildung beim Trockenspinnen auf und dauert um so länger, je langsamer das Lösungsmittel zur Verdampfung gebracht wird. Führt man bei verschiedenen, innerhalb des angegebenen Intervalls liegenden Temperaturen Spinnversuche aus, so beobachtet man daher, daß mit sinkender Temperatur weitergehende Streckung der Fäden möglich wird. Da durch mäßige Streckung die Fadeneigenschaften verbessert werden, macht man sich in der Praxis diesen Umstand zunutze und wählt die Spinnbedingungen so, daß ein Streckverhältnis (Pumpentiter/gesponnener Titer)[1] von etwa 2 : 1 resultiert. Natürlich muß unter diesen Umständen noch ein sicheres, einwandfreies Spinnen möglich sein, man muß also genügend weit von der Streckgrenze und der Minimaltemperatur entfernt sein, da sonst häufige Fadenbrüche und Verklebungen der Fäden die unvermeidliche Folge wären. Die Streckbarkeit der Fäden wird begünstigt durch an sich hohe Viskosität der Azetylzellulose, bei Niedrighaltung der Viskosität der Spinnlösung.

[1] Der Pumpentiter wird errechnet aus Konzentration der Spinnlösung × Düsenquerschnitt × 9000. Der Spinntiter $= \frac{\text{Konzentration} \times \text{Fördermenge} \times 9000}{\text{Abzugsgeschwindigkeit}}$.

Gute mechanische Eigenschaften der Fäden und geringer Ausfall sind aber nicht die einzigen an den Spinnprozeß zu stellenden Anforderungen. Von Bedeutung ist auch das Erzielen geeigneter Fadenquerschnitte, die die Qualität einer Azetatseide mitbedingen. Man unterscheidet, von Übergängen abgesehen, im wesentlichen zwei Arten von Querschnittsformen: die in Abb. 8[1] dargestellten bandartig abgeflachten Querschnitte von geringem Völligkeitsgrad und die völligeren, nach Art von Kleeblättern mehrfach gekerbten, mehr rundlichen Formen (Abb. 9)[1]. Erwünscht sind die letzteren, da sie der Azetatseide einen matten, ruhigen Glanz verleihen und sie kochfester machen.

Während noch vor einigen Jahren bei den Azetatseiden der bohnenförmige Querschnitt vorherrschte, hat man neuerdings gelernt, diese Querschnittsform ganz zu vermeiden. Hierzu war allerdings eine weitergehende Verfeinerung der Spinnbedingungen notwendig: Der Bereich, in dem ein Spinnen an sich möglich ist, ist sehr viel größer als derjenige, in dem Fäden von völligem Querschnitt erhalten werden. Das Verdampfen der Hauptmenge des Azetons und damit die Koagulation der Azetylzellulose erfolgt auf einer sehr kurzen, unmittelbar an die Spinnbrause anschließenden Strecke. Es ist daher verständlich, daß die in diesem Abschnitt des Spinnschachtes herrschenden physikalischen Bedingungen, wie Strömungsgeschwindigkeit und Temperatur der Luft, ferner ihr Lösungsmittelgehalt für die Art des entstehenden Querschnittes maßgebend sind. Die für die Entstehung völliger Querschnitte günstigen Spinnbedingungen bestehen dann, wenn in dem erwähnten Abschnitt eine relativ rasche Entfernung des Lösungsmittels vor sich geht. Milde Bedingungen für die Fadenbildung führen dagegen zur Bändchenform.

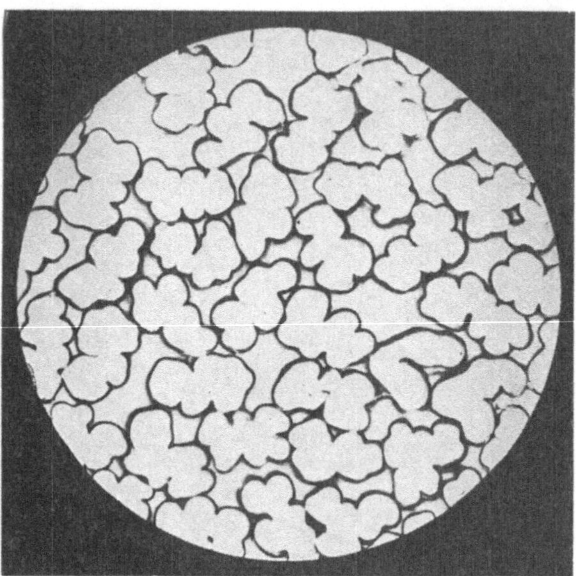

Abb. 9. Querschnittsformen von Azetatseide.

Einer raschen Verdampfung des Lösungsmittels in der Nähe der Brausenoberfläche wirkt im allgemeinen die geringe Strömungsgeschwindigkeit der Trockenluft in dem durch die Spinnbrause abgeschirmten Teil des Spinnraumes entgegen. Reichliche wirbelfreie Luftzufuhr zur Brausenoberfläche entweder durch entsprechende, die Luft zum Bestreichen der Brause zwingende Leitvorrichtungen [Engl. P. 300998 (1927) und Engl. P. 304674 (1927) der British Celanese Ltd.], einfacher durch Anbringen der ringförmigen Luftabsaugvorrichtung in passendem Abstand von der Brause oder andere Mittel schaffen hier Abhilfe. Dem Entstehen völliger Querschnitte ist ferner die Verwendung von Alkohol als Zusatz zum Lösungsmittel und hohe Konzentration der Spinnlösung förderlich.

[1] Aus H. Stadlinger: Melliand Textilber. Bd. 11 (1930) S. 450.

Verschiedentlich ist der Temperatur der aus der Spinnbrause austretenden Lösung ein besonderer Einfluß auf die Querschnittsform der entstehenden Seide zugeschrieben worden. Obwohl Erwärmung der Spinnlösung kurz vor ihrem Austritt aus der Brause die rasche Verdampfung des Azetons und damit völlige Querschnittsbildung begünstigt [Engl. P. 300672 (1927) der Rhodiaseta, Paris, und Engl. P. 278814 (1926) von Courtaulds Ltd.], wird auch vorgeschlagen, mit kühl gehaltener Spinnlösung zu arbeiten, um die Viskosität der Spinnlösung nicht zu stark herabzusetzen.

Praktisch müssen nun die Bedingungen, die zur Erzielung einer geeigneten Querschnittsform führen, kombiniert werden mit denjenigen, die, wenn auch in geringem Maße, ein Verstrecken der Fäden gestatten. Die sich hieraus mitunter ergebenden Schwierigkeiten haben manche Firmen durch besondere, an den Spinnzellen angebrachte, bereits im vorhergehenden Abschnitt erwähnte Vorrichtungen zu überwinden gesucht (Unterteilung der Spinnzellen, geteilte Luftabsaugung). Beliebt ist das Mittel, in der Spinnzelle zonenweise durch entsprechende Heizmäntel verschiedene Temperaturen aufrechtzuerhalten: in der Nähe der Brause z. B. niedrigere als beim Austritt der Fäden.

Da das Resultat des Trockenspinnens in so starkem Maße von der verwendeten Apparatur, ferner wesentlich von den Eigenschaften des angewandten Zelluloseazetats abhängt, ist es nicht möglich, hierfür genaue Arbeitsvorschriften aufzustellen. In der Praxis muß man daher je nach dem Zelluloseazetat, der Spinnapparatur und dem gewünschten Titer an Hand von Erfahrungsregeln stets erst die optimale Kombination sämtlicher Spinnbedingungen ermitteln. Hierzu gehören: Konzentration, Viskosität und Temperatur der Spinnlösung, Strömungsgeschwindigkeit und Temperatur der Luft, Länge der Spinnstrecke und Spinngeschwindigkeit. Die Abstimmung dieser Bedingungen aufeinander muß ferner so erfolgen, daß kleine, in erlaubten Grenzen bleibende Abweichungen noch nicht zu wesentlichen Schwankungen im Produktionsausfall führen, z. B. etwa zum vorübergehenden Auftreten des bändchenförmigen Querschnittes. Hat sich eine Arbeitsvorschrift als zweckmäßig erwiesen, so ist es selbstverständlich, daß durch sorgfältige Kontrolle die Spinnbedingungen stets konstant gehalten werden. Hierzu dienen unter anderem in verschiedener Höhe des Spinnschachtes eingebaute Thermometer, Strömungsmesser und den Gehalt an Lösungsmittel anzeigende Vorrichtungen in den Luftleitungen.

3. Wiedergewinnung der Lösungsmittel.

Die mit Azeton-Alkohol beladene Trockenluft der Spinnzellen wird angesaugt und nach Abkühlung der Wiedergewinnungsanlage zugeführt. Für die Wiedergewinnung der Lösungsmittel kommen selbstverständlich nur solche Verfahren in Betracht, die auch beim Vorliegen sehr verdünnter Lösungsmittelluftgemische noch eine 98- bis 100proz. Regeneration gestatten. Es sind dies das Brégeat-, Silikagel- und Aktivkohleverfahren, also dieselben Verfahren, die auch bei der Wiedergewinnung der Lösungsmittel der Nitratseidespinnerei Anwendung finden und deren Einzelheiten bei Besprechung dieser Kunstseidenart ausführlich erörtert wurden (s. S. 112), so daß sich hier eine Wiederholung der Beschreibung erübrigt.

Vom wirtschaftlichen Gesichtspunkt wird man die Vor- und Nachteile der verschiedenen Verfahren nach Anlage- und Betriebskosten und Raumbedarf zu beurteilen suchen, wobei sich die Betriebskosten im wesentlichen aus Dampfverbrauch je kg wiedergewonnenes Lösungsmittel, Verschleiß von Ab- oder Adsorptionsmitteln und Arbeitslohn für das Bedienungspersonal zusammensetzen. Vom technischen Standpunkt hat man der Beschaffenheit des regenerierten Lösungsmittels größte Beachtung zu schenken. Bei den Adsorptionsverfahren liegt bei ungeeignetem Füllmaterial die Gefahr von katalytischen Oxydationen des Alkohols und Azetons vor, so daß das wiedergewonnene Lösungsmittel durch Aldehyd- und Essigsäurebildung verunreinigt und entwertet werden kann. Durch geeignete Auswahl des Adsorptionsmittels wird sich dies vermeiden lassen. Beim Brégeatverfahren ist zwar nicht Oxydation der Lösungsmittel zu befürchten, es kann hier aber eine Verunreinigung durch Stoffe entstehen, die sich bei der Verharzung des Kresols bilden und die bei der Destillation mit übergehen. Benützt man das wiedergewonnene Lösungsmittel ohne weitere Reinigung zum Auflösen von Zelluloseazetat, so kann die gesponnene Seide leicht gelblich aussehen.

Ausbeuteziffern von 95 bis 96%, bezogen auf die zum Lösen des Zelluloseazetats angewandte Lösungsmittelmenge, lassen sich nur dann erzielen, wenn sämtliche Stellen des Fabrikationsbetriebes, an denen Lösungsmittel verlorengehen kann, also die Löse- und Filtrierkessel und Filtriervorrichtungen gleichfalls durch Leitungen mit der Wiedergewinnungsanlage in Verbindung gebracht und die Lösungsmitteldämpfe abgesaugt werden.

Der Vollständigkeit halber sei erwähnt, daß in letzter Zeit auch der Vorschlag gemacht wurde, die Wiedergewinnung der Lösungsmittel nicht in besonderen Ab- oder Adsorptionsanlagen, sondern in den Spinnkammern selbst vorzunehmen[1]. Zu diesem Zwecke besitzen die wie sonst geheizten Spinnzellen an geeigneter Stelle, etwa in der Nähe des Fadenaustritts, gekühlte Flächen, an denen sich die Lösungsmittel kondensieren. Bei diesem Verfahren erübrigt sich im Gegensatz zu den Ab- und Adsorptionsverfahren das Abkühlen und Erwärmen der großen die Lösungsmittel enthaltenden Luftmengen, ein Nachteil dürfte aber sein, daß in bestimmten Teilen der Apparatur explosionsfähige Gemische vorliegen.

4. Textile Nachbehandlung der Azetatseide.

Gegenüber den anderen Kunstseidearten besitzt Azetatseide den großen Vorzug, nach dem Spinnprozeß einer chemischen Nachbehandlung, z. B. einer Behandlung mit Bleichbädern und dgl. nicht mehr zu bedürfen. Die vorzunehmenden Manipulationen beschränken sich darauf, die Azetatseide in eine Form zu bringen, in der sie für den Weber und Wirker verwendungsfähig ist. Hierzu gehört das Zwirnen und Winden und — falls die Seide als Kette verwendet werden soll — das Schlichten.

a) Zwirnen und Winden.

Bis vor kurzem wurde die Azetatseide den Webereien und Wirkereien in Strangform geliefert. In diesem Falle hatten die Azetatspinnereien die folgende textile Behandlung durchzuführen: Die Spinnspulen wurden auf Zwirnmaschinen gebracht und hier der Faden mit der erforderlichen Drehung versehen (300 Umdrehungen je Meter für Kettmaterial und 100 bis 150 Umdrehungen je Meter für Schußmaterial). Anschließend wurde gehaspelt, die erzielten Stränge gefitzt und sortiert. Da der Weber und Wirker seinerseits die Strangform nicht direkt benutzen konnte, fiel diesem die Aufgabe zu, die Stränge zu winden, d. h. die Azetatseide wiederum auf Spulen zu bringen.

Dieses umständliche Vorgehen entsprach also der bei Viskose- und Kupferseide noch heute vielfach gebräuchlichen Arbeitsweise. In letzterem Falle ist sie

---

[1] D.R.P. 489964 (1928) der Soie de Châtillon, Mailand.

dadurch gerechtfertigt, daß die Strangform die chemische Nachbehandlung der genannten Seidenarten sehr erleichtert, ein Umstand, der bei Azetatseide in Fortfall kommt. Vor einigen Jahren wurde der erfolgreiche Versuch unternommen, bei Azetatseide die Strangform ganz auszuschalten, und es gelang so, durch Ersparnis an Arbeitskräften und Maschinen die Preise für Azetatgewebe zu senken; Weber und Wirker beziehen die Azetatseide von den Spinnereien auf Spulen.

Nach dem neuen Verfahren wird demnach die Azetatseide in einem einzigen Arbeitsgang verkaufsfertig gemacht. Besonders konstruierte Etagenzwirnmaschinen zwirnen die von den Spinnspulen ablaufenden Fäden und spulen sie gleichzeitig auf. Durch diese Vereinfachung wird nicht nur eine beträchtliche Kostenersparnis erzielt, die Verarbeiter erhalten auch gleichzeitig eine bessere Ware als vorher, da durch das Ausschließen der häufigen Manipulationen die Azetatseide flusenfreier ist als die in Strangform gelieferte. Die Gefahr von Überdehnungen wird gleichzeitig vermindert[1].

b) Schlichten.

Mit der Umstellung auf die neue Arbeitsweise fiel den Azetatspinnereien auch die Aufgabe zu, das Schlichten der Seide auszuführen, das bei der Ablieferung in Strangform noch vielfach von den Webern selbst besorgt worden war.

Das Schlichten hat bekanntlich den Zweck, den Kunstseidefaden mit einem dünnen, elastischen Schutzüberzug zu versehen. Dieser Überzug darf keinerlei Schädigung des Fadenmaterials hervorrufen und muß sich nach dem Weben leicht und vollständig entfernen lassen, da sonst beim Färben Schwierigkeiten auftreten.

Unter den für Azetat brauchbaren Schlichten ist zuerst das auch bei Viskose- und Kupferseide mit Erfolg verwendete Leinöl zu nennen, dem man allerdings durch Beimischen leicht löslicher Substanzen die Fähigkeit nehmen muß, sich beim Lagern so weitgehend zu oxydieren, daß die Entschlichtung erschwert wird. Das Leinöl bedarf zur Bildung eines festen, nicht klebenden Häutchens eines reichlichen Luftzutritts; seine Verwendung als Schlichte wird vor allem dann in Frage kommen, wenn nach dem Schlichten die Fäden nicht sofort fest aufgespult werden, die geschlichtete Azetatseide vielmehr anschließend in Strangform für einige Zeit ausgehängt wird.

Das Umgehen der Strangform bedingt die Verwendung von sehr rasch trocknenden, die Fadenlagen nicht verklebenden Schlichten. Bei diesen neuen Verfahren werden daher den Leinölschlichten vielfach Auflösungen von Harzen oder Wachsen in leicht verdampfenden organischen Lösungsmitteln vorgezogen. Vom Gesichtspunkt des raschen Erstarrens geeignet wären auch Leimlösungen, da sie beim Abkühlen zu gelatinieren vermögen; allerdings besitzen die so erzeugten Überzeuge wiederum den Nachteil, daß sie an der glatten, wenig hygroskopischen Oberfläche der Azetatseide wenig haften. Der Zusatz beträchtlicher Mengen von Quellungsmitteln wie Formamid und Harnstoff macht aber auch Leim- und Gelatinelösungen zu einer für Azetatseide brauchbaren, rasch trocknenden Schlichte[2].

Schlichtet man, wie meist, noch vor dem Zwirnen, so muß auch noch für hohe Geschmeidigkeit der Schlichte Sorge getragen werden, da sonst das Zwirnen nicht ordnungsgemäß vor sich geht. Zum Weichmachen kann man den Schlichten Glyzerin, Seife oder Ölemulsionen zusetzen.

---

[1] Vgl. auch Stadlinger: Kunstseide Bd. 13 (1931) S. 181.
[2] Rev. univ. des soies et soies artificielles Bd. 6 (1931) S. 1437.

5. Sonderarten der Azetatseide.

a) Mattseide (vgl. S. 234).

Gegenüber Viskoseseide besitzt Azetatseide an sich einen milderen, ruhigeren Glanz. Trotzdem sind auch bei Azetatseide gelegentlich noch stärker mattierte und damit dem Aussehen natürlicher Fasern noch mehr angenäherte Qualitäten erwünscht. Da sich Azetatseide in besonders einfacher Weise entglänzen läßt, werden gegenwärtig nicht unerhebliche Mengen der Mattierung unterworfen.

Man benutzt hierzu die Eigentümlichkeit der in heißes Wasser eingebrachten Azetatfaser, bei Temperaturen oberhalb 80^0 mit zunehmender Behandlungsdauer und Temperatur sich in steigendem Maße zu trüben. Auf die Ursache der Trübung wird in Abschnitt 7 noch näher einzugehen sein, es sei aber vorweggenommen, daß es sich bei der Trübung nicht, wie vielfach vermutet, um eine oberflächliche Verseifung der Azetatseide handelt. Daher wird auch das färberische Verhalten der Seide kaum beeinträchtigt, die einzigen unangenehmen Nebenwirkungen bestehen in einer mit der Trübung nebenherlaufenden geringen Festigkeitsabnahme[1] und in einer schwächeren oder stärkeren Kräuselung der Fasern, die man gelegentlich auch als „Verwollung" bezeichnet.

Das Mattieren mit rein wäßrigen Bädern hat praktisch den Nachteil, daß die Trübung infolge kleiner Temperaturschwankungen des Bades oder anderer Ursachen leicht ungleichmäßig ausfällt. Durch Zusätze zum Behandlungsbad läßt sich aber sowohl dieser Nachteil teilweise beheben, als auch gleichzeitig das Maß der Trübung verstärken oder abschwächen, so daß ganz bestimmte Nuancen des Mattglanzes erzielbar werden. Trübungsfördernd wirkt der Zusatz von Quellmitteln, verzögernd der von Salzen. Praktisch benützt man meist Seife und Phenol enthaltende Mattierungsbäder, als Beispiel sei ein Bad genannt, das 1% Seife und 0,25% Phenol enthält.

Selbstverständlich beschäftigen sich auch zahlreiche Patente mit der auf die vorstehend angegebene Weise erzielbaren Mattierung. Die Trübung mit heißem oder kochendem Wasser haben zum Gegenstand das U.S.A. P. 1554801 (1921) und das Engl. P. 165164 (1920). Verschiedene Zusätze zum Mattierungsbad geben an das D.R.P. 446486 (1925), das Franz. P. 638795 (1927) und das Engl. P. 260312 (1925). Das Engl. P. 318642 (1929) sucht die mit dem Mattwerden eintretende Kräuselung der Seide dadurch zu vermeiden, daß es den Mattierungsvorgang unter Spannung der Fäden vornimmt.

Die Glanzverminderung durch heiße Bäder ist die gebräuchlichste Art der Mattierung. Daneben existieren aber noch sehr viele andere Verfahren, deren Prinzip nur kurz aufgeführt sei. Schon bei Zimmertemperatur läßt sich eine Glanztrübung der Azetatseide erreichen, wenn man sie mit starken Quellmitteln, wie z. B. Rhodansalzlösungen oder organischen Lösungsmitteln, behandelt[2]. Nach dem Engl. P. 314404 (1927) der British Celanese Ltd. kann bereits beim Spinnprozeß eine matte Faser dadurch erzeugt werden, daß man in eine ein Fällungsmittel für Zelluloseazetat in Dampfform enthaltende Atmosphäre spinnt oder solche Fällungsmittel, z. B. Xylol enthaltende Spinnlösungen, verarbeitet. Das Engl. P. 291067 (1927) geht von der Beobachtung aus, daß bei Gegenwart von feuchter Luft in der Spinnzelle oder bei Verwendung nicht ganz trockenen Azetons zum Lösen des Azetats eine mattere Seide als sonst erzeugt wird. Durch Einleiten von Wasserdampf in die Spinnzelle wird dieser Effekt verstärkt.

Eine letzte Gruppe von Verfahren erreicht Mattierung durch Einlagerung von Fremdteilchen in die Faser. Solche Zusätze sind z. B. Bariumsulfat, Titan-

[1] Vgl. F. Ohl: Seide Bd. 36 (1931) S. 239.

[2] Zum Beispiel Franz. P. 655435 (1928); Engl. P. 165164 (1920); Engl. P. 282722 (1927).

dioxyd und ähnliches[1]. Sie verschlechtern in geringem Maße die mechanischen Eigenschaften der Azetatfäden, die so erzeugte Mattseide („tiefmatt") bietet aber gegenüber der durch nachträgliche Behandlung des Fadens erhaltenen den Vorteil, durch Feuchtbügeln nicht wieder glänzend zu werden.

b) Streckseiden.

Wie bereits erwähnt, gestattet schon das normale Trockenspinnen in geringem Maße ein Verstrecken des Azetatseidenfadens. Angeregt durch diese Beobachtung und durch den Wunsch, sehr feine Fäden herstellen zu können, hat man zeitweise der Ausarbeitung von Verfahren zur Erzeugung einer Azetatstreckseide viel Mühe gewidmet. Im Laufe dieser Untersuchungen stellte sich aber heraus, daß die stark verstreckten Seiden doch nicht so vorteilhafte Eigenschaften aufweisen, wie man anfänglich vermutet hatte, und so hat man bis heute die fabrikatorische Herstellung solcher Seiden noch nicht aufgenommen.

Der Aufzählung der in Betracht kommenden Verfahren seien kurze Ausführungen über das ihnen zugrunde liegende Prinzip und über die Eigenschaften der Azetatstreckseiden vorangestellt.

Röntgenographische Untersuchungen haben ergeben, daß die Unterschiede im Verhalten der Azetatstreckseide und der normalen Seide letzten Endes auf Unterschiede im Feinbau dieser Fasern zurückzuführen sind. Während normale Azetatseide ein Röntgendiagramm liefert, aus dem man auf regellose Lagerung der Mizellen schließt, zeigt die Streckseide mehr oder weniger ein Faserdiagramm, also Parallellagerung der Mizellen. Man erzielt diese Orientierung dadurch, daß man den Mizellen unter dem Einfluß einer Zugspannung Gelegenheit gibt, aneinander vorbeizugleiten und sich so zu richten. Beim trockenen Azetatfaden stellen sich diesem Gleiten der Mizellen erhebliche Widerstände entgegen, er ist daher nur wenig verstreckbar. Um das Strecken zu erleichtern, ist es daher weiterhin erforderlich, daß in der zu streckenden Faser der Zusammenhalt der Mizellen aufgelockert ist. Dies wird dann der Fall sein, wenn man durch Quellungsmittel oder durch Erhitzen den Faden plastisch macht. Somit ist also die Plastizität die wichtigste Voraussetzung der Streckbarkeit.

Die Orientierung der Mizellen bedingt eine Verfestigung des Azetatfadens, und zwar werden um so höhere Festigkeiten erzielt, je besser die Mizellen ausgerichtet sind, je weitergehend also verstreckt worden ist. Da es praktisch keinerlei Schwierigkeiten macht, einen Zelluloseazetatfaden im geeigneten plastischen Zustande um das 10fache und mehr seiner Länge zu dehnen, können so außerordentlich hohe Festigkeiten (bis 5 g/den.) erzielt werden (gegenüber 1,3 bis 1,4 g/den. bei normaler Azetatseide). Naturgemäß vermindert sich beim Verstrecken die Querschnittsfläche der Fäden umgekehrt proportional dem Verstreckungverhältnis, man hat demnach gleichzeitig die Möglichkeit, sehr feine Fäden herzustellen (bis 0,1 den. und darunter). Zu diesen Vorzügen der Azetatstreckseide gegenüber der normalen kommen noch gedämpfterer Glanz und erhöhte Naß- und Kochfestigkeit.

Diesen sehr vorteilhaften Eigenschaften stehen aber auch einige Nachteile gegenüber. An erster Stelle ist hier die Abnahme der elastischen Eigenschaften bei der gestreckten Azetatfaser zu nennen. Mit wachsender Verstreckung beobachtet man eine zunehmende Sprödigkeit, die weniger bei der Verarbeitung als bei der Verwendung der Streckseide zu Schwierigkeiten, z. B. einem Splittern der Faser, Anlaß gibt. Um den Zusammenhang zwischen Verfestigung und Deformierbarkeit aufzuzeigen, sind in der folgenden Tabelle an verschieden

[1] Engl. P. 294623 (1928); Engl. P. 285863 (1927), Franz. P. 715184 (1931).

weit verstreckten Fäden von 1 bis 3 den. ermittelte Reißfestigkeiten und Dehnungen zusammengestellt.

Reißfestigkeit g/den.	Bruchdehnung in %	Reißfestigkeit g/den.	Bruchdehnung in %
1,3 bis 1,4	25 bis 30	2,4	8 bis 10
1,6	20 „ 23	2,8	7 „ 8
1,8	15 „ 16	3,2	6 „ 7
2,0	12 „ 15	3,6	5 „ 6

Der Dehnungsabfall mit steigender Verfestigung ist also ein sehr starker. Die Dehnungen nehmen erst mäßig, dann (von 1,6 bis 1,8 g/den.) wesentlich rascher ab, um bei hohen Verfestigungsgraden kleine, aber nur langsam weiter absinkende Werte anzunehmen.

Praktisch hat dieser Befund die Bedeutung, daß nur eine Verfestigung in mäßigen Grenzen zu einem Material führt, das keine allzu starke Einbuße seiner elastischen Eigenschaften erfahren hat.

Man hat versucht, diese Feststellung durch den Einwand abzuschwächen, daß bei den Streckseiden der elastische Anteil der Gesamtdehnung ein höherer ist als bei den normalen, wodurch ihre verminderte Gesamtdehnung demnach eine Kompensation erfahren würde. Die Richtigkeit dieser Behauptung muß aber angezweifelt werden; die Messungen wurden stets bei relativ langsamer Deformation der Azetatfaser ausgeführt (etwa am Schopper-Apparat), praktisch sind aber in erster Linie nur ganz kurze, am besten durch Schwingungen zu reproduzierende Beanspruchungen maßgebend.

Noch innerhalb des günstigen Bereiches bleibt jedenfalls die geringe Verfestigung und Dehnungsabnahme, die man beim normalen Trockenspinnen durch ein Verstrecken im Verhältnis 1 : 2 erzielt. (Festigkeitszunahme hierbei 50%, Dehnungsabnahme 30%.)

Nicht so schwerwiegend wie der eben behandelte ist ein anderer Nachteil der Azetatstreckseide: Ihre schwierigere Anfärbbarkeit, die in der geringeren Quellbarkeit ihre Ursache hat. Bereits durch eine geringe Änderung der Färbebedingungen läßt sich hier Abhilfe schaffen.

Den zur Erzeugung von Azetatstreckseide bekannt gewordenen Verfahren ist gemeinsam, daß sie sämtlich vorübergehend in den plastischen Zustand gebrachte Fäden einer erheblichen Dehnung aussetzen. Unterschiede sind vorhanden hinsichtlich des Verarbeitungsstadiums des benützten Ausgangsmaterials, der Mittel, mit denen die Plastizierung hervorgerufen wird, und endlich der Vorrichtungen, die zur Verstreckung dienen.

Eine Reihe von Verfahren geht vom normalen Trockenspinnprozeß aus und wählt solche Spinnbedingungen, daß der entstehende Faden für eine längere Zeit plastisch erhalten und dadurch stärker verstreckbar wird. Dies kann z. B. dadurch erreicht werden, daß in einer Atmosphäre versponnen wird, die mit dem Dampf eines Quellmittels für Zelluloseazetat, z. B. Alkohol, gesättigt ist [z. B. Franz. P. 677663 (1929) der I. G. Farbenindustrie]. Die Streckwirkung kann entweder durch erhöhte Abzugsgeschwindigkeit erzeugt werden oder durch im Spinnschacht selbst angebrachte Vorrichtungen, aus einer Anzahl Leitrollen bestehend, die mit verschiedener Geschwindigkeit rotieren und dadurch die Fäden verstrecken [z. B. Engl. P. 331229 (1928) der British Celanese Ltd.]. Statt mit dampfförmigen Quellmitteln zu arbeiten, ist es auch möglich, die beim Trockenspinnen entstehenden Fäden in noch nicht völlig trockenem Zustande außerhalb der Spinnzelle durch ein flüssiges Quellmittel, wie z. B. Benzol oder Alkohol, unter Strecken hindurchzuführen [z. B. Franz. P. 688989 (1930) der Dr. Alexander Wacker Ges. für elektrochemische Industrie].

Diese Arbeitsweise leitet über zu einer anderen Gruppe von Verfahren, die vom fertigen, bereits aufgespulten Zelluloseazetatfaden ausgehen. Der Spinnprozeß ist hier vom Streckprozeß völlig getrennt. Mit einer einzigen Ausnahme, dem Franz. P. 681429 (1929) (Rhodiaseta, Paris), das zur Plastizierung heiße, z. B. auf 245° erhitzte Luft benützt, arbeiten auch diese Verfahren mit Quellmitteln. Man läßt die Azetatfäden Quellbäder durchlaufen, in denen sie erweichen, und spult anschließend mit einer gegenüber der Abzugsgeschwindigkeit gesteigerten Geschwindigkeit wieder auf. Es wurde dabei die Erfahrung gemacht, daß der optimale Plastizierungsgrad scharf umgrenzt ist. Bei zu starker Quellung verkleben die Einzelfäden, zu schwache Quellung bewirkt wiederum ungleichmäßige Verstreckung oder das Reißen der Kapillarfäden. Um die Menge des vom Azetatfaden aufgenommenen Quellmittels und damit den Plastizierungsgrad in Abhängigkeit von der Beschaffenheit des verwendeten Azetats, des Titers und der Durchzugsgeschwindigkeit genau regeln zu können, werden als Quellbäder Gemische eines Lösungs- und Nichtlösungsmittels für Zelluloseazetat angewandt. Solche Gemische sind z. B. Essigsäure—Wasser (D.R.P. 530803 der I. G. Farbenindustrie), Azeton—Wasser oder Dioxan—Wasser [Franz. P. 689481 (1930) von K. Weißenberg], Methylenchlorid—Benzol, Methylenchlorid—Tetrachlorkohlenstoff [Franz. P. 696306 (1930) von H. Suter].

Selbstverständlich muß bei sämtlichen aufgeführten Verfahren nach vorgenommener Verstreckung das hierbei angewandte Quellungsmittel wieder aus den Fäden entfernt werden, am einfachsten durch Verdampfen.

Endlich wurden noch Verfahren vorgeschlagen, die Streckseide durch Einspinnen von Zelluloseazetatlösungen in Bäder erzeugen. Diese Verfahren werden im Abschnitt über das Naßspinnen behandelt.

c) Luftseide.

Auch diese, der bekannten Viskosehohlseide nachgebildete Azetatseidenart ist bisher nicht fabrikatorisch erzeugt worden, obwohl für ihre Gewinnung zahlreiche Verfahren ausgearbeitet wurden. Die Herstellung kann in sehr einfacher Weise unter Benutzung der normalen Trockenspinnapparatur vorgenommen werden: Man wendet milde Fadenbildungsbedingungen an, so daß eine dünne Azetylzellulosehaut einen noch weichen Fadenkern umschließt und läßt den Faden in diesem Zustande eine Überhitzungszone durchlaufen, in der das noch im Faden befindliche Lösungsmittel unter Erzeugung von Hohlräumen plötzlich zum Verdampfen gebracht wird. Wesentlich umständlicher sind andere Verfahren, die z. B. der Spinnlösung durch Emulgieren darin unlösliche Stoffe wie Paraffinöl einverleiben und nach vollzogener Fadenbildung diese Stoffe mit geeigneten, gegenüber Zelluloseazetat indifferenten Lösungsmitteln extrahieren [z. B. Engl. P. 258582 (1926) der ersten Böhmischen Kunstseidenfabrik A.-G.].

6. Naßspinnen.

Von den ersten Anfängen der Azetatseidenherstellung an bis zum gegenwärtigen Zeitpunkt sind die Bemühungen, Azetylzelluloselösungen naß zu verspinnen kaum unterbrochen worden. Die Gründe für diese intensive Beschäftigung mit den Naßspinnverfahren waren im Laufe der Zeit aber verschiedene. Als anfänglich für die Lösungsmittelrückgewinnung beim Trockenspinnen brauchbare Verfahren noch nicht zur Verfügung standen, sah man im Naßspinnen einen Ausweg aus diesen Schwierigkeiten. Später war ein Anreiz durch die Möglichkeit des Streckspinnens gegeben, und gegenwärtig hofft man durch das Naßspinnen die bei der Azetatgewinnung erhaltenen Lösungen direkt — ohne vorheriges Ausfällen und Wiederauflösen des Zelluloseazetats — auf Fäden verarbeiten zu können.

Eine nennenswerte praktische Bedeutung haben indessen die Naßspinnverfahren bis heute noch nicht erlangt, obgleich auf diesem Wege hergestellte Fäden in ihrer Qualität den trockengesponnenen durchaus gleichzukommen vermögen.

Beim Naßspinnen hat das Fällbad die Aufgabe, den aus der Spinnbrause austretenden Fäden das Lösungsmittel allmählich zu entziehen und dadurch die Azetylzellulose zu koagulieren Das Fällbad muß sich also mit den zur Herstellung der Spinnlösung benützten Lösungsmitteln mischen können, gegenüber der Azetylzellulose aber ein Nichtlöser sein. Da die Diffusion des Lösungsmittels in das Fällbad nur langsam vor sich geht, bleiben die Fäden beim Naßspinnen längere Zeit plastisch, die Naßspinnverfahren sind daher in besonderem Maße für das Streckspinnen geeignet. Man kann also die Fäden durch Verstrecken weitgehend verfeinern, folglich auch aus relativ weiten Brausenöffnungen (bis 1 mm Durchmesser) spinnen, was wiederum den Ausschluß von Düsenverstopfungen zur Folge hat. Beim Naßspinnen lassen sich mit Leichtigkeit sehr völlige Querschnitte der Fäden erzielen.

Die Beschaffenheit des beim Naßspinnen benützten Fällbades hat aber nicht nur der eingangs aufgestellten Forderung zu entsprechen, Spinnlösung und Fällbad müssen darüber hinaus in weitergehender Weise aufeinander abgestimmt sein. Kommen Fällmittel in Anwendung, die gegenüber Zelluloseazetat so weitgehend indifferent sind, daß sie dieses auch nicht zu gelatinieren vermögen (z. B. Wasser oder Petroläther), so muß beim Naßspinnen dafür gesorgt werden, daß zwar aus dem halbflüssigen Faden Lösungsmittel in das Fällbad, aber nicht umgekehrt das Fällmittel in den Faden eindiffundieren kann. Anderenfalls entstehen bei der Koagulation im Innern des Fadens Hohlräume und man erhält brüchige, stark getrübte Fäden. Dies ist z. B. dann der Fall, wenn Lösungen von Azetylzellulose in Azeton in ein rein wässeriges Fällbad oder in Benzin eingesponnen werden.

Der Umstand, daß beim Spinnen von Azetylzelluloselösungen in nicht quellende Fällbäder an der Berührungsfläche von Spinnlösung und Fällbad eine Haut von ausgefällter Azetylzellulose entsteht, gibt bei wässerigen Fällbädern die Möglichkeit, das Prinzip der einseitigen Diffusion zu verwirklichen. Azetylzellulosemembranen verhalten sich nämlich gegenüber Salzlösungen semipermeabel, sie lassen zwar die Wasser-, nicht aber die Salzmoleküle durchtreten. Benützt man demnach beim Fällen anstatt Wasser genügend konzentrierte Salzlösungen, so wird der hohe osmotische Druck dieser Lösungen verhindern, daß beträchtliche Mengen Wasser in den plastischen Faden eindringen, es wird im wesentlichen nur Lösungsmittel in das Fällbad übertreten.

Eine Gruppe von Naßspinnverfahren arbeitet in dieser Weise[1]. Es werden also Lösungen von Azetylzellulose in wasserlöslichen Lösungsmitteln wie Azeton, Essigsäure oder Ameisensäure in stark salzhaltige (ca. 20- bis 40proz.) Fällbäder versponnen. Die verschiedensten Salze, wie Chlornatrium, Chlorkalzium, Alkaliazetate (letztere erleichtern die nachherige Regeneration der Essigsäure beim Verspinnen von Essigsäurelösungen) kommen in Anwendung, aber nicht nur Elektrolytlösungen, sondern auch andere osmotisch genügend wirksame Lösungen, z. B. solche von Zucker sind brauchbar. Die Qualität der naßgesponnenen Fäden, insbesondere ihre Streckbarkeit wird verbessert durch Zugabe geringer Mengen von Quellmitteln (in Form von organischen Lösungsmitteln oder von

[1] Zum Beispiel D.R.P. 274260 (1912).

gegenüber Azetylzellulose quellenden Salzen wie Kalziumrhodanid) zum Fällbade[1] oder durch Zusatz einer Lösungsmittelkomponente zur Spinnlösung, die durch das Fällbad langsamer entzogen wird als das Hauptlösungsmittel[2].

Diese Verfahren gestatten die Herstellung durchaus brauchbarer Seiden, sie besitzen hingegen den Nachteil, daß bei der mehr oder minder komplizierten Zusammensetzung der Spinnlösung und des Fällbades die Konstanthaltung des letzteren keineswegs einfach ist. Geringe Schwankungen in seiner Zusammensetzung geben aber schon zu Ungleichmäßigkeiten Anlaß.

Eine andere Möglichkeit, beim Arbeiten mit dem an sich billigsten Fällbad, dem Wasser, das Eindringen des Fällmittels in den entstehenden Faden zu vermeiden, besteht darin, daß das Prinzip der Mischbarkeit des zur Herstellung der Spinnlösung benützten Lösungsmittels mit dem Fällbad teilweise aufgegeben wird, indem man die Spinnlösung aus zwei Lösungsmittelkomponenten zusammensetzt, von denen nur die eine in Wasser löslich ist [z. B. Dichloräthylen—Alkohol, Franz. P. 717419 (1931)]. Die das Fällbad in plastischem Zustand verlassenden Fäden enthalten noch die nichtlösliche Komponente, müssen also anschließend durch Wärmezufuhr erst getrocknet werden. Es handelt sich hier also nicht mehr um ein eigentliches Naßspinnen, vielmehr um eine Kombination von Naß- und Trockenspinnen. Das Verfahren hat den Vorteil, als Fällbad reines Wasser zu benutzen.

Kommen nichtwässerige, aus organischen Flüssigkeiten bestehende Fällbäder zur Anwendung, so ist das Eindringen des Fällmittels in den Faden nicht nachteilig, sofern die Spinnbäder gegenüber Azetylzellulose eine starke Quellwirkung besitzen [Franz. P. 677663 (1929) der I. G. Farbenindustrie; Zelluloseazetatlösungen in Azeton oder in Alkohol-Benzol werden z. B. in Alkohol versponnen]. Die Bildung von Hohlräumen im Faden findet nicht statt, da die Azetylzellulose zunächst in gelatinöser Form ausgefällt wird. Allerdings muß auch in diesem Falle der das Spinnbad in lösungsmittelhaltigem Zustande verlassende Faden anschließend noch getrocknet werden.

Zum Azetatnaßspinnen können dieselben Vorrichtungen benutzt werden wie beim Viskose- und Kupferseidespinnen, die Thielesche Anordnung eignet sich indessen besonders für das Streckspinnen.

7. Prüfung und Eigenschaften der Azetatseide.

Bezüglich der Bestimmung des Titers, der Zugfestigkeit und Bruchdehnung (trocken und naß) und der Drehung gelten auch für Azetatseide die vom Bureau international pour la standardisation des fibres artificielles (Bisfa) für Viskose- und Kupferseide ausgearbeiteten, allgemein bekannten Prüfungsvorschriften.

Damit die Prüfungsresultate durch die Ölauflage der Azetatseide nicht verfälscht werden, entölt man die abgehaspelten Stränge durch ein Luxseifenbad[3] oder durch Extraktion mit Äthyläther in einem Soxhletapparat. Letztere Methode hat den Vorteil, durch Verdampfen des Äthers die Ölmenge bequem ermitteln zu können. Für die Bestimmung des Titers werden die in bekannter Weise auf 450 m Länge abgehaspelten Stränge nach der Extraktion bis zur Gewichtskonstanz bei 105° getrocknet und gewogen; den handelsüblichen Titer errechnet man durch einen Feuchtigkeitszuschlag von 6% zum Trockentiter der Azetatseide. Zugfestigkeit und Dehnung bestimmt man wie bei Viskose- und Kupferseide nach 24stündigem Aushängen der Stränge in einem Raum von Standardatmosphäre, d. h. von 20° und 60% relativer Luftfeuchtigkeit. Zur

---

1 Zum Beispiel D.R.P. 460687 (1924), U.S.A. P. 1679850 (1925).

2 Zum Beispiel D.R.P. 479003 (1923).

3 Bisfa-Bestimmungen Aufl. 1932 S. 28.

Beurteilung der Geschmeidigkeit, die besonders beim Wirken eine Rolle spielt, prüft man zweckmäßig auch noch die Knotenfestigkeit[1] der Azetatseide. Man versteht hierunter Zugfestigkeit und Bruchdehnung eines geknoteten Fadens, der an der geknoteten Stelle besonders stark beansprucht wird und daher meist am Knoten reißt.

Eine speziell für die Azetatseide in Betracht kommende wichtige Prüfung ist die Kochprobe[1]. In einem Becherglas wird Wasser zum gelinden Sieden erhitzt und in die heiße Flüssigkeit ein Strängchen der Seide während 30 Min. in der Weise eingehängt, daß die Wandungen des Glases nirgends berührt werden. An der anschließend in Standardatmosphäre getrockneten Probe wird die durch das Kochen bewirkte Trübung und Kräuselung der Fäden ersichtlich, ihre mechanische Schädigung ergibt sich durch Feststellen der Zugfestigkeit und Bruchdehnung. Die Widerstandsfähigkeit einer Azetatseide gegenüber der Gesamtheit der beim Kochen auftretenden nachteiligen Einflüsse (Trübung, Kräuselung und Festigkeitsabnahme zusammengenommen) bezeichnet man als ihre Kochfestigkeit.

Eine weitere Azetatprüfung ist die Oxydationsbeständigkeit, die beim Ausrüsten wie auch beim Tragen solcher Gewebe eine Rolle spielt. Sie wird folgendermaßen ausgeführt: „Lose, gezwirnte Strängchen werden 1 Stunde bei 60 bis 65^0 in einem Bade umgezogen, das pro Liter 100 cm^3 3proz. Wasserstoffsuperoxyd und 0,5 cm^3 konzentrierten Ammoniak enthält. Nach gutem Waschen und Trocknen soll die Reißfestigkeit pro Denier 1,0 und die Dehnung 15% nicht unterschreiten."

Zur Beurteilung der Qualität einer Azetatseide und auch als laufende Kontrolle des regulären Spinnvorganges gehört ferner die Ermittlung der Querschnittsformen der Azetatseide. Das Querschnittsbild des aus vielen Kapillarfäden bestehenden Fadens gestattet Feststellungen sowohl hinsichtlich des Völligkeitsgrades des Einzelquerschnittes als auch hinsichtlich der Gleichmäßigkeit in der Beschaffenheit der erfaßten Einzelquerschnitte; z. B. kann so die Neigung zum Auftreten der unerwünschten Bändchenform deutlich festgestellt werden.

Die chemische Untersuchung der Azetatseide, z. B. die Ermittlung des Azetylgehaltes, des Zersetzungspunktes usw. erfolgt an dem entölten Material in genau derselben Weise wie bereits bei der Prüfung der Azetylzellulose beschrieben (S. 140).

Es hat wenig Berechtigung, in ähnlicher Weise, wie dies für die analytische Zusammensetzung des Zelluloseazetats geschehen ist, auch für die physikalischen Eigenschaften der Azetatseide bestimmte Normen aufstellen zu wollen. In den vorhergehenden Kapiteln ist bereits mehrfach darauf hingewiesen worden, daß es sehr wohl möglich ist, die Eigenschaften der Azetatseide in einer bestimmten gewünschten Richtung besonders günstig zu gestalten, wobei man dann aber in anderer Beziehung wieder Nachteile in Kauf zu nehmen hat. Diesem Umstand zufolge weisen die Fabrikate der einzelnen Firmen nicht unbeträchtliche Unterschiede auf[1]. Darum wird auch der Verarbeiter je nach Verarbeitungsart und Verwendungszweck der Seide geneigt sein, dieser oder jener Qualität den Vorzug zu geben. Die im folgenden gegebene kurze Darstellung der Eigenschaften der Azetatseide geht daher auf die Eigentümlichkeiten dieser Faser nur insoweit ein, als sie ganz allgemein für Azetatseide charakteristisch sind.

Die Trockenfestigkeiten der Azetatseide bewegen sich zur Zeit zwischen 1,2 und 1,4 g/den. bei 24 bis 30% Dehnung, die Abnahme der Festigkeit in nassem Zustand beträgt ca. 40%. Für mittelfeine Viskosequalitäten sind die

---

[1] Vgl. H. Stadlinger: Melliand Textilber. Bd. 11 (1930) S. 450.

entsprechenden Werte für die Festigkeit 1,6 bis 1,8 g/den., für die Dehnung 16 bis 22% und für die Naßfestigkeitsabnahme ca. 50%. Während demnach in trockenem Zustand die Azetatseide eine geringere Festigkeit besitzt als Viskose, sind die Naßfestigkeitswerte der beiden Kunstseidenarten infolge des geringeren Wasseraufnahmevermögens der Azetatseide ungefähr gleich. Trotzdem besitzt Azetatseide in nassem Zustand einen Vorzug vor Viskose: Gewebe aus Azetatseide werden beim Waschen nicht so leicht verformt wie solche aus Viskoseseide. Dies hängt damit zusammen, daß bei Azetatseide der Dehnungszuwachs beim Übergang von trocken auf naß geringer ist als bei Viskose. Der verminderten Hygroskopizität der Azetatseide (Wasseraufnahmevermögen im lufttrockenen Zustand 6,5% gegenüber 12,5% bei Viskose) ist es auch zuzuschreiben, daß bei ihrer Verarbeitung ihre hohe Dehnung nicht so leicht zu Mißständen, z. B. zu Glanzschüssen Anlaß gibt, wie dies bei Viskose der Fall sein würde.

Die gegenüber Zellulose abweichenden physikalischen Eigenschaften der Azetylzellulose verleihen der Azetatseide ein vorteilhaftes Verhalten in bezug auf Knitterfestigkeit, Griff und Glanz. Unter den Kunstseiden besitzt Azetatseide die beste Knitterfestigkeit; ihr Griff ist im allgemeinen weicher und wärmer, ihr Glanz ruhiger als der der anderen Kunstseidearten.

Die Dichte der Azetatseide beträgt ca. 1,29 bis 1,30, sie ist demnach niedriger als die von Viskose oder Kupferseide und entspricht etwa der der echten unerschwerten Seide.

Da Azetylzellulose ein erhebliches elektrisches Isolationsvermögen besitzt, vermag sich Azetatseide elektrisch aufzuladen, ein Umstand, der bei der Verarbeitung zu Schwierigkeiten führt, sofern nicht durch Ölung mit Seifen enthaltenden Präparaten die Seide genügend leitend gemacht wird.

Die bisher erwähnten Eigenschaften würden vermutlich allein nicht ausreichen, der Azetatseide die Bedeutung zu verleihen, die ihr tatsächlich zukommt, wenn sie nicht mit ihrem färberischen Verhalten eine sonst keiner Kunstfaser zukommende Eigenart besäße. Azetatseide wird durch die für die übrigen künstlichen, vegetabilen und animalischen Textilfasern in Betracht kommenden substantiven, basischen und sauren Farbstoffe gar nicht oder nicht waschecht angefärbt, sie besitzt aber stärkere Affinität für erst neuerdings aufgefundene Farbstoffgruppen (z. B. Celliton- und Cellitecht-Farbstoffe), die ihrerseits gegenüber den genannten Faserarten indifferent sind. Dieses Verhalten eröffnet der Azetatseide Anwendungsmöglichkeiten, die den anderen Textilmaterialien verschlossen sind; genannt sei die Herstellung von Azetatseide enthaltenden Mischgeweben, die in einfacher Weise mehrfarbig gefärbt werden können.

Umgekehrt war, solange die neuen Farbstoffe und Färbeverfahren noch nicht entdeckt waren, die Herstellung der Azetatseide infolge ihrer schwierigen Anfärbung kaum lohnend. Auch der eine Zeitlang benutzte Ausweg, Azetatseide oberflächlich zu verseifen und dann substantiv zu färben, vermochte daran nichts zu ändern[1].

Wesentlich ist auch, daß Azetatseide im allgemeinen weniger zu Ungleichmäßigkeiten bei der Ausfärbung neigt als Viskose oder Kupferseide, ein Umstand, der auch Unifärbungen von Azetatseide beliebt macht.

Beim Färben, ferner beim Entschlichten und auch beim normalen Gebrauch der Azetatseide, z. B. beim Waschen muß auf die Eigenschaften der Azetylzellulose insofern Rücksicht genommen werden, als allzu hohe Temperaturen

[1] Neuerdings gewinnt der Verseifungsvorgang mehr Interesse, um so mehr, als durch ein einfaches Behandeln mit tertiärem Natriumphosphat schon bei geringem Verseifungsgrad sehr große und gleichmäßige Affinität zu substantiven Farbstoffen erreicht wird. (D.R.P. 385943.)

und stärker saure oder alkalische Flotten zu vermeiden sind, da sonst durch Glanz- und Festigkeitsverlust Schädigungen eintreten. Die Ursachen dieser Schäden müssen nicht immer in einer Verseifung der Azetylzellulose liegen. W. Stahl[1] hat in einer gründlichen Untersuchung nachgewiesen, daß beim Einbringen von Azetatseide in siedendes reines Wasser keine Spur Essigsäure abgespalten wird und daß die eintretende Trübung auf dem Entstehen mikroskopisch feiner Bläschen in der Faser beruht. Nach W. Weltzien und A. Brunner[2] werden diese Hohlräume besonders deutlich sichtbar, wenn man Querschnitte der getrübten Faser im Dunkelfeld betrachtet. Als Voraussetzung für das Trübwerden konnte das Quellen der Azetylzellulose in heißem Wasser und ihre damit verbundene Plastizierung erkannt werden; überschreitet unter diesen Umständen die Dampfspannung des von der Faser aufgenommenen Quellmittels einen bestimmten Betrag (bei Wasser ist dies von 80° an der Fall), so ist der durch die Plastizierung verminderte Zusammenhalt der Azetylzellulose nicht mehr ausreichend, um der Entstehung von Hohlräumen und kapillaren Rissen genügend Widerstand entgegen zu setzen.

Um das Trübwerden der Azetatseide in heißen Bädern zu vermeiden, ist es natürlich am einfachsten, die Naßbehandlung der Seide, z. B. das Färben, nur bei außerhalb des Gefahrenbereiches liegenden Temperaturen (also unterhalb 70 bis 80°) vorzunehmen. Aber auch dort, wo diese Temperaturen nicht ausreichen, wie z. B. beim Entbasten von Mischgeweben aus Seide und Azetatseide oder beim Färben von Mischgeweben aus Azetatseide und Wolle, lassen sich Schädigungen ausschließen, wenn man Bedingungen wählt, welche die Quellung der Seide in den heißen Bädern und damit ihre Plastizierung herabsetzen. Diese Eigenschaft kommt genügend konzentrierten Salzlösungen zu, eine Erscheinung, die bereits anläßlich der Beschreibung der Naßspinnverfahren Erwähnung fand. Der hohe osmotische Druck dieser Lösungen und das semipermeable Verhalten der Azetylzellulose machen die entquellende Wirkung verständlich. So tritt Glanzverminderung der Azetatseide beim Kochen in einer z. B. 10% Kaliumchlorid enthaltenden Lösung nicht mehr ein, geringere Salzkonzentrationen sind weniger wirksam. Jedenfalls kann beim Entbasten oder Färben bei Gegenwart ausreichender Salzmengen auf höhere Temperaturen als 80° gegangen werden.

Umgekehrt fördert der Zusatz von Quellmitteln zu heißen Bädern die Plastizierung und vermehrt daher die Trübung. Hiervon macht man Gebrauch bei den Verfahren, die eine Mattierung der Azetatseide absichtlich herbeiführen (vgl. S. 154).

Es besteht die Möglichkeit, mit Hilfe rein physikalischer Maßnahmen entglänzte Azetatseide wieder nahezu in den ursprünglichen Zustand zurückzuversetzen. Man kann darin einen weiteren Beweis dafür sehen, daß es sich bei der Trübung von Azetatseide in heißen neutralen Bädern nicht um eine oberflächliche Verseifung der Fasern handeln kann. Man bringt die Fasern durch Anfeuchten zum Quellen und schließt darauf die Poren in der erweichten Masse durch Druck; so lassen sich getrübte Stellen aus Azetatseidegeweben durch vorsichtiges Bügeln wieder entfernen. Auch kurzes Einbringen in stark quellende Bäder (z. B. Alkohol—Wasser 2 : 1) und nachheriges Entquellen durch heiße konz. Salzlösungen (z. B. 25proz. Natriumsulfatlösung bei 100°) führt zum Ziel.

Es sei hier erwähnt, daß die Beschaffenheit des Ausgangsmaterials, der Azetylzellulose, und die Textur der Azetatfäden auf die Widerstandsfähigkeit gegen Trübung, d. i. die Kochfestigkeit der Azetatseide von erheblichem Einfluß sind. In erster Linie ist aber der Essigsäuregehalt des Zelluloseazetats von Be-

[1] Seide Bd. 36 (1931) S. 324, 358, 402, 439. [2] Seide Bd. 36 (1931) S. 399, 447.

deutung; es gilt die Regel, daß etwa 54% Essigsäure die Grenze darstellen, unterhalb der ein genügend kochfestes Material nicht zu erzielen ist. F. Ohl[1] gibt an, daß weiter geringer Schwefelsäure- und Aschengehalt des Azetats, völliger Querschnitt und vermehrte Streckung der Fäden sich in der Richtung gesteigerter Kochfestigkeit auswirken.

Oberflächliche oder vollständige Verseifung der Azetatseide kann bei der Einwirkung von alkalischen oder sauren Bädern eintreten. Säuren sind hierbei viel weniger wirksam als Alkalien. Bereits eine $^{n}/_{10}$ Natriumhydroxydlösung bei gewöhnlicher Temperatur vermag eine schichtweise Verseifung der Azetatseide herbeizuführen. Mit steigender Temperatur nimmt die verseifende Wirkung rasch zu, so daß man beim Waschen der Azetatseide entsprechend vorsichtig vorgehen muß.

Die Verseifung kann gleichfalls zu einer mehr oder minder starken Glanztrübung führen, doch läßt sich unter Umständen jeder Verseifungsgrad auch ohne Glanztrübung erreichen. Charakteristisch ist dagegen das Verhalten der verseiften Azetatseide gegen Farbstoffe. Stärkere Verseifungsgrade können durch Ausfärbung mit substantiven Farbstoffen kenntlich gemacht werden. Sehr verdünnte alkalische Lösungen (unterhalb $^{n}/_{100}$ Natriumhydroxyd) bewirken keine vollständige Verseifung der äußeren Faserschichten, sie haben nur eine geringe Abnahme des Azetylgehaltes zur Folge, die schon beim Ausfärben mit Cellitechtfarbstoffen deutlich wird. Es ist bemerkenswert, daß Unterschiede von nur 0,5% im Essigsäuregehalt zweier Azetatseiden bereits durch die ungleiche Farbtiefe solcher Ausfärbungen zur Geltung kommen und so eine Ursache streifiger Azetatfärbungen darstellen können.

Eine Gefahrenquelle für Azetatseide stellt auch eine Anzahl von gelegentlich zur chemischen Reinigung von Textilien benützten organischen Lösungsmitteln dar, da einige Azetatseide zu lösen oder stark zu quellen vermögen. Die von den Reinigungsanstalten mit Vorzug benutzten Mittel dieser Art, nämlich Benzin, Tetrachlorkohlenstoff, Trichloräthylen und Perchloräthylen, können indessen ohne Bedenken auch für ungefärbte Azetatseide Anwendung finden. Bei gefärbter Azetatseide müssen die Echtheitseigenschaften der Farbstoffe gegenüber den Lösungsmitteln berücksichtigt werden.

Anhang: Kunstseide aus Azetylzellulosemischestern und aus Äthylzellulose.

Es läßt sich voraussehen, daß die auf dem Azetatseidegebiet erzielbaren Fortschritte über ein gewisses Maß nicht hinausgehen können. Dem Bestreben nach Verbilligung des Azetatprozesses wird durch den Preis des Essigsäureanhydrids und die Regenerationskosten der Essigsäure schließlich eine Grenze gesetzt. In ähnlicher Weise verhindern die der Azetylzellulose eigentümlichen Eigenschaften eine weitere grundlegende Verbesserung der Azetatseidenqualität. Schon sehr frühzeitig hat man daher damit begonnen, die Brauchbarkeit auch anderer organischer Säureester der Zellulose und die der Zelluloseäther zur Herstellung von Kunstseide zu erproben. Auch auf diesem stark bearbeiteten Gebiet hat sich eine Entwicklung vollzogen, die zu einer Aussonderung des Brauchbaren führte. Wenn sich gegenwärtig außer der Azetatseide noch keine andere Ester- oder Ätherseide im Handel befindet, so hat dies in der Hauptsache wirtschaftliche Gründe und es liegt für die Zukunft eine Änderung dieses Zustandes

[1] Seide Bd. 36 (1931) S. 280.

durchaus im Bereiche der Möglichkeit. Nachfolgend sei deshalb auf den gegenwärtigen Stand der hier vorliegenden Erfahrungen kurz eingegangen.

Zunächst scheint festzustehen, daß von den organischen Säuren lediglich die Essigsäure nach der Veresterung mit Zellulose ein für die Kunstseidenerzeugung brauchbares Material zu liefern imstande ist. Die Formylzellulosen dürften zu wenig stabil sein, die höheren Fettsäuren, wie z. B. Buttersäure geben wiederum nicht genügend feste und allzu plastische Fäden. Eine Verbesserung der Eigenschaften der Azetylzellulose kann aber dadurch erreicht werden, daß man in das Azetatmolekül ganz geringe Mengen (je C_6-Gruppe ca. 0,2 Mol) dieser höheren Fettsäuren einführt[1]. Man erhält auf diese Weise infolge Verminderung der Hydrophilie kochfestere Seiden. Analog den höheren Fettsäuren verhält sich der Nitratrest, auch die Nitroazetylzellulosen sind in Wasser bedeutend weniger quellbar als die Azetylzellulose[2]. Der Stickstoffgehalt dieser Mischester muß allerdings infolge der rasch zunehmenden Feuergefährlichkeit sehr niedrig gehalten werden.

Die Azetylzellulosemischester weisen vorteilhafte Löslichkeitsverhältnisse auf, vielfach erübrigt sich bei ihrer Herstellung sogar eine partielle Hydrolyse, da bereits die primären Produkte azetonlöslich sind. Der praktischen Verwendung dieser Mischester stehen zur Zeit ihre höheren Herstellungskosten und möglicherweise ihre nicht sehr große Stabilität hindernd im Wege.

Unter den Zelluloseäthern nimmt die Äthylzellulose bezüglich ihrer Verwendbarkeit zur Herstellung von Kunstseide eine ähnliche Sonderstellung ein wie die Azetylzellulose unter den Estern. In ihrem mechanischen Verhalten etwa der Azetylzellulose entsprechend besitzt die Äthylzellulose noch den Vorzug der größeren Stabilität und der Unverseifbarkeit. Es bereitet keine besonderen Schwierigkeiten, durch passende Wahl des Ätherifizierungsgrades bestimmte Löslichkeitsstufen und Kochfestigkeitsgrade zu erreichen. Die von Lilienfeld angegebene, auf der Umsetzung von Alkalizellulose mit Äthylchlorid beruhende Herstellung der Äthylcellulose erfordert nicht so große Sorgfalt wie die Azetylierung, da azetolytische Vorgänge ausgeschlossen sind. Besonders einfach gestaltet sich ferner die Aufarbeitung der Äthylzellulose nach der Ätherifizierung: das nicht umgesetzte Äthylchlorid braucht lediglich abgeblasen zu werden, um die Äthylzellulose in fester, mit Wasser leicht auswaschbarer Form zu erhalten. Es ist daher nicht ausgeschlossen, daß in der Äthylzellulose ein Rohmaterial vorliegt, dessen Herstellung mit geringeren Kosten verbunden ist als die Azetylierung und das demzufolge bei der Kunstseidengewinnung noch eine wichtige Rolle zu spielen berufen ist.

---

[1] Engl. P. 351438 (1928) der I. G. Farbenindustrie.

[2] Franz. P. 681754 (1929) der I. G. Farbenindustrie.

Wiedergewinnung der Essigsäure.

Von Prof. Dr. **H. Suida**, Wien.

Ein Teil des für die Azetylierung der Zellulose benötigten Essigsäureanhydrids und praktisch die gesamte als Verteilungs- und Verdünnungsmittel verwendete Essigsäure findet sich nach der Abscheidung und dem Auswaschen des Zelluloseazetats in der wässerigen Ablaufflüssigkeit vor. Mit Rücksicht auf die hohen Kosten des Anhydrids und Eisessigs, welche den Hauptanteil der Rohstoffspesen bei der Herstellung des Zelluloseazetats ausmachen, ist man bestrebt, aus dieser Abfallflüssigkeit die Essigsäure in hochwertiger Form wiederzugewinnen. Ein vollständiger Verzicht auf die Auswertung dieser Abfallflüssigkeiten kommt bei den Marktpreisen der Azetylzellulose nicht mehr in Frage. Je nach der angewandten Azetylierungsmethode enthält die Ablaufflüssigkeit neben Essigsäure und Wasser als Hauptbestandteil stets gewisse Mengen von Zellulose-Abbaustoffen (organische Substanz), anorganischen Salzen (meistens Natriumsulfat) und hin und wieder andere Stoffe, welche als Katalysatoren bei der Azetylierung Verwendung gefunden haben.

Die Regenerierung dieser Abfallflüssigkeit kann prinzipiell nach zwei verschiedenen Richtungen hin erfolgen: entweder es ist genügender Bedarf für Natriumazetat vorhanden, sei es, daß dieses Salz in angeschlossenen Betrieben Verwendung findet, sei es, daß das Natriumazetat für die Herstellung von Essigsäureanhydrid nach dem chemischen Verfahren benützt wird. Oder es wird die Essigsäure aus der wässerigen Flüssigkeit in Form von Eisessig nach einem physikalischen Regenerierungsverfahren gewonnen. Bei vollständiger Verarbeitung der Abfallflüssigkeiten in dieser Weise wird mehr Eisessig gewonnen, als für die Azetylierung der Zellulose als Verteilungsmittel wieder benötigt wird. Es muß also entweder eine gewisse Menge dieses Eisessigs verkauft oder in angeschlossenen Betrieben für andere Zwecke verwendet werden oder aber es wird ein Teil des wiedergewonnenen Eisessigs nach einem katalytischen Verfahren durch bloße thermische Behandlung in Essigsäureanhydrid übergeführt, welches wieder zur Herstellung der Azetylzellulose Verwendung findet. Diese letztgenannten Verfahren der thermischen Behandlung von Eisessigdämpfen und der Gewinnung von Essigsäureanhydrid sind durch das Konsortium für Elektrochemische Industrie G. m. b. H. in München in die Welt gesetzt worden und sind, ungeachtet der späteren Verbesserungen oder Umgehungen durch die Patente der I. G. Farbenindustrie A.-G., von H. Dreyfus und der British Celanese Ltd. unter dem Namen „Wacker"-Verfahren bekannt[1].

Die obenerwähnten rein chemischen Verfahren zur Herstellung von Essigsäureanhydrid aus Natriumazetat sind in der letzten Zeit ganz wesentlich vervollkommnet worden, so daß die Entscheidung darüber, ob der Weg zum Essigsäureanhydrid über das Natriumazetat oder über die Essigsäure wirtschaftlicher ist, zur Zeit kaum völlig einwandfrei erwiesen sein dürfte.

---

[1] Patente und Beschreibung siehe Ullmann: Enzyklopädie der Technischen Chemie 2. Aufl. Bd. 4 S. 695 u. f.

Ob die Auswertung der Abfallflüssigkeiten der Azetatzelluloseherstellung auf dem einen oder anderen Wege nach wirtschaftlichen Grundsätzen erfolgen soll, hängt von sehr vielen Umständen ab, sowohl von der Anordnung der Azetylzelluloseanlage als isolierte Erzeugung oder im Rahmen anderer chemischer Industrien, als auch von den örtlichen Kaufs- und Verkaufsbedingungen für Eisessig und Essigsäureanhydrid. Unter Umständen kann auch gemischte Verarbeitung, teilweise auf Natriumazetat, teilweise auf Eisessig, am günstigsten sein.

Sowohl bei der Verarbeitung der verdünnten Essigsäuren auf Natriumazetat, als auch bei der Verarbeitung auf Eisessig wirken die in den verdünnten Abfallsäuren enthaltenen erwähnten Begleitstoffe recht störend. Abgebaute oder teilweise abgebaute Zellulose bzw. Azetylzellulosen zeigen die Neigung, sich aus sauren Lösungen, in denen sie sich befinden, beim Eindicken als glasige, harzige Überzüge in den Apparateteilen abzusetzen. Wesentliche Mengen anorganischer Salze (Natriumsulfat) bedingen beim Verdampfen der Lösungen die Vorsorge einer periodischen Entfernung von Salzausscheidungen. Eine Reihe von Patenten befaßt sich mit der Entfernung oder Unschädlichmachung solcher Fremdstoffe in den Abfallessigsäuren der Azetylzelluloseerzeugung[1]. Meistens ist es für die vollständige Auswertung der Abfallsäuren vorteilhaft, vorerst die Verunreinigungen möglichst zu beseitigen. Bestehen die Fremdstoffe aus wesentlichen Mengen Natriumsulfat (entstanden durch vorsichtiges Neutralisieren der als Katalysator verwendeten Schwefelsäure), welches die organischen Stoffe (Zellulose und zelluloseazetatartige) stark überwiegt, und sind sonstige Verunreinigungen in den Lösungen nicht enthalten, so schlägt das auskristallisierende Natriumsulfat die zellulose- und zelluloseazetatartigen Stoffe noch vor deren spontaner Ausscheidung nieder, und es ist beispielsweise eine Verdampfung der ungereinigten Abfallsäuren ohne Schwierigkeiten möglich. Oder aber es wird mit einem allerdings teureren Arbeitsgange die Schwefelsäure der Abfallsäuren mit Bariumkarbonat niedergeschlagen, in welchem Falle auch die zelluloseartigen Stoffe mitgerissen werden[2].

a) Verarbeitung auf Natriumazetat.

Der an und für sich wohlbekannte Arbeitsgang erfordert ziemlich ausgedehnte Anlagen für das Neutralisieren mit Soda, für das Verdampfen der Azetatlaugen in geschlossenen Verdampfern, für die Kristallisation, die Absonderung, Trocknung und gegebenenfalls vollständige Entwässerung des Natriumazetats.

b) Direkte Verarbeitung auf Eisessig.

Das Problem der Gewinnung von Eisessig aus verdünnten Essigsäuren wurde technisch erst nach dem Weltkriege einer Lösung zugeführt. Etwa seit dem Jahre 1923 wurde eine ganze Anzahl von Verfahren patentiert[3]. Nur wenige Verfahren sind in die Praxis übertragen worden. In diesem Aufsatz sollen lediglich jene Verfahren kurz geschildert werden, welche in der Industrie der Azetylzellulose bisher überhaupt betriebsmäßige Verwendung gefunden haben, soweit diese Verfahren eben bekannt geworden sind. Die Arbeitsweisen, welche in anderem Zusammenhang, z. B. bei der Verarbeitung des Holzessigs, betriebsmäßige Anwendung gefunden haben, sollen hier nicht berührt werden.

---

[1] Vgl. Ullmann: Enzyklopädie der Technischen Chemie 2. Aufl. Bd. 4. S. 660.

[2] Andere Reinigungsmöglichkeiten Ullmann: l. c.

[3] Eine sehr vollständige Zusammenstellung findet sich in Ullmann: Enzyklopädie 2. Aufl. Bd. 4 S. 658 bis 660.

1. Verfahren, nach welchem die Essigsäure aus der wässerigen Lösung mit Äthern, Estern oder anderen wasserschwerlöslichen Flüssigkeiten extrahiert wird.

Diese Verfahren, welche von dem alten Goering-Patent (D.R.P. 28064/1883) und in ihrer ersten praktischen Anwendung von dem Engl.P. 187603 (1922) von T. Brewster ihren Ausgang genommen haben, bestehen darin, daß in Kolonnen oder in Extraktionsbatterien die Essigsäure aus ihrer wässerigen Lösung durch Äther oder Ester extrahiert und aus dem Extrakt durch fraktionierte Destillation das Extraktionsmittel zurückgewonnen wird. Die Verfahren krankten zunächst daran, daß die verwendeten flüchtigen, sauerstoffhaltigen Extraktionsmittel auch erhebliche Quantitäten Wasser aufnahmen, so daß in einem Arbeitsgange kaum eine Essigsäure von mehr als 80 bis 90% Gehalt gewonnen werden konnte, die zur vollständigen Entwässerung stets einer kostenverursachenden Rektifikation unter Substanzverlust bedarf. Diese einfachen Arbeitsweisen nach dem Prinzipe der Kaltextraktion sind, besonders in Amerika, verschiedentlich angewendet und abgeändert worden. In ihrem Ergebnis befriedigende, wesentliche Abänderungen sind durch die Distilleries des deux Sévres, Melle, Frankreich, und durch die Carbide & Carbon Chemicals Corporation in Verbindung mit der Apparatebaufirma Badger & Co., Boston, erfolgt.

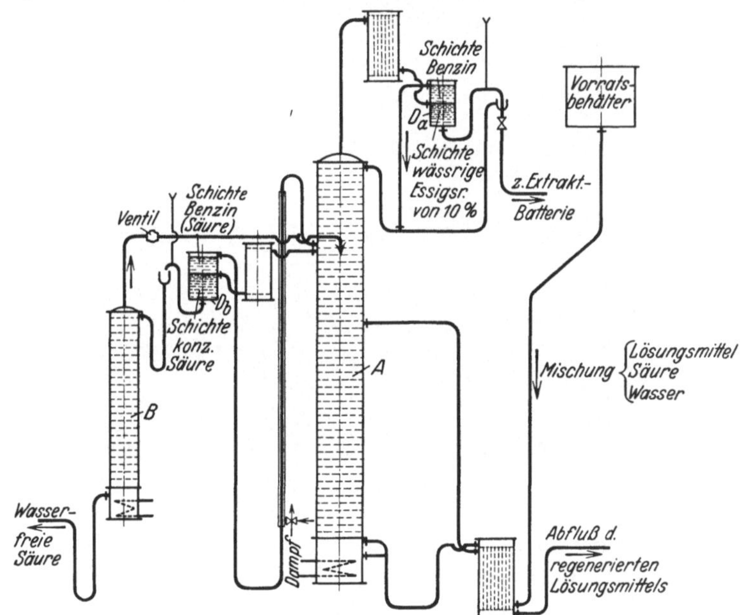

Abb. 1. Schema des Deux Sèvres-Verfahrens.

a) Verfahren der Distilleries des deux Sèvres.

Guinot, H.: Chim. et Ind. Febr. 1929 u. Juni 1931.
Franz. P. 651528, 636825, 668935, 671482.

Das Wesentliche an dem Verfahren ist die Anwendung einer großen Zahl von aneinanderschließenden Mischern (Extraktoren) und zwischengeschalteten Abscheidern, durch welche die wässerige Essigsäure im Gegenstrom zu dem Extraktionsmittel geführt wird. Eine derartige Extraktionsbatterie ermöglicht die erschöpfende Entziehung der Essigsäure durch das Lösungsmittel, was bei der Verwendung von Extraktionskolonnen verschiedener Inneneinrichtung und ohne Übertreibung der Dimensionen praktisch schwer möglich ist. Als Extraktionsmittel dient für stärkere Abfallsäuren mit 20 bis 40% Essigsäure Butylazetat oder Amylazetat, für schwächere Säuren Äthylazetat. Das zweite wesentliche Merkmal des Verfahrens besteht in der Entwässerung der noch etwas Wasser enthaltenden Extrakte durch Benützung einer dritten Flüssigkeit, welche mit dem Wasser ein azeotropes Gemisch bildet; d. h. es wird der Extrakt in einer Ko-

Abb. 2. Deux Sèvres-Verfahren.

lonne unter Zufuhr der erwähnten Hilfsflüssigkeit entwässert und hernach in einer zweiten Kolonne der wasserfreie Extrakt durch Destillation in säurefreies Lösungsmittel und Eisessig getrennt.

Die Hilfsflüssigkeit zur Entziehung des Wassers aus dem Extrakt bleibt in Zirkulation innerhalb der Apparatur. Für schwächere Säuren als 20% eignet sich als Extraktionsmittel Essigester. Auch in diesem Falle wird der noch wasserhaltige Extrakt in einer ersten Kolonne entwässert und in einer zweiten Kolonne der wasserfreie Extrakt in Eisessig und Essigester zerlegt. Wesentlich an dem Verfahren ist die vollständige Entwässerung des Extraktes, welche erst restlose Trennung von Lösungsmittel und Eisessig gestattet; denn es ist ja notwendig, daß das abdestillierte Lösungsmittel vollständig säurefrei wiedergewonnen wird, damit es bei der Rückkehr in den Kaltextraktionsprozeß seine volle Extraktionskraft entfalten kann.

Die Anordnung der Apparatur ist schematisch in Abb. 1 wiedergegeben. Die beiden folgenden Abbildungen zeigen die wesentlichen Teile der Anlage, die Extraktionsbatterie und die beiden Kolonnen.

Abb. 3. Deux Sèvres-Verfahren.

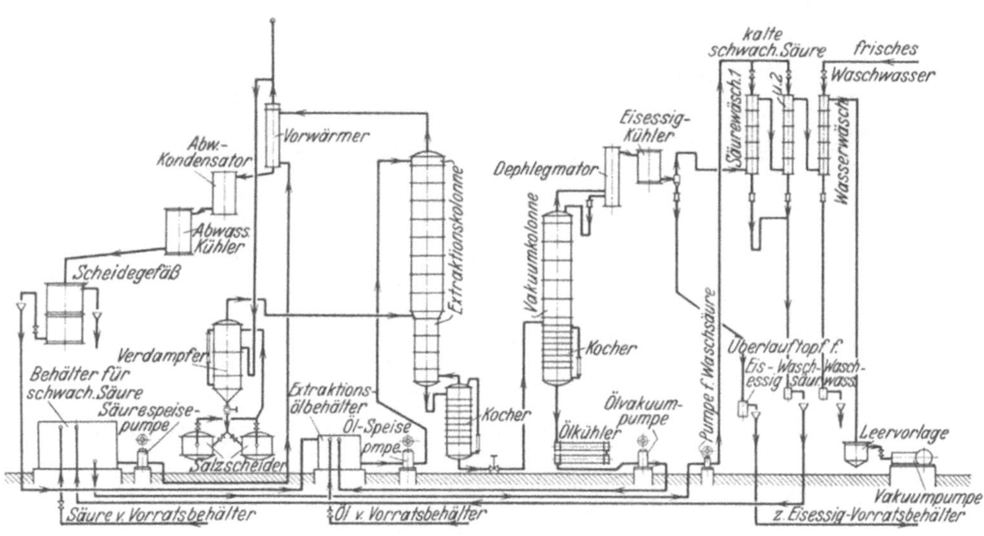

Abb. 4. Schema für das Suida-Verfahren.

Nach Angabe der Erfinderin wurden nach diesem Verfahren vier Anlagen: eine mit 5 t, eine mit 6 t und zwei mit je 10 t Tagesleistung an Eisessig errichtet.

b) Das Isopropyläther-Verfahren.

Dieses Verfahren ist durch mehrere Patentanmeldungen der Carbide & Carbon Chemicals Corporation in verschiedenen Staaten geschützt. Wesentlich für das

Abb. 5. Untere Bühne einer Duplexanlage (Suida-Verfahren).

Abb. 6. Obere Bühne einer Duplexanlage (Suida-Verfahren).

Verfahren ist die Anwendung von Isopropyläther als Extraktionsmittel. Die Essigsäure wird in einer kontinuierlich arbeitenden Extraktionsanlage durch Isopropyläther extrahiert. Die Extraktion wird in einer Extraktionskolonne durchgeführt. Für eine Extraktionsausbeute von 97% sind 4½ bis 5 Volumteile Isopropyläther auf ein Teil wässerige Essigsäure notwendig. Der Konzentrationsgrad der extrahierten Säure ist 80%, d. h. in dem Extrakt finden sich noch wesentliche Mengen Wasser vor. Isopropyläther gibt mit Wasser ein konstant siedendes Gemisch niedrigsten Siedepunktes, so daß bei der folgenden Destillation des Extraktes zunächst mit dem abdestillierenden Isopropyläther das gesamte Wasser des Extraktes ohne Essigsäure abdestilliert und bei weiterer Fortsetzung der Destillation der Isopropyläther vollständig aus dem Rückstand entfernt wird, während wasserfreie und lösungsmittelfreie Essigsäure zurückbleibt.

Abb. 7. Extraktionskolonne (Suida-Verfahren).

Dieses Verfahren wurde von Badger & Co., Apparatebauanstalt in Boston, apparativ ausgestaltet und bei der Tubize Chatillon Co., Rome U.S.A. erstmals in den Betrieb eingeführt. Dieser Betrieb soll ungefähr 30000 lbs Eisessig je Tag erzeugen.

2. Das Heißextraktionsverfahren von H. Suida.

Suida: Österr. Chem.-Ztg. Bd. 30 (1927) S. 1. Mauger: Chim. et Ind. Bd. 15 (1926), S. 476. Mariller: Chim. et Ind. Bd. 19 (Sonderheft) (1928) S. 134 bis 140.

Österr. P. 100721, 104399, 106231, 111566; D.R.P. 422073, 424666, 451179, 469942.

Krase: Chem. Met. Eng. Bd. 36 (1929) S. 657 bis 659. Partridge, E.P.: Ind. Engng. Chem. Bd. 23 (1931) S. 482 bis 498. Emerson P. Poste: Ind. Engng. Chem. Bd. 24 (1932) S. 722 u.f. Albin, T. C.: Chem. Met. Eng. Bd. 39 (1932) Heft 7. Lipscomb, Alfred

George: Cellulose Acetate, its manufacture and Application; London E. Benn Ltd. 1932, S. 82 u. f.

Dieses Verfahren, welches aus dem Jahre 1923 stammt und 1927 auch im Betrieb der Azetylzellulose eingeführt wurde, besteht darin, daß den Dämpfen der verdünnten Essigsäure, die Essigsäure durch ein hochsiedendes Lösungsmittel praktisch vollkommen entzogen wird. Diese Extraktion erfolgt in einer Kolonne, welche mit dem flüssigen Extraktionsmittel oben beschickt wird. Auch in diesem Falle geht eine bestimmte Menge Wasser mit der Essigsäure in den Extrakt. Die Entfernung dieses Wassers erfolgt in einem zur Kolonne gehörigen Plattenkocher praktisch vollständig; der entwässerte Extrakt wird kontinuierlich in einer Vakuumkolonne in essigsäurefreies Lösungsmittel als Rückstand und in Eisessig als Destillat getrennt. Die Extraktionsausbeute beträgt bei Anwendung von 20- bis 40proz. Säure 98% und der erhaltene Eisessig zeigt 99% Gehalt. Die Verdampfung der Abfallessigsäure erfolgt in einem einfachen Verdampfer, dem zwei periodisch arbeitende Endverdampfer und Salzabscheider angeschlossen sind. Das entsäuerte Extraktionsöl kehrt im geschlossenen Kreislauf zur Extraktion zurück.

Das Verfahren, welches ursprünglich von der Holzverkohlungsindustrie, in welcher große Anlagen dieser Art seit Jahren arbeiten, ausging, wurde ab 1927 in drei Betrieben der Azetylzelluloseerzeugung eingeführt; ein Betrieb hat 1 t Tagesproduktion an Eisessig, einer 6 t und einer 12 t Tagesproduktion.

Die Abb. 4 zeigt alle Teile der Apparatur.

Die Abb. 5 zeigt die unterste Bühne einer Duplexanlage, die Abb. 6 die oberste Bühne derselben Anlage. In der Abb. 7 sieht man rechts das untere Ende der Extraktionskolonne mit dem zugehörigen Entwässerungskocher, links das untere Ende der Vakuumkolonne und in der Mitte rückwärts den Bedienungsstand der ganzen Anlage mit allen Steuer- und Absperrorganen und allen Meßinstrumenten.

Die chemische Veredelung der Kunstseiden.

Von Prof. Dr.-Ing. **Egon Elöd,** Karlsruhe.

Allgemeines.

Die Veredelungsvorgänge, mit denen wir uns im folgenden befassen wollen, haben die Aufgabe, die nach den verschiedenen, in den vorhergehenden Abschnitten behandelten Verfahren hergestellten Kunstseiden in eine endgültige Form zu bringen.

Die im rohen, vielfach ungebleichten oder nur teilweise gebleichten Zustande aus den Kunstseidenfabriken kommenden Kunstseiden müssen durch Bleichen, Färben, Bedrucken, Avivieren, Appretieren usw. in Farbe, Glanz, Geschmeidigkeit usw. den im Handel an sie gestellten Anforderungen angepaßt, bzw. durch Schlichten oder Präparieren in einen für die Webereiarbeiten geeigneten, den mechanischen Eigenschaften der Kunstseide entsprechenden Zustand gebracht werden.

Die zwischen den einzelnen dieser Vorgänge liegende oder nachher vor sich gehende, textiltechnische Bearbeitung der Kunstseiden in den Webereien, Wirkereien usw. wird in einem besonderen Abschnitt besprochen, ebenso auch die mit maschinentechnischen Hilfsmitteln durchgeführten Veredelungs- bzw. Appreturarbeiten.

Bei allen Veredelungsarbeiten müssen vor allem die chemischen sowie die physikalischen bzw. mechanischen Eigenschaften der Kunstseide weitgehend Berücksichtigung finden. Der größte Teil der Veredelungsarbeiten lehnt sich wohl an die aus der Veredelung der Baumwollerzeugnisse bekannten Verfahren an, ist jedoch mit diesen nicht identisch.

Die physikalischen und chemischen Eigenschaften der Kunstseiden, ihre Beeinflussung durch die Einwirkung von Säuren, Alkalien und Salzen, die Quellungsvorgänge u. a. m. sind in Band I, 1 dieses Handbuches eingehend besprochen worden. Sie sind entscheidend für die Art und Wahl der vorzunehmenden Arbeiten und Arbeitsbedingungen. Nur ihre weitgehende Kenntnis kann den Ausrüster vor folgenschweren Mißgriffen bewahren. Die außerordentlich emsige technische, praktische und wissenschaftliche Forschung auf diesem Gebiete hat es in der verhältnismäßig kurzen Zeit der Entwicklung der Kunstseidenindustrie ermöglicht, von den anfangs mit mehr oder weniger weitgehendem Mißtrauen aufgenommenen Erzeugnissen der Kunstseidenindustrie zu hochwertigen, nicht mehr surrogatartigen, sondern ihren Platz in der Textilindustrie mit Recht als selbständige Faserart behauptenden Produkten zu gelangen.

A. Das Bleichen der Kunstseiden.

Die Kunstseiden werden größtenteils bereits in den Kunstseidenfabriken einer Bleiche unterworfen, sofern nicht z. B. für dunkle Färbungen oder für Mischgewebe mit Baumwolle u. a. ungebleichtes Material Verwendung finden soll. Über das Bleichen in den Kunstseidenfabriken selbst ist bereits berichtet worden[1]. Die Tendenz, unnötiges, zweimaliges Bleichen nach Möglichkeit zu vermeiden, namentlich bei Kunstseiden, die gemeinsam mit anderen Faserarten verarbeitet (Mischgewebe u. a.), ohnehin noch gebleicht werden müssen, ist sehr zu begrüßen, besonders vom Standpunkt einer weitgehenden Schonung der mechanisch wertvollen Eigenschaften der Faser. Andererseits sollte das Verarbeiten von solchen ungebleichten Fasern, die wie die Baumwolle eine besonders tiefgreifende Bleiche erfordern, mit Kunstseide unterbleiben. Beim Bleichen von derartigen Mischgeweben werden die Kunstseiden weitgehend geschädigt.

Die Aufgabe des Bleichens der Kunstseide ist wesentlich verschieden von der des Bleichens der Baumwolle. Bei der Baumwolle müssen die natürlichen farbgebenden Beimengungen, fett- und wachsartige Stoffe, Pektine u. a. entfernt bzw. durch meist energisch wirkende chemische Hilfsmittel (Beuche) in eine lösliche, von der Faser leicht durch Auswaschen entfernbare Form gebracht werden. Die Kunstseide wird demgegenüber aus einer bereits weitgehend reinen Zellulose hergestellt, so daß das Bleichen nur sozusagen eine Feinreinigung und daneben eine Entfernung der im Spinn- und Webprozeß durch Öle usw. entstandenen Verunreinigungen zu bewirken hat. Dementsprechend genügen wesentlich milder wirkende Bleichmittel als bei der Baumwolle.

Das Bleichen der Kunstseiden erfolgt entweder im Strang oder im Stück. In beiden Fällen wird meistens durch oxydative Behandlung gebleicht nach einem vorhergehenden Reinigen in einem Seifenbade. Dabei wird die Benetzbarkeit der Kunstseide durch Emulgieren der aus der Spinnerei usw. stammenden Fettschichten erhöht und das Erreichen eines reinen, beständigen Weiß ermöglicht. Bei reduktiv wirkenden Bleichen ist das erzielte Weiß weniger beständig[2]. Neben der Verwendung von Seifen ist die von Netzmitteln oder von Fettlösern von steigender Bedeutung. Die Vorreinigung erfolgt bei Temperaturen von 60 bis 70° C je nach Bedarf ½ bis 1 Stunde. Nach dieser Behandlung kann man die Kunstseide durch einfaches Abtropfenlassen vom Überschuß des Seifenbades usw. befreien und im Bleichbade weiterbehandeln.

Die Konzentration der Bleichbäder hängt von der Beschaffenheit des Kunstseidenmaterials sowie von der Art der zur Verfügung stehenden Bleichapparatur ab. Um die Bleichwirkung zu erhöhen, werden auch den Bleichbädern zweckmäßig Netzmittel zugesetzt. Sie erhöhen die Diffusionsgeschwindigkeit der Bleichlaugen in die Kunstseidenfaser und verkürzen so die Dauer des Bleichvorganges.

Als Bleichmittel werden meistens Natriumhypochlorit, Natriumsuperoxyd, Wasserstoffsuperoxyd, Natriumperborat und Aktivin, seltener Kaliumpermanganat sowie Chlorkalklösungen verwendet. Der größte Teil der zu bleichenden Kunstseiden wird mit Natriumhypochloritlösungen behandelt. Es werden Chlorlaugen, die durch doppelten Umsatz zwischen Chlorkalk und Natriumsulfat oder -karbonat, durch Einleiten von Chlorgas in Natronlauge oder Sodalösungen, oder durch Elektrolyse von Kochsalzlösungen erhalten werden, verwendet. Sie sind weitgehend frei von Kalk. Die Bleichlaugen werden durch Zusatz von wenig Alkali stets schwach alkalisch aufbewahrt, da sie sonst durch Bildung von freier unterchloriger Säure, die zu Chloratbildung führt, an Aktivität verlieren[3]. Die auch in alkalischen Lösungen allmählich erfolgende Abnahme der Aktivität der Natriumhypochloritlaugen ist ebenfalls über die Chloritstufe auf

---

[1] Vgl. S. 44 des vorliegenden Bandes.

[2] Rauer, D.: Z. text. Ind. Bd. 31 (1928) S. 755.

[3] Foerster, F., u. F. Jorre: J. prakt. Chem. Bd. 59 (1899) S. 53 und Bd. 63 (1901) S. 141.

die Chloratbildung sowie auf Zersetzung unter Sauerstoffentbindung zurückzuführen[1].

Über die Theorie der Chlorbleiche und ihren kinetischen Verlauf herrschen einander noch zum Teil widersprechende Ansichten. In der letzten Zeit haben sich H. Kauffmann[2] sowie J. Weiß[3] mit diesen Fragen beschäftigt. Auch die Aufklärung der faserschädigenden Bestandteile der Chlorbleichlauge ist noch nicht eindeutig. Die Annahme von H. Kauffmann, daß dem Komplexion [HOCl, ClO]' die faserschädigende Wirkung zuzuschreiben wäre, wurde von J. Weiß[4] in Zweifel gezogen. Weiß schreibt ebenso wie J. Nußbaum und W. Ebert[5] der Oxydationswirkung die faserschädigende Rolle zu. Als oxydierendes Agens kommt die unterchlorige Säure bzw. ihr Anhydrid (Cl_2O) in Frage. Zweifellos ist von wesentlicher Bedeutung der von beiden Forschern, wenn auch auf verschiedene Ursachen zurückgeführte Unterschied in der Geschwindigkeit der Einwirkung der wirksamen Agenzien auf die Zellulose einerseits und auf die zu entfernenden natürlichen Farbstoffe usw. andererseits. Nach Kauffmann nimmt im sauren Gebiet die Geschwindigkeit der Einwirkung auf die Faser ab, diejenige der Einwirkung auf die Farbstoffe jedoch zu. Man wird zweifellos bei der Weiterentwicklung dieser beachtenswerten Arbeiten dasjenige Gebiet der Wasserstoffionen-Konzentration ermitteln müssen, in dem die Faser völlig gebleicht wird, aber weitgehend geschont bleibt. Durch die erwähnten kinetischen Studien sind wertvolle neue Gesichtspunkte für das Bleichen eröffnet worden[6].

Von den Peroxyden kommen, neben Natriumsuperoxyd und Wasserstoffsuperoxyd, in der Hauptsache Perborate zur Verwendung. Sie zersetzen sich leicht und müssen auf ihre Wirksamkeit durch analytische Kontrolle geprüft werden. Perborate sind borsaure Salze mit abspaltbarem aktiven Sauerstoff. Nach Untersuchungen von F. Foerster[7] ist das technisch zur Verwendung kommende Natriumperborat kein echtes Peroxydsalz, sondern eine Wasserstoffsuperoxyd-Additionsverbindung von der Formel $NaBO_2 \cdot H_2O_2 \cdot 3\,H_2O$. Durch das Natriumperborat wird Jod aus Kaliumjodidlösungen nicht freigemacht. Schwermetallsalze, Apparaturen aus Eisen, Kupfer und Messing zersetzen die alkalischen Superoxyde und sind aus den Bleichereibetrieben sorgfältig auszuschalten[8]. Lösungen von Natriumperborat verhalten sich wie eine alkalische Wasserstoffsuperoxydlösung in Gegenwart von Borsäure. Die Bestimmung des aktiven Sauerstoffs erfolgt wie bei Wasserstoffsuperoxyd, am einfachsten durch Titration der angesäuerten Lösung mit Kaliumpermanganat oder jodometrisch. Selbst in Gegenwart von Seifen und anderen organischen Substanzen ergibt die Permanganattitration hinreichend genaue Werte.

Die Peroxyde werden in schwach alkalischen (ammoniakalischen) Medien verwendet, meistens in Gegenwart von Stabilisatoren. Als solche kommen verschiedene Mittel, für Perborat Leim, Natriumsilikat, Magnesium- und Kalzium-

---

[1] Foerster, F.: Z. Elektrochem. Bd. 23 (1917) S. 137 und H. Kauffmann: Z. angew. Chem. Bd. 37 (1924) S. 364.

[2] Z. angew. Chem. Bd. 43 (1930) S. 840 u. Bd. 44 (1931) S. 104, sowie Ber. Bd. 65 (1932) S. 179, und M.T.B. Bd. 14 (1933) S. 138.

[3] Z. angew. Chem. Bd. 44 (1931) S. 102 u. Z. Elektrochem. Bd. 37 (1931) S. 20.

[4] Z. Elektrochem. Bd. 37 (1931) S. 20.

[5] Papier-Fabrikant Bd. 5 (1907) S. 1342, vgl. ferner W. Seck: M.T.B. Bd. 13 (1932) Bd. 314.

[6] Vgl. auch L. P. Lynch u. C. R. Nodder: J. Textile Inst. Bd. 11 (1932) S. 309.

[7] Z. angew. Chem. Bd. 34 (1921) S. 354.

[8] Über Verwendung nichtrostender Stahle siehe R. Folgner u. G. Schneider: MTB. Bd. 13 (1932) S. 477; vgl. weiterhin auch H. Tatu: Rev. gén. Teint. Blanch. 1931 S. 473.

salze, Seifen, Monopolseife, protalbinsaure und lysalbinsaure Salze u. a. in Betracht. Die meisten der vorgeschlagenen Stabilisatoren dienen zur Inaktivierung der die Zersetzung katalytisch beschleunigenden Substanzen.

Vielfach wird mit dem Natriumsalz des p-Toluolsulfochloramids (Aktivin, Chloramin u. a.) gebleicht. Die etwa 23% akt. Chlor enthaltenden Produkte sind sehr stabil, werden im Gegensatz zu den Perboraten durch Metalle nicht katalysiert und ermöglichen selbst bei hohen Temperaturen ein schonendes Bleichen. In Gegenwart von Akzeptoren zerfällt das p-Toluolsulfochloramidnatrium unter Abspaltung von aktivem Sauerstoff in Toluolsulfonamid und Kochsalz[1]. In saurer Lösung, in Gegenwart von Essig- oder Ameisensäure bildet sich p-Toluolsulfodichloramid mit energischerer Bleichwirkung.

Das Wesentliche bei den Bleichvorgängen ist, dafür zu sorgen, daß die Abspaltung des bleichend wirkenden „aktiven" Sauerstoffs möglichst langsam erfolgt, und zwar möglichst mit der gleichen Geschwindigkeit wie der Bleichvorgang selbst.

Sämtliche Bleichbäder müssen ständig analytisch kontrolliert werden, wobei neben der Oxydationswirkung auch die Azidität bzw. die Wasserstoffionenkonzentration der Bleichbäder systematische Beachtung finden muß. Wenn auch unsere Kenntnisse hierfür z. Z. noch nicht ausreichend sind, wird es vielen Betriebsführern auf Grund eines analytisch gestützten Experimentalmaterials in einiger Zeit möglich sein, die für ihren Betrieb in Betracht kommenden Optima zu ermitteln[2].

Die Art der Bleiche beeinflußt erfahrungsgemäß den Griff der Kunstseidenerzeugnisse.

Die im Strang zu bleichende Kunstseide soll den allgemeinen Tendenzen der Kunstseidenveredelung entsprechend mechanisch möglichst schonend behandelt werden. Neuere Apparate ermöglichen es, die auf Porzellanwalzen oder ähnlich aufgebrachten Stränge, ebenso wie bei den bekannten Färbe- oder Waschapparaten mechanisch schonend, aber wirksam umzuziehen und die einzelnen Operationen des Bleichens, Spülens, Absäuerns usw. der Stränge in nebeneinander angeordneten Wannen auszuführen. Dabei werden die die Stränge tragenden Walzen durch entsprechende Vorrichtungen von Bad zu Bad bewegt und das unerwünschte Umpacken von Walze zu Walze vermieden. Auch das Transportieren der Kunstseiden auf Stöcken oder Glasstäben kann weitgehend mechanisiert von Bad zu Bad erfolgen. Die auf Walzen angebrachten Stränge werden während des Umziehens bei verschiedenen Ausführungsformen der bekannten Apparate entweder in die Bleichflotten getaucht oder durch Spritzrohre zwischen den Walzen oder im Innern der Stränge bespült. Die Apparatbleiche mit zirkulierender Flotte konnte bisher noch keine nennenswerten Erfolge in der Kunstseidenbleiche verzeichnen. Die im nassen Zustand stark gequollenen Stränge bilden geschlossene, schwer durchdringbare Massen, die der Zirkulation der Bleichflotten großen Widerstand bieten. Das Bleichen auf Spulen usw. soll hier nicht besprochen werden (vgl. dagegen a. a. O.).

Das Bleichen wird am besten in sauberen Holzwannen, die mit Nesseltuch ausgekleidet oder mit Blei oder Zinn ausgelegt sind, oder in mit Porzellan verkleideten Betonwannen oder in Steinzeugapparaten ausgeführt.

Nachdem das Bleichen der Stränge genügend weitgehend vorgeschritten ist, sowie das Absäuern, die Antichlorbehandlung, Spülen und Waschen durch-

---

[1] Vgl. z. B. R. Feibelmann: Chem.-Ztg. Bd. 48 (1924) S. 297 u. 685.

[2] Betriebsanalyse der Bleichbäder vgl. u. a. J. Hausner: Chem.-Ztg. Bd. 51 (1927) S. 373. u. Z. text. Ind. Bd. 30 (1927) S. 403. Foerster, F., u. F. Jorre: Z. anorg. Chem. Bd. 23 (1900) S. 181 sowie W. Kind: Spinner u. Weber Bd. 50 (1931) S. 13.

geführt sind, werden die Stränge vom Überschuß des Wassers durch schonendes Zentrifugieren befreit, im nassen Zustande etwas gestreckt und bei nicht zu hoher Temperatur getrocknet. Falls die Kunstseide im ungefärbten, weißen Zustand direkt weiter verarbeitet werden soll, wird sie aviviert (vgl. w. u.) und ihre Farbe meist unter Zusatz einer geringen Menge eines geeigneten Farbstoffs (Alizarinirisol B, Alizarinsaphirol usw.) kompensiert. Das Trocknen in den modernen Trockenanlagen (vgl. a. a. O.) wird im allgemeinen bei Temperaturen von nicht über 75 bis 80° C ausgeführt. Beim Trocknen der Azetatseide ist ihre Temperaturempfindlichkeit im nassen Zustande besonders zu beachten.

Neben dem Bleichen der Kunstseide in Strangform ist mit der steigenden Bedeutung der Stückfärberei auch das Interesse für das Bleichen im Stück gestiegen. Neben rein kunstseidenen Geweben kommen meistens Mischgewebe zur Bearbeitung. Die Gewebe müssen vor allem „entschlichtet" werden (vgl. w. u.), sie werden aber sonst im Prinzip ebenso gebleicht wie die Strangware.

Um Schädigungen der Kunstseiden zu vermeiden, müssen auch die auf chemische Wirkungen zurückzuführenden Fehler Berücksichtigung finden. Ein Überbleichen, d. h. die Einwirkung von zu starken Bleichbädern, oder ein zu lang dauerndes Bleichen führt zu allgemeiner Faserschwächung. Fehler dieser Art können durch die nötige Kontrolle der Bleichbäder vermieden werden. Schwieriger ist es, die sog. „Katalyseschäden" zu bekämpfen. Diese entstehen dadurch, daß Metalle, welche die Zersetzung der Bleichlauge katalytisch zu beschleunigen vermögen, stellenweise, meist mit Öl (Maschinenöl) emulgiert, auf die Faser gelangen und so an solchen Stellen eine besonders starke, bis zur Zerstörung der Faser gehende Oxydationswirkung der zersetzten Bleichmittel hervorrufen[1]. Derartige Schäden werden bereits durch Spuren von Kupfer, Eisen, Mangan u. a. verursacht, besonders wenn diese Metalle in einer aktiven Form (Grünspan usw.) vorliegen[2].

Reste von nichtausgewaschenem Chlor oder von Säuren wirken ebenfalls zerstörend auf die Kunstseide. Vielfach äußert sich diese Wirkung erst beim Lagern der Kunstseide. Um derartige Fehler zu vermeiden, empfiehlt es sich, neben der obenerwähnten Antichlorbehandlung und reichlichem Waschen, an einer kleinen Durchschnittsprobe der Kunstseide die Beschaffenheit derselben zu kontrollieren. Dies erfolgt am besten derart, daß man solche Proben in heißem, destilliertem Wasser extrahiert und diesen Extrakt durch eine p_H-Bestimmung oder sonstige analytische Kontrolle (Chlorprobe) untersucht. Derartige leicht und einfach ausführbare Kontrollen ermöglichen es in den allermeisten Fällen, das Fasergut von nachträglichen Schäden zu bewahren.

B. Das Schlichten und Entschlichten der Kunstseide.

Das Schlichten ist eine der bedeutendsten Zwischenarbeiten und dient zur Vorbereitung der Kunstseide für das Verweben. Die Notwendigkeit des Schlichtens und die Möglichkeiten der Ausführung wurden erst verhältnismäßig spät erkannt, dann aber rasch entwickelt. Es ist dadurch ermöglicht worden, Gewebe mit kunstseidener Kette herzustellen und auch schwach gedrehtes Schußmaterial als Kette zu verwenden. Bei den organzin- oder grêgeartig scharf gedrehten Kettgarnen spielt das Schlichten nur eine untergeordnete Rolle. Die gewebetechnischen Vorteile der Verwendung von Schußgarnen, die nebenbei auch billiger

---

[1] Vgl. P. Heermann: Die Wasch- und Bleichmittel. Berlin 1925.

[2] Vgl. auch W. Kind u. E. Baur: M.T.B. Bd. 12 (1931) S. 184, sowie H. Kauffmann: Z. angew. Chem. Bd. 44 (1931) S. 858.

sind, in der Kette förderten die junge Technik des Schlichtens. Man kann wohl auch durch Zwirnen das Loslösen der Einzelfasern im Garn weitgehend verhindern, mit stark gedrehten Ketten jedoch geschmeidige und weiche Gewebe mit hoher Deckkraft nicht herstellen.

Durch das Schlichten wird die Kunstseide gegen die mechanische Beanspruchung und vermehrte Spannung beim Verweben widerstandsfähiger. Im ungeschlichteten Zustand entstehen bei dem an und für sich sehr empfindlichen Material zu leicht Fadenbrüche, die sich während des Verwebens zu „Nestern" ausbilden oder ein unruhiges Gewebebild mit abstehenden Faserenden („Flusen") ergeben. Man kann zwar derartige Fehler zum Teil auch durch mechanische Hilfsmittel bekämpfen, einfacher jedoch durch das Schlichten.

Bei Kunstseiden aus Zelluloseester oder -äther wirkt außerdem noch die durch Reibung entstehende, mehr oder weniger starke, statische elektrische Aufladung beim Weben besonders störend. Die mit gleichnamiger Elektrizität aufgeladenen Fasern haben das Bestreben, etwa ballonartig sich auseinanderzuspreizen. Man kann wohl beim Naßspinnverfahren durch Verwendung von wasserlöslichen Ölen, beim Trockenspinnverfahren durch Gemische aus fetten Ölen sowie Fettsäuren und ferner im allgemeinen durch sorgfältige Regulierung der relativen Luftfeuchtigkeit in den Webereien die Aufladung der Fasern in einem gewissen Grade vermindern und durch die verklebende Wirkung der Öle die gegenseitige Abstoßung der Einzelfasern im Fadenbündel (Garn) erschweren, doch nicht mit genügender Sicherheit vermeiden. Bei der Verwendung von öllöslichen Basen, wie Zyklohexylamin, hydrierten Pyridinbasen, Triäthanolamin, Oleinsäure-ω-aminoäthylamin (Sapamin) oder von Fettsäureseifen usw. wird die Aufladung schon durch geringe Mengen wesentlich verringert. Durch das Schlichten werden alle diese Hindernisse einer störungsfreien Webarbeit vermieden.

Anfangs wurden die aus der Woll- und Baumwoll-Garnschlichterei bekannten Methoden und Materialien verwendet. Die Empfindlichkeit der Kunstseiden in nassem Zustande gegen mechanische Beanspruchungen, sowie ihre besonders glatte Oberfläche haben jedoch andere Methoden erforderlich gemacht.

Dem Zwecke der Schlichte entsprechend ist anzustreben, daß die Einzelfasern im Faden (Garn) aneinander geklebt werden, daß aber die Fäden selbst im Strang frei, unverklebt bleiben. Es müßte somit um jeden Faden herum ein filmartiges Gebilde entstehen mit nur nach innen wirkenden, bloß die Einzelfaser verklebenden Eigenschaften. Diese Forderung ist besonders bei der anfänglich fast ausschließlich ausgeführten Art des Schlichtens, der Strangschlichte, von Bedeutung.

Die Anforderungen an die Schlichten sind derart vielseitig, daß die einwandfreie Ausführung der Schlichterei die Ausrüstungsbetriebe vor nicht zu unterschätzende Aufgaben stellt. Die Schwierigkeit der Entwicklung dieses wichtigen Gebietes der Ausrüstung liegt zum Teil darin, daß die Beurteilung der Eignung der Schlichten erst in der Weberei möglich ist. Fortschritte und fördernde Erkenntnisse sind nur durch verständnisvolles Zusammenarbeiten von Weber und Ausrüster zu erwarten.

Es ist wohl selbstredend, daß nur dünnflüssige Schlichten für die Kunstseiden in Betracht kommen. Sie müssen nach dem Trocknen gut auf der Faser haften, ohne sie zu unerwünschten, das nachherige Spulen der Stränge verhindernden „Strähnen" zu verkleben oder andererseits beim Weben vom Faden abzufallen. Da das Schlichten in den meisten Fällen am ungefärbten Material ausgeführt wird („Rohpräparation"), und so nur als vorübergehendes Hilfsmittel dient, das bei dem bzw. vor dem nachherigen Färben der Kunstseiden im Stück wieder entfernt werden soll, muß auch hierauf Rücksicht genommen werden. Anstrebenswert ist ohne Zweifel eine Schlichte, die ohne ein vorhergehendes, viele Schwierigkeiten bereitendes Entschlichten (vgl. w. u.) im Färbebad selbst entfernt werden kann, ohne den Färbevorgang zu beeinträchtigen. Zur Zeit sind derartige ideale Schlichten noch nicht bekannt bzw. endgültige, genügende Erfahrungen fehlen.

Die Bildung von elastischen Filmen um die zu verklebenden Einzelfasern herum ist bei den trocknenden Ölen, insbesondere beim Leinöl derart günstig, daß in den letzten Jahren das Schlichten mit Leinöl im Strang eine starke Entwicklung erfahren hat. Vom webereitechnischen Standpunkt aus betrachtet ist eine gut getrocknete Leinölschlichte als einwandfrei zu bezeichnen (vgl. dagegen w. u.).

Für die Herstellung der Ölschlichten kommen in erster Linie Leinöl, daneben aber auch andere trocknende Öle wie Sojabohnenöl, Perillaöl, Hanföl und Mohnöl in Betracht[1]. Das Leinöl besteht in der Hauptsache aus Fettsäureglyzeriden, wobei mengenmäßig die Ölsäure, Linolsäure und Linolensäure vorherrschen. Diese in der angeführten Reihenfolge ein, zwei bzw. drei Doppelbindungen enthaltenden Fettsäuren bedingen den stark ungesättigten Charakter des Leinöls (Jodzahl ca. 180). Neben diesen ungesättigten Säuren sind auch gesättigte[2], wie Stearinsäure und Palmitinsäure, nachgewiesen worden.

In welcher Form die Fettsäuren an das Glyzerin gebunden sind, steht noch nicht eindeutig fest. Nach A. Eibner und Schmiedinger[3] liegt der größte Teil in Form von gemischten Glyzeriden (Dilinolenmonolinolsäureglyzerid u. a. Kombinationen) vor. Neben den Glyzeriden sind geringe Mengen (1 bis 3%) an freien Fettsäuren vorhanden. Die Mengen der einzelnen Bestandteile sind je nach Herkunft der Leinöle nicht unbeträchtlichen Schwankungen unterworfen.

Die Fähigkeit des Leinöls, unter Filmbildung zu trocknen, also gerade der für das Schlichten der Kunstseiden ausschlaggebende Vorgang, ist im Laufe der Jahre Gegenstand vieler Forschungsarbeiten gewesen, ohne bis heute zu einem befriedigenden Abschluß gekommen zu sein. Sicherlich spielen dabei neben rein chemischen kolloidchemische Vorgänge eine ausschlaggebende Rolle. Ihre Wichtigkeit ist in wertvollen Arbeiten von P. Slansky[4], A. Eibner[5] u. a. zum Ausdruck gekommen. Bekannt ist die überaus große Sauerstoffaufnahmefähigkeit der Leinöle während des Trocknungsprozesses. Dieser anfänglich auf Peroxydbildung zurückgeführte Vorgang[6] besteht nach Arbeiten von J. Marcusson[7] in der Einlagerung von zwei Molekülen Sauerstoff zwischen zwei Moleküle der ungesättigten Fettsäuren unter Bildung von Dimoloxyden und nachheriger Abspaltung der Hälfte des Sauerstoffs. Hierdurch erfolgt dann die Oxydation der benachbarten, an Kohlenstoff gebundenen Wasserstoffatome zu Hydroxyd und zum Teil die Spaltung der Kohlenstoffkette unter Bildung von niedrig molekularen Fettsäuren sowie Aldehyden. Nach Abspaltung des peroxydartig gebundenen Sauerstoffs entstehen die einfachen Oxyde, die den Sauerstoff in Ringform, sowie als Karboxyl bzw. Hydroxyl enthalten.

Die beim Schlichten üblichen, sehr dünnen Schichten von Leinöl (mit etwa 3 bis 8% vom Fasergewicht) werden namentlich bei Gegenwart von Sikkativen (vgl. w. u.) in relativ kurzer Zeit, in etwa 24 Stunden, durch Aufnahme von großen

[1] Boyeaux: D.R.P. 198931.
[2] Morell, R. S.: J. Soc. chem. Ind. Bd. 32 (1930) S. 1091; Wolff, H., u. Ch. Dorn: Chem.-Ztg. Bd. 45 (1921) S. 1086.
[3] Chem. Umschau 1923 S. 293.
[4] Z. angew. Chem. Bd. 34 (1921) S. 533 u. Bd. 35 (1922) S. 389.
[5] Das Öltrocknen ein kolloider Vorgang aus chemischen Ursachen. Berlin 1931.
[6] Fahrion, W.: Chem.-Ztg. Bd. 28 (1904) S. 1196.
[7] Z. angew. Chem. Bd. 38 (1925) S. 780.

Mengen an Sauerstoff koaguliert bzw. unter Filmbildung erhärtet. Für die Schlichterei ist die Kenntnis der Veränderungen, die das Leinöl unter dem Einfluß des Luftsauerstoffs beim Schlichtevorgang selbst, sowie später beim Lagern erleidet, von hervorragender Bedeutung.

Die Sauerstoffaufnahme von vollständig durchgetrockneten Leinölfilmen erreicht etwa 39% des Leinölgewichtes. Es ist also sehr viel Sauerstoff bzw. Luft für den Trocknungsvorgang nötig, was beim Schlichten besondere Berücksichtigung durch gutes Belüften der Trockenkammern finden muß. Während des Trocknungsvorganges erleidet das Leinöl wichtige chemische Veränderungen. An flüchtigen Reaktionsprodukten wurden festgestellt 10% CO_2, 1% CO, 12,3% H_2O, 10,4% flüchtige Säuren (als Ameisensäure berechnet) und 0,8% Aldehyd (als Formaldehyd berechnet), alles auf das Leinölgewicht bezogen[1]. Neben den flüchtigen Säuren entstehen auch nichtflüchtige, wie Propionsäure, Azellinsäure und wahrscheinlich Kapronsäure, Kaprylsäure und Pelargonsäure. Nach etwa 14 Tagen sind rund 4%, nach 8 Wochen rund 8% der Kohlenstoffatome des Leinöls der Oxydation zu niedermolekularen flüchtigen Verbindungen anheimgefallen.

Von wesentlichem Interesse ist es, daß der Trocknungsvorgang bzw. die Weiteroxydation des Leinöls unter Veränderung in obigem Sinne wohl durch Lichtwirkung beschleunigt wird, aber auch im Dunkeln, also beim Lagern vor sich geht. Wieweit die Anwesenheit von Wasserdampf oder Feuchtigkeit den Trocknungsvorgang in seinem chemischen Verlauf beeinflußt, ist noch nicht eindeutig festgestellt. Bekannt ist nur, daß bei Filmbildung in Gegenwart von Feuchtigkeit der Eintritt eines klebefreien Zustandes verzögert wird. Die Anwesenheit von Feuchtigkeit ist aber ebenso von Einfluß auf die Sekundärwirkungen, welche durch die oxydativen Abbauprodukte des Leinöls auf die Zellulosefaser ausgeübt werden, wie auch der Umstand, ob der trocknenden Leinölschlichte Gelegenheit gegeben wird, durch reichlichen Luftwechsel in den Trockenkammern die flüchtigen Oxydationsprodukte, in der Hauptsache die Ameisensäure sowie Formaldehyd, durch Diffusion in die Atmosphäre zu verlieren. Bleiben diese Stoffe im Leinölfilm, so können sie ihre oxydierende, sowie sonstige Wirkung zum Nachteil der Kunstseidenfaser ausüben. Sie dürfen sich also im Leinölfilm bzw. in der geschlichteten Seide nicht anreichern oder aber man müßte sie durch entsprechende Akzeptoren abfangen und unschädlich machen.

Beim Öltrocknen sind die chemisch komplizierten Vorgänge von kolloiden Erscheinungen, die zur Filmbildung führen, begleitet. Bis zum klebefreien Antrocknen ist eigentlich sowohl chemisch wie auch kolloidchemisch nur ein Anfangsstadium der Filmbildung erreicht. Dieser Zustand wird im Laufe der Zeit während des Lagerns verändert und führt normalerweise zum „Durchtrocknen", einem für die Schlichte unerwünschten Zustand, da solche durchgetrockneten Filme beim Entschlichten schwer zu entfernen sind. Dieses Stadium des Durchtrocknens ist nach chemischen Vorstellungen wahrscheinlich erreicht, sobald die labilen Primärprodukte der Oxydation in die stabileren Oxyne verwandelt sind. Wieweit dabei die in die Kunstseidefasern eindiffundierten Öle von der Oxydation erfaßt werden, namentlich die im Innern der gezwirnten Fäden oder Garne sich befindenden, ist noch nicht bekannt. Bis zum Erreichen dieses Zustandes sind noch dispergierende, flüssige, nichtkoagulierte Teile in der Schlichte vorhanden, die das Entschlichten fördern dürften. Sie sind mehr oder weniger leicht verseifbar und können als Emulsionsbildner oder -träger die Entfernung der gelatinierten Teile des Leinölfilms erleichtern. Daß das klebefreie

[1] D'Ans: Z. angew. Chem. Bd. 41 (1928) S. 1193 u. Bd. 42 (1929) S. 997.

Auftrocknen der Leinöle noch kein Endzustand ist, kann experimentell gezeigt werden: In verschlossenen Gläsern bei gewöhnlicher Temperatur zerlaufen die frischen Leinölfilme in einigen Monaten[1].

Neben Leinöl wird vielfach auch Leinölstandöl, ein durch Erhitzen verdicktes, polymerisiertes, trocknendes Öl, oder Gemische solcher Öle für die Schlichte verwendet. Die Handelsbezeichnungen sind leider noch nicht eindeutig. Je nach Dauer des Erhitzens und Höhe der Temperatur entstehen aus dem Leinöl mehr oder weniger dickflüssige bis fadenziehende Öle. Dabei ändern sich neben der Viskosität des Leinöls das spezifische Gewicht, der Brechungsindex, die Säurezahl und Jodzahl usw. Auch durch Einblasen von Luft bei höheren Temperaturen kann Leinöl verdickt werden. Die Bildung von solchen „geblasenen Ölen" kann durch Zusatz von Sikkativen (vgl. w. u.) beschleunigt werden. Die Trocknung der Standöle und der geblasenen Öle ist noch wenig untersucht. Im allgemeinen trocknen die Standölfilme um so langsamer, je dickflüssiger die Standöle sind.

In der Schlichterei kommt Leinöl üblicherweise als Leinölfirnis zur Verwendung[2]. Firnisse sind trocknende Öle, deren natürliche Trocknungsfähigkeit durch Einverleiben von Trockenstoffen, den Sikkativen erhöht wird. Die Sikkative bestehen aus öllöslichen Metallverbindungen, wobei den Blei-, Kobalt- und Manganverbindungen die weitaus größte Verwendung zukommt. Die Art der Auflösung solcher Metallverbindungen in Leinöl ist sehr verschieden und danach auch die Beschaffenheit und Eigenschaften der Leinölfirnisse. Die Menge der für die optimale Beschleunigung des Trocknungsvorganges nötigen Sikkative beträgt für Leinölfirnis etwa 0,6% Pb, bzw. 0,25% Mn bzw. 0,1% Co vom Ölgewicht. Bei den üblichen Kombinationen von mehreren Sikkativen wird von den Einzelkomponenten wesentlich weniger verwendet. Ein Überschuß der Sikkative verbessert die Trocknungszeit nicht, sondern verschlechtert die Eigenschaften der Ölfilme. Die Wirkung der Sikkative ist eine sauerstoffübertragende, d. h. sie beschleunigen katalytisch den Oxydationsvorgang. Die gutlöslichen Sikkative sind leinölsaure, harzsaure, naphthensaure u. a. Salze der obigen u. a. Metalle.

Die technische Ausführung der Leinölschlichte kann verschiedene Wege beschreiten. Die Aufgabe der Schlichte besteht, wie oben gesagt, darin, die im schwach gezwirnten Garn vorliegenden Einzelfasern miteinander derart zu verkleben, daß während des Verwebens die als Kettmaterial zu verwendende Kunstseide ohne Faserbruch verarbeitet werden kann. Dabei muß das geschlichtete Material elastisch bleiben.

Das Schlichten kann erfolgen im Strang, von einem zum anderen Kettenbaum, in der Spinnspule, beim Zwirnen, sowie von einer zur anderen Spule (Bobine), von Strang auf Spule, von Spule auf Strang usw.[3]. Die zur Verwendung kommenden Schlichten wie Leinölschlichten, mit und ohne Zusätze von Harzen, Seifen usw., können entweder in organischen, nichtwässerigen Lösungsmitteln gelöst oder unter Verwendung von Emulgatoren in Form von wässerigen Emulsionen Verwendung finden.

Beim Schlichten werden die Kunstseidenstränge mit der Lösung bzw. Emulsion der Schlichtemittel gleichmäßig getränkt (auf Stöcken in Barken oder in Tüchern eingeschlagen in entsprechenden Bottichen oder gleichmäßig gepackt in

---

[1] Eibner, A.: l. c. S. 31ff.

[2] Über das Entschleimen von Leinöl vgl. z. B. F. Fritz: Farben-Ztg. Bd. 35 (1930) S. 1408.

[3] Vgl. z. B. Franz. P. 620413, Engl. P. 359477, Franz. P. 685979, 689984, 710079, D.R.P. Anm. J. 99.30, sowie A. 60213.

langsam laufenden Zentrifugen), dann ausgeschleudert, leicht aufgeschlagen (ohne die Fitzbänder zu verzerren) und in gutgelüfteten, geheizten, in manchen Fällen ozonisierten Trockenkammern getrocknet bzw. oxydiert.

Es dürfte wohl außer Zweifel liegen, daß nicht nur die Beschaffenheit des Leinöls (Leinölfirnis oder Standölfirnis usw.), sondern auch die Art der Verteilung (gelöst oder emulgiert) für die Schlichte bzw. ihre Eigenschaften von Bedeutung ist. Je größer die Teilchen der Schlichte, um so mehr wird die Schlichte ihrer eigentlichen Aufgabe entsprechend nur eine die Faser oberflächlich verklebende und sie nur von außen her umhüllende Wirkung ausüben. Es ist natürlich für die eigentliche Schlichtwirkung überflüssig, daß die Leinölschlichte auch in die Einzelfaser selbst eindringt. Wie Querschnittsbilder von mit Leinöl geschlichteter Kunstseide zeigen, besonders wenn man durch Verwendung von fettlöslichen Farbstoffen das in die Faser eingedrungene Leinöl sichtbar macht, ist der größte Teil des Faserquerschnittes bei Verwendung von gelösten Schlichten (Leinölfirnis in Benzin, Benzol u. ä.) mit Leinöl getränkt. Besser ist im obigen Sinne die Verteilung von Leinölschlichten in Emulsionsform, sofern man Standöle mit möglichst großen Teilchen verwendet. Dagegen wirken Leinölfirnis-Emulsionen mit kleinen Einzelteilchen im Prinzip ähnlich wie Leinölfirnislösungen.

In vielen Fällen leidet die Reißfestigkeit und Dehnbarkeit der Kunstseiden durch das Schlichten. Vielfach zeigt sich schon kurz nach dem Schlichten eine stark saure Reaktion der geschlichteten Kunstseide. p_H-Werte von weniger als $p_H = 4$ in wäßrigen Extrakten der geschlichteten Kunstseiden deuten auf Anwesenheit von Säuren, die in unerwünschten Mengen aus dem oxydativen Abbau des Leinöls beim Trocknen entstehen und mahnen zur Vorsicht. Vielfach entstehen Schwierigkeiten durch das Nachkleben oder wieder Klebrigwerden der geschlichteten Kunstseiden. Dies ist der Fall, wenn zu rasch und mit ungenügenden Mengen an Sauerstoff getrocknet wurde. Es bildet sich dabei wohl eine oberflächlich vorübergehend sich trocken anfühlende Filmschicht, durch Synärese wird sie aber wieder klebrig und kann während des nachfolgenden unkontrollierbaren Trocknungsvorganges die Kunstseide schädigen.

Neben dem Leinöl bzw. den trocknenden Ölen, die in der Hauptsache für ungefärbtes, nachher im Stück zu färbendes Material allein oder im Gemisch mit Harzen u. a. Stoffen Verwendung finden, werden noch verschiedene andere Stoffe zum Schlichten von rohen oder zum Präparieren von gefärbten Kunstseiden verwendet. Pflanzenschleime, Leim, Gelatine, wasserlösliche Stärkepräparate, Dextrin, Harze, Gummiarten, lösliche Zellulosepräparate wie Methylzellulose u. a., Zellulosepolyfettsäuren oder ihre Salze, Mischungen von teilweise oder völlig verseiften Wachsen, Paraffinen, Seifen, Polyvinylalkohole, Latex und Wachse in emulgierter Form, alkoholische Lösungen von Gummiharzen unter Zusatz von Kampfer u. a., Linoxyn unter Zusatz von organischen seifebildenden Säuren in organischen Lösungsmitteln, überoxydierte Öle, Gemische von teilweise oder ganz verseiften Wachsen, Sulfonierungsprodukte von Gemischen von Leinöl und Ölsäure oder Ölsäureglyzeriden, Oxyalkyläther der Kohlenhydrate, z. B. Oxypropylstärkeäther, polymerisierte Vinylprodukte u. a. sind in Vorschlag gebracht worden. Ihre Eigenschaften können durch Zusätze von fettartigen, hygroskopischen, antiseptisch wirkenden u. a. Stoffen korrigiert werden, um neben genügender Steifheit doch ausreichende Geschmeidigkeit, saubere, flache Oberflächen und weitgehende Stabilität beim Lagern zu ermöglichen. Eine Reihe von verschiedenen fertigen handelsüblichen Produkten dieser Art findet Verwendung.

Sämtliche „Präparationen" für gefärbte Kunstseiden müssen klare Lösungen ergeben, damit der Glanz und die Farbe der fertigen Gewebe durch sie möglichst wenig beeinträchtigt wird. Der obenerwähnten Aufgabe entsprechend müssen sie gute Verklebungsfähigkeit haben, Lösungen von nur geringer Viskosität bilden und so die Möglichkeit der Verwendung von sehr dünnen Filmen oder Schichten ergeben. Dadurch wird das unnötige, zu dicke Auftragen der Schlichten auf der Faser, das vielfach leicht zum Abbröckeln oder Abstauben der trockenen Schlichte in der Weberei führt, vermieden. Auch das Eindringen der Schlichte zwischen die Einzelfaser der Garne ist nur bei dünnflüssigen Schlichten mit genügender Gleichmäßigkeit möglich. Die Verwendung von Netzmitteln fördert die Verteilung der Schlichte.

Die Zusammensetzung der vielfachen Kombinationen hier anzugeben, scheint überflüssig. Zweifellos sind die erwähnten Stoffe als Schlichtemittel insofern den Leinölschlichten gegenüber im Vorteil, als ihre Wiederentfernung von den ungefärbt geschlichteten Kunstseiden vor dem Färben im Stück, also das „Entschlichten", wesentlich leichter vor sich gehen kann, als bei den aus trocknenden Ölen bestehenden Ölschlichten. Beim Trocknen und Lagern erleiden diese Schlichtemittel keine so tiefgreifenden Veränderungen wie die trocknenden Öle. So sind Leim, Gelatine, Pflanzenschleime, Zellulosepräparate wie Methylzellulose u. a. nach kurzem Einweichen in Wasser genügend gut quellbar und lassen sich in warmem Wasser leicht von der Faser entfernen. Allerdings sind ihre webereitechnischen Eigenschaften bisher keinesfalls so hervorragend wie die der Leinölschlichten.

Das Wiederentfernen stärkehaltiger Schlichten ist wohl komplizierter, jedoch stets mit Sicherheit ausführbar. Als Entschlichtungsmittel kommen in ausgedehntem Maße Diastasen zur Verwendung. Diastasen sind stärkeverflüssigende Fermente. Man gewinnt sie aus Malz (Malzdiastasen), aus der Bauchspeicheldrüse (Pankreasdiastasen) oder aus Bakterienkulturen (Bakteriendiastasen, wie Rapidase, Biolase usw.). Nach Untersuchungen von M. Nopitsch[1] über den Abbau von Stärkeschlichten durch Diastasen soll bei gutem Entschlichten die Faser sich mit Jod nur grau, die Flotte dagegen rötlich färben (Gegenwart von Dextrin). Es empfiehlt sich, die zu verwendenden Diastasepräparate auf ihre Wirksamkeit zu prüfen, wobei die stärkeverflüssigende, abbauende Wirkung, sowie die Fähigkeit, Gewebe zu entschlichten, festzustellen sind (Betupfen mit Jodlösung, 0,15 g Jod, 1,5 g Jodkali und 1 cm^3 konzentrierte Schwefelsäure im Liter). Bei der Herstellung von löslicher Stärke für Zwecke der Schlichterei oder der Appretur sind nur geringe Mengen an Diastasepräparat nötig. Nach Einsetzen der Verflüssigung der Stärke muß die Fermentwirkung durch Aufkochen des Ansatzes unterbrochen werden. Auch verschiedene andere Entschlichtungsmittel, so solche, die oxydativ abbauend auf die Stärkeschlichten wirken (z. B. Aktivin S), sind in Vorschlag gebracht worden. Auf weitere Einzelheiten sei hier verzichtet.

Das Schlichten der Kunstseide in der Kette wird meistens an ungefärbter und oft auch ungebleichter Kunstseide vorgenommen. Das auf dem Kettbaum aufgerollte Material wird auf einen anderen Kettbaum übertragen und die flüssige Schlichte dazwischen mit Hilfe von Walzen, Bürsten usw. auf die Kettgarne aufgebracht. Das Trocknen der für diese Art der Schlichte verwendbaren Stoffe (keine Öle) erfolgt entweder mit Hilfe von geheizten Walzen (die allerdings zu verschiedenen Unstimmigkeiten, wie Plattdrücken der Garne, sowie zu einem Überdehnen derselben führen, wodurch u. a. auch die gefürchteten „Glanzstellen" entstehen), ferner durch Trocknen der geschlichteten Ketten in nichtgespanntem Zustand in Trockenkammern, oder auf skelettartig gebauten Trockentrommeln. Bei

[1] M.T.B. Bd. 7 (1926) S. 358, 445, 859, 944; Bd. 8 (1927) S. 171. Vgl. auch R. Haller: Leipzig. Mschr. Textil-Ind., sowie P. Krais u. H. Gensel: Forsch. Dtsch. Forschungsinst. Textilind. Dresden. Nr. 7. 1927.

letzteren wird die Kunstseide in feuchtem Zustande nicht bzw. nur wenig und gleichmäßig gedehnt. Dies ist wichtig, um die nachträglich am Webstuhl und bei den Appreturarbeiten ohnehin erfolgende Dehnung nicht in eine Überdehnung ausarten zu lassen. Beim Schlichten im Strang ist die Gefahr einer Überdehnung der Kunstseide fast ausgeschlossen.

Gefärbtes Material, sowie Azetatseide werden in der Hauptsache im Strang geschlichtet. Allerdings werden bei letzterer neuerdings auch andere Arten des Schlichtens mit Erfolg ausgeführt. So werden manchmal Stärkepräparate u. ähnl., ferner Pflanzenschleime, wie Isländisch- oder Carraghenmoos, Flohsamen, Gelatine usw. verwendet. Ebenso auch Harze und Wachse, emulgiert oder in organischen Lösungsmitteln, wie Benzol, Toluol usw. gelöst[1]. Neben verschiedenen Handelspräparaten kommt der Verwendung von nichttrocknenden Ölen mit oder ohne Leinölzusatz in organischen Lösungsmitteln besondere Bedeutung zu[2]. In Gegenwart von nicht- oder halbtrocknenden Ölen (Sojaöl) geht das Erhärten bzw. die Linoxynbildung des Leinöls nur langsam und unvollständig vor sich, so daß das Entschlichten wesentlich erleichtert wird. Auch die Bildung der organischen Säuren durch oxydativen Abbau ist in solchen Fällen wesentlich geringer. Während man vor kurzem noch Bedenken hatte gegen das Schlichten der Azetatseide unter Verwendung von Leinöl, können heute die beim Entschlichten auftretenden Schwierigkeiten größtenteils als beseitigt angesehen werden.

Vor dem Entschlichten in den Färbereibetrieben ist im allgemeinen zunächst die Art der zu entschlichtenden Kunstseide (Viskose-, Kupfer- oder Azetatseide) sowie die der verwendeten Schlichten festzustellen. Da sich Viskose- und Kupferseide beim Entschlichten weitgehend ähnlich verhalten, genügt die Feststellung des Verhaltens gegen Azeton, in dem sich die Azetatseidenprobe auflöst. Die Prüfung auf Anwesenheit von Leinölschlichte erfolgt im allgemeinen mit Hilfe einer verdünnten Schwefelnatriumlösung, welche auf das Material aufgetupft mit den als Sikkativ vielfach verwendeten Bleiverbindungen durch Bleisulfidbildung eine bräunliche Verfärbung ergibt. Diese Probe ist aber bei Abwesenheit von Blei unsicher. Im allgemeinen ist schon der charakteristische Geruch, sowie die gelbliche Verfärbung der mit Leinöl geschlichteten Kunstseiden für dieses kennzeichnend, besonders beim Erhitzen der geschlichteten Kunstseiden im Trockenschrank. Leim- und Gelatineschlichten, die meistens unter Zusatz von sulfonierten Ölen oder ähnlichen Weichmachungsmitteln verwendet werden, erkennt man leicht mit Hilfe der Biuretreaktion: Ein wäßriger Auszug mit warmem Wasser ergibt nach Zufügen einiger Tropfen einer Kupfersulfatlösung und Versetzen mit Natronlauge eine rotviolette Färbung. Das Entfernen derartiger Schlichten erfolgt meistens leicht ohne besondere Entschlichtungszusätze in heißem Wasser, am besten nach vorhergehendem Einweichen bzw. Quellenlassen der Schlichte.

Das Entschlichten mit Leinöl geschlichteter Viskose- und Kupferseiden wird in alkalischen Bädern bei erhöhter Temperatur durchgeführt. Die Leinölschlichte sammelt sich dabei am Wasserspiegel und kann leicht durch Abschöpfen oder durch Überlaufenlassen entfernt werden. Die Behandlung in heißem alkalischen Bad wird in der Regel wiederholt. Um die auf die Kunstseiden immerhin nicht unbedenkliche Wirkung des Alkalis zu vermindern, werden den Seifenbädern verschiedene Zusätze gegeben. Verschiedene von diesen (Fettlöser) wirken durch gutes Emulgierungsvermögen und Quellungsvermögen bzw. durch die Fähigkeit, die Öle zu lösen, fördernd auf das Entschlichten sowie „Entölen“ und er-

[1] Vgl. z. B. A. Kreft: Kunstseide Bd. 14 (1931) S. 232.
[2] z. B. Engl. P. 247979.

möglichen die Behandlung der Kunstseiden unter ungefährlichen Bedingungen. Besonders günstig wirkt auf das Entschlichten ein längeres Aufquellenlassen der Schlichten in alkalischen, ammoniakalischen, sowie Fettlösungsmittel enthaltenden Bädern (kalt über Nacht). Auch Oxydationsmittel, wie Perborat, Wasserstoffsuperoxyd u. a. fördern das Entschlichten. Das Entschlichten von Azetatseide oder Azetatseide enthaltendem Gewebe ist bei nicht zu hohen Temperaturen ebenfalls in schwach alkalischen Bädern durchführbar, wobei Zusätze von Salzen[1] sowie von Fettlösern das Arbeiten erleichtern bzw. eine Beeinträchtigung des Glanzes der Azetatseide verhindern. Bei Verwendung von Neutralseifen in Gegenwart von Fettlösern (z. B. Lanaclarin LM) bietet das Entschlichten der Azetatseide, namentlich bei vorherigem Einweichen oder Quellenlassen der Schlichte, keine Schwierigkeiten.

Das Entschlichten von Geweben oder Gewirken, die heute ohne Gefahr der Faltenbildung behandelt werden können, wird auf der Haspelkufe durchgeführt. Strümpfe u. a. entschlichtet man am besten auf der Barke oder in Apparaten. Empfindliche Gewebe werden auf Stöcke gebracht und in der Barke behandelt oder, wenn besonders schonende Behandlung erzielt werden soll, auf Sternreifen.

Oft werden der Schlichte (Leinölschlichte) Farbstoffe zugesetzt, um die Art der Kunstseiden damit nach Übereinkunft zu kennzeichnen. Man muß hierzu solche Farbstoffe wählen, die beim Entschlichten sich leicht wieder entfernen lassen, während dieses Vorganges die Kunstseiden selbst nicht anfärben und andererseits während des Trocknungsvorganges durch die oxydativen Abbauprodukte des Leinöls nicht entfärbt werden.

Die Entfernung der Schlichte sowie der sonstigen Öle und Fette der „Präparation“ muß von der Kunstseide vor dem Färben möglichst quantitativ erfolgen, um den Verlauf des Färbevorganges nicht zu beeinflussen. Bei Verwendung von Gelatineschlichten ist dies wegen des färberisch von der Kunstseide verschiedenen Verhaltens der Eiweißstoffe, bei Leinölschlichten wegen etwa mechanischer Blockierung der Faser und Beeinflussung der Quellung von Wichtigkeit. Keinesfalls darf man aber alle Fehler beim Färben (streifiger Ausfall usw.) auf mangelndes Entschlichten zurückführen (vgl. weiter unten, sowie auch die Ausführungen von G. zum Tobel[2]).

Die Beeinflussung der Eigenschaften der Kunstseiden durch die Leinölschlichte ist im allgemeinen bei Azetatseiden geringer als bei Viskoseseide. Bei dieser ist nach längerer Lagerung vor dem Entschlichten eine Verminderung des Aufnahmevermögens für substantive Farbstoffe, sowie eine Steigerung für basische Farbstoffe zu konstatieren, allerdings mit graduellen Unterschieden je nach Beschaffenheit der Schlichte und Art der Lagerung. Die Beeinträchtigung der Reißfestigkeit und Elastizität der Kunstseiden ist dabei sehr verschieden[3].

Wieweit die oft konstatierte Schädigung der Kunstseiden auf die oxydativ aus dem Leinöl gebildeten Säuren zurückgeführt werden muß, ist ebensowenig bekannt, wie die Rolle, die den Sikkativen dabei zukommt[4]. Die Ansicht, daß auch mechanische Verlagerung bzw. Beeinflussung der Struktur der Kunstseidenfaser während des Trocknungsvorganges durch Verfestigung und Volumänderung des Leinöls von Einfluß ist, dürfte kaum von der Hand zu weisen sein.

---

[1] Stahl, F.: Seide Bd. 36 (1931) S. 403.
[2] Seide Bd. 35 (1930) S. 365.
[3] zum Tobel, G.: l. c.
[4] Goetze, K.: Z. angew. Chem. Bd. 43 (1930) S. 580, sowie Diskussionsbemerkungen: Elöd: Z. angew. Chem. Bd. 43 (1930) S. 580, 718.

Identifizierung der Kunstseiden.

Für die Wahl der Veredelungsarbeiten und ebenso für die Ausführung von Spezialbehandlungen, Reinigerei, Umfärben usw. ist es von erheblichem Interesse, die Kunstseiden zu identifizieren. Die Unterscheidung der einzelnen Kunstseidenarten kann mit Hilfe einer Reihe von mehr oder weniger charakteristischen Reaktionen erfolgen. Im folgenden seien einige von diesen angeführt:

Die einfachste Probe besteht im Verbrennen von einigen zusammengedrehten Fasern in einer kleinen Flamme. Die Zellulosekunstseiden verbrennen leicht und geben nichtverkohlte, aus wenig, lockerer Asche bestehende Rückstände. Die Azetatseide schmilzt bzw. sintert ähnlich wie die Naturseide, ohne jedoch dabei nach verbrannter Hornsubstanz zu riechen.

Mit Chlorzinkjodlösung[1] geben Viskose- und Kupferseide blaugrüne Färbungen, die bei der Kupferseide leicht auswaschbar sind. Azetatseide färbt sich gelb.

In Azeton wird Azetatseide gelöst, beim Betupfen mit Azeton wird sie klebrig. Zellulosekunstseiden bleiben unverändert.

Chardonnetseide wird wegen ihres Salpetersäuregehaltes durch farblose Lösungen von Diphenylamin in konzentrierter Schwefelsäure (1%) tiefblau, von Brucin in konzentrierter Schwefelsäure ziegelrot gefärbt. Die anderen Kunstseiden verhalten sich dabei so wie gegenüber reiner konzentrierter Schwefelsäure.

Mit Salzsäure in Gegenwart von Zink gekocht, entwickelt Viskoseseide Schwefelwasserstoff, den man mit Bleiazetatpapier nachweisen kann.

In Kupferoxydammoniak werden Zellulosekunstseiden nach starker Quellung allmählich gelöst, Azetatseide bleibt dagegen ungelöst und wird nur gequollen.

Fasergemische, die Baumwolle oder Wolle neben Kunstseide oder Naturseide enthalten, kann man mit Hilfe von gesättigten Kaliumrhodanidlösungen, in denen Kunstseiden und Naturseide löslich sind, trennen[2].

Eine Reihe von Farbstoffen oder Farbstoffgemischen geben mit Kupferseide bzw. Viskoseseide typische, voneinander verschiedene Färbungen, die so zur Identifizierung dieser Kunstseiden verwendet werden können. Vorschläge dieser Art stammen von Hoelkeskamp[3], Hoz[4], Wagner[5], Zart[6] u. a. So wird z. B. mit einer Lösung von Pikrokarmin S Kupferseide blaurot, Viskose- und Chardonnetseide rosa, Azetatseide dagegen grüngelb gefärbt[7], usw.

C. Färberei.

1. Das Färben der Zellulosekunstseiden.

a) Allgemeiner Teil.

Die Viskose-, Kupfer- und Nitroseiden, also die aus „regenerierter Zellulose" bestehenden „Zellulosekunstseiden", wie wir sie im folgenden der Einfachheit halber nennen wollen, verhalten sich beim Färben ziemlich ähnlich und sind mit der Baumwolle bzw. der merzerisierten Baumwolle weitgehend vergleichbar. Von einer Identität kann aber, im Gegensatz zu früheren Anschauungen, nicht gesprochen werden. Die beim Färben sich abspielenden Vorgänge chemischer

---

[1] Schwalbe: Farben-Ztg. Bd. 18 (1907) S. 273. Marschner: Farben-Ztg. Bd. 21 (1910) S. 352.
[2] Krais, P., u. H. Markert: Leipzig. Mschr. Textil-Ind. Bd. 5 (1931) S. 169.
[3] M.T.B. Bd. 10 (1929) S. 312. [4] M.T.B. Bd. 10 (1929) S. 44.
[5] M.T.B. Bd. 8 (1927) S. 246. [6] Kunstseide Bd. 14 (1932) S. 150.
[7] M.T.B. Bd. 8 (1927) S. 246.

und physikalischer Art sind wohl qualitativ die gleichen, wie die in der Baumwollfärberei bekannten, in ihrem zeitlichen und mengenmäßigen Verlauf zeigen sie jedoch nicht nur im Vergleich mit der Baumwolle prinzipielle Unterschiede, sondern auch die einzelnen Zellulosekunstseidenarten selbst sind charakteristisch und vielfach, wie dies sich namentlich beim Färben von Mischgeweben äußert, ausschlaggebend verschieden.

Alle Zellulosekunstseidenfasern zeigen ihrer stärkeren Quellung entsprechend im allgemeinen meistens eine größere Farbstoffaufnahmefähigkeit als die Baumwolle, sogar meistens eine größere als die merzerisierte Baumwolle. Als Maßstab der Aufnahmefähigkeit der Kunstseiden für Farbstoffe ist, wie auch bei anderen Faserarten, die Geschwindigkeit der Farbstoffaufnahme durch die Faser zu betrachten.

Die färberischen Unterschiede zwischen den einzelnen Zellulosekunstseiden, die sich besonders bei Verwendung von kolloiden Farbstoffen äußern, können im wesentlichen nur von der verschiedenen Feinstruktur der einzelnen Faserarten herrühren, da ja ihre chemische Zusammensetzung im Prinzip weitgehend ähnlich ist. Für das Verständnis der beim Färben sich abspielenden Vorgänge, insbesondere mit Rücksicht auf die erwähnten charakteristischen Unterschiede, ist daher die Kenntnis der Feinstruktur dieser Kunstseidenfasern eine besonders wichtige Voraussetzung. Die im wesentlichen dadurch bedingte Beschaffenheit der Kunstseiden äußert sich sogar in ein und derselben Gruppe (z. B. in der Viskosegruppe) bei Seiden verschiedener Herkunft, oder gar derselben Herkunft, wenn sie aus verschiedenen Fabrikationspartien stammen. Sie übt einen nicht zu verkennenden Einfluß auf die Färbbarkeit der Kunstseiden aus.

Die starke Quellbarkeit der Zellulosekunstseiden, ihre große Empfindlichkeit gegen alkalische Medien, ferner gegen mechanische Beanspruchung im feuchten Zustand, also Erscheinungen, die in der Baumwollfärberei so gut wie unbekannt sind, den Kunstseidenfärbereien jedoch außerordentlich große Schwierigkeiten bereitet haben, fordern die Einhaltung von besonderen Vorsichtsmaßregeln.

Sowohl die Baumwollzellulose wie auch die „regenerierten Zellulosen" sind chemisch wohl reaktionsfähig, jedoch unter Bedingungen, welche bei den üblichen Arten der Färbeverfahren kaum in Betracht kommen. Während z. B. bei einer durch Amidieren[1] veränderten Zellulose die Aminogruppen mit Säurefarbstoffen oder freien Säuren unter Salzbildung zur Reaktion gebracht werden können, fehlt eine derartige Reaktionsfähigkeit bei der unveränderten und auch bei der regenerierten Zellulose.

Das Wesen der Färbevorgänge bei den Zellulosekunstseiden ist demgemäß identisch mit dem beim Färben der Baumwolle erkannten, beruht in der Hauptsache auf kolloidchemischen Erscheinungen und steht somit im prinzipiellen Gegensatz zu den Vorgängen vornehmlich chemischer Natur[2], welche das Färben von tierischen Faserstoffen, wie Wolle, Naturseide und Leder, bei den meisten dort angewandten Färbeverfahren mittelbar oder unmittelbar beherrschen. Auf die wichtige Rolle der Membrangleichgewichte[3] dabei (z. B. bei der Wolle) haben E. Elöd und E. Silva hingewiesen[4]. Beim Färben von tierischen Fasern

[1] Karrer, P., u. W. Wehrli: Helv. chim. Acta Bd. 9 (1926) S. 591; Z. angew. Chem. Bd. 39 (1926) S. 1509; u. Karrer, P., u. S. C. Kwong: Helv. chim. Acta Bd. 11 (1928) S. 525.

[2] Vgl. z. B. K. H. Meyer u. H. Fickentscher: M.T.B. Bd. 7 (1926) S. 605, sowie E. Elöd u. E. Pieper: Z. angew. Chem. Bd. 41 (1928) S. 16.

[3] Donnan, F. G.: Z. Elektrochem. Bd. 17 (1911) S. 572.

[4] Elöd, E., u. E. Silva: Z. physik. Chem. Abt. A Bd. 137 (1928) S. 142, sowie E. Elöd: Trans. Faraday Soc. Bd. 29 (1933) S. 327.

mit sauren Farbstoffen steht der chemische Charakter der Vorgänge heute außer Zweifel. Wie weit eine durch die Membrangleichgewichte beherrschte oder beeinflußte Verteilung der Ionen, die auch bei rein physikalischen Vorgängen Gültigkeit haben, beim Färben der Zellulosekunstseiden in Frage kommt, ist noch nicht geklärt.

Beim Färben der Baumwolle und der Zellulosekunstseiden spielen wahrscheinlich hauptsächlich die adsorptiv wirkenden Kräfte für das Festhalten der substantiven Farbstoffe sowie der Schwefel- und Küpenfarbstoffe die maßgebende Rolle. Sie dürften nach K. H. Meyer[1] identisch sein mit denjenigen, die als Nebenvalenzkräfte der Hydroxylgruppen die Glukoseketten in der Zellulosefaser und auch die aus Glukoseketten bestehenden Zellulosekristallite untereinander zusammenhalten. Die Tatsache, daß bei den verschiedenen Farbstoffen erst eine gewisse minimale Teilchengröße erreicht werden muß, damit substantive Färbungen zustande kommen, läßt es plausibel erscheinen, daß eine gewisse Länge oder Größe der Farbstoffteilchen nötig ist, um durch gegenseitige Einwirkung ein Festhalten an den Nebenvalenzreihen der Hydroxylgruppen der Zellulosekristallite in dem erforderlichen Maße zu ermöglichen. Neben der Teilchengröße ist die chemische Beschaffenheit der in diesem Sinne aufeinander einwirkenden Gruppen von ausschlaggebendem Einfluß. Den hohen Nebenvalenzkräften der Hydroxylgruppen der Zellulosekristallite müssen entsprechend hohe in den Farbstoffen gegenüberstehen. Es sind dies meistens Hydroxylgruppen, daneben auch Säureamidgruppen. Durch chemische Beeinflussung solcher Gruppen, so bei der Zellulose durch Nitrieren, Azetylieren usw., bei den Farbstoffen, z. B., bei Naphthol AS durch Ersetzen eines freien Wasserstoffatoms der Säureamidgruppe durch eine Methylgruppe, kann man die nebenvalenzmäßige Wirksamkeit solcher Gruppen aufheben oder vermindern und so auch die Möglichkeit eines substantiven Färbens ausschalten, wie dies z. B. bei der Azetylzellulose bekannt ist. Beim substantiven Färben spielt daneben die Größe, Form und Lagerung der Zellulosekristallite selbst, sowie die innere Oberfläche der Faser, ferner auch die zwischen den Kristalliten befindliche hypothetische Kittsubstanz, welche die Anfärbbarkeit beeinflussen kann, eine wichtige Rolle.

Alle diese Faktoren und noch weitere, wie die Form der Faserquerschnitte (ob rund oder gezackt usw.[2]), der Titer der Faser usw. beeinflussen derart weitgehend die Aufnahme von Farbstoffen, insbesondere die der am meisten zur Verwendung gelangenden kolloiden substantiven Farbstoffe, daß die einfache Übertragung der in der Baumwollfärberei üblichen Arbeitsweisen für das substantive Färben der Zellulosekunstseiden die größten Schwierigkeiten bereitet hat. Diese bestanden vor allem in Ungleichmäßigkeiten der Färbungen. Ausgedehnte, an vielen Stellen ausgeführte Arbeiten haben gezeigt, daß die Ursache solcher, anfangs besonders verhängnisvollen Fehlererscheinungen zum Teil in den Schwankungen der Betriebsbedingungen bei der Herstellung der Zellulosekunstseiden selbst zu suchen ist, wobei die vorhin erwähnten Varianten in der Beschaffenheit der Zellulosekunstseidenfaser entstehen, andererseits aber zum Teil in der Unkenntnis oder richtiger, Nichtberücksichtigung der Eigenschaften der zur Verwendung kommenden Farbstoffe liegt.

Man hat inzwischen gelernt, die Wirkung beider Faktoren auf ein Minimum zu reduzieren. Es ist gelungen, die Betriebsverhältnisse bei der Herstellung der

---

[1] Meyer, K. H.: M.T.B. Bd. 9 (1928) S. 573.

[2] Vgl. auch A. Jäger: Kunstseide Bd. 13 (1931) S. 325, 352; Bd. 15 (1933) S. 2, 38.

Zellulosekunstseiden soweit zu kontrollieren, daß viele Fehler bereits bei der Herstellung der Kunstseiden ausgeschaltet werden konnten. Freilich wird es in Anbetracht der komplizierten, meistens kolloidchemischen Vorgänge nicht möglich sein, sämtliche Schwankungen mit genügender Sicherheit zu erkennen und dann voll auszuschalten. Aus diesem Grunde kommt der richtigen Auswahl von geeigneten Farbstoffen gesteigerte Bedeutung zu. Als geeignet können solche Farbstoffe bezeichnet werden, die ein Minimum an Empfindlichkeit gegen die unvermeidlichen Schwankungen in den Eigenschaften der Kunstseidenfaser selbst zeigen. Man kommt dank der umfangreichen Forschungsarbeiten mehr und mehr dazu, die Eigenschaften der Farbstoffe zu prüfen und sie demgemäß individuell für das Färben auszuwählen.

Erst eine derartige, früher vielfach übersehene, individuelle Auswahl der Farbstoffe durch Färber und Farbstoffhersteller läßt die in allen Färbereibetrieben (nicht nur in den Kunstseidenfärbereien!) nötige Sicherheit in bezug auf Ausfall usw. der Färbungen erreichen. Hand in Hand mit der Auswahl der Farbstoffe geht die Kenntnis der Einflüsse, welche die Färbebedingungen auf die Faser sowie auf die Farbstoffe selbst beim Färben ausüben. Sie beeinflussen vielfach sogar maßgebend die Auswahl der Farbstoffe, besonders im Hinblick darauf, daß viele Farbstoffe, die für sich allein angewendet geeignet erscheinen, im Gemisch mit anderen, infolge gegenseitiger Beeinflussung (durch Ausflocken bzw. Veränderung der Dispersität der Teilchen) gänzlich ungeeignet werden. Ähnlich können die Verhältnisse bei Verwendung von Salz- bzw. Elektrolytzusätzen zu den Färbebädern liegen, so daß alle diese Bedingungen ein sorgfältiges Studium erforderlich machen.

Bei der Verfolgung von Färbevorgängen ist neben der Menge des für die jeweils gewünschte Nuance benötigten Farbstoffs die Geschwindigkeit der Farbstoffaufnahme von erhöhtem Interesse. Bei Färbevorgängen, bei denen chemische Reaktionen zwischen Faser und Farbstoff keine oder höchstens nur eine untergeordnete Rolle spielen, sind die Diffusionsgeschwindigkeit sowie die Geschwindigkeit des kapillaren Aufstiegs der Farbstoffe in der Faser für die Gesamtgeschwindigkeit des Färbens maßgebend. Beide Teilvorgänge hängen vor allem von der Beschaffenheit der Kunstseidenfaser selbst ab. Bei ein und derselben Faser sind vor allem die Teilchengröße der Farbstoffe bzw. die Veränderungen, welche diese Teilchengröße durch die Bedingungen des Färbens, wie Salzzusatz, Temperatur usw. beeinflussen, und die zum Teil bereits bekannt sind, für das Färben von Wichtigkeit. Ebenso sind von Bedeutung die in der chemischen Konstitution der Farbstoffe sich äußernden, in ihren Wirkungen noch nicht genügend geklärten Faktoren.

Den Verlauf des Färbens kann man durch zeitliche Verfolgung der Änderung der Färbebäder, z. B. durch Kolorimetrieren, Titration mit $TiCl_3$* oder nach der Tüpfelmethode[1] usw., andererseits durch mikroskopische Untersuchung von Mikrotomschnitten der gefärbten Fasern ermitteln. Bei letzteren ist vor allem die Rolle der Dispersität der Farbstoffe zu erkennen. Sie beeinflußt auch die Verteilung der Farbstoffe im Querschnitt der Faser bei ein und derselben Kunstseide. Ebenso wie bei der Baumwolle werden grobdisperse Farbstoffe von einer bestimmten, von Kunstseide zu Kunstseide mehr oder weniger variierenden Teilchengröße aufwärts nur an der Oberfläche der Faser haften bleiben, an dieser sozusagen abfiltriert, während die höher dispersen in die Faser eindiffundieren. Sie können in der Faser selbst, ebenso wie dies R. Haller und A. Ruperti[2]

* Knecht, E., u. E. Hibbert: Ber. dtsch. chem. Ges. Bd. 38 (1905) S. 3318.

[1] Pelet-Jolivet: Die Theorie der Färbeprozesse S. 52, 1910.

[2] M.T.B. Bd. 8 (1927) S. 942.

bei substantiven Farbstoffen gezeigt haben, durch verschiedene Beeinflussung, z. B. durch nachträgliches Kochen, ihre Lage ändern, sich zusammenballen usw.

Der Einfluß der Beschaffenheit der Kunstseidenfaser geht aus folgendem hervor: Kunstseiden derselben Art von rundem Querschnitt werden unter denselben Bedingungen tiefer gefärbt als solche mit gezacktem Querschnitt. Es färben sich die nach dem Streckspinnverfahren hergestellten Kunstseiden, bei welchen die Mizellen geordnet vorliegen, heller als die, bei denen die Mizellen in der Faser in geringerer Ordnung sind. Ferner spielt die Spannung, unter der die Kunstseiden hergestellt oder in späterem Verlaufe der Veredelung behandelt werden[1], eine wichtige Rolle. Auch beim Lagern verändert sich die Färbbarkeit der Kunstseiden ebenso wie infolge der betriebstechnisch durchaus verständlichen Variationen bzw. Schwankungen in den einzelnen Phasen ihrer Herstellung. Ein Vermischen von Kunstseiden verschiedener Fabrikation bzw. Herkunft in ein und demselben Gewebe begünstigt weitgehend das Auftreten von Fehlfärbungen, besonders bei Verwendung von solchen Farbstoffen, die gegen derartige Schwankungen des Kunstseidenmaterials empfindlich sind.

Die für die Zellulosekunstseiden geeigneten Farbstoffe werden teils aus den bereits vorhandenen ausgesucht, teils durch für diese Zwecke besonders hergestellte ergänzt. Auch die Färbemethoden müssen dem färberischen Verhalten von Faser und Farbstoff angepaßt werden, wobei den neuartigen Färbereihilfsmitteln (Netzmitteln usw.) vielfach eine dankbare Aufgabe zukommt.

In einer Reihe von sorgfältigen Arbeiten wurde das Verhalten der Baumwolle und der Zellulosekunstseiden Farbstoffen gegenüber vergleichend bearbeitet. Die schon von Wilson und Junison[2] betonte Ansicht, daß man aus dem Verhalten von Farbstoffen beim Färben von Baumwolle keine Schlüsse auf ihre Eignung für Kunstseidenfärbungen ziehen darf, wurde von C. M. Whittaker, sowie von W. Weltzien und ihren Mitarbeitern bestätigt.

Bei den umfangreichen Versuchen von Whittaker sowie von Weltzien wurde dem das Färben wesentlich beeinflussenden Faktor, der Teilchengröße der Farbstoffe, sowie ihrer Diffusionsfähigkeit bzw. -geschwindigkeit in die Faser eine besondere Aufmerksamkeit geschenkt.

Die Bestimmung der Teilchengröße von Kolloiden kann nach verschiedenen Methoden erfolgen (Ultrafiltration, Diffusion, Dialyse usw.)[3]. Mit Rücksicht darauf, daß viele der gangbaren Farbstoffe Gemische aus mehreren Komponenten darstellen und aus Teilchen verschiedener Dispersität bestehen, ist eine der gangbarsten und am raschesten aufschlußgebenden Methoden, die Verfolgung der Diffusion von Farbstofflösungen in farblose Gelatinegallerten[4] oder der kapillaren Steighöhe und Steiggeschwindigkeit auf trockenem Filtrierpapier gleicher Beschaffenheit[5]. Mit diesen beiden Methoden kann man sich auch in den praktischen Färbebetrieben oft leicht und rasch über die Eignung von Farbstoffen orientieren. Überschätzen darf man die Leistungsfähigkeit dieser Methoden nicht. Man kann aber mit ihrer Hilfe, wie Erfahrungen des Verfassers zeigen, den Färber vielfach vor groben Fehlern und Enttäuschungen, die bei der Verwendung von unrichtigen, miteinander nicht kombinierbaren Farbstoffmischungen entstehen, bewahren. Positive Aussagen darüber aber, ob die Farbstoffe auch wirklich gleichmäßig zu färben vermögen, geben sie nicht. Das Vordringen der Farbstoffe im zeitlichen Vergleich von verschiedenen Einzelfarbstoffen, sowie die Fest-

[1] Lehner, A., u. A. Jäger: Kunstseide Bd. 9 (1927) S. 219, 264.
[2] J. Soc. chem. Ind. Bd. 39 (1920) S. 322.
[3] Vgl. Hahn, F.: Dispersoidanalyse S. 185ff. Leipzig 1928.
[4] Herzog, R. O., u. A. Polotzky: Z. physik. Chem. Bd. 87 (1914) S. 449.
[5] Pelet-Jolivet, L.: Die Theorie des Färbeprozesses S. 120ff. 1910.

stellung der Heterodispersität und der Anwesenheit von verschieden färbenden Komponenten in den Farbstoffen bzw. Gemischen ist aber auf diese einfache Art leicht orientierend zu ermitteln.

Vielfach sind auch bei ein und demselben Farbstoff die Teilchen verschieden in ihrer Größe, sowie auch in ihrer Farbnuance[1]. Die Anwesenheit von Elektrolyten (Salzen) verändert die Dispersität der Farbstoffe. Neben Verkleinerung der Teilchengröße durch geringe Zusätze tritt von einer bestimmten Elektrolytkonzentration ab eine Vergrößerung derselben ein[2]. Diese Veränderungen der Dispersität der Farbstoffe beeinflussen weitgehend den Verlauf sowie den Ausfall der Färbungen. Die für das Färben optimale Dispersität der Farbstoffe ist von der Feinstruktur der Kunstseiden, von ihrer Quellbarkeit und anderen Eigenschaften abhängig.

Von der Dispersität der Farbstoffe hängt im wesentlichen die Gleichmäßigkeit der Färbungen ab, obwohl es bis jetzt noch nicht gelungen ist, Gesetzmäßigkeiten zu finden, die für die Wahl der gleichmäßig färbenden Farbstoffe in allen Fällen ausschlaggebend bzw. eindeutig wären. Immerhin sind aber Möglichkeiten gegeben, mit Hilfe von verschiedenen Methoden orientierende Anhaltspunkte zu erhalten. Die von Whittaker, Courtaulds Ltd., Weltzien und Goetze, Hall, Hoz u. a. ausgeführten Arbeiten sind in dieser Richtung besonders interessant.

Whittaker und seine Mitarbeiter fanden, daß diejenigen Farbstoffe, welche die größte Diffusionsgeschwindigkeit in der Faser („Kapillarattraktion") zeigen, auf Baumwolle die gleichmäßigsten Färbungen ergeben, sofern vorsichtig unter allmählicher Steigerung der Temperatur gefärbt wird[3].

Bei Viskoseseide sind die Bedingungen für das gleichmäßige Färben von denen bei der Baumwolle gefundenen verschieden. Man erhält die gleichmäßigsten Färbungen mit Farbstoffen, welche nur eine geringe Diffusionshöhe, aber große Diffusionsgeschwindigkeit in der Kunstseidenfaser aufweisen, und besonders dann, wenn solche Farbstoffe bei hoher Anfangstemperatur, also mit großer Färbungsgeschwindigkeit ohne Salzzusatz gefärbt werden.

Die von Whittaker bestimmte „Viskosezahl" soll über die Eignung der Farbstoffe im obigen Sinne Aussagen machen können. Zur Ermittlung dieser Kennzahl werden Viskoseseidesträngchen gleicher Länge in trockenem Zustand mit einem Ende in bestimmter Tiefe in Farbstofflösungen eingetaucht und nach einer bestimmten Zeitdauer der ungefärbt gebliebene Anteil der Seidensträngchen festgestellt. Je länger dieser Teil, d. h., je größer die sich so ergebende „Viskosezahl" ist, um so geeigneter soll der Farbstoff für gleichmäßige Viskosefärbungen sein. Allgemeine Gültigkeit haben jedoch diese Feststellungen, wie sich später ergeben hat, nicht.

A. J. Hall[4] hat eine andere Methode angewandt, die auf der Veränderung der färberischen Eigenschaften von mit Natronlauge (5proz.) oder Schwefelsäure kalt behandelten, dadurch gequollenen und nachher sorgfältig gewaschenen und neutralisierten Viskoseseiden beruht. Färbt man einen derart vorbehandelten Kunstseidenstrang im selben Bade zusammen mit einem nicht vorbehandelten,

---

[1] Ostwald, W.: Kolloid-Beih. Bd. 2 (1911) S. 409; Auerbach, R.: Kolloid-Z. Bd. 29 (1921) S. 190.

[2] Haller u. Nowack: Kolloid-Beih. Bd. 13 (1920) S. 61; Haller. R.: Kolloid-Z. Bd. 29 (1921) S. 95, Bd. 30 (1922) S. 249, Bd. 33 (1923) S. 306; ferner R. Auerbach: Kolloid-Z. Bd. 29 (1921) S. 190, Bd. 30 (1922) S. 166, Bd. 33 (1923) S. 262.

[3] Vgl. auch J. Soc. Dyers Col Bd. 42 (1926) S. 86, sowie C. M. Whittaker: Dyeing with Coal Tar Dyestuffs, 2. Aufl. 1926, ferner Pelet-Jolivet: l. c.

[4] Amer. Dyest. Rep. Bd. 17 (1928) S. 585; sowie auch W. Weltzien u. K. Goetze: Seide Bd. 32 (1928) S. 412.

so sind bei Farbstoffen, die für gleichmäßige Färbungen sich eignen, die Farbnuancen auf beiden Strängen nur wenig voneinander verschieden.

Im mikroskopischen Querschnittsbild erscheinen im allgemeinen die gleichmäßig färbenden Farbstoffe auch gleichmäßig im Querschnitt verteilt, während die ungleichmäßig färbenden meistens nur die oberflächlichen Schichten der Kunstseiden bedecken, das Innere dagegen ungefärbt lassen. Daß außer der durch die Teilchengröße bedingten Beeinflussung der Diffusion solcher Farbstoffe in die inneren Schichten der Kunstseidenfaser auch noch andere Faktoren mitwirken, ist wohl möglich, jedoch bisher noch nicht erwiesen. Daß dabei die chemische Konstitution der Farbstoffe von Bedeutung sein kann, dürfte ziemlich wahrscheinlich sein. Einen Zusammenhang zwischen chemischer Konstitution und färberischen Eigenschaften der neueren, für das Färben der Kunstseiden geeigneten Farbstoffe sucht K. Schulze[1] zu ermitteln.

In diesem Zusammenhange muß auch die durch die Beschaffenheit der Kunstseidenfaser selbst bedingte Beeinflussung der gleichmäßigen Anfärbbarkeit der Faser betrachtet werden. Die Untersuchungen über die Verbesserung der Gleichmäßigkeit der Färbungen durch Behandlung der Fasern mit quellend wirkenden Agenzien vor dem Färben zeigen meistens positive Ergebnisse, indem die gequollenen Fasern sich gleichmäßiger anfärben und auch die Diffusionsgeschwindigkeit der Farbstoffe erhöhen lassen[2].

Neuere Forschungsarbeiten auf diesem Gebiete haben gezeigt, daß durch weiteren Ausbau der Arbeiten von Whittaker ein näherer Einblick in die immerhin noch komplizierten Verhältnisse möglich ist. Zu diesem Zwecke wurde durch die Fa. Courtaulds Ltd.[3] die sog. „Temperaturreihenmethode" der Farbstoffprüfungen ausgebaut. Nach dieser werden unter sonst gleichen Bedingungen, aber bei verschiedenen Temperaturen Viskoseseidensträngchen der gleichen Beschaffenheit etwa 1½ Std. lang gefärbt. Die Temperaturen der einzelnen Bäder werden in Stufen von je 10° C von 20 bis 90° C eingestellt. Bei den so ausgeführten Färbungen zeigen sich starke Unterschiede. Es gibt solche Farbstoffe, z. B. Chrysophenin G, welche bei 20° C die stärkste Anfärbbarkeit, d. h. die größte Geschwindigkeit der Farbstoffaufnahme zeigen, mit steigender Temperatur der Färbebäder dagegen eine Abnahme der Anfärbbarkeit aufweisen. Ferner solche, die bei der höchsten Temperatur die größte, bei sinkender Temperatur dagegen abnehmende Färbbarkeit zeigen, wie z. B. Chlorantinechtgrün BL, und schließlich auch solche, die bei anderen, zwischen 20 und 90° C liegenden Temperaturen Maxima der Anfärbbarkeit erreichen. Nun zeigt die Erfahrung in vielen Fällen, daß diejenigen Farbstoffe, welche bei tieferen Temperaturen das Maximum der Anfärbbarkeit aufweisen, am geeignetsten sind für gleichmäßige Färbungen der Viskoseseiden, während diejenigen, welche z. B. erst bei 90° C das Maximum erreichen, die Viskoseseide ungleichmäßig färben.

Auch für die Prüfung von Farbstoffgemischen ist die skizzierte Methode geeignet. Wobei man, wie wohl selbstredend sein dürfte, für Farbstoffgemische solche Einzelkomponenten zu wählen hat, die färberisch sich einander gleichwertig verhalten und andererseits sich in Farbstoffgemischen in ihrem Verhalten gegenseitig nicht beeinflussen.

Da die Empfindlichkeit der direkt färbenden Farbstoffe gegen die Schwankungen der für das Färben maßgebenden Faktoren der Kunstseiden verschieden stark ist, dürfte auch der von Hoz[4] u. a. gewählten Methode (vgl. auch weiter unten) für die Auswahl geeigneter Farbstoffe oder Farbstoffgemische besondere

[1] Seide Bd. 36 (1931) S. 43, 85, 121, 157.
[2] Weltzien, W.: Seide Bd. 32 (1927) S. 412 u. a.
[3] Leipzig. Mschr. Textil-Ind. Bd. 43 (1928) S. 266.
[4] M.T.B. Bd. 10 (1929) S. 206.

Bedeutung zukommen. Es werden dabei zwei verschieden stark sich anfärbende Viskoseseidenproben gleichzeitig (z. B. in Gewebeform vereinigt) in den zu untersuchenden Färbebädern kurze Zeit (¼ Stunde) kochend gefärbt. Während dabei z. B. mit Diphenylreinblau FF, Chikagoblau 6B, Diphenylechtblau 4GL, also mit den als ungleichmäßig färbend bekannten Farbstoffen in der Tat große Unterschiede in der Färbbarkeit der beiden Viskoseseidenproben auftreten, sind nach dieser Methode eine Reihe von Farbstoffen gefunden worden, welche beide Sorten von Viskoseseiden gleichmäßig färben konnten, so z. B. Diphenylechtgelb C4 GL, Diphenylorange GG, Direktviolett RE u. a.

Diese Methode der Prüfung von Farbstoffen auf ihre Empfindlichkeit gegen Schwankungen der Beschaffenheit der Fasern, durch Ausfärben streifiger Gewebe wurde zuerst von A. Oppé[1], später von A. J. Hall[2], sowie von W. Weltzien u. K. Goetze[3] benutzt. Die einzelnen Streifen im Gewebe können dabei aus Viskoseseiden verschiedener Herkunft, oder derselben Herkunft aber alternierend, z. B. mit Natronlauge vorgequollen bzw. ohne Vorbehandlung, hergestellt werden.

Zweifellos darf bei der Anwendung dieser und weiterer ähnlicher Prüfungsmethoden nicht übersehen werden, daß sich verschiedene, an und für sich relativ ungleichmäßige Färbungen durch längeres Kochen in ihrer Gleichmäßigkeit verbessern lassen, wobei eine homogene Verteilung der Farbstoffe in der Faser vor sich geht. Aus diesem Grunde muß für die Prüfungen dieser Art die Färbedauer recht kurz gewählt werden, damit die Unterschiede nicht durch ein nachträgliches Ausgleichen der Färbung unsicher werden.

Es sei auch betont, daß mit Rücksicht auf die charakteristischen Verschiedenheiten im färberischen Verhalten der einzelnen Kunstseidensorten solche Untersuchungen für die Auswahl von geeigneten Farbstoffen nur dann von Wert sind, wenn sie für jede Faserart gesondert durchgeführt werden.

Beim Färben von Mischgeweben muß neben der gleichmäßigen Farbstoffverteilung in jeder Faserart auch die Nuance der Färbungen der einzelnen im Mischgewebe vereinigten Faserarten in Betracht gezogen werden. Selbstredend sind gleiche Nuancen beim Färben von färberisch sich verschieden verhaltenden Fasern mit ein und demselben Farbstoff nicht zu erwarten.

Die Ergebnisse der nach dem Vorbild von Pelet-Jolivet vielfach ausgeführten, oben erwähnten Kapillaranalysen von Farbstoffen[4] und die Schlußfolgerungen über die Eignung der Farbstoffe für das Färben von Kunstseiden zeigen vielfach Unsicherheiten. Weltzien u. Goetze haben in ausgedehnten, kritisch gesichteten Studien die Leistungsfähigkeit dieser Methode geprüft[5].

Starke Salzzusätze (Glaubersalz) zu den Färbebädern vermindern die kapillare Steighöhe, so wie auch die Menge des aufgenommenen Farbstoffes[6].

Die Untersuchungen von W. Weltzien und K. Schulze[7] über den Einfluß von Salzzusätzen auf die Aufnahme von Farbstoffen zeigen bemerkenswerte Ergebnisse. Eine mit einem ungleichmäßig färbenden blauen Farbstoff (Brillantbenzoblau 6B) ohne Salzzusatz gefärbte Faser nimmt so gut wie keinen Farbstoff auf, während die Farbstoffaufnahme bei Verwendung von gleichmäßig färbenden Farbstoffen (z. B. Baumwollgelb B, Dianilbraun S) unter denselben Bedingungen beträchtlich ist. Im ersten Falle nimmt die Farbstoffaufnahme bei steigendem Salzzusatz (Natriumsulfat) zu, im letzteren dagegen nur unwesent-

---

[1] M.T.B. Bd. 6 (1925) S. 685. [2] Silk. J. Bd. 5 (1928) S. 66.

[3] Weltzien, W.: Chem. u. phys. Technologie d. Kunstseiden S. 344ff. Leipzig 1930.

[4] Vgl. auch F. Fichter u. Sahlbom: Kolloid-Z. Bd. 8 (1911) S. 1 u. Kolloid-Beih. Bd. 2 (1910) S. 79.

[5] Seide Bd. 32 (1927) S. 401, Bd. 33 (1928) S. 372, Bd. 34 (1929) S. 136 u. 407.

[6] Vgl. auch Pelet-Jolivet: l. c. [7] Seide Bd. 35 (1930) S. 360.

lich. Die Beobachtung, daß andererseits diejenigen Farbstoffe, mit welchen man auch ohne Salzzusatz färben kann, für gleichmäßige Färbungen geeignet sind, ist bereits von verschiedenen Beobachtern gemacht worden.

Wie vergleichende Versuche über die Farbstoffaufnahmefähigkeit verschiedener Fasern gezeigt haben, kann mit dem oben erwähnten, ungleichmäßig färbenden Blau gebleichte Baumwolle auch ohne Salzzusatz relativ stark angefärbt werden. Durch Salzzusatz wird die Färbung nur wenig geändert. Dagegen ist der Salzzusatz beim Färben von Viskoseseiden mit demselben Farbstoff von großem Einfluß. Interessant ist auch, daß beim Färben ohne Salzzusatz die Baumwolle von manchen Farbstoffen stärker angefärbt wird als die Viskoseseide, so daß die Behauptung, die Kunstseiden würden substantive Farbstoffe stärker aufnehmen als Baumwolle, nicht immer richtig ist. Kupferseide verhält sich in vielen Fällen der gebleichten Baumwolle ähnlich.

Die von Whittaker für das Färben der Viskoseseide gefundenen optimalen Bedingungen sind nach Untersuchungen von Tede[1] nicht ohne weiteres auf die Kupferseide zu übertragen. Die Kupferseide zeigt eine überaus starke Aufnahmefähigkeit für Farbstoffe (besonders für substantive), Beizen und auch für Schlichten, so daß ihre Behandlung bei der Veredelung zum Teil von der der Vikoseseide abweicht.

Infolge der großen Geschwindigkeit der Farbstoffaufnahme durch die Kupferseide sind die bereits durch die rein mechanische Handhabung beim Färben (Umziehen usw.) gegebenen Fehlerquellen bei zu rasch erfolgender Farbstoffaufnahme so groß, daß man genötigt ist, dafür zu sorgen, daß durch die Wahl der Färbebedingungen ein Verlangsamen ermöglicht wird. Durch Färben ohne Salzzusatz, aber in Gegenwart von Seife und Ammoniak, und ferner durch langsame Zugabe des Farbstoffs und nur langsam erfolgende Erhöhung der Temperatur des Färbebades auf 60 bis 80° C ist dies gut erreichbar, so daß man unter Berücksichtigung der spezifischen Eigenschaften der Kupferseide zu einwandfreien Ergebnissen gelangen kann.

Bei dunklen Farbtönen wird gegen Ende des Färbens dem Färbebade Salz zugesetzt[2]. Die Auswahl der geeigneten Farbstoffe namentlich bei Verwendung von Farbstoffgemischen muß auch hier besonders sorgfältig erfolgen.

Die Ursache des von der Viskose verschiedenen Verhaltens der Kupferseide kann wahrscheinlich auf die Oberflächenbeschaffenheit zurückgeführt werden. H. Mark und C. Schuster[3] haben durch Aufnahme von Adsorptionsisothermen (für Äthylen, Stickstoff und substantive Farbstoffe) festgestellt, daß die innere Oberfläche der von ihnen untersuchten Viskoseseide erheblich kleiner war als die einer Kupferseide und daß dementsprechend die Farbstoffaufnahme der Kupferseide über der der Viskoseseide lag. Bei derartigen Vergleichen muß auch die Beschaffenheit der Farbstoffe, insbesondere ihre Dispersität unter den jeweils gewählten Färbebedingungen berücksichtigt werden. Farbstoffe, die bei erhöhter Temperatur stark dispergiert werden, können mit größerer Geschwindigkeit und in größeren Mengen in die Kupferseiden durch die Spalten und Risse der Faser eindiffundieren als solche, die temperaturempfindlich und grobdispers sind. Neben den mehr mechanischen Wirkungen sind auch die mit ihnen zusammenhängenden, mehr chemischen, so die Verteilung der chemisch aktiven Gruppen an den Oberflächen der Mizellen, maßgebend für die Farbstoffaufnahme. Durch Nachbehandlung der untersuchten Viskoseseiden in verdünntem Kupferoxydammoniak gelingt es, die Eigenschaften derselben denen der Kupferseide anzugleichen.

[1] M.T.B. Bd. 9 (1928) S. 993.
[2] Tede: M.T.B. Bd. 9 (1928) S. 230.
[3] M.T.B. Bd. 11 (1930) S. 695.

b) Farbstoffe und Färbeverfahren.

Wie aus dem oben Gesagten hervorgeht, werden, von im Wesen geringen Unterschieden abgesehen, für das Färben der Zellulosekunstseiden im allgemeinen die für die Baumwollfärberei gebräuchlichen Farbstoffe und Färbeverfahren verwendet[1]. Im Zusammenhang mit den Schwierigkeiten in der Gleichmäßigkeit der Färbungen wird aber auf die Auswahl von geeigneten Farbstoffen aus der großen Reihe der bereits bekannten ein ebenso großes Gewicht gelegt, wie auf die Auffindung neuer Farbstoffe. Der Ausfall der Färbungen wird weitgehend von der Reinheit der Seiden (Entfernung von Ölen und Fetten) beeinflußt.

Die Zellulosekunstseiden können mit sauren, basischen, substantiven Farbstoffen, ferner mit Schwefelfarbstoffen, Küpenfarbstoffen, Entwicklungsfarbstoffen und Naphthol-AS-Farben gefärbt werden.

Das Färben mit sauren Farbstoffen.

Das Färben mit sauren Farbstoffen spielt in der Kunstseidenindustrie ebenso wie in der Baumwollfärberei nur eine unbedeutende Rolle. Die sauren Farbstoffe bilden in Wasser fast ausnahmslos hochdisperse Lösungen und können erst unter solchen Bedingungen koaguliert werden, die für das Färben der Zellulosekunstseiden praktisch keine Rolle spielen. Sie können wohl durch einfache Imprägnierungswirkung von der gequollenen Kunstseidenfaser aufgenommen werden, erleiden jedoch während des Färbevorganges entweder keine oder nur derart geringe Veränderungen in ihrer Dispersität, daß nur eine völlig reversible Adsorption (bzw. Imprägnierung) vor sich geht und dementsprechend die Färbungen durch einfaches Waschen in Wasser wieder restlos aufgehoben werden können. Ein Zusatz von zwei- und dreiwertigen Ionen verändert in geringem Maße die Dispersität und wirkt etwas begünstigend auf das Färben. Auch die Bildung von kolloiden Adsorbenzien in der Kunstfaser selbst, wie z. B. Tonerdeniederschläge, Aluminium-Rizinoleate usw., kann die Farbstoffaufnahme etwas fördern.

Das Färben mit basischen Farbstoffen.

Wichtiger sind die lebhaften, klare Farbtöne liefernden basischen Farbstoffe, die von den meisten Zellulosekunstseiden auch ohne vorheriges Beizen der Faser aufgenommen werden, und zwar in besonders hohem Maße von der Chardonnetseide. Die in mit Essigsäure schwach angesäuertem Bade gefärbten basischen Farbstoffe sind jedoch nur in geringem Maße waschecht und müssen bei normalen Echtheitsansprüchen an die Färbung mit Hilfe von Beizen fixiert werden. Als Beizen kommen in der Hauptsache die Tannin-Antimon- sowie die Katanol-Beize zur Verwendung. Die Beizen müssen die Fähigkeit haben, in die Faser möglichst hochdispers und gleichmäßig einzudiffundieren und dort durch sekundäre Veränderungen ihrer Teilchengröße bzw. ihrer Löslichkeit „waschecht" fixiert bleiben zu können. Bei den Tanninbeizen wird dies dadurch erreicht, daß man das in die Faser in hochdispersem Zustand eindiffundierende Tannin mit Metallsalzen, insbesondere mit Brechweinstein in unlösliche bzw. schwerlösliche kolloide Verbindungen, wie das Antimonyl-Tannat umsetzt und dann eigentlich die sich so bildenden Hilfsstoffe mit den basischen Farbstoffen zur Reaktion bringt, d. h. färbt. Die sich dabei aus den Farbbasen und dem Antimonyl-Tannin bildenden Farblacke sind schwer löslich und daher gut waschecht. Auch durch Einwirkenlassen von Farbbasen auf Tannin selbst entstehen kolloide, durch Dialysier-Membranen nicht diffundierende Gebilde. Die zwischen Tannin,

---

[1] Vgl. insbes. Bd. IV, 3. Teil, dieses Handbuches.

Brechweinstein und den Farbbasen sich abspielenden Vorgänge sind eingehend von A. Sanin[1] vom chemischen Standpunkt, von M. Navassart[2] und von R. Haller[3] vom kolloidchemischen aus betrachtet untersucht worden. Zweifellos spielen bei diesen Vorgängen die Membranwirkungen der Fasern selbst ausschlaggebend mit.

Es ist wohl selbstredend, daß die Wahl der Menge der Beizen von der Tiefe des Farbtons der gewünschten Färbung abhängig ist. Für hellere Färbungen genügen geringe Mengen, für tiefe, dunkle Farbtöne müssen größere in die Faser eingelagert werden. Dementsprechend werden 1 bis 5% Tannin vom Gewicht der Kunstseide in salzsaurer Lösung (0,5 bis 1,0% HCl) verwendet. Das Imprägnieren mit Tannin erfolgt bei 40 bis 50° C, bei Strangfärbung durch 2 bis 3 Stunden langes Umziehen und nachheriges Ausschleudern, bei Stückfärbung auf dem Jigger oder auf dem Foulard, wobei nach kurzer Beizdauer die Stücke zwecks gleichmäßiger Verteilung des Tannins in aufgerolltem Zustande einige Stunden liegen bleiben. Die nach einer der erwähnten Arbeitsweisen mit Tannin getränkten Kunstseiden werden dann in einem frischen kalten Bade mit 0,5 bis 2,5% Brechweinstein, je nach Menge des angewandten Tannins (halbe Menge berechnet auf Tannin) ¼ bis ½ Stunde behandelt, wobei die Gerbsäure in die unlösliche Antimonylverbindung umgesetzt wird. Um evtl. oberflächlich auf der Faser haftendes Antimonyl-Tannat zu entfernen, ist es zweckmäßig, die gebeizten Kunstseiden in einem verdünnten Seifenbad vor dem Färben zu reinigen.

Bei Verwendung von Katanol, eines durch Schwefelung von Phenol oder seinen Homologen oder Derivaten erhaltenen Produktes der I. G. Farbenindustrie[4], das sich wie ein direkt färbender Farbstoff verhält, in Gegenwart von Glaubersalz in die Kunstseidenfaser eindiffundiert und dort durch Dispersitätsänderung sowie wahrscheinlich durch Nebenvalenzwirkung fixiert wird, erfolgt das Beizen nach dem Einbadverfahren. Für dunklere Töne wird die Kunstseide mit 6% Katanol W und 20% Glaubersalz, für hellere mit entsprechend weniger, 1 Stunde bei 35° C bei einem Flottenverhältnis von 1 : 30 behandelt. Die Katanolbäder können nach entsprechendem Auffrischen als „stehende Bäder" laufend Verwendung finden. Das Auffrischen erfolgt für die zweite Verwendung mit einem Zusatz von der halben Menge, für die folgenden mit einem solchen von einem Drittel des angewandten Katanols. Nach dem Beizen mit Katanol wird die Kunstseide durch gutes Spülen und Behandlung mit wenig Essigsäure in warmem Bade gereinigt.

Da auch saure, sowie substantive Farbstoffe mit basischen Farbstoffen schwerlösliche bzw. grobdisperse Farblacke bilden, können sie in übertragenem Sinne ebenfalls als „Beizen" für basische Farbstoffe angesehen werden. Man macht hiervon Gebrauch beim Überfärben von sauer oder substantiv gefärbten Kunstseiden mit basischen Farbstoffen, wobei ein Nuancieren der Färbungen mit lebhaften Farbtönen ermöglicht wird[5]. Umgekehrt kann man auch mit basischen Farbstoffen gefärbte Kunstseiden mit sauren Farbstoffen nuancieren.

Die Aufnahme der Farbbasen durch die Beizen erfolgt sehr rasch, sie kann verlangsamt werden durch Erhöhung der Färbetemperatur sowie des Essigsäurezusatzes. Letzterer beträgt normalerweise 2 bis 5%, die übliche Färbetemperatur 50 bis 70° C.

Um die Echtheit der Färbungen z. B. gegen Säurewirkung in Mischgeweben (vgl. weiter unten) zu erhöhen, kann man den evtl. nicht mit der Beize umgesetzten Teil der in der Faser befindlichen Farbstoffe nach dem Färben noch-

---

[1] Kolloid-Z. Bd. 13 (1913) S. 305. [2] Kolloid-Beih. Bd. 5 (1914) S. 299.
[3] Kolloid-Z. Bd. 23 (1918) S. 100.
[4] Vgl. auch S. Liepatoff: M.T.B. Bd. 11 (1930) S. 855; sowie D.R.P. 348530 u. 446219.
[5] Kolloid-Z. Bd. 24 (1919) S. 56.

mals mit einem Katanolbad, in einer etwa halb so hohen Konzentration wie beim direkten Beizen, oder mit 1 bis 2% Tannin und nachher in gesondertem Bade mit 0,5 bis 1,0% Brechweinstein nachbehandeln.

Janusfarben werden in schwach mit Essigsäure angesäuertem Bade, evtl. unter Zusatz von Alaun, wie die basischen Farbstoffe gefärbt.

Das Färben mit substantiven Farbstoffen.

Wegen der Einfachheit des Färbeverfahrens wird der größte Teil der Zellulosekunstseiden mit substantiven Farbstoffen gefärbt. Die dabei anzuwendenden Färbeverfahren sind nur wenig verschieden von den in der Baumwollfärberei bekannten[1]. Infolge der Neigung der Zellulosekunstseiden, die Farbstoffe ungleichmäßig aufzunehmen, entstehen aber vielfach Schwierigkeiten, die man, wie bereits betont, am sichersten durch sorgfältige Auswahl der Farbstoffe im Sinne des oben Besprochenen ausschalten kann. Alle Zellulosekunstseidenfasern zeigen ihrer stärkeren Quellung entsprechend eine größere Farbstoffaufnahmefähigkeit als die Baumwolle und sogar meistens eine größere als die merzerisierte Baumwolle. Als Maßstab der Aufnahmefähigkeit der Kunstseiden für Farbstoffe ist, wie auch bei anderen Faserarten, die Geschwindigkeit der Farbstoffaufnahme durch die Faser zu betrachten.

In der Reihe Kupferseide, merzerisierte Baumwolle, nicht merzerisierte Baumwolle und Chardonnetseide ist die Aufnahmefähigkeit für substantive Farbstoffe am größten bei Kupferseide und fällt bis zur kleinsten bei der Chardonnetseide, während die Aufnahmefähigkeit für basische Farbstoffe umgekehrt bei Kupferseide am kleinsten ist und bis zur höchsten bei der Chardonnetseide ansteigt.

Die substantiven Farbstoffe sind zum größten Teil in ihren wäßrigen Lösungen kolloid, mehr oder weniger weitgehend dispers gelöst, ihre Teilchengröße ist jedoch durchaus nicht homogen. Die Lösungen werden durch Elektrolytzusatz in ihrer Dispersität beeinflußt. Selbstredend müssen die Farbstoffe den Färbebädern in gelöster Form bzw. gesiebt zugegeben werden. Bei der Herstellung der Farbstoffansätze muß die jedem Farbstoff eigentümliche Löslichkeit berücksichtigt werden. Die Färbungen werden meistens in neutralem Glaubersalzbade, seltener in essigsaurem Kochsalzbade ausgeführt. Im ersten Falle wird im Flottenverhältnis von 1 : 20 bis 1 : 25 unter Zusatz von 2,5 bis 40% Glaubersalz, je nach der Tiefe der zu erzielenden Färbungen, lauwarm beginnend unter allmählicher Steigerung der Temperatur auf etwa 80° C ½ bis 1 Stunde lang gefärbt. Durch Zusatz von Netzmitteln, wie Türkischrotöle u. a., zu den Färbebädern kann die Gleichmäßigkeit der Färbungen, namentlich das Durchdringen der Farben durch dicke Gewebe (Nähte usw.), begünstigt werden. Nach dem Färben und guten Spülen wird meistens mit verdünnter (½- bis 1proz.) Essigsäure abgesäuert.

Die meisten substantiven Farbstoffe können beim Färben von dunkeln Farbtönen auf „stehenden Bädern" nach Wiederauffrischen der Farbbäder mit entsprechenden Mengen an Farbstoff gefärbt werden, sofern einheitliche Farbstoffe Verwendung finden. Es darf aber nicht übersehen werden, daß beim Färben mit Farbstoffgemischen oder mit nuancierten Farbstoffen die einzelnen Komponenten des Farbstoffs in verschiedenem Grade von den Kunstseiden aufgenommen werden und so beim Auffrischen von stehenden Färbebädern leicht Nuanceverschiebungen bei den aufeinanderfolgenden Färbungen auftreten können. In solchen Fällen kann man nur nach analytischer Ermitt-

[1] Vgl. Bd. IV, 3. Teil, dieser Technologie.

lung der Zusammensetzung der Farbstoffbäder bzw. nach „Probefärbungen" und entsprechender Einstellung der für das Auffrischen dienenden Farbstoffe Fehler vermeiden.

Einzelne substantive Farbstoffe, wie z. B. Direktbrillantgelb KG und Direktbrillantblau 8B und 6BR (Ciba) werden unter Zusatz von 5 bis 10% Kochsalz und 3% Essigsäure (40proz.) gefärbt. Manche Färbungen werden in Bädern unter Zusatz von 0,5 bis 2% kalz. Soda oder Natriumphosphat ausgeführt.

Vielfach ist es zweckmäßig, sowohl den Farbstoff wie auch die Zusätze in mehreren Portionen dem Farbbade zuzusetzen, wobei die Salzzusätze erst relativ spät erfolgen sollen, um den auch ohne Salzzusatz aufgenommenen Anteil der Farbstoffe nicht zu beeinflussen.

Beim Wiederverwenden bzw. Auffrischen von gebrauchten Bädern sind selbstredend die im Farbbade selbst durch Elektrolytzusatz ausgeflockten und so unlöslich gewordenen Farbstoffe nicht mehr auszunützen.

Da, wie oben bereits gesagt, die meisten sauren und substantiven Farbstoffe mit basischen Farbstoffen schwerlösliche bzw. kolloide Farblacke bilden, kann man substantiv gefärbte Kunstseiden mit basischen Farben in ihrer Farbnuance und Lebhaftigkeit verbessern. Die Nachfärbung mit basischen Farbstoffen erfolgt in Mengen von 0,1 bis 0,5% nach dem Spülen der substantiv gefärbten Kunstseiden in frischen, neutralen oder schwach essigsauren Bädern.

In Anbetracht der vielfachen Schwierigkeiten, die durch ungleichmäßiges Färben (Unegalität) entstanden sind, haben die Farbenfabriken in ihren Musterkarten die zur Verfügung stehenden Farbstoffe nach verschiedenen Eigenschaften (Echtheitseigenschaften, Eignung für gleichmäßiges Anfärben usw.) gruppiert. Die Zahl der für das substantive Färben der Zellulosekunstseiden geeigneten Farbstoffe ist seit einiger Zeit stark gestiegen. Auf Einzelheiten soll hier nicht eingegangen werden, da sie meistens in den entsprechenden Broschüren bzw. Musterkarten der Farbstoff-Fabriken, auf die hier ausdrücklich hingewiesen sei, behandelt werden.

Es gibt eine Reihe von substantiven Farbstoffen, welche die Zellulosekunstseiden mit hohen Echtheitseigenschaften färben (z. B. die Sirius-Farbstoffe der I. G., die Chlorantin-Farbstoffe der Ciba u. a.), daneben jedoch viele, die selbst den geringsten Echtheitsansprüchen nicht genügen. Die Eigenschaften der letzteren können jedoch in vielen Fällen durch entsprechende Nachbehandlung der Färbungen korrigiert werden.

Die Nachbehandlung der substantiven Färbungen.

Die Nachbehandlung der substantiven Farbstoffe kann erfolgen mit Hilfe von Metallsalzlösungen, mit Formaldehyd, mit diazotiertem Paranitranilin, sowie durch Diazotieren und Entwickeln der Farbstoffe auf der Faser.

Das Nachbehandeln der mit substantiven Farbstoffen gefärbten Kunstseiden mit Metallsalzen kann erfolgen in 1 bis 3% Kupfersulfat und 1 bis 2% Essigsäure, oder in 1 bis 2% Bichromat, 2 bis 3% Kupfersulfat und 2% Essigsäure (40proz.) enthaltenden Bädern bei 60 bis 70° C etwa 30 Minuten lang. Sie erhöht die Lichtechtheit der Färbungen. Durch Behandlung mit 2 bis 3% Fluorchrom in schwach essigsaurem Bade kann die Waschechtheit von manchen Färbungen verbessert werden[1].

Bei einigen Farbstoffen kann die Waschechtheit der Färbungen durch Nachbehandeln der gefärbten Kunstseiden mit 3% Formaldehyd (40 proz.) in schwach essigsaurem Bade bei 60 bis 70° C korrigiert werden.

[1] Vgl. dagegen C. M. Whittaker: Dyeing with Coal-Tar Dyestuffs S. 201. London 1926.

Einige substantive Farbstoffe mit freien Amido- oder Oxygruppen können durch Behandlung mit diazotiertem Paranitranilin eine erhöhte Wasch- und Säureechtheit erhalten.

Im Handel sind verschiedene, in haltbare Form gebrachte Produkte des diazotierten Paranitranilins bekannt, so z. B. Nitrazol CF, Azophorrot PN, Parazol der I. G. u. a. Sie können in kaltem Wasser gelöst und nach Zugabe von Soda und Natriumazetat direkt zum Kuppeln der gefärbten Kunstseide (½ Stunde kalt) verwendet werden.

Schließlich können substantive Färbungen, die mit solchen Farbstoffen erhalten worden sind, welche eine oder mehrere Aminogruppen enthalten, auf der Faser selbst diazotiert und nachher mit Aminen oder Phenolen gekuppelt werden. Dabei ändert sich mehr oder weniger auch der Farbton der Färbungen unter wesentlicher Erhöhung der Wasch-, Licht- und Säureechtheit.

Diese Art der Nachbehandlung wird ausgeführt, indem man die gefärbte Kunstseide etwa 15 bis 30 Minuten lang in ein kaltes Bad, welches 1,5 bis 2,5% Natriumnitrit, 5,0 bis 7,5% Salzsäure (20° Bé) oder eine entsprechend starke Schwefelsäurelösung enthält, einbringt, dann mit kaltem Wasser spült und unmittelbar in einem kalten Entwicklungsbad weiterbehandelt. Als Entwickler kommen meistens Phenol, β-Naphthol, Resorzin, m-Phenylendiamin, m-Toluylendiamin sowie verschiedene Spezialentwickler in Betracht. Je nach Tiefe der zu entwickelnden Färbungen werden z. B. 0,45 bis 0,9% β-Naphthol, oder 0,35 bis 0,7% Resorzin oder m-Toluylendiamin verwendet. Letzteres unter Zugabe von Soda in schwach alkalischer, die anderen in mit Natronlauge versetzten Lösungen. Die Färbungen selbst werden, soweit möglich, unter Vermeidung von alkalischen Zusätzen in glaubersalzhaltigen Bädern ausgeführt.

Naphthol-AS-Farben.

Durch Einwirkung der Lösung einer diazotierten Base oder eines Färbesalzes auf Naphthol AS (β-Oxynaphthoesäureanilid) oder seine Homologen entstehen die unlöslichen Naphthol-AS-Farbstoffe. Sie zeigen sehr hochwertige Echtheitseigenschaften sowohl in bezug auf Waschechtheit, wie Bleich-, Alkali-, Säure- und Überfärbeechtheit.

Infolge der gesteigerten Echtheitsansprüche gewinnt das Färben mit Naphtholfarbstoffen immer mehr an Bedeutung. Für die Zellulosekunstseiden kommen die gleichen Färbemethoden zur Anwendung wie beim Färben von Baumwolle. Es darf aber nicht unberücksichtigt bleiben, daß die Empfindlichkeit der Kunstseiden gegen alkalische Behandlungen erheblich höher ist als die der Baumwolle. Es muß daher bei alkalischen Behandlungen der Kunstseiden darauf geachtet werden, daß sowohl die Konzentration der Alkalien, als auch die Arbeitstemperaturen möglichst niedrig gehalten bleiben. Bei den Naphthol-AS-Färbungen ist das Befolgen beider Vorsichtsmaßregeln ohne Beeinträchtigung der färberischen Wirkung leicht möglich. Die Temperaturen übersteigen kaum 30° C und da weiterhin die Aufnahmefähigkeit der Zellulosekunstseiden für Naphthole wesentlich höher ist als die der Baumwolle, sind die färberischen Effekte auch beim Arbeiten mit verdünnteren und daher weniger alkalischen Grundierungsbädern befriedigend.

Das Färben mit Naphthol-AS-Farben besteht im Grundieren der Kunstseiden mit einem Naphthol (AS, AS-BO, AS-SW usw.) und Entwickeln nach Abschleudern, Auspressen usw. in der Lösung einer diazotierten Farbbase. Die imprägnierte Kunstseide wird im nassen Zustand entwickelt. Das Naphthol AS und seine Analogen verhalten sich wie substantive Farbstoffe; infolge ihrer kolloiden Beschaffenheit, die mit steigender Molekülgröße zunimmt und bei

Naphthol AS-SW (2, 3-Oxynaphthoesäure-β-Naphthalid) am stärksten ausgeprägt ist, werden sie von allen vegetabilischen Fasern, in gesteigertem Maße von den Zellulosekunstseiden, namentlich in Gegenwart von Elektrolyten, aufgenommen. Durch längeres Stehen verändert sich die Dispersität der Lösungen. Man kann durch Zusatz von Schutzkolloiden, wie Türkischrotölen usw., die Dispersität der Lösungen stabilisieren. Veränderung der Temperatur sowie der Elektrolytzusätze beeinflussen bei den verschiedenen Naphtholen in verschiedenem Grade die Aufnahme durch die Faser[1].

Die Grundierung erfolgt bei 25 bis 30° C. Über Einzelheiten orientiert man sich am besten in den entsprechenden Broschüren der I. G. Farbenindustrie A.G.[2]. Durch Zusatz von Kochsalz oder Glaubersalz kann die Aufnahme der Naphthole durch die Kunstseidenfaser verstärkt werden. Da sie bei den Kunstseiden an und für sich recht groß ist, kann man mit verhältnismäßig verdünnten Naphtholgrundierungsbädern genügend viel Naphthol auch für das Erreichen von satten Färbungen in die Faser bringen. Starke Salzzusätze bewirken unerwünschte Ausflockungen in den Bädern. Damit beim nachfolgenden Entwickeln die oberflächlich auf der Faser haftende Naphthollösung nicht zur Bildung von nur äußerlich auf der Faser haftenden Farblacken führt, muß vor dem Entwickeln der Überschuß des Grundierungsbades durch Auspressen usw. entfernt werden.

Die Konzentration der Grundierungsbäder wird je nach der Tiefe des zu erzielenden Farbtons gewählt. Man kann die Grundierungsbäder nach entsprechendem Ergänzen laufend verwenden. Die Menge der für die Ergänzung der Bäder benötigten Naphthole ist von der gewählten Arbeitsweise abhängig. Da das Grundieren im wesentlichen auf einem Imprägnierungsvorgang beruht, muß dafür gesorgt werden, daß beim Abschleudern oder Abquetschen der grundierten Kunstseiden keine lokalen Verdünnungen durch Wasser usw. erfolgen. Daher dürfen die grundierten Kunstseiden nicht naß angefaßt oder in nasse Tücher zum Abschleudern eingewickelt werden. Man muß die Tücher mit der Grundierung selbst vorher tränken. Vor der Entwicklung müssen die mit Naphtholen getränkten Kunstseiden vor Sonnenlicht, Säuredämpfen, ferner auch vor Wasserdampf geschützt bleiben. Die Entwicklung des grundierten Materials erfolgt nach dem Entfernen des Überschusses der Grundierung.

Um besonders gute Reibechtheit zu erreichen, kann beim Färben im Stück zwischen Grundierung und Entwicklung bei 50 bis 60° C getrocknet werden. Die anzuwendende Arbeitsweise ist dabei beim Grundieren und Entwickeln dieselbe. Man arbeitet je nach der Beschaffenheit des Materials auf Wannen, Barken, oder auf dem Jigger (Abb. 1) oder Foulard (Abb. 2).

Die Entwicklungsbäder werden aus den Farbbasen selbst oder aus den entsprechenden Färbesalzen hergestellt. Letztere bestehen aus den bereits diazotierten, stabilisierten Farbbasen und können in wässerigen Lösungen direkt verwendet werden, während die Farbbasen erst diazotiert werden müssen. Das Diazotieren der Farbbasen erfolgt in verdünnter salzsaurer, wässeriger Lösung mit Hilfe einer allmählich zugefügten wässerigen Lösung von Natriumnitrit. Die in verdünnter Salzsäure unlöslichen Farbbasen werden mit Natriumnitrit und wenig Wasser angeteigt und langsam in eine wässerige Salzsäurelösung eingebracht. Die Diazotierungstemperatur beträgt etwa 10° C. Vor dem Verwenden der Diazolösungen für das Entwickeln wird die freie Salzsäure mit Natriumformiat oder Schlämmkreide oder anderen geeigneten Salzen abgestumpft. Die Entwicklung selbst erfolgt in schwach sauren Bädern. Die Konzentration der Entwicklungsbäder ist von dem Grade der Grundierung sowie der Arbeits-

[1] Rath: M.T.B. Bd. 4 (1923) S. 425; K. Henkel: M.T.B. Bd. 8 (1927) S. 871, 955, 1039.
[2] Naphthol AS, Anwendungsvorschriften Nr. 1014. 1925.

weise abhängig. Auch die Entwicklungsbäder können im allgemeinen nach entsprechendem Auffrischen laufend benutzt werden.

Die Verwendung der Färbesalze vereinfacht das Arbeiten. Die diazotierten Färbebasen sind sehr gut haltbar, in Wasser leicht löslich und auch in wässeriger Lösung stabil.

Nach der Entwicklung der Färbung wird der Überschuß an Diazolösung aus der Faser durch kaltes Spülen entfernt, worauf ein Absäuern, Waschen, heißes Spülen und schließlich eine Behandlung mit einer mit Soda versetzten Seifenlösung und anschließendem Spülen folgen. Durch die Behandlung mit Seifenlösung bei erhöhter Temperatur wird die Faser von etwa oberflächlich anhaftenden Farblacken befreit. Andererseits wird dabei die Licht- und Chlorechtheit der Färbungen verbessert[1]. Einige Naphthol-AS-Färbungen, die nicht genügend lichtecht sind, kann man durch nachträgliche Behandlung mit einer

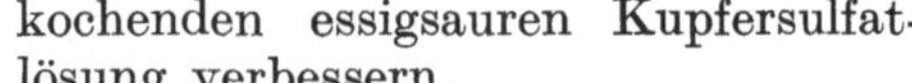
kochenden essigsauren Kupfersulfatlösung verbessern.

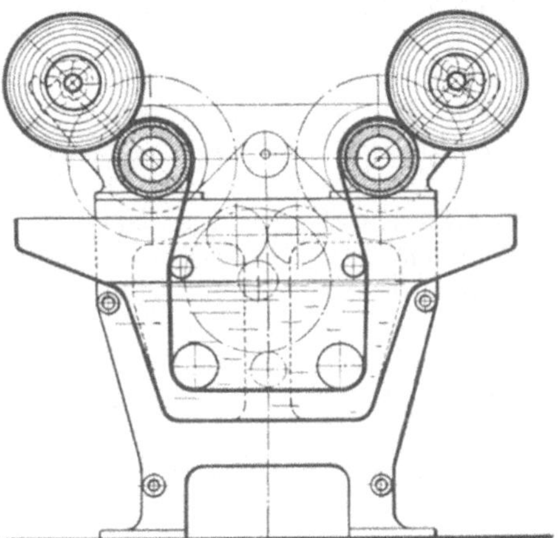

Abb. 1. Jigger für Kunstseide[2].

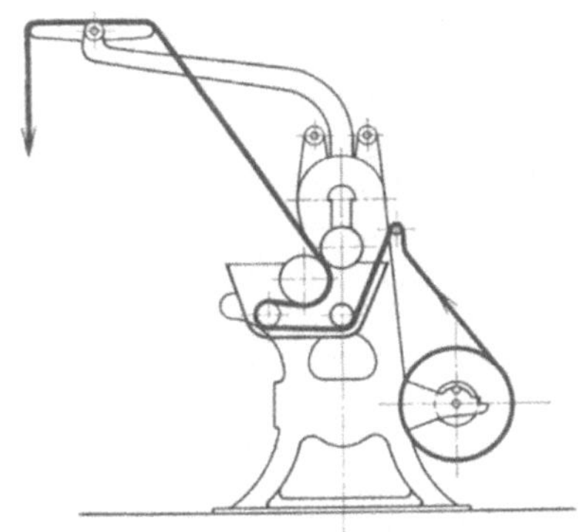

Abb. 2. Färbefoulard.

Da die Zellulosekunstseiden, wie erwähnt, die Naphthole in höherem Grade aufnehmen als die Baumwolle, genügen im allgemeinen verdünntere Grundierungsbäder als bei der Baumwolle. Durch Verwendung solcher ist es auch leicht zu vermeiden, daß unnötige Trübungen des Glanzes der Faser durch anhaftende Farblacke auftreten. Bei einigen Naphthol-AS-Kombinationen führt das Nachbehandeln bei Temperaturen über 60° C, wahrscheinlich durch nachträgliche, rein physikalische Aggregation des Farblackes zu Trübungen. In den Broschüren der I. G. sind diese Farbstoffkombinationen als solche gekennzeichnet; sie müssen bei Temperaturen unter 60° C nachbehandelt werden[3].

Die Grundierung und Entwicklung beim Verwenden von Cibanaphthol RB bzw. den Färbesalzen der Ges. f. Chem. Ind., Basel, erfolgt im wesentlichen nach den gleichen Grundsätzen[4].

Das Färben mit Schwefelfarbstoffen.

Die Zellulosekunstseiden verhalten sich den Schwefelfarbstoffen gegenüber ziemlich gleichartig. Das Färben mit Schwefelfarbstoffen, die in Wasser schwer oder unlöslich und erst in alkalischen, reduzierend wirkenden Lösungen disper-

[1] M.T.B. Bd. 7 (1926) S. 243, sowie A. Ruperti: M.T.B. Bd. 8 (1927) S. 942.
[2] Die Abbildungen verdankt der Verf. der Zittauer Maschinenfabrik, Zittau.
[3] Lint, H.: M.T.B. Bd. 8 (1927) S. 258. [4] Vgl. die entsprechenden Broschüren.

giert werden können, erfolgt aus solchen Lösungen im Prinzip ähnlich wie das Färben mit substantiven Farbstoffen. Beim Reduzieren bzw. Lösen der Schwefelfarbstoffe dürften sich ähnliche Vorgänge abspielen wie beim Verküpen von Küpenfarbstoffen (vgl. weiter unten). Die entstehenden Leukoverbindungen bilden kolloide Lösungen, sie diffundieren in die Kunstseidenfaser und werden dort durch Oxydationsvorgänge wieder unlöslich gemacht. Die Oxydation erfolgt im allgemeinen mit Hilfe von Luftsauerstoff. Die dabei oxydativ regenerierten, schwerlöslichen Farbstoffe sind von hoher Licht-, Wasch- und Säurekochechtheit. Die Menge des zum Lösen benötigten Schwefelnatriums hängt von der Beschaffenheit des Farbstoffes ab. Bei genügenden Mengen an Schwefelnatrium gehen die Schwefelfarbstoffe vollkommen in Lösung. Ein größerer Überschuß an Schwefelnatrium verzögert bzw. verhindert die Färbung.

Das Färben erfolgt in Gegenwart von 0,5 bis 1% Soda, die das Stabilisieren der Färbebäder bewirkt und für die Erhöhung der Gleichmäßigkeit der Färbungen günstig ist. Netzmittel verlangsamen die Färbung und wirken ebenfalls günstig auf ihre Gleichmäßigkeit. Die Farbstoffaufnahme kann durch Zusatz von Kochsalz oder Glaubersalz reguliert werden. Für helle Färbungen ist ein Salzzusatz unnötig. Für das Färben sind kurze Flottenverhältnisse erwünscht, so beim Färben in Kufen 1 : 20 bis 1 : 25, in Apparaten 1 : 7 bis 1 : 15. Die Temperaturen betragen 60 bis 70°, die Färbedauer 30 bis 50 Minuten. Nach dem Färben wird durch gutes Abquetschen der Überschuß der Färbeflotte aus der Faser (sowohl im Strang als auch im Stück) entfernt und gespült. Die hierauf folgende Oxydation durch Belüften ist in den meisten Fällen ausreichend. Bei einigen Schwefelfarbstoffen wird die Oxydation mit schwachalkalischen, verdünnten Wasserstoffsuperoxydlösungen oder durch Dämpfen evtl. unter gleichzeitiger Belüftung durchgeführt.

In manchen Fällen ist es empfehlenswert, für das Lösen der Schwefelfarbstoffe Glukose oder Hydrosulfit in Natronlauge zu verwenden.

Die Echtheit einiger Färbungen mit Schwefelfarbstoffen kann durch Nachbehandeln der gefärbten Kunstseiden mit Kupfersulfat oder mit Chromkali und Essigsäure erhöht werden. Das Nuancieren der Färbungen erfolgt entweder durch Zugabe von entsprechenden Lösungen der verwendeten Farbstoffe selbst oder bei nur geringen Differenzen durch Nachfärben mit substantiven Farbstoffen. Auch basische Farbstoffe sind hierzu geeignet, sie erhöhen die Lebhaftigkeit der Färbungen.

Infolge der Verwendung von alkalischen, auf die Zellulosekunstseiden stark quellend wirkenden Farbbädern fallen die Färbungen allgemein gleichmäßig aus. Die beim Lagern sich bildende Schwefelsäure beeinträchtigt die Reißfestigkeit und Elastizität der gefärbten Fasern, ihre Wirkung kann aber durch Behandlung der gefärbten Kunstseiden mit Natriumazetat- oder Natriumformiatlösungen größtenteils aufgehoben werden. Die mit einigen neueren Farbstoffen (Indocarbone der I. G.) ausgeführten Färbungen sind lagerbeständig[1].

Das Färben mit Küpenfarbstoffen.

Die höchsten Echtheitsanforderungen an die Kunstseidenfärbungen können erst bei den mit Küpenfarbstoffen gefärbten Kunstseiden gestellt werden. Die Küpenfarbstoffe verhalten sich gegen alle Zellulosekunstseiden ziemlich gleich. Sie können nur nach vorhergehender Verküpung in genügenden Mengen von der Faser aufgenommen werden. In unverküpter Form sind sie in Wasser schwerlöslich bzw. unlöslich und grobdispers. Man kann wohl durch mechanische

---

[1] Kerteß, A.: M.T.B. Bd. 8 (1927) S. 56.

Dispersion Teilchengrößen erreichen, die für eine oberflächliche Adsorption durch die Kunstseidenfaser geeignet sind, aber nur wenig reibechte Färbungen geben.

In alkalischen, wässerigen Suspensionen werden die Küpenfarbstoffe durch Einwirkung von milden Reduktionsmitteln leicht in kolloidgelöste Leukoverbindungen umgesetzt. Aus solchen durch Reduktion entstehenden Lösungen, den „Küpen", werden die Leukoverbindungen durch die Faser je nach ihren Eigenschaften in verschieden hohem Grade aufgenommen. Die in die Faser eindiffundierten Leukoverbindungen werden durch Luftoxydation regeneriert, d. h. wieder in die unlösliche Form gebracht. Die dabei im Innern der Faser entstehenden Teilchen sind ihrer Schwerlöslichkeit entsprechend außerordentlich widerstandsfähig gegen Wasser, Säuren, Seifen usw., sowie auch gegen Lichtwirkung. Die an der Oberfläche der Faser oxydierten Teile der Farbstoffe können dagegen leicht durch Reiben entfernt werden. Dieser Mangel an Reibechtheit kann z. B. durch nachheriges Behandeln der gefärbten Kunstseiden in heißen, verdünnten Seifenlösungen weitgehend korrigiert werden.

Als Reduktionsmittel findet in der Kunstseidenfärberei Natriumhydrosulfit in Gegenwart von Natronlauge Verwendung, wobei dafür gesorgt werden muß, daß der Gehalt der Färbebäder (Küpen) an freiem Alkali auf ein Minimum gehalten wird. Die Küpen sind hochdispers, was für die vorhin erwähnte Reibechtheit im obigen Sinne besonders günstig ist.

Es kommen in der Küpenfärberei der Zellulosekunstseide neben Indigo, dem ältesten klassischen Küpenfarbstoff, die Algol-, Anthra-, Ciba-, Cibanon-, Helindon-, Hydron- und Indanthrenfarbstoffe u. a. zur Verwendung[1]. Die mit Indanthrenfarbstoffen ausgeführten Färbungen entsprechen den größten Echtheitsanforderungen.

In diesem Zusammenhang seien auch die interessanten Indigosole erwähnt. Sie sind Leuko-Schwefelsäureester indigoider und anderer Küpenfarbstoffe. Sie werden als solche von der Faser aufgenommen und können durch milde Oxydationsmittel, wie z. B. salpetrige Säure, oxydiert und in die schwerlöslichen, sehr echten Küpenfarbstoffe verwandelt werden.

Die Küpenfarbstoffe werden in Pulver- oder in Pasten-(Teig-)Form in den Handel gebracht. Die zu ihrer Überführung in die Natriumsalze ihrer Leukoform nötigen Mengen an Natronlauge und Hydrosulfit sind sehr verschieden. Selbstredend muß in der Küpenfärberei der Zellulosekunstseiden vor allem angestrebt werden, mit einem Minimum an freiem Alkali in den Küpen- bzw. Färbebädern auszukommen. Das Verküpen erfolgt bei erhöhter Temperatur, vielfach unter Zugabe von Netzmitteln, wie Türkischrotöle, Nekal u. a. Die Arbeitsweise dabei ist am besten jeweils aus den entsprechenden Anleitungen der Farbstoff-Fabriken zu entnehmen. Zum Stabilisieren der Färbebäder gegen die ungünstige Einwirkung des Luftsauerstoffs wird ein Zusatz von Natronlauge und Hydrosulfit verwendet. Das Verküpen der Farbstoffe erfolgt entweder im Färbebade selbst oder bei einigen Farbstoffen in einem konzentrierten Ansatz, einer sog. „Stammküpe". Bei der Herstellung der Küpen werden die in Teigform vorliegenden Farbstoffe mit Wasser aufgeschlämmt und durch ein feines Sieb in das Bad gebracht. Die in Pulverform erhältlichen Farbstoffe werden mit Netzmitteln, wie Türkischrotölen u. a., und Wasser zu einer Paste verrieben und ebenfalls durch ein feines Sieb dem Färbebad zugefügt. Das Verküpen erfolgt in wenigen Minuten. Die Stammküpen werden ähnlich hergestellt, jedoch unter Verwendung von nur wenig Wasser (etwa 20 bis 50 l je kg Farbstoff).

[1] Bezüglich der Farbstoffe selbst vgl. H. E. Fierz-David: Künstliche organ. Farbstoffe; diese Technologie Bd. III.

Bei verschiedenen Küpenfarbstoffen ist das Verküpen in dieser konzentrierten Form der Stammküpe vorzuziehen. Auch hierbei sei auf die Anleitung der Farbstoff-Fabriken verwiesen, ebenso auch in der Frage der zum Färben benötigten Mengen an zusätzlicher Natronlauge und Hydrosulfit im obigen Sinne. Die Menge der Natronlauge und des Hydrosulfits im Färbebade beeinflußt den Ausfall der Färbung. Ein Mangel an solchen Zusätzen verursacht durch Ausfallen des oxydierten Farbstoffs eine Trübung der Bäder, während unnötige Überschüsse die Aufnahme der Farbstoffe verzögern oder gar verhindern. Der für das Färben günstigste Zustand der Bäder ist in der Einstellung einer sozusagen optimalen Labilität zu erblicken, die ein gutes Eindiffundieren der hochdispers gelösten Teile des Farbstoffs in die Faser ermöglicht, dort aber dann die relativ rasche Oxydation bzw. das Erreichen der unlöslichen Form des Farbstoffs nicht hindert, bzw. durch möglichst rasch eintretende Teilchenvergröberung ein Wiederherausdiffundieren des Farbstoffs aus der Faser erschwert.

Die meisten Küpenfarbstoffe werden auch ohne Salzzusatz in genügendem Maße von den Zellulosekunstseiden aufgenommen. Nur bei einigen Küpenfarbstoffen wird die Aufnahme durch die Faser erst durch Zugabe von Kochsalz oder Glaubersalz zu den Färbebädern (oder Küpen) im gewünschten Grade erreicht.

Die Gleichmäßigkeit der Küpenfärbungen kann man oft durch richtige Wahl der Temperatur der Färbebäder regulieren, indem man anfangs bei niedriger Temperatur anfärbt und die Temperatur nach und nach steigert. Das Durchfärben kann durch Verwendung von Netzmitteln, evtl. nach Quellenlassen der Kunstseiden, ferner durch Erhöhung der Temperatur unter gleichzeitiger Vermehrung des Hydrosulfitzusatzes erreicht werden. Durch Verwendung von eingedickten, kalkfreien Sulfitablaugenpräparaten kann die Aufnahme von Küpenfarbstoffen verlangsamt und so das Färben gleichmäßig gestaltet werden. Auch zum Anteigen von Küpenfarbstoffen, sowie als Stabilisatoren der Färbeküpen können derartige Produkte mit Vorteil verwendet werden.

Bei Verwendung von Farbstoffgemischen muß die Auswahl der einzelnen Komponenten selbstredend so getroffen werden, daß die Färbebedingungen der Einzelkomponenten einander möglichst weitgehend entsprechen.

Die Geschwindigkeit der Farbstoffaufnahme zeigt bei den verschiedenen Küpenfarbstoffen erhebliche Unterschiede. Während Indigo-, Thioindigofarbstoffe und Hydronfarben für mittlere und dunkle Farbtöne längere Färbedauer benötigen, können mit Indanthrenfarbstoffen auch dunkle Farbtöne außerordentlich rasch erreicht werden. Selbstredend kann man bei zu großen Geschwindigkeiten der Farbstoffaufnahme nicht ohne weiteres gleichmäßige Färbungen erreichen, so daß es für alle Fälle zweckmäßig ist, die optimalen Färbebedingungen besonders festzustellen. Bei Indanthrenfarbstoffen, z. B. bei Indanthrenblau, genügt oft ein einmaliges Durchziehen (Passage) der Stückware durch das Färbebad (im Kontinue-Färbeverfahren), um bei konstant gehaltener Konzentration des Färbebades (durch entsprechendes Zufügen von Stammküpe) im Dauerbetrieb laufend die gewünschten (auch dunklen) Farbtöne zu erreichen.

Sowohl bei den Indanthrenfarbstoffen wie auch bei den Ciba- und Cibanonfarbstoffen u. a. sind die Färbeverfahren für die einzelnen Farbstoffe insofern voneinander verschieden, als die optimalen Bedingungen erst bei bestimmten Konzentrationen an Natronlauge, sowie den zusätzlichen Salzen und unter Einhaltung von bestimmten Färbetemperaturen erreicht werden können. Bei den Ciba- und Cibanonfarbstoffen sind die optimalen Färbebedingungen im obigen Sinne als C I-, C II- und C III-Verfahren, bei den Indanthrenfarbstoffen der I. G. als IN-, IW- und IK-Verfahren zusammengefaßt bzw. bekannt. Bei den letzteren drei Verfahren ist z. B. der Hydrosulfitverbrauch je Liter der Färbeflotte ziemlich gleich, ebenso auch die Färbedauer von ¾ bis 1 Stunde. Dagegen ist die zum Lösen der Farbstoffe und für das Färben benötigte Natronlauge beim IN-Verfahren wesentlich größer als bei den anderen. Die Färbetemperatur ist beim IK-Verfahren etwa 20° C, beim IW-Verfahren 45 bis 50° C und beim IN-Verfahren 50 bis 60° C. Während die nach dem IN-Verfahren zu färbenden Farbstoffe ohne Salzzusatz ausfärben, ist beim IW-Verfahren Glaubersalz oder Kochsalz nötig, und zwar je nach den zu erzielenden Farbtönen in steigenden Mengen. Bei dem IK-Verfahren sind die entsprechenden Salzzusätze etwa doppelt so groß wie beim IW-Verfahren.

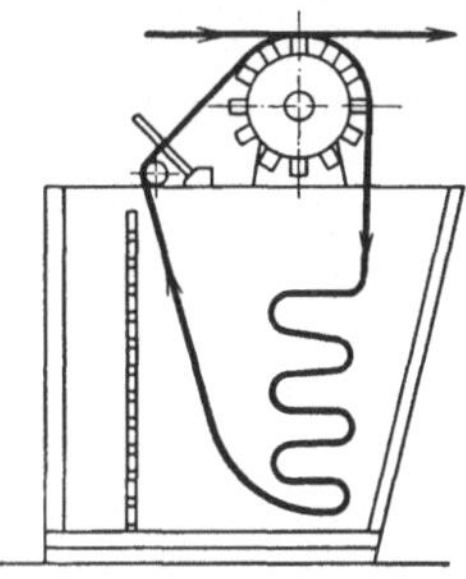
Abb. 3. Haspelkufe.

Das Färben mit Küpenfarbstoffen erfolgt auf hölzernen oder eisernen Kufen im Flottenverhältnis 1 : 20 bis 1 : 30, oder auf Spezialapparaten. Beim Färben im Strang werden diese auf geraden Glasstäben unter stetem sorgfältigen Umziehen oder auf etwa U-förmig gebogenen Eisenstäben in der Färbeküpe bewegt, im letzteren Falle von der Flotte vollständig bedeckt. Nach Beendigung des Färbeprozesses wird die Kunstseide gespült, evtl. unter Zusatz von wenig Hydrosulfit zum Spülbad, damit die Oberfläche der Faser vom anhaftenden Farbstoff weitgehend befreit und so die Reibechtheit der Färbung erhöht wird. Anschließend wird geschleudert, an der Luft oxydiert, evtl. mit stark verdünnter Ameisensäure oder Essigsäure abgesäuert und schließlich etwa 30 Minuten lang bei 70 bis 80° C in einem Seifenbad behandelt, wodurch die Färbungen an Lebhaftigkeit und Reibechtheit gewinnen.

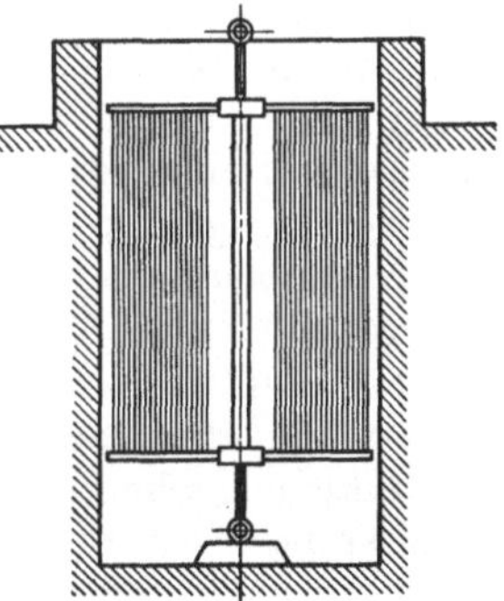
Abb. 4. Sternreifen.

Für einige Farbstoffe sind besondere Arbeitsweisen nötig, auf die jedoch hier nicht eingegangen werden soll[1].

Die Oxydation der Küpenfarbstoffe auf der Faser kann z. B. durch Verwendung von schwefelsauren Lösungen von Chromkali oder durch Natriumperborat beschleunigt werden.

Kunstseidentrikot oder -stück wird auf der Haspelkufe (Abb. 3) mit niedrig stehendem Haspel in einem Flottenverhältnis von 1 : 30 bis 1 : 50, oder bei Kunstseidensorten, die sich nicht leicht verziehen, auf dem Jigger (Abb. 1) gefärbt. Bei starker Bewegung der Flotte und starkem Belüften ist die Menge der Natronlauge und des Hydrosulfits entsprechend (bis zu 50% der ursprünglichen) zu erhöhen. Solche erhöhten Zusätze werden aber erst nach etwa ½ stündigem Färben nach und nach zugesetzt. Das Spülen nach dem Färben erfolgt am zweckmäßigsten durch Zulaufenlassen von frischem Wasser und dadurch erfolgendem allmählichen Verdrängen der Flotten. In manchen Fällen färbt man mit Erfolg auf Senkküpen unter Verwendung von Sternreifen (Abb. 4), auf welchen das Kunstseidenstück auf Hacken spiralförmig derart montiert ist, daß die einzelnen Stofflagen sich nicht berühren können.

c) Das Färben von Mischgeweben oder -gewirken, die keine Azetatseide enthalten.

Die Zellulosekunstseiden werden zu einem großen Teil zur Herstellung von Mischgeweben sowie -gewirken verwendet. Die Bedeutung der Veredelung von solchen Mischgeweben usw. in den Färbereien und Ausrüstungsanstalten ist

[1] Vgl. die Anleitungen der Farbstoff-Fabriken.

größer als die der reinen Kunstseidengewebe. Die Zellulosekunstseiden werden gemeinsam mit pflanzlichen Fasern, vornehmlich mit Baumwolle bzw. merzerisierter Baumwolle, auch mit verschiedenen Kunstseidenarten untereinander (Azetatseide [vgl. weiter unten] usw.) sowie mit tierischen Fasern (Naturseide und Wolle) verarbeitet. Durch zweckmäßige Kombination von zwei oder mehr verschiedenartigen Fasern in den Geweben oder Gewirken können nicht nur besonders erwünschte färberische Effekte erzielt werden, sondern man kann vor allem die physikalischen bzw. mechanischen Eigenschaften der so entstandenen Faserkombinationen den zu erwartenden Beanspruchungen anpassen. Vielfach ist es erst durch derartige Faserkombinationen möglich, die Kunstseiden bestimmten Verwendungsgebieten zugänglich zu machen. In der Industrie der Kunstseiden-Strumpfwaren ist dieser Gesichtspunkt ebenso wichtig wie bei der Herstellung von Kunstseidengeweben. Glanz, Griff, Knitterfestigkeit und viele andere Eigenschaften lassen sich so günstig beeinflussen. Eine Reihe von wichtigen mechanisch-textiltechnischen sowie färbereitechnischen Aufgaben mußten natürlich gelöst werden.

Die Aufgabe beim Färben solcher Mischgewebe oder Gewirke besteht im wesentlichen darin, die im Gemisch kombinierten Faserarten entweder in weitgehend gleichem Farbton zu färben, oder besondere Farbeffekte dadurch zu erzielen, daß einzelne Faserarten im Gemisch ungefärbt (weiß) bleiben oder in einem anderen Farbton gefärbt werden als die anderen Fasern. Gewöhnlich werden nur zwei Faserarten im Gemisch kombiniert, es lassen sich aber selbstredend auch drei (seltener vier) Faserarten gemeinsam verarbeiten. Das Färben erfolgt entweder in einem Färbebade (Einbadverfahren), das die miteinander kombinierbaren Farbstoffe bzw. Zusätze gleichzeitig enthält, oder in zwei (bzw. mehreren) Färbebädern (Zweibad- bzw. Mehrbadverfahren), die hintereinander, evtl. unter dazwischengeschaltetem Spülen, Verwendung finden. Der richtigen Auswahl von geeigneten Farbstoffen, die sich miteinander vertragen bzw. die einzelnen Komponenten des Farbstoffgemisches sowie des Fasergemisches nur in der beabsichtigten Art beeinflussen, kommt besondere Bedeutung zu.

Aber nicht nur die richtige Auswahl der Farbstoffe und der Färbeverfahren, sondern vor allem auch die Auswahl der zu verwendenden Fasermaterialien ist von ausschlaggebendem Einfluß auf den Ausfall der Färbungen. Auf die Beeinflussung des Färbevorganges durch die Beschaffenheit der Kunstseiden bzw. durch die bei ihrer Herstellung in Betracht kommenden Faktoren wurde schon oben hingewiesen. Daß Mischgewebe aus nichtmerzerisierter Baumwolle und Kupferseide infolge der sehr stark verschiedenen Farbstoffaufnahmefähigkeit der beiden Komponenten beim Färben mit substantiven Farbstoffen oft erhebliche, fast unüberwindliche Schwierigkeiten bereiten, ist ohne weiteres zu erwarten. Dagegen kann man bei richtiger Auswahl der Farbstoffe Kupferseide und merzerisierte Baumwolle enthaltende Gemische einwandfrei färben. Auch die Qualität der Baumwolle spielt dabei mit[1]. Die Webereien und Wirkereien müssen in der Auswahl der sich gut färbenden Baumwollen (z. B. ägyptische Makobaumwolle) bei der Herstellung von solchen Mischgeweben mit Kupferseide besonders sorgfältig vorgehen, um durch zweckmäßige Kombination einwandfreie Färbungen erreichen zu lassen. Selbstredend sind bei hellen Farbtönen die Schwierigkeiten geringer als bei dunklen. Infolge der besonders hohen Farbstoffaufnahmefähigkeit der Kupferseide färbt man kupferseidehaltige Mischgewebe ohne Zusatz von Salzen in Gegenwart von Färbeölen (Türkischrotöle u. a. ähnliche) bei hoher Temperatur.

---

[1] Hoz, H., u. E. Bauder: M.T.B. Bd. 11 (1930) S. 616.

Mischgewebe aus Viskoseseide und Baumwolle.

Am einfachsten gestaltet sich das Färben bei Mischgeweben, die aus Zellulosekunstseiden und Baumwolle bestehen. Da im Prinzip die Zellulosekunstseiden unter denselben Bedingungen gefärbt werden können wie die Baumwolle, so lassen sich leicht Färbungen erreichen, bei welchen beide Faserarten auf weitgehend gleiche Farbtöne gebracht werden. Der Einfachheit halber sei hier nur das Färben von Mischgeweben, die neben Baumwolle Viskoseseide enthalten, besprochen. Die mehr oder weniger weitgehenden Abweichungen der färberischen Eigenschaften der anderen Zellulosekunstseidenarten müssen im Sinne des Obengesagten Berücksichtigung finden.

Die aus Viskoseseide und merzerisierter sowie nichtmerzerisierter Baumwolle bestehenden Gewebe und Gewirke werden verschiedenartig hergestellt und ausgerüstet. Auch die Anforderungen, die an die Echtheit der Färbungen gestellt werden, sind sehr verschieden. Gewöhnlich kommt man beim Färben mit substantiven Farbstoffen nach dem Einbadverfahren aus. Vielfach werden jedoch bei höheren Echtheitsansprüchen besondere Farbstoffe, wie z. B. die Siriusfarbstoffe oder Küpen- bzw. Schwefelfarbstoffe u. a. zu verwenden sein. Um gleichmäßige Farbstoffaufnahme zu erreichen, müssen die Gewebe vor dem Färben abgekocht, entschlichtet und gereinigt werden. Lebhafte, reine Farbtöne können nur bei gebleichtem Material erreicht werden.

Das Bleichen wird mit einer etwa 0,2 bis 0,5° Bé starken Chlorlauge, anschließendem Spülen, Säuern, Spülen und Behandlung mit heißen Seifenbädern durchgeführt. Aber auch wenn das Bleichen unterbleiben kann, werden die Gewebe mit Seife und Ammoniak oder Soda bei 80 bis 90° C behandelt, unter Zusatz von Netzmitteln oder Fettlösern. Bei dieser Vorbereitung der Gewebe für das Färben wird auch die Fähigkeit der Baumwolle, die Farbstoffe aufzunehmen, erhöht. Aber auch die so vorbehandelte Baumwolle erreicht noch nicht die Farbstoffaufnahmefähigkeit der Zellulosekunstseiden, was besonders bei dunklen Tönen zum Ausdruck kommt. Aus diesem Grunde müssen die Färbebedingungen, wie Temperatur des Färbebades, Bemessung der Salzzusätze u. a. für den Ausgleich der Farbtöne herangezogen werden. Wieweit man durch zweckmäßige Wahl der Färbebedingungen das Ergebnis beeinflussen kann, zeigt unter anderem ein von Landolt[1] beschriebener Versuch. Nach diesem können seitengleiche Färbungen, d. h. solche, bei denen die beiden Faserarten bei aus Viskose- und Baumwolle bestehenden Mischgeweben im gleichen Ton gefärbt sind, erreicht werden, wenn man durch ungewöhnlich hohen Salzzusatz (150 g Glaubersalz je Liter der Farbflotte) die Dispersität der substantiven Farbstoffe beim Färben bei hohen Temperaturen derart erniedrigt, daß die Farbstoffaufnahmefähigkeit der Baumwolle gesteigert, die der Viskoseseide dagegen verringert wird. Unter normalen Bedingungen wird die Farbstoffaufnahmefähigkeit der Viskoseseide mit steigender Temperatur erhöht, so daß man, um gleiche Farbtöne auf Viskoseseide und Baumwolle erreichen zu können, zweckmäßigerweise bei tiefen Temperaturen und mit nur geringen Zusätzen an Salz (etwa 2 bis 5 g je Liter) arbeitet[2].

Auch die individuelle Auswahl der Farbstoffe ist von großer Bedeutung. Es sind eine Reihe von Farbstoffen bekannt, die unter gleichen Arbeitsbedingungen gleichmäßige und einander gleiche Färbungen auf Viskoseseide und Baumwolle erreichen lassen. Verschiedene Farbstoffe färben diese beiden Fasern am gleichmäßigsten und in gleichen Tönen bei 45 bis 50° C. Das Färben wird bei

---

[1] M.T.B. Bd. 10 (1929) S. 214.

[2] Vgl. auch L. Eckert: Kunstseide Bd. 4 (1932) S. 119.

gewöhnlicher Temperatur angesetzt und unter allmählicher Erhöhung der Temperatur und nachfolgendem Zusatz von Glaubersalz zu Ende geführt. Andere Farbstoffe eignen sich wieder am besten, wenn bei Temperaturen von nahezu 100° C ohne Salzzusatz gefärbt wird, und schließlich weitere ebenfalls bei hohen Temperaturen, jedoch unter Verwendung von Salzzusätzen. Selbstredend sind diese Angaben nur als Anhaltspunkte zu bewerten. Es ist in jedem Falle nötig, die Farbstoffaufnahmefähigkeit der im Gewebe vereinigten Faserarten zu kennen, bzw. sich durch Vorversuche über die Eignung der Farbstoffe zu orientieren.

Bei zarten, hellen Farbtönen ist im allgemeinen ein Salzzusatz nicht nötig. Die Verwendung von Netzmitteln ist in den meisten Fällen, besonders bei schwereren Geweben und bei dunklen Farbtönen von Vorteil, ebenso auch für das Durchfärben der Nähte bei Strümpfen usw.

Durch Verwendung von Farbstoffen, die durch Nachbehandlung in Produkte von höheren Echtheitseigenschaften umgesetzt werden können, kann man gesteigerten Echtheitsansprüchen genügen, so z. B. durch Verwendung von diazotierbaren substantiven Farbstoffen. Die Nachbehandlung solcher Färbungen erfolgt ebenso wie oben beschrieben. Bei hohen Anforderungen an Wasch- und Lichtechtheit müssen Küpenfarbstoffe oder auch Indigosole verwendet werden.

Das Färben der Mischgewebe erfolgt auf Haspelkufen oder auf dem Jigger oder bei besonders empfindlichen Geweben auf Sternreifen. Strümpfe werden entweder auf Stöcken auf der Barke oder auf Spezialapparaten gefärbt. Die für die Behandlung von leichten und empfindlichen Geweben dienenden Jigger müssen durch entsprechende Spezialkonstruktionen ein besonders schonendes Behandeln der Gewebe ermöglichen. Der Zug in der Längsrichtung der Gewebe darf nicht zu hoch sein. Das Ingangsetzen des Jiggers muß praktisch stoßfrei erfolgen, um ein Abreißen der Gewebe zu vermeiden. Die Leit- und Zugwalzen müssen glatt sein, um ein Eindringen der Farbstoffe und Festsetzen von Farbstoffresten, die das Reinigen erschweren, zu verhindern[1].

Mischgewebe aus Zellulosekunstseiden und tierischen Fasern.

Schwieriger sind die Aufgaben, die beim Färben von Mischgeweben, welche aus Zellulosekunstseiden und tierischen Fasern, wie Naturseide oder Wolle, bestehen, auftreten.

Mischgewebe aus Zellulosekunstseide und Naturseide können im gleichen Ton am einfachsten mit Hilfe von substantiven Farbstoffen nach dem Einbadverfahren gefärbt werden. Man kann sie im gleichen Bad mit Säurefarbstoffen nuancieren. Besondere Bedeutung kommt der richtigen Einstellung der Färbetemperatur zu, da man durch Veränderung dieser die Farbstoffaufnahme durch die einzelnen Faserarten beeinflussen kann. Selbstredend kommt es auch hierbei weitgehend auf die richtige Auswahl der Farbstoffe an.

Vor dem Färben muß die Seide entbastet werden. Dies erfolgt genau so wie bei reinseidenen Geweben durch etwa 2stündiges Behandeln in Marseiller-Seifenbad (25 bis 30% Seife vom Gewicht der Ware) bei 95 bis 100° C und unter Umständen durch Nachbehandlung in einem verdünnteren Seifenbad (etwa 10% Seife vom Gewicht der Ware). Nachher wird mit schwachalkalischem Wasser gespült und anschließend gefärbt. Falls ein Bleichen erwünscht ist, wird dies in schwach alkalischen Bädern mit Wasserstoffsuperoxyd vorgenommen.

Verschiedene substantive Farbstoffe färben Zellulosekunstseide und Naturseide in gleichem Ton. Durch andere wird die Kunstseide tiefer gefärbt, so daß

[1] Vgl. auch G. Adler: M.T.B. Bd. 11 (1930) S. 626; J. Klein: Mschr. Textil-Ind. Bd. 45 Fachheft I (1930) S. 24.

die Naturseide mit sauren oder basischen Farbstoffen nachnuanciert werden muß. Im allgemeinen werden die substantiven Farbstoffe von der Kunstseide bei niedrigen Temperaturen, von der Naturseide bei höheren aufgenommen. Durch Salzzusatz wird die Farbstoffaufnahme der Kunstseiden verstärkt. Seife und alkalische Zusätze vermindern die Geschwindigkeit der Farbstoffaufnahme, aber auch gleichzeitig die Menge der durch die Naturseide aufgenommenen Farbstoffe. Die Aufnahme der substantiven Farbstoffe durch die Naturseide ist ebenso wie die der sauren Farbstoffe weitgehend von der Wasserstoffionenkonzentration der Färbebäder abhängig[1]. Durch Kochenlassen der Färbebäder kann man die Gleichmäßigkeit der Färbungen erhöhen bzw. korrigieren.

Bei Farbstoffen, die von der Seide nicht aufgenommen werden, färbt man zunächst die Kunstseide und in frischem Bad mit sauren Farbstoffen unter Zusatz von Ameisensäure oder Essigsäure die Naturseide. Oder man färbt zuerst die Seide in saurem Bad und nachher in schwachalkalischem Bad in Gegenwart von Glaubersalz die Kunstseide. Besonders lebhafte Farbtöne kann man durch Verwendung von basischen Farbstoffen erreichen, wenn man die Viskoseseide vorher mit Tannin-Brechweinstein beizt. Waschechte Färbungen können mit diazotierbaren substantiven Farbstoffen erzielt werden.

Zwei- oder Mehrfarbeneffekte erreicht man am besten nach dem Mehrbadverfahren. Man kann dabei die Naturseide mit Säurefarbstoffen vorfärben und nachher die Zellulosekunstseiden in schwachalkalischem Bade unter Zusatz von Glaubersalz mit solchen substantiven Farbstoffen färben, die bei niedriger Temperatur von der Naturseide nicht oder nur in geringem Maße aufgenommen werden. Bei Verwendung von derartigen Farbstoffen im ersten Bade bleibt die Naturseide weiß bzw. sie wird nur sehr schwach gefärbt und kann als Effektfaser dienen.

Die für das Färben von Mischgeweben, die aus Zellulosekunstseide und Wolle bestehen, üblichen Färbeverfahren sind im Prinzip den obigen gleich. Vor dem Färben wird das Mischgewebe mit sodahaltigen Seifenbädern evtl. unter Zusatz von Netzmitteln oder Fettlösern bei nicht zu hoher Temperatur gereinigt. Ein evtl. nötiges Bleichen erfolgt entweder durch Behandlung der Gewebe in der Schwefelkammer oder mit Hilfe der Wasserstoffsuperoxyd- oder der Bisulfitbleiche.

Beim Einbadverfahren können geeignete substantive Farbstoffe, die in neutralem, glaubersalzenthaltendem Bade von der Wolle und den Zellulosekunstseiden in gleichem Maße aufgenommen werden, Verwendung finden. Die einzelnen Farbstoffe verhalten sich dabei verschieden. Einzelne werden bei höherer Temperatur von der Wolle, bei tieferen von der Kunstseide in stärkerem Maße aufgenommen. Andere verhalten sich wieder umgekehrt, und schließlich sind solche bekannt, die bei hohen Temperaturen von beiden Fasern in gleichem Maße aufgenommen werden. Dementsprechend wird je nach Wahl bzw. Eigenschaften der Farbstoffe bei verschiedenen Temperaturen gefärbt. Das Korrigieren der Färbungen ist leicht möglich. Man kann durch Zusatz von solchen substantiven Farbstoffen, die bei 70 bis 80° C von der Wolle nur schwach aufgenommen werden, die Färbung der Kunstseide und ferner durch Säurefarbstoffe in neutralem oder schwachessigsaurem Bade die der Wolle nuancieren.

Ein Nachbehandeln der Färbungen zur Erhöhung ihrer Echtheit ist bei einigen Farbstoffen mit Chromkali oder Kupfersulfat in essigsaurer Lösung oder mit Formaldehyd in der üblichen Art durchführbar.

Im Zweibadverfahren kann man z. B. die Wolle mit sauren Farbstoffen färben und die Kunstseide nachher in besonderem Bade entweder direkt mit

[1] Vgl. E. Elöd u. E. Pieper: Z. angew. Chem. Bd. 41 (1928) S. 16.

substantiven Farbstoffen oder nach vorangehender Beize mit Tannin-Brechweinstein unter Verwendung von basischen Farbstoffen auf den gewünschten Farbton bringen.

Die Färberei der Mischgewebe und -gewirke aus Zellulosekunstseide und Naturseide bzw. Zellulosekunstseide und Wolle ist weitgehend analog der Halbseiden- bzw. Halbwollfärberei, die wieder untereinander in vielen Beziehungen sehr ähnlich sind. Der wichtigste Unterschied im Verhalten der Komponenten derartiger Fasergemische besteht darin, daß die tierischen Fasern mit sauren Farbstoffen direkt gefärbt werden können, während, wie oben erwähnt, die Kunstseiden diese Farbstoffe nur in geringem Maße aufnehmen. Bei der Anwendung von substantiven Farbstoffen wird die Kunstseide schon bei niedrigen Temperaturen gefärbt, die Naturseide und Wolle dagegen erst bei höheren. Beim Färben der tierischen Fasern in solchen Mischgeweben soll mit Rücksicht auf die Empfindlichkeit der Kunstseiden das Färben mit sauren Farbstoffen unter Zusatz von organischen Säuren (Essigsäure oder Ameisensäure) vorgenommen werden.

Bei Mehrfarbeneffekten, oder wenn die Kunstseide ungefärbt bleiben soll, müssen solche Säurefarbstoffe für das Färben der tierischen Fasern gewählt werden, welche von der Kunstseide nicht aufgenommen werden oder z. B. beim Avivieren der Naturseide mit Säuren von der etwas angefärbten (angeschmutzten) Kunstseide wieder abgezogen werden können. Um andererseits die tierischen Fasern in den Mischgeweben ungefärbt lassen zu können, färbt man die Kunstseiden mit substantiven Farbstoffen in möglichst kalten Bädern und kurzer Färbedauer unter Zusatz von Glaubersalz, Soda und Seife oder Netzmitteln. In schwachalkalischen Bädern ist die Aufnahme der substantiven Farbstoffe durch tierische Fasern nur gering und wenig waschecht. Dies hat seine Ursache darin, daß die Aufnahme solcher Farbstoffe durch die tierischen Fasern vor allem von der Wasserstoffionenkonzentration der Färbebäder abhängig ist[1]. Man kann auch die Farbstoffaufnahme durch die Wolle vermindern, z. B. durch Einwirkenlassen von Tannin[2] oder von Katanol W (I. G.), sowie durch Behandlung mit Formaldehyd.

2. Das Färben der Azetatseide.

a) Allgemeiner Teil.

Das in der Färberei stets angestrebte direkte Färben mit in Wasser gelösten Farbstoffen schien anfangs für das Färben von Azetatseide nicht möglich zu sein. Die Azetatseide blieb in den üblichen wässerigen Färbebädern ungefärbt und konnte so in der Hauptsache nur als weiße, ungefärbte Effektfaser Verwendung finden. Naturgemäß konnte eine derartige Verwendung nur relativ gering sein. Es ist wohl gelungen, auf verschiedenen Umwegen Färbungen der Azetatseide zu erreichen, diese waren jedoch meist ungeeignet und für die Dauer wenig anstrebenswert. Die Schwierigkeiten schienen vor allem in der sonst geschätzten Eigenschaft der Azetatseide, in Wasser nur in geringem Grade zu quellen, zu liegen. Es wurde daher vor allem angestrebt, die Quellbarkeit der Azetatseidenfaser zu beeinflussen. Daneben hatte man in Ausnahmefällen den für das Färben naheliegenden Weg gewählt und die Spinnlösungen der Azetatseide selbst mit in diesen löslichen Farbstoffen gefärbt, so daß bereits gefärbte Fasern beim Spinnen hergestellt werden konnten.

---

[1] Vgl. auch Elöd u. Pieper: l. c., ferner E. Elöd u. F. Böhme: M.T.B. Bd. 13 (1932) S. 365, sowie E. Elöd: Trans. Faraday Soc. Bd. 29 (1933) S. 327.

[2] D.R.P. 137947 u. 237338.

Andererseits ist versucht worden, durch quellungsfördernde Zusätze zu den Färbebädern die in einem gequollenen Zustand versetzte Azetatseide, die so eine stärkere Aufnahmefähigkeit für Farbstoffe zeigen mußte, zu färben. Als derartige Zusätze wurden Alkohole, Azeton, Eisessig und andere organische Lösungsmittel verwendet. Im Prinzip sind sämtliche Lösungsmittel der sekundären Azetylzellulose durch entsprechendes Verdünnen mit solchen Flüssigkeiten, die wie Wasser fällend auf die gelöste Azetylzellulose wirken, geeignet, Quellungen hervorzurufen[1].

Es sind auch andere auf die Azetatseide quellend wirkende Stoffe für diesen Zweck in Vorschlag gebracht worden, so verschiedene Säuren, organische und anorganische[2], ebenso auch Salze. Die Azetatseide sollte so vor dem Einbringen in das Färbebad selbst durch Behandlung mit einem der vorgeschlagenen Quellungsmitteln in einen für das nachherige Färben geeigneten Quellungszustand gebracht werden.

Andererseits fand Knoevenagel[3], daß Phenol, Naphthol, Anilin und verschiedene Amine, sowie Alizarin usw. von der Azetylzellulosefaser aus ihren wässerigen Lösungen von einer bestimmten Quellung begleitet, direkt aufgenommen werden, und schlug vor, die Azetylzellulose mit freien Aminen und ihren Derivaten oder mit Phenolen und ihren Derivaten in wässeriger Lösung oder mit den Salzen dieser Produkte in Gegenwart von solchen Stoffen basischer oder saurer Natur zusammenzubringen, die geeignet sind, die Amine oder Phenole in Freiheit zu setzen, zu behandeln und sie nachher in Farbstoffe umzuwandeln, z. B. durch Diazotieren der aufgenommenen Amine und nachfolgender Entwicklung mit Phenolen usw.[4].

Eine andere Möglichkeit, die Azetatseide durch Behandlung vor dem eigentlichen Färben für die gangbaren Färbeverfahren geeignet zu machen, beruht auf der relativ leichten Verseifbarkeit der Azetatseide. Die Verseifung der Azetatseidenfaser erfolgt topochemisch. Es werden dabei, wie vor allem Haller und Ruperti[5] gezeigt haben, zunächst nur die oberflächlichen Schichten der Faser verändert und in „regenerierte Zellulose" umgesetzt. Die bei dieser je nach der Arbeitsweise mehr oder weniger tief in die Faser greifenden Verseifung entstehenden Schichten zeigen, wie zu erwarten war, färberische Eigenschaften, die den bei Baumwolle und bei den anderen Zellulosekunstseiden bekannten nahekommen. Dadurch war die Möglichkeit gegeben, eine gleichsam mit einer Zellulosekunstseidenhülle versehene Azetatseidenfaser ebenso wie etwa Viskoseseide zu färben, wenigstens oberflächlich, d. h. soweit die Verseifung in die Faser eingegriffen hat. Als anstrebenswert kann ein derartiges Färbeverfahren der Azetatseide, das den Charakter der Faser ändert, keinesfalls bezeichnet werden. Die Verseifung, die mit verschiedenen in Vorschlag gebrachten Mitteln bis zu 30% des Essigsäuregehaltes durchgeführt werden kann, in der Hauptsache durch alkalische Lösungen, evtl. unter Zusatz von Salzen oder Schutzkolloiden, bei erhöhter Temperatur (50 bis 70° C)[6], muß in ihrem Verlauf genau kontrolliert und so geleitet werden, daß auf jeder Einzelfaser eine weitgehend gleichmäßige Schicht durch das Verseifen erfaßt bzw. umgewandelt und dann die weitergehende, unerwünschte Verseifung der Azetatseidenfaser rechtzeitig abgebrochen werden kann. Sie führt aber auch so zu einem beträchtlichen Verlust der wertvollen,

---

[1] Knoevenagel: Z. angew. Chem. Bd. 24 (1911) S. 504.
[2] D.R.P. 234028, D.R.P. 415631, D.R.P. 355533, Am.P. 981574 u. a.
[3] Kolloid-Beih. Bd. 13 (1921) S. 233.
[4] Vgl. auch K. H. Meyer: M.T.B. Bd. 6 (1925) S. 737.
[5] Leipzig. Mschr. Textil-Ind. Bd. 40 (1925) S. 353, 399.
[6] Franz. P. 416752 u. 590738, sowie Brit. P. 169741 u. 125159 u. a.

für die Azetatseide charakteristischen Eigenschaften, wie Naßfestigkeit, Glanz und Griff.

Das Bestreben, unter Erhaltung dieser Eigenschaften der Azetatseide einfache, direkte Färbeverfahren zu erreichen, führte zu einer Reihe von wichtigen, erfolgreichen Arbeiten, welche die vorhin erwähnten, unbefriedigenden und nur behelfsmäßigen Verfahren zum Verschwinden gebracht haben.

R. Clavel und Staniß[1] haben als erste darauf hingewiesen, daß in der Reihe der bekannten, handelsüblichen Farbstoffe solche vorliegen, welche geeignet sind, Azetatseide direkt aus wässerigen Lösungen zu färben. Den Färbebädern werden dabei Salze, wie Magnesiumchlorid, Zinkchlorid, Zinnchlorür, Kochsalz, sowie Schutzkolloide wie Gummi, Gelatine, Türkischrotöle, die Ausflockungen der Farbstoffe verhindern sollen, zugesetzt. Clavel und Staniß fanden, daß die für das Färben der Azetatseide geeigneten Farbstoffe „aktive Gruppen" im Molekül enthalten. Als solche gelten die Amino-, Imino-, Imido-, Hydroxyl-, Nitro-, Nitroso-, Isonitroso-, Acylamino- und Azo-Gruppen. Säuregruppen, wie die Sulfogruppe vermindern, mehrere Sulfogruppen im Molekül heben sogar die Fähigkeit der Farbstoffe, Azetatseide zu färben ganz auf. Allerdings soll dabei nach H. Frank die Stellung der Sulfogruppen im Molekül wesentlich sein[2].

Die gleichzeitig an vielen Stellen einsetzende Forschung hat seither eine große Reihe von Farbstoffen, die für das direkte Färben der Azetatseide sich eignen, hervorgebracht.

Die theoretische Erklärung der für die Färberei der Azetatseide maßgebenden Vorgänge ist durch die Arbeiten von mehreren Autoren zu einem bestimmten Abschluß gekommen, wenn auch dabei nicht verkannt werden darf, daß derartige Theorien nicht für alle Farbstoffe bzw. Färbeverfahren einer bestimmten Faserart gleichzeitig und erschöpfend von Geltung sein können, sofern sie bestrebt sind, einheitliche Auffassungen zu vertreten.

Nach Clavel[3] soll zwischen Farbstoff und der Azetatseidenfaser eine chemische Wechselwirkung unter Entstehen von stabilen chemischen Gebilden vor sich gehen. Farbstoffe mit den obenerwähnten aktiven Gruppen können aber nur dann färbend wirken, wenn ihre Molekulargröße sowie Teilchengröße entsprechend sind. Sie müssen genügend weitgehend dispergiert sein, um in die Faser eindiffundieren zu können, andererseits dürfen sie nicht aus derart kleinen Teilchen bestehen, daß man sie zu leicht wieder aus der Faser auswaschen kann. Grobdisperse Teilchen können nur an der Oberfläche der Azetatseidenfaser adsorbiert werden. Auch das Färben mit in Wasser unlöslichen Farbstoffen führt Clavel auf eine durch Vermittlung des Wassers erfolgende molekulare Dispersion der Farbstoffe vor ihrem Eindringen in die Faser zurück.

A. Green und H. Saunders[4] führen die färberischen Eigenschaften einzelner Farbstoffe gegenüber Azetatseide auf die Fähigkeit der Faser, solche Farbstoffe aufzulösen und dabei sich ebenso wie andere organische Lösungsmittel zu verhalten. Auch die in Wasser unlöslichen und nur darin suspendierten Farbstoffe werden in der Azetatseidenfaser gelöst. Green und Saunders haben auch gezeigt, daß systematische Vergrößerung der Moleküle der Farbstoffe ihre Löslichkeit in organischen Lösungsmitteln, sowie ihre färberischen Eigenschaften der Azetatseide gegenüber vermindert. Dagegen steigt mit zunehmender Molekülgröße und bei kolloiden Dimensionen die Fähigkeit solcher Farbstoffe Baumwolle zu färben.

---

[1] Rev. gén. Mat. Col. Bd. 28 (1923) S. 145, 167; Bd. 29 (1924) S. 94, 161, 202.
[2] Brit. P. 226948, vgl. auch über Ionamine weiter unten.
[3] Clavel u. Staniß: l. c. [4] J. Soc. Dyers. Col. Bd. 39 (1923) S. 10.

In sorgfältigen Arbeiten haben sich fast zur gleichen Zeit K. H. Meyer, Schuster und Bülow[1] sowie V. Kartaschoff mit den beim Färben der Azetatseide sich abspielenden Vorgängen befaßt und kamen zu dem Ergebnis, daß, wie es schon von Knoevenagel für Phenole, Amine usw. angenommen worden ist, auch die meisten in Wasser schwer aber in organischen Lösungsmitteln wie Essigester, Äthylalkohol usw. leicht löslichen Azetatseiden-Farbstoffe in der Acetatseidenfaser gelöst werden. Die Bildung von „festen Lösungen" dabei erfolgt im Sinne von O. N. Witt[2] und ist somit von den festen Lösungen im Sinne van't Hoffs[3], die als isomorphe Gemische bzw. Mischkristalle aufzufassen sind, verschieden. Die von O. N. Witt für das Färben im allgemeinen vertretene Theorie, nach der die Fasern für die in ihnen gelösten Farbstoffe ein spezifisches Lösungsvermögen zeigen, hat sich bei Baumwolle, Wolle, Zellulosekunstseide, Naturseide und anderen Fasern als unrichtig erwiesen, sie ist jedoch geeignet, die Aufnahme der obenerwähnten Farbstoffe durch die Azetatseidenfaser zu erklären. Die von Kartaschoff sowie von K. H. Meyer ausgeführten Versuche zeigen, daß die Farbstoffe von der Azetatseide nicht adsorbiert werden, sondern daß sich zwischen den Lösungsmitteln, wie Äthylalkohol, Wasser u. a. und der Azetatseidenfaser ein Gleichgewichtszustand im Sinne des Henryschen Gesetzes einstellt. Die Verteilungskoeffizienten, die von K. H. Meyer für o-Nitranilin in wässeriger Lösung, von Kartaschoff für verschiedene Amino-Anthrachinonderivate u. a. in absolutem Alkohol bestimmt worden sind, zeigen weitgehende Konstanz, d. h. es wird stets unabhängig von der Konzentration der Lösung an Farbstoff der gleiche Prozentsatz des gelösten Farbstoffs von der Azetatseidenfaser aufgenommen. Es liegt also derselbe Fall vor wie z. B. beim Ausschütteln eines in Wasser gelösten Körpers mit einem anderen, mit Wasser nicht mischbaren Lösungsmittel.

Mikrotomschnitte von derart gefärbten Azetatseidenfasern zeigen eine völlig homogene Verteilung des Farbstoffs im Querschnitt der Faser, was mit der Bildung einer als weitgehend homogen zu betrachtenden Lösung im Einklang steht.

Kartaschoff fand weiterhin, daß zwischen der Löslichkeit von Farbstoffen und ihrer Eignung, Azetatseide zu färben, weitgehende Parallelität besteht. Bei in Wasser schwerlöslichen, nur suspendierten Azetatseidenfarbstoffen ergibt die zeitliche Verfolgung des Färbevorganges, daß zunächst eine oberflächliche Adsorption bzw. Anreicherung des Farbstoffs auf der Faser stattfindet und dann erst allmählich die Diffusion in das Innere, also der eigentliche Lösungsvorgang vor sich geht.

Kartaschoff konnte auch in Abwesenheit von Wasser oder anderen Lösungsmitteln Färbungen auf Azetatseiden erzielen. So z. B. durch Einwirkenlassen von feingepulvertem Farbstoff in trockenem Zustand auf Azetatseide. Nach längerer Zeit löst sich der Farbstoff in der Faser und gibt befriedigend echte Färbungen. Auch in flüssiger Luft suspendierte Farbstoffteile werden an der Oberfläche der Azetatseidenfaser adsorbiert. Von den einzelnen adsorbierten Teilchen als Zentren ausgehend setzt nach einiger Zeit die Diffusion in das Innere der Faser ein, was man mikroskopisch sehr gut verfolgen kann.

H. Brandenburger[4] hat ähnliche Beobachtungen gemacht mit wasserlöslichen Cellitechtfarbstoffen und wasserunlöslichen Celliton- sowie Cellitonechtfarbstoffen, die in organischen Lösungsmitteln, welche auf Azetatseide nur in äußerst geringem Maße quellend einwirken, suspendiert waren, so z. B. in Amylazetat, Hexan u. a.

[1] M.T.B. Bd. 6 (1925) S. 737. [2] Chem. Technologie der Gespinstfasern, S. 366.
[3] Z. physik. Chem. Bd. 5 (1890) S. 322. [4] Kunstseide Bd. 11 (1929) S. 338.

Nach Greenhalgh[1] soll beim Färben der Azetatseide mit sauren oder substantiven Farbstoffen in einigen Fällen die selektive Absorptionsfähigkeit der Azetatseide für die Farbbase die Färbung ermöglichen, sofern die Bindungsfähigkeit der Azetatseide die Base aus dem Farbstoff frei machen kann[2].

Kartaschoff fand weiterhin, daß mehrere Farbstoffe die Azetatseide in Form der freien Säuren stärker anfärben als in Salzform. Auch hier besteht eine Analogie zwischen Anfärbevermögen und Löslichkeit der Farbstoffe in organischen Lösungsmitteln. Er kommt zu dem Ergebnis, daß diese Erscheinungen mit der von Clavel vertretenen chemischen Färbetheorie nicht in Einklang zu bringen sind, wohl aber mit der Wittschen Lösungstheorie.

Während die meisten substantiven Farbstoffe für die Azetatseide nicht in Betracht kommen und auch die üblichen Metalloxydbeizen von ihr nicht aufgenommen werden, eignen sich viele basische Farbstoffe, ferner einzelne saure Wollfarbstoffe, sowie Säurealizarin- und Alizarinfarbstoffe zum direkten Färben aus wässerigen Lösungen ebenso wie in Wasser unlösliche Farbstoffe in wässeriger Suspension oder gelöst in organischen Lösungsmitteln. Nach Clavel und Staniß ist das Färbevermögen der Farbstoffe um so größer, je stärker basisch ihr Charakter. Fuchsin wird in höherem Maße aufgenommen als die weniger basischen Rhodamine usw. Durch den Eintritt sauer wirkender Gruppen wird das Färbevermögen abgeschwächt.

Wie oben erwähnt, zeigen die Mikrotomschnitte der mit Azetatseidenfarbstoffen gefärbten Azetatseiden eine homogene Verteilung des Farbstoffs. Im Gegensatz zu dieser Farbstoffverteilung haben F. Paneth und A. Radu[3] gefunden, daß Methylenblau nur an der Oberfläche der Azetatseidenfaser haftet, und zwar in einer Menge, die einer monomolekularen Schicht des Farbstoffs entspricht. Als solche ist sie als adsorbierte Schicht im Sinne von Langmuir[4] anzusehen. Es ist durchaus möglich, daß die adsorbierten Farbstoffmoleküle ebenso wie z. B. monomolekulare Schichten, die auf der Oberfläche von Wasser sich befinden, einen bestimmten Richtungseffekt zeigen, wobei beim Färben mit basischen Farbstoffen der aromatische Teil des Farbstoffmoleküls in die Azetatseide hineinragt[5].

b) Farbstoffe und Färbeverfahren.

Die charakteristischen, von den Zellulosekunstseiden abweichenden färberischen und physikalischen Eigenschaften der Azetatseide beanspruchen besondere Verfahren für ihre Veredelung. Beim Färben der Azetatseide ist vor allem zu berücksichtigen, daß ihre Quellbarkeit in Wasser geringer ist als die der Zellulosekunstseiden, und daß durch Einwirkung von alkalischen Agentien bei höheren Temperaturen infolge der Verseifung der Azetylzellulose die Eigenschaften der Faser (Glanz, Quellbarkeit usw.) in unerwünschter Weise beeinträchtigt werden[6].

Zur Erzielung guter Netzbarkeit und gleichmäßiger Quellung muß vor dem Färben eine sorgfältige Reinigung der Faser bei nicht zu hohen Temperaturen vorgenommen werden. In den meisten Fällen wird dabei die Hauptaufgabe in der Entfernung der Schlichte sowie von Ölen liegen. Infolge der beträchtlichen Verschiedenheit der zur Verwendung kommenden Schlichten müssen die dabei zu befolgenden Arbeitsweisen sorgfältig gewählt bzw. adaptiert werden.

[1] Dyer and Calico Pinter Bd. 55 (1926) S. 106.

[2] Vgl. auch H. Freundlich: Kapillarchemie Bd. 1 4. Aufl. (1930) S. 295ff.

[3] Ber. dtsch. chem. Ges. Bd. 57 (1924) S. 1221.

[4] J. Amer. chem. Soc. Bd. 39 (1917) S. 1848.

[5] Vgl. auch K. H. Meyer: l. c.

[6] Bis 80° C erfolgt selbst nach etwa 2stündiger Behandlung in Lösungen, deren p_H-Wert 8 nicht übersteigt, noch keine Verseifung. Je tiefer die Temperatur, um so höher kann man mit dem p_H-Wert der Lösungen, ohne Verseifung zu bewirken, gehen.

Für die Azetatseide werden zur Zeit vor allem Ölschlichten mit oder ohne Zusätzen von Harzen, Wachsen, Seifen usw., daneben aber für Kettschlichten noch vielfach auch Gelatine- sowie Stärkeschlichten verwendet. Die Entfernung der normal, d. h. nicht zu lange gelagerten Ölschlichten (Leinölprodukte) erfolgt mit großer Sicherheit ziemlich einfach durch Verwendung von Marseiller-Seifenlösungen (etwa 20 g je Liter) bei Temperaturen von etwa 75° C. Einen Teil der Seife kann man durch alkalische Mittel wie Soda, Ammoniak, Borax, Perborat usw. ersetzen. Netzmittel wie Monopolbrillantöl, Laventin (I. G.), Nekal BX (I. G.) u. a. fördern das Entschlichten. Für alle Fälle muß die Verwendung von alkalischen Zusätzen wegen der Gefahr der partiellen Verseifung der Azetatseide mit großer Vorsicht erfolgen. Im allgemeinen genügt ein Zusatz von 0,25 g Soda je Liter unter Verwendung eines Bades, das 5 g Seife und 20 g Monopolbrillantöl je Liter enthält[1]. An Stelle von 0,25 g Soda können auch 2 cm^3 einer 30proz. Ammoniaklösung Verwendung finden. Das Arbeiten in derartigen Entschlichtungsbädern erfolgt am besten so, daß man die Azetatseide bei etwa 40° C in das Bad einbringt, die Temperatur langsam auf etwa 76 bis 80° C steigert und die Seide bei dieser Temperatur 1½ bis 2 Stunden lang sorgfältig bewegt. Sehr zweckmäßig ist es, die geschlichtete Azetatseide über Nacht kalt, oder 1 bis 2 Stunden lang bei 40° C einzuweichen und dann bei 60 bis 70° C zwei Stunden weiterzubehandeln[2]. Das Einweichen ist besonders für das gleichmäßige Entschlichten, sowie für die Quellung der Azetatseide und dadurch erfolgende Erleichterung des nachherigen Bleichens oder Färbens von Vorteil. Temperaturen über 80° beeinträchtigen im allgemeinen, wie gesagt, den Glanz und Griff der Azetatseide ebenso wie eine längere Behandlung mit warmen alkalischen Bädern.

Für das gleichmäßige Färben ist eine vollständige Entfernung der Schlichten zu erstreben, da Reste der Schlichte das Färben lokal beeinflussen und so zu Farbfehlern Anlaß geben, die nur schwer oder gar nicht korrigierbar sind. Vielfach werden, um Verwechslungen der Garne mit verschiedenem Titer usw. zu verhindern, zur Kennzeichnung die Schlichten angefärbt (meist in gleichen Farben wie die Fitzfäden). Die dabei verwendeten Farben sind gewöhnlich leicht von der Azetatseide zu entfernen und gehen vielfach bereits vor der restlosen Entfernung der Schlichte ab. Es wäre also unrichtig, den Verlauf der Entschlichtung aus der Farbe zu beurteilen. Man muß sich vielmehr entweder durch Prüfung in ultraviolettem Licht[3] oder durch Anfärben einer Probe in einer kalten, verdünnten Methylviolettlösung (1 Promille) und Auswaschen mit kaltem Wasser, wobei Schlichtereste durch Entstehen von dunklen Streifen erkannt werden, von dem Grad der Entschlichtung überzeugen und bei ungenügendem Entschlichten in einem frischen Entschlichtungsbade eine zusätzliche Entschlichtung vornehmen.

Stärke und ihre Abbauprodukte enthaltende Schlichten können leicht durch Enzymwirkung, z. B. durch Einweichen in einer 50 g Diastafor je Liter enthaltenden Lösung entfernt werden. Anschließend wird z. B. in einem 2,5 g Marseiller-Seife, 2,5 g Türkischrotöl (50proz.) und 1 cm^3 20 proz. Ammoniaklösung je Liter enthaltenden Bade bei Temperaturen von höchstens 80° C 1 bis 2 Stunden gereinigt.

Beim Färben von zarten oder besonders leuchtenden Farbtönen wird die Azetatseide vorher gebleicht. Dies erfolgt entweder mit einer kalten verdünnten Natriumhypochloritlösung, meistens unter Zusatz von Netzmitteln

---

[1] Vgl. auch z. B. die Broschüre der Rhodiaseta, Freiburg: Die Rhodia-Schlichte. 1930.

[2] Vgl. auch w. o.

[3] Vgl. z. B. Weltzien: Seide Bd. 33 (1928) S. 306, sowie Mitteilungen in Seide Bd. 34 (1929) S. 113.

(Nekal BX u. a.), oder bei Mischgeweben, die Naturseide oder Wolle enthalten, in einer Wasserstoffsuperoxydlösung ebenfalls unter Zusatz von Netzmitteln. Nach dem Bleichen werden die Reste des evtl. vorhandenen Chlors mit Natriumbisulfit in kaltem Bade und unter sorgfältigem Spülen entfernt. Man kann auch mit schwefelsäurehaltiger Kaliumpermanganatlösung und nachfolgender Behandlung mit angesäuerter Natriumbisulfitlösung Azetatseiden bleichen[1].

Da die Azetatseide von den meisten Farbstoffen nicht oder nur wenig angefärbt wird, eignet sie sich ganz besonders gut für die Verwendung als Effektfaden. Sie kann mit verschiedenen, aus anderen Fasern bestehenden Garnen zu Mischgeweben verarbeitet werden und bleibt beim Färben dieser entweder ungefärbt, weiß oder, wenn sie vorher gefärbt war, in dieser Farbe erhalten.

Die Färberei der Azetatseide hat sich in den wenigen Jahren ihrer eigentlichen Entwicklung und Verbreitung sehr rasch vervollkommnet. Neben den neueren Färbemethoden (vgl. weiter unten) wurden in letzter Zeit auch die bereits verlassenen älteren wieder aufgegriffen und entwickelt. So gewinnt wieder die oberflächliche Verseifung der Azetatseide zum Zwecke ihrer substantiven Färbung einiges Interesse, seitdem sichere, sehr gleichmäßig arbeitende Verseifungsverfahren gefunden wurden, die die charakteristischen Eigenschaften der Azetatseide nicht beeinträchtigen. Als solches kommt z. B. die Verwendung von gut gepufferten alkalischen Lösungen (Phosphate) bei 50 bis 70° C in Betracht.

Die für die Azetatseide geeigneten basischen Farbstoffe werden in Gegenwart von Essig- oder Ameisensäure und Salzen, wie Kochsalz, Chlorammonium, Chlormagnesium u. a. bei Temperaturen, die 80° C nicht übersteigen, unter allmählicher Steigerung der Temperatur von etwa 45 bis 80° C gefärbt. Es gibt einige Salze und andere Stoffe, die als Beizen wirken und sowohl die Aufnahme von basischen Farbstoffen als auch die Echtheitseigenschaften günstig beeinflussen. Sie bilden mit den basischen Farbstoffen Doppelsalze bzw. Additionsverbindungen, die sich in der Azetatseide in höherem Grade lösen als die basischen Farbstoffe selbst und daneben eine geringe Wasserlöslichkeit zeigen. Als solche Beizenpräparate wirken Celloxan (I. G.), Beize für Azetatseide (I. G.), Setacylsalz A (Geigy), Acetonol (Kuhlmann) u. a. Sie beeinflussen wohl die Tiefe der Farbtöne, die Echtheit der Färbungen jedoch nur in ungenügendem Maße.

Auch durch Verwendung von Rhodaniden kann die Farbstoffaufnahmefähigkeit der Azetatseide erhöht werden. Während aber z. B. die Beize für Azetatseide mit den basischen Farbstoffen salzartige Verbindungen bildet, die sich in Essigester und so auch in der Azetatseide gut lösen und dadurch das Färben begünstigen, wirken die Rhodanide wahrscheinlich nur durch die Quellungswirkung auf die äußeren Schichten der Azetatseidenfasern. Durch Nachbehandlung mit Katanol oder mit Tannin-Brechweinstein bzw. mit Kupfersulfatlösungen kann die Wasserfestigkeit der basischen Färbungen erhöht werden. Das Färben mit basischen Farbstoffen kommt nur bei reiner Azetatseide, besonders wenn man sehr klare Farbtöne erreichen will, in Betracht, dagegen nicht bei Mischgeweben[2].

Das Färben mit wasserlöslichen Azetatseidenfarbstoffen.

Eine Reihe von zum Teil bereits früher bekannten, zum Teil neuen Azo- und Antrachinonfarbstoffen u. a. sind als direkt färbende Farbstoffe für die Azetatseide verwendbar. Sie sind als Cellit-, Cellitecht- (I. G.), Setacyldirekt- (Geigy), Cellutyl- (Brit. Dyest. Corp.), Acetol- (Seitz) u. a. Farbstoffe bekannt.

---

[1] Rabe, P.: M.T.B. Bd. 9 (1928) S. 235. [2] Rabe, P.: M.T.B. Bd. 9 (1928) S. 236.

Sie sind wasserlöslich. Die Cellit- und Cellitechtfarbstoffe werden unter Zusatz von 20 bis 50% Glaubersalz oder Ammoniumchlorid, je nach Tiefe des Farbtons ½ bis 1 Stunde bei 75° C gefärbt, nach dem Färben wird gespült und aviviert. Sie ergeben Färbungen von sehr guter Licht-, guter Seifenechtheit, jedoch geringer Wasserechtheit. Die Cellit- und Cellitechtfarben können auch in schwach saurem Bade mit Essigsäure gefärbt werden. Bei den Setacyldirektfarben wird zur Erzielung von gleichmäßigen Färbungen in Gegenwart von wenig Seife gefärbt. Verschiedene gelbe und orange Farben neigen zur Phototropie. Diese besteht darin, daß sich die Farbnuance einer Färbung unter bestimmten Bedingungen durch Einwirkung von Lichtstrahlen verändert. Mit dieser, bei anderen Fasern nicht bekannten Erscheinung haben sich A. G. Green und K. H. Saunders[1], sowie E. Greenhalgh[2] befaßt. Es scheint, daß die Phototropie besonders bei gelbfärbenden Aminoazobasen in Erscheinung tritt, und zwar um so mehr, je mehr sich der Farbton dem Grün nähert, während sie in der Richtung nach Orange zu mehr und mehr zurücktritt. Sie ist ähnlich der Farbänderung des p-Nitrosophenols von weiß nach gelb durch Desmotropie unter bestimmten Bedingungen, infolge Wanderung eines Wasserstoffatoms, wobei das p-Nitrosophenol in Chinonoxim umgewandelt wird.

Bei der Auswahl der für die Azetatseide geeigneten Farbstoffe wurde festgestellt (vgl. weiter unten), daß sie, je besser sie in Äther, Essigäther bzw. Zelluloseazetat und je weniger sie in Wasser löslich sind, in um so stärkerem Grade von der Azetatseide aufgenommen werden. Bei Farbstoffen, die sich sowohl in Wasser als auch in Äther usw. bzw. Zelluloseazetat gut lösen, tritt ein Gleichgewichtszustand ein, der von dem Verteilungsverhältnis und somit von der Menge der Lösungsmittel abhängig ist. Bei Farbstoffen, die sich in Wasser gut lösen, kann man andererseits dementsprechend durch Waschen mit Wasser, namentlich mit großen Mengen an Wasser die Farbstoffe wieder, wenigstens teilweise, aus der Faser herauslösen. Solche Farbstoffe, zu denen viele basische, ferner einige saure und auch Beizenfarbstoffe gehören, zeigen demzufolge nur geringe Waschechtheit auf der Azetatseide. Bei Farbstoffen dagegen, die in der Azetatseidenfaser selbst als unlösliche oder schwerlösliche Produkte erzeugt werden oder bereits selbst als solche schwerlöslich bis unlöslich in Wasser sind, ist die Wasserechtheit der Färbungen wesentlich höher.

Das Färben mit Suspensionsfarbstoffen.

Eine spezifische Gruppe von Farbstoffen für die Azetatseide entstand aus wasserunlöslichen Präparaten, die aus wässeriger Suspension von der Faser, meist aus seifenhaltigen Färbebädern aufgenommen werden. Als Verteilungsmittel für die Bildung der angestrebten feinen Suspensionen verwendet man Schutzkolloide, wie Leim, Gummi, Dextrin, Seifen, Sulforizinate, Tragant, Pflanzenschleime usw. In Anbetracht der Wichtigkeit dieser Farbstoffe wurde von den Farbenfabriken der Ausbau dieser Farbstoffgruppe besonders gefördert. Die Echtheitseigenschaften dieser an und für sich auf sehr einfache Art verwendbaren Farbstoffe sind sehr gut. Es gehören zu diesen Farbstoffen die Celliton- und Cellitonechtfarbstoffe (I. G.), die Cibacetfarbstoffe (Ciba), die Duranol- und Dispersolfarbstoffe (B. D. C.), die S. R. A. Celanesefarbstoffe (Celanese Co.), die Celantinefarbstoffe (Scott. Dyest. Ltd.), die Artisilfarbstoffe (Sandoz) u. a.

Nach ihrer chemischen Konstitution sind sie sehr verschiedenartig. Es sind unter ihnen Aminoanthrachinonderivate, Indophenole, nichtsulfurierte Aminoazo-

[1] J. Soc. Dyers and Col. Bd. 39 (1923) S. 10.

[2] Dyer and Calico Printer Bd. 55 (1926) S. 106, sowie auch C. E. Mullin: Acetate Silk and its Dyes., S. 123. London 1928.

farbstoffe, Pyrazolonfarbstoffe, Nitroamidokörper u. a. Man färbt sie in leicht schäumendem Seifenbade ½ bis 1 Stunde lang bei 60 bis 70° C. An Stelle der Seife können verschiedene Ölpräparate Verwendung finden. Die in Teig- oder Pulverform in den Handel gebrachten Farbstoffe werden vor dem Färben im Wasser gut verteilt, die pulverförmigen mit Wasser bei 40 bis 50° C angepastet und am besten durch ein feinmaschiges Sieb dem Färbebade zugesetzt. Die Farbstoffe werden von der Azetatseidenfaser sehr gleichmäßig aufgenommen und geben gut lichtechte und recht gut wasserechte Färbungen. Einzelne Amidoazobenzolderivate zeigen die obenerwähnte, nachteilige Phototropie.

Da Baumwolle und Viskoseseide von diesen Farbstoffen praktisch ungefärbt bleiben, eignen sie sich sehr gut für die Herstellung von Mehrfarbeneffekten in Mischgeweben mit Azetatseide beim Färben nach dem Einbadverfahren (vgl. weiter unten). Das Nuancieren der Färbungen kann durch Nachfärben mit geeigneten Azetatseidenfarbstoffen nach dem üblichen Färbeverfahren erfolgen.

Das Färben mit Entwicklungsfarben.

Zu den Farbstoffen dieser Art gehören die Entwicklungsfarbstoffe mit diazotierbaren Aminogruppen, wie die Cellitazole (I. G.), einige Cibazetfarben (Ciba) und Ionamine (ω-Methansulfosäure-Farbstoffe der B. D. C.). Sie werden auf der Faser diazotiert und mit Phenolen, Naphtholen, Aminen usw. entwickelt. Die entstehenden Produkte sind wasch-, wasser- und überfärbeecht und zum Teil auch lichtecht.

Die Azetatseide hat, wie oben schon gesagt, die Fähigkeit, organische Basen aufzunehmen, wobei sich Lösungsgleichgewichte einstellen. Solche organische Basen, wie p-Nitranilin, m-Nitro-p-Toluidin, Dianisidin, α-Naphthylamin, Benzidin usw. können nach der Aufnahme durch die Azetatseide in der Faser diazotiert und entwickelt werden. Die meisten solcher Basen sind in Wasser schwerlöslich bis unlöslich. Sie liegen in Form ihrer wasserlöslichen Chlorhydrate vor und werden als solche oder nach vorhergehender Neutralisation der Salzsäure mit Alkali verwendet. Im letzteren Fall erfolgt das Neutralisieren im Färbebad selbst, wobei die Base in feindispergierter, suspendierter Form anfällt und verwendet wird. In dieser Form kann sie von der Azetatseidenfaser in höherem Maße aufgenommen werden als in der Salzform. Man kann andererseits die freien Basen auch in Alkohol lösen und die Lösung in Wasser einrühren; dabei entstehen ebenfalls feine Suspensionen.

Zufolge der guten Aufnahmefähigkeit der Azetatseiden für diese Amine, gleichgültig ob sie in löslicher oder dispergierter Form vorliegen, läßt sich das Diazotieren des Amins auf der Azetatseidenfaser gut vornehmen, während in der Baumwollfärberei bei der Anwendung von Entwicklungsfarben die Baumwolle zuerst mit Naphthol getränkt wird und die Entwicklung in einem Bade, das die bereits diazotierte Base oder das Amin enthält, vor sich geht. Als Beispiel für die zu befolgende Arbeitsweise sei das Färben der Azetatseide mit Cellitazolfarbstoffen angeführt: Die Farbstoffe werden nach Anrühren mit warmem Wasser oder durch Eintragen in warmes Wasser und gutes Verpasten mit warmem Wasser verdünnt und durch ein feines Sieb oder Wolltuchfilter in das 40 bis 50° warme Färbebad, das 2 bis 3 g Marseiller-Seife je Liter enthält, eingetragen. Einige Cellitazole werden in kochendem salzsäurehaltigen Wasser in Lösung gebracht. Cellitazol R wird in konzentrierter Ameisensäure bei gewöhnlicher Temperatur gelöst und in ein mit Salzsäure angesäuertes Färbebad eingetragen. Einige Cellitazole kann man in Tetralin und Seife oder Soda enthaltendem Wasser kochend lösen.

Das Grundieren bzw. Färben erfolgt bei einigen Cellitazolen in leicht schäumenden Marseiller Seifenbädern ¾ bis 1 Stunde lang bei 50 bis 75° C, bei anderen, die mit Säure gelöst werden, setzt man dem Färbebade nach ¼stündigem Färben 5 bis 10% Natriumazetat zu. Das Färben wird im allgemeinen im Flottenverhältnis von 1 : 30 bei etwa 40° C angesetzt und unter allmählicher Steigerung der Temperatur auf 60 bis 75° C zu Ende geführt. Nach entsprechendem Spülen diazotiert man in kaltem Bade mit Natriumnitrit und Salzsäure. Nach anschließendem kurzen Spülen folgt unmittelbar die Behandlung mit dem entsprechenden Entwickler. Die Diazoniumverbindungen sind auf der Azetatseide sehr beständig und werden durch Liegenlassen praktisch, im Gegensatz zum Verhalten auf anderen Fasern, nicht verändert.

Die Entwickler werden in warmem oder heißem Wasser gelöst, einige unter Zugabe von wenig Salzsäure, andere mit Natronlauge, und gewöhnlich in kalten oder lauwarmen Bädern zum Entwickeln verwendet. Um den Glanz und die Reibechtheit zu erhöhen, behandelt man die gefärbten Seiden in einem warmen Seifenbad. Besonders für überfärbeechte Färbungen in schwarz und anderen Tönen, z. B. für die Herstellung von feinen, bunten Effektfäden in Halbwoll- und Wollstücken, die dann stark gekocht werden, sind die besprochenen Färbungen von Bedeutung.

Oxydationsfarben.

Bei der Ausführung der Anilinschwarzfärbung läßt man die Azetatseide zuerst in einer verdünnten Lösung von Anilinchlorhydrat quellen, tränkt dann mit einer stärkeren Lösung von Anilinchlorhydrat unter Zusatz von Kaliumchlorat und Kupfersulfat, worauf nach dem Auswringen ein Verhängen bei 40 bis 60° C 1 bis 1½ Stunden lang und schließlich eine Nachbehandlung mit saurer Bichromatlösung folgt[1]. Günstiger ist das Färben mit Diphenylschwarz. Die Base, p-Aminodiphenylamin wird in essigsaurer Lösung in Gegenwart eines löslichen Chlorids bei 50° C 30 Minuten lang auf die Azetatseidenfaser einwirken gelassen und dann unter Zusatz von Natriumazetat zum Färbebad die Temperatur auf 60° C erhöht. Nach entsprechendem Spülen oxydiert man unter Verwendung von Perborat, Hypochlorit oder Ammonpersulfat. Die Oxydation kann man auch in Gegenwart von Katalysatoren usw. ausführen.

Ionamine.

Eine interessante Gruppe von Azetatseidenfarbstoffen stellen die Ionamine der Brit. Dyest. Corp. dar. Die in Wasser nichtlöslichen Grundkörper, meist Azofarbstoffe mit freien Aminogruppen werden durch Einführen einer Sulfogruppe in ω-Stellung wasserlöslich gemacht. Die entstehenden Ionamine hydrolysieren in Wasser unter Rückbildung der unlöslichen Basen, die aber in der Azetatseide gut löslich sind und so beim Färben von der Azetatseide in sehr günstigem Verteilungsverhältnis aufgenommen werden. Die Ionamine enthalten freie Aminogruppen und können auf der Faser diazotiert und entwickelt werden. Ähnlich verhalten sich auch einige Farbstoffe mit endständigen Karboxylgruppen[2].

c) Das Abziehen bzw. Korrigieren von Färbungen.

Das Korrigieren von zu dunkel gefärbten Azetatseiden ist etwas schwierig. Falls mit solchen Farbstoffen gefärbt wurde, die in Wasser eine, wenn auch nur geringe Löslichkeit besitzen, so kann der Farbstoff in Wasser in Gegenwart von ungefärbter Azetatseide in einer schwach ammoniakalischen Seifenlösung bei etwa 60° C nach und nach von der gefärbten Azetatseide zum Teil abgezogen,

[1] Vgl. auch H. Freytag: M.T.B. Bd. 13 (1932) S. 144. [2] Greenhalgh, E.: l. c.

auf die ungefärbte übertragen und dadurch ein Aufhellen der zu dunklen Färbung erreicht werden. Bei völlig unlöslichen Farbstoffen ist diese Methode jedoch unzureichend, man kann in solchen Fällen die Färbung nur durch Anwendung von Bleichmitteln, wie Hypochlorit und Hydrosulfit, abschwächen. Ungleichmäßig ausgefallene Färbungen kann man nur sehr schwer in Ordnung bringen. Erst nach längerer Behandlung der gefärbten Azetatseiden in einem Seifenbad bei 75 bis 80° C gelingt die gleichmäßigere Verteilung des Farbstoffs, falls die ungleichmäßige Färbung nicht auf andere Ursachen, z. B. auf ein ungenügendes Entschlichten zurückzuführen ist. Selbstredend ist auch die jeweilige mechanische Handhabung der zu färbenden Azetatseiden für den gleichmäßigen Ausfall der Färbung ebenso ausschlaggebend wie die richtige Führung des Färbevorganges selbst (Temperatur, Quellung, Netzbarkeit usw.).

Es gelingt vielfach durch Behandeln der aus kochbeständiger Azetatseide bestehenden Gewebe bei einer Temperatur von 80 bis 85° C in einem Bade, das je Liter 2 g aktive Kohle und 5 g Seife enthält, die Farbe zum größten Teil von der Azetatseide abzuziehen. Man muß dabei feinverteilte aktive Kohle, manchmal in Gegenwart von Schutzkolloiden wie Dextrin, Gelatine (20 bis 30 g je 100 l Flotte), unter gutem ständigen Bewegen der Azetatseiden verwenden. Der Vorteil dieser Art der Korrektur des Färbens besteht darin, daß nicht die Farbnuance, sondern nur die Tiefe der Färbung durch Aufhellen verändert wird. Bei Mischgeweben ist das Entfärben bzw. Aufhellen der Färbungen der Azetatseiden nach dieser Methode ebenfalls leicht durchführbar, wenn man gleichzeitig neben der aktiven Kohle für das Korrigieren der Färbungen der anderen Fasern die üblichen Entfärbungsmittel (Hypochlorit, Hydrosulfit usw.) verwendet[1]. In manchen Fällen ist es aber nicht möglich, die Färbung zu korrigieren oder umzufärben, so daß dann nichts anderes übrigbleibt, als die Seiden schwarz zu färben.

d) Das Färben von Azetatseide enthaltenden Mischgeweben.

Die Azetatseide wird in Mischgeweben vor allem mit Baumwolle, Viskoseseide, ferner mit Wolle, sowie Naturseide kombiniert. Bei der Herstellung von Mischgeweben aus drei Komponenten kommen vor allem Naturseide und Viskoseseide in Kombination mit Azetatseide in Betracht. Von den zahlenmäßig selteneren Fällen, in welchen die Azetatseide als Effektfaser ungefärbt bleiben soll, abgesehen, wird entweder der gleiche Farbton aller Komponenten (Unifärbung) oder für jede Komponente ein eigener Farbton (Zwei- bzw. Mehrfarbeneffekte) angestrebt. Sämtliche Färbungen können in einem einzigen Färbebad oder in mehreren hintereinander zur Ausführung kommen. Das prinzipiell andere Verhalten der Azetatseide gegenüber den sonst üblichen Farbstoffen erleichtert es, wertvolle besondere Effekte zu erzielen. Die Farbstoff-Fabriken haben mit großer Sorgfalt solche Farbstoffe ausgesucht und in ihren Musterkarten zusammengestellt, die den verschiedenen Anforderungen genügen.

Mischgewebe aus Azetatseide und Zellulosefasern,

wie Baumwolle, Viskoseseide, Kupferseide usw., bei welchen die Azetatseide ungefärbt bzw. weiß bleiben soll, können mit geeigneten substantiven Farbstoffen in glaubersalzhaltigem Bade bei 75 bis 80° C, oder seltener mit Diazofarbstoffen, ferner mit Schwefel- oder Indanthrenfarbstoffen gefärbt werden. Bei letzteren ist besonders darauf zu achten, daß die Küpen nur schwach alkalisch gehalten werden. Durch verschiedene Zusätze, wie z. B. durch Ammonsalze, kann man die

[1] M.T.B. Bd. 13 (1932) S. 26.

Alkalinität der Färbebäder korrigieren und so die Verseifungsgefahr für die Azetatseide zum Teil aufheben. Die Verwendung von Natriumphenolat an Stelle des freien Alkalis in den Küpen wirkt in demselben Sinne[1]. Beim Färben mit Schwefelfarbstoffen in Gegenwart des Präparates „Reserve für Azetatseide" (I. G.) bleibt die Azetatseide in Schwefelnatrium und Hydrosulfit enthaltenden Färbebädern ungefärbt, rein weiß. Dieses Produkt schützt gleichzeitig die Azetatseide vor dem Verseifen. In schwachalkalischen, kalten Färbebädern (höchstens 5 cm³ Natronlauge von 38 bis 40° Bé im Liter der Flotte) kann in Gegenwart desselben Produktes auch bei Indanthrenfärbungen die Azetatseide rein weiß erhalten bleiben.

Beim Verwenden der spezifischen unlöslichen Azetatseidenfarbstoffe, wie Celliton- und Cellitonechtfarbstoffe u. a. in schwach seifenhaltigen Färbebädern wird in solchen Mischgeweben nur die Azetatseide gefärbt, während die Baumwolle und die Zellulosekunstseiden ungefärbt bleiben. Zur Erzielung von rein weißen Effekten auf den letzteren muß evtl. anschließend schwach gebleicht werden.

Sollen bei derartigen Mischgeweben beide Komponenten im gleichen Farbton gefärbt werden, so können im gleichen Färbebade die spezifischen, schwerlöslichen Suspensionsfarbstoffe der Azetatseide gemeinsam mit substantiven Farbstoffen in Gegenwart von Glaubersalz verwendet werden. Man kann auch die Azetatseide mit den genannten Farbstoffen färben und anschließend in besonderem Färbebade die andere Faserart mit substantiven Farbstoffen nachfärben. Dieselbe Art des Färbeverfahrens wird auch angewendet, wenn die Azetatseide und die Baumwolle bzw. die Zellulosekunstseiden in verschiedenen Farbtönen gefärbt werden sollen. In allen Fällen ist die sorgfältige Auswahl der geeigneten Farbstoffe von besonderer Wichtigkeit. Es darf auch nicht übersehen werden, daß mattierte Azetatseiden (vgl. weiter unten) die Farbstoffe leichter aufnehmen als die nichtmattierten, und daß es bei solchen Fasern daher schwieriger ist, rein weiße Effekte zu erhalten.

Azetatseide und tierische Fasern.

Beim Färben von Mischgeweben aus Azetatseide und Wolle sind die gleichen Aufgaben zu lösen. Eine Reihe von „gut egalisierenden" sauren und basischen Farbstoffen färben in Glaubersalz enthaltenden, sauren Bädern (Ameisensäure usw.) die Wolle, werden jedoch von der Azetatseide nicht aufgenommen. Um die Azetatseide im gleichen oder in einem anderen Farbtone zu färben, kann man zu demselben Bade die spezifischen, nur die Azetatseide färbenden Farbstoffe zusetzen. In diesem Falle wird die Säure (Ameisensäure usw.) erst nach einiger Zeit dem Färbebade zugegeben. Um eine unnötige, störende Ausscheidung von Fettsäuren in solchen Fällen zu vermeiden, verwendet man an Stelle von Seifen die weniger säureempfindlichen Türkischrotölpräparate. Auch Zusätze von Schutzkolloiden und Färben bei nicht zu hohen Temperaturen sind zu empfehlen, um unerwünschte Trübungen der Azetatseide verhindern zu können[2].

Verschiedene Suspensionsfarbstoffe werden auch von den tierischen Fasern, vor allem von der Wolle aufgenommen. Die Annahme, daß evtl. der Fettgehalt der Wolle hierzu Veranlassung geben könnte, wurde von H. Brandenburger[3] widerlegt. Bei Mischgeweben ist es daher oft notwendig, die leichte Anfärbung der Wolle mit Hilfe von Bleichmitteln zu beseitigen.

Beim Arbeiten in zwei Färbebädern wird entweder zuerst die Azetatseide in einem Seifenemulsionsbade mit den Suspensionsfarbstoffen bei 60 bis 70° C

---

[1] Vgl. Brit. Celanese Ltd. [2] Vgl. dagegen W. Stahl: Seide Bd. 36 (1931) S. 324, 358.
[3] Mschr. Textil-Ind. Bd. 45 (1930) S. 332.

und anschließend in einem frischen, sauren Färbebade bei höchstens 75° C die Wolle gefärbt, oder umgekehrt zuerst die Wolle in ameisensaurem Bade und dann in frischem Färbebade bei 40 bis 50° die Azetatseide gefärbt. Im letzteren Falle wird aber auch der Farbton der Wolle beeinflußt und muß in einem lauwarmen Seifenbade korrigiert werden.

Um Färbungen mit besonders hoher Reibechtheit zu erhalten, färbt man die Azetatseide mit diazotierbaren Farbstoffen, diazotiert und entwickelt sie und behandelt die Wolle nachher in einem frischen Bade mit sauren Farbstoffen.

Die Behandlung von Mischgeweben aus Azetatseide und Naturseide ist insofern komplizierter, als man vor allem die Naturseide entbasten muß. Hierfür sind verschiedene Vorschläge gemacht worden. Die Schwierigkeit dieser Aufgabe besteht darin, daß bei der üblichen Art des Entbastens in kochenden Seifenbädern die Azetatseide in den meisten Fällen matt wird[1]. Diese unerwünschte Beeinträchtigung der Azetatseide kann beim enzymatischen Entbasten der Naturseide, sowie Verwendung von Seifenbädern bei nicht zu hoher Temperatur nach vorangegangener Behandlung in verdünnter Schwefelsäure, ferner in Bädern, die neben Marseiller-Seife Natriumphenolat enthalten, bei mehrmaliger Wiederholung der Behandlung bei 75 bis 80° C und anschließendem Spülen mit Seife, größtenteils vermieden werden. Auch durch Zusatz von Salzen sucht man die verseifende Wirkung des Seifenalkalis zu mäßigen[2]. Ein Einweichen solcher Mischgewebe in schwach alkalischen Türkischrotöl- oder neutralen Seifenlösungen fördert infolge der Quellung des Bastes das Arbeiten ebenfalls und ermöglicht ohne Verseifungsgefahr für die Azetatseide das Entbasten bei nicht zu hohen Temperaturen (75° C) unter Verwendung von Seifenbädern. Bei neueren Produkten der Azetatseidenindustrie, die höhere „Kochbeständigkeit“ besitzen, kann man allerdings auch bei Temperaturen, die 75° übersteigen, mit Seifenbädern in normaler Weise entbasten[3]. Derartige höhere Kochbeständigkeit wäre selbstredend auch für das weitere Behandeln solcher Gewebe beim Färben, sowie Bügeln usw. sehr zu begrüßen.

Durch Verwendung von besonders ausgesuchten sauren oder substantiven Farbstoffen in mit Essigsäure gebrochenen Bastseifenbädern kann man in solchen Mischgeweben die Naturseide färben und die Azetatseide weiß erhalten.

Naturseide und Azetatseide können im gleichen Farbton oder zweifarbig ebenso gefärbt werden wie die Wolle und Azetatseide enthaltenden Mischgewebe. Will man nach dem Zweibadverfahren besonders klare Effekte bei Verwendung von solchen Azetatseidenfarbstoffen erzielen, welche die Naturseide etwas anfärben, so färbt man zuerst die Azetatseide, reinigt dann die Naturseide in einem schwach ammoniakalischen Seifenbade und behandelt sie dann in einer essigsauren Lösung eines Säurefarbstoffes.

Aus drei Faserarten, Naturseide, Viskoseseide und Azetatseide bestehende Mischgewebe können in drei verschiedenen Farben gefärbt werden. Soll dabei die Azetatseide ungefärbt bleiben, so färbt man mit besonders ausgesuchten Halbwoll- und substantiven Farbstoffen, welche die Azetatseide ungefärbt lassen, in glaubersalzhaltigem Bade, zweckmäßig in Gegenwart von Schutzkolloiden. Bei Zweifarbeneffekten wird die Azetatseide mit den Suspensionsfarbstoffen, die Zellulosekunstseiden und die tierischen Fasern mit Halbwoll- oder Halbseidenfarbstoffen in einem oder in zwei Bädern gefärbt. Es ist wohl unnötig, hier alle weiteren Varianten einzeln anzuführen[4].

---

[1] Vgl. auch M.T.B. Bd. 13 (1932) S. 26, sowie H. Schmidt: Mschr. Textil-Ind. Bd. 47 (1932) S. 14. [2] D.R.P. 395829, Rhodiaseta.
[3] M.T.B. Bd. 13 (1932) S. 26, sowie W. Stahl: Seide l. c.
[4] Vgl. z. B. H. Brandenburger: Kunstseide Bd. 14 (1932) S. 261, 336.

D. Druckerei.

1. Allgemeiner Teil.

Bei dem im Gegensatz zur Färberei nur lokal begrenzt erfolgenden Färben der Garne bzw. Stränge, der Webketten, sowie der fertigen Stücke durch das Bedrucken spielen sich, vom chemischen Standpunkt aus betrachtet, im Prinzip die gleichen Vorgänge ab wie in der Färberei. Das Wesentliche der Druckerei, das nur lokal begrenzte Anfärben, erfordert jedoch Methoden und Hilfsmittel besonderer Art. Eine auf Kunstseiden aufgebrachte Farbstofflösung der in der Färberei üblichen Art würde durch Kapillaritätswirkung der Faser beeinflußt im Strang oder im Gewebe unregelmäßig, mit unscharfen Konturen ausfließen und unerwünschte, nicht kontrollierbare Formen annehmen, wobei ein Ineinanderfließen von benachbarten gleich- oder verschiedenfarbigen Stellen unvermeidlich wäre. Die seit langem in der Zeugdruckerei verwendeten, gallertartigen, die Farbstofflösung homogen aufnehmenden Produkte, wie Stärkekleister, Stärkepräparate, Pflanzenschleime, Tragant, verschiedene Gummiarten usw. ermöglichen als sog. Verdickungsmittel, die Farbstoffe mit ihrer Hilfe begrenzt auf die gewünschten Stellen der Fasergebilde aufzubringen und so die Kapillaritätswirkung der Fasern zu überwinden.

Da mengenmäßig das Bedrucken von Geweben die größte Rolle spielt, sei der Einfachheit halber im folgenden nur diese Art der Druckerei besprochen, besonders, da die weitgehenden Analogien ein ausführliches Eingehen auf die anderen Arten der Druckerei (Strang usw.) überflüssig erscheinen lassen.

Die auf dem Wege des Bedruckens erreichbaren Farbeffekte können meistens nach verschiedenen Arbeitsweisen erzielt werden. Beim direkten Druck wird im allgemeinen das Druckmuster auf das ungefärbte (auch ungebleichte) Fasergebilde gewöhnlich mit Hilfe des Walzendrucks, mit kupfernen Druckwalzen, mit vertieften, gravierten Musterungen übertragen. Für spezielle, meistens schattierte Musterungen wird der Spritzdruck verwendet, bei dem die Druckfarben auf die durch Schablonen teilweise abgedeckten Gewebe mit Hilfe von Spritzapparaten aufgestäubt werden. Selbstredend sind die dabei zu verwendenden Druckfarben weniger stark verdickt anzuwenden als beim Maschinendruck. Besonders wertvolle, künstlerische Musterungen mit großen Einzelmustern werden von Hand aus mit entsprechend großen Modeln aufgetragen. Die Formen bei diesen sind erhaben.

In allen Fällen kann man die Musterungen in mehreren Farben hintereinander auf das Gewebe aufbringen. Beim Maschinendruck können heute bis zu 16 verschiedene Farben aufgedruckt werden, wobei für jede Farbe eine besondere Druckwalze verwendet wird.

Eine andere Art der lokalen Farbgebung ist durch den Ätzdruck zu erreichen. Dabei wird das vorher homogen gefärbte Gewebe durch Aufdrucken von reduzierend oder oxydierend wirkenden chemischen Hilfsmitteln in ebenfalls verdicktem Zustande an den bedruckten Stellen derart verändert, daß der Farbstoff durch Waschen von solchen Stellen wieder leicht entfernt werden kann. Die geätzten Stellen erscheinen dann weiß oder, wenn der Ätzdruck unter gleichzeitiger Verwendung von solchen Farbstoffen erfolgt, die der Druckpaste zugesetzt, den Oxydations- oder Reduktionswirkungen der Hilfsmittel widerstehen, in den Farben dieser Farbstoffe gefärbt.

Schließlich können auf ungefärbte Gewebe solche Stoffe aufgedruckt werden, welche beim nachfolgenden homogenen Ausfärben der Gewebe die Farbstoffaufnahme auf den bedruckten, „reservierten“ Stellen verhindern.

Sowohl beim direkten Druck wie auch beim Ätzdruck kann die Druckpaste in ihrer Wirkung abgeschwächt werden durch Verdünnen mit der wässerigen Gallerte der jeweils verwendeten Verdickungsmittel. Dadurch ist eine Regulierung des Farbtons beim direkten Druck erreichbar, andererseits kann man so die Verwendung von unnötig starken Ätzwirkungen verhindern. Letzteres ist namentlich beim Ätzen von hellen Färbungen von Bedeutung, da man bei solchen mit relativ geringen Mengen an Ätzmitteln auskommt.

Das Eindiffundieren der Farbstoffe oder der Ätzmittel aus den Druckpasten in das Gewebe, sowie die sich abspielenden chemischen Vorgänge, die Dissoziation der als Beizen wirkenden Salze, Oxydationen und andere chemische Vorgänge, die Verflüchtigung von Lösungsmitteln, das Spalten von Formaldehyd-Hydrosulfit-Verbindungen usw. gehen während des mehr oder weniger langen, auf das Drucken folgenden Dämpfens vor sich. Für nur kurzes Dämpfen beanspruchenden Druck werden die bedruckten Gewebe durch Schnelldämpfer (Abb. 5) durchgeführt. Für längeres Dämpfen dienen besondere Dämpfapparate. Die Art des verwendeten Dampfes (Temperatur, Sättigungsgrad) spielt beim Dämpfen eine für den Ausfall des Druckes besonders wichtige Rolle, so daß eine systematische, wissenschaftlich-technisch geführte Kontrolle stets von besonderem Wert ist.

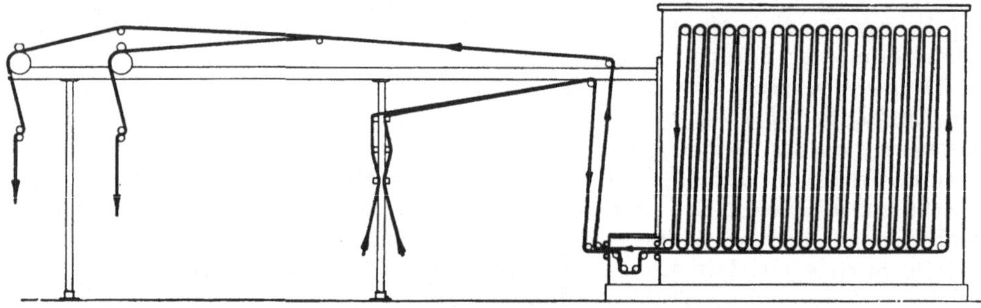

Abb. 5. Schnelldämpfer.

Die bei den verschiedenen Druckverfahren sich auf bzw. in der Faser abspielenden chemischen und kolloidchemischen Vorgänge sind verhältnismäßig noch wenig erforscht. Die Grundsätze sind wohl dieselben wie beim Färben, es müssen aber die Beeinflussungen durch die kolloide Natur der Verdickungsmittel Berücksichtigung finden.

2. Das Bedrucken der Zellulosekunstseiden.

Die Zellulosekunstseiden können nach den für die Baumwolle üblichen Druckverfahren bedruckt werden. Man muß aber in Anbetracht der mehr oder weniger großen Empfindlichkeit der Kunstseiden in nassem Zustand besonders vorsichtig vorgehen. Reine Kunstseidengewebe sind wesentlich empfindlicher als Mischgewebe. Auch durch leicht eintretende Faltenbildungen können Schwierigkeiten entstehen. Die Verdickungen dürfen nicht hart werden, da sonst das Gewebe leicht bricht. Aus demselben Grunde muß man die Gewebe vor dem Auswaschen der Verdickung sehr vorsichtig behandeln. Unter Verwendung von Druckfarben gleicher Konzentration fallen die Farbtöne beim Bedrucken von Zellulosekunstseide satter aus als bei Baumwolle. Vielfach wird die Kunstseide vor dem Bedrucken mit einer Lösung von essigsaurer Tonerde imprägniert, abgequetscht und bei mittleren Temperaturen getrocknet, um so durch das Einbringen von

Tonerde in die Kunstseide die Quellung bzw. die Kapillaritätswirkung der Kunstseide zu vermindern und beim Bedrucken scharfe Konturen erreichen zu können.

Als Druckfarben können sowohl im direkten, wie im Ätzdruck basische, Janus-, Beizen-, Entwicklungs- und Küpenfarbstoffe Verwendung finden. Substantive Farbstoffe werden seltener angewandt, noch weniger Schwefelfarbstoffe. (Der Druck der Azetatseide wird weiter unten behandelt.)

Vor dem Bedrucken müssen die Kunstseiden sorgfältig gereinigt und evtl. gebleicht werden, wobei die oben bereits erörterten Gesichtspunkte maßgebend sind. Besonders sorgfältiges Entfernen der Schlichtemittel ist unumgänglich.

Basische Farbstoffe.

Das Fixieren der basischen Farbstoffe im direkten Druck erfolgt mit Hilfe von Tannin. Da Tannin mit den basischen Farbstoffen Farblacke bildet, die nur schwer oder gar nicht in die Faser eindiffundieren können, muß die Farblackbildung durch Zusatz von organischen Säuren, in der Hauptsache von Essigsäure oder von Weinsäure, Milchsäure, Oxalsäure verhindert werden. Zusätze von Azetin (Glyzerinazetat) oder von Diformin (Glyzerinformiat), die sowohl die basischen Farbstoffe wie auch Tannin und die Farblacke sehr gut lösen, wirken in derselben Richtung. Um besonders bei schwerlöslichen Farbstoffen die Bildung von grobdispersen Farblacken zu verhindern, versetzt man die mit Essigsäure angesäuerte Lösung der basischen Farbstoffe mit einer ebenfalls sauren Lösung der Verdickungsmittel (Tragant, Stärke, Gummi usw.) und anschließend mit einer essigsauren Tanninlösung, wobei die Menge des Tannins etwa das Dreifache der des Farbstoffes beträgt. Nach dem Bedrucken wird das Gewebe getrocknet, etwa 1 Stunde im Dämpfapparat gedämpft, wobei die Säuren entfernt, die Glyzerinester aufgespalten werden, und so der Bildung von Farblacken in der Faser nichts im Wege steht. Durch Nachbehandeln mit einer Brechweinsteinlösung, die zum Neutralisieren der freiwerdenden Säuren mit Kalziumkarbonat versetzt ist, wird bei 40 bis 50° C fixiert und dann sorgfältig gespült. In manchen Fällen wird, um klare Weißeffekte zu erreichen, nachher noch gebleicht.

Bei Verwendung von Resorzin und Zinkazetat enthaltenden Druckpasten können gut fixierte Drucke erreicht werden, bei welchen eine nachträgliche Behandlung mit Brechweinstein überflüssig ist[1]. Janusfarbstoffe werden ebenso wie die basischen verwendet. Es sei hier besonders darauf hingewiesen, daß infolge der Einwirkung von Säuren, namentlich bei erhöhten Temperaturen (beim Dämpfen, Trocknen usw.), die Reißfestigkeit und Dehnung der Kunstseiden unter Umständen weitgehend beeinträchtigt werden kann[2]. Besonders bedenklich sind dabei die Verwendung von Säurelösungen höherer Konzentration, sowie im allgemeinen die von nicht flüchtigen Säuren, wogegen z. B. 1 proz. Lösungen von Essig-, Ameisen- oder Milchsäure auch bei 110° C die Kunstseide praktisch nicht schädigen[3].

Beizenfarbstoffe.

Auch beim Aufdruck von Beizenfarbstoffen ist es gelungen, alle Komponenten (Farbstoff, Beize und bei einigen Alizarinfarbstoffen Öle) in der Druckpaste zu vereinigen, ohne eine vorzeitige Bildung von unlöslichen, in die Faser nicht eindiffundierenden Farblacken bereits außerhalb der Faser herbeizuführen.

---

[1] Vgl. den Ratgeber für Druckerei der I. G. Farbenindustrie, Werk Leverkusen, sowie Schneevoigt: M.T.B. Bd. 6 (1925) S. 106.

[2] Krais, P., u. Biltz: Leipzig. Mschr. Textil-Ind. 1925 Heft 9 u. T.F. Bd. 61 (1925), sowie Ristenpart u. Petzold: Seide Bd. 32 (1927) S. 260 und K. Wolfgang: Kunstseide Bd. 8 (1926) S. 175.

[3] Krais, P., u. Biltz: l. c.

Als Beizen werden Tonerde-, Chrom-, Eisen-, seltener Kupfer-, Nickel-, Kobalt- und Zinksalze von meist flüchtigen Säuren, wie Essigsäure, Ameisensäure, schweflige Säure, Salpetersäure verwendet. Daneben kommen aber auch Oxalate, Laktate und Rhodanide in Betracht.

Besondere Beachtung verdient die Einstellung der „Basizität" der als Beizen dienenden Salze. Es handelt sich dabei stets um solche Verbindungen, die leicht hydrolytisch spaltbar sind unter Bildung von basischen Hydrolysenprodukten kolloider Beschaffenheit, meist von Metallhydroxyden oder auch von basischen Salzen. Bei dem Kunstseidendruck sind die als Beizen wirkenden Salze so zu wählen, daß die bei der Hydrolyse (im Dämpfprozeß) freiwerdenden Säuren die Faser möglichst nicht beeinträchtigen. Dies ist nur bei flüchtigen und schwachen Säuren möglich. Die hydrolytische Spaltung solcher Salze hängt bei Säuren gleicher Dissoziationskonstante weitgehend von der „Basizität" der zur Verwendung kommenden Produkte ab. Die Basizität ist verschiedenartig definiert worden. Sie ist gegeben durch das Äquivalentverhältnis von Anionen zu Kationen in hydrolysierbaren Salzen. Bei Äquivalenz von Säure und Base hat man „neutrale Lösungen" (in Wirklichkeit sind sie zufolge der hydrolytischen Spaltung in den hier in Betracht kommenden Fällen sauer), bei Überschuß an Säure saure, bei Überschuß an Basen basische Beizen. Ein Überschuß an Säure in den beizend wirkenden Salzen verzögert die Hydrolyse und ist im allgemeinen vom Standpunkt der Beizwirkung selbst, d. h. der Bildung der beizend wirkenden kolloiden Hydrolysenprodukte, unerwünscht. Auch ist bei solchen die Gefahr der Faserschädigung durch den Überschuß an Säure erhöht. Andererseits ist es nötig, derartige Säuremengen für die Beizsalze zu verwenden, daß eine vorzeitige Bildung von kolloiden Hydrolysenprodukten (Metallhydroxyde u. a.), die infolge ihrer Teilchengröße nicht mehr in die Faser eindiffundieren können und nur oberflächlich auf dem Gewebe haften, zu vermeiden, da solche vorzeitige Ausscheidungen zu Fleckenbildung Anlaß geben.

Die für einige Alizarinfärbungen (in lebhaften Nuancen) für die seifenechte Fixierung erforderlichen Ölbeizen können in Form von verschiedenen Präparaten (z. B. Lizarol der I.G.) direkt in die Druckpasten gebracht werden, so daß ein Vorpräparieren der ganzen Gewebefläche mit Ölbeize (z. B. Türkischrotöl) überflüssig wird. Dabei bleiben die nichtbedruckten Stellen frei von Öl und somit rein. Die in der Druckpaste selbst unerwünschte Bildung von Farblacken wird meistens durch Zusatz von Essigsäure verhindert. Als Hilfsbeizen kommen Zinnoxalat, -nitrat, -oleat, -laktat sowie Kalziumformiat und -rhodanid in Betracht. Bei Verwendung der stabileren Bisulfitverbindungen der Beizenfarbstoffe ist ein Säurezusatz unnötig. Nach dem Bedrucken wird das Gewebe gedämpft (etwa 1 Stunde lang), dann gewaschen und mit Seifenlösung behandelt. Die Seifenbehandlung ist für die Neutralisation der freien Säuren wichtig. Ihre zum Teil schädliche Wirkung kann dadurch vermindert werden, daß man die Gewebe vor dem eigentlichen Dämpfen in einem lebhaften Dampfstrom oder in einer ammoniakalischen Atmosphäre vordämpft. Auch ein Neutralisieren der Säure mit einer Suspension von Kreide wirkt günstig. Zweifellos liegt in der Säurewirkung bei dieser Art des Bedruckens ein G e f a h r e n m o m e n t für die Kunstseide.

Die Druckpasten werden mit Gummi-, Tragant-, Stärke- und anderen Verdickungen unter Zusatz von Essigsäure, sowie vielfach von Azetin, Diformin oder von Glyzerin als Lösungsmittel der Farbstoffe angesetzt[1].

Man kann auch die Beizen für sich in verdicktem Zustand aufdrucken und die so bedruckten Gewebe in einem Farbbad mit Beizenfarbstoffen ausfärben oder

[1] Vgl. Anleitungen der Farbenfabriken.

durch Klotzen einseitig färben. Durch Zusatz von Schutzkolloiden zum Färbebad wird das Einfärben der nichtgebeizten Stellen verhindert. Das Fixieren des Beizenaufdrucks erfolgt durch Verhängen oder Dämpfen.

Küpenfarbstoffe.

Das Bedrucken der Kunstseide mit Küpenfarbstoffen erfolgt gewöhnlich mit schwach alkalischen Druckpasten, in welchen die Farbstoffe bereits mit Hilfe von z. B. Rongalit C und Pottasche verküpt enthalten sind. Es kann sowohl mit dem Walzendruck wie mit Schablonendruck oder Spritzdruck, letztere beiden besonders im Kleinbetrieb oder für kunstgewerbliche Zwecke, gearbeitet werden. Das Verküpen von pulverförmigen Farbstoffen kann auch mit Hilfe von Hydrosulfit und Natronlauge erfolgen, wobei man den Überschuß an Lauge durch Zusatz von Natriumbikarbonat in die weniger stark alkalisch wirkende Soda umsetzt. Andererseits kann man Druckpasten auch mit unverküpten Farbstoffen unter Zusatz von Pottasche und z. B. Rongalit C (Natriumhydrosulfit-Sulfoxylat) sowie Glyzerin und den Verdickungsmitteln herstellen. Als Verdickungsmittel werden Stärke, Tragant u. a., sowie auch Colloresin DK (I. G.), ein Zelluloseäther-Präparat, verwendet. Nach dem Bedrucken erfolgt das Entwickeln möglichst bald anschließend durch Dämpfen in einem Schnelldämpfer (vgl. Abb. 5) (einige Minuten) und eine anschließende Behandlung in einem Natriumperborat und Essigsäure (statt Chromkali und Essigsäure) enthaltenden Bad bei 50° C*. Durch Spülen und Behandlung mit einer fast kochenden Seifenlösung wird die Arbeit beendet.

Bei Verwendung von Indigosol O erfolgt die Oxydation mit Hilfe von salpetriger Säure (Natriumnitrit + Schwefelsäure)[1]. Indigosol O wird durch Behandlung von Indigoweiß mit Chlorsulfonsäure als stabiler, wasserlöslicher Körper gewonnen, der gut in die Kunstseidenfaser eindiffundiert. Die Druckpasten enthalten beim Arbeiten mit Natriumnitrit neben den Verdickungsmitteln (Stärke, Tragant usw.) noch einen Zusatz einer mit Natronlauge versetzten β-Naphthollösung[2].

Indanthrenfarbstoffe kann man mit Verdickungsmitteln (Weizen- oder Reismehl, Colloresin DK) usw. versetzt aufdrucken und nach Trocknenlassen an der Luft durch kurzes (½ Minute) Durchleiten der Gewebe durch ein etwa 30° C warmes Entwicklungsbad und Abpressen oder Abschleudern, oder durch einfaches Benetzen der bedruckten Stellen mit dem Entwickler für das Eindringen der nachträglich verküpten Farbstoffe in die Faser behandeln. Der Entwickler besteht aus einer Lösung von z. B. Rongalit C, Pottasche oder Soda, Glaubersalz und zur Erhöhung der Netzbarkeit aus einem Netzmittel, wie Nekal BX usw. Nach der Behandlung mit dieser Lösung wird das Gewebe leicht angetrocknet und dann kurz (12 bis 15 Minuten) leicht, ohne Druck gedämpft, gewaschen und geseift.

Oxydationsfarben.

Anilinschwarz wird auf Kunstseide nach demselben Verfahren gedruckt wie auf Baumwolle. Zur Schonung der Kunstseidenfaser kann man Kollamin als Schutzpräparat zusetzen. Auch das Diphenylschwarz eignet sich gut zum Aufdruck von Schwarz auf weiße oder vorgefärbte Gewebe. Das Arbeiten mit

* Vgl. Kindermann: M.T.B. Bd. 10 (1929) S. 460.

[1] Vgl. Perndanner: M.T.B. Bd. 6 (1925) S. 32, ferner Chem.-Ztg. 1925 S. 1029 u. M.T.B. Bd. 6 (1925) S. 107.

[2] Vgl. auch H. Rittner u. B. Gmelin: M.T.B. Bd. 8 (1927) S. 530, sowie Indigosol O im Zeugdruck. I. G.-Broschüren.

der Diphenylschwarzbase ist insofern von Vorteil gegenüber dem Anilinschwarz, als zum Lösen des p-Amidodiphenylamins keine anorganischen, die Kunstseide schädigenden Säuren (Salzsäure), sondern nur Essigsäure oder Milchsäure verwendet werden. Die entstehende schwarze Farbe ist sehr stabil und geht nicht in Grün über. Als Oxydationskatalysatoren kommen Vanadinsalze, Cerchlorid, Schwefelkupfer u. a. in Anwendung.

3. Ätzdruck.

Die homogen ausgefärbten Zellulosekunstseidengewebe können auch durch Aufdrucken von verdickten Oxydations- oder Reduktionsmitteln an den bedruckten Stellen von Farbstoff befreit werden (Weißätze) bzw. unter Umständen mit solchen Farbstoffen an den bedruckten Stellen wieder gefärbt werden, die von den Oxydations- oder Reduktionsmitteln nicht verändert werden (Buntätze). Als Oxydationsmittel kommen Chlorate, als Reduktionsmittel Hydrosulfit, Kaliumsulfit, Zinkstaub in alkalischem Medium, sowie Zinn-2-Verbindungen in Betracht. Da die Zellulosekunstseiden die beim Färben aufgenommenen Farbstoffe meistens in sehr gut fixiertem bzw. adsorbiertem Zustand enthalten, ist ein Ätzen auch bei relativ dunklen Farbtönen, ohne ein Ausbluten in die weiß zu ätzenden Stellen befürchten zu müssen, leicht möglich. In den Ratgebern bzw. Broschüren der Farbenfabriken sind für jede Farbstoffgruppe die ätzbaren Farbstoffe besonders angeführt.

Das Ätzen von mit geeigneten substantiven Farbstoffen gefärbten Geweben erfolgt leicht mit Hilfe von mit Stärketragant verdickten Rongalit C oder CW- usw. Pasten durch kurzes Dämpfen, anschließendes Waschen mit kaltem Wasser und baldiges Trocknen, damit kein Ausbluten der Ätzstellen durch Liegenlassen in nassem Zustand vor sich geht.

Mit Metallsalzen nachbehandelte substantive Färbungen sind schwer ätzbar. Azofarbstoffe werden durch Reduktion gespalten unter Entstehung von vielfach farblosen Reduktionsprodukten.

Die Menge des für das Ätzen nötigen Rongalits usw. hängt ab von der Tiefe der Färbung, der Art bzw. Eigenschaften der Farbstoffe und der durch die Art der Gravüre der Druckwalzen gegebenen Menge der beim Bedrucken auf das Gewebe gelangenden Druckpaste. Für die richtige Auswahl von für den jeweiligen Zweck geeigneten Farbstoffen ist stets besondere Aufmerksamkeit angebracht.

Buntätzen kann man durch Zusatz von gegen Hydrosulfit beständigen basischen Farbstoffen oder von Chromfarbstoffen unter Zusatz von Chromazetat evtl. auch von Küpenfarbstoffen zu den Ätzpasten. Nach dem Drucken und Trocknen wird kurz gedämpft. Bei Verwendung von basischen Farbstoffen werden diese nachher mit Hilfe von Brechweinstein fixiert, gewaschen, geseift und getrocknet.

Man kann auch fertiggebeizte und anschließend mit basischen Farbstoffen gefärbte Gewebe ätzen, falls zum Färben ätzbare Farbstoffe verwendet worden sind. Auch dabei kommen meistens Rongalit- oder ähnliche Pasten zur Verwendung.

Küpenfarbstoffe werden wegen der mit der Oxydation verbundenen Gefahr der Faserbeschädigung fast ausschließlich mit hydrosulfithaltigen, reduzierend wirkenden Druckpasten in Gegenwart von Anthrachinon als Katalysator, welcher durch Oxanthrolbildung wirkt, geätzt. Durch Zusatz von organischen Ammoniumbasen bzw. ihren Salzen wird die Reoxydation des beim Ätzen von Indigo entstehenden Indigoweiß verhindert, so daß ein unmittelbares Weiterbearbeiten der gedämpften Stücke umgangen werden kann.

4. Das Bedrucken der Azetatseide.

Das von den übrigen Textilfasern abweichende Verhalten der Azetatseide ermöglicht beim Bedrucken besondere Farbenkombinationen und Effekte. Ebenso wie beim Färben ist auch beim Bedrucken im allgemeinen eine Erhöhung der Arbeitstemperaturen über 80° C, sowie die Einwirkung von stark alkalischen Medien wegen Beeinträchtigung des Glanzes der Azetatseiden zu vermeiden[1].

Bei Azetatseiden-Voiles, Flamengogeweben aus Azetatseide, Wolle und Viskoseseide und bei anderen wird besonders der weiche, seidenähnliche Griff der Azetatseide und das elegante, fließende Fallen der Azetatseiden enthaltenden Gewebe geschätzt. Solche Gewebe werden vielfach durch Bedrucken, besonders in Schwarz, veredelt.

Für das Bedrucken der Azetatseide eignen sich verschiedene basische, Beizen- und Küpenfarbstoffe sowie die spezifischen Azetatseidenfarbstoffe (Cellitecht-, Cibacetfarbstoffe u. a.). Im allgemeinen bietet das Bedrucken der Azetatseide doch einige Schwierigkeiten. Die Druckverfahren sind von den bei anderen Fasern bekannten nur wenig verschieden. Als Verdickungsmittel kommen meistens British Gum und Tragant in Betracht. Mit Hilfe von alkalischen, Natriumphosphat enthaltenden Verdickungen können sogar substantive Farbstoffe aufgedruckt werden, da in dem Prozeß die durch lokale Verseifung gebildeten Zellulosehydratschichten diese Farbstoffe genügend echt fixieren. Auf ähnliche Art können auch Küpenfarbstoffe von lokal verseiften Azetatseidengeweben aufgenommen werden, ohne wesentliche Beeinträchtigung des Glanzes, besonders wenn solche Muster gedruckt werden, die nur einen relativ geringen Teil der Gewebe bedecken[2]. Zweifellos ist aber diese Art des Fixierens der Farbstoffe nur dann durchführbar, wenn sie nur oberflächlich auf den Fasern erfolgt, da sonst die wertvollen Eigenschaften der Azetatseide durch zu tiefgreifendes Verseifen verlorengehen würden.

Lösliche Spezialfarbstoffe der Azetatseide, wie z. B. die Setacyldirektfarben (Geigy) können in Wasser gelöst und mit Verdickungsmitteln versetzt unmittelbar auf die Azetatseidengewebe aufgedruckt werden. Sie liefern sehr klare Töne und sublimieren beim Dämpfprozeß nur in verschwindendem Maße. Letzteres ist vom drucktechnischen Standpunkt aus besonders wichtig. Das Fixieren der Farbstoffe auf der Faser kann durch Zusatz eines Präparates (Solutionssalz) zur Druckpaste gefördert werden.

Im allgemeinen muß das Dämpfen der bedruckten Azetatseidengewebe sehr vorsichtig und mit trockenem Dampf erfolgen, um ein Mattwerden der Gewebe zu vermeiden.

Da die Azetatseide gegen Säurewirkung nicht sehr empfindlich ist, sind die säureenthaltenden Druckpasten beim Dämpfprozeß praktisch ohne Einfluß auf die mechanischen bzw. physikalischen Eigenschaften der Faser[3].

Basische Farbstoffe werden mit Tannin oder Zelloxan u. a. (vgl. weiter oben) fixiert. Die mit Tannin fixierten Farben sind weniger lebhaft, aber gut waschecht. Verschiedene Zusätze zu den Druckpasten von Produkten, die lösend auf die basischen Farbstoffe, ferner auf Tannin und die Farblacke, bzw. quellend auf die Faser wirken, wie Azetin, Äthylenglykol, Äthylenchlorhydrin (Geigy) u. a. erleichtern das Eindiffundieren der Farbstoffe in die Faser. Küpenfarbstoffe können in schwachalkalischen, Rongalit u. a. enthaltenden Pasten nach dem Pottasche-Rongalit-Dämpfverfahren aufgedruckt werden. Anschließend wird durch kurzes Entwickeln und evtl. Nachbehandlung mit oxydativ wirkenden

[1] Vgl. auch weiter oben. [2] Schneevoigt, A.: M.T.B. Bd. 7 (1926) S. 354.
[3] Vgl. auch Ristenpart u. Petzold: Seide Bd. 32 (1927) S. 260.

Bädern, wie z. B. mit essigsäurehaltigen Bichromatlösungen entwickelt, schließlich gut gespült und bei 70 bis 80° geseift.

Beim direkten Aufdruck von Farbstoffen mit sauren Stärke-Tragant-Verdickungen werden bei einigen Farbstoffen besondere Zusätze, wie z. B. bei den Setacyldruckfarben Setacylsalz A (Geigy) verwendet[1].

Cibacet und andere Suspensionsfarbstoffe werden in wässeriger Aufschlämmung unter Zusatz von Verdickungsmitteln (Gummi) und eines Lösungsmittels (Butanol usw.) oder eines Quellungsmittels, wie Rhodankalzium u. a. zum Druck verwendet. Beim Dämpfen erfolgt das Auflösen des Farbstoffs in der Azetatseidenfaser und damit ein sehr gutes Fixieren.

Die Indigosole werden nach dem Nitrit- oder Bichromatverfahren verwendet[2]. Man erhält aber nur dann einwandfreie und seifenechte Drucke, wenn das bedruckte Gewebe vor der Entwicklung gedämpft wird (5 bis 20 Minuten) und die Entwicklung selbst bei höherer Temperatur und längerer Dauer ausgeführt wird als bei Baumwolle. Das Bedrucken (oder auch Klotzen) des Gewebes mit verdickten Lösungen des Indigosolfarbstoffes erfolgt unter Zusatz von Natriumnitrit und Ammoniak zu den z. B. mit Tragant verdickten Druckpasten. Das Entwickeln wird nach dem Trocknen 2 bis 4 Minuten lang bei 75 bis 80° C in einer etwas Harnstoff enthaltenden Schwefelsäurelösung vorgenommen.

Auch Ionaminfarbstoffe lassen sich in Gegenwart von organischen Säuren und Verdickungsmitteln aufdrucken und können nach dem Trocknen, kurzem Dämpfen und Waschen durch Diazotieren und Entwickeln weiterverarbeitet werden.

5. Das Ätzen von Azetatseidenfärbungen.

Für das Buntätzen eignet sich die Verwendung von basischen Farbstoffen, die gegen die Ätzmittel (Hydrosulfit u. a.) resistent sind. Da für Buntätzartikel, die Azetatseide enthalten, weitgehende Verwendungsmöglichkeiten gegeben sind, wird oft auch durch ganze oder partielle Verseifung der Gewebe die Variationsmöglichkeit für das Bedrucken oder das Färben erhöht.

6. Das Bedrucken von Mischgeweben.

In Mischgeweben kommt das spezifische Verhalten der Azetatseide für viele schöne Effekte besonders vorteilhaft zur Geltung. Azetatseide und Baumwolle enthaltende Mischgewebe können verschiedenartig bedruckt werden. Es kann die eine oder die andere Faserart ungefärbt bleiben, oder es können Uni- oder Zweifarbeneffekte erreicht werden, falls in der Druckpaste gleichzeitig neben Baumwollfarbstoffen die spezifischen Azetatseidenfarbstoffe vorliegen. Bei derartigen Kombinationen ist jedoch, um reine Farbtöne zu erreichen, eine besonders sorgfältige Auswahl unter den in Betracht kommenden Farbstoffen zu treffen. Nach dem Dämpfen müssen die bedruckten Gewebe gut gewaschen werden, evtl. in Seifenlösungen, um die nichtfixierten Farbstoffe entfernen zu können.

Man kann ferner gute Buntätzeffekte erreichen mit Hilfe der Chloratätze. Da die durch Reduktionsmittel erzielten Ätzeffekte durch nachträgliche Luftoxydation immerhin leicht regeneriert werden können und so zu Trübungen Anlaß geben, ist eine sorgfältig geleitete Oxydationsätze mit Rücksicht auf die Stabilität der Ätzeffekte vorzuziehen[3]. Durch die Chloratwirkung werden alle basischen und Oxazinfarbstoffe zerstört. Resistent gegen die Chloratoxydation

---

[1] Stalder: M.T.B. Bd. 11 (1930) S. 47. [2] Gmelin, B.: M.T.B. Bd. 9 (1928) S. 225.
[3] D.R.P. 485266 und Mschr. Textil-Ind. Bd. 45 (1930) S. 127.

sind Azofarbstoffe und Anthrachinonfarbstoffe. Die Ätzdruckpasten enthalten neben den Farbstoffen und der Verdickung (Gummi) Natriumchlorat, Ammoniumzitrat oder Weinsäure und Ferrizyankalium. Das Ätzen erfolgt nach dem Drucken und Trocknen durch kurzes Dämpfen (5 bis 10 Minuten); nachher wird gewaschen.

Beim Ätzen von Mischgeweben, deren Färbungen mit Farbstoffgemischen erreicht wurden, von denen einige ätzbar, andere aber gegen das Ätzen resistent sind, lassen sich durch Aufdruck von Ätzpasten (mit Decrolin) verschiedenfarbige Ätzeffekte erzielen.

Mischgewebe aus Azetatseide und tierischen Fasern können bei Anwendung z. B. von Setacylfarbstoffen im direkten Druck in Unitönen bedruckt werden. Mischgewebe aus Azetatseide und Wolle werden mit Wasserstoffsuperoxyd gebleicht und, wie beim Wolledruck üblich, schwach sauer gechlort. Für zweifarbige Effekte verwendet man im direkten Druck solche saure Wollfarbstoffe, welche die Azetatseide möglichst ungefärbt (und auch nicht angeschmutzt) lassen, bei Weißeffekten für die Azetatseide für sich allein, bei bunten Effekten in Kombination mit den spezifischen Azetatseidenfarbstoffen.

Mischgewebe aus Naturseide und Azetatseide, oder Naturseide, Viskoseseide und Azetatseide werden vor dem Bedrucken mit einem ammoniakalischen Seifenbad gereinigt. Das Entbasten der Naturseide erfolgt unter denselben Bedingungen wie oben beschrieben. Die Auswahl der Farbstoffe ist auch hierbei besonders wichtig. Soll bei Gegenwart von Viskoseseide ein Dreifarbeneffekt erzielt werden, so wählt man außer den spezifischen Azetatseidenstoffen einerseits solche substantive Farbstoffe, die sowohl die Azetatseide wie auch die Naturseide möglichst ungefärbt lassen, und andererseits solche saure Farbstoffe, welche die Azetatseide und die Viskoseseide nicht anschmutzen.

E. Chemische Ausrüstung

(Appretur, Avivage usw.).

Die nach dem Färben bzw. Bedrucken von Kunstseidengeweben oder -gewirken auszuführenden Nachbehandlungen haben die Aufgabe, den Kunstseiden besondere Eigenschaften in bezug auf Glanz, Griff, Geschmeidigkeit usw. zu geben bzw. die bereits vorhandenen zu verbessern. Diese Nachbehandlungen erfolgen mit chemischen oder mechanischen Hilfsmitteln.

Die chemische Nachbehandlung, die „Avivage“, dient vor allem dazu, den Kunstseiden einen bestimmten „Griff“ zu geben. Man will in einigen Fällen einen weichen, in anderen einen krachenden Griff erreichen. Der weiche Griff entsteht bei Verwendung verschiedener, im Handel erhältlicher Ölpräparate bzw. Ölemulsionen. Zur Erzeugung des krachenden Griffes, der vor allem für Kunstseidenstrümpfe gewünscht wird, kann man nach dem Färben die Kunstseiden in fettem Seifenbade, wie dies bei hellen Farbtönen üblich ist, ohne zu spülen, kalt mit verdünnten Säurelösungen (Ameisensäure, Milchsäure, Weinsäure oder Essigsäure) einige Minuten behandeln und nach dem Ausschleudern oder Abquetschen direkt trocknen.

Zu den Appreturarbeiten gehört auch die „Präparation“ der im Strang gefärbten Kunstseiden. Ihre Ausführung ist mit den oben besprochenen Schlichten der ungefärbten Strangseiden, der sog. „Rohpräparation“ im wesentlichen identisch. Sie wird ausgeführt, um beim Umspulen der Stränge bzw. beim Verweben die Einzelfaser der Kunstseidengarne, namentlich bei nur schwach gezwirnten Schußgarnen, durch einen schützenden Film zu verkleben bzw. die Einzelfaser zusammenzuhalten (vgl. auch weiter oben). Meistens werden hierzu Gelatinepräparate u. a., welche die Farbe der Kunstseide nicht verschleiern, verwendet. Durch Glyzerinzusatz kann man sie geschmeidig machen. Weicher sind die aus aufgeschlossenen bzw. abgebauten Stärkepräparaten oder die aus Pflanzenschleimen bestehenden Präparationen, die am zweckmäßigsten unter Verwendung von desinfizierend wirkenden Zusätzen auch genügend haltbar gemacht werden können.

Für viele Zwecke, so vor allem für die Wirkerei, haben sich Strangappreturen, die aus Ölpräparaten bestehen, eingeführt. Die Kunstseide wird bereits in ungefärbtem Zustand mit einem derartigen Ölpräparat aviviert in den Handel gebracht. Sie wird dadurch zum Teil etwas weniger empfindlich gegen Wasser und läßt sich wegen der erhöhten Geschmeidigkeit leichter mechanisch bearbeiten. Vor dem Färben bzw. Bleichen müssen diese Ölappreturen sorgfältigst entfernt werden. Nach der Vollendung der Veredelung der Kunstseide in den Ausrüstungsbetrieben bringt man in der letzten Operation der Naßbehandlung wieder derartige Ölappreturen auf die Kunstseide. Die zur Verwendung kommenden Ölemulsionen bzw. -präparate sind vielfach wasserlöslich oder in Wasser gut emulgierbar. Die im Handel erhältlichen Appreturen bestehen meistens aus sulfuriertem Rizinusöl oder Olivenöl von verschiedenem Sulfurierungsgrad und enthalten in der Regel seifenartige oder andere netzende Zusätze, welche im allgemeinen die Stabilität der Emulsionen erhöhen. Verschiedene gut emulgierte Hartfette, sowie auch Hartparaffin, haben sich Eingang in die Appretur verschafft. Sie sind in vielen Fällen den Emulsionen von flüssigen Fetten oder Ölen vorzuziehen. Auch höhere Alkohole bzw. deren Ester sind für Appreturzwecke geeignet. Ebenso auch die auch gegen hartes Wasser beständigen Avirole und ähnliche Produkte, die sich beim Lagern nicht verändern. Auch Tallosane, mit Wasser emulgierbare Derivate des Talges, werden für diese Zwecke verwendet.

Einen nicht uninteressanten Versuch, Kunstseidengewebe knitterfest, oder richtiger gesagt, weniger knitterempfindlich zu machen, stellen neuere Bestrebungen dar. Bei diesen werden bakelitartige Kondensationsprodukte[1] in der Faser selbst unlöslich gemacht oder gehärtet. Das dadurch erzielte elastische Skelett soll die Elastizität der Faser und so die Knitterfestigkeit erhöhen[2].

Die Appreturen können auf die Kunstseiden verschiedenartig aufgebracht werden. Man kann z. B. die Appreturlösung auf dem Foulard, der vor dem Spannrahmen der Trockenmaschine sich befindet, auf die Kunstseidengewebe aufbringen. Ebenso sind hierzu die Paddingmaschine oder die Haspelkufe geeignet. Die Appreturen werden auf das Gewebe einseitig oder doppelseitig aufgebracht, gewöhnlich bei Temperaturen von 30 bis 35° C. Die Temperatur für das nachfolgende Trocknen und Spannen der appretierten Gewebe ist sehr verschieden. Sie beträgt meistens 60 bis 65° C und soll 90° C nicht überschreiten. Durch Regelung der Durchgangsgeschwindigkeit der Gewebe, sowie der Temperatur der Heizvorrichtungen (Gasflammen, elektrische Widerstandsheizung, Luftheizung, Dampf u. a.) kann die gewünschte Temperatur eingehalten werden.

Für Strickgarnfabrikate ist es besonders wichtig, sehr geschmeidige Kunstseidengarne zur Verfügung zu haben. Zum Weichmachen der Kunstseide benutzt man dabei Öle in relativ großen Mengen (bis zu 6%)[3].

Zum Appretieren von Kunstseidensträngen werden die fertiggewaschenen Stränge in Baumwolltücher eingepackt, abgeschleudert, in dieser Packung mit den Appreturen getränkt, dann wieder abgeschleudert und schließlich getrocknet.

---

[1] Tootal Broadhurst Lee Co., Ltd. Manchester Brit.P. 291479 u. 304900.

[2] Vgl. dagegen H. Jentgen: Kunstseide Bd. 14 (1932) S. 340.

[3] Kunstseide Bd. 11 (1929) S. 386.

Wasserdichte Ausrüstung.

Eine besonders wichtige und vielfach angestrebte Ausrüstung der Kunstseiden bestrebt die Herstellung von wasserdichten oder, richtiger gesagt, wasserabweisenden Waren. Der gewünschte Grad der wasserabstoßenden Wirkung ist recht verschieden. Alle hierfür in Betracht kommenden Behandlungen verändern den Charakter der Kunstseiden oder der Kunstseiden enthaltenden Mischgewebe in bezug auf Griff, Glanz und Geschmeidigkeit mehr oder weniger. Viele an und für sich gute Verfahren scheitern an der ungünstigen Beeinflussung dieser Eigenschaften der Kunstseiden. Zweifellos ist dieses Gebiet der Kunstseidenveredelung noch weitgehend ausbaufähig, aber auch -bedürftig.

Als wasserabstoßend wirkende Produkte kommen vor allem Tonerdeseifen in Betracht. Sie werden entweder auf der Faser selbst durch wechselseitige Einwirkung von löslichen Tonerdesalzen, wie Formiaten, Azetaten usw. einerseits und von löslichen Seifen (Marseiller-Seife) andererseits in wässerigen Lösungen hergestellt, oder man löst die bereits fertigen Tonerdeseifen in organischen Lösungsmitteln und tränkt die Kunstseidengewebe mit diesen Lösungen. Im ersteren Falle kann die Gefahr einer ungleichmäßigen Ausflockung der Tonerdeseife auf der Oberfläche der Fasern wohl durch sorgfältiges Arbeiten auf ein Minimum reduziert werden, ganz aufgehoben wird sie aber erst durch das Arbeiten in organischen Lösungsmitteln, wobei jedoch die Preisfrage dieser letzteren vielfach ausschlaggebend im Wege steht. Statt Seifen können auch Emulsionen von Wachsen, Paraffinen und anderen Produkten evtl. in gleichzeitiger Gegenwart von Tonerdeseifen od. ähnl. Verwendung finden, ebenso auch Lösungen solcher Stoffe in organischen Lösungsmitteln. Mit wässerigen Gelatinelösungen imprägnierte Gewebe können durch Härten der Gelatine mit Formaldehyddampf ebenfalls zum Teil wasserabstoßend gemacht werden. An Stelle des homogenen Durchtränkens der Gewebe mit der Lösung des Imprägnierungsmittels kann man oft genügend befriedigende Wirkungen durch einseitiges Aufstäuben oder Aufspritzen des Imprägnierungsmittels mit Hilfe von Zerstäubungsapparaten (Spritzpistolen) erreichen.

Kunstseidenkrepp.

Eine in der letzten Zeit wichtige Ausrüstungsarbeit befaßt sich mit der Behandlung von Kunstseidenkreppwaren. Das dabei zu erzielende, richtige, riß- und fehlerfreie Kreppbild ist nur unter Einhaltung bestimmter Arbeitsbedingungen erreichbar. Die fast immer geschlichteten Krepprohgewebe müssen sorgfältig entschlichtet werden, während das Kreppbild entwickelt wird. Letzteres entsteht im Verlaufe eines Schrumpfungsvorganges, wobei als die Schrumpfung fördernde Mittel meistens alkalische Bäder in Betracht kommen. Wenn auch für manche Fehlererscheinungen dabei vornehmlich mechanische, spinnerei- oder zwirnereitechnische Faktoren verantwortlich sind, so kommt doch dem richtigen Führen des Schrumpfens (Kreppen) gesteigerte Bedeutung zu. Das Schrumpfen (Einspringen) der Gewebe soll nicht zu weit gehen, um nachher nicht wieder zu weitgehend das geschrumpfte Gewebe auf der Spannmaschine strecken zu müssen. Bei der richtigen Schrumpfung kann man nachträgliche, durch das Spannen entstehende Risse und unruhige Gewebebilder vermeiden[1].

Mattierung der Zellulosekunstseiden.

Um den an und für sich hohen Glanz der meisten Zellulosekunstseiden zu vermindern und so an Stelle des vielfach als ungeeignet empfundenen, etwas

[1] Weltzien, Coordt u. Brunner: Seide Bd. 36 (1931) S. 194, 245, 274, sowie Weltzien u. Königs: Seide Bd. 37 (1932) S. 346, und ferner H. Kollmann: M.T.B. Bd. 14 (1933) S. 134.

glasigen oder speckigen Aussehens der Kunstseiden ein im Glanz mehr der Naturseide nahekommendes Gebilde zu erreichen, sind eine Reihe von Vorschlägen gemacht und zum Teil technisch ausgeführt worden[1]. Die Veränderung des Brechungsvermögens für das auffallende Licht ist durch Beeinflussung der Oberflächenbeschaffenheit der Faser[2] oder der Lichtabsorption des Fasermaterials selbst erreichbar. Man kann dies durch Zusätze zu den Spinnmassen selbst oder durch Einlagerung geeigneter Stoffe in die fertige Faser herbeiführen.

Bei den Zellulosekunstseiden wurden für diese Zwecke verschiedene Emulsionen von Weichparaffin, Petroleumfraktionen u. a. in Wasser schwerlösliche, in der Viskose emulgierbare oder suspendierte Stoffe in Vorschlag gebracht. Die emulgierten Teilchen werden mit der Viskose versponnen und beeinflussen im wesentlichen die Oberflächenbeschaffenheit der Kunstfaser. Die emulgierten oder suspendierten Stoffe müssen in bezug auf ihre Härte, Viskosität, Löslichkeit, Siedepunkt, Schmelzpunkt, Brechungsexponent usw. bestimmten Anforderungen genügen, um bleibende Mattierungen in der Faser hervorrufen zu können. Auch leicht flüchtige Stoffe, wie z. B. Ligroin, können in Viskose emulgiert werden. Da sie sich aber vor der endgültigen Koagulation des Fadens noch in dem plastischen Zustande desselben verflüchtigen, so ist während der endgültigen Erhärtung der Faser Gelegenheit gegeben, etwa intermediär entstandene Ungleichmäßigkeiten durch Verfließen auszugleichen, so daß dabei keine bleibenden Mattierungen erzielbar sind. Trotz vieler Arbeiten ist die Verwendung von stabilen, gut wirksamen Emulsionen in der Viskose noch nicht in jeder Beziehung befriedigend gelöst.

Durch nachträgliches Einbringen von Fremdkörpern in die Kunstseidenfaser suchen Vorschläge den Glanz zu verändern, nach welchen man schwerlösliche Salze in der Faser durch abwechselndes Behandeln derselben mit Lösungen, die aufeinander ausfallend wirken, entstehen läßt. So wird vielfach Bariumsulfat, Titanoxalat, Bleisulfat u. a., sowie auch Schwefel in feiner Verteilung in der Faser selbst erzeugt. Letzteres durch Einwirkenlassen von sauren Fällbädern auf Spinnlösungen bei Viskose, die zersetzliche Schwefelverbindungen, wie Sulfite, Sulfide, Thiosulfate enthalten. Man hat auch versucht, die Faser oberflächlich mechanisch mit feinem Glaspulver oder ähnlich aufzurauhen. Von den weiteren Vorschlägen für das Mattieren der Zellulosekunstseiden sei die Verwendung von Wachsen, Fettsäuren, Anilin, Metalloxyden, Magnesiumseifen, Kasein, Eiweiß usw. erwähnt[3], sowie die neuerdings vielfach mit Erfolg durchgeführte, bereits vor dem Verspinnen erfolgende Einlagerung von hochdispergiertem Titanweiß in die Spinnlösungen bzw. in die Faser.

Mattierung der Azetatseide (vgl. S. 154).

Auch bei der Azetatseide sucht man vielfach den Glanz der Faser zu verringern. Durch Veränderung der Beschaffenheit der Faser sowie ihrer inneren Struktur kann eine Mattierung ebenso erreicht werden, wie durch Einlagerung von Fremdstoffen, die z. B. im Inneren der Azetatseidenfaser zur Ausfällung gebracht (Bariumsulfat und dergleichen) oder als Suspensionen geeigneter Teilchengröße, wie z. B. TiO_2 mit versponnen werden. Man kann ferner während des Spinnvorganges selbst durch Einblasen von Wasserdampf in die Spinnzellen, oder durch Behandlung der noch nicht völlig von Lösungsmitteldämpfen befreiten Fasern mit Wasserdampf den Glanz der Azetatseidenfaser verändern.

[1] Vgl. auch J. B. Meyer: Kunstseide Bd. 11 (1929) S. 435.
[2] Vgl. auch H. v. Hove: M.T.B. Bd. 10 (1929) S. 779.
[3] Vgl. auch F. Nevely: Seide Bd. 34 (1929) S. 173.

In vielen Fällen ist aber andererseits eine Verminderung des Glanzes der Azetatseiden unerwünscht, so z. B. oft beim Entbasten von Mischgeweben, die aus Naturseide und Azetatseide bestehen. Die sichere Kenntnis der bei der Mattierung der Azetatseide sich abspielenden Vorgänge ist daher für die Veredelungsindustrie von besonderer Bedeutung. Ausführliche Untersuchungen über diese Fragen sind von F. Ohl[1] und von W. Stahl[2] durchgeführt worden.

Durch Einwirkung von destilliertem Wasser sowie von alkalischen Mitteln bei erhöhter Temperatur, werden die Azetatseiden in mehr oder weniger hohem Grade verändert. Diese Veränderungen äußern sich neben Beeinträchtigung der Reißfestigkeit, Glätte usw. in einer Verminderung des Glanzes der Faser. Wie weit aber letztere mit der Verseifung der Azetylzellulose in ursächlichem Zusammenhang steht bzw. ob sie von ihr selbst hervorgerufen wird, ist erst vor kurzem geklärt worden.

Die Widerstandsfähigkeit der Azetatseiden gegen die verseifende Einwirkung von heißen, alkalischen Lösungen kann erhöht werden, sowohl durch die Art der zum Spinnen kommenden Azetylzellulosen, wie durch das Spinnverfahren selbst. Hoher Essigsäuregehalt, niedriger Schwefelsäure- und Aschengehalt des Zelluloseazetates, evtl. Verwendung von wenig Stickstoff enthaltenden Nitroazetaten, hoher Titer, völlige Querschnitte der Faser, Luftblasenfreiheit, geordnete Lagerung der Mizellen (Kristallite) der Azetylzellulose in der Faser usw. vermindern die Möglichkeit der Verseifung[3].

Mikroskopische Untersuchungen von W. Stahl[4] an Querschnitten von durch Behandlung mit heißen Lösungen oder Wasser getrübten Azetatseidenfasern oder Azetylzellulosefilmen haben gezeigt, daß die Trübung durch das Auftreten von Hohlräumen oder Rissen im Innern der Gebilde zurückgeführt werden kann. Das Entstehen von solchen Hohlräumen, etwa durch Zerreißen der Faser- oder Filmgebilde ist nur in plastischem, gequollenen Zustande derselben möglich. Ändert man die Bedingungen, welche die Quellung oder die Plastizität der Gebilde beeinflussen, so wird auch die Trübung verändert.

Den Glanz von mattgewordenen Azetatseiden kann man andererseits wieder herstellen, wenn man z. B. die matten Seiden in heißem Wasser quellen läßt und sie dann unmittelbar in eine Chlorkaliumlösung entsprechender Konzentration (10% und höher) bei erhöhter Temperatur einbringt. Auch quellend wirkende Mittel können wieder ein Ineinanderfließen der Hohlräume bewirken.

W. Weltzien und A. Brunner[5] konnten die Befunde von W. Stahl größtenteils bestätigen bzw. ergänzen. Außer der erwähnten Bildung von Hohlräumen in der Azetatseidenfaser können auch noch andere Ursachen eine Verminderung des Glanzes hervorrufen, wie dies z. B. bei der Mattierung durch Behandlung der Azetatseide mit einer 5proz. kalten (30° C) wässerigen Phenollösung der Fall sein dürfte.

Glanzstellen.

In unerwünschter Richtung — soweit man nicht absichtlich besondere Effekte hierdurch erzielen will — erfolgt die Beeinflussung der Azetatseide bei zu heißem, direkten Bügeln von Azetatseidengeweben, indem dabei die verbügelten Stellen als Glanzstellen in Erscheinung treten. Bei einem nachträglichen Färben (z. B. in der Kleiderfärberei) machen sich diese Stellen durch andersartige Aufnahme der Farbstoffe besonders unangenehm bemerkbar. Bei der üblichen Vorsicht, wie sie auch beim Bügeln von Naturseiden- oder Wollgeweben erwünscht

[1] Seide Bd. 36 (1931) S. 239, 280. [2] Seide Bd. 36 (1931) S. 324, 358, 402, 439.
[3] Ohl, F.: Seide Bd. 36 (1931) S. 239, 280. [4] l. c.
[5] Seide Bd. 36 (1931) S. 399, 447.

ist, kann man das Entstehen von solchen Glanzstellen vermeiden. Andererseits kann man die Glanzstellen, sofern das Verbügeln nicht bis zur Sinterung der Gewebe geführt hat, wieder fast völlig zum Verschwinden bringen, wenn man die schadhaften Stellen durch Einlegen oder Betupfen mit Gemischen, die aus Quellungs- und Fällungsmitteln der Azetylzellulose bestehen, behandelt, so z. B. mit wässerigen Lösungen von Azeton (40proz.) oder mit kalter, starker Essigsäure usw.

F. Echtheitseigenschaften der Färbungen.

Die Echtheitseigenschaften der Färbungen, d. h. ihre Widerstandsfähigkeit gegen die Einwirkungen von Licht, Wasser, Seife, Alkalien, Säuren, Chlor, erhöhte Temperatur, Dampf u. a. m. sind sehr verschieden. Da absolute Angaben über den Grad der „Echtheit" von Färbungen zur Zeit nicht erreichbar sind, ist man auf den Vergleich der Eigenschaften von als Typen anerkannten oder als solche empfohlenen und ausgewählten Färbungen angewiesen. Dabei ist besonders zu berücksichtigen, daß die Echtheitseigenschaften von der Art der Ausführung der gewählten Färbemethoden und ebenso, was bei der Kunstseidenfärberei besonders zu betonen ist, von der Faserart abhängig sind. Verschiedene Färbungen zeigen abweichendes Verhalten bei Echtheitsprüfungen, je nachdem, ob sie auf Baumwolle oder auf Kunstseiden verwendet worden sind. Färbungen auf Azetatseide verhalten sich in manchen Fällen anders als auf Zellulosekunstseiden.

Die Prüfung, Definition und Kenntnis der Echtheitseigenschaften der Färbungen ist von erheblichem Interesse für die Wahl der Farbstoffe mit Rücksicht auf die vorzunehmenden Veredelungsarbeiten und für die im praktischen Gebrauch an die veredelten Erzeugnisse gestellten Beanspruchungen. Die an die Färbungen jeweils zu stellenden Echtheitsansprüche sind vor allem von dem Verwendungszweck bzw. von der Art der Beanspruchung der zu färbenden Waren abhängig. Es ist nahezu unerläßlich, daß der Färber hierüber orientiert wird, um die Wahl der Farbstoffe und Färbemethoden danach treffen zu können.

Die Färbungen werden durch verschiedene, zum Teil bereits erwähnte Faktoren beeinflußt. Es ist fast nie möglich, derart zu färben, daß die Färbungen gleichzeitig gegen alle Beanspruchungen „echt", d. h. widerstandsfähig sind. Manche sind beispielsweise vorzüglich lichtecht, aber nur ungenügend waschecht usw. Selbstredend wird man niemals Färbungen so durchführen, daß ihre Echtheiten die voraussichtliche Beanspruchung der Erzeugnisse erheblich übersteigen. Dagegen wird noch vielfach, meist aus preislichen Gründen, oft auch aus Bequemlichkeit oder Konservatismus das Gegenteil durchgeführt.

Der Wunsch[1] nach gutdefinierten und von allen Seiten anerkannten Typen oder Normen führte zu der Bildung der „Echtheitskommission" der Fachgruppe für Chemie der Farben- und Textilindustrie des Vereins deutscher Chemiker.

Die Beanspruchung der Färbungen bei der Prüfung ihrer Echtheitseigenschaften ist zur Zeit noch nicht in allen Fällen mit absoluter Sicherheit nach wissenschaftlichen Methoden definierbar. Zweifellos kann hier noch manches eine Änderung erfahren, sobald man in der Lage sein wird, die künstliche Beanspruchung in allen Einzelheiten der natürlichen, definitionsgemäß gewählten anzupassen und zu standardisieren. Sehr schwierig ist z. B. die richtige Definition

---

[1] Int. Chemie-Kongreß London (1909). Heermann, P., sowie P. Krais, A. Lehne u. a., vgl. z. B. P. Krais M.T.B. Bd. 13 (1932) S. 145.

sowie Messung der Lichtechtheit. Auch kann man nicht ohne weiteres die Lichtechtheit eines roten Farbstoffes mit der eines blauen oder gelben vergleichen. Man müßte, um absolute Exaktheit zu erreichen, sehr viele Typen aufstellen. Das Bestreben nach möglicher Einfachheit steht solchen Forderungen im Wege. Andererseits ist auch die Wahl der maßgebenden Lichtquelle für die Belichtung an verschiedene Voraussetzungen geknüpft, die z. B. die Verwendung von ultraviolettem Licht unsicher erscheinen lassen[1]. Auch die klimatischen, von der Jahreszeit, Luftfeuchtigkeit usw. abhängigen Faktoren sind nicht ohne weiteres definierbar und in leicht zugänglicher Weise reproduzierbar. Die Veränderung der Färbungen während ihrer Beanspruchung z. B. durch Belichtung ist vielfach unstetig.

Beim Prüfen von Kunstseidendruck auf Echtheitseigenschaften sind noch weitere Komplikationen zu berücksichtigen. Vielfach ist es, namentlich bei sehr lebhaften, feurigen Farbtönen nicht gut möglich, die Druckmuster in derselben Echtheit zu halten wie die Grundfärbungen der Gewebe. Man wird wohl immerhin bei der Auswahl der Farbstoffe, besonders beim Mehrfarbendruck solche Komponenten wählen, die in ihren Echtheitseigenschaften einander möglichst weitgehend entsprechen, es ist aber oft ziemlich schwer, sie mit denen der Grundfarben in Einklang zu bringen.

Von der Echtheitskommission wurden für jede Echtheitseigenschaft der bei den verschiedenen Faserarten ausgeführten Färbungen bestimmte Normen aufgestellt bzw. Echtheitsgrade festgelegt. Die Anzahl dieser Normen zwischen den besten und den schlechtesten wurde je nach Bedarf festgesetzt. Bei Kunstseide sind 5 Normen für Lichtechtheit, 3 Normen für Reibechtheit festgesetzt usw. Durch Vergleich der Eigenschaften der zu untersuchenden Färbungen mit denen der festgesetzten Typenfärbungen, unter Berücksichtigung der von der Echtheitskommission festgesetzten Prüfungsbedingungen können die Echtheiten ermittelt werden[2].

---

[1] Heermann, P., u. H. Sommer: M.T.B. Bd. 5 (1924) S. 745.

[2] Über Einzelheiten vgl. Verfahren, Normen und Typen für die Prüfung der Echtheitseigenschaften, herausgegeben von der Echtheitskommission. 4. Ausgabe 1928.

Mechanische Technologie der Kunstseideverarbeitung.

Von Dipl.-Ing. **E. A. Anke,** Professor an der Staatl. Akademie für Technik zu Chemnitz, Abteilung für Textilingenieure.

Seit dem Erscheinen der ersten Auflage dieses Buches haben sich in der mechanisch-technischen Behandlung der Kunstseide viele und wichtige Veränderungen und Neuerungen bemerkbar gemacht. Dies gilt besonders auch vom Kapitel der Ausrüstung, wo Spezialmaschinen wesentlich verbessert und den besonderen Eigenschaften der Kunstseide angepaßt worden sind.

In der Weberei der kunstseidenen Waren ist durch die Einführung einer speziellen Hochleistungswebmaschine mit positiver Schützenführung eine Einrichtung von größter wirtschaftlicher Bedeutung geschaffen worden.

Die Arbeitsgebiete des Flechtens und Klöppelns sowie das Häkeln und Posamentieren haben sich dagegen im allgemeinen wenig verändert. Dies hat zum Teil seinen Grund darin, daß die Mode manche dieser Fabrikate zur Zeit wenig begünstigt, z. B. die Spitzen.

Die Strickerei kunstseidener Waren hat Vervollkommnung durch Ausbau und Verfeinerung der Maschinen erfahren, die vorwiegend die Kunstseide als Schmuck des übrigen Warenkörpers anbringen.

In der Wirkerei, welche die Kunstseide vorwiegend rein zu Waren verarbeitet, ist die Güte derselben gesteigert und die Leistungsfähigkeit der Maschinen gehoben worden. Eine Neuerung bringt hier die Phily-Maschine, deren Bindungstechnik noch nicht völlig ausgeschöpft ist.

Strickerei und Näherei mit Kunstseide sind im allgemeinen auf gleicher Höhe geblieben; in Maschinen für künstlerische Handarbeiten sind weitere Fortschritte erzielt worden.

Neue Verwendungsgebiete sind der Kunstseide z. B. für die Anfertigung von Teppichen erschlossen worden.

A. Die Maschinen zur Ausrüstung der Kunstseide.

Die kunstseidenen Garne, aus denen die Waren durch die Fadenverbindungsvorgänge der Weberei, Strickerei und Wirkerei und dergleichen gefertigt werden, kommen zur Zeit meist fertig gebleicht auf den Markt.

Die Garne befinden sich hierbei vorwiegend in Strähnform und können zur Verarbeitung in Angriff genommen werden.

Erfolgt zunächst keine Ausrüstung, so wird der Strähn auf die Haspel gelegt, abgewunden und in einer geeigneten Spulenform aufgestapelt. Die Spulen werden dann direkt oder durch Zwischenspulverfahren den Verarbeitungsmaschinen vorgelegt und es erfolgt die Warenfertigung. Erst hinterher erfolgt die Ausrüstung dieser Ware.

Wird jedoch das angelieferte und schon gebleichte Garn im Faden ausgerüstet, so kommen die nachfolgenden Maschinen und Prozesse in Anwendung.

1. Das Färben von kunstseidenem Garn.

Soweit das Färben noch von Hand geschieht, werden Porzellan- oder Kachelwannen bevorzugt. Sie sind leicht und völlig zu reinigen, was beim Übergang von einem zum anderen Farbton wertvoll ist. Die benutzten Stöcke müssen völlig glatt sein, man wendet solche aus Glas, Bambus oder Aluminiumrohre mit vulkanisiertem Gummibezug an. Leider ist die Handfärbung mit dem Stock bei sehr feinen Kunstseidegarnen nicht mehr gut durchführbar, da die Fäden sich zu sehr verwirren und sich später schlecht abspulen. Man geht deswegen zur Benutzung von Färbemaschinen über, welche die aufgehängten Stränge individuell und schonend behandeln und das Verwirren vermeiden.

2. Die Stranggarnfärbemaschine für Kunstseide.

Nach Ausführungen der Firma Tillm. Gerber Söhne und Gebr. Wansleben in Krefeld hat die Maschine eine Konstruktion, wie sie Abb. 1 zeigt. Hierbei sind die Aufhängespulen zu Gruppen doppelseitig in einem Tragkörper mit Antrieb vereinigt. Für das Aufhängen der zu färbenden Stränge wird eine solche Gruppe hydraulisch hochgehoben und behängt. Hierauf wird der Wasserdruck durch ein Steuerventil abgelassen und die gesamte Spulengruppe senkt sich, wobei die Stränge in die Farbflotte eintauchen. Zu gleicher Zeit bekommen die Tragespulen, die aus geripptem und glasiertem Porzellan bestehen, Drehung wechselseitig nach rechts und links. Diese Drehung, verbunden mit exzentrischer Lagerung der Porzellanspule auf ihrer Achse, bewirkt den Umzug des Stranges durch die Flotte in richtiger Weise, so daß gute und gleichmäßige Durchfärbung erreicht wird. Ist diese beendet, so wird die Gruppe wieder hydraulisch hochgehoben und die Stränge werden abgenommen. Der Wasserdruck hierzu wird mit 8 Atm. Spannung durch ein Pumpwerk erzeugt. Den Strängen können durch den Antrieb verschiedene Geschwindigkeiten erteilt werden, um die richtige Durchfärbung je nach der Garnart zu erzielen. Da jede Spulengruppe doppelseitig ausgeführt ist, können bis 160 Spulen zur Garnauflage maximal in einer Maschine angebracht werden. Die Farbkufen unter den Spulen bestehen aus Hartkupfer, Monelmetall oder Porzellan und sind durch Schotten von den benachbarten Becken dicht abzuschließen. Die Größe einer Farbkufe kann für 1 bis 20 Garnspulen eingerichtet werden; bei großen gleich zu färbenden Partien werden die Schottenwände herausgenommen und die Einzelkufen somit zu einer Gesamtkufe vereinigt. Eine Garnträgerspule kann bei 700 mm Länge etwa 1 kg Naturseide, 2 kg Kunstseide oder 2½ kg Baumwolle aufnehmen, woraus sich die Leistungsfähigkeit der Maschine je nach der Spulenanzahl ergibt. Gegenüber Handarbeit durch Umziehen des Garnes mit Stöcken wird etwa nur zwei Drittel der sonst üblichen Arbeiterzahl gebraucht bei völlig gleichmäßiger Durchfärbung der Stränge. Die Lohnersparnis beträgt zwischen 75 und 90% gegen Handarbeit unter gleichzeitiger Kürzung der Färbedauer. Besondere Vorzüge bietet die Maschine durch günstiges Flottenverhältnis, welches bei normaler Garnauflage 1:18 beträgt, und durch Schonung des feinfädigen Kunstseidematerials bis etwa

Abb. 1. Strangfärbemaschine.

30 deniers sowie durch Wegfall der Verschiebung in der Unterbindung und Anwendbarkeit auf Kett- und Schußgarn. Die Maschine gibt gleichmäßig gute Färbung sowohl für direkte und indirekte wie basische Farbstoffe.

3. Das Trocknen der kunstseidenen Stranggarne.

Hierbei muß dauernd auf die große Empfindlichkeit des kunstseidenen Fadens im nassen Zustand Rücksicht genommen werden. Es gibt zwei Trocknungsmöglichkeiten:

a) Mechanische Trocknung auf Zentrifugen.

Hierbei werden eine Anzahl Stränge, jeder leicht zu einer Docke zusammengedreht, in ein Tuch eingeschlagen. Mehrere solche in Tücher gepackte Pakete werden zugleich in die Zentrifugentrommel eingelegt bis zum Fassungsvermögen derselben. Die Tücher schützen den empfindlichen Kunstseidefaden vor Beschädigungen beim Aus- und Eintragen in die Trommel sowie vor evtl. Hängenbleiben an den Lochungen der Trommelwandung.

Abb. 2. Großleistungszentrifuge.

Die moderne Großleistungszentrifuge, die vorwiegend in Anwendung kommt, besitzt pendelnde Lagerung und direkten Antrieb durch einen Elektromotor, der auf der Trommelwelle sitzt. Die pendelnde Aufhängung bewirkt eine sehr rasche und weiche Ausgleichung des Schwerpunktes, der durch ungleiche Einlagerung der Pakete in die kupferne Trommel von 850 bis 1000 mm Durchmesser hervorgerufen wird; sie läßt die Pakete also nicht stark aufeinander rutschen und schont somit den empfindlichen Seidenfaden.

Der direkte Elektromotorbetrieb vermindert den Platzbedarf der Zentrifuge durch Wegfall der sperrigen Vorgelege mit ihren Nachteilen der gefährlichen Riemenläufe und Öltropfungen. Die Inbetriebsetzung erfolgt durch Druckknopfschaltung. Die Abb. 2 zeigt eine solche Zentrifuge nach Ausführung der Firma C. G. Haubold A.-G. in Chemnitz. Die Druckknopfschaltung dient in bequemster Weise zum Ein- und Ausrücken; außerdem ist eine Zeitschaltung vorhanden, welche der Trommel die jeweils erprobte Laufdauer gibt. Am Schlusse derselben wird mit der Druckknopfausschaltung die elektrische Bremse in Tätigkeit gesetzt, welche in kürzester Zeit die Trommel stillsetzt, so daß die Entleerung vorgenommen werden kann. Ein Verschlußdeckel über der großen Austrageöffnung ist mit den elektrischen Schaltorganen gekuppelt und kann nur bei Stillstand der Trommel geöffnet werden. Hierdurch ist auch die Sicherheit gegen Unfälle der Bedienung gewährleistet. Die Trocknungsleistung der Zentrifuge beträgt etwa 50%.

b) Trocknung unter Wärmezufuhr.

Der Rest von Feuchtigkeit, welchen die Zentrifuge durch Ausschleudern nicht mehr beseitigen kann, wird durch Warmluft entfernt.

Unter den verschiedenen Konstruktionen, die für die Trocknung kunstseidenen Stranggarnes in Anwendung kommen, sind die Kanaltrockner der Zittauer Maschinenfabrik A.-G. in Zittau bekannt.

Sie benützen:

1. Bewegung der nassen Ware entgegen der einströmenden Trockenluft,
2. Zufuhr der heißesten Luft auf die nässeste Ware und Abfuhr der gesättigten heißen Luft an dieser Stelle durch Ventilator ins Freie;

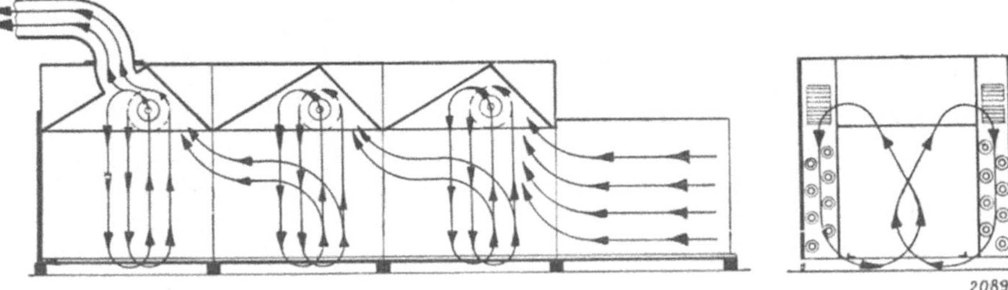

Abb. 3. Heißlufttrockner. Schema.

3. Weitertrocknung mit abnehmender Temperatur, so daß die Ware mit ungefährer Raumtemperatur den Trockenapparat verläßt;
4. Luftzirkulation durch die nasse Ware wird durch Ventilatoren unabhängig von der Luftabsaugung für gesättigte Warmluft erzielt und reguliert.

Abb. 4. Kanaltrockner. Ansicht.

Der wichtigste Punkt 2 verbürgt Schutz der Ware vor Übertrocknung und vermeidet Gelben sowie Hart- und Sprödewerden.

Das Schema für den gesamten Aufbau und die Trockenluftbewegung geht aus Abb. 3 hervor. Die nasse Ware tritt von links her ein und rechts bei normaler Raumtemperatur aus. Hier wird auch die Frischluft dauernd eingesaugt. Das zweite Bild rechts ist ein Querschnitt durch den Kanaltrockner, aus welchem die Umwälzung der Warmluft klar ersichtlich ist.

Abb. 4 zeigt einen solchen Kanaltrockner der Maschinenfabrik Zittau A.-G. für Stranggarn mit einfahrbaren Wagen, in dem sich die Stöcke für das Aufhängen der Stränge befinden. Der Wagen steht zur Einfahrt in den Trockner bereit, passiert diesen und wird nach seinem Austreten am hinteren Ende entleert. Auf einem Nebengleis kehrt der Wagen an die Einfahrtstelle zurück, um gefüllt aufs neue in den Trockenraum eingefahren zu werden. Diese Anordnung ermöglicht zunächst fortlaufendes Arbeiten und Ersparnis von unnützen Transporten und Löhnen.

In Abb. 5 ist ein Trockenwagen mit Spezialeinrichtung versehen, um die nassen Kunstseidestränge unter Spannung zu trocknen und übermäßiges Schrumpfen zu verhüten.

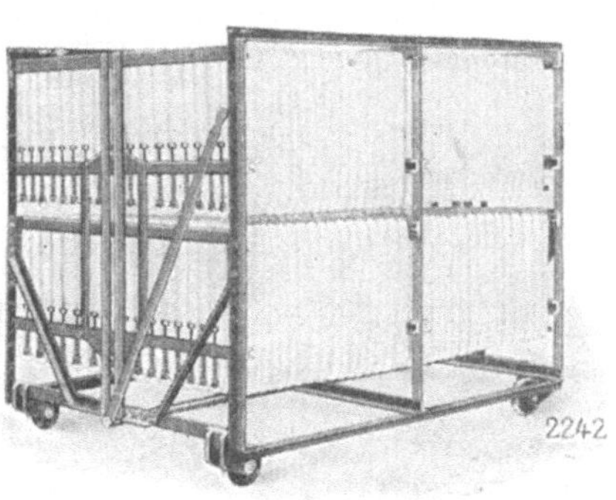

Abb. 5. Stranggarntrockner.

Abb. 6. Transportwagen für Spulen.

Aus Abb. 6 ist ersichtlich, wie ein solcher Transportwagen zur Aufnahme von Kunstseidenspulen auf Stäben eingerichtet ist.

Für *Großleistung* findet ein *Kanaltrockner mit Kettenantrieb* nach Abb. 7 und 8 Anwendung.

Abb. 7. Kanaltrockner mit Kettentrieb. Ansicht.

Bei diesen Apparaten sind 2 Wanderketten in Anwendung (siehe Abb. 8), die übereinanderliegen und sich mit ihren oberen Läufen von rechts nach links durch den Trockenraum bewegen. Das Stranggarn wird rechts am Apparat auf Stäbe gehängt, die mit ihren Enden in Lagerstellen der Ketten eingelegt sind. Links verlassen die Stäbe die Ketten und werden von der Bedienung abgenommen. Die Warmlufterzeugung und Bewegung wird nach denselben Grundsätzen wie in Abb. 3 vorgenommen. Ein solcher Kanaltrockner, der Länge nach aus 5 Trokkenabteilungen bestehend, hat eine Tagesleistung von ca. 3500 kg. Er eignet sich auch für die Trocknung von Baumwoll-, Woll- und Leinengarnen im Strähn.

Sollte der Glanz der Kunstseide durch die der Trocknung vorausgegangene Naßbehandlung etwas zurückgegangen sein, so kann dieser durch Chevillieren wieder zum größten Teil zurückgewonnen werden. Diesem Zweck dient die automatische Chevilliermaschine. In Abb. 9 ist eine Konstruktion von Tillm. Gerber Söhne und Gebr. Wansleben in Krefeld abgebildet.

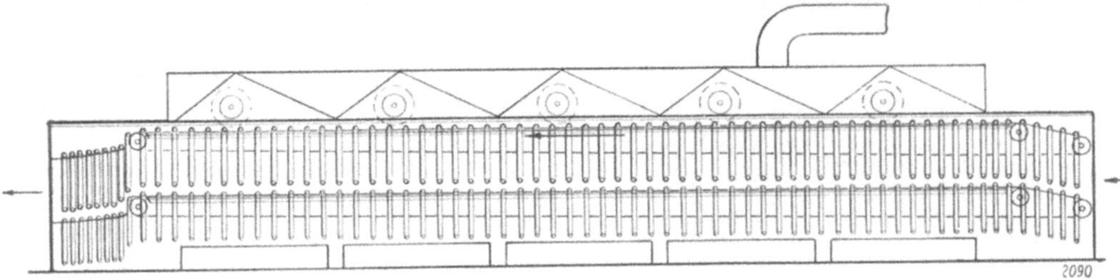

Abb. 8. Kanaltrockner. Schema.

Die kunstseidenen Stränge werden auf vernickelten Spulen aufgehängt. Die untere Spulenreihe wird mechanisch angehoben, um die Stränge bequem auflegen zu können. Nachdem dies geschehen, senken sich die Unterspulen, die durch Gewichte kräftig und gleichmäßig nach unten gezogen werden. Hydrau-

Abb. 9. Chevilliermaschine.

lische Spannung ist absichtlich vermieden, um Wasserverdunstung an den Zuführrohren nicht an die trockenen Stränge gelangen zu lassen, welche den Chevilliereffekt beeinträchtigen würde. Nachdem die Maschine in Gang gesetzt ist, drehen sich die Unterspulen mit ihrer Achse in horizontaler Ebene, wobei die Strähne zu einem Zopf zusammengedreht werden. Das bedeutet ein Aufeinandergleiten der einzelnen Fäden unter Pressung aufeinander, wodurch Glanz entsteht (Chevilliereffekt). Dann geht die Drehung bis zur Entspannung der Stränge zurück; sie liegen nur auf den oberen Spulen auf. Diese drehen sich gemeinsam ein Stück fort um ihre Achse und stehen dann wieder still. Hierdurch ist die erste Auflagestelle des Stranges in die Seitenteile fortgewandert und das Zusammenwinden mit dem erteilten Glanz erfolgt aufs neue. Die

Maschine ersetzt mit 1 Mann Bedienung die Leistung von 5 Mann beim Chevillieren von Hand.

Um Differenzen in der Strähnlänge, die durch Naßbehandlung und ungleichmäßiges Schrumpfen beim Trocknen entstehen, ausgleichen zu können, dient die Streck- und Lüstriermaschine. Abb. 10 zeigt eine solche Konstruktion der Firma C. G. Haubold A.-G. in Chemnitz. Wie ersichtlich, werden hierbei die Stränge auf Spulen aufgelegt, von denen die unteren fest liegen und die oberen bis auf die gewünschte Strähnlänge hochgefahren werden können.

Abb. 10. Streck- und Lüstriermaschine.

Die Ausrückung geschieht hierbei automatisch. Um Dehnbarkeit des Stranges zu ermöglichen, erfolgt die Streckung in einem dampferfüllten Kastenraume, der tropfensicher ausgeführt ist. Es erhalten somit die Strähne nur ganz schwache Dämpfung, wie sie gerade erforderlich ist, um die Nachgiebigkeit für die Dehnung auf die richtige Stranglänge zu erzielen. Am Außenlauf der Stränge angebrachte Hohlspulen, die mit Dampf geheizt werden, gestatten den Garnen auch einen Glanz (Lüstriereffekt) zu sichern. Die Maschine ist für Weifenlängen (= halber Strähnenumfang) von 440 bis 725 mm eingerichtet.

Werden die Garne nach dieser letzten Ausrüstungsbehandlung, die in der Hauptsache eine Korrektur ihrer Weifenlänge ist, auf die Haspeln zum Abweifen und folgendem Spulen gelegt, so passen sie gut auf die Haspelumfänge und werden beim Auflegen nicht beschädigt. Desgleichen erfolgt das Abspulen störungslos.

Abb. 11. Garnbündelpresse.

Sollen die Garne nicht sogleich abgeweift und umgespult werden, so werden sie zu Docken zusammengedreht und in einer Presse zu Bündeln gepackt. Hierzu dient u. a. die Garnbündelpresse Abb. 11 nach Ausführung der Firma C. G. Haubold A.-G. in Chemnitz.

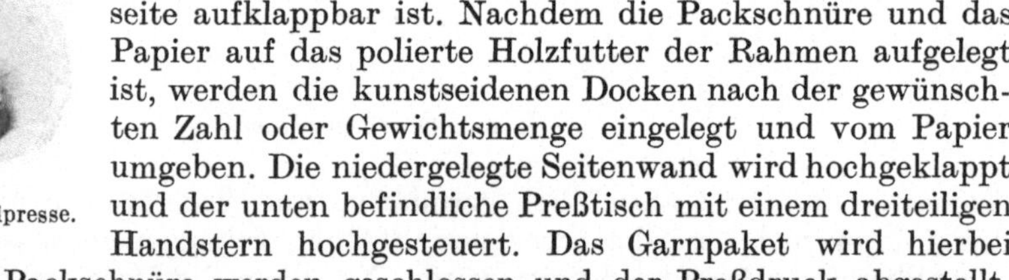

Die Presse zeigt ein Rahmenwerk, dessen Bedienungsseite aufklappbar ist. Nachdem die Packschnüre und das Papier auf das polierte Holzfutter der Rahmen aufgelegt ist, werden die kunstseidenen Docken nach der gewünschten Zahl oder Gewichtsmenge eingelegt und vom Papier umgeben. Die niedergelegte Seitenwand wird hochgeklappt und der unten befindliche Preßtisch mit einem dreiteiligen Handstern hochgesteuert. Das Garnpaket wird hierbei gedichtet; die Packschnüre werden geschlossen und der Preßdruck abgestellt. Beim Niederklappen der Seitenwand kann dann das fertige und verschnürte Garnpaket herausgenommen werden.

Außer Handbetrieb kann auch mechanischer Antrieb vorgesehen sein, die Presse eignet sich für die Herstellung kurzer und langer Packungen entsprechend den üblichen Gewichtsmengen von 5 oder 10 Pfund.

Anschlagmaschine. Nach dem Schleudern der gefärbten oder gestärkten Garne empfiehlt es sich, die Garnstränge schlagartig zu strecken, was ein gleichliegendes Garn mit guter Abspulbarkeit ergibt. Dieses Schlagen wird vielfach von Hand ausgeführt, erfolgt dann jedoch ungleichmäßig und ermüdet schnell, so daß die Leistung gering bleibt. Die Schlagmaschine (Abb. 12) von Tillm. Gerber Söhne und Gebr. Wansleben in Crefeld erteilt jedem Strang die gleiche Schlaganzahl regulierbarer Stärke, und liefert bei 1 PS Kraftverbrauch ca. 600 kg in 8 Stunden.

4. Die Ausrüstung der breiten Ware.

Abb. 12. Schlagmaschine.

Die breite Ware kommt vorwiegend gewebt oder gewirkt zur Ausrüstung. Bei den Webwaren ist noch zu bemerken, daß hier sehr oft auch halbseidene Ware auftritt, also nur zum Teil aus Kunstseide, zum übrigen Teil aus anderen Faserstoffen wie Baumwolle und dergleichen besteht. Die Ausrüstungsvorgänge verlaufen dementsprechend etwas verschieden, je nach dem Warencharakter.

Die Webwaren, wie sie vom Stuhl kommen, müssen meist entschlichtet werden, um den Behandlungsflotten Zutritt an die Faser zu verschaffen. Da es sich bei den Webschlichten meist um Stärkepräparate handelt, erfolgt Einweichen auf der Rollenkufe und Imprägnieren mit der Enzymlösung. Darnach wird entnäßt und die Ware durch einen Abfacher gelegt. Hierauf folgt Spülen auf der Waschmaschine, anschließend das Bleichen der Ware mit Chlor. Die Ware befindet sich hierbei meist in Strangform und behält diese auch bei dem nachfolgenden Spülen, Absäuern und Wiederspülen bei. Die hierzu benutzten Maschinen entsprechen denen der Baumwollwaren.

Das Färben der breiten Ware. Hierbei ist auf die jeweilige Warenart besonders hinsichtlich ihrer Festigkeit Rücksicht zu nehmen.

Abb. 13. Jigger. Ansicht.

Die Webwaren, die ihrer ganzen Bindungsart nach fester sind, können auf Jiggern behandelt werden. An diesen Maschinen sind die alten Nachteile wie ruckweiser Zug, Verziehen des Gewebes durch schweren Walzenlauf, sowie Entstehen von Falten und Rissen durch zu starken Längszug nunmehr durch zweckentsprechende Konstruktion vermieden.

In Abb. 13 ist ein solcher moderner Jigger für Kunstseide nach der Ausführung der Maschinenfabrik Zittau A.-G. abgebildet, während Abb. 1 S. 201 einen schematischen Querschnitt zeigt.

Die Ware wird hier auf der Steigdocke mit konstanter Umfangsgeschwindigkeit aufgewickelt. Diese erhält sie durch Auflage auf der Zugwalze, deren Achse mit einer fein wirkenden Spreizringkupplung versehen ist, die völlig stoßfreien Anlauf gewährleistet. Dabei ist Vorsorge getroffen, auch die ablaufende Zugwalze anzutreiben, um den Längszug auf das Gewebe zu vermeiden, welcher durch das Mitschleppen dieser Walze durch die Ware entsteht. Die Leitwalzen im Trog laufen in Kugellagern und strengen somit das Gewebe beim Lauf nicht an. Die Auskleidung des Troges geschieht mit Gummi oder mit nichtrostendem Krupp-Stahlblech. Besonders im letzteren Falle ist der Übergang auf neue Farbtöne sehr bequem, da die Reinigung leicht und vollständig und das Material für alle Farbgruppen geeignet ist. In gleicher Weise ist der Jigger zum Entschlichten, Bleichen und Waschen verwendbar. Die Anwendbarkeit dieses speziellen Jiggers ist erprobt sowohl für schwere Waren wie Rips, als auch für das Färben leichter und empfindlicher wie Viskose- und Azetatkunstseide-Voile sowie für Mischgewebe aus Kunstseide.

Abb. 14. Haspelkufe.

Das Färben auf der Haspelkufe. Kunstseidene Waren, die keinen nennenswerten Längszug vertragen, wie Wirkwaren und Crêpes, werden vorwiegend auf der Haspelkufe gefärbt. Die Abb. 14 zeigt eine Bauart Bernhardt, wie sie ebenfalls durch die Maschinenfabrik Zittau A.-G. in Zittau zur Ausführung kommt. Der Behälter besitzt zwei Abteile, die durch eine gelochte Zwischenwand aus nichtrostendem Stahl getrennt sind. Der kleinere Abteil dient zum Zusetzen der Flotte, der größere zur Behandlung der Ware und Erwärmung durch Dampf. Um Ersparnisse im Dampfverbrauch zu erzielen, ist die ganze Kufe abgedeckt; die erforderliche Beobachtung des Warenlaufes wird durch zweckmäßige Anordnung der Abdeckung gewährleistet. Diese Kufe eignet sich außer zum Färben auch zum Auskochen, Chloren und Säuern sowie zum Waschen.

5. Das Entwässern der breiten Ware.

Für das Trocknen auf mechanischem Wege, also ohne Wärmezufuhr, sind zur Zeit zwei Wege gangbar:

1. Durch Absaugen auf der Doppelabsaugemaschine für breite Ware.
2. Durch Schleudern auf der Rollenschleuder.

Das Absaugen der breiten Ware. Die Abb. 15 zeigt eine Doppelabsaugemaschine der Firma C. G. Haubold A.-G. in Chemnitz. Sie besteht in der Hauptsache aus einem rohrförmigen Saugkessel, der oben einen Längsschlitz hat und durch eine Pumpe luftleer gemacht ist. Die Ware gleitet in voller Breite über den Saugschlitz; hierbei wird das Wasser in den luftleeren Rohrbehälter eingesaugt. Statt eines Saugschlitzes sind bei den neuesten Ausführungen zwei hintereinander angeordnet, die durch eine verstellbare Leitwalze getrennt sind und somit eine Doppelwirkung ergeben. Die Verstellbarkeit der Leitwalze dient zur Regulierung der Warenanlage bei den verschiedenen Warengattungen. Der besondere Vorteil dieser Doppelabsaugemaschine liegt darin, daß die Ware unter größter Schonung bei nur einmaliger Passage zweimal hintereinander abgesaugt wird.

Das Schleudern auf der Rollenschleuder. Wird im Hinblick auf die größeren Anschaffungskosten der Absaugmaschine eine andere Entwässerung gesucht, so eignet sich hierzu die Rollenschleuder. Die Abb. 16 zeigt eine Ausführung nach Art der Zentrifuge, deren Kesselboden Lagerkörper für die Aufnahme der Dockenachse eines Warenwickels trägt. Die Enden der Dockenachse besitzen durchlochte Stirnböden, zwischen welche die nasse Docke aufgewickelt ist. Beim raschen Umlauf des Kesselbodens wird dann die Feuchtigkeit bis auf einen Rest von etwa 40% ausgeschleudert, also weitergehend wie auf der Absaugemaschine. Die Ausführung der Firma C. G. Haubold A.-G. in Chemnitz hat sich für rein kunstseidene und gemischte Ware bewährt. Für die empfindlichen Crêpewaren erhalten die durchlochten Stirnböden eine Auflage von Filz, welcher zwar das abgeschleuderte Wasser durchläßt, aber die Warenkanten schont. Es können durch die einstellbaren Lagerkörper Docken für 600 bis 1600 mm Warenbreite geschleudert werden, wobei die Ware keinerlei Beschädigung erleidet, da sie weder mit der Hand in Berührung kommt, noch Quetschfalten erhalten kann. Zur Kennzeichnung der guten Leistungsfähigkeit dient, daß 1200 m Ware in etwa 20 Minuten nach den bisherigen Beobachtungen entnäßt werden können.

Abb. 15. Absaugemaschine.

Nach dieser mechanischen Trocknung erfolgt die Entfernung des Wasserrestes durch Verdampfen. Die erforderliche Wärme wird hierbei durch Warmluft an die Ware herangebracht, wobei diese sich sättigt und somit die Ware trocknet. Je nach dem Warencharakter und sonstigen Umständen sind die hierzu benutzten Einrichtungen und Maschinen außerordentlich verschieden, wie die folgenden Ausführungen zeigen.

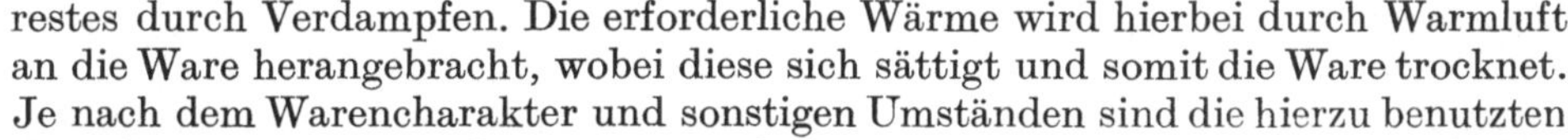

Abb. 16. Rollenschleuder.

Die Hängetrockenmaschine. Das Prinzip der Maschine besteht darin, daß sie die ankommende nasse Ware in lange Schleifen formt, die auf Stäbe aufliegen und mit diesen durch einen Raum wandern, der von Warmluft durchströmt wird. Ein Exhaustor zieht hierbei die mit Wasser gesättigte Luft ab und läßt Frischluft eintreten. Die Trockenhänge findet besonders Anwendung für naturseidene, halbseidene und kunstseidene Waren, besonders wenn diese ein loses Gefüge haben und somit nicht von den Kluppen der Spannrahmen an den Rändern ergriffen und breit gezogen werden dürfen.

In Abb. 17 ist eine solche Hänge von E. Geßner A.-G. in Aue i. Sa. im Längsschnitt abgebildet, während Abb. 18 einen Querschnitt durch dieselbe zeigt.

Aus Abb. 17 wird ersichtlich, wie die Ware von links ankommt und evtl. erst über eine Breitsaugemaschine geht (siehe Abb. 15); die Ware wird hierbei mechanisch vorgetrocknet. Am linken oberen Ende des Trockenraumes tritt sie dann in dessen Inneres ein. Der Trockenraum ist aus Eisenträgern mit

Blechen kastenförmig hergestellt. Seine Wände sind nach außen mit Korksteinplatten abgedeckt, um Wärmeausstrahlungen zu vermeiden, die innere Decke besitzt Holzbelag mit Stoffüberzug als Wärme- und Tropfenschutz. Die Inneneinrichtung besteht aus 2 Transportketten, welche die Stäbe von 42 mm Durchmesser mit Hartgummibezug tragen (für Seide), den Antriebsorganen der Ketten und Stäbe, sowie den Einrichtungen für die Faltenbildung

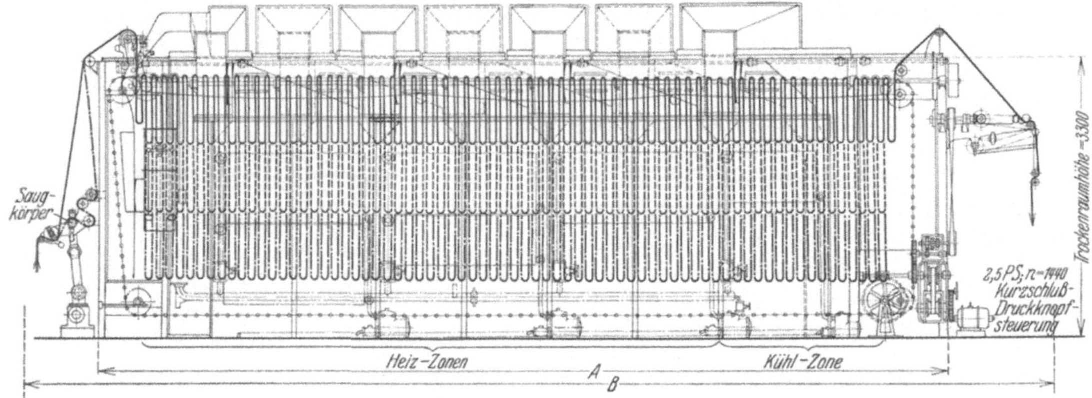

Abb. 17. Hängetrockner. Längsschnitt.

und Ausrollung. Die Faltenbildung geschieht links oben am Eintritt in den Kasten und wird durch eine Lufteinblasedüse begünstigt, welche die einzelnen Warenhängen in der gewünschten Länge nach unten ausbildet. Wie aus Abb. 17 hervorgeht, können drei verschieden lange Warenhängen erzeugt werden, die längsten für feste Waren, die kürzesten für empfindliche Kunstseideprodukte wie Crêpes. Es kann dann das Eigengewicht der niederhängenden Warenschleife nicht störend wirken. Die Mengenleistung wird durch vergrößerte Warengeschwindigkeit ausgeglichen, welche ein 10stufiges Vorgelege mit Motor liefert. Diese Einrichtung kommt auch in Anwendung für die verschiedenen Warengattungen mit veränderlichen Feuchtigkeiten. Um die Auflagestellen der Ware auf den Stäben sowie die unteren Schleifenenden zu trocknen, werden die Stäbe zeitweilig und selbsttätig fortgedreht, was gewöhnlich im ersten Drittel der Maschine geschieht, wobei der Ware die meiste Feuchtigkeit entzogen wird. Die beiden übrigen Drittel durchwandern die Stäbe ohne Drehung. Das Ausrollen der Ware geschieht am rechten Ende der Maschine (siehe Abb. 17), wo ein Faltenleger die trockene Warenbahn auf einen untergesetzten Transportwagen ablegt.

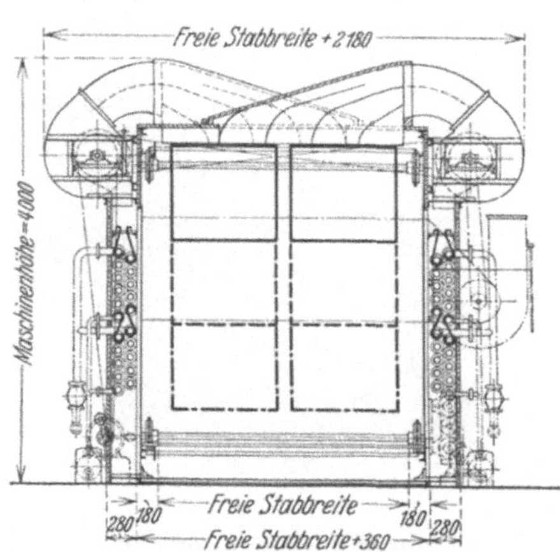

Abb. 18. Hängetrockner. Querschnitt.

Das Ausrollen stärker appretierter Waren wird knitterfrei durchgeführt durch eine in der letzten Warenschleife auf- und absteigende Rolle, um welche sich die Ware schmiegt. Die Warmlufterzeugung wird aus Abb. 18 ersichtlich. Hier sind an den Seiten Heizflächen (dampfgeheizte Rohre) angebracht, über welche die Ventilatoren die Luft blasen und sie erhitzt durch die Warenschleifen treiben, um sie an der Decke des Trockenraumes wieder anzusaugen und erneut in den Kreislauf zurückzuführen. Diese Warmluftströme sind verschieden temperiert, und zwar so, daß am Wareneingang die heißeste Luft mit der nässesten Ware, am Ausgang nur mäßig warme Luft mit der fast trockenen Ware in Berührung kommt. Diese Warmluftumwälzung, verbunden mit der Absaugung der völlig gesättigten Luft, ergibt eine trockene Ware von hoher Elastizität und voluminösem Charakter, wobei zugleich der Seifengeruch von der Wäsche vollkommen entfernt ist.

Abb. 19. Sauglufttrockner. Ansicht.

Zur Beurteilung der Leistungsfähigkeit kann gelten, daß auf 30 m² Grundfläche in 10 Stunden 4000 kg trockene Ware (von 62% mitgebrachter Feuchtigkeit) geliefert werden. Zur Verdampfung von 1 kg Wasser in der Ware sind ca. 1,4 kg Dampf erforderlich; der Kraftverbrauch beträgt 7,5 PS, an Bedienung sind etwa 3 Mann erforderlich.

Zu den besonders schwierig zu trocknenden kunstseidenen Waren gehören die Crêpe-Arten, wie Crêpe de chine, Crêpe marocain usw. Sie erlangen ihre beste Beschaffenheit, wenn sie ohne jede Spannung nach ihrer Länge und Breite trocknen, also einschrumpfen können. Die Warmluft muß hierbei in gleichmäßigem Strom das Gewebe schonend ohne Stoß durchdringen. Hierdurch wird das Flattern der Gewebebahn und die Bildung von Falten und Runzeln vermieden. Auf diesen Grundgedanken fußt das System Buthion, welches in der Seidenindustrie Lyons seit 2 Jahren in Benutzung ist. Die Firma C. H. Weisbach, Maschinenfabrik, in Chemnitz baut diese Maschinen unter der Bezeichnung Sauglufttrockner.

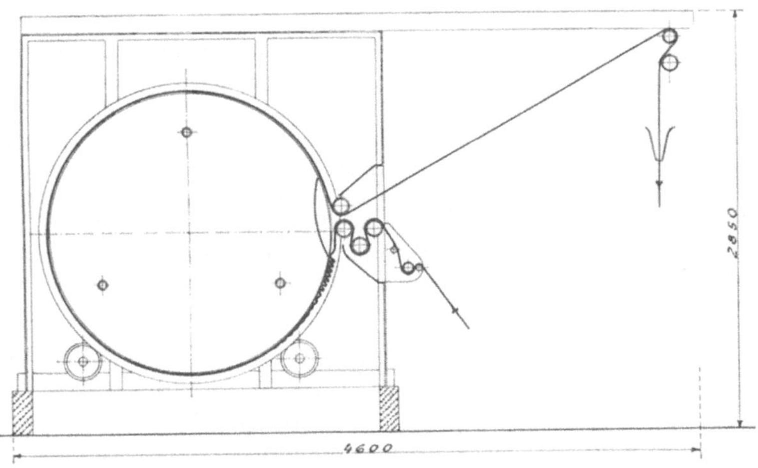

Breite: 2600 + Trommelbreite.

Abb. 20. Sauglufttrockner. Schnitt.

Abb. 19 zeigt den Trockner in Außenansicht mit dem Warenein- und -auslaß auf derselben Seite des Trockenschrankes, bequem für die Bedienung. Links im Vordergrund ist der Ventilator sichtbar, welcher die Umwälzung der Warmluft durch die Ware bewirkt.

Abb. 20 ist ein Querschnitt, aus welchem die innere Einrichtung hervorgeht. Diese besteht in der Hauptsache aus einem durchlochten Blechmantel, der vom Umfange her in langsame Drehung versetzt wird. Der Trommelmantel ist mit einer Auflage von durchlässigem Canvasgewebe versehen. Auf diesen Trommelmantel läuft die nasse Ware über die Einführorgane von unten rechts herauf und wandert mit fort, bis sie sich oben rechts vom Trommelumfang löst und aus dem Trockenschrank austritt, wo sie von einem Abfacher in Falten abgelegt wird.

Der Ventilator saugt aus dem Inneren des gelochten Trommelmantels die Luft heraus und bläst sie über dampfgeheizte Flächen erwärmt auf die nasse Ware, durchdringt sie und kehrt durch das Innere der Trommel wieder zum Ventilator zurück. Es entsteht demnach ein völliger Luftkreislauf, der ein Umspülen der Fäden des Gewebes von allen Seiten gewährleistet. Das Gewebe kann sich bei der Trocknung, seiner Schrumpfung entsprechend, nach Länge und Breite zusammenziehen, da es nur lose auf dem Trommelumfang aufliegt. Sowohl an der Anlauf- wie Ablaufstelle des Gewebes ist je ein Streifen der Lochung abgedeckt, so daß hier keine Saugwirkung stattfindet. Dies bewirkt, daß sich die nasse Ware bequem und faltenfrei auflegen kann und am Austritt leicht ablöst, also kein Längszug entsteht. Um Gewebe verschiedener Breite unter Saugwirkung nehmen zu können, befinden sich im Inneren der gelochten Hohltrommel zwei Böden, die durch 3 Gewindespindeln auf die jeweilige Warenbreite einstellbar sind. Die am meisten mit Wasser gesättigte Warmluft wird durch ein Rohr abgeblasen; der übrige Teil kehrt in den Kreislauf zurück. Die Warmlufttemperaturen sind hier niedrig gehalten, es kommen aber große Luftmengen zur Anwendung, so daß der Endeffekt dem Trocknen der Seidenwaren in Trockenkammern mit Zimmertemperatur gleichkommt.

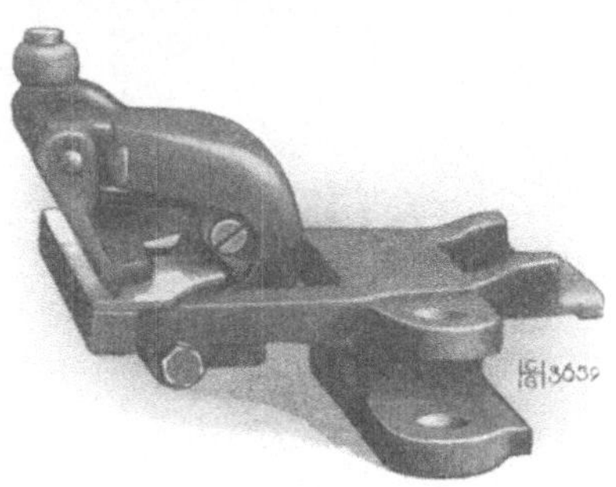

Abb. 21. Kunstseidenkluppe Haubold.

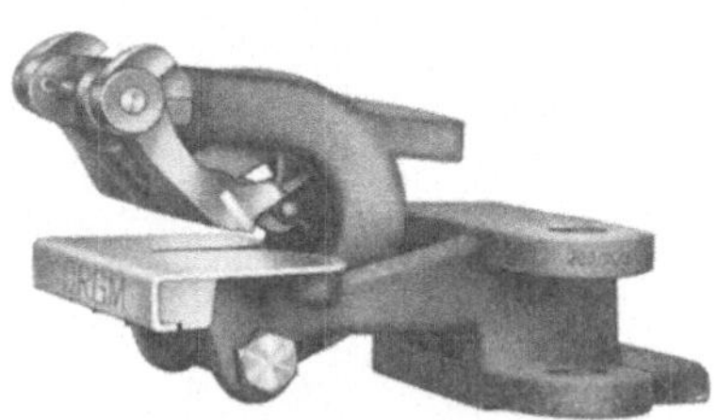

Abb. 21a. Kunstseidenkluppe Weisbach.

6. Die Spann- und Trockenmaschinen für Kunstseide.

Allgemeines. Diese Maschinen und wichtige Einzelteile derselben sind durch die inzwischen gewonnenen Erfahrungen weitgehend verbessert worden.

Die für Kunstseide erforderliche Spannkluppe zeichnet sich im allgemeinen durch eine ganz schmale, fast schneidenartige Greiffläche aus. Hierdurch wird die Warenkante gut festgehalten und getrocknet, und die Beanspruchung der Ware ist am geringsten. Die Auflageplatte besteht meist aus einem rostfreien Spezialstahl, der außerdem fast keine Abnützung erfährt. Um ganz leichtes Ablösen der empfindlichen Ware an der Öffnungsstelle von der Kluppe zu erzielen, ist das ganze Oberteil mit seinen Greifbacken zurückklappbar ausgeführt.

In Abb. 21 ist eine solche Ausführung nach C. G. Haubold A.-G. in Chemnitz und in Abb. 21a eine Kluppe der Firma C. H. Weisbach, Chemnitz, dargestellt. Beide sind bestimmt für Maschinen mit horizontalem Kettenlauf, also Planrahmen. Bei Etagenmaschinen, also solchen mit je einem hin- und einem hergehenden Warenlauf übereinander, kommen Spannkluppen mit Nadelleisten oder solche mit Fiberbelag an den Greifflächen in Anwendung. Die Einlaßfelder der Maschinen sind lang und konisch hergestellt, um ein ganz allmähliches und schonendes Ausbreiten der empfindlichen Kunstseideware zu erzielen und diese dann in den Spannfeldern auf feste Breite zu trocknen. Die Wärmezufuhr an die Ware kann durch Gas- oder Rippenheizrohre mit Dampf- bzw. mit Warmluftheizung durch Ventilator und Kalorifer erfolgen. Vielfach ist es üblich, gedämpfte Waren mit Rippenheizrohren, appretierte Waren mit Warmluftzufuhr und eingespritzte Waren (zwecks Beschwerung) mit Gasheizung zu trocknen. Die Einführvorrichtungen für die empfindlichen Kunstseidewaren sind vorwiegend mit angetriebe-

Abb. 22. Spannmaschine. Ansicht.

nen Ausbreiteorganen versehen, um keinen störenden Längszug in das Warenstück zu bringen. Von den verschiedenen Ausführungen der Spann- und Trockenmaschinen für kunstseidene Waren zeigen die folgenden Abbildungen und Beschreibungen einige Grundformen, die sich bewährt haben.

Für kunstseidene Gewebe führt die Firma C. H. Weisbach in Chemnitz eine **Spannmaschine** nach Abb. 22 aus. Sie besitzt außer selbsttätig elektrischer Wareneinführung in die Tasterkluppenteile ein konisches Einführfeld, welches die Ware in den Trockenraum der Maschine mit 2 Etagen und 4 Feldern bringt. In diesem Raum wird die Ware durch eine doppelte Warmluftzuführung getrocknet. Bei ihrem Austritt, der in bequemer Höhe unter dem Einlaßfeld erfolgt, kann sie aufgerollt bzw. abgefacht werden.

Der schematische Verlauf der Ware von ihrem Einlaß bis zur fertigen Aufrollung für eine 3-Felder-Maschine ist in Abb. 23 aus der stark ausgezeichneten Linie ersichtlich.

Für kunstseidene Wirkwaren, wie Kettenstuhlwaren in Atlasbindung, Milaneseware und Rundstuhlschlauchware mit Laufnähten, baut die Firma Weisbach eine **Spezialmaschine** nach Abb. 24.

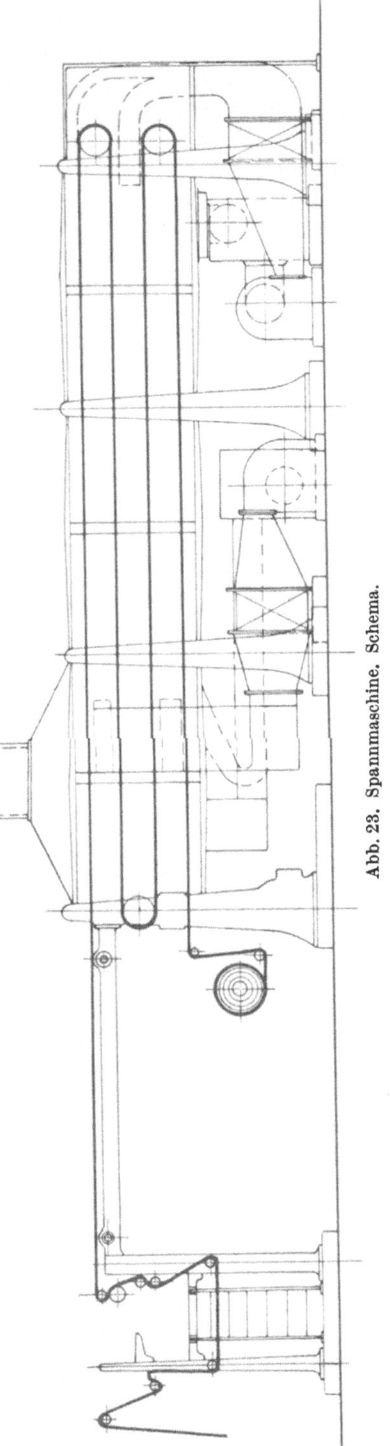

Abb. 23. Spannmaschine. Schema.

Die Behandlung wurde bisher vielfach noch auf dem Handrahmen ausgeübt. Um dem angestrebten Warencharakter gerecht zu werden, damit also die Maschen nicht verzerrt werden, muß die Spannung so erfolgen, daß Plattdrücken des Maschenkornes und Speckglanz auf der Ware vermieden wird, außerdem ein schöner Fall in der Falte bei Verarbeitung gesichert ist. Die Konstruktion vereinigt die Vorteile des Handrahmens mit denen der kontinuierlichen Spannmaschine. Zum Halten der Ware an den Rändern dient eine Nadelkette, deren Nadeln aus Nirostastahl ausgeführt werden. Die Kette führt die Ware über ein langes konisches Einlaßfeld in einen kurzen Trockenraum ein. Hier wird die Ware in 2 Etagen und einem unteren Rücklauf getrocknet, worauf sie (siehe Abb. 25) rechts austritt und nach oben zu einer Abzugswalze geht, die sie aus der Maschine fördert. Als Trockenmittel ist Warmluft vorgesehen, die über der Maschine mit Ventilator und Kalorifer erzeugt und durch 3 Blechkanäle zwischen die Warenbahnen geleitet wird. Der Abzugstutzen, links vom Ventilator, läßt die mit Nässe gesättigte Luft austreten.

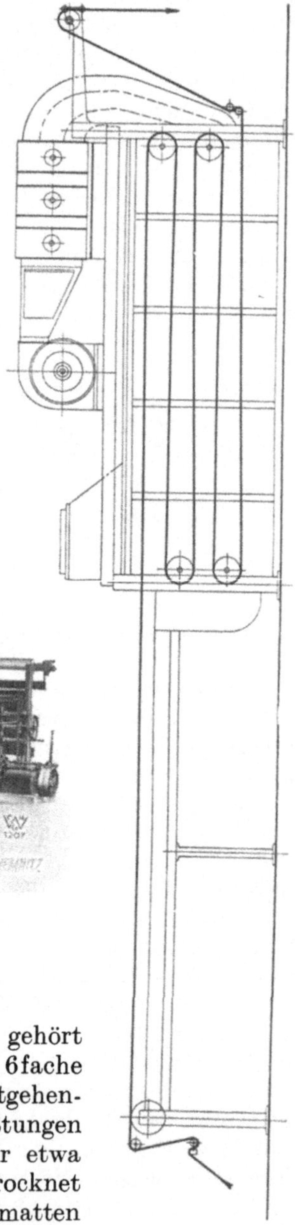

Schließlich ist seitens der Firma C. H. Weisbach in Chemnitz eine Spezialspann- und Trockenmaschine (Abb. 26) konstruiert worden, die als Planrahmen (also horizontaler Kettenlauf) ausgeführt

Abb. 25. Spezialspannmaschine. Schema.

Abb. 24. Spezialspannmaschine.

und mit Sondereinrichtungen versehen ist. Zu letzteren gehört zunächst eine Spezialstärkemaschine am Einlaß, 4- bis 6fache Warmluftheizung je nach Länge der Maschine mit weitgehender Temperaturreglung für die verschiedenen Warengattungen und Kunstseidearten. Um endlich der Ware, die nur etwa drei Viertel auf der eigentlichen Spannmaschine getrocknet wird, noch weichen Griff und einen gewissen Finish (matten Glanz) zu geben, ist am Ende eine Nachtrockentrommel mit umgebendem Filzläufer angeordnet. Die Ware läuft hierbei zwischen Trockentrommelmantel und Filz, wobei sie das letzte Viertel ihrer Feuchtigkeit verliert und hierbei die eben erwähnten wertvollen Eigenschaften bekommt. Über Abzugwalze und Faltenleger tritt die Ware dann aus der Maschine heraus.

Die Abb. 26a zeigt eine Sonderbauart einer Seidenspannmaschine von C. G. Haubold A.-G. in Chemnitz. Diese Maschine besitzt eine Einrichtung für das Trocknen der Warenkanten am Einlaß und eine Schußfadengeradezieh-Vorrichtung. Diese wird nötig für Webmuster wie Karo oder schottische Muster. Die Einrichtung gestattet, während des Laufes der Ware die eine Warenkante periodisch zurückzuhalten, so daß der Schußfaden immer genau rechtwinklig zur Warenkante liegt. Das Musterbild wird hierdurch, wie gewünscht, rechtwinklig.

Abb. 26. Spezialspann- und Trockenmaschine.

Die Trocknung der Ware erfolgt hierbei vorwiegend mit Gasheizung. Der Kettenlauf erfolgt in vertikaler Ebene, hierfür sind Spezialkluppen mit Fiberbelag vorgesehen; am Ende der Maschine befindet sich ein stählerner, mit Dampf geheizter Nachtrockenzylinder.

Abb. 26a. Sonderbau Seidenspannmaschine.

Für Kettenwirkwaren, speziell Charmeuse, baut die Firma Haubold die Spezialtype einer Spannrahm- und Trockenmaschine, wie sie Abb. 26b zeigt. Auf dieser ist (linke Bildseite) die hochgelegene Einführstelle ersichtlich. Hier wird die Wirkware mit einer patentierten Einlaßvorrichtung, die aus drei angetriebenen Breithaltewalzen besteht, der automatischen Wareneinführung übergeben. Zugleich befindet sich hier eine patentierte Ausrollvorrichtung für die Warenkante, die bei den sich einrollenden Kanten der Wirkwaren nötig ist. Diese automatische Wareneinführung wird durch Druckluft betätigt, welche einen Hauptnachteil der elektrischen Einführung, die Kontaktfunkenbildung, vermeidet. Da die Maschine mit einer Nadelgliederkette versehen wird, wie sie für derartige elastische Waren erprobt ist, wird noch eine Sondervorrichtung eingebaut, um die Warenkante vor dem Aufnadeln zu strecken und damit sicher

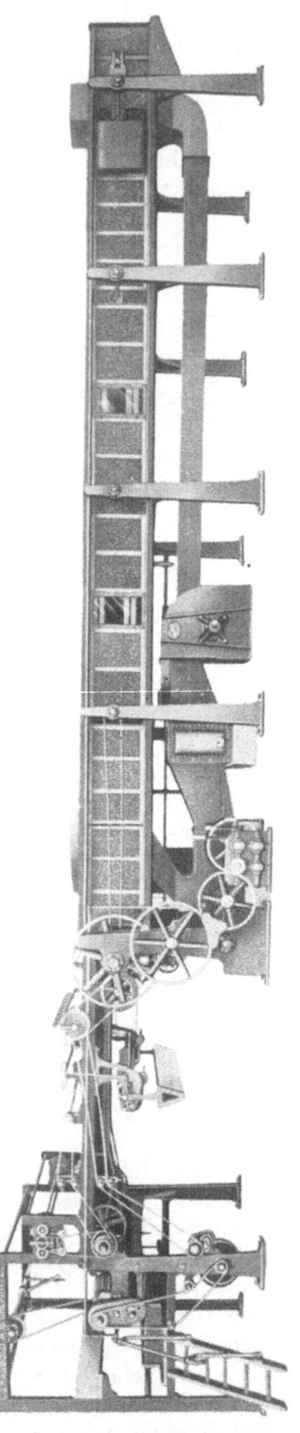

Abb. 26b. Spannmaschine für Wirkwaren.

und bogenfrei auf die Nadeln aufzustecken. Ein Abfallen der Ware von den Nadeln beim Rücklauf kann nicht stattfinden, da auch hier eine Sonderausführung der Nadelkluppe gewählt wird. Von der automatischen Einführvorrichtung geht die Ware durch das Einlaßfeld in 4 Trockenfelder, wo die Ware mit vertikaler Kluppenkette in einer Etage durchgeführt wird. Um verschiedene Warengeschwindigkeiten nach dem Warencharakter einhalten zu können, ist ein Spezialräderkasten für 8 Geschwindigkeiten angeordnet. Dies ist auch für die Leistung der Maschine zweckmäßig; leichte Waren können schneller, schwere langsamer bei gleichem Trockeneffekt die Maschine passieren.

Abb. 26c. Veredlungsmaschine.

Die Beheizung geschieht durch Warmluft, wie sie durch einen Lamellenheizkörper unterhalb der Maschine erzeugt und der Maschine zugeführt wird. In den Wänden der Trockenraumabgrenzung sind Fenster eingebaut, die den Warengang zwecks Kontrolle beobachten lassen.

Veredlungsmaschine für kunstseidene Wirkwaren. Um solche Wirkwaren, in Schlauchform, zum Schluß mit Mattglanz und Griff zu versehen, empfiehlt es sich, die Ware jeder Berührung geheizter Metallflächen zu entziehen und sie zwischen zwei geheizten Filzen zu behandeln. Diesem Zwecke dient vorstehende Maschine, wie sie von der Firma C. G. Haubold A. G. in Chemnitz gebaut wird. In Abb. 26c kommt die Ware durch die Einlaßorgane (evtl. für 3 Warenbreiten eingerichtet) über einen Dämpfer, der die Ware schwach feuchtet, somit für die Preßwirkung der Filze nachgiebig macht. Der eine endlose Filz umspannt einen großen und dampfgeheizten Stahlzylinder und wird durch Leitwalzen im weiteren Laufe geführt. Auf ihm liegt die Ware, die durch einen zweiten endlosen Filz abgedeckt und aufgepreßt wird. Zu diesem Zweck besitzt dieser Filz Leit- und federnde Anpreßwalzen, von denen die erste beim Wareneingang ebenfalls dampfgeheizt ist. Durch diese weiche Pressung der schwach gedämpften Ware zwischen den geheizten Filzen erhält diese eine vollendete Schlußausrüstung, wobei an den Seiten der Schlauchware kein Bruch auftritt.

Weitere Behandlungsmaschinen für Schlauchware finden sich in der ersten Auflage dieses Buches, S. 251 bis 254.

7. Ausrüstung von kunstseidenen Stückwaren.

Der wichtigste Vertreter dieser Warengattung ist der kunstseidene Strumpf. Für die große Herstellungsmenge sind die Behandlungsverfahren nunmehr stark mechanisiert und die Handarbeit entsprechend eingeschränkt worden.

Nach dem Waschen und Schleudern kommt der Strumpf zum Färben. Hierbei gilt es, außer Fleckenreinheit namentlich auch völlige Gleichheit im Farbton selbst für große Partien zu erzielen. Wichtig ist ebenfalls, eine gute Durchfärbung der Nähte herbeizuführen, wie sie ja die Qualitätsstrümpfe besitzen, die

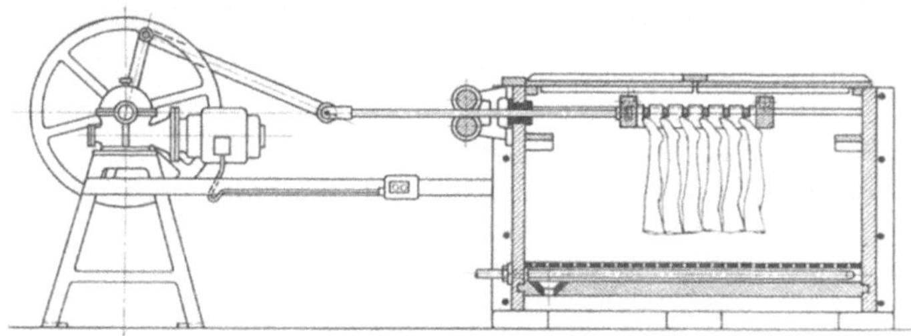

Abb. 27. Strumpffärbemaschine.

auf der Kottonmaschine gewirkt werden. Unter den Maschinen, welche beide Ziele voll erreichen, ist eine Strumpffärbemaschine der Firma Rud. Then in Chemnitz anzuführen. In Abb. 27 ist eine solche Maschine im Längsschnitt durch den Färbetrog dargestellt. Der Trog besitzt an seinem Grunde einen durchlochten Zwischenboden, unter dem ein Dampfrohr zur Flottenerwärmung liegt. Flottenspritzer und direkter Dampf können somit die Ware nicht schädigen. Im oberen Teil ist der Strumpfträger als Wagen ausgebildet, der mit Rädern auf Schienen läuft. Im Rahmen des Wagens sind Kerben angebracht, in welche die Stöcke mit den aufgehängten Strümpfen eingelegt werden. Als Stöcke dienen vielfach gummierte Rohre; sie sind gegen alle Flotten beständig und bleiben dauernd gerade im Gegensatz zu Holzstöcken. Der Wagen mit den eingelegten und mit Strümpfen behängten Stöcken wird durch eine Zugstange hin und her bewegt, wobei die Strümpfe in der Flotte umgezogen und gleichmäßig durchgefärbt werden. Die Bewegung der Zugstange erfolgt durch Schubstange und Kurbeltrieb. Letzterer wird vielfach durch Elektromotor mit Druckknopfsteuerung in Bewegung gesetzt. Um den Dampfverbrauch zur Flottenerwärmung niedrig zu halten, ist der Trog oben abgedeckt, was zugleich nebelfreie Arbeitsräume ergibt. Zur Beurteilung der Leistungsfähigkeit gilt: 4 bis 5 Partien in 9 Stunden, die Partie zu 20 bis 100 Dutzend gerechnet. Die Apparategröße bestimmt sich dann aus der Zahl der Aufhängestöcke, von denen jeder 3 bis 4 Dutzend Strümpfe aufnimmt. Der Kraftverbrauch schwankt für die gebauten Modelle zwischen 0,5 bis 1,5 PS. Je zwei Apparate können von einem Arbeiter bedient werden, was einer guten Lohnersparnis entspricht. Für die Farbtröge ist Ausführung mit Porzellantrog und Nikelinarmatur oder Pitchpineholz in Anwendung.

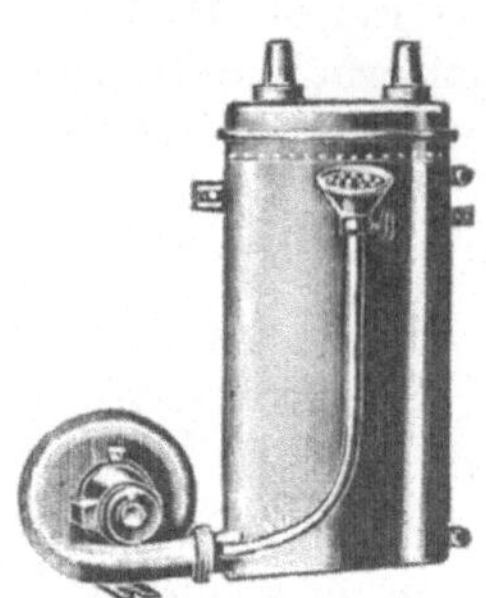

Abb. 28. Mustertrockenapparat.

Die Farbtonbeurteilung. Für die Beurteilung des Farbtones im *trockenen* Zustand wird mitunter eine Probe der gefärbten Stücke entnommen, rasch getrocknet auf dampfgeheizten Flächen und hiernach entschieden, ob die Nuance richtig ist. Das gilt sowohl von Stückware als Garnsträngen bzw. losen Körpern wie Stückabfällen.

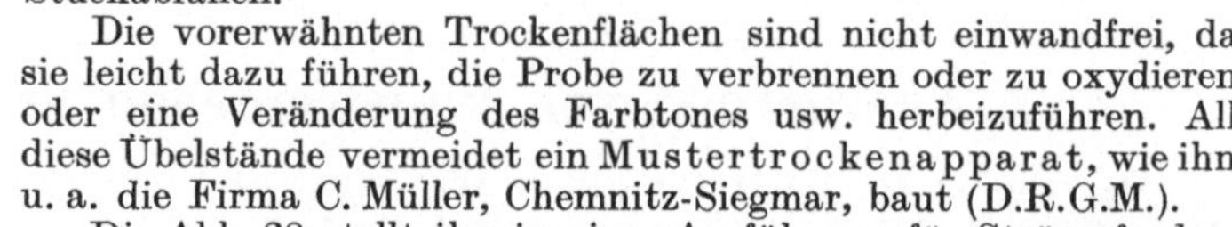

Die vorerwähnten Trockenflächen sind nicht einwandfrei, da sie leicht dazu führen, die Probe zu verbrennen oder zu oxydieren oder eine Veränderung des Farbtones usw. herbeizuführen. All diese Übelstände vermeidet ein *Mustertrockenapparat*, wie ihn u. a. die Firma C. Müller, Chemnitz-Siegmar, baut (D.R.G.M.).

Die Abb. 28 stellt ihn in einer Ausführung für Strümpfe dar. Der gefärbte Probestrumpf wird ausgewrungen und auf den Apparat aufgesteckt. Ein kleiner Ventilator bläst Heißluft in das Innere des Strumpfes und trocknet ihn in einer halben Minute. So kann in kürzester Zeit die Beurteilung der Farbnuance erfolgen und die Färbedauer der übrigen Partie hiernach geregelt werden.

8. Das Drucken kunstseidener Stoffe.

Die Herstellung von Zeugdruck, auf Baumwolle und Wolle schon lange üblich, findet auch sehr stark Anwendung auf kunstseidene Waren.

Das Bedrucken der Waren gestattet ja zunächst die Verwendung einer großen Zahl von Farben und wirkt daher sehr belebend auf die Warenfläche. Das Druckmuster, welches in dem Druckstock (als solcher beim Handdruck und den Perrotinen benutzt, als Walze bei den Walzendruckmaschinen) festgelegt ist, läßt die verschiedenste Farbenzusammenstellung zu. Hierdurch lassen sich die Kosten für das Druckmuster auf eine große Zahl von Waren verteilen, die sich alle in der Farbenzusammenstellung unterscheiden, das Muster aber gemeinsam haben. Infolgedessen ist der Zeugdruck der Buntweberei überlegen, welche die Musterung umständlicher durch verschieden bunte Kett- und Schußfäden und deren Bindung hervorbringt. Der *Spritzdruck* (siehe später), der ein getüpfeltes Muster darstellt, läßt sich webtechnisch kaum konkurrenzfähig ersetzen.

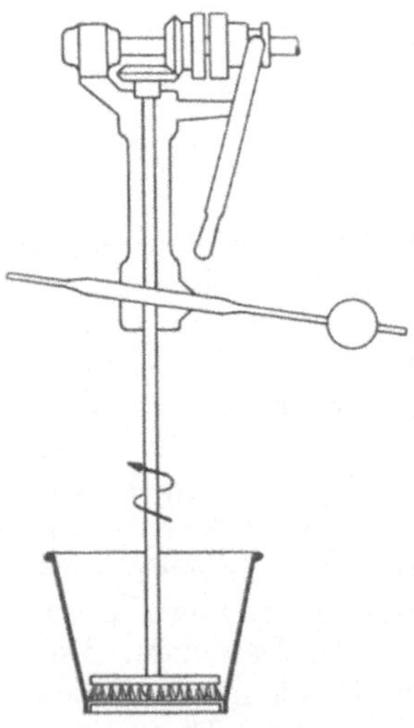

Abb. 29. Farbensiebmaschine.

Das Material, auf welches gedruckt wird, ist entweder reine Kunstseide oder oft auch Halbseide; d. h. es enthält Baumwolle. Solche Waren sind für Hemdenstoffe in ausgedehnter Anwendung, wobei die Kette des Gewebes meist Baumwolle, der Schuß Kunstseide ist.

Für den Muster gebenden Druckstock kommen zwei Ausführungsarten in Anwendung.

Reliefdruck: die Musterlinien stehen *erhaben* über einer Grundfläche, die Farbe haftet an der Oberfläche der Musterlinien.

Tiefdruck: das Muster ist in die Druckwalze *vertieft* eingraviert und diese Vertiefung ist mit der verdickten Druckfarbe völlig ausgefüllt. Die Oberfläche der Walze ist durch Schaber von Farbe völlig rein zu halten. Die Musterwalze drückt die Ware auf eine große Gegenwalze (Presseur, siehe später), welche mit einem weichen Stoffbezug versehen ist, der kissenartig wirkt. Hierbei wird der Farbteil aus der Vertiefung der Musterwalze von der Ware ausgesaugt und haftet auf dieser.

Ätzdruck. Gilt es, in eine uni gefärbte Warenfläche nur kleine andersfarbige Muster anzubringen, so werden Ätzmittel von der Musterwalze aufgedruckt,

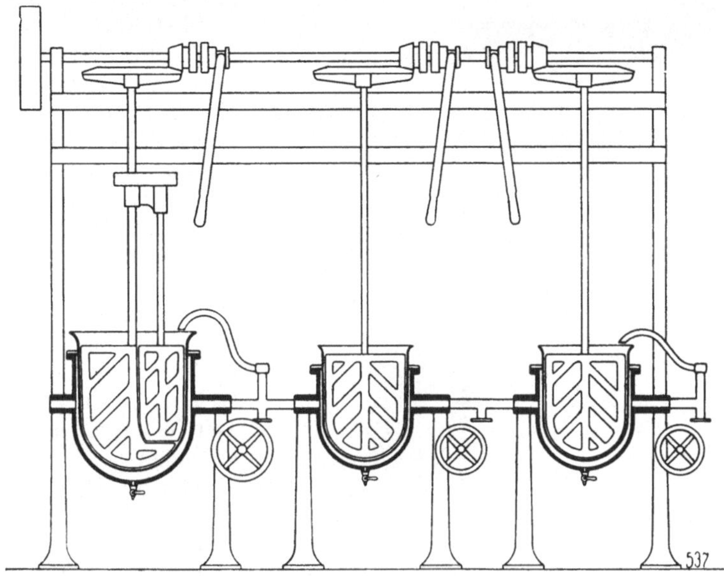

Abb. 30. Farbkochbatterie.

welche die Grundfarbe des uni gefärbten Stückes ausbleichen. Dies findet Anwendung für Punkt- und Strichmuster, bei denen sich die Muster vorwiegend hell vom dunklen uni-Grund abheben.

Spritzdruck. Zarte, getüpfelte Farbtönungen lassen sich erzielen durch Zerstäuben der Druckfarbe mit Spritzpistole und Druckluft. Die feinst verteilten Farbtröpfchen fallen auf die Warenfläche nieder und trocknen ein.

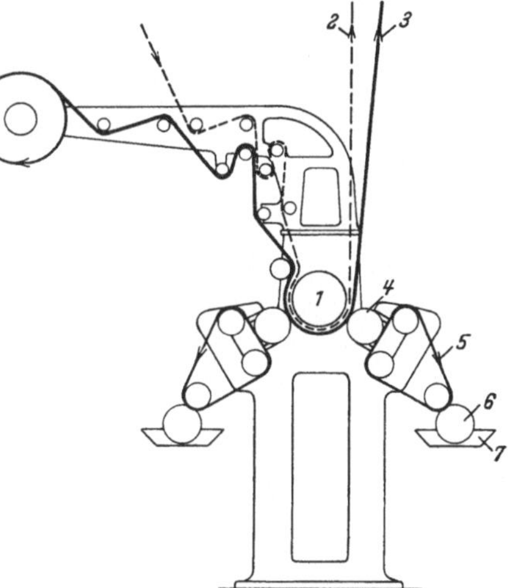

Abb. 31. Zweifarben-Walzendruckmaschine. Schema.

Während Handdruck und Perrotinendruck relativ wenig Anwendung findet, ist die Verwendung von Walzendruck fast allgemein, da er große Warenmengen schnell und billig liefert. Es soll daher bei den folgenden Ausführungen nur der Walzendruck auf Maschinen betrachtet werden.

Vorbereitung der Farbe. Diese soll hier nur ganz kurz gestreift werden, da sie relativ einfach durchgeführt wird. Die von den chemischen Fabriken kommenden Farbpulver werden in gut trockenem Zustand gemahlen und gesiebt. Die Firma Franz Zimmers Erben in Zittau-Warnsdorf baut zu diesem Zwecke Farbsiebmaschinen, wie sie Abb. 29 zeigt. Das feinst zerteilte Farbmaterial wird, unter Zusatz der erforderlichen Lösungs- und Verdickungsmittel in doppelwandigen und mit Dampf geheizten Kesseln aufgekocht (Abb. 30). Hierbei sorgen Rührflügel für gleichmäßige Durcharbeitung der gesamten Einsatzmenge. Nach Fertigstellung wird diese gekühlt und den Druckmaschinen zugetragen.

Abb. 32. Zweifarben-Walzendruckmaschine. Ansicht.

Die Walzendruckmaschinen. Die Abb. 31 bis 38 sind Abbildungen von Maschinen der Firma Franz Zimmers Erben, Zittau-Warnsdorf.

Die Reliefdruckmaschine. Die Abb. 31 zeigt eine schematische Darstellung einer solchen Maschine. Hierin ist *1* eine Trommel (Presseur), welche als Auflage für das Mitläufergewebe *2* und der daraufliegenden Ware *3* dient, welche bedruckt werden soll. Der Mitläufer soll das Durchschlagen von Farbe auf der Rückseite der Ware verhüten. Die Reliefdruckwalze *4* empfängt ihren Auftrag von dem Farbband *5*, dem die Farbe durch die Antragwalze *6* aus dem Farbschiff *7* zugeteilt wird. Links in der Abbildung sind dieselben Konstruktionsteile *4* bis *7* nochmals vorhanden, handelt es sich um eine Zweifarben-Reliefdruckmaschine, wie sie Abb. 32 in voller Ansicht zeigt.

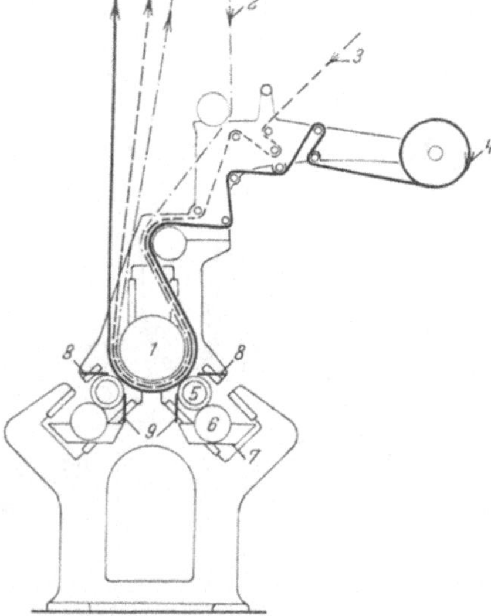

Abb. 33. Zweifarben-Tiefdruckmaschine. Schema.

Die Tiefdruckmaschine. Eine schematische Darstellung gibt Abb. 33. Hier bedeutet *1* den Presseur (siehe Abb. 31), *2* ist das Drucktuch, ein endloses elastisches Spezialgewebe, welches als Kissen dient; *3* ist der Mitläufer (siehe Abb. 31) und *4* die zu bedruckende Ware. *5* ist die tiefgravierte Musterwalze, *6* die Farbantragwalze, welche die Farbe aus dem Schiff *7* fördert und an *5* überträgt. Zuweilen wird *6* durch eine rotierende Auftragbürste ersetzt. *8* ist ein Rackel oder Streichmesser, welches die Pastenfarbe in die Gravierungen der Musterwalze eindrückt und die Oberfläche von *5* rein von Farbe hält, *9* ein Abstreifmesser, das in axialer Richtung von *5* hin- und hergeht (changiert) und den Zweck hat, Unreinigkeiten, die die Ware mitbrachte, abzustreifen und zu hindern, daß sie an die Antragwalze *6* oder in den Farbtrog *7* gelangen. Auch hier handelt es sich um eine Zweifarben-Druckmaschine. Die Abb. 34 zeigt die Maschine in Ansicht mit Antrieb durch Elektromotor und Vorgelege für langsamen und schnellen Gang.

Abb. 34. Zweifarben-Tiefdruckmaschine. Ansicht.

9. Allgemeines über den Druckvorgang der Walzendruckmaschine.

Um die Zeichnung des zu druckenden Musters genau einzuhalten, was bei großer Anzahl der Farben schwierig ist, sind folgende Grundregeln einzuhalten.

Damit die Musterwalzen nicht auf der Ware rutschen können und das Muster verwischen, sind sie zunächst durch Hebel oder Spindeln auf die Ware und die darunterliegenden Teile, wie Mitläufer, Drucktuch und Presseur angepreßt. Angetrieben sind die Musterwalzen, die somit die Ware, Mitläufer, Drucktuch und Presseur mitnehmen; der letztere ist nicht angetrieben, sondern wird vom Warengang geschleppt. Hierdurch und mittels vielfacher Verstellbarkeit der Musterwalze wird es möglich, einen klaren und scharfen Druck durchzuführen.

Abb. 35. Zehnfarben-Tiefdruckmaschine. Ansicht.

Die Anzahl der gleichzeitig zu druckenden Farben ist verschieden; so zeigt z. B. die Abb. 35 eine *Walzendruckmaschine für 10 Farben*. Mit der Anzahl der Farben wächst natürlich der benötigte Umfang des Presseurs und die Maschinengröße im ganzen.

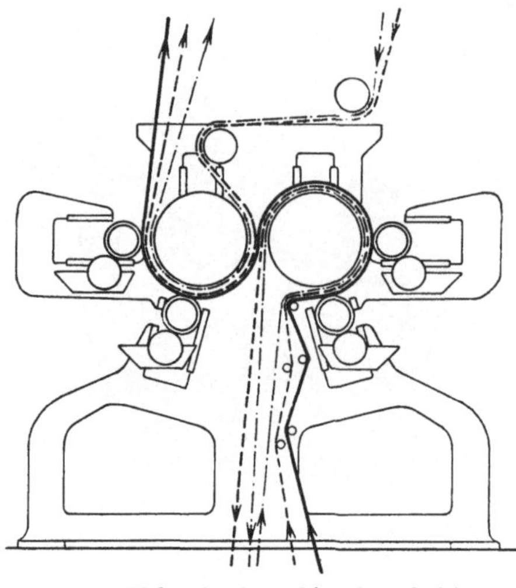

Abb. 36. Walzendruckmaschine doppelseitig. Schema.

Während die bisher beschriebenen Maschinen nur die eine Seite einer Ware bedrucken können, zeigt die Abb. 36 die schematische Darstellung einer *Walzendruckmaschine für zweiseitigen Druck*. Wie ersichtlich, werden hier zwei Presseure erforderlich. So wird z. B. am rechten Presseur die Vorderseite, am linken Presseur die Rückseite bedruckt.

Für die ungestörte Erzeugung von Druckwaren ist es nun nötig, den Lauf des Drucktuches und des Mitläufers so zu sichern, daß sie einwandfrei arbeiten.

In Abb. 37 ist aus der schematischen Darstellung erkenntlich, wie *1* die Walzendruckmaschine für 8 Farben der zu bedruckenden Ware *2* darstellt. Der Mitläufer *3* wandert in die Kammer *5*, wo er durch Warmluft getrocknet wird, damit nicht Farbflecken sich auf das Warenstück übertragen könnten. An solchen Mitläufern ist beim Druck großer Bedarf, da sie nur relativ kurze Zeit verwendbar sind und dann ausgewaschen und getrocknet werden müssen. Es gibt

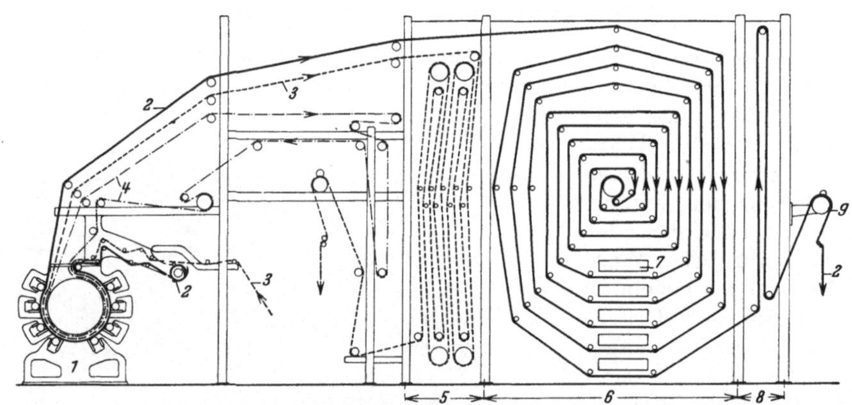

Abb. 37. Walzendruckmaschine mit Trockenmansarde.

jedoch Ausführungen, wo diese Instandsetzung des Mitläufers laufend während des Ganges geschieht. Drucktuch *4* zeigt einen gewundenen Lauf über Leit- und Spannwalzen zur Kontrolle und zur Regulierung.

Die eben bedruckte Ware muß anschließend sofort getrocknet werden, um die verdickte Farbe zu erhärten, damit die lange Warenbahn für die Weiterbehandlung zusammengelegt werden kann. Dies geschieht in der Trockenmansarde *6*, wo die Ware in einer Spirale über Leitwalzen ein- und ausläuft bei Zufuhr von Warmluft, die durch die Schlitze *7* einströmt. Im Raum *8* kühlt die Ware ab und wird durch einen Faltenleger *9* abgelegt.

Die Außenansicht Abb. 38 läßt den gesamten Aufbau erkennen, namentlich auch die Kontrolle der Warenläufe durch die Fenster der Trockenräume.

10. Die Spritzdruckerzeugung.

Handdruck mit Spritzpistole und Schablonen. Dieser Druck bietet die vielseitigsten Möglichkeiten; seine Ausführung geht aus Abb. 39 hervor. Der Drucker hat das Warenstück glatt auf einem leicht beweglichen Tisch vor sich liegen. Er bedeckt es nun mit einer Zinkblechplatte (Schablone oder Silhouette), die Figurenausschnitte zeigt, und besprüht mit der ersten Farbe. Hierauf wird eine zweite Zinkplatte mit einem andersliegenden Ausschnitt, der natürlich dem Gesamtmuster entspricht, auf das inzwischen trockene Warenstück gelegt und nun mit der zweiten Druckfarbe besprüht usw., bis alle Farben aufgetragen sind. Es können so bunte Luxustaschentücher, Lampenschleier, Halsschals und dergleichen aus Kunstseide hergestellt werden.

Abb. 38. Walzendruckmaschine mit Trockenmansarde. Ansicht.

Maschinenspritzdruck für Sondereffekte. Wegen des fortlaufenden Warenganges kann eine Anwendung von Schablonen nicht stattfinden; mithin kann der Maschinendruck auch niemals die Muster des Handdruckes bei den gespritzten Waren erzeugen. Es lassen sich auf der Spritzdruckmaschine von Franz Zimmers Erben A.-G., Zittau-Warnsdorf, Abb. 40, folgende Effekte erzielen:

a) **Einseitiges Färben** eines Gewebelaufes ohne Durchschlagen der Farbe auf die Rückseite. Entsprechend ist es möglich, das Stück umgekehrt durch die Maschine laufen zu lassen und es auf der Rückseite mit einer anderen Farbe zu besprühen wie auf der Vorderseite. Es sind also Waren mit verschiedenfarbiger Vorder- und Rückseite herstellbar, ohne daß ein Farbton den anderen beeinflußt.

b) **Plastisch wirkende Musterungen** lassen sich auf vorgepreßten (gaufrierten) Geweben durch Besprühen herstellen, wenn nach dem Spritzen durch Dämpfen und Waschen die niedergepreßten Stoffteile wieder aufgerichtet werden.

c) **Streifeneffekte** ein- und mehrfarbig auf Warenstücken. Hierbei werden mehrere Spritzdüsen *C* verwendet (Abb. 40).

Die Spritzdruckmaschine Abb. 40 arbeitet in folgender Weise. Von der gebremsten Abwicklung *A* läuft das Warenstück in mehrfach gewundenem Lauf zur Aufwicklung *B*. Dort wickelt es sich auf und wird durch Warmluft getrocknet,

Abb. 39. Spritzdruck von Hand.

die von den Rippenheizrohren *R* aufsteigt. *C* ist die Spritzdüse, die in der Warenbreite verstellbar ist, es können ihrer mehrere angebracht werden.

Die Nachbehandlung besteht in der Hauptsache aus: Dämpfen, Naßbehandlung im breiten Zustande und Breittrocknen. Hierauf evtl. trockene Nachbehandlung auf Kalandern mit ihren verschiedenen Ausrüstungseffekten.

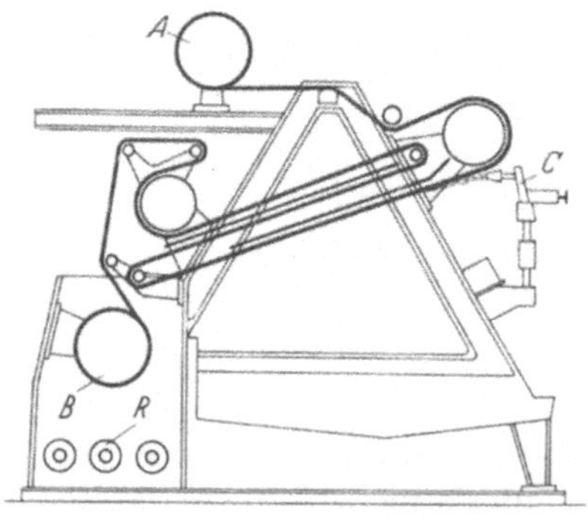

Abb. 40. Spritzdruckmaschine.

11. Das Dämpfen der Druckwaren.

Die Ware wird hier im breiten Gange in kastenartigen Räumen dem Einfluß von gesättigtem Wasserdampf ausgesetzt. Hierbei werden die aufgedruckten Farben auf der Ware gefestigt (fixiert), so daß sie die Naßbehandlung und sonstige Ausrüstung vertragen.

Dämpfapparate. Das am längsten bekannte Modell ist der kontinuierliche Dämpfer nach der Bauart von Mather-Platt. Hierbei tritt die Ware (siehe Abb. 5 Seite 224) von einem Mitläufer getragen durch einen Vorkasten in den eigentlichen Dämpfraum. In diesem steigt sie in langen Schleifen, über Leitwalzen geführt und angetrieben, auf und ab und verläßt ihn wieder durch den Vorkasten. Der Mitläufer trennt sich von ihrem Lauf ab und beide, Mitläufer und Ware, werden durch Zugwalzen und Faltenleger abgelegt. Dieser Apparat, welcher eine große Vollkommenheit besitzt und vorwiegend für Baumwollwaren und dergleichen angewendet wird, ist jedoch wegen der besonderen Eigenart der kunstseidenen Ware (empfindlich gegen Zug im nassen Zustand) jetzt häufig durch den Krostewitz-Dämpfer ersetzt.

Der Spezialdämpfer für Kunstseide nach Dr. Krostewitz zeigt folgende Vorteile:

1. Es sind alle Leitwalzen angetrieben, um Zugwirkung in der empfindlichen Kunstseidenware zu vermeiden, die durch das Mitschleppen nicht angetriebener Walzen entstehen würden.

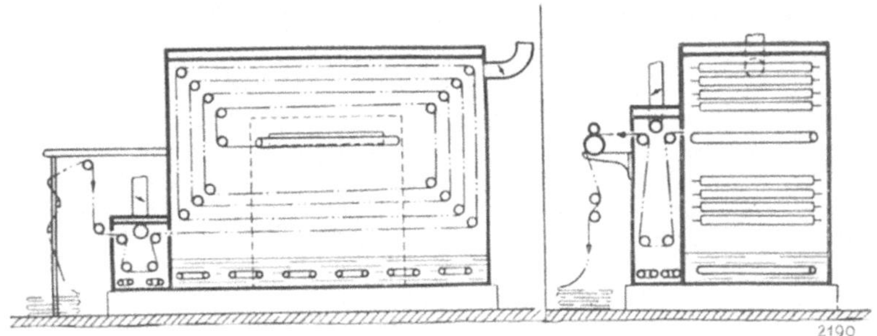

Abb. 41. Krostewitz-Dämpfer. Schema.

2. Die Ware liegt während ihres spiraligen Laufes durch den Dämpfer immer nur mit der unbedruckten Seite auf den Leitwalzen auf. Ein Beschmutzen der Leitwalzen und Übertragung auf die Ware ist somit ausgeschlossen. In Abb. 41

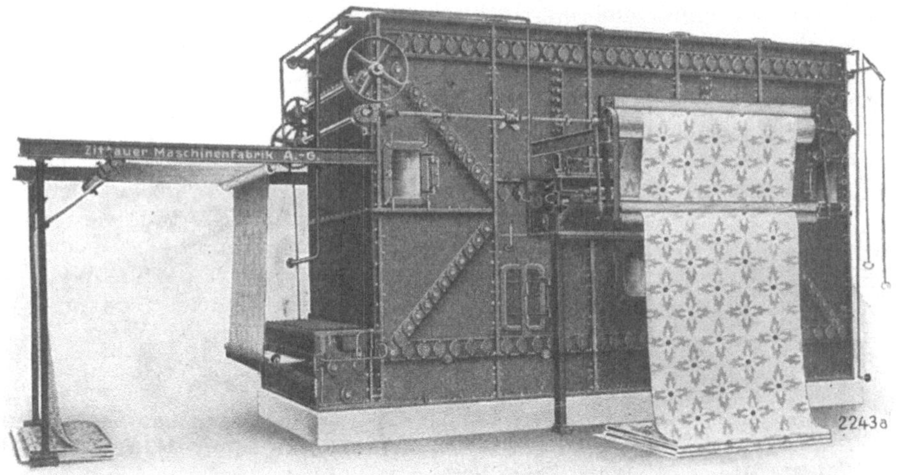

Abb. 42. Krostewitz-Dämpfer. Ansicht.

ist der Dämpfer links im Längsschnitt und rechts im Querschnitt dargestellt, während Abb. 42 eine Außenansicht zeigt. Aus letzterer wird auch erkennbar, wie die Ware an der Seitenwand des Apparates austritt.

12. Das Waschen und Trocknen der bedruckten Ware.

Hierfür kommt fast durchgängig die Behandlung im breiten Stück in Anwendung. Die entsprechenden Breitwaschmaschinen führen das Warenstück durch Tröge über Leitwalzen, wobei die Ware mit den Behandlungsflüssigkeiten in intensive Berührung tritt. Die Flotten in den Trögen können verschieden sein. Beim Übertritt des Warenstückes von einem zum anderen Trog ist jeweils ein Quetschwalzenpaar zur Entnässung vorgesehen. Hierdurch wird die gegenseitige Vermischung der verschiedenen Behandlungsflotten vermieden. Dem Waschen folgt kräftiges Spülen, um alle Reste der Behandlungsflotten zu entfernen.

Anschließend an diese Naßbehandlung erfolgt die Trocknung je nach dem Charakter robuster oder empfindlicher Waren.

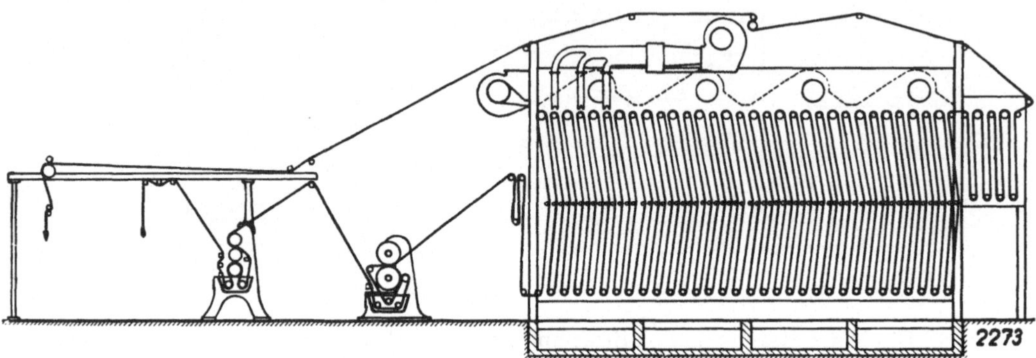

Abb. 43. Heißlufttrockenmaschine (Hotflue). Schema.

Zylindertrockenmaschine mit dampfgeheizten kupfernen Trockentrommeln für ein- oder beidseitige Trocknung der Ware. Die Hitzeeinwirkung ist hier sehr intensiv. Geeignet für zugfeste Waren, die hierbei nicht an den Seitenkanten gefaßt werden.

Heißluft-Trocken- und Oxydationsmaschinen (Hotflues). Man benutzt sie sowohl zum Trocknen als auch zum Oxydieren bedruckter Gewebe, die vorher mit Beizen behandelt worden sind. Zu diesem Zwecke werden zwei Walzenimprägniermaschinen vorgesetzt, die die Ware am Einlaß zunächst passiert, bevor sie in den Warmluftraum eintritt.

Die Hotflues werden sowohl für waagrechten wie senkrechten Gewebelauf gebaut. Bevorzugt werden die letzteren, da sie ungefähr das Dreifache der waagrechten Maschinen liefern.

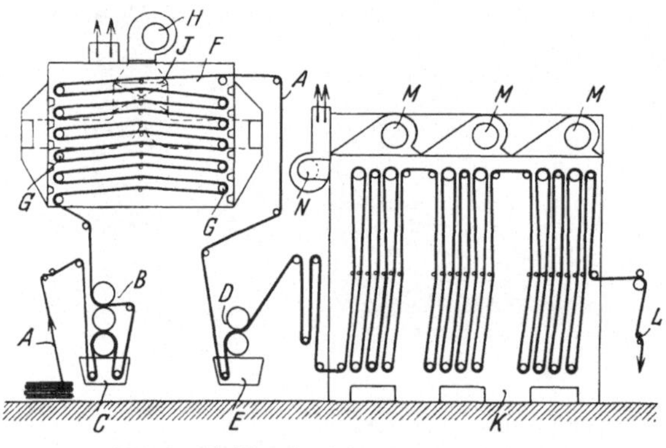

Abb. 44. Hotflue-Spezialausführung. Schema.

Die Abb. 43 zeigt einen schematischen Längsschnitt der vorbeschriebenen Ausführung mit den vorgebauten Walzenimprägniermaschinen. Reichliche Warmluftumwälzung mit guter Regulierfähigkeit und konstruktive Einzelheiten, wie vergummierte Eisenwalzen, tragen der erforderlichen Arbeitsweise Rechnung.

Eine besondere Ausführung zeigt Abb. 44, wo nach der ersten Imprägniermaschine die Ware eine besondere Warmlufttrockenkammer passiert, um ein zweites Mal imprägniert zu werden und dann erst in die Hotflue einzutreten. Die Ware verläßt diese über Zugwalze und Faltenleger, liegt also abgefacht vor.

Ist das Material nach Länge und Breite zugfest genug, so kann auf Spannrahm und Trockenmaschinen unter allseitiger Spannung getrocknet werden (siehe Spannmaschinen). Ob jetzt eine weitere Ausrüstung durch Oberflächenbearbeitung einsetzt oder ob dieselbe als abgeschlossen angesehen werden kann, hängt vom Warencharakter und vom Verwendungszweck der Ware ab.

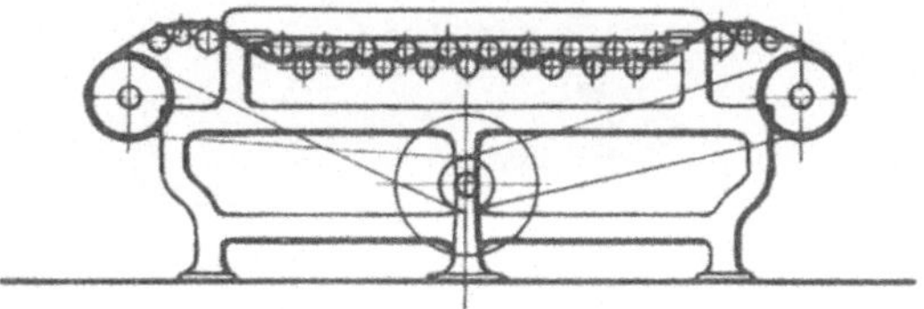

Abb. 45. Appretbrechmaschine. Schema.

Es können hierbei zwei Fehler auftreten:

1. Die Ware ist zu hart als Folge der Appretur mit Stärke und folgende Trocknung. Die Abhilfe geschieht durch das Appretbrechen.

2. Die Ware ist zu schlaff, sie ist unansehnlich und besitzt keinen „Griff". Der Mangel wird behoben durch Behandeln mit Walzendruck durch die Kalander.

Abb. 46. Appretbrechmaschine. Ansicht.

Zu 1. Die Appretbrechmaschine. Aus Abb. 45 wird ersichtlich, wie die zu hart gesteifte Ware zwischen einer oberen und einer unteren Walzenreihe hindurchgeht, und zwar zunächst das ganze Stück nach rechts und dann wieder zurück nach links; oder wiederholt rechts und links. Durch das vielfache Hin- und Herbiegen wird die zu steife Ware weich gemacht. Die Walzen laufen mit ihren Zapfen in Kugellagern, um leichten Gang zu besitzen. Zur Verstärkung ihrer Brechwirkung besitzen die aus Stahlrohr gefertigten Walzen eingeprägte Rundknöpfe. Die gewünschte Weichheit wird sowohl durch die Anzahl der Passagen wie durch engeres oder weiteres Zusammenstellen der Walzenreihen bewirkt. Abb. 46 zeigt die Ausführung der Firma C. H. Weisbach in Chemnitz in voller Ansicht.

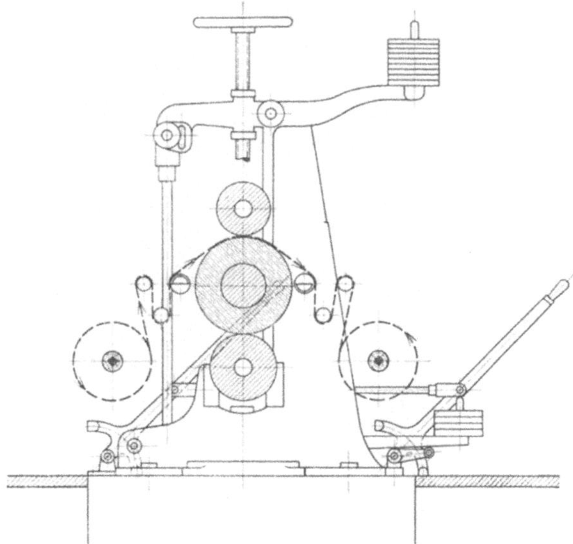

Abb. 47. Drei-Walzen-Kalander. Schema.

13. Das Kalandrieren der kunstseidenen Waren.

Hierunter wird die Behandlung der breiten Ware zwischen Walzen verstanden, die je nach Art und Anzahl der Walzen sowohl eine bestimmte Oberflächenausrüstung (Finish) bewirkt, wie auch eine Tiefenwirkung zur Folge haben kann (Griff).

Drei-Walzen-Spezial-Kalander für Kunstseide. Die Abb. 47 stellt einen solchen nach der Bauart C. G. Haubold A.-G. in Chemnitz dar.

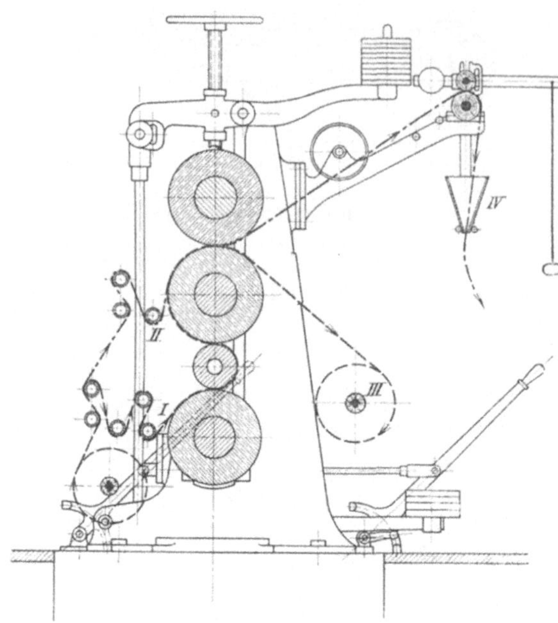

Abb. 48. Vier-Walzen-Kalander. Schema.

Der Kalander hat eine mittlere Papierwalze und eine obere und untere Stahlwalze, welch letztere hohl und daher durch Dampf heizbar bzw. durch Wasser kühlbar sind. Die untere Walze besitzt Schrägstellung, womit es möglich wird, sie so zu legen, daß sie die Papierwalze dauernd gut glättet. Die Ware geht von der Abwicklung links zwischen Papier- und Oberwalze durch und liegt mit der Vorderseite auf der Papierwalze auf. Die Pressung erfolgt dann schonend, so daß der Rundfaden des Gewebes nicht flach gedrückt wird. Durch besonders eingerichtete Gewichtshebel kann die Druckwirkung der Oberwalze beliebig gemindert werden. Damit eine völlig gleichmäßige Durcharbeitung des ganzen Warenstückes vorgenommen werden kann, vermag der Kalander vor- und rückwärts zu laufen, dementsprechend kann die Ware mehrere Passagen durchmachen.

Abb. 49. Spezialkalander.

Vier-Walzen-Spezial-Kalander für Kunstseide. Eine solche Konstruktion, ebenfalls von C. G. Haubold A.-G. in Chemnitz, zeigt die Abb. 48. In diesem Kalander liegen, von oben nach unten betrachtet, zunächst 2 Papierwalzen, dann eine heizbare Stahlwalze und zu unterst eine Papierwalze. Nach dem Warenlaufschema (Abb. 48) kann die Ware, die von links her in den Kalander eintritt, zwei verschiedene Wege nehmen. Der untere Weg *I* bringt die Ware mit der geheizten Walze in direkte Berührung, was im allgemeinen Glanzerteilung bedeutet. Der obere Weg *II* führt die Ware nur durch die Papierwalzen, von denen die untere Wärme von der Stahlwalze bekommt; hier erhält die Ware wenig Glanz, sondern nur Preßdruck. Der dritte Weg wäre zunächst *I* folgend und

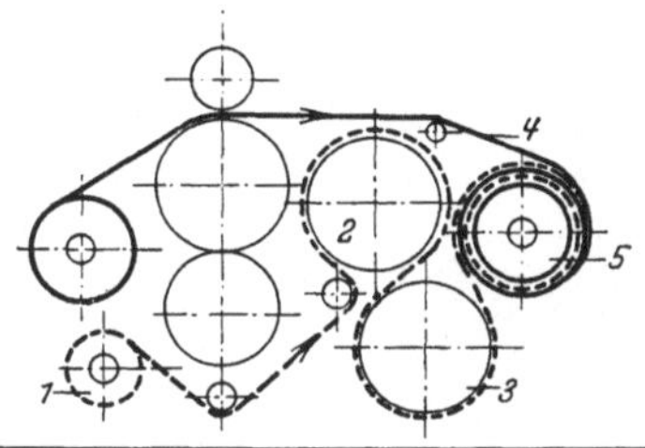

Abb. 50. Continu-Preßeinrichtung. Schema.

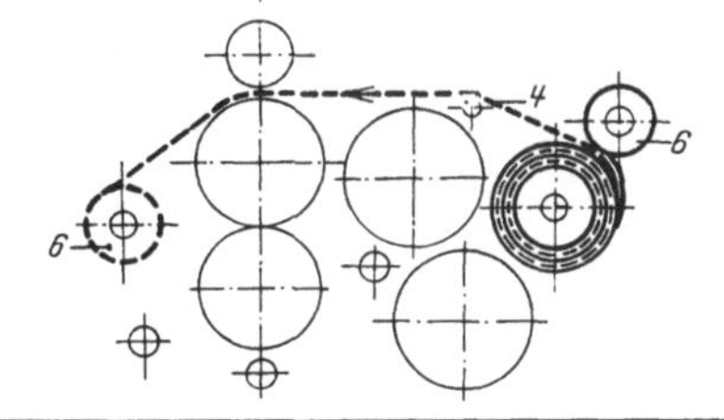

Abb. 51. Kalander mit Continu-Preßeinrichtung. Schema.

in *II* übergehend; es tritt dann ein mittlerer Effekt auf der Ware auf. Zum Schluß wird die Ware zur Aufwicklung *III* oder zum Faltenleger *IV* geführt und hier entsprechend aufgetafelt. Die übrigen Spezialeinrichtungen für die Behandlung kunstseidener Waren besitzt der Kalander wie der vorstehend unter Abb. 47 geschilderte.

Ebenfalls einen Spezialkalander für die Bearbeitung kunstseidener Waren zeigt die Abb. 49, eine Konstruktion der Firma C. H. Weisbach in Chemnitz. Er hat eine untere schrägstellbare, dampfgeheizte Stahlwalze, die zur dauernden Glättung und Erhitzung der darüberliegenden Papierwalze dient. Die Papierwalze läuft in Kugellagern, um besonders leichten Lauf zu haben und das empfindliche Gewebe nicht zu zerren. Die Ware geht zwischen der heiß gewordenen Papierwalze und der oberen Stahlwalze durch, die hohl ist und entweder mit Dampf geheizt oder häufiger mit Wasser gekühlt wird. Bei diesem Lauf erhält die Ware von der Papierwalze eine Glättung und durch die gekühlte Stahlwalze eine erwünschte Weichheit. Infolge des Doppelantriebes am Kalander für Vor- und Rückwärtsgang kann die Ware beliebig vielen Vor- und Rückwärtspassagen unterworfen werden, bis der gewünschte Effekt erzielt ist. Man arbeitet mit Drücken bis ca. 16000 kg und einer Warengeschwindigkeit von ca. 20 m/min.

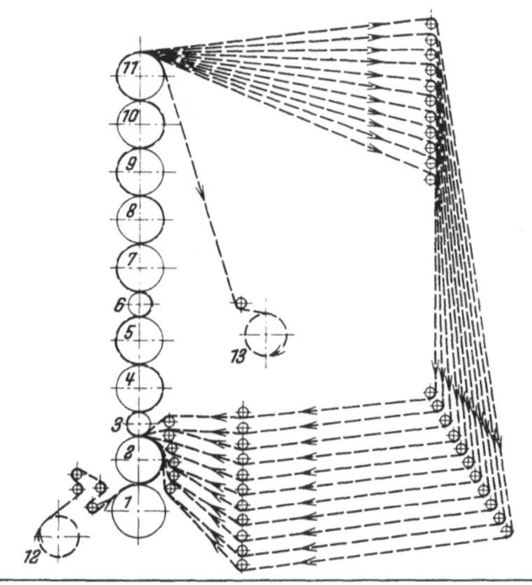

Abb. 52. Chaising-Kalander. Schema.

In vielen Ausrüstungsanstalten ist es üblich, die kalandrierte Ware auf der hydraulischen Presse zwischen geheizten glatten Papptafeln (Spänen) noch zu pressen, um einen besonders schönen Effekt zu bekommen. Diese Arbeit ist jedoch sehr zeitraubend und teuer wegen der aufzuwendenden Löhne und des Verschleißes an Preßspänen. Die bisher üblichen mechanischen Eintafelvorrichtungen kürzen ja diese Arbeit etwas ab, vermögen aber die Preßfalte nicht zu vermeiden, die in der Ware entsteht. Diesen Übelständen ist durch Anbau der Continu-Preßeinrichtung nach Weisbach (Abb. 50) abgeholfen und eine weit größere Leistungsfähigkeit geschaffen. Zu diesem Zwecke wird ein Rollspan (ähnlich einer Papierrolle) von einer gebremsten Abwicklung *1* über zwei geheizte Trommeln *2* und *3* geführt, von deren Oberflächen er Wärme mitnimmt,

Abb. 53. Chaising-Kalander. Ansicht.

um dann mit der kalandrierten Ware *4* zusammen straff zu einem Wickel *5* gerollt zu werden. Der Wickel wird dann, gegen Aufrollen gesichert, abgenommen und bleibt längere Zeit stehen, so daß sich Preßwirkung und Wärme der Ware mitteilen wie sonst unter der hydraulischen Presse. Nach beendeter Liegedauer wird auf dem Kalander (siehe Abb. 51) der Rollspan *4* durch die Kalanderwalzen abgezogen und auf der Aufwicklung *6* aufgerollt, um dann für eine neue Warenpassage wieder nach *1* verlegt zu werden. Die Ware *4* wird bei *6* in einer Steigdocke aufgewickelt und ist sowohl kalandriert wie durch die Continupresse behandelt.

Zu den Waren, die nur zum Teil aus Kunstseide, im übrigen aus anderen Faserstoffen wie Baumwolle bestehen, gehören Wäschestoffe und Tischwäsche.

B. Die Ausrüstung von Mischfabrikaten der Kunstseide.

Die Hemdenstoffe werden vorwiegend aus Baumwollketten angefertigt, denen öfter mustergemäße Kunstseidefäden beigegeben sind, und aus Schüssen, die ebenfalls, dem Muster entsprechend, Kunstseide oder Baumwolle sind. Die Kunstseide wirkt hier, das Muster doppelt belebend, wegen ihres Glanzes gegenüber der Baumwolle und durch Färbung (Zephire). Diese Fabrikate besitzen ein vorzügliches Aussehen und haben große Verbreitung gefunden. Eine besonders gute Eigenschaft derselben soll noch darin bestehen, daß sie bei sorgsamer Hauswäsche leicht zu reinigen sind, namentlich an den Kanten, die

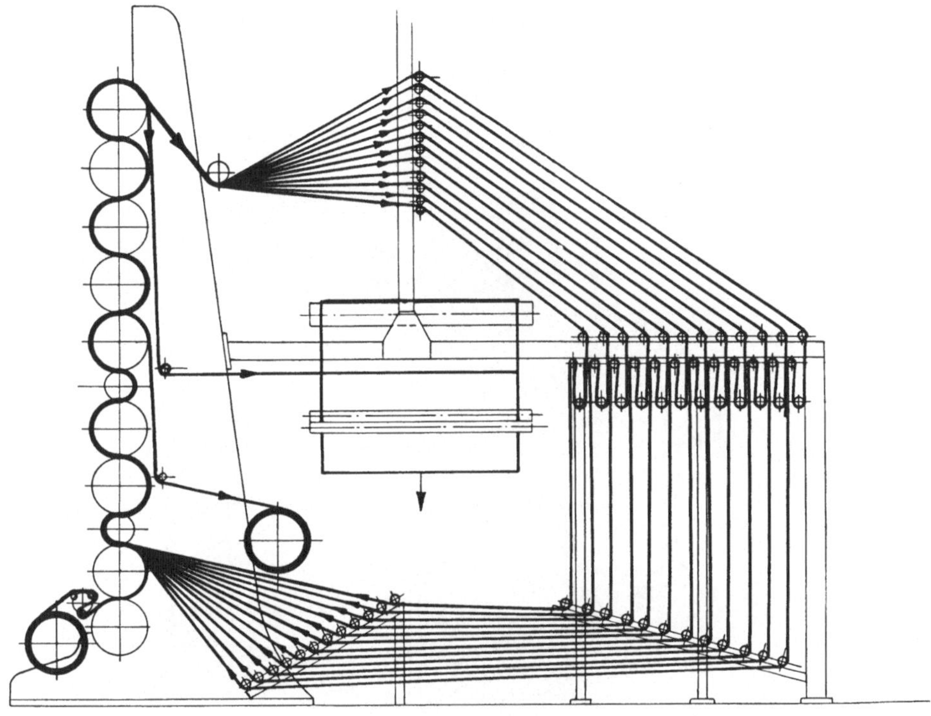

Abb. 54. Chaising-Vorrichtung. Schema.

beim Gebrauch leicht anschmutzen. Enthalten diese Kunstseide in größerer Menge, so löst sich der Schmutz mit guter Seifenlösung sehr leicht von dem glatten Kunstseidefaden.

Die Tischwäsche, auch als Damast bezeichnet, ist hier ein Webfabrikat aus Baumwollkette und kunstseidenem Schuß. Es heben sich bei der vorwiegend rein weißen Ware die sichtbaren Schußteile als stark glänzendes Muster ab. Dieses Hervortreten des Musters ist deutlicher wie beim Baumwoll- oder Leinendamast, wo wegen des gleichmäßigen Fasermaterials die Musterung weniger ausgeprägt ist. Solche und ähnliche Waren, welche die Weberei zum Teil auf Jacquardstühlen erzeugt, werden zunächst entschlichtet, nachgebleicht und gewaschen. Nach der Wäsche folgt Entnässung und Trocknung und schließlich wird diese Ware, nach älterem Verfahren, gemangelt. Das Mangeln geschieht so, daß die Ware, schwach feucht in vielfacher Lage auf einer Walze aufgedockt, dem Druck von Walzen unter wechselnder Rechts- und Linksdrehung ausgesetzt wird. Es entsteht hierbei der typische Mangeleffekt: die Ware ist griffig, ohne hart zu sein, ihr Faden hat runden und nicht breitgequetschten Querschnitt, das äußere Aussehen weist feinen Glanz auf, der nicht speckig wirkt. Die Anwendung der Mangel in der Ausrüstung ist jedoch stark zurückgegangen, da sie zeitraubend und teuer arbeitet. Man wendet jetzt Kalander mit größerer Walzenzahl an und läßt die Ware in mehrfacher Schicht, etwa bis 13 Lagen desselben Stückes aufeinander, zwischen den Walzen durchgehen und den Druck und die Wärme derselben einwirken. Diese besondere Art mit dem Kalander zu arbeiten, heißt das „chaisen".

Abb. 55. Chaising-Kalander. Ansicht.

Die „Chaising-Einrichtung" besteht in der Hauptsache aus einer großen Anzahl von Leitwalzen auf der einen Kalanderseite, welche die Warenbahn in entsprechend viel Lagen übereinander bringen und so durch die Walzen schicken.

Bei gleich gutem Ausrüstungseffekt wie auf der Mangel ist die Mengenleistung des Chaising-Kalanders viel größer wie die der Mangel.

In Abb. 52 ist das Warenlaufschema und Abb. 53 die Ansicht eines solchen Kalanders nach der Bauart von C. G. Haubold jr. A.-G. in Chemnitz dargestellt. Aus Abb. 52 geht hervor, daß der Kalander 11 Walzen besitzt, von denen 2 aus Stahl bestehen (*3* und *6*); sie sind hohl und können durch Dampf geheizt werden. 9 Walzen sind Baumwoll- bzw. Papierwalzen, die im Verein mit den Stahlwalzen den Ausrüstungseffekt hervorrufen. Die Ware läuft bei *12* von einer bremsbaren

Abwicklung ein und zunächst in einfacher Lage zwischen den Walzen *1* und *2* hindurch; zwischen den Walzen *2* und *3* erhält sie eine weitere Auflage von 11 Warenschichten, so daß im ganzen hier 12 Schichten Ware übereinander durch je 2 Walzen gehen. Man spricht von 12fachem Chaising. Von der Walze *11* ab trennt sich die eine Warenschicht los und geht als fertige Ware zur Aufwicklung *13*. Statt bei *13* aufzuwickeln, kann die Ware auch breit zur Seite herausgeführt und hier durch einen Faltenleger abgelegt werden (siehe Abb. 53).

Das faltenfreie Führen so vieler Warenläufe von gleicher Spannung in diesen kann nur durch erprobte Konstruktionen ermöglicht werden. Hierfür hat die Firma C. H. Weisbach in Chemnitz eine patentierte Ausführung geschaffen, die

Abb. 56. Chaising-Kalander. Ansicht.

aus dem Systembild, Abb. 54, hervorgeht. Auf der rechten Bildseite wird ersichtlich, wie jeweils ein Warenlauf um 3 Walzen herumgeführt ist. Die unterste dieser Walzen kann frei senkrecht auf- und absteigen und spannt somit den Warenlauf straff aber faltenfrei. Die Gewichtswalze, welche die Spannungen im Gewebestück durch Steigen oder Fallen ausgleicht, heißt Kompensatorwalze.

Um das seitliche Heraustreten des Warenlaufes aus dem Kalander mit Faltenleger zu zeigen, diene die Abb. 55. Sie zeigt einen Universalkalander der Firma C. H. Weisbach in Chemnitz mit 9 Walzen. Den zum Systembild Abb. 54 gehörigen Kalander zeigt Abb. 56. Er besitzt 11 Walzen für hydraulischen Druck von 50000 kg und 12fache Chaising-Einrichtung. Wegen seiner fortlaufenden Arbeitsweise wird er auch Continu-Mangel genannt.

C. Imprägnieren kunstseidener Stoffe mit wasserdicht machender Gummilösung.

1. Kunstseidene Regenmäntelstoffe.

Für diese Waren kommen dichte Gewebe (siehe „Weberei der Kunstseide“) in Anwendung; allerdings bestehen sie nur selten aus reiner Kunstseide, da solche Fabrikate nach der Gummierung spröde werden. Vielmehr verwendet man für die Regenmäntelstoffe Gewebe mit Baumwollkette und Kunstseideschuß. Es handelt sich um feinste Gewebe von ca. 80 bis 100 g Gewicht je m^2. Als Voraussetzung für Haltbarkeit der Stoffe nach der Gummierung müssen die Gewebe frei sein von Cu, Mn und Fe und deren Verbindungen, da diese schon in Spuren (bereits 0,0002 g auf 100 g Ware) die Gummierung in Kürze zerstören. Die Gummilösung wird auf einer Spreading- oder Streichmaschine auf die Stoffbahn aufgestrichen. Der Arbeitsgang ist hierbei folgender: Die ungestrichene Ware rollt von einer gebremsten Wickeldocke ab und wird von einer Walze mit Gummibezug gezogen. Über der Walze, in der Breite der Warenbahn, befindet sich ein Streichmesser parallel zur Walzenachse und nahe an die Walze herangestellt, so daß nur die Warenbahn zwischen Messerschneide und Walze durchgehen kann. Dem Messer vorgelegt und auf der Ware ruhend befindet sich die pastenförmige Gummimasse. Die Ware, von der Walze gezogen, sucht die Auftragmasse unter der Messerschneide mit fortzuführen, wobei der Aufstrich stattfindet. Hinter der Aufstreichstelle geht die gestrichene Ware über einen langen eisernen Hohltisch, der mit Dampf geheizt wird. Durch die Wärme wird das flüchtige Gummilösungsmittel (Benzol und dergleichen) verdampft und es bleibt eine dichte Gummihaut auf dem Gewebe zurück. Am Ende des Heiztisches geht die Ware über eine Zugtrommel in den Unterteil der Maschine, wo sie aufgewickelt wird. Man vermeidet ein etwaiges Zusammenkleben durch Einpudern mit Talkum. Diese gestrichenen und gepuderten Warenrollen werden dann in Nesselgewebe gepackt und in Kesseln mit Dampf vulkanisiert. Solche regendichte Stoffe pflegen selbst bei 500 mm auflastender Wassersäule nicht durchzuschlagen und besitzen eine Auftragsmenge von 70 bis 100 g Gummilösung je m^2 Ware.

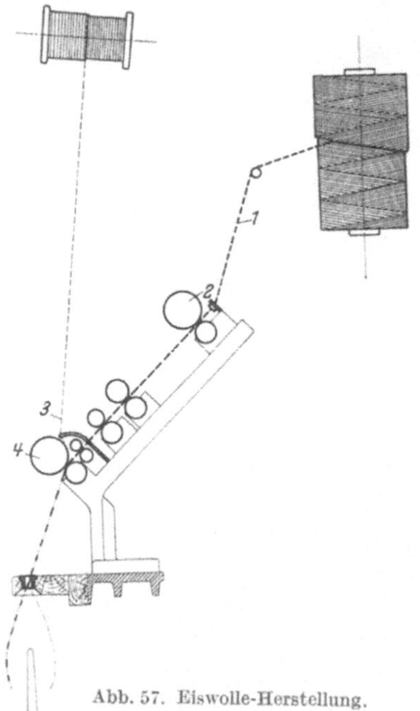

Abb. 57. Eiswolle-Herstellung.

Als Verwendungsgebiet solcher gummierter Stoffe gelten: Regenmäntel, Badekappen, Schwammbeutel und dergleichen.

D. Zwirnerei der Kunstseide-Effektgarne.

Für die in der Weberei und Strickerei erforderlichen Fäden kommen neuerdings vermehrt die Effektgarne in Anwendung, wie sie die Abb. 58 zeigt. Unter diesen ist die Eiswolle interessant. Ihre Herstellung erfolgt nach Abb. 57 auf einem Kammgarnstreckwerk mit Plattiereinrichtung auf der Ringspinnmaschine, wie sie von der Firma Carl Hamel A.-G., Schönau bei Chemnitz, hergestellt wird. In Abb. 57 wird ersichtlich, wie der wollene Vorgarnfaden *1* nach dem hinteren Zylinder *2* läuft, worauf er in den folgenden Zylinderreihen Verzug bekommt und ihm ein Kunstseidefaden *3* (Vistra-Stapelfaser) vor dem vorderen Zylinder *4* zugeführt wird, so daß ein aus Wolle und Kunstseide gezwirnter Faden entsteht. Dieses Material findet namentlich in der Strickerei viel Verwendung (Jumper und dergleichen), ebenso die Effektzwirne der Abb. 58.

Die Fadenflammen werden mit sehr kurzgeschnittener Stapelfaser hergestellt; die Vorgarneffekte mit Stapelfaser herstellbar. Faden Nr. *15* ist durch Zurückzwirnen mit einem Kunstseidefaden hergestellt. Die ewig wechselnde Mode verlangt dauernd nach Neuerungen auf dem Gebiete der Effektgarne; die vorliegenden Abbildungen geben nur eine kleine Auslese aus den vielen Abarten derselben.

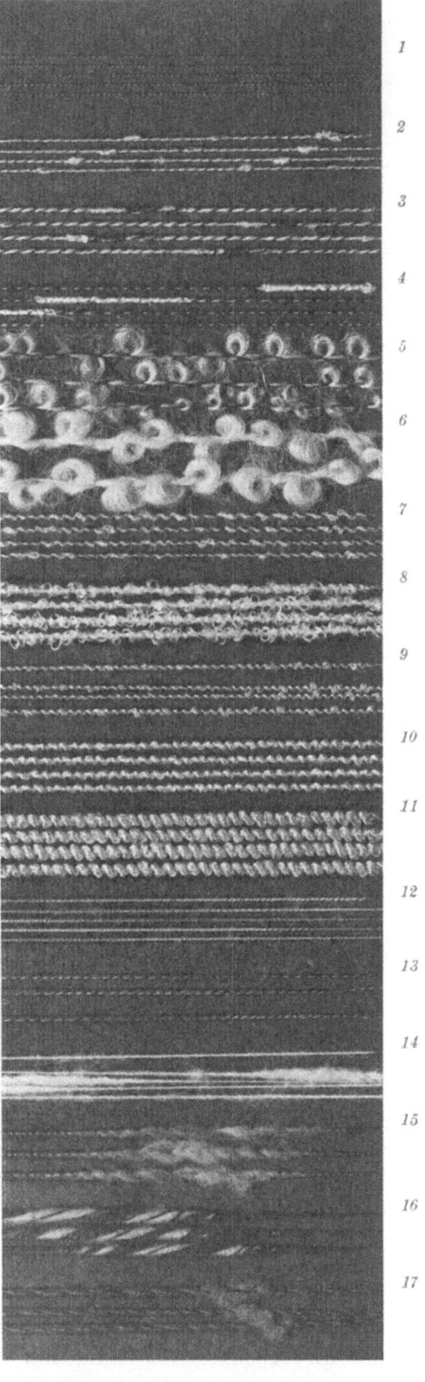

Abb. 58. Effektgarne. Mustertafel. *1* bis *3* ein-, zwei- und dreifarbige Knoteneffekte, *4* Fadenraupe, *5* bis *6* Schlingengarne, *7* bis *9* Frottégarne, *10* bis *11* Spiralzwirne, *12* bis *13* Fadenflammen, *14* bis *17* Vorgarneffekte.

E. Die Verarbeitung der Kunstseide zu Waren.

Die Weberei. Die erforderlichen Eigenschaften des kunstseidenen Fadens und seine Verarbeitung zu Kette und Schuß sind in der ersten Auflage dieses Werkes auf S. 255 bis 259 ausführlich behandelt worden. Als neu ist auf dem Gebiete des Schärens die Teilbaumschärmaschine zu erwähnen und für das Weben selbst die Webpatentmaschine von Giehler. Webstühle für Kunstseide sowie die Herstellung der Madrasgewebe finden sich in der ersten Auflage S. 259 bis 266, während die Bandherstellung auf S. 267 bis 271 beschrieben ist.

Flechten, Klöppeln, Häkeln und Posamentieren haben sich wenig verändert, die entsprechenden Techniken sind auf S. 271 bis 287 der ersten Auflage beschrieben.

Die Strickerei kunstseidener Waren folgt noch jetzt den Prinzipien, wie sie auf S. 287 bis 296 der ersten Auflage beschrieben sind. Nur die Flachstrickmaschinen weisen Neuerungen auf, wie sie im Triplexautomat und Jacquard-Schnelläufer zum Ausdruck kommen. Für die Raschelware (erste Auflage S. 297 bis 301) wird die Combiraschel gebraucht.

Die Wirkerei, in der ersten Auflage auf S. 302 bis 307 beschrieben, verwendet für ihre Warenherstellung noch die gleichen Maschinen, die Neuerungen finden sich unten beschrieben.

Stickerei der Kunstseide. Sie ist beschrieben in der ersten Auflage auf S. 307 bis 314. Eine bekannter gewordene Neuerung ist die Kurbel-Plattstickmaschine.

Näherei der Kunstseide. Die auf S. 314 der ersten Auflage erwähnte Überwendlichnähmaschine ist durch ein neues, leistungsfähigeres Modell ersetzt worden, welches unten beschrieben ist.

Abb. 59. Hochleistungs-Teilbaum-Schärmaschine.

1. Weberei der Kunstseide.

Hochleistungs-Teilbaum-Schärmaschine. Diese für Kunstseide sehr geeignete und leistungsfähige Maschine wird ausgeführt von der Textilmaschinenfabrik A. Schlick, Göppersdorf bei Burgstädt i. Sa. Nach jahrelangen Erfahrungen im Schären von Kunstseide ist diese zum Patent angemeldete Maschine für die Bedürfnisse der Webereipraxis entwickelt worden. Sie besteht aus einem Universalspulengatter und der elektrisch angetriebenen Schärmaschine.

Aus Abb. 59 wird links das Spulengatter ersichtlich. Hier wird von feststehenden, konischen oder zylindrischen Kreuzspulen, sowie von Copsen abgezogen, wie sie die modernen Spinnereien jetzt liefern. Gegenüber den früher üblichen Scheibenspulen kann das 8- bis 10fache an Fadenmaterial aufgesteckt und die Abzugsgeschwindigkeit der Kunstseide bis auf ca. 300 m je Minute gesteigert werden. Führungsösen verhindern hierbei die Drallverschiebung und das Abfallen von Windungen von der Spule mit dem Reißen des Fadens, während ein elektrischer Wächter mit Bremse bei Fadenbruch auf den kurzen Bremsweg von 30 cm den Schärvorgang zum Stillstand bringt. Rechts auf der Abbildung ist die Teilbaumschärmaschine sichtbar. Der Teilbaum wird hier, unter Ausschaltung unzuverlässiger Zwischentriebe, direkt vom Spezialelektromotor angetrieben. Derselbe ist durch einen Schaltwalzenregler mit Fußtrittbetätigung fein und schnell in der Tourenzahl regulierbar. Die vorgesehenen Zähler gestatten genaue Messung der aufgeschärten Kette und das Stillsetzen bei erreichter Länge. Zum Spannungsausgleich beim Anfahren und Abstoppen besitzt der Schärtisch ein Fadendifferential, welches die Herstellung völlig gleichmäßiger Ketten bis 4000 m Länge gewährleistet.

Die Web-Patent-Maschine (System Fritz Giehler-Chemnitz). Außer sondergeformten Einzelteilen des bisherigen Webstuhles, die sich dem Fadenmaterial Kunstseide anpassen, zeigt diese Maschine folgende Neuerungen:

1. Der Schützen mit der Schußspule läuft nicht mehr auf den Kettfäden, die sonst auf der Ladenbahn aufliegen, sondern auf Lamellen (Stiften), die von unten und oben schräg in das Fach bis in die Tiefe einer Führungsnut eintreten, die im Schützen oben und unten eingehobelt ist. Die Ladenbahn als Träger kommt ganz in Fortfall.

2. Die vorstehende Einrichtung macht den Schützen zwangsläufig, und zwar so, daß sein Körper vom Webblatt (Riet) Abstand hält. Das Abscheuern der Rietdrähte (Rohre) kann nicht mehr erfolgen und damit fallen die angeschliffenen scharfen Kanten an den Rohren weg, welche den Kettfäden schaden.

3. Das Auffangen des Schützens und Abbremsen seines Laufes geschieht durch zwei lange, messerartige Führungsschienen, die wie eine Zange den einlaufenden Schützen in seinen Führungsnuten abbremsen und festhalten. Vor dem Abschlag durch den Unterschläger öffnet sich diese Zange automatisch.

Eine kurze Betrachtung vorstehender 3 Punkte lehrt folgendes:

Zu Punkt 1. Die zwangsläufige geradlinige Schützenbahn, welche die Lamellen erzwingen, hindert den Schützen während seines Laufes sich zu drehen oder zu schleudern. Der Eintrag des Schußfadens erfolgt mit gleichmäßiger Spannung geradlinig, nicht wellenförmig. Dies ergibt festen Einschlag und ungewöhnlich saubere Webkanten. Da die Ladenbahn fortfällt (der Schützen wird ja von den Lamellen getragen), scheuert die Lade nicht mehr an den unteren Kettfäden beim Schlagen; der Schützen läuft ebenfalls nicht mehr auf den unteren Kettfäden. Das bedeutet völlige Schonung der Kette; irgendein Abquetschen einzelner Fäden oder ein Rauhen derselben ist ausgeschlossen.

Zu Punkt 2. Die Schonung des Rietblattes, welche durch den Abstand des Schützens vom Blatt eintritt, vermeidet das Anschleifen scharfer Kanten an den Rohren. Dies erhöht die Lebensdauer. Da ein Ausspringen des Schützens völlig ausgeschlossen ist, kann irgendwelche Beschädigung des Webblattes nicht stattfinden.

Der Wegfall angescheuerter scharfer Kanten an den Rietdrähten (Rohren) schont die Kettfäden beim Schlagen der Lade. Abspringen von Einzelfäden des Kunstseidefadens, rauh werden, ist vermieden.

Zu Punkt 3. Die unter 3. geschilderte Zangenbremse für den Schützen, verbunden mit zwangsweise geradem Einlauf in den Schützenkasten, verhindern alle harten Stöße, die zu einem Abfallen von Fadenwicklungen der Schußspule führen. Hierdurch kann letztere fast völlig abgearbeitet werden und ein Schußfadenbruch durch Abziehen lockerer Windungen kommt nicht mehr vor.

Das Ergebnis dieser konstruktiven Neuerungen, die dem Charakter der Kunstseide Rechnung tragen, ist ein einwandfreies Gewebe mit vorzüglichen Webkanten.

Der Antrieb des Schützens erfolgt durch Unterschläger auf Anschlagknöpfe, die in der Nähe der beiden Schützenenden angebracht sind. Hierdurch werden die Picker mit ihren Nachteilen überflüssig; die Schützenspitzen bleiben völlig unberührt, was für die Fachteilung günstig ist. Wertvoll ist die Möglichkeit, mit niedrigerem Fach zu arbeiten, wegen der Zwangsläufigkeit des Schützens und der Exaktheit der gesamten Bewegungen. Das wirkt sich als starke Schonung der Kettfäden in den Helfenaugen aus. In Abb. 60 ist die Gesamtansicht einer Giehler-

Abb. 60. Web-Patent-Maschine Giehler. Ansicht.

Patent-Webmaschine dargestellt. Die Tourenzahl beträgt normal 140 bis 160 je Minute bei Webbreiten bis 160 cm; die Webleistung erhöht sich jedoch beträchtlich durch starken Fortfall der Fadenbrüche.

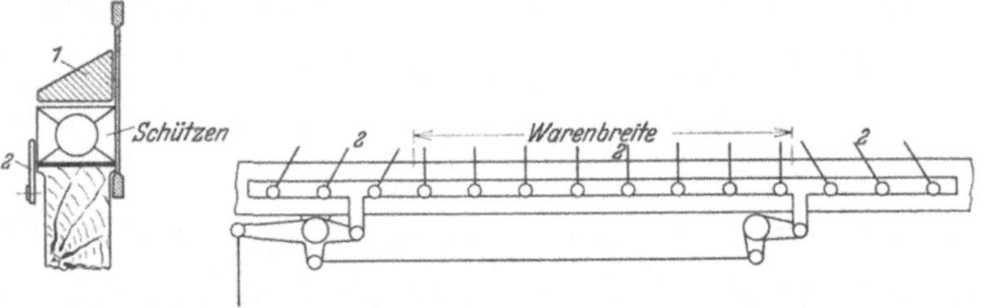

Abb. 61. Hochleistungs-Webmaschine Giehler. Schema.

Hochleistungs-Webmaschine-System Giehler (Patent). Bei dieser Maschine betragen die Schußleistungen bei Kunstseide hier 220 je Minute bei 76 cm Webbreite, 200 Schuß je Minute bei 140 cm Webbreite.

Aus Abb. 61 geht hervor, daß die allgemeine Bauart der Lade beibehalten ist, jedoch befindet sich bei *1* eine Schutzleiste gegen Herausspringen des Schützens nach oben, bei *2* treten Führungsstifte periodisch dann in die Höhe, wenn der Schützen das Fach durcheilt. Soweit die Warenbreite reicht, stehen diese Stifte senkrecht zur Ladenbahn, rechts und links von der Warenkante nach innen geneigt. Die übrige Abgrenzung des Schützenlaufes erfolgt nach unten durch die Ladenbahn, die für Kunstseide mit Manchester bezogen ist zur Verminderung der Kettfadenreibung und des Abtragens des leichten Schützens. Die hintere Abgrenzung bildet das Riet; dieses wird vom Schützen kaum beansprucht, da die Einrichtung so getroffen ist, daß der Schützenkörper sich während seines Laufes an die Stifte *2* anlegt. Der Verfasser hatte wiederholt Gelegenheit, diese Einrichtung im Betrieb zu sehen und die hohen Schußzahlen sowie die tadellose Beschaffenheit der Ware und die Sicherheit gegen Herausspringen des Schützens festzustellen.

2. Strickerei der Kunstseide.

Die Abb. 62 zeigt einen Triplexautomat der Firma Seyfert & Donner in Chemnitz. Die Maschine ist eine Dreifachmechanik-Jacquardstrickmaschine mit

Abb. 62. Triplexautomat.

neuer Schloßkonstruktion, welche bei großer Einfachheit Nadelbruch fast völlig ausschließt. Der Fadenführerwechsel arbeitet hier ohne Anschlag und gestattet bei guten Garnen 12 bis 14 Touren je Minute bei einer Nadelbreite von 130 cm. Das entspricht 24 bis 28 volle Jacquardreihen je Minute oder einer 8stündigen Produktion von 24 bis 30 cm Ware. Dieser Triplexautomat dient zur Herstellung von Jumpers, Sweaters, Röcken, Jacken und Mänteln in Jacquardware, Jacquardware und 1/1 Ware, in nur 1/1 Ware (uni oder geringelt) und für Jacquardware mit 2/2 Anfang. Außerdem eignet sich die Maschine für Ränder von Sportstrümpfen, für Handschuhlängen sowie für Schals und Mützen.

Von derselben Firma stammt auch der Jacquardschnelläufer (Abb. 63), der als Halbautomat ausgebildet ist. Die Maschine findet vorwiegend Anwendung für große Liefermengen, ist aber leicht auf die verschiedenen Fabrikationsgrößen umstellbar durch Veränderung der Pappkartenanzahl am Jacquardapparat und durch Wegschieben von Arbeitsnadeln. Die Anfertigung des Doppelrandes oder 2/2 Anfanges solcher Waren geschieht halbautomatisch und erfordert nur sehr kurzen Stillstand der Maschine. Auch hier haben die Fadenführer keine Anschläge, so daß mit größtmöglicher Geschwindigkeit gearbeitet werden kann.

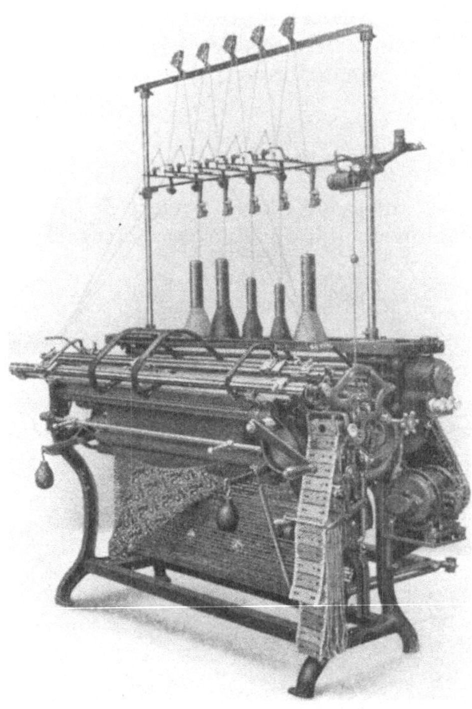

Abb. 63. Jacquardschnelläufer.

Die kombinierte Raschel und Flachstrickmaschine. Die Arbeitsweise der Raschelmaschine liefert eine Ware von vorwiegend bandartigem Charakter, jedoch ist die nachfolgend beschriebene Maschine in der Lage, die Arbeitsweise der Raschel und der Flachstrickmaschine zu vereinigen. Auf dieser Maschine, wie sie die Abb. 64 zeigt, eine Ausführung der Firma Seyfert & Donner in Chemnitz, ist es möglich, abgepaßte Warenstücke mit festem Anfang herzustellen. Hierbei kann Raschelware mit Strickmaschinenware abwechseln, z. B. zur Verwendung der elastischen 1/1 oder 2/2 Strickware für die Taille von Kleidungsstücken. Schließlich kann die Maschine auch ausschließlich als Flachstrickmaschine mit größter Produktion arbeiten. Diese vielseitige Verwendbarkeit macht die kombinierte Raschel und Flachstrickmaschine für die Herstellung der rasch wechselnden Modeneuheiten für moderne Strickerei sehr wertvoll.

Abb. 64. Combi-Raschel.

3. Wirkerei der Kunstseide.

Die Maschinen für die Herstellung der Kettenwirkwaren haben weitere Verbesserungen erfahren. Man führt sie jetzt nicht mehr mit einem einzigen Baum, sondern mit Teilbäumen für die Kette aus. Für die Herstellung dieser Teilbäume

Abb. 65. Teilbaum-Schärzeug.

baut dieselbe Firma[1] Schärzeuge, wie sie Abb. 65 zeigt. Hierauf läßt sich auch die Azetatseide gut schären, da die Fäden dauernd unter Spannung stehen und

Abb. 66. Gardinenmaschine.

ihr Auseinanderfliegen wegen elektrischer Ladung vermieden wird. Diese Schärzeuge werden auch als Doppelschärzeuge ausgeführt, also für die gleichzeitige Herstellung zweier Teilbäume.

Die Mengenleistung der jetzigen Kettenwirkung sind um ca. 20% gesteigert worden. Als Neuheit in den Kettenwirkwaren gilt die Charmeuse-

[1] E. Saupe, Limbach i. Sa.

ware, die auf dem Schnelläufer-Kettenstuhl hergestellt wird, wobei je Stunde etwa 1 bis 1,5 kg Kunstseide verarbeitet werden kann.

Die Milaneseware kann jetzt fast fehlerlos in Stücken bis etwa 10 m Länge und 2,8 m Breite hergestellt werden.

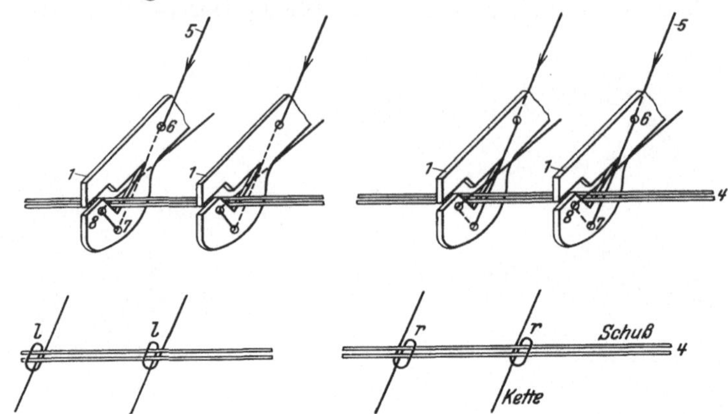

Abb. 67. Phily-Maschine. Schema.

F. Die kunstseidene Gardine.

Für diese Warenart hat sich zur Anfertigung die Kunstseide ebenfalls als geeignet erwiesen, seitdem ihr Fadenmaterial in der heutigen Vollkommenheit vorliegt. Die Abb. **66** zeigt die Gesamtabbildung einer solchen Maschine in der Ausführung der Firma Schubert & Salzer A.-G. in Chemnitz. Die Maschinen, welche normal bis zu **364** englischer Zoll Arbeitsbreite gebaut werden (ca. **9245** mm), haben eine Tourenzahl von **66** bis **76** je Minute bei einem Kraftverbrauch von ca. **3** bis **5** PS. In der Abbildung wird ersichtlich, wie die Kettenbäume und Fadenabzugswellen bequem zugänglich gelagert sind, was durch herausnehmbare Mittelwandfüße noch erhöht wird.

Die Phily-Maschine. Zum Gebiete der Wirkerei gehörig ist die Fadenbindung, welche die Phily-Maschine gestattet. Es ist dies eine französische Erfindung, die nach ihrem Schöpfer Phily-Technik genannt wird. Sie findet sich in den deutschen Patentschriften in Klasse **25**a (Wirkerei und Strickerei) unter dem Patent Nr. **423820**, **486310** und **458767** aufgeführt.

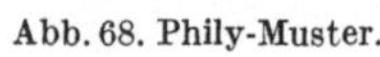

Abb. 68. Phily-Muster.

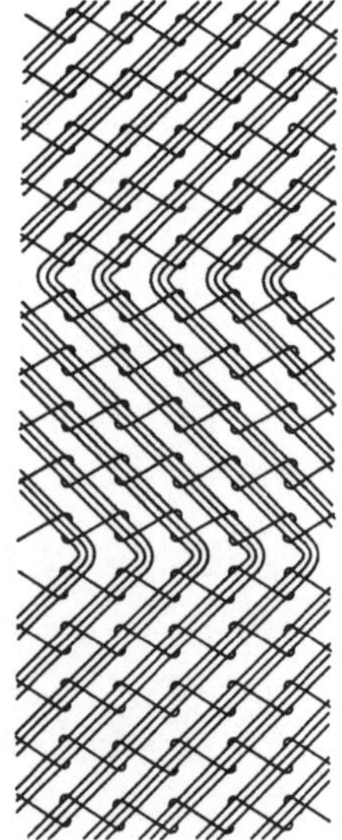

Abb. 69. Phily-Muster.

Die Maschine arbeitet mit Kettfäden und Schußfäden, und zwar so, daß der Kettfaden den Schußfaden umschlingt.

In Abb. **67** ist ersichtlich, wie die Kettfäden von einem Kettenbaum abrollend den Stahlblechplatinen *1* zugeführt werden. Sie werden durch deren Führungslöcher *6*, *7* und *8* durchgezogen. Dieser Durchzug kann auf der rechten Seite der Platine bzw. links geschehen, was schon verschiedene Musterungsmöglichkeit durch Rechts- und Linksverschlingen ergibt (siehe *r* und *l* in Abb. **67**).

Zusammen mit verschiedenen Schußfäden *4* gibt das erweiterte Musterungsmöglichkeit. Diese ist bei dieser Textilmaschine wohl die vielseitigste, die man sich denken kann. Dabei wird nicht nötig, die einfachen Mechanismen der Fadenbindung im geringsten zu ändern; einzig der verschieden mögliche Einzug der Kettfäden *5* in die Platinen *1* (ob rechts oder links) und die verschiedenen Schußfäden *4* ergeben das Muster.

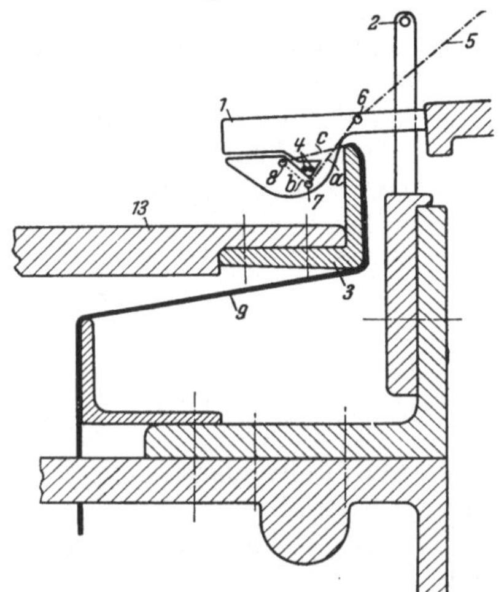

Abb. 70. Phily-Maschine. Schema.

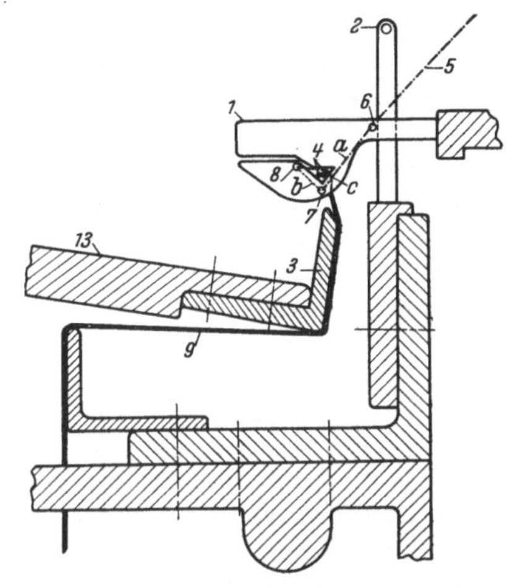

Abb. 71. Phily-Maschine. Schema.

Von den vielen erhältlichen Mustern zeigen die Abb. 68 und 69 nur zwei Beispiele. Die Arbeitsweise der Maschine wird aus den folgenden Systembildern ersichtlich.

In Abb. 70 läuft der Kettfaden *5* durch die drei Führungslöcher *6*, *7* und *8* der Platine *1* und zwar so, daß er die dreieckige Schützenbahn im Sinne der Linie *5*, *a*, *b*, *c* umläuft, worauf er zur Warenschiene *3* geht. Nun wird durch einen Stahlschützen mit Haken an beiden Enden der Schuß *4* durch die dreieckige Aussparung der Platine *1* durchgetragen. Die Schußfäden werden dem Schützen durch besondere Fadenleiter von den Schußspulen aus zugetragen. Zur Zeit ist die Ausführung der Maschinen so, daß auf jeder Maschinenseite 6 Schußspulen stehen. Das ergibt also bei 12 verschiedenfarbigen Spulen einen 12fach verschiedenfarbig eingetragenen Schuß. Sämtliche Platinen der ganzen Arbeitsbreite sind fest am Maschinengestell; ihre Anzahl je Zentimeter Arbeitsbreite ergibt die Feinheit. So bedeutet Feinheit 5 eine Anzahl von 5 Platinen auf 1 cm Arbeitsbreite.

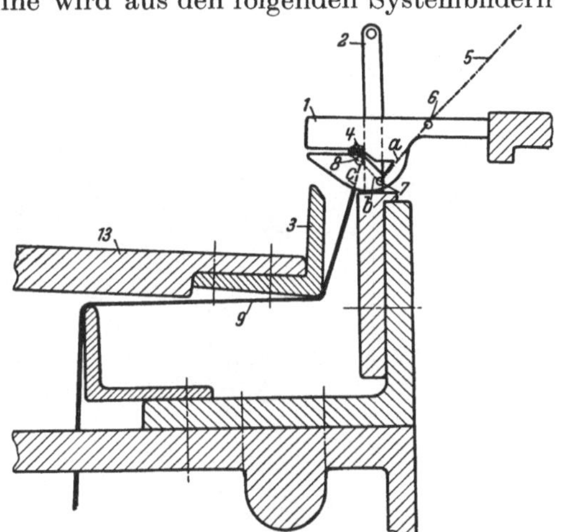

Abb. 72. Phily-Maschine. Schema.

Bewegt sich nun in Abb. 71 die Warenschiene *3* und der Abschlagkamm *2* nach links, so wird der eben eingezogene Schuß *4* von dem Kettfaden *5* umschlungen. Beim weiteren Fortgang dieser Linksbewegung wird der Schuß *4* mit dem umschlingenden Kettfaden *5* durch den Schlitz der Platine nach links ausgedrückt und der schon fertigen Ware zugeschoben (siehe Abb. 72 und 73). Hierauf geht die Warenschiene *3* und der Abschlagkamm *2* wieder nach rechts, und das Spiel beginnt von neuem. Durch die rechts- oder linksseitige Umschlingung des Schusses mit den Kettfäden und deren Spannung liegt der Schußfaden nicht rechtwinklig zur Kettfadenwicklung. Er wird vielmehr schräg nach links oder rechts gezogen, was den typischen Phily-Effekt hervorruft.

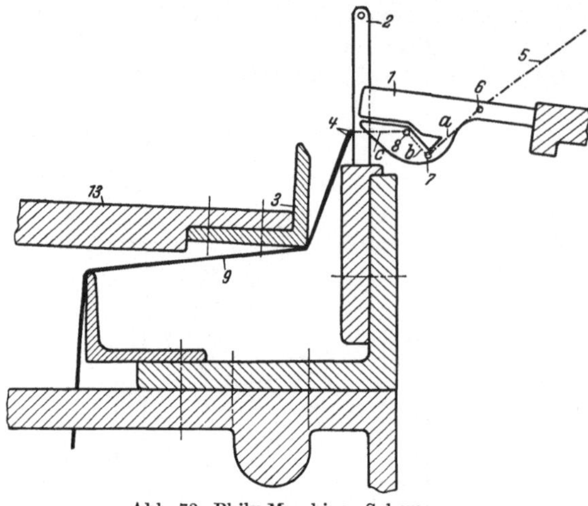

Abb. 73. Phily-Maschine. Schema.

Die erzeugten Waren haben etwa folgende Haupteigenschaften, abgesehen von der Musterungsvielseitigkeit:

1. die Ware ist nach Länge und Breite elastisch;
2. sie ist nicht elastisch, weder nach Länge noch Breite;
3. sie ist in einer Richtung (beispielsweise Länge) elastisch, in der anderen Richtung (beispielsweise Breite) nicht elastisch.

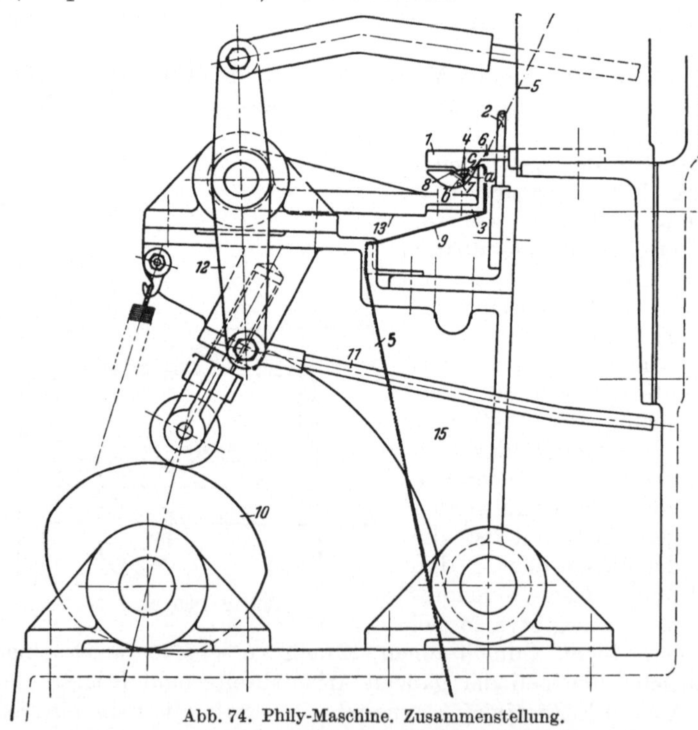

Abb. 74. Phily-Maschine. Zusammenstellung.

In Abb. 74 ist die Phily-Maschine zusammengestellt gezeichnet; sie läßt die Bewegungsorgane für Warenschiene und Abschlagkamm erkennen; der Warenlauf hierbei ist 5—5.

Zweifellos ist der Phily-Maschine und ihrer Bindungstechnik noch große Entwicklungsmöglichkeit beschieden.

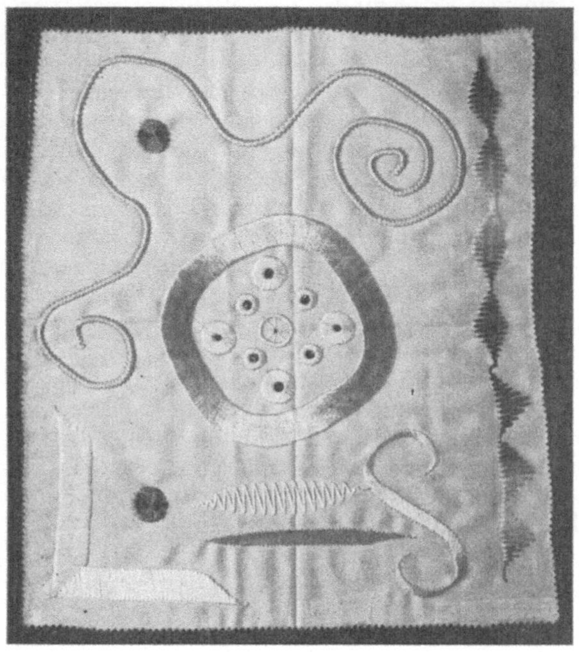

Abb. 75. Stickmuster.

Eine andere Neuerung ist die Kurbel-Plattstich-Stickmaschine der Firma Schirmer, Blau & Co., Berlin. Die Maschine eignet sich für Steppstich, plattstichartigen Breitstich bis 15 mm Breite, Schrägstich, Stickstich sowie Zickzackstich. Außerdem findet sie Anwendung für Loch- oder Madeirastickerei und zum Übernähen von Schnüren, zur Biesennäherei und für Stilstich. Bei der Ausführung der Madeirastickerei liegt der Stoff still, und die Nadel umkreist das Loch, welches mit Plattstich umstickt wird, daher fällt das lästige Verschieben des Stoffes fort. Durch eine Kurbel besitzt die Maschine Universaltransport, sie arbeitet ohne Stickrahmen. Die große Stichzahl von 2000 je Minute macht die Maschine sehr leistungsfähig, sie verarbeitet einwandfrei das kunstseidene Stickgarn in allen Zweigen der Textilindustrie. Die Abb. 75 zeigt auf gedrängtem Raum die verschiedenen Sticharten und Arbeitsmöglichkeiten, welche die Maschine besitzt.

Abb. 76. Überwendlich-Nähmaschine.

G. Näherei der Kunstseide.

Die Überwendlich-Nähmaschine von Julius Köhler, Limbach in Sachsen, ist durch die gewonnenen Erfahrungen wesentlich verbessert worden.

Die Herstellung der Maschine ist zunächst durch Verfeinerung der Schleifverfahren für die bewegten Teile auf einen Grad der Vollkommenheit angelangt, der keinerlei Nacharbeit bedarf. Die sämtlichen bewegten Teile sind so sorgfältig ausgewuchtet (schwerpunktsfrei), daß selbst bei der hohen Stichzahl von 3000 je Minute kaum Erschütterung zu verspüren ist. Hierzu trägt auch die geschickte Lage der kritischen Tourenzahl bei, welche erst bei 4000 Touren auftritt, also oberhalb der Benutzungsgrenze. Eine sorgsame Durchprobe auf dem Versuchsstand mit anfänglich niedriger Tourenzahl und späterer 8stündiger Dauerprobe mit 3000 Stichen je Minute sichert einwandfreie Benutzung in der Praxis. Als konstruktive Neuheit ist wichtig, daß sich der Transportzylinder nicht öffnen läßt, während die Nadel in der Ware steht und folglich der Fänger vorn ist. Ein Abbrechen des Fängers kann somit nicht erfolgen. Die Maschine nach Abb. 76 stellt eine zweifädige Überwendlich-Nähmaschine dar. Sie erzeugt eine weiche, nicht auftragende und gleichmäßige Naht, die in ihrem Aussehen der Handnaht gleicht. Das Anwendungsgebiet der Maschine liegt im Zusammennähen aller regulären Strick- und Wirkwaren.

Die Leistung im Dauerbetrieb beträgt bei einer gestrickten Näherei ca. 45 bis 50 Dutzend Paar Strümpfe in 8 Stunden.

Die Wirtschaft der Kunstseide.

Von Dr. **E. Raemisch,** Berlin.

A. Geschichtlicher Überblick.

Die Bemühungen um die Herstellung eines künstlichen Seidenfadens sind schon alt. Bereits vor zwei Jahrhunderten beschäftigte man sich mit diesem Problem. Nachdem der bekannte Physiker Réaumur schon im Jahre 1734 theoretisch die Möglichkeit, künstliche Seide herzustellen, festlegte, konnte jedoch an eine Verwirklichung dieses Gedankens erst nach der Erfindung der Nitrozellulose und des Kollodiums durch den deutschen Chemiker Schönbein im Jahre 1845 gedacht werden. Die ersten praktischen, mit Erfolg gekrönten Versuche wurden 1855 von dem Schweizer Audemars gemacht, der nitrierte junge Maulbeerzweige mit chemischen Mitteln auflöste und von dieser Mischung mit einer Nadel Fäden abzog, die rasch trockneten und erhärteten. Obwohl dieses Verfahren durch den Engländer Swan verbessert wurde, indem er die Nitrozelluloselösung durch Düsen in ein Fallbad auspreßte, in dem der Faden koagulierte, d. h. zu einem endlosen Faden erstarrte, und durch Denitrieren dem Faden seine Explosivität nahm, war auch diese Herstellungsweise noch unvollkommen und in der Praxis nicht verwertbar. Diese Kunstseide konnte nur als Glühgewebe der Gasbeleuchtung Verwendung finden.

Die erste praktisch auswertbare, industrielle Erzeugung von Kunstseide beruht auf den Erfindungen des Grafen Chardonnet, der nach jahrelangen Versuchen im Jahre 1884 mit der Erfindung der Kunstseideherstellung nach dem sog. „Nitrozelluloseverfahren" an die Öffentlichkeit trat. Die Kunstseideerzeugung nach dem Nitrozelluloseverfahren wurde fabrikmäßig in Besançon 1890 aufgenommen. Ihr Produkt, die Chardonnet- oder Nitrozelluloseseide, konnte zuerst wegen ihrer großen Faserdicke, Sprödigkeit, geringen Widerstandsfähigkeit und Feuergefährlichkeit zu Geweben nicht verarbeitet werden und war nur als Ersatz zum Sticken und für Zierfäden und Posamenten geeignet.

Dem Nitrozelluloseverfahren ist um die Wende des 19. Jahrhunderts in dem Kupferoxydammoniakverfahren eine überlegene Konkurrenz erstanden, da dieses hinsichtlich Beschaffenheit, Färbbarkeit und Höhe der Produktionskosten große Fortschritte mit sich brachte. Nach zahlreichen Vorarbeiten von seiten deutscher, englischer und französischer Chemiker wurde dieses neue Verfahren von den Deutschen Bronnert, Fremery und Urban ausgearbeitet und verbessert. Die Kupferseide wurde zum erstenmal 1899 von den aus der Rheinischen Glühlampenfabrik hervorgegangenen Vereinigten Glanzstoff-Fabriken, Elberfeld, erzeugt, und ihre Herstellungsweise wurde dort durch das Thielesche Streckspinnverfahren wesentlich verbessert. Den Hauptvorteil des Kupferammoniakverfahrens bildete die Möglichkeit, bedeutend bessere, widerstandsfähigere und feinere Fäden als nach dem Nitrozelluloseverfahren zu gewinnen. Ein Vorsprung dieses neuen Verfahrens gegenüber dem alten war außerdem neben der Ersparung von teuren Materialien, wie Salpetersäure, Alkohol,

Äther und Denitrierungsmittel, wie sie beim Nitroverfahren gebraucht werden, die Wiedergewinnung der im Kupferverfahren verwandten Chemikalien Kupfer und Ammoniak zu 95 bzw. 85%.

Trotz dieser Vorzüge wurde die Kupferseide nach einem Jahrzehnt der Vorherrschaft auf dem Kunstseidenmarkt durch das Viskoseverfahren stark in den Hintergrund gedrängt. Diesem dritten Verfahren liegt die Entdeckung der Viskoseflüssigkeit durch die Engländer Cross und Bevans aus dem Jahre 1892 zugrunde. Die erste Herstellung von Kunstseide aus Viskose gelang dem Engländer Stearn im Jahre 1898, doch ist für die endgültige Verarbeitung der Viskose zu Kunstseide und für ihre technische Durchführung eine deutsche Erfindung, das Müller-Patent, entscheidend. Die Viskoseseide ist seit 1910 als Textilrohstoff verwendbar. Sie ist infolge der Billigkeit des verwendeten Ausgangsmaterials — des aus Nadelholz gewonnenen Zellstoffs — und der notwendigen Chemikalien seitdem die billigste Kunstseide geblieben.

Als neueste Erfindung kam die Azetatseide auf den Markt. Die Herstellung von Kunstseide nach dem Azetatverfahren, das die Baumwolle zum Ausgangsprodukt nimmt, wurde schon in den Jahren 1890 bis 1892 ausgearbeitet, doch konnte die Fabrikation der Azetatseide erst im letzten Jahrzehnt in größerem Umfange aufgenommen werden, nachdem 1920 durch den Schweizer Clavel für die bisher nicht anfärbbare Kunstseide ein geeignetes Färbeverfahren entdeckt worden war. Für die Wirtschaftlichkeit des Azetatverfahrens wurde die Möglichkeit der vollkommenen Wiedergewinnung der verwandten, teuren Chemikalien ausschlaggebend, und mit der Gewinnung von Nebenerzeugnissen, wie Essigsäure, wurde die Rentabilität dieses Verfahrens wesentlich erhöht. Die Azetatseide ist eine besonders wertvolle Kunstseide. Sie ist wasserfester und weniger hygroskopisch als die übrigen Kunstseidenarten. Ferner zeichnet sich die Azetatseide durch große Weichheit und einen der echten Seide besonders ähnlichen Glanz aus. Diese außerordentliche Hochwertigkeit sichert der Azetatseide auch trotz ihrer höheren Produktionskosten und höheren Preise einen gewissen, wenn auch geringeren Konsumentenkreis.

Neben der ständigen Verbesserung und dem Ausbau der bekannten Herstellungsverfahren, die sich um eine Verfeinerung der Einzelfäden, Erzeugung matter Garne, Senkung der Gestehungskosten, Erhöhung der Widerstandskraft, Dehnbarkeit und Reißfestigkeit der Kunstseide bemühen und eine Vervollständigung und Beschleunigung der Verfahren erzielen wollen, wird an zahlreichen neuen Verfahren gearbeitet. Es werden Versuche gemacht, Kunstseide aus bisher nicht gebräuchlichen Rohstoffen, wie Naturseidenabfällen, Kunstharz usw. herzustellen, doch haben diese Versuche noch zu keinem praktischen Resultat geführt.

B. Die Weltproduktion von Kunstseide.

Die Entwicklung der Kunstseidenindustrie ist innerhalb der Weltwirtschaft einzigartig, da sie sich in nicht ganz drei Dezennien zu einer Industrie von weltwirtschaftlicher Bedeutung entwickelte und als wichtiger Machtfaktor der Weltwirtschaft zu großem Einfluß gelangte.

Der fast beispiellose Aufschwung der Kunstseidenindustrie findet seinen Ausdruck in den Daten der Weltproduktion. Genaue Angaben über die Welterzeugung an Kunstseide können nicht gemacht werden, da zuverlässige internationale Statistiken fehlen und die Ziffern der verschiedenen Quellen auseinandergehen. Die nachstehenden Angaben, die sich auf Grund amtlicher Statistiken und Schätzungen ergeben, dürften im großen und ganzen der Wirklichkeit am nächsten kommen.

Die Weltproduktion an Kunstseide in t.

1898: 600[1]	1913: 11400[1]	1922: 35500[1]	1927: 138850[3]
1900: 1000[1]	1914: 12000[1]	1923: 47500[1]	1928: 175500[4]
1901: 1500[1]	1919: 20000[1]	1924: 65900[2]	1929: 201600[4]
1905: 5000[1]	1920: 25000[1]	1925: 85600[1]	1930: 200600[4]
1910: 8000[1]	1921: 30000[1]	1926: 99800[3]	1931: 220000

Andere Quellen nennen für 1927 eine Weltproduktion von 121,1 und 132,8 Mill. kg, für 1928: 156,3, 158,2 und 168,1 Mill. kg, für 1929: 183,8, 188,2, 195 und 200,2 Mill. kg und für 1930: 185,7 und 190,5 Mill. kg.

Die Kunstseidenproduktion der Welt zeigt bis zum Jahre 1929 einen ununterbrochenen Aufstieg. Der ständig wachsende Verbrauch gab die Anregung zu zahlreichen Neugründungen, zum Ausbau der bereits bestehenden Unternehmungen und zur Aufnahme der Kunstseidenproduktion in zahlreichen neuen Ländern. Bereits 1923 hat die Kunstseidenproduktion die Erzeugung der natürlichen Seide überflügelt, und in den folgenden Jahren überholte sie diese weiterhin um ein Vielfaches. Ihre Produktion hat sich weit rascher entwickelt als die der wichtigsten natürlichen Textilrohstoffe, Baumwolle, Wolle und Naturseide, wie nachfolgende Daten über die Weltproduktion von Baumwolle, Wolle, Kunstseide und Naturseide, ausgedrückt in Prozenten der Gesamterzeugung dieser vier Rohstoffe, aufzeigen:

Weltproduktion von:

	Baumwolle	Wolle	Kunstseide	Naturseide
	in % der Gesamterzeugung			
1913	81,60	17,90	0,15	0,35
1922	76,62	22,15	0,66	0,57
1925	81,06	17,33	1,10	0,51
1926	81,09	17,18	1,18	0,55
1927	76,32	21,26	1,77	0,65
1928	76,35	20,84	2,19	0,62

Die größte Expansion in der Kunstseidenindustrie weist das Jahr 1928 auf. Die bisher glänzenden Erfolge der Kunstseidenindustrie und die wachsenden Verwendungsmöglichkeiten für die Kunstseide lösten in diesem Jahre ein wahres Gründungsfieber aus, da die Aufnahmefähigkeit des Marktes allgemein überschätzt wurde und die hohen Aktienkurse und großen Kursgewinne das Kapital allzusehr anlockten. Die Weltkunstseidenproduktion erhöhte sich in diesem Jahre um etwa ein Viertel der Vorjahrserzeugung und ergab 175500 t. Somit hatte sich die Kunstseidenerzeugung der Welt im Zeitraum 1913/1928 um nahezu das 15fache erhöht; in Wirklichkeit war jedoch ihre Steigerung durch eine ständig wachsende Verfeinerung und damit Gewichtsverminderung der Garne noch größer.

Dieser gewaltigen Produktionsausweitung konnte der Verbrauch nicht ebenso schnell folgen, so daß bereits Ende 1928 große Schwierigkeiten auftraten, die

[1] Aus dem Material über „Industrie de la Soie artificielle“ für „Conférence Economique Internationale“. Genf 1927.

[2] Stat. Jahrbuch für das Deutsche Reich 1928. [3] Seide Januarheft 1930.

[4] Seide Januarheft 1930, korrigiert nach nachträglich bekannt gewordenen Berichtigungen für Deutschland, Italien und Brasilien.

die drohende Gefahr einer Überproduktion ankündeten. Absatzschwierigkeiten führten auf allen Märkten zu einem heftigen Konkurrenzkampf, der durch Preissenkungen und Unterbietungen noch wesentlich verschärft wurde. Eine neue Produktionsausdehnung auf 201600 t im Jahre 1929, als Folge der Inbetriebnahme der in den vorhergehenden Jahren neu fertiggestellten oder erweiterten Unternehmen, führte zu fortwährenden Preisreduktionen. Die ungeheuren Preisrückgänge in 1929 betrugen im Vergleich zu 1928 bis zu 35, 40 und 45% und wurden durch Fortschritte in der Rationalisierung nur zu einem kleinen Teil ausgeglichen. Durch diese Preisstürze wurden wirtschaftlich schwache Unternehmen größtenteils ausgeschieden, während führende Gesellschaften durch Zusammenschlüsse ihre Machtposition zu stärken versuchten. Die Depression in der Kunstseidenwirtschaft zeigte sich auch bereits auf den internationalen Börsen in großen Kursstürzen der einst höchstbewerteten Kunstseidenaktien und in ungünstigen Bilanzen der führenden Unternehmungen an. Den eigentlichen Rückschlag auf diese allzu rasche Entwicklung brachte das Jahr 1930 mit weiteren Preissenkungen, Konzentrationsbestrebungen und Betriebseinschränkungen allerorts. Die Preisrückgänge waren in diesem Jahr nicht nur eine Folge der gesunkenen Aufnahmefähigkeit des Marktes; sie waren gleichzeitig auf den Preissturz der Rohseide und Baumwolle zurückzuführen, der eine vorübergehende Verbrauchssteigerung dieser beiden Textilrohstoffe nach sich zog. Daß man erst als äußerste Maßnahme, nachdem die Preise die Grenze der Gestehungskosten erreicht oder vielfach schon unterschritten hatten und die Krise immer mehr um sich griff, zu Produktionseinschränkungen überging, liegt in der Eigenart der kapitalintensiven Kunstseidenproduktion begründet, die bei fallender Produktionskurve starke Verteuerung der Produktionskosten mit sich bringt. Das Jahr 1930 brachte dann auch zum erstenmal einen Rückgang der Weltproduktionsmenge.

Die Kunstseidenindustrie wird, obwohl ein Zweig der chemischen Industrie, der Textilindustrie zugezählt, da ihr Produkt, die Kunstseide, vornehmlich in der Textilindustrie Verwendung findet. Infolge der von der Gewinnung und Garnzubereitung der anderen Textilrohstoffe völlig verschiedenen Gewinnungsweise nimmt jedenfalls die Kunstseidenindustrie im Rahmen der Textilwirtschaft eine besondere Stellung ein. Ihr Fabrikationsbetrieb beschränkt sich im allgemeinen ausschließlich auf die Erzeugung von Kunstseidengarn als Rohmaterial. Eine Verbindung der Kunstseidenherstellung mit der Kunstseidenverarbeitung führt in der Regel nur zur Angliederung von Veredelungs- und Aufmachungsanstalten, wie Färberei, Spulerei, Zwirnerei, und umfaßt nur ausnahmsweise auch die Weberei oder Wirkerei. Die Fabrikationstechnik in der Kunstseidenindustrie, die die Rentabilität eines Betriebes erst mit einer Tagesproduktion von 3 bis 4000 kg beginnen läßt, gibt diesem Industriezweig großbetriebliche Formen. Bau und Betrieb eines Kunstseidenunternehmens erfordern infolgedessen ein außerordentlich hohes Kapital, so daß in der Kunstseidenindustrie als Betriebsform die Aktiengesellschaft vorherrschend ist.

Mit dem raschen Aufschwung der Kunstseidenindustrie wurden die Beteiligungen an diesem Industriezweig zu immer wertvolleren Finanzobjekten, und binnen kurzem übte die Kunstseide auf die Börse und das internationale Kapital weitgehenden Einfluß aus. 1928 betrug das in der Kunstseidenindustrie der Welt investierte Kapital schätzungsweise 114,65 Mill. £ (2,342 Milliarden RM.). Es hat sich bis April 1929 um 50% auf 172,75 Mill. £ (3,530 Milliarden RM.) und bis April 1930 auf 175,75 Mill. £ (3,95 Milliarden RM.) erhöht. Die Investitionen in der Kunstseidenindustrie der einzelnen Länder betrugen nach dem „Manchester Guardian Commercial“:

Investierungsländer	Januar 1928	April 1929	April 1930
		in 1000 £	
Vereinigte Staaten und Kanada . .	45350	63000	65100
Großbritannien	17500	46000	44150
Italien	20900	22300	22300
Deutschland	9900	11400	11150
Frankreich	8150	11350	11800
Holland	4600	7700	9750
Belgien	2100	2550	2550
Schweiz	1350	1450	1450
Japan	3100	4400	4400
Sonstige Länder	1700	2600	3100
Insgesamt	114650	172750	175750

Es ist aber nicht so, daß das in den Kunstseidenindustrien der angegebenen Staaten aufgewandte Kapital auch ausschließlich von diesen Ländern selbst aufgebracht worden wäre, vielmehr zeigt gerade die Kunstseidenindustrie eine außerordentlich starke kapitalmäßige internationale Verflechtung. Der für April 1929 und 1930 ermittelte Gesamtbetrag des in den Industrien der verschiedenen Länder investierten Kapitals ist von den verschiedenen Staaten in nebenstehendem Umfange aufgebracht worden.

Aufbringungsländer	April 1929	April 1930
	in 1000 £	
England	69250	67400
Amerika	30750	32850
Deutschland. . .	28900	5600
Italien	13100	13100
Holland.	11950	37050
Frankreich . . .	8400	8850
Belgien	4950	4950
Japan	3150	3150
Schweiz.	1700	1700
Diverse Länder .	600	1100
	172750	175750

Nach den vier verschiedenen Produktionsverfahren ist die Kunstseide erzeugende Industrie in vier Hauptgruppen einzuteilen, die Gruppe für Nitrat-, Viskose-, Kupfer- und für Azetatseide.

Die weitaus größte Gruppe bedient sich des Viskoseverfahrens, das infolge seiner großen Rentabilität, seiner geringen Produktionskosten und relativ größten Einfuhrunabhängigkeit im Rohstoffbezug bald die anderen Verfahren überholte. Bereits vor dem Kriege stellte die Viskoseseide 65% der Kunstseidenproduktion, und dank ihrer Vorzüge und der weiteren Vervollkommnung des Verfahrens entfallen heute mehr als vier Fünftel der Weltproduktion auf Viskoseseide. Sie ist gegenwärtig die billigste Kunstseidenart und findet Verwendung für alle vorkommenden Fertigerzeugnisse.

Die Produktion der Nitratseide ist durch spätere Verfahren überholt worden, und ihre langwierige und durch hohe Steuern auf die beiden Lösungsmittel Alkohol und Äther meist sehr kostspielige Herstellungsweise macht sie nur noch für Spezialzwecke rentabel.

Mit der wachsenden Nachfrage nach hochwertigen Kunstseiden gewannen auch die Kupfer- und Azetatseide immer mehr an Bedeutung, und das Vordringen dieser beiden Kunstseidearten im Rahmen der Welterzeugung kennzeichnete die Entwicklung der Kunstseidenproduktion während der letzten Jahre. Die wachsende Quote der Kupfer- und Azetatseide an der gesamten Kunstseidenproduktion ging allerdings, wie die nachfolgende Aufstellung über prozentuale Verteilung der Gesamterzeugung auf die einzelnen Kunstseidenarten zeigt, im Jahre 1931 wieder ganz erheblich zugunsten der Viskosekunstseide zurück.

	1925[1]	1926[2]	1927[2]	1929[2,3]	1930[3]	1931
	in % der Gesamterzeugung					
Kupferseide . . .	1,5	1,5	6,0	5,4	5,2	2,6
Azetatseide. . . .	3,0	3,0	6,0	10,0	9,0	7,5
Nitrozelluloseseide.	7,5	7,5	4,0	4,6	2,2	0,9
Viskoseseide . . .	88,0	88,0	84,0	80,0	83,6	89,0

Die „Textile World" nennt für 1929 und 1930 eine Beteiligung der Kupferseide von 4% bzw. 3,4%, der Azetatseide von 6,5% bzw. 7,8%, der Nitratseide von 3,7 bzw. 2,2% und der Viskoseseide von 85,6% bzw. 86,6%.

Der Anteil der einzelnen Länder an den einzelnen Kunstseidenarten ist verschieden, doch ist das Viskoseverfahren in allen Produktionsländern vorherrschend. Das Kupferverfahren spielt außer in Deutschland noch in England, Amerika, Frankreich, Italien und Japan eine Rolle, während das Azetatverfahren hauptsächlich in England und in geringem Umfange in Deutschland, Frankreich, Belgien, Italien und Amerika angewendet wird. Das Hauptproduktionsland für Nitratseide ist Belgien, das jedoch die Erzeugung dieser Kunstseide im letzten Jahr wegen wachsender Unrentabilität fast ganz eingestellt hat.

Die Weltproduktion an Kunstseide verteilt sich auf die einzelnen Produktionsländer — nach ihrer Produktionshöhe in 1930 angeordnet — folgendermaßen:

	1913	1922	1924	1925	1927	1928	1929	1930
	in t							
Vereinigte Staaten . .	700	11000	17470	23200	34700	44800	59100	54500
Italien.	150	3000	10450	13850	22600	26000	32300	30150
Deutschland	3500	5000	10740	11790	18200	23800	26500	27000
Großbritannien. . . .	3000	7000	10860	12700	17600	23100	25600	22580
Frankreich.	1500	3000	5590	6500	12700	18500	22400	20900
Japan.	60	100	540	1350	6000	6500	10500	15200
Niederlande	—	1000	1530	4000	7300	8500	9500	8150
Belgien	1300	3000	4000	5000	7350	8350	7200	5700
Schweiz	150	750	1820	2800	4700	5100	5500	4400
Tschechoslowakei . . .	30	250	600	800	1550	2700	2300	2350
Polen	150	350	850	1000	1650	1800	2700	2100
Spanien	—	—	90	100	1400	1500	1600	1800
Kanada	—	—	—	600	1300	1900	2100	2300
Brasilien.	—	—	—	125[4]	260	ca. 450	500	780
Österreich	700	750	1000	1500	1500	2400	2100	700
Ungarn	80	300	250	300	ca. 800 (Ungarn, Schweden, Rußland zusammen)	350	300	—
Schweden	—	—	70	70		—	—	—
Rußland.	90	—	40	30		—	—	—
Insgesamt	11400	35500	65900	85600	138850	175500	201600	200600

In den **Vereinigten Staaten** wurde Kunstseide zum ersten Male im Jahre 1911 erzeugt. Mit dem Jahre 1922 setzt eine Epoche beispiellosen Aufstiegs ein, so daß die amerikanische Kunstseidenindustrien bereits in diesem Jahr mit einer Erzeugung von 11000 t an der Spitze der Kunstseidenindustrie der Welt stand. Die Entwicklung der folgenden Jahre war weiterhin rapid; die Vereinigten Staaten erzeugten 1925 in 14 Kunstseidefabriken mit 19128 Beschäftigten 23200 t Kunstseide und stellten 1927 in Fabriken mit 26341 Arbeitern 34700 t her. Der Gesamtwert der Produktion belief sich in diesem Jahre auf 110 Mill. Dollar,

[1] Memorandum der Kunstseidenindustrie für den Völkerbund.
[2] Deutscher Kunstseide-Kurier 24. Febr. 1931. [3] Seide Januarheft 1931. [4] 1926.

wovon 106,5 Mill. Dollar auf kunstseidene Garne und 3,4 Mill. Dollar auf Nebenprodukte und Abfälle entfielen. 1929 erreichte die Produktion mit 59100 t die Rekordhöhe; das entsprach einem 30proz. Anteil an der Welterzeugung. Die Zahl der Kunstseideunternehmen betrug in diesem Jahr 28, wovon sich 20 Betriebe der Herstellung von Viskoseseide, 4 Unternehmen der Erzeugung von Azetatseide und 3 Fabriken der Erzeugung von Kupferseide widmeten. Nitratseide wurde nur in einem Betrieb hergestellt. Das Jahr 1930 brachte als Folge zahlreicher Abwehrmaßnahmen gegen die Kunstseidenkrise, die auch die amerikanische Kunstseidenindustrie erfaßte, bedeutende Produktionseinschränkungen. Nachdem man zunächst die Depression durch mehrmalige Preissenkungen und erhöhte Kunstseidenzölle abzuschwächen versuchte, wurden späterhin noch Betriebsstilllegungen und Produktionseinschränkungen von durchschnittlich 40 bis 45% der Kapazität vorgenommen, so daß die Produktion im Jahre 1930 auf rund 54500 t zurückgegangen ist. Trotz dieser Produktionssenkung stehen die Vereinigten Staaten nach wie vor an der Spitze der Kunstseidenindustrien und bestreiten etwa ein Viertel der Welterzeugung.

Die amerikanische Kunstseidenindustrie verdankt Entstehen und Entwicklung im wesentlichen europäischen Unternehmungen, die sich nach der Einführung der prohibitiven Kunstseidenzölle durch Errichtung selbständiger Tochtergesellschaften den großen Absatzmarkt des Landes zu erhalten suchten. Dadurch gewann die europäische Kunstseidenindustrie einen ungeheuren Einfluß auf den amerikanischen Industriezweig, und noch heute werden etwa drei Viertel der amerikanischen Kunstseidenproduktion von europäischen Konzernen kontrolliert. Mit 675 Mill. RM. (rund 35 Mill. £) machte 1929 das in der Kunstseidenindustrie der Vereinigten Staaten Amerika investierte europäische Kapital mehr als die Hälfte des gesamten dort angelegten Kapitals aus, während die Vereinigten Staaten mit nur etwa 2 Mill. £ an ausländischen Unternehmen beteiligt waren. Die europäischen Beteiligungen an amerikanischen Gesellschaften verteilten sich wie folgt:

	i. Mill. RM.
American Viscose	340
American Glanzstoff	55
American Bemberg	20
American Enka	100
Associated Rayon Corp.	160
Insgesamt	675

Amerikanisches Kapital war wiederum mit 1 Mill. £ in Frankreich, mit 0,45 Mill. £ in Deutschland, mit 0,25 Mill. £ in Holland und mit 0,35 Mill. £ in Japan investiert.

In die Führung der amerikanischen Kunstseidenproduktion teilen sich drei große Gruppen, die „American Viscose Co. Ltd.“, die „Du Pont Rayon Co.“ und die „Tubize Artificial Silk Co.“ Die Viscose Co. arbeitet, wie schon der Name sagt, nach dem Viskoseverfahren, und in ihren Händen liegen etwa 65% der amerikanischen Kunstseidenproduktion. Etwa neun Zehntel der Viscose Co.-Aktien sind im Besitz der englischen Courtaulds, so daß das größte amerikanische Kunstseidenunternehmen von England ausschlaggebend beeinflußt wird.

Die „Du Pont Rayon Co.“ erzeugt in einer Fabrik in Buffalo ebenfalls Viskoseseide. Sie ist eine Tochtergesellschaft der französischen Du Pont-Gruppe und steht über die Dynamit-Nobel-Gruppe mit der I. G. Farbenindustrie in einer gewissen Verbindung.

Die „Tubize Artificial Silk Co.“ in Hopewell, das drittgrößte Unternehmen, verdankt der belgischen Tubize ihr Entstehen. Sie hat im Juli 1929 mit der „American Chatillon Corp.“, einer Gründung der italienischen Soie de Chatillon, die in Rome im Staate Georgia Azetat- und Vikoseseide herstellt, ein Übereinkommen getroffen, wonach gemeinsam eine neue Azetatfabrik in Hopewell (Virginia) und Tochtergesellschaften in Europa errichtet werden sollen. Ende 1930 hat die Du Pont Rayon Co. mit der American Viscose Co. und der Tubize Chatillon Corp. eine Holdingsgesellschaft „Knitting Arts Corporation" gegründet, die die Patente zur Herstellung maschenfester Strickereiunterzeuge kontrollieren soll, um eine billige Fabrikation dieser Artikel zu ermöglichen. Außerdem verfügen die Vereinigten Staaten über andere bedeutende Kunstseideunternehmen, wie aus der nebenstehenden Tabelle ersichtlich ist.

	1929	1930
	in Mill. lbs.	
American Viscose Co. . .	62,0	43,7
Du Pont Rayon Co. . . .	24,5	17,6
Tubize Artificial Silk Co..	8,75	9,85
Industrial Rayon Corp.. .	5,367	9,6
Celanese Corp. of America	6,0	7,0
American Enka	0,625	4,0
American Glanzstoff Corp.	3,85	7,225
American Bemberg. . . .	2,3	1,8

Italien nimmt neben seiner Position als wichtigster europäischer Rohseidenerzeuger gegenwärtig auch die erste Stelle unter den Kunstseidenproduktionsländern Europas ein und ist nach den Vereinigten Staaten der zweitgrößte Kunstseidenproduzent der Welt. Diese maßgebende Bedeutung im Rahmen der Weltwirtschaft der Kunstseide hat sich Italien in der Nachkriegszeit in relativ wenigen Jahren erworben. Ihren außerordentlichen Aufstieg verdankt die italienische Kunstseidenindustrie vornehmlich innerpolitischen Maßnahmen; unter dem Schutze eines hohen Zolles wurden Betriebe ausgebaut, modernisiert und zahlreiche neue Unternehmen errichtet. Ihre Produktionskapazität übertraf bald den relativ geringen heimischen Konsum, und bereits 1927 exportierte Italien etwa 70% seiner Erzeugung.

Die italienische Kunstseidenproduktion liegt zu mehr als 90% in den Händen von drei großen Konzernen, der Snia-Gruppe, der Gruppe Generale della Viscosa und der Soie de Chatillon. Von dem in der italienischen Kunstseidenindustrie investierten Kapital in Höhe von rd. 2 Milliarden Lire im Jahre 1928 entfielen auf die Snia-Gruppe 56% und auf die beiden anderen Konzerne 16% bzw. 10%. Die bedeutendste Kunstseidengesellschaft Italiens ist somit die „Snia Viscosa" (Societa Nazionale Industria Applicazioni Viscosa). Dieses Unternehmen ging aus einer Schiffahrtsgesellschaft hervor und nahm 1920 die Kunstseideerzeugung auf. Seit 1925 hat die Snia Viscosa mit mehreren Fabriken und der Tochtergesellschaft Varedo in Turin die Führung in der italienischen Kunstseidenproduktion inne und spielt gleichzeitig auf dem Weltmarkt eine bedeutende Rolle. Sie lieferte 1929 mit einer Jahresproduktion von 15 Mill. kg nahezu die Hälfte der italienischen Gesamterzeugung und übt gleichzeitig auf zahlreiche andere italienische Firmen einen ausschlaggebenden Einfluß aus. Durch ihren Beitritt zur Arbeitsgemeinschaft (siehe S. **313**) steht die Snia Viscosa mit den größten Unternehmen der Welt, mit Courtaulds und Glanzstoff bzw. Aku, in engster Beziehung. Die Beteiligung von Courtaulds und Glanzstoff an der ersten Sanierung der Snia Viscosa gewährt andererseits diesen Konzernen einen bedeutenden Einfluß auf diese Gesellschaft. Finanzielle Schwierigkeiten machten in der Folgezeit nochmals Sanierungen der Snia notwendig. Die neuerdings erfolgte Sanierung umschließt auch die Fusionierung der bisher von der Snia kontrollierten Tochtergesellschaft Varedo.

Die „Societa Generale Italiana della Viscosa" erzeugte als Besitzerin zweier Fabriken in Padua und Rom im Jahre 1929 8,5 Mill. kg Kunstseide. Sie kontrolliert außerdem die „Societa Meridionale de Seta Artificiale" in Neapel und die „Societa Supertessile" in Rietti und ist mit diesen beiden Unternehmen in der „Commerciale Italiana Seta Artificiale“ (Cisa) zusammengeschlossen, die ihrerseits unter Kontrolle des Comptoir des Textiles Artificiels steht.

Das drittgrößte Kunstseideunternehmen Italiens, die „Soie de Chatillon“, erzeugte 1929 mit einer Jahresproduktion von 5,5 Mill. kg Kunstseide etwa ein Fünftel der italienischen Gesamtproduktion. Sie unterhielt zunächst nur eine Fabrik in Val d'Aosta und hat sich 1929 noch eine Azetatseidenfabrik in Vercelli angegliedert. Die Chatillon ist an der Gründung der American Chatillon Corp. in New York (Fabrik in Rome, Georgia) beteiligt.

Neben diesen drei Großunternehmen zählte Italien 1929 noch sieben kleinere Gesellschaften mit acht Fabriken.

Anzuführen wäre noch, daß die Anfang der 20er Jahre gegründete und Mitte 1931 in Liquidation getretene „Italo Olandese Enka“ eine Tochtergesellschaft der Enka war. Die Bemberg A.-G. unterhält in der „Societa Italiana Seta Bemberg“ in Gozzano eine Tochterfabrik. Dieses italienische Bemberg-Unternehmen gewinnt in seiner Eigenschaft als einziger Kupferseide-Erzeuger Italiens für die Kunstseidenproduktion dieses Landes eine besondere Bedeutung. Unter französischem Einfluß steht die „Rhodiaseta Italiana“ in Pallanza, die von dem italienischen Chemiekonzern Montecatini in Verbindung mit der französischen Gruppe „Gillet Usines du Rhône“ errichtet wurde. Belgischen Ursprungs ist eine Azetatseidenfabrik in Corsico bei Mailand, das die Tubize in Brüssel gegründet hat.

Deutschland war vor dem Kriege das größte Kunstseidenproduktionsland der Welt. Es lieferte 1913 mit einer Kunstseidenerzeugung von 3500 t nahezu ein Drittel der Weltproduktion. Während des Krieges gewann die Kunstseide in Deutschland durch die allgemeine Rohstoffknappheit erhöhte Bedeutung, und ihre Produktion wurde ständig erweitert. Insbesondere wandte man sich der Erzeugung der Stapelfaser zu. Auf dieser Grundlage setzte in der Nachkriegszeit für die deutsche Kunstseidenindustrie eine Epoche des größten Aufschwungs ein. Unter äußerst günstigen Arbeitsbedingungen, wie sie für die deutsche Kunstseidenindustrie durch die fast völlige Unabhängigkeit vom Auslande hinsichtlich des chemischen Rohstoffbedarfs gegeben sind, hat sie ihre Produktion im Zeitraum 1922/1928 von 5000 t auf 23800 t erhöht. Sie zählte 1928: 30 Unternehmen mit 40258 Arbeitern gegen 26 Betriebe mit 24825 Beschäftigten im Jahre 1926. Aber trotz dieser Entwicklung konnte sich die deutsche Kunstseidenproduktion nicht die Vormachtstellung auf dem internationalen Kunstseidenmarkt sichern. Nachdem sie in den ersten Nachkriegsjahren von den Vereinigten Staaten und Großbritannien — von letzteren allerdings nur vorübergehend — überflügelt worden war, wurde sie 1925 auch noch von Italien überholt.

Das Schwergewicht der deutschen Kunstseidenproduktion liegt auf der Erzeugung von Viskoseseide; sie stellte 1928: 82% der deutschen Kunstseidenerzeugung gegen 65% im Jahre 1913. Auf Kupferseide entfielen 1928 16%, auf Azetatseide ca. 2% der Gesamtproduktion; die Nitratseide spielt in der deutschen Produktion keine Rolle mehr.

Das bedeutendste Kunstseidenunternehmen Deutschlands sind die „Vereinigte Glanzstoff-Fabriken A.-G.“ in Elberfeld. Dieses Unternehmen ist 1899 aus der Rheinischen Glühlampenfabrik Dr. Max Fremery hervorgegangen und nahm als erstes die Kunstseidenfabrikation in Deutschland auf. Die Entwicklung der Glanzstoff-Fabriken war außerordentlich günstig. Unmittelbar vor dem Kriege zählten zu diesem Unternehmen Fabriken in Oberbruch bei Aachen und in Niedermorschweiler bei Mülhausen im Elsaß, und seine ausländischen Tochtergesellschaften waren die Soie Artificielle, Paris, die Erste

Österreichische Glanzstoff-Fabrik, St. Pölten bei Wien, und die British Glanzstoff Manufacturing Co., Flint in Nord-Wales. Der Glanzstoffkonzern arbeitete zunächst nach dem Kupferoxydammoniakverfahren. Erst nach dem Erwerb der „Fürst Guido Henckel-Donnersmarckschen Kunstseiden- und Azetatwerke", Sydowsaue, und deren Viskosepatente im Jahre 1911 begannen sich die Vereinigten Glanzstoff-Fabriken auf das Viskoseverfahren umzustellen. Die Vorzüge der Viskoseseide gegenüber der Kupferseide drängten bald die Produktion nach dem Kupferoxydammoniakverfahren in den Hintergrund, und bereits im letzten Friedensjahr stellten die Glanzstoff-Fabriken vornehmlich Viskoseseide her. Ein rascher Aufstieg sicherte den Vereinigten Glanzstoff-Fabriken vor dem Kriege nicht nur die führende Stellung innerhalb der deutschen Kunstseidenindustrie, sondern auch die Vorherrschaft auf dem internationalen Markt. In der Nachkriegszeit haben die Glanzstoff-Fabriken ihren Produktionsradius durch Ausbau und technische Vervollkommnung der eigenen Produktionsstätten in Deutschland ausgedehnt und ihre Kapazität durch Übernahme bestehender Unternehmen, Errichtung neuer Gesellschaften im In- und Ausland und durch zahlreiche nationale und internationale Verflechtungen erweitert, so daß sie heute insgesamt über 75% der deutschen Kunstseidenproduktion beherrschen und auf einen großen Teil der Kunstseidenerzeugung der Welt direkten oder indirektenEinfluß ausüben. Unter den Erwerbungen der Glanzstoff-Fabriken ist der Ankauf der Majorität der I. P. Bemberg A.-G., Barmen, die bedeutendste. Die I. P. Bemberg wurde 1792 als Türkischrotfärberei gegründet und nahm um 1908 die Fabrikation von Kunstseide nach dem Kupferammoniakverfahren auf. Sie besitzt zwei Kunstseidefabriken in Barmen und eine Weberei in Augsburg; eine Färberei in Krefeld wurde 1930 stillgelegt. Die in Siegburg errichtete dritte Bemberg-Kunstseidenfabrik hat den Betrieb noch nicht aufgenommen. Tochtergesellschaften der I. P. Bemberg sind in Italien die Seta Bemberg in Gozzano, in Frankreich die Cupro-Textile in Roanne, und in England die British Bemberg Ltd. in London bzw. Doncaster. Mit der Errichtung einer Tochtergesellschaft in Japan hat Bemberg im Jahre 1929 seinen Wirkungskreis auch nach dem fernen Osten ausgedehnt. Glanzstoff und Bemberg erbauten 1925 gemeinsam die „American Bemberg Corp." in Tennessee, und als Schwestergesellschaft wurde ferner die „American Glanzstoff Corp." in Elizabethtown in Tennessee ins Leben gerufen, die 1929 zu produzieren begann. Außerdem erweiterte der Glanzstoffkonzern seinen Einfluß auf die deutsche Kunstseidenproduktion durch Gründung und spätere Übernahme der Bayrischen Glanzstoff-Fabrik A.-G., München (Fabrik Obernburg), durch Übernahme der Glanzfäden A.-G., Elberfeld, durch Umwandlung der Kunstseidenfabrik Breslau-Kawallen, unter Beteiligung der Bergwerksgesellschaft G. von Giesches Erben und der Enka in „Neue Glanzstoffwerke A.-G., Breslau" im Jahre 1927 und ihre Übernahme im Jahre 1930, durch Beteiligung und spätere Angliederung der Vereinigten Kunstseidenfabriken Frankfurt a.M. (Fabrik Kelsterbach), der Spinnfaser A.-G., Elsterberg i. Sa., und der Stapelfaserfabrik Jordan & Co., Kom.-Ges. in Sydowsaue bei Stettin, und durch Beteiligungen bei der Herminghaus G.m.b.H., Elberfeld. Insgesamt verfügen die Glanzstoffwerke über 6 Spinnereien und 3 Veredelungswerke in Barmen, Tannenberg i. Erzgeb. und Waldniel i. Rhld. — Der frühere Konkurrenzkampf der Glanzstoff-Fabriken mit dem zweitgrößten deutschen Kunstseidenunternehmen, der I. G.-Farbenindustrie, wurde durch Beteiligungen und Preisvereinbarungen eingeschränkt, und die gegenseitigen Beziehungen wurden durch die gemeinsame Gründung der „Azeta-G. m. b. H.", Berlin sowie durch gemeinsame Interessen auf dem Gebiet der Kupferkunstseide enger gestaltet.

Der Einfluß des Glanzstoffkonzerns auf die amerikanische Kunstseidenproduktion umfaßt neben den bereits erwähnten Unternehmen „American Bemberg Corp.“ und „American Glanzstoff Corp.“ die Beteiligung an der „Associated Rayon Corp.“, bei deren Gründung die Glanzstoff-Fabriken führend waren. Im übrigen kontrollieren die Glanzstoffwerke durch die in Gemeinschaft mit der Glanzstoff-Fabrik in St. Pölten im Jahre 1920 errichteten „Böhmische Glanzstoff-Fabriken, System Elberfeld, A.-G.“, Prag (Fabrik Lobositz), einen Teil der tschechischen Kunstseidenerzeugung, und mit der Errichtung eines japanischen Unternehmens wurde seit einigen Jahren auch Japan in seine engere Interessensphäre einbezogen. Schließlich gründeten die Glanzstoff-Fabriken in Rumänien und Dänemark Tochtergesellschaften, deren Ausbau jedoch infolge der ungünstigen Lage auf dem Kunstseidenmarkt noch zurückgestellt wurde.

Unter den Beziehungen zur ausländischen Kunstseidenindustrie haben die zunächst freundschaftlichen Verbindungen mit der Nederland'sche Kunstzijde-Fabriek, Arnhem (Enka), die sich auf kapitalsmäßige Bindung, Austausch von Patenten und technischen Erfahrungen, auf Abmachungen und Vereinbarungen auf Grund der Arbeitsgemeinschaft und auf die gemeinsame Umwandlung der Kunstseidenfabrik Kawallen in die „Neue Glanzstoffwerke A.-G.“ in Breslau erstreckten, 1929 zu einem Zusammenschluß zwischen Glanzstoff und Enka geführt. Träger dieser neuen Interessengemeinschaft ist die Enka, deren Name in „Allgemeene Kunstzijde Unie“ (Aku) umgeändert wurde. Bei diesem Zusammenschluß wurde nicht die Form einer Fusion gewählt, sondern die eine Gesellschaft übernahm durch freiwilligen Aktienumtausch die Aktien der anderen Gesellschaft, und zwar wurde den Aktionären der Vereinigten Glanzstoff-Fabriken ein freiwilliges Aktienumtauschangebot auf Enkaaktien gemacht. Diese enge Verschmelzung, die jedoch die rechtliche und wirtschaftliche Selbständigkeit der beiden Unternehmen aufrechterhält, soll nach dem ausgegebenen Bericht „zur Ausschaltung einer nachteiligen Konkurrenz und zur Hebung der technischen und wirtschaftlichen Leistungsfähigkeit sowie zur Förderung der weiteren Konsolidierung der Verhältnisse auf dem Kunstseidenmarkt“ führen. Der Akukonzern ist durch die zahlreichen internationalen Bindungen der Glanzstoffgruppe und der Enka sowie des dritten Vertragspartners, der Maekubee-Gruppe, von größter internationaler Bedeutung und hat Anfang 1931 durch die Eingliederung der Breda seine Machtposition erneut gestärkt. Seine Produktionskraft umfaßt etwa 15 bis 20% der Weltkapazität. Das Eigenkapital des Akukonzerns von rd. 212 Mill. RM. wird durch die allseitigen Auslandsinteressen des von der Aku kontrollierten Gesamtkapitals auf rd. 695 Mill. RM. erhöht und entspricht nahezu dem Kapital des Courtaulds-Konzerns.

Die Beziehungen der Glanzstoff-Fabriken zur größten internationalen Kunstseidengruppe, zu Courtaulds, sind sehr wichtig und wertvoll. Bereits in der Vorkriegszeit bestanden Verbindungen zwischen Glanzstoff und Courtaulds, die nach dem Kriege durch den Zusammenschluß zur Arbeitsgemeinschaft erneuert und 1925 mit der Gründung der Glanzstoff-Courtaulds G. m. b. H., Elberfeld, weiter ausgebaut wurden.

Die zweitgrößte Kunstseidengruppe Deutschlands, die „I. G. Farbenindustrie A.-G.“, Berlin, kontrolliert etwa 20% der deutschen Kunstseidenerzeugung. Sie umfaßt 3 Fabriken des ehemaligen Sprengstoffkonzerns Köln-Rottweil A.-G., die sich auf Viskoseseide und Stapelfaser (Vistra) umgestellt haben. Außerdem nahm die zum Farbenkonzern gehörende „Aktiengesellschaft für Anilinfabrikation“ die Fabrikation von Azetatseide in den Fabriken in Wolfen bei Bitterfeld und in Lichtenberg auf. Diese beiden Betriebe wurden von der I. G. Farbenindustrie gemeinsam mit den Vereinigten Glanzstoff-Fabriken zu der lange Zeit einzigen deutschen Azetatseidenfabrik „Azeta G. m. b. H.“, Berlin, zusammengelegt. Seit April 1930 ist das gesamte Kapital der Azeta G. m. b. H. im Besitz der I. G. Farbenindustrie. Eine andere Tochtergesellschaft der I. G. Farbenindustrie, die „Hölkenseide G. m. b. H.“, Barmen, ist seit 1927 durch eine Beteiligung der Bemberg auch dem Glanzstoffkonzern zugehörig. Dieses Unternehmen erzeugte bis zu seiner Stillegung Mitte 1929 Kunstseide nach dem Kupferammoniakverfahren. Auf Grund einer Interessengemeinschaft der I. G. Farbenindustrie mit Bemberg wurde 1927 von der I. G. Farbenindustrie eine Kunstseidenfabrik in Dormagen bei Köln errichtet, die Kupferseide nach dem Bembergverfahren herstellt. Diese Lizenz wurde der I. G. Farbenindustrie von Bemberg gewährt, wogegen die J. P. Bemberg-A.-G. den Verkauf der Erzeugnisse der Hölkenseide G. m. b. H. und der Fabrik in Dormagen übernahm. Im Ausland ist die I. G. an der holländischen Breda interessiert, mit der sie gemeinsam die British Breda gegründet hat. Über diese Verbindung wurde durch die Eingliederung der Breda in den Akukonzern das Verhältnis zwischen I. G. Farbenindustrie und Glanzstoffkonzern weiterhin enger gestaltet. Die I. G. Farbenindustrie unterhält außerdem Beziehungen zum Tubizekonzern in Belgien, Frankreich und den Vereinigten Staaten. Sie ist ferner durch die Eingliederung des Sprengstoffkonzerns über den Nobelkonzern mit dem amerikanischen Du Pont-Konzern liiert. Von der Anfang 1931 geschlossenen Interessengemeinschaft der I. G. Farbenindustrie mit dem an der italienischen Kunstseidenindustrie wesentlich beteiligten italienischen Chemiekonzern Montecatini erwartet man eine engere Fühlungnahme mit der italienischen Kunstseidenindustrie, wenn sich auch die Bindung lediglich auf die Interessen an der Produktion chemischer und pharmazeutischer Erzeugnisse erstrecken soll.

Etwa 10% der deutschen Kunstseidenerzeugung entfallen auf die übrigen, kleineren Unternehmen. Die wichtigsten sind die 1927 gegründete Azetatseidenfabrik „Rhodiaseta“ in Freiburg i. Br., deren sehr umfangreiche internationale Beziehungen sich auf Frankreich, Belgien, Italien, die Schweiz und die Vereinigten Staaten erstrecken, ferner die „Vereinigten Borvisk Kunstseidenwerke A.-G.“, in Herzberg, die über zahlreiche Auslandsverbindungen und Tochtergesellschaften in der Schweiz und Frankreich verfügen, aber neuerdings stillgelegt sind.

In der deutschen Kunstseidenindustrie waren im April 1929 nach der auf Seite 289 erwähnten englischen Statistik insgesamt 11,4 Mill. £ investiert. Die ausländischen Beteiligungen in Deutschland ergaben in diesem Jahre nur 0,5 Mill. £, während Deutschland in den Kunstseidenindustrien Österreichs, der Tschechoslowakei, Italiens, Hollands, Großbritanniens, Frankreichs, Rumäniens, Amerikas und Japans etwa 18 Mill. £ investiert hatte. Somit betrugen die deutschen Investitionen in der Kunstseidenindustrie Anfang 1929 insgesamt 28,9 Mill. £. Die Transaktion Glanzstoff-Enka brachte im Jahre 1929 eine völlige Verschiebung des deutschen Kunstseidenkapitals mit sich. Durch die Ausweisung des Glanzstoffkapitals in Holland belaufen sich die gesamten Kunstseideninteressen Deutschlands Anfang 1930 nur noch auf 5,6 Mill. £.

Großbritannien verfügt über eine der ältesten und bedeutendsten Kunstseidenindustrien der Welt. Seine Kunstseidenerzeugung war 1913 mit 3000 t hinter Deutschland die zweitgrößte der Welt und folgte 1929 und 1930 mit 25600 t bzw. 22580 t nach der Industrie der Vereinigten Staaten, Italiens und Deutschlands an vierter Stelle. Der Produktionswert betrug 1912: 0,6 Mill. £, 1924: 22,992 Mill. £, 1926: 25,49 Mill. £, 1927: 38,8 Mill. £ und 1928: über 50 Mill. £. Die größte Expansion der englischen Kunstseidenerzeugung brachten die Jahre 1927/1929 als Folge einer bedeutenden heimischen Verbrauchssteigerung und wachsenden Verarbeitung von Kunstseide in der Baumwoll- und Wollindustrie. Neben dem Ausbau der bestehenden Unternehmen trug die Gründung von 25 neuen Fabriken zu der eminenten Kapazitätsausweitung dieser Jahre bei. Mit der Produktionssteigerung ging ein Ausbau der verschiedenen Kunstseidearten Hand in Hand. Wohl stellt die Viskoseseide nach wie vor das Hauptkontingent, doch hat die Herstellung von Azetatseide und die Kunstseideerzeugung nach dem Kupferammoniakverfahren in diesen Jahren eine relativ große Ausdehnung erfahren. Im Jahre 1930 hat die Depression der Kunstseidenwirtschaft in England infolge einer heimischen Verbrauchsminderung um ca. 15% zu einem heftigen Preis- und Absatzkampf zwischen den Großproduzenten und den wirtschaftlich noch schwachen, neuen Unternehmen geführt. In diesem Konkurrenzkampf erlagen zahlreiche Neugründungen, so daß der Produktionsrückgang auf 22580 t Kunstseide in 1930 im wesentlichen eine Folge des Zusammenbruchs und der Ausschaltung zahlreicher neuer Fabriken ist.

Das führende und älteste englische Kunstseidenunternehmen ist die „Courtaulds Ltd.“, London. Dieser Konzern verfügte 1928 in England selbst über 13 Betriebe. Sie arbeiten vornehmlich nach dem Viskoseverfahren, so daß etwa 95% der englischen Viskoseerzeugung von Courtaulds hergestellt werden. Die Produktion von Azetatseide wurde erst in den letzten Jahren aufgenommen. Insgesamt beherrscht der Courtauldskonzern etwa 80 bis 90% der englischen Kunstseidenerzeugung. Er ist mit seinen in- und ausländischen Interessen in Höhe von 42,5 Mill. £ in 1930 das größte Kunstseidenunternehmen der Welt. Ihren Weltruf verdankt die Courtaulds Ltd. auch ihren Tochtergesellschaften in den Vereinigten Staaten, Kanada, Frankreich und Deutschland, sowie ihrer Interessengemeinschaft mit der deutschen Glanzstoff und der italienischen Snia Viscosa, wodurch der Courtauldskonzern über etwa drei Viertel der Weltproduktion direkte oder indirekte Kontrolle ausübt. Courtaulds hat ausschlaggebenden Einfluß auf die Kunstseidenindustrie der Vereinigten Staaten durch den Besitz von 90% der American Viscose Co.-Aktien. Ihre Tochtergesellschaft „Canadian Courtaulds“ ist in Kanada führend. Durch die Tochtergesellschaften „Soieries de Strasbourg“, „Soie Artificielle de Calais“ in Frankreich und die Gründung der „Glanzstoff-Courtaulds G. m. b. H.“, Elberfeld (Fabrik in Köln-Merheim) gewann der Courtauldskonzern bedeutenden Einfluß auf die kontinentale Kunstseidenproduktion. Die Beziehungen von Courtaulds zu dem größten deutschen Kunstseidenunternehmen, den Vereinigten Glanzstoff-Fabriken, Elberfeld, haben sich mit den Jahren durch den Zusammenschluß zur Arbeitsgemeinschaft, durch die gemeinsame Beteiligung an der Sanierung der italienischen Snia Viscosa, durch gemeinsame Beziehungen zu dem englischen Kunstseidenunternehmen Nuera Artsilk, Manchester, durch die aktive Beteiligung an der Gründung der amerikanischen Holdingsgesellschaft „Associated Rayon Corp.“ und die oben erwähnte gemeinsame Gründung der Courtaulds-Glanzstoff G. m. b. H., Elberfeld, immer enger gestaltet. Sie fanden in den Beziehungen von Courtaulds zur holländischen Breda durch Abmachungen mit der British Breda infolge der neuen engen Verknüpfung der Breda mit den Akukonzern eine neue Unterstützung. Die Beteiligung an der italienischen Snia Viscosa und Verbindungen mit der belgischen Tubizegruppe dehnen die Interessensphäre des Courtauldskonzerns auch auf Italien und Belgien aus.

Das zweitgrößte Kunstseidenunternehmen Englands ist die „British Celanese Co. Ltd.“. Dieses Unternehmen ging im Jahre 1924 aus der „British Celulose and Chemical Manufacturing Co. Ltd.“ hervor, die 1916 zur Herstellung von Azetat für Tragflächenstoffe der Luftschiffe u. a. gegründet wurde und sich nach dem Kriege auf die Azetatseidenproduktion einstellte. Der Aufschwung der British Celanese setzte erst um das Jahr 1927 ein, er wurde durch die Vervollkommnung der Azetatseidenherstellung und durch den wachsenden Azetatseidenkonsum begründet und beschleunigt. Nach der Erweiterung der Produktionsanlagen um das Dreifache binnen zweier Jahre wurde die British Celanese nicht nur der größte Azetatseidenproduzent Großbritanniens, sondern auch der ganzen Welt. Tochtergesellschaften in Frankreich, die „Celanese Française“ bei Lyon, in den Vereinigten Staaten, die „American Celanese Corp.“, und in Kanada, die „Canadian Celanese“ dehnen ihr Machtbereich über Englands Grenzen hinaus aus. Durch die Befriedigung von etwa 90% des Weltbedarfs an Azetatseide hat die British Celanese mit ihren Tochtergesellschaften und Lizenzabnehmern nahezu die Monopolstellung in der Azetatseidenerzeugung inne.

Andere nennenswerte englische Kunstseidenunternehmen sind die „Harbens Ltd.“ in Golborn (Lancashire), die „British Enka Ltd.“, eine Tochtergesellschaft der holländischen Enka, die „British Bemberg Ltd.“ (Kupferammoniakverfahren) und die „British Breda Silk Co.“ (Viskoseseide).

Das Ausland ist an der englischen Kunstseidenindustrie nur relativ wenig beteiligt. Von den gesamten Investitionen in der englischen Kunstseidenindustrie, die sich auf mehr als 44 Mill. £ belaufen, sind nur etwa 2,25 bis 2,5 Mill. £ vom Ausland aufgebracht. Dieser geringen Beteiligung des Auslandes an der englischen Kunstseidenindustrie stehen jedoch außerordentlich zahlreiche Beteiligungen Englands an fremdländischen Kunstseidenunternehmen gegenüber. Insgesamt hat England etwa 25,5 Mill. £ im Ausland investiert, so daß England mit zusammen 67,4 Mill. £ die größte Kapitalmacht in der Kunstseidenindustrie darstellt. Neben Beteiligungen in den Vereinigten Staaten, Kanada, Italien, Deutschland, Frankreich, Holland und der Schweiz erstrecken sich die englischen Kunstseideninteressen auch auf mehrere kleinere Länder.

In **Frankreich,** dem Mutterland der Kunstseide, blieb die Kunstseidenindustrie lange Zeit ohne Belang. Die erste französische Kunstseidenfabrik wurde 1890 von dem Erfinder des Nitrozelluloseverfahrens, Graf Chardonnet, unter dem Namen „Société Anonyme pour la fabrication de la soie de Chardonnet“ gegründet, war jedoch wenig erfolgreich. Weitere Gründungen folgten dann gegen Ende des 19. Jahrhunderts, so daß Frankreich erst um die Jahrhundertwende über eine nennenswerte Kunstseidenindustrie verfügte. Die weiterhin langsame Entwicklung der französischen Kunstseideerzeugung wurde erst in den letzten Jahren von einem lebhaften Aufschwung abgelöst. Das Jahr 1928 brachte mit der Errichtung von 14 Betrieben und einer Produktionserhöhung auf 18500 t die größte Produktionsausweitung. Auf der Grundlage eines guten Binnen- und Auslandsabsatzes wurde die französische Kunstseidenindustrie 1930 von der allgemeinen Depression relativ wenig betroffen, so daß sie mit einer Gesamterzeugung von 20900 t ihre Position behaupten konnte und heute den führenden Kunstseidenindustrien zuzurechnen ist.

Die französische Kunstseidenindustrie ist in zwei große Gruppen gespalten. Die führenden Unternehmen haben sich in einer gemeinsamen Verkaufsorganisation, dem „Comptoir des Textiles Artificiels“, miteinander verbunden, dem zahlreiche freie Fabriken, „Dissidents“ oder „Außenseiter“, gegenüberstehen. Zwischen beiden Gruppen tobt ein heftiger Kampf um die Beherrschung des französischen Kunstseidenmarktes.

Die Vorherrschaft liegt in den Händen des Comptoir, das allerdings durch das stete Anwachsen und Erstarken der Außenseiter aus seiner früheren Monopolstellung verdrängt worden ist. Die Tagesproduktion der dem Comptoir angeschlossenen Unternehmen belief sich 1929/1930 auf etwa 40000 kg bei einer gesamten französischen Tageserzeugung von 75000 kg. Die wichtigsten Mitglieder des Comptoir sind: Soc. Nationale de la Viscose, Grenoble, Soie Artificielle du

Sud-Est, La Voulte, Soie Artificielle d'Izieux, Izieux, La Soie Artificielle de Givet, Givet, Société pour la Fabrication de la Soie Rhodiaseta, Roussillon, Soie Artificielle d'Alsace, Colmar, und Française de la Viscose, Arques la Bataille. Durch Tochtergesellschaften, kapitalmäßige Bindungen und Abmachungen der dem Comptoir angeschlossenen Unternehmen in Italien, Spanien, Belgien, Polen, Schweiz, Japan, Brasilien und den Vereinigten Staaten verfügt das Comptoir auch über ausgedehnte Auslandsinteressen.

Auch die Außenseiter, als deren wichtigste die Soie de Calais, Calais, Soie de Valenciennes, Valenciennes, Société Lyonnaise de la Soie Artificielle, Allègre, Moudon et Cie, Valence, Soie de Vauban, Vauban, Tubize Française mit Fabriken in Grand Quevilly und in Vénissieux, Textiles Chimiques du Nord et de l'Est, Odomez, und die Soieries de Strasbourg zu nennen sind, stehen fast alle mit ausländischen Kunstseidenunternehmen in Beziehungen und besitzen zum Teil eigene Tochtergesellschaften im Ausland. Durch den Aufbau zahlreicher neuer freien Kunstseidenfabriken während der letzten Jahre wurde die Machtposition der „Außenseiter" erheblich gestärkt. Ein Zusammenschluß der Außenseiter zur „Union des Producteurs Français de Soies et autres Textiles Artificiels" im Jahre 1927 war als Gegengewicht zum Comptoir gedacht, doch trat die Union nicht in Aktion. Dagegen dürfte von der Übertragung des französischen Absatzes der „Soieries de Strasbourg" und der „Tubize Française" an die „Union des Textiles Chimiques", dem Verkaufskontor der „Textiles Chimiques du Nord et de l'Est" und der „Textiles Chimiques du Centre", eine neue wesentliche Stärkung der Außenseiter zu erwarten sein.

Die französische Kunstseidenindustrie hat eine starke ausländische Beteiligung aufzuweisen. Von dem in der französischen Kunstseidenindustrie investierten Kapital in Höhe von 11,8 Mill. £ sind 3,7 Mill. £ ausländisches Kapital, und zwar sind Belgien, Großbritannien, die Vereinigten Staaten, Italien und Deutschland an der französischen Kunstseidenindustrie interessiert. Die vor dem Kriege relativ bedeutenden Beteiligungen Frankreichs an ausländischen Kunstseidenunternehmen beschränken sich in der Nachkriegszeit auf kleinere Interessen an der Kunstseidenindustrie der Schweiz, der Tschechei, der Vereinigten Staaten, Brasiliens, Belgiens, Deutschlands, Italiens und Japans in Höhe von insgesamt 0,75 Mill. £. Die bedeutendste französische Finanzgesellschaft auf dem Gebiete der Kunstseidenindustrie ist die von Löwenstein gegründete Société Financière Internationale de la Soie Artificielle (Fisa), die im Mai 1930 durch die Gründung einer kanadischen Schwestergesellschaft ihren Aktionsradius erweiterte.

Auch in dem bedeutendsten Rohseidenproduktionsland der Welt, in **Japan,** hat die Kunstseidenindustrie schon lange Jahre Fuß gefaßt. Die ersten Versuche, in Japan Kunstseide zu erzeugen, wurden bereits im Jahre 1913 unternommen, als der Suzukikonzern in Kobe die „Azuma Industry Co." in Yonezawa errichtete. In den folgenden Jahren wurden noch einige Kunstseidenunternehmen gegründet, doch waren bereits 1917 die meisten Fabriken zur Produktionseinstellung gezwungen. 1918 griff der Suzukikonzern erneut die Kunstseidenproduktion auf und gründete in der „Teikoku Artificial Silk Co." die heute bedeutendste Kunstseidenfabrik Japans. Jedoch erst seit 1924 gewann die japanische Kunstseidenindustrie durch Neugründungen und Produktionserweiterungen größere Bedeutung. Sie verdankt diese Belebung hauptsächlich europäischen Konzernen, die in Japan zusammen mit einheimischen Interessenten Kunstseidefabriken errichteten. Die folgenden Jahre führten infolge der rasch wachsenden Aufnahmefähigkeit des Inlandmarktes überraschend schnell zu einem ungeahnten Aufstieg der japanischen Kunstseidenindustrie. Ihre Produktion erweiterte sich im Zeitraum 1924/1928 um mehr als das Zehnfache und wird für 1928 auf 6500 t angegeben, gegen 540 t in 1924 und 60 t in 1913. Im Jahre 1929 zählt die japanische Kunstseidenindustrie bereits 10 Großunternehmen mit einer Gesamterzeugung von 10,5 Mill. kg. 1930 hat Japan im Gegensatz zu allen übrigen bedeutenden Kunstseidenproduktionsländern seine Kunstseidenfabriken weiter ausgebaut und seine Produktion auf 15,2 Mill. kg erhöht, womit es in der Kunstseidenwirtschaft der Welt an die sechste Stelle vorgerückt ist. Für das Jahr 1931 ist ein weiterer Ausbau der japanischen Kunstseidenindustrie vorgesehen, und zwar soll ihre Produktionskapazität von 55 t je Tag Anfang 1931 auf 75,5 t im Laufe des Jahres erhöht werden. Die Produktionsausweitungen der letzten Jahre basieren nicht nur auf einer Konsumsteigerung des Binnenmarktes, sondern auch auf der Ausnutzung der großen Exportmöglichkeiten nach den ostasiatischen Ländern, wie sie für Kunstseide und insbesondere für Kunstseidefertigfabrikate ebenso wie für die japanischen Baumwollwaren gegeben sind.

Das leistungsfähigste japanische Kunstseidenunternehmen ist, wie bereits erwähnt wurde, die „Teikoku Artificial Silk Co.". Die Tagesproduktion der drei Teikokufabriken beträgt gegenwärtig etwa 20 t und soll im laufenden Jahre durch einen vierten Betrieb auf 22,5 t erweitert werden. Im Auslande steht die Teikoku mit der italienischen Snia Viscosa in Verbindung. Das nächstgrößte Unternehmen, die „Asahi Silk Wearing Co.", ist mit den Vereinigten Glanzstoff-Fabriken bzw. dem Aku-Konzern liiert und arbeitet seit 1924 nach deren Patent. Ihre Kunstseidenproduktion wird je Tag auf 6 t angegeben. An der Asahi-Gesellschaft ist der Mitsubishikonzern interessiert, dessen Kunstseidenbelange durch die Gründung einer Bembergfabrik in Japan an Bedeutung gewonnen haben. Die „Japan-Bemberg Co." in Nobeoka wurde von der „Japan-Bemberg Corp." erstellt, die im Jahre 1929 von J. P. Bemberg im Verein mit dem bedeutendsten japanischen Stickstoffwerk Nippon Chisso Hiryo Kabushiki Kaisha, das wiederum mit der Mitsubishigruppe in Verbindung steht, zur Errichtung von Kunstseidenfabriken in Japan gegründet wurde. Die tägliche Produktion des Bembergunternehmens soll gleich der Asahi 6 t betragen, so daß die vom Mitsubishikonzern kontrollierten Kunstseidenunternehmen eine Tagesproduktion von 12 t erreichen werden. Durch den steten Ausbau der dem Mitsuikonzern zugehörigen „Toyo A.-G." in Ishiyama ist die Mitsuigruppe mit einer Tagesproduktion von 9 t die drittgrößte Unternehmergruppe in der japanischen Kunstseidenindustrie; ihre Kapazität soll Ende 1931 täglich 11 t erreichen. Insgesamt liefern die Teikoku, der Mitsubishi- und der Mitsuikonzern drei Fünftel der japanischen Kunstseidenproduktion. Der Rest verteilt sich auf sechs kleinere Unternehmen, die mit einer Ausnahme an Baumwoll- oder Wollspinnereien angegliedert sind.

Von dem in der japanischen Kunstseidenindustrie investierten Kapital in Höhe von 4,4 Mill. £ im April 1930 sind 1,25 Mill. £ von Deutschland, den Vereinigten Staaten und Frankreich aufgebracht worden. Japan selbst verfügt über keine Kunstseideninteressen im Ausland.

Holland und Belgien verfügen über eine im Verhältnis zu ihrer Bevölkerung sehr bedeutende Kunstseidenindustrie. Die **holländische** Kunstseidenindustrie wurde im wesentlichen erst in der Nachkriegszeit begründet, weist aber bereits 1922 mit einer Produktion von 1000 t eine beachtliche Erzeugung auf. Mit dem Jahre 1925 setzte eine äußerst lebhafte Entwicklung ein, die in den Jahren 1925/1929 zu einer Produktionssteigerung von 4000 t auf 9500 t führte. Bereits 1930 mußten jedoch unter dem Druck der Kunstseidenkrise Betriebsstillegungen vorgenommen werden, so daß die Gesamtproduktion in diesem Jahre einen Rückgang auf 8150 t Kunstseide aufweist.

Die Entwicklung der holländischen Kunstseidenindustrie wird im wesentlichen von der Entwicklung der beiden dominierenden Unternehmen, der „Nederlandsche Kunstzijde Fabriek“ (Enka) Arnheim, und der „Hollandsche Kunstzijde Industrie“, Breda, bestimmt. Die Enka bestreitet etwa 70%, die Breda nahezu 30% der Kunstseidenerzeugung Hollands. Der Zusammenschluß der Enka mit den Vereinigten Glanzstoff-Fabriken, Elberfeld, zu der „Allgemeene Kunstzijde Unie“ (Aku), im Jahre 1929 bedeutete durch die Sitzverlegung des deutschen Riesenunternehmens nach Holland für die holländische Kunstseidenindustrie eine erhebliche Positionsstärkung. Gleichzeitig gewann die Enka durch eine beträchtliche Erweiterung ihrer Auslandsbeziehungen, die schon vorher durch Tochterunternehmen in Amerika, England, Frankreich, Italien und Spanien und durch Interessengemeinschaften mit ausländischen Unternehmen — Courtaulds, Glanzstoff — sehr umfangreich waren, auf den internationalen Kunstseidenmärkten an Einfluß. Die Breda ist ebenfalls durch Filialen in England, Belgien und Spanien international stark verflochten und durch Abmachungen mit ausländischen Kunstseidengesellschaften verknüpft. Ihre Beziehungen zur Enka haben sich vor kurzem durch ein neues Abkommen wesentlich gefestigt. Dieses Abkommen sieht unter Aufrechterhaltung der vollen Selbständigkeit und Unabhängigkeit der beiden Partner eine engere Zusammenarbeit — durch Statutenänderungen, Umbesetzung des Verwaltungsapparates — und die Gründung einer neuen Holdinggesellschaft vor. Mit dieser neuen Rationalisierung der holländischen Kunstseidenindustrie, wie sie schon durch den Zusammenschluß Enka-Glanzstoff-Bemberg zur Aku begonnen worden war, dürfte sich der bereits bestehende Einfluß der Aku auf die Breda bedeutend erweitern und damit das neue Abkommen die Machtstellung der Aku aufs neue stärken.

Am Nominalkapital der holländischen Kunstseidenindustrie in Höhe von 9,75 Mill. £ im April 1930 sind Deutschland, die Vereinigten Staaten, die Schweiz und Belgien mit etwa 2,25 Mill. £ beteiligt, während sich die ausländischen Beteiligungen Hollands durch den Zusammenschluß der Enka mit den Glanzstoff-Fabriken auf nahezu 30 Mill. £ gegen nur 6,5 Mill. £ im Vorjahre belaufen. Holland hat somit insgesamt 37,05 Mill. £ in der Kunstseidenindustrie investiert und verfügt nach Großbritannien über die bedeutendsten Kunstseideninteressen.

In **Belgien** wurde die Kunstseidenerzeugung früh aufgenommen. Die Industrie produzierte bereits 1913 mit 1300 t 12% der Welterzeugung und war nach der deutschen, englischen und französischen Industrie die größte der Welt. Während des Krieges nahm die belgische Kunstseidenproduktion einen verhältnismäßig großen Aufschwung, ohne jedoch später mit der Entwicklung der Welterzeugung Schritt halten zu können. Belgien lieferte 1929 mit einer Gesamtproduktion von 7200 t nur noch 4% der Welterzeugung und rückte der Größenordnung nach an die achte Stelle. Die Krisenlage in der Kunstseidenwirtschaft mußte die hauptsächlich auf den Export eingestellte belgische Kunstseidenindustrie besonders hart treffen; die Stillegung von nahezu der Hälfte aller Fabriken während der letzten 1½ Jahre spricht aufs deutlichste. Der Produktionsrückgang der belgischen Kunstseidenindustrie auf 5700 t in 1930 ist neben der fast völligen Einstellung der unrentabel gewordenen Erzeugung von Nitratseide auf einen starken Absatzrückgang auf dem Inlands- und Auslandsmarkte zurückzuführen.

Die belgische Kunstseidenindustrie zählte 1927 sieben Unternehmen mit ca. 10000 beschäftigten Personen. Als die drei größten führenden Unternehmen der Gegenwart sind nach ihrer Bedeutung zu nennen: „La Fabrique de Soie Artificielle de Tubize“, Brüssel, „Société Générale de Soie Artificielle par le procédé de Viscose“ in Alost (Flandern) und „Les Fabriques de Soie Artificielle d'Obourg“. Die Tubize hatte 1927 als größte belgische Kunstseidenfabrik eine

Tagesproduktion von etwa 10 t. Sie beschäftigte 1927 etwa 5000 Personen und stellt Nitrat-, Azetat- und Viskoseseide her. Die Tubize besitzt Tochtergesellschaften in Italien, Frankreich, Polen, Ungarn und den Vereinigten Staaten und steht mit der British Celanese und der französischen Union des Textiles Chimiques in Verbindung. Die „Société Générale de Soie Artificielle par le procédé de Viscose" in Alost hat ihre Viscosegarnproduktion bis 1927 etwa um das 3fache gegenüber der Vorkriegszeit erhöht. Sie pflegt nicht nur Beziehungen zu anderen belgischen Unternehmen, sondern ist auch an zahlreichen ausländischen Gesellschaften in Frankreich, Italien, Schweiz und den Vereinigten Staaten interessiert. Die „Fabrique de Soie Artificielle d'Obourg" umfassen die Mitte 1928 miteinander verschmolzenen Unternehmen „La Fabrique de Soie Artificielle d'Obourg" und „La Société Textiles Belges" in Obourg. Ihre Produktionskapazität beträgt Anfang 1931 ca. 3 t Viskosegarne; die Herstellung der Chardonnetseide mußte 1930 aus Rentabilitätsgründen eingestellt werden.

Das in der belgischen Kunstseidenindustrie investierte Kapital von 2,55 Mill. £ im April 1930 ist ausschließlich von Belgien aufgebracht worden. Nahezu dieselbe Höhe erreichen die belgischen Beteiligungen im Ausland. Sie betragen in Frankreich, Polen und Holland insgesamt 2,4 Mill. £.

Eine ebenfalls sehr rasche Entwicklung hat der Kunstseidenindustrie der **Schweiz** in den letzten Jahren eine beachtenswerte Stelle in der Weltproduktion gesichert. Sie verfügte 1929 bei einer gesamten Kunstseidenerzeugung von 5,5 Mill. kg über vier Viskosefabriken und je einen Kupfer- und Azetatseidebetrieb. Die Zahl der in der schweizer Kunstseidenindustrie beschäftigten Personen betrug Mitte 1929 etwa 7000. Das führende Unternehmen ist die „Société de la Viscose Suisse" in Emmenbrücke (bei Luzern). Sie besitzt zwei Fabriken in Emmenbrücke und Heerbrugg und beschäftigte 1928: 3500 Arbeiter. Ihre Jahreserzeugung ergab 1928 mit 2,8 Mill. kg 55% der Gesamtproduktion des Landes. Die Gesellschaft ist französischen Ursprungs und geht auf die französische Holdingsgesellschaft „Viscose Suisse" zurück, die 1922 aus fiskalischen Gründen in eine schweizerische Aktiengesellschaft umgewandelt wurde. Das Kunstseidenunternehmen Emmenbrücke steht sowohl der französischen als auch der italienischen und spanischen Kunstseidenindustrie sehr nahe. Das zweitgrößte schweizer Kunstseidenunternehmen, die „Feldmühle A.-G." in Rorschach, gehört der schweizerisch-amerikanischen Stickerei-Industrie-Gesellschaft in Glarus. Sie beschäftigte 1928 etwa 800 Arbeiter und lieferte mit 1,2 Mill. kg Kunstseide nahezu ein Viertel der gesamten Erzeugung. Andere Kunstseidenunternehmen sind die „Steckborn-Kunstseide A.-G.", die aus dem 1925 gegründeten „Borvisk-Kunstseidenwerk A.-G. in Steckborn", einer Tochtergesellschaft der deutschen Borvisk-Kunstseiden A.-G., hervorgegangen ist, und die „Société Anonyme Viscose" in Rheinfelden, die 1928 als kleinstes Unternehmen etwa 450 Arbeiter beschäftigte. 1929 wurde die Azetatkunstseidenfabrik „Rhodiaseta A.-G." in Basel ins Leben gerufen; sie steht in enger Beziehung zur französischen und deutschen Kunstseidenindustrie. Die 1928 gegründete Kunstseidenfabrik „Novaseta A.-G.", Arbon, mußte im März 1931 stillgelegt werden.

Die fremden Kunstseideninteressen in der Schweiz machen mit 0,4 Mill. £ bei einem Nominalkapital der schweizer Kunstseidenindustrie von 1,4 Mill. £ im April 1930 nahezu ein Drittel der Gesamtinvestierungen aus. Die Investitionen der Schweiz in ausländischen Industrien — Spanien, Holland, Schweden — ergaben 0,65 Mill. £.

Die **Tschechoslowakei** zählte 1928 vier Kunstseidenfabriken, die mit einer Gesamterzeugung von 2700 t etwa ein Drittel des heimischen Bedarfs deckten. Die relativ große Aufnahmefähigkeit des Inlandmarktes regte zu mehreren Neugründungen an, doch konnte infolge der Preisstürze und verschärften Konkurrenzkämpfe die erhöhte Kapazität weder 1929 noch 1930 ausgenutzt werden. Das bedeutendste tschechische Kunstseidenunternehmen, die „Böhmische Glanzstoff-Fabrik System Elberfeld“, Lobositz, ist eine Tochtergesellschaft der Vereinigten Glanzstoff-Fabriken Elberfeld, und auch an der „Erste Böhmische Kunstseidefabrik A.-G.“ in Theresienthal bei Arnau sind deutsche, vorwiegend aber französische Gruppen beteiligt. Die „Kunstfaserfabrik A.-G.“ in Senica und die „Kunstseidenspinnerei A.-G.“ in Senica wurden Ende 1930 in der „Kunstseidenspinnerei A.-G.“ in Preßburg vereinigt. In Mährisch-Chrostau hat die Kunstseidenfabrik Gebrüder Bader ihren Sitz.

Die **polnische** Kunstseidenindustrie hat sich in den Nachkriegsjahren gut entwickelt, so daß sie 1928 etwa 7000 Arbeiter beschäftigte. Ihre Erzeugung erreichte 1929 mit 2700 t den Höhepunkt und verteilte sich zu rd. 20% auf Nitrat- und zu 80% auf Viskoseseide. Der wesentlichste Teil der polnischen Kunstseideproduktion fällt der Kunstseidenfabrik „Tomaszow A.-G.“, Warschau, zu. Sie steht mit der Tubize in Beziehung. Während dieses Unternehmen unter Aufrechterhaltung ihrer Viskosefabrikation im Jahre 1930 die Fabrikation von Nitratseide wegen Unrentabilität einstellen mußte, war die Kunstseidenfabrik „Myszkowska“ Anfang 1930 zur völligen Stillegung gezwungen. Der Rückgang der gesamten Produktion betrug 1930 mehr als ein Fünftel der Vorjahrsproduktion, und Polen erzeugte in diesem Jahre nur noch 2100 t Kunstseide.

Spanien nahm bereits 1917 die Kunstseidenerzeugung auf, doch brachte die Entwicklung zunächst nur langsame Fortschritte. Erst in den letzten Jahren erfuhr die spanische Kunstseidenproduktion, unterstützt durch den wachsenden Inlandskonsum, einen nennenswerten Ausbau. Sie befriedigte 1930 mit 1800 t bereits etwa 50% des Inlandsbedarfs. Das älteste und größte spanische Kunstseideunternehmen ist die „S. A. de Fibras Artificiales“ in Blanes bei Barcelona. Sie nahm 1917 die Kunstseidenproduktion auf und steht in Verbindung mit dem französischen Comptoir des Textiles Artificiels. Die „Seda de Barcelona“ in Prat de Hobregat ist eine Tochtergesellschaft der Breda. Andere Unternehmen sind noch im Aufbau begriffen. Man bemüht sich um eine Erweiterung des Produktionsumfangs der spanischen Kunstseidenindustrie weit über das Doppelte der heutigen Kapazität, so daß über die Bedarfsdeckung des heimischen Konsums hinaus auch ein Export getätigt werden könnte. Als Absatzgebiete hofft man insbesondere die südamerikanischen Länder gewinnen zu können.

Kanadas Position als Kunstseidenproduzent ist noch neueren Datums, doch wird die Entwicklung der kanadischen Kunstseidenerzeugung durch den Holzreichtum des Landes und eine ausgedehnte Zellstoffindustrie äußerst begünstigt. Die schnelle Ausdehnung ihrer Produktionskapazität in den Jahren 1925 bis 1928 von 600 t auf 1900 t hielt jedoch mit dem Wachsen des kanadischen Kunstseidenkonsums kaum Schritt, so daß Kanadas Kunstseideneinfuhr 1928 noch 927 t gegen 954 t im Jahre 1925 betrug. In den Jahren 1929 und 1930 ist die kanadische Kunstseidenerzeugung auf 2,1 und 2,3 Mill. kg gestiegen. Die beiden einzigen Unternehmen sind die Tochtergesellschaften der Courtaulds und der British Celanese, die „Courtaulds Ltd.“ in Cornwall und die „Canadian Celanese Ltd.“ Durch die Gründung der „Fisa Investment Co. Ltd.“, einer Schwestergesellschaft der Société Financière Internationale de La Soie Artificielle in Paris, im Mai 1930 haben die europäischen Kunstseideninteressen in Kanada einen neuen Zuwachs erfahren.

Unter den mittel- und südamerikanischen Ländern besitzt bis jetzt allein **Brasilien** als bedeutendstes Textilindustrieland Mittel- und Südamerikas eine eigene Kunstseidenerzeugung. Die Entwicklung der brasilianischen Kunstseidenindustrie machte unter dem Schutze einer hohen Zollmauer gute Fortschritte, und ihre Produktion ergab 1930 bereits 780 t gegen 125 t im Jahre 1926.

In den beiden Ländern der ehemaligen Donaumonarchie Österreich und Ungarn wie in den Balkanländern zeigt die Kunstseidenindustrie vielfach erst Ansätze. **Österreich** besitzt neben einigen kleineren Fabriken neueren Datums in einer Tochtergesellschaft der Vereinigten Glanzstoff-Fabriken Elberfeld, „Erste Österreichische Glanzstoff-Fabrik A.-G.", St. Pölten, die 3000 Personen beschäftigte und jährlich 1,5 Mill. kg Kunstseide erzeugte, das einzige größere Unternehmen. Diese Fabrik sah sich jedoch infolge der Kunstseidenkrise und eines allzu geringen Zollschutzes im September 1930 zur Stillegung gezwungen.

Die **ungarische** Kunstseidenproduktion wird in den letzten Jahren auf 300 bis 350 t angegeben. Ungarn verfügt nach der Betriebsstillegung der Kunstseidenfabrik in Sarvar in 1928 nur noch über ein Kunstseidenunternehmen, das in Ungarisch-Altenburg — Magyarovar — ansässig ist und hauptsächlich für den Export arbeitet.

C. Die Verarbeitung der Kunstseide.

Die Kunstseide findet für sich oder in Verbindung mit den Textilrohstoffen Wolle, Baumwolle, Naturseide und Flachs Verwendung für Garne und Gewebe aller Art. Die fertige, nach dem Bleichen rein weiße Kunstseide wird teils im Strang gefärbt, teils ungefärbt verarbeitet und dann im Stück gefärbt. Das Färben der Kunstseide geschieht in Färbereien, insbesondere in Seidenfärbereien, und zwar im Lohn für den Handel oder die weiterverarbeitende Industrie.

Die Kunstseide weiterverarbeitende Industrie umfaßt heute alle Zweige der Weberei — die Kleiderstoff-, Schirmstoff-, Krawattenstoff- und Möbelstoffweberei, die Bandweberei, die Teppichweberei, die Spitzen- und Tüllweberei —, ferner die Wirkerei, die Spitzen-, Besatz- und Posamentenindustrie, die Stickereiindustrie, die Glühstrumpfindustrie und die elektrotechnische Industrie. Die Kunstseidenabfälle werden im Baumwollspinnverfahren zu Garnen versponnen und finden danach zu Geweben und Posamenten Verwendung. Teilweise werden die Abfälle auch zu Filzen und Putzwollen verarbeitet.

Ursprünglich war das Verwendungsgebiet der Kunstseide sehr eng begrenzt, da die zunächst geringe Haltbarkeit sie nur für dekorative Zwecke brauchbar machte. Der erste und lange Zeit einzige Abnehmer war die Besatz- und Posamentenindustrie, bis die Kunstseide wegen ihres hohen Glanzes in den Jahren 1901/1902 auch in der Stickereiindustrie Eingang fand. In den letzten Friedensjahren begann man dann auch schon in der Seidenweberei Kunstseide zu verwenden, und zwar wurde sie sowohl zu Kleiderstoffen wie Krawattenstoffen verarbeitet. Auch für Spitzen wurde bereits künstliche Seide verwendet. Die Tore zur Baumwoll-, Woll- und Wirkereiindustrie wurden der Kunstseide erst während des Krieges durch den großen Mangel an natürlichen Textilrohstoffen geöffnet. In der Nachkriegszeit schwand das Mißtrauen gegen die Kunstseide mit der wachsenden Verbesserung und Verfeinerung der Kunstseidenqualität, mit der Senkung der Herstellungskosten und erhöhten Fertigkeit in der Verarbeitung mehr und mehr, und ihre Verwendungsmöglichkeiten wurden immer zahlreicher und vielseitiger. Gleichzeitig wurde der Kunstseidenverbrauch durch die Modewandlung der Nachkriegszeit, die mit der Bevorzugung glänzender, effektvoller Stoffe dem allgemeinen Luxusbedürfnis Rechnung trug, wesentlich gefördert. Auch waren für die Verarbeitung der Kunstseide und ihre Aufnahme in allen Volksschichten das relativ niedrige und lange Zeit stabile Preisniveau bahnbrechend. Die Kunstseide kostete schon vor dem Kriege nur ein Drittel der Rohseide und verbilligte sich auch weiterhin, so daß 1927 ihr Preis weniger als ein Fünftel des Rohseidenpreises ausmachte. Sie wurde damit auch im Verhältnis zu anderen Textilrohstoffen, insbesondere zur Wolle, wesentlich billiger, so daß sie nicht nur gegenüber der Naturseide, sondern auch gegenüber anderen Textilrohstoffen Boden gewann. Trotzdem spielt die Kunstseide gegenüber den anderen Textilrohstoffen mengenmäßig noch keine überragende Rolle. Ihr Konsumanteil beträgt im Vergleich zu den übrigen Rohprodukten im Durchschnitt erst etwa 3% ; in Kontinentaleuropa, in England und Nordamerika ist die Kunstseide an der Versorgung des Textilmarktes mit etwa 5 bis 6% beteiligt. Befürchtungen, die beim Aufkommen der Kunstseide eine Verdrängung der übrigen Textilrohstoffe durch sie voraussagten und in ihr nicht nur eine gefährliche Konkurrenz der natürlichen Seide, sondern auch der Wolle und Baumwolle sahen, sind somit bisher nicht in diesem Umfang eingetroffen. Im Gegenteil, da in den ersten Produktionsjahren der Verwendungsfähigkeit von reiner Kunstseide infolge ihrer geringeren Haltbarkeit und ihres starken Zerknitterns enge Grenzen gesetzt waren und gewisse Erzeugnisse aus reiner Kunstseide nicht immer mit Erzeugnissen aus den übrigen Rohstoffen konkurrieren konnten, ging man zur Mischverarbeitung der Kunstseide mit natürlichen Textilrohstoffen über, wodurch der Verbrauch dieser Materialien stark angeregt und gefördert wurde. Die Mischung der Kunstseide mit den Naturfasern fand schnelle Verbreitung, und die halbkunstseidenen Gewebe erfreuten sich rasch großer Beliebtheit, da ihnen durch den Glanz der Kunstseide ein schönes Aussehen verliehen ist. Neuerdings werden auch immer mehr rein kunstseidene Artikel hergestellt, weil die Kunstseide vollkommener, feinfädig und haltbarer geworden ist. Der Absatz von rein kunstseidenen Geweben fand auch in den letzten Jahren durch eine Abwanderung des Konsums von teuereren Geweben zu den billigeren Kunstseidenerzeugnissen, wie sie die schlechte Wirtschaftslage mit sich brachte, eine wesentliche Ausdehnung. Insgesamt verteilte sich der Kunstseidenverbrauch der Welt im Jahre 1928 zu 46% auf die Trikotagenindustrie, zu 26% auf die Baumwollindustrie, zu 16% auf die Seidenindustrie und zu 12% auf die übrigen Kunstseide verarbeitenden Industrien. Innerhalb der einzelnen Industriezweige sind wiederum die Strumpfindustrie und seit den letzten Jahren auch die Wäscheindustrie Hauptabnehmer von Kunstseide.

Der Kunstseidenkonsum der Welt betrug schätzungsweise:

1922:	36 Mill. kg	1927[1]:	144,15 Mill. kg
1923:	44 „ „	1928[1]:	146,4 „ „
1924:	64 „ „	1929[1]:	197,7 „ „
1925:	85,6 „ „	1930[1]:	189,7 „ „
1926:	101 „ „		

Bis zum Jahre 1925 hat die Verbrauchssteigerung von Kunstseide mit den enormen Produktionserhöhungen im wesentlichen Schritt gehalten, so daß die Welterzeugung bis dahin voll verbraucht wurde. Die Verdoppelung der Erzeugung im Zeitraum 1925/28 führte jedoch bereits in einzelnen Kunstseidenarten zu einer Überproduktion. Trotz der enormen Konsumsteigerung im Jahre 1929, die aus den stets sinkenden, außerordentlich billigen Preisen resultierte, blieb der Kunstseidenverbrauch in diesem Jahre zum ersten Male hinter der Erzeugung zurück. Auch das Jahr 1930 wies trotz der großen Produktionseinschränkungen

[1] Andere Daten nennen für 1927 einen Kunstseidenkonsum von 121 Mill. kg, für 1928 von 151, 156 und 158 Mill. kg, für 1929 von 184, 187, 188, 190 und 195 Mill. kg und für 1930 von 175, 180, 187 und 190,5 Mill. kg.

eine bedeutende Überproduktion von Kunstseide auf, da die schlechte Wirtschaftslage eine unerwartet große Einschränkung des Kunstseidenbedarfs nach sich zog. Auch ist damals der Kunstseide in den natürlichen Textilien Rohseide und Baumwolle eine besonders heftige Konkurrenz erstanden, da der enorme Preissturz dieser Textilrohstoffe zeitweilig zu Preislagen führte, der beide natürlichen Rohmaterialien manch verlorenes Terrain vorübergehend zurückerobern ließ. Die erneute Spanne zwischen Produktion und Konsum erbrachte 1930 einen Weltvorrat von Kunstseide in Höhe von 45 Mill. kg gegen 25 Mill. kg in 1929. Nachdem im 1. Quartal 1931 die Nachfrage unter dem Einfluß der Wirtschaftslage weiterhin zurückgegangen war, so daß sie hinter dem Frühjahrsbedarf des Vorjahres um reichlich 30% zurückblieb, hat sich im 2. Quartal der Kunstseidenkonsum bedeutend erhöht, so daß der Weltverbrauch im 1. Halbjahr 1931: 104,5 Mill. kg gegen 92,6 Mill. kg im ersten Halbjahr 1930 betrug.

Großhandelspreise der Textilrohstoffe in Deutschland in RM. je kg[1].

Jahr	Wolle	Baumwolle	Rohseide	Kunstseide	bezogen auf Kunstseide = 100		
					Wolle	Baumwolle	Rohseide
1913	5,48	1,28	39.54	12,50	43,8	10,2	316,3
1925	11,95	2,40	65,67	15,53	76,9	15,5	422,9
1926	9,64	1,76	62,59	10,83	89,0	16,3	577,9
1927	9,89	1,77	57,07	11,39	86,8	15,5	501,1
1928	9,93	2,01	52,90	11,75	84,5	17,1	450,2
1929	7,81	1,92	48,78	8,33	93,8	23,0	585,6
1930	5,64	1,39	33,97	6,74	83,7	20,6	504,0
1931	4,34	–,90	23,31	5,15	84,3	17,5	452,6

Der Kunstseidenkonsum der einzelnen Länder wird für 1925[2], 1929[3] und 1930[3], wie in untenstehender Tabelle angegeben, geschätzt.

Die Hauptkonsumenten von Kunstseide sind die Länder mit großer und qualifizierter Textilindustrie. Die Vereinigten Staaten sind als wichtigster Verbraucher mit nahezu einem Drittel am Weltkonsum beteiligt. Es folgten Deutschland mit 15%, Großbritannien mit etwa 10%, Japan, Frankreich und Italien mit je rund 8% Anteil.

	1925	1929	1930
	in Mill. kg		
Vereinigte Staaten	26,5	64,8	52,25
Deutschland	13,8	26,97	31,31
Großbritannien	14,0	22,00	19,89
Frankreich	8,3	14,48	13,78
Italien	6,0	12,38	12,39
Belgien	2,0	4,91	2,39
Schweiz	2,0	3,55	2,19
Niederlande	1,0	1,85	1,40
Österreich	1,0	1,52	1,64
Tschechoslowakei	[4]	4,80	4,92
Polen	[4]	2,20	2,42
Spanien	[4]	2,40	3,70
Japan	1,7	10,30	14,55
Alle anderen	9,3	25,54	26,92
Weltverbrauch	85,6	197,7	189,75

In den Vereinigten Staaten hat der Kunstseidenkonsum in den Nachkriegsjahren eine beispiellose Entwicklung genommen.

In Deutschland findet die Kunstseide in den letzten Jahren hauptsächlich bei der Wäscheherstellung Verwendung. 1928/29 wurden 35% des deutschen Kunstseidenkonsums für Unterwäsche und etwa 20% für Strumpfwaren verarbeitet, während in den Jahren 1924 und 1925 durchschnittlich 25% des Konsums auf die Strumpfwarenindustrie und 10% auf die Wäscheindustrie

[1] Nach Wirtsch. u. Statistik. [2] Industrie de la Soie Artificielle.
[3] Wirtsch.-Dienst 1931 Heft 3. [4] In „alle anderen“ enthalten.

entfielen. Der Kunstseidenverbrauch der deutschen Webereien verteilte sich 1925 mengenmäßig zu 50,7% auf Seidenwebereien, zu 3,4% auf Wollwebereien und zu 4% auf sonstige Webereien. Die Seidenindustrie erzeugte wertmäßig nahezu 75% aller kunstseidenen Gewebe, die insgesamt mit einem Werte von 15,243 Mill. RM. etwas mehr als 3% der deutschen Gewebeproduktion ausmachten.

Amerikas Kunstseidenkonsum innerhalb der einzelnen Verarbeitungsgebiete.

	1924	1928
	in % des amerikanischen Gesamtkonsums	
Strumpfwaren	23	18
Wirkwaren	14	4
Seidenwaren	18	13
Baumwollwaren	15	20
Tressen und Besätze	8	6
Unterkleidung	11	33
Polsterstoffe	1	1
Plüsch	2	1,5
Wollwaren	1	0,5
Verschiedene Industrieerzeugnisse	7	3

Zu erwähnen sind noch diejenigen Verbrauchsländer, deren Kunstseidebedarf bei dem völligen Fehlen einer nennenswerten Inlandsproduktion ausschließlich oder überwiegend auf Einfuhr angewiesen ist. Hier ist an erster Stelle China zu nennen, dessen Einfuhr im Jahre 1930 etwa 7 bis 8 Mill. kg betrug, ferner Britisch Indien mit 3 bis 4 Mill. kg. Auch Länder wie Dänemark, Jugoslawien, Rumänien, Argentinien, Mexiko, Chile, Ägypten, Australien u. a. haben für den Weltmarkt erhebliche Bedeutung.

D. Der Kunstseidenhandel.

Die Kunstseide wird gleich der Naturseide nach dem Titer gehandelt: der Titer gibt die Anzahl Gramm an, die ein 9000 m langer Faden wiegt. Eine Normierung der handelsüblichen Qualitäten konnte — obwohl man sich um die Kunstseidennormung außerordentlich bemüht — infolge der Vielfältigkeit der Qualitäten und der Fabrikation bis jetzt noch nicht durchgeführt werden. Dieser Mangel einer einheitlichen Klassifizierung, einer einheitlichen Benennung und einheitlicher Handelsbräuche für die verschiedenen Kunstseidenarten erschwert den Kunstseidenhandel außerordentlich. Darum kommt den Arbeiten des vom Comptoir, von der Enka, Glanzstoff, Courtaulds, Snia Viscosa und der Kunstseidenfabrik Emmenbrücke im Jahre 1928 gegründeten „Bureau International pour la Standardisation des Fibres Artificielles“ (Bisfa), Basel, die zur Aufstellung verschiedener Handelsusancen, Bestimmungen über den Feuchtigkeitsgehalt, über die Prüfung und Konditionierung der Kunstseidengarne geführt haben, besondere Bedeutung zu.

Der Kunstseidenhandel vollzieht sich meist direkt zwischen Produzent und Verarbeiter. Nur der kleinere Konsument kauft beim Zwischenhändler, durch dessen Vermittlung schätzungsweise 5 bis 10% des gesamten Kunstseidenumsatzes getätigt werden. Der Errichtung einer Kunstseidenbörse, die in letzter Zeit vielfach diskutiert wurde, stehen die maßgebenden Kreise ablehnend gegenüber, da sie die Kunstseide als nicht börsenfähig betrachten und auch von einer Börse eine Preisregulierung und Qualitätsnormung nicht erwarten.

Die Kunstseide wurde erst in der Nachkriegszeit ein wichtiger Welthandelsartikel. Vor dem Krieg vollzog sich der Kunstseidenhandel in engerem Rahmen, da sich der Kunstseidenkonsum im wesentlichen auf die Produktionsländer selbst beschränkte. Der Kunstseidenhandel trug darum im großen und ganzen nur den Charakter eines gegenseitigen Austausches von Spezialerzeugnissen. Erst mit der allgemeinen Konsumerweiterung, mit der Entstehung zahlreicher neuer Kunstseidenproduktionsgebiete und mit dem Ausbau der alten Produktionsstätten entwickelte sich die Kunstseide nach dem Kriege zu einem internationalen Handelsartikel. In den Jahren 1926 und 1927 wurde etwa ein Drittel der Gesamtweltproduktion im internationalen Außenhandel umgesetzt. Die Entwicklung blieb jedoch in den folgenden Jahren hinter der Produktionssteigerung zurück, da die Kunstseide neuerdings wieder in zunehmendem Maße in den Produktionsländern selbst verarbeitet wird. So wurden 1929 und 1930 nur etwa 30% der Weltproduktion außerhalb der Erzeugungsländer konsumiert.

Die Belieferung des Kunstseidenweltmarktes liegt im wesentlichen in den Händen sieben europäischer Staaten, und zwar beliefern — nach der Größe ihrer absoluten Kunstseidenausfuhr in 1929 aufgeführt — nur Italien, Deutschland, Holland, Großbritannien, Frankreich, Belgien und die Schweiz den Kunstseidenmarkt mit nennenswerten Mengen. Von den beiden einzigen bedeutenden außereuropäischen Kunstseidenproduktionsländern sind selbst die Vereinigten Staaten trotz ihrer eminenten Produktionskapazität bei verschwindender Ausfuhr noch auf eine zusätzliche, allerdings immer geringer werdende Einfuhr angewiesen. Dagegen trat Japan im Jahre 1930 zum erstenmal auf dem Weltmarkt mit einer nach Quantität und Qualität beachtlichen Kunstseidenausfuhr in Erscheinung.

Der Außenhandel in Kunstseide umfaßte bei den wichtigsten Ländern folgende Mengen:

Welthandel in Kunstseide[1].

in 1000 kg	Ausfuhr					Einfuhr				
	1913	1925	1927	1928	1929	1913	1925	1927	1928	1929
Italien[5]	133	8518	16338	17189	19519	357	653	543	581	610
Deutschland[4]	797	3797	4414	6275	8994	1563	2041	9440	8599	9632
Niederlande[6]	—	3042	7203	7777	8848	—	286	996	1017	1442
Großbritannien[6]	— —	3597[2] 118[3]	3940[2] 111[3]	5229[2] 168[3]	4416[2] 275[3]	—	5661	1280	1352	1031
Frankreich[5]	497	711	4881	5206	6348	3	1103	461	1034	594
Belgien[6]	—	3331	3719	4007	3218	—	152	614	447	653
Schweiz[6]	397	1871	3329	3758	3927	12	1246	1643	1522	1523
Österreich[6]	331	1075	1779	1416	1370	795	873	981	904	1149
Japan[6]	—	7[7]	17[7]	31	70	77	375	359	116	281
Vereinigte Staaten[5]	— 3[3]	67[2] 9[3]	182[2] 179[3]	98[2] 78[3]	109[2] 196[3]	881	5684	8407	7023	9514
Kanada[5]	—	—	—	—	—	—	954	897	927	1008
Tschechoslowakei[6]	—	365	463	646	1151	—	1738	3251	3750	4631
Polen-Danzig[6]	—	194	78	116	673	—	119	426	106	723
Ungarn[4]	—	279	212	274	211	—	85	690	683	1102
Spanien[5]	—	—	1	20	79	—	1204	2550	3092	3666
Britisch-Indien[6]	—	—	—	—	—	—	1212	3407	3478	3335
China[6]	—	—	—	—	—	—	1646	4967	7483	9603

Der größte Kunstseidenexporteur der Welt ist seit der Nachkriegszeit **Italien.** Die wichtigsten Abnehmer von italienischer Kunstseide sind China, Deutschland, Britisch-Indien und die Vereinigten Staaten. Die Kunstseideneinfuhr Italiens ist relativ gering und wird durch das Erstarken der heimischen Industrie und einen hohen Zollschutz äußerst erschwert. Sie erstreckt sich vornehmlich auf bessere Qualitäten und hatte 1926 mit 765 t den Höhepunkt erreicht. Frankreich ist 1929 mit einem Anteil von mehr als 33% der Einfuhr der

[1] Nach Angaben des Stat. Jahrb. für das Deutsche Reich 1928, 1929 und 1930.
[2] = einheimische Ware. [3] = fremde Ware (Wiederausfuhr).
[4] Ausschließlich Florettseide und Florettseidengarn.
[5] Einschließlich Florettseide und Florettseidengarn.
[6] Umfang nicht einwandfrei festzustellen. [7] Nach „Seide“ Juliheft 1931.

Hauptlieferant, die Schweiz lieferte 25%, Belgien und Deutschland je 10%. Der deutsche Kunstseidenexport nach Italien war in den Jahren 1926/28 auf nur 10,6 t zurückgegangen und betrug 1929 mit 58,6 t kaum 2% der italienischen Kunstseideneinfuhr nach Deutschland.

Deutschlands Kunstseidenausfuhr war 1929 die zweitgrößte der Welt, doch stand ihr eine etwas höhere Einfuhr gegenüber, so daß der deutsche Außenhandel in Kunstseide passiv ist. Der deutsche Export zeigte bis 1929 steigende Tendenz, doch entsprach seine Erhöhung in den letzten Jahren nicht der erweiterten Produktion. Die Exportquote der Kunstseidengarne ist durch gesteigerten Inlandsabsatz und erhöhten Export von Kunstseidenwaren — rein und gemischt — zurückgegangen. Gleichzeitig wurde der Export durch hohe Schutzzölle zahlreicher Staaten auf Kunstseidengarne erschwert, wie denn auch die Zollerhöhung Amerikas die vornehmlichste Ursache des bedeutenden Exportrückganges in 1930 ist. Die Vereinigten Staaten nahmen 1930 bei einer deutschen Gesamtausfuhr von 6899 t Kunstseide nur noch 9131 dz (13% der Ausfuhr) auf gegen 23506 dz (26% der Ausfuhr) im Vorjahre. Der Kunstseidenexport nach Belgien, Großbritannien und Italien wird ebenfalls durch Zollmauern sehr beeinträchtigt und zeigt darum vielfach sinkende Tendenz. Die Schweiz nimmt als einziges bedeutendes kontinentales Kunstseidenproduktionsland größere Mengen deutscher Kunstseide auf. Im übrigen sind wichtige Abnehmer deutscher Kunstseide Staaten mit geringer oder keiner Kunstseidenerzeugung wie die Tschechoslowakei, auf die 1930 mit 9669 t die höchste Exportquote entfiel, Spanien, Österreich, Ungarn, Dänemark, Schweden und Jugoslawien. In Übersee sind China, Lateinamerika, Mexiko, Britisch-Indien bedeutende Absatzmärkte, während die Ausfuhr nach Kanada stark zurückging und die nach Japan beinahe völlig zum Erliegen gekommen ist.

Mit einem Import von 9632 t in 1929 und 11675 t in 1930 weist Deutschland unter den wichtigsten Kunstseideproduktionsländern die größte Kunstseideneinfuhr auf. Die Einfuhr ausländischer Kunstseide nach Deutschland wird durch einen Austausch der Qualitäten und niederen Preiskosten, wie sie insbesondere Italien aufweist, bedingt. Die eingeführte Kunstseide ist im Durchschnitt geringwertiger als die ausgeführte. Der wichtigste Lieferant ausländischer Kunstseide nach Deutschland ist Italien infolge der Billigkeit seiner Ware. Weiterhin findet die holländische Kunstseide auf dem deutschen Markt guten Absatz. Während der Kunstseidenimport aus Belgien wegen der rückgängigen Bedeutung der Nitratseide in den letzten Jahren immer mehr zurückging, ist die französische Kunstseidenindustrie in den letzten zwei Jahren auf dem deutschen Markt auffallend weit vorgedrungen.

Die **niederländische** Kunstseidenindustrie ist bei einem heimischen Kunstseidenkonsum von 1500 bis 2000 t und einer gegenwärtigen Jahresproduktion von 8000 bis 9500 t nahezu ganz auf den Export eingestellt, so daß Holland bis 1928 nach Italien das bedeutendste Kunstseiden-Ausfuhrland der Welt war und im Jahre 1929 von Deutschland überholt den dritten Platz auf dem Kunstseidenmarkt einnahm. Der Export nimmt in Übereinstimmung mit der stets wachsenden Produktionskapazität Hollands ständig zu, und erst in den Jahren 1927/28 blieb infolge wachsender heimischer Nachfrage die Ausfuhrsteigerung hinter der Produktionserhöhung zurück. Holland führt etwa 90% seiner Kunstseidenerzeugung aus. Sein weitaus wichtigster Absatzmarkt ist Deutschland, wohin 1929 2940 t, das sind etwa 30% der Ausfuhr, exportiert wurden. 1930 blieb Deutschland mit 2980 t Einfuhr weiterhin das Hauptabsatzgebiet für holländische Kunstseide, obwohl man durch die Interessengemeinschaft Glanzstoff-Enka eine Abschwächung der holländischen Kunstseidenausfuhr nach

Deutschland erwartet hatte. Von Bedeutung für die holländische Kunstseidenausfuhr sind in Übersee Länder wie Kanada, U.S.A., Britisch-Indien, Australien, China und Argentinien. Auf dem Kontinent wurden neben Spanien und Belgien, die Schweiz, Österreich, die Tschechoslowakei, Dänemark, Schweden und Frankreich die wichtigsten Absatzgebiete, während Großbritannien und Italien seit 1925 als Käufer nicht mehr nennenswert in Betracht kommen. Ausländische Kunstseide bezieht Holland in der Hauptsache aus Deutschland, das etwa ein Drittel der Einfuhr liefert, ferner aus Großbritannien, Belgien, Italien, Schweiz und Frankreich.

Die **englische** Kunstseidenerzeugung arbeitet erst seit 1925 in nennenswertem Umfang für den Export. Noch 1925 konnte die englische Eigenproduktion von 12700 t den Inlandsbedarf in Höhe von 14000 t nicht befriedigen, so daß ausländische Erzeugnisse zur Deckung der heimischen Nachfrage herangezogen werden mußten. In den letzten Jahren stand jedoch der überaus schnellen Ausdehnung der englischen Kunstseidenindustrie keine entsprechende Konsumsteigerung gegenüber, so daß sich die englische Kunstseidenindustrie auf den Export einstellen mußte. Der Export wurde begünstigt durch das System der Drawbacks, d. h. durch Rückvergütungen bei der Ausfuhr von Kunstseide und Kunstseidenwaren zum Ausgleich der Zoll- oder Steuerbelastungen der Rohmaterialien. Da die rückvergüteten Beträge höher sind als die auf den Waren lastenden Abgaben, vermittelt dieses System einen erheblichen Anreiz zum Export. Wichtige Absatzmärkte sind Indien und China, der nahe Osten, Spanien und Südamerika. Die Kunstseideneinfuhr nach England wird durch einen hohen Schutzzoll erschwert und betrug 1929 nur noch ein Fünftel der Ausfuhr.

Frankreichs Kunstseiden-Außenhandel war vor dem Kriege aktiv, da der französische Kunstseidenbedarf nur zwei Drittel der heimischen Erzeugung in Anspruch nahm. In den ersten Nachkriegsjahren machte die rasche Konsumsteigerung eine zusätzliche Einfuhr notwendig, und erst seit 1926 gewann die französische Kunstseidenausfuhr an Bedeutung. Trotz einer ständigen Erweiterung des französischen Kunstseidenkonsums während der letzten Jahre zeigte die Ausfuhr bei abnehmender Einfuhr steigende Tendenz. 1930 wies Frankreich nach den bisher vorliegenden vorläufigen Statistiken eine weitere Erhöhung seines Exportes um mehr als ein Drittel der Vorjahresausfuhr auf rd. 8500 t auf. Als französische Absatzgebiete gewannen in den letzten Jahren insbesondere Deutschland, die Schweiz und Spanien erhöhte Bedeutung.

Belgiens Bemühungen, seinen Auslandsabsatz an Kunstseide zu erweitern und die Einfuhr so weit als möglich einzuschränken, waren bis 1928 mit Erfolg gekrönt. Es exportierte in diesem Jahr etwa die Hälfte seiner Eigenproduktion, und sein Import betrug nur etwa ein Zehntel des Exports, so daß der binnenländische Kunstseidenkonsum von ca. 5000 t vorwiegend aus heimischen Erzeugnissen gedeckt wurde. In 1929 ging jedoch der Export um etwa 20% gegenüber dem Vorjahre zurück, während die Einfuhr um rund 50% anstieg. Als weitaus größtes Absatzgebiet nahm Deutschland ca. 35% der Ausfuhr auf, sodann sind die Vereinigten Staaten, China, Österreich, die Schweiz und die Tschechoslowakei wichtige Abnehmer belgischer Kunstseide. Der Kunstseidenimport nach Belgien wurde vorwiegend von Holland und Frankreich getätigt.

Die im Verhältnis zur Produktionskapazität geringe Aufnahmefähigkeit des kleinen Binnenmarktes ließ auch die **Schweizer** Kunstseidenindustrie zum größten Teil fremde Absatzmärkte suchen. Von ihrer Ausfuhr nahmen 1929 in etwa auf: Deutschland 22%, die Vereinigten Staaten 12%, China 6%, Tschechoslowakei und Spanien je 5% und Italien, Argentinien, Kanada und Schweden je 4%. Die relativ bedeutende Einfuhr kam 1929 zu 31% aus Frankreich, zu 26% aus Italien, zu 17% aus Deutschland, zu 12% aus Holland und zu 6% aus Belgien.

Wie bereits erwähnt, beschickte **Japan** als einziger außeneuropäischer Kunstseidegroßerzeuger im Jahre 1930 zum ersten Male den Kunstseiden-Weltmarkt mit größeren Mengen einheimischer Erzeugnisse. Daneben kommt der japanischen Kunstseidengewebeausfuhr eine große Bedeutung zu; sie hat mit 84,49 Mill. qu. yds. im Werte von 32,9 Mill. Yen die Führung im japanischen Kunstseidenaußenhandel inne. Mit dem weiteren Ausbau der japanischen Kunstseidenproduktion dürfte sich die schon heute fühlbare Konkurrenz nicht mehr allein auf Ost- und Südasien und Südafrika beschränken, vielmehr ist bereits mit einem Vordringen der japanischen Kunstseide und Kunstseidenwaren auf den europäischen und amerikanischen Märkten zu rechnen. Japan war vor dem Einsetzen der Entwicklung seiner Kunstseidenproduktion ein wichtiges Absatzgebiet für europäische Kunstseide. Durch den raschen Aufschwung seiner Industrie löste es jedoch trotz enormer Bedarfssteigerung schnell seine Abhängigkeit vom Bezuge fremder Kunstseide, so daß der Import heute nur noch ca. 3% des japanischen Konsums deckt, während er 1923 nahezu 60% des Bedarfs befriedigte. Die Kunstseideneinfuhr erreichte 1926 mit 1495 t ihren Höhepunkt und ging bis 1928 auf die kaum noch nennenswerte Menge von 116 t zurück. Die Hauptlieferanten waren 1928 Italien, die Schweiz, Frankreich, Holland, die Vereinigten Staaten. Deutschland ist an die sechste Stelle gerückt, nachdem es 1927 mit nahezu 40% der Einfuhr das Hauptimportland war.

In Auswirkung der Zollerhöhung ging der Kunstseidenimport der **Vereinigten Staaten** im Jahre 1930 auf etwa ein Drittel des Vorjahres zurück. Die Mengen importierter Kunstseide spielen heute im Rahmen des amerikanischen Konsums keine Rolle mehr, deckten sie doch bereits 1928 — bei der damals mehr als doppelten Höhe — nur noch 12% des amerikanischen Kunstseidenkonsums gegen 16% im Jahre 1927, 20% im Jahre 1921 und 60% vor dem Kriege. Die amerikanische Kunstseidenindustrie arbeitet fast ausnahmslos für den heimischen Markt. Ihr Export ist ebenso wie die Wiederausfuhr äußerst geringfügig und erreichte 1927 mit dem Höchststand von 182 t nicht einmal 1% der Erzeugung. Hauptabnehmer sind Kanada und Zentral- und Südamerika. Die Vorgänge auf dem amerikanischen Kunstseidenmarkt während der letzten Jahre — wachsende Selbstversorgung bei rapidem Einfuhrrückgang und Exportansätzen — deuten zweifelsohne darauf hin, daß sich die Vereinigten Staaten vom Importland über die Selbstversorgung langsam zum Exportland entwickeln. Mit dem Wegfall dieses bis 1929 bedeutendsten Kunstseidenimportlandes ist der europäischen Kunstseidenindustrie ein großer Verlust entstanden, der sich nur durch die Erschließung neuer Kunstseidenmärkte beheben lassen wird.

Als wichtigste Absatzgebiete der Zukunft glaubt man die mittel- und südamerikanischen Länder betrachten zu dürfen, die bisher noch wenig der Kunstseide erschlossen sind. Bisher haben allein **Argentinien, Mexiko, Brasilien und Peru** eine nennenswerte Kunstseideneinfuhr. So führte Argentinien 1928 bereits über 1,1 Mill. kg Kunstseide ein, gegen 0,88 Mill. kg im Vorjahre und 0,58 Mill. kg in 1925. Die Kunstseidenimporte Mexikos sind von 0,09 Mill. kg in 1927 auf 0,45 Mill. kg in 1928 und 0,6 Mill. kg in 1929 angestiegen. Brasilien führte 1927 357000 kg gegen 242000 kg in 1927, 274000 kg in 1925 und 90000 kg in 1923 ein; Perus Kunstseidenimport betrug 1927 275 kg, 1928 12750 kg und 1929 24000 kg. Für Argentinien waren 1928 Deutschland, Italien, die Schweiz, Holland und England die Haupteinfuhrländer; in Mexiko stand Deutschland mit 38% der Einfuhr ebenfalls an der Spitze der Importländer. Außerdem teilten sich vornehmlich Italien, die Vereinigten Staaten, die Schweiz und Großbritannien in die mexikanische Kunstseideneinfuhr. Peru bezog 1929 nahezu 40% seiner Einfuhr von den Vereinigten Staaten; die wichtigsten europäischen Lieferanten waren Deutschland, Italien und Großbritannien. Kunstseidene Mischgewebe finden bereits in ganz Mittel- und Südamerika guten Absatz. Somit kann man damit rechnen, daß mit der wachsenden einheimischen Textilindustrie die Kunstseide als Rohstoff ein Absatzfeld finden wird.

Kanadas Kunstseideneinfuhr (ohne Abfälle) betrug im Fiskaljahr:

1925:	1684811 lbs.	im	Werte	von	2491	Mill.	$
1926:	1818248 „	„	„	„	2235	„	„
1927:	2137132 „	„	„	„	2017	„	„
1928:	2500000 „	„	„	„	2000	„	„

Als Lieferant stand bis 1927 England an erster Stelle, das dann aber von Holland, den Vereinigten Staaten und Deutschland überholt wurde. Die kanadische Kunstseidenausfuhr ist mit einem Werte von 34777 $ im Jahre 1927 noch unbedeutend.

Auf dem Kontinent weist die **Tschechoslowakei** einen verhältnismäßig großen Kunstseidenimport auf. Ihre Einfuhr nahm in den letzten Jahren ständig zu, so daß gegenwärtig beinahe zwei Drittel des Bedarfs durch fremde Kunstseide befriedigt werden. Die eingeführte Kunstseide besteht vornehmlich aus Spezialsorten, die im Inlande selbst noch nicht erzeugt werden; sie wird in der Hauptsache von Österreich, Deutschland, Italien und der Schweiz geliefert. Die tschechische Ausfuhr an Kunstseide umfaßt etwa ein Drittel der Inlandsproduktion und erstreckt sich im wesentlichen auf billige Qualitäten.

Auch **Polens** relativ hohe Kunstseideneinfuhr basiert auf einer umfangreichen inländischen Kunstseidenverarbeitung und erscheint in verarbeiteter Form wieder als wichtiger Ausfuhrposten. 1929 steht ihr schon eine beachtliche Ausfuhr gegenüber. Hauptabnehmer polnischer Kunstseide sind die nordischen Staaten.

In **Ungarn** besteht über die heimische Produktion hinaus hauptsächlich eine lebhafte Nachfrage nach Viskoseseide. Ungarn bezieht seinen Bedarf vorwiegend aus Deutschland und Österreich.

Auch für **Dänemark,** das 1923 nahezu 600 t und 1930 etwa 770 t Kunstseide einführte, ist Deutschland der wichtigste Lieferant; daneben kommen England, Holland, Belgien, Italien und die Schweiz als Einfuhrländer in Betracht.

In die **spanische** Kunstseideneinfuhr, die durch Schutzzölle wesentlich erschwert wird und die 1930 etwa 3534 t betrug, teilen sich vornehmlich Italien, Deutschland, die Schweiz und Holland.

Im fernen Osten spielen sowohl Britisch-Indien als auch China als Absatzgebiet für Kunstseide eine wichtige Rolle. In beiden Ländern hat trotz einer beachtlichen heimischen Produktion und Verarbeitung von Naturseide die Verwendung der Kunstseide wegen ihrer Billigkeit weite Verbreitung gefunden.

In **Britisch-Indien** findet die Kunstseide insonderheit bei der Baumwollverarbeitung Verwendung. Man bevorzugt hierbei die italienische Kunstseide wegen ihres besonders niederen Preises, so daß sie nahezu 50% der Einfuhr darstellt. Im übrigen bezieht Britisch-Indien seine Kunstseide aus Großbritannien, Holland, Deutschland, der Schweiz und Frankreich.

In **China** wurde die Kunstseide zum ersten Male 1923 eingeführt. Sie erfreute sich bald großer Beliebtheit und wird insbesondere von der armen Bevölkerung immer mehr der teuereren Naturseide vorgezogen. Die Kunstseide findet in China vornehmlich in Verbindung mit natürlicher Seide, aber auch mit Baumwolle oder ohne jede Beimischung Verwendung zum Futter für Kimonos, Unterkleider usw. Die enorme Verbrauchssteigerung führte auch zu einer rapiden Zunahme des Imports, der 1929 eine Höhe von 8732 t erreichte. Der Bedarf erstreckt sich vorwiegend auf billigere Viskosegarne. Italien konnte in den Jahren

1925 bis 1927 seinen Kunstseidenexport nach China um das 7fache erhöhen und lieferte 1929: 70% der Einfuhr gegen 52% in 1927 und 22,6% im Jahre 1925. Im übrigen teilen sich Frankreich, Deutschland, Holland, Belgien und Großbritannien in den chinesischen Kunstseidenimport. Japans Bemühungen, auf dem chinesischen Markt vorzudringen, haben im Zeitraum 1925 bis 1929 zu ihrer Einfuhrsteigerung von 31 t auf 69 t geführt. Mit einem weiteren Vordringen ist mit Sicherheit zu rechnen.

E. Die Organisation der Kunstseidenindustrie.

Die Kunstseidenindustrie ist wie wenig andere Industriezweige national und international stark verflochten. Die schnelle Ausdehnung der Kunstseidenproduktion drängte zu einer starken Konzentration dieser Industrie und zu nationalen und internationalen Verknüpfungen, um den Konkurrenzkampf zwischen den einzelnen Unternehmungen abzuschwächen und eine Desorganisation des Marktes zu vermeiden. Gleichzeitig führten Preisschwankungen zu Verständigungen und Zusammenschlüssen in Form von Kapitaltransaktionen, Gemeinschaftsgründungen oder freundschaftlichen Übereinkünften, die durch einheitliche Preispolitik sowie Vereinbarungen über Produktions- und Absatzbedingungen eine gewisse Stabilität der Kunstseidenpreise und eine Regelung der Marktverhältnisse gewährleisten sollten. Der erste Zusammenschluß wurde zwischen einigen französischen Kupfer- und Viskoseseidefabrikanten im Jahre 1910 getroffen. Er beschränkte sich nur auf Preisvereinbarungen und ließ die Selbständigkeit der einzelnen Unternehmungen unberührt. Bald danach kam es auch zu einer Verständigung unter den französischen Nitratseideproduzenten, nicht jedoch zu einer Einigung zwischen den damit entstandenen zwei Gruppen. Die günstigen Auswirkungen der Preisvereinbarungen zwischen den französischen Kupfer- und Viskoseseideproduzenten führten bereits 1911 zu Verhandlungen zwischen den Erzeugern dieser beiden Kunstseidearten der ganzen Welt, die zur Gründung eines europäischen Viskosekunstseidenkartells führten, das den gegenseitigen Austausch von Patenten und technischen Erfahrungen sowie Abmachungen über Absatzverhältnisse und über Preispolitik zum Ziel hatte. Dem Kartell gehörten an: Die Vereinigten Glanzstoff-Fabriken, die Enka, die Kunstseidenfabrik Emmenbrücke, das Comptoir des Textiles Artificiels und Courtaulds. Die Umwandlung des Kartells in einen internationalen Kunstseidentrust im Jahre 1913 brachte noch eine strenge Kontingentierung der Absatzgebiete. Eine Verständigung mit den Nitraterzeugern konnte nur soweit erreicht werden, als mit den wichtigsten Betrieben Abmachungen über Preise getroffen wurden. In Deutschland selbst hatten sich alle Kunstseidenproduzenten mit Ausnahme der Kunstseidenfabrik in Schwetzingen im „Verband der deutschen Kunstseidenindustrie“ zusammengeschlossen.

Während des Krieges waren die zwischenstaatlichen Beziehungen unterbunden, doch lebten sie nach Kriegsende bald wieder auf und wurden auf der Grundlage der Vorkriegszusammenarbeit wieder aufgenommen und ausgebaut. Im Jahre 1926 kam es im Verfolg der Krise zu einer stärkeren nationalen und internationalen Verflechtung. Erneuten Ansporn zur Zusammenarbeit gaben die Verhältnisse am Kunstseidenmarkt in den Jahren 1928 und 1929, da die zahlreichen Neugründungen der Vorjahre mit ihren Erzeugnissen den Markt überschwemmten und erschütterten. Einen bedeutsamen Zusammenschluß brachte die Gründung der sog. „Arbeitsgemeinschaft“ zwischen der Glanzstoff-Bemberg-Gruppe und der Courtaulds Ltd. im Jahre 1926, der sich bald die Snia Viscosa anschloß. Die Erweiterung der Arbeitsgemeinschaft durch den späteren Beitritt der beiden

Tochtergesellschaften der Glanzstoff in Österreich und in der Tschechoslowakei, ferner der Nederlandsche Kunstzijde-Fabriek, des Comptoirs und der Kunstseidenfabrik Emmenbrücke haben die an sich schon zahlreichen zwischenstaatlichen Bindungen der ersten drei Vertragspartner bedeutend ausgedehnt, so daß diese Arbeitsgemeinschaft über etwa 60% der Kunstseidenproduktion der Welt verfügt und insgesamt etwa 80% der Welterzeugung maßgebend beeinflußt und kontrolliert. Zweck dieser kartellmäßigen und finanziellen Bindung zwischen diesen Großkonzernen ist neben dem Austausch von Patenten, technischen Erfahrungen und Verbesserungen insbesondere eine Regelung der Absatzverhältnisse.

Sehr zahlreich sind die Verständigungen, die Preisvereinbarungen zum Gegenstand haben, da die stets mehr in Erscheinung tretende Überproduktion an Kunstseide und der durch sie hervorgerufene starke Preisdruck immer wieder Versuche ausgelöst haben, Preisvereinbarungen zunächst innerhalb nationaler Gebiete, darüber hinaus aber auch mit möglichst internationaler Geltung zu treffen. So wurde Mitte 1926 zur Abwehr der ausländischen Konkurrenz, die im Jahre 1926 mit billiger Kunstseide den deutschen Markt überschwemmte und durch Schleuderverkäufe die Kunstseidenpreise drückte, die deutsche Viskosekonvention gegründet. Sie hatte den Zweck, die Qualitätsbezeichnungen und Verkaufsbedingungen zu vereinheitlichen und Preisvereinbarungen zwischen den Konventionsmitgliedern zu treffen. Mitglieder dieser Viskosekonvention waren alle deutschen Viskoseseidehersteller mit Ausnahme von zwei kleineren Unternehmen (Borvisk in Herzberg und Spinnstoffwerk Glauchau). Auch einige ausländische Unternehmungen hatten sich angeschlossen. Trotz Festsetzung niedrigster Preise vermochte jedoch dieser Zusammenschluß nicht auf die Dauer der ausländischen, insbesondere der italienischen Kunstseide auf dem Binnenmarkt erfolgreich zu begegnen, so daß man sich unter dem Druck der Auslandskonkurrenz Anfang 1929 zur Aufhebung der Konventionspreise gezwungen sah.

Auf der deutschen Viskosekonvention bauten sich zahlreiche andere Abreden über Preise und gegenseitigen Marktschutz auf. So hat sich die italienische Viscoseindustrie im Jahre 1929 nach zweijährigen Verhandlungen zu einer Konvention zusammengeschlossen. Sie umfaßt mit der Snia Viscosa, Turin, der Soie de Chatillon, Mailand, der Societa Generale della Viscosa, Rom, und mit der Varedo, Turin, 90% der italienischen Kunstseidenerzeugung. Gegenstand der Konvention war die Regelung der Produktion und des Absatzes und die Standardisierung der Qualitäten. Nach der Kontingentsverteilung entfielen auf die Snia Viscosa und Varedo zusammen 50% des Kontingents, auf die Soie de Chatillon 25% und auf die Societa Generale Italiana della Viscosa mit ihren Zweiggesellschaften (Cisa) ebenfalls 25%. Durch die Zentralisation des Verkaufs in einem einheitlichen Verkaufsbüro, das durch eine gemeinsame Verkaufsgesellschaft, die Soc. Anonima Produttori Italiani Viscosa (Sapiv), in Mailand, errichtet wurde, wurde gleichzeitig eine Kontrolle für den Verkauf geschaffen. — Der Plan, der Kontingentierung des Inlandabsatzes Anfang 1930 eine Exportkontingentierung durch eine Absatzregelung auf dem deutschen und den wichtigsten Ausfuhrmärkten zwischen der Snia Viscosa und der Soie de Chatillon zur Seite zu stellen, scheiterte. Verhandlungen auf breiterer Basis führten im Mai 1931 zu einem italienischen Kunstseide-Ausfuhrsyndikat, das ein gemeinsames Verkaufsbüro für den Viskoseseide-Export für zunächst fünf Jahre in Mailand errichtete. Dieses Verkaufsbüro — „Italrayon“ S. A. Italiana per l'Industria ed il Commercio dei Tessili Artificiali — stellt eine Erweiterung der Sapiv zum Exportverkaufsbüro dar. Es übernahm den Vertrieb der gesamten Viskoseseideproduktion der Snia Viscosa, der Chatillon und der Soc. Generale della Viscosa auf dem In- und Auslandsmarkt. Der Export von Azetatseide und Spezialseide soll späterhin dem Ausfuhrsyndikat ebenfalls angeschlossen werden.

Im August 1929 wurde eine Azetatkunstseidenkonvention zwischen der I. G. Farbenindustrie (bzw. Azeta G.m.b.H.), der Rhodiaseta in Freiburg i. Br. und der Soie de Artificielle de Tubize in Brüssel abgeschlossen. Dieses Gentlement Agreement zwischen den führenden europäischen Azetatkunstseide-Erzeugern schaltete durch Preisvereinbarungen den gegenseitigen Konkurrenzkampf auf dem deutschen Markt aus und gewährleistete so eine gewisse Stabilität auf dem deutschen Azetatseidenmarkt. Bereits gegen Ende des Jahres 1930 führte jedoch die willkürliche Ermäßigung der Preise durch alle drei Vertragspartner zu einer Lockerung dieser Konvention und machte ihren Zweck illusorisch.

Eine sehr kurze Lebensdauer hatte die belgische Kunstseidenpreiskonvention, die eine gemeinsame Preisregelung besserer Kunstseide-Qualitäten auf dem Inlandsmarkt erreichen wollte. Sie wurde im September 1930 zwischen der Fabrik de Soie Artificielle de Tubize, Brüssel, der Soie d'Obourg und der Société Générale de Soie par la Procédé Viscose S.A., Brüssel, geschlossen und bereits im November 1930 wieder aufgehoben.

Ein gänzlich neuartiges Kunstseideabkommen stellte der im März 1930 in Deutschland abgeschlossene „Kunstseidenpakt" dar. Diese Konvention wurde zwischen deutschen Kunstseideerzeugern und Kunstseideverarbeitern abgeschlossen. Danach verpflichteten sich die Kunstseideerzeuger, den Verarbeitern die Kunstseide zu Weltmarktpreisen zu liefern, während die Kunstseidenverarbeiter zusagten, 90% ihres Kunstseidenbedarfs bei den deutschen Erzeugern zu decken und gegen die Zollwünsche der Kunstseidenproduzenten keinen Einspruch zu erheben. Der Kunstseidenpakt, der für die Dauer von 20 Jahren abgeschlossen war und stillschweigend für jeweils 3 Jahre weiterlaufen sollte, sofern er nicht ein Jahr vor dem jeweiligen Ablauf gekündigt wird, ist jedoch nicht in Kraft getreten, da die Voraussetzung für die Paktdurchführung, nämlich die Erhöhung der deutschen Kunstseideneinfuhrzölle seinerzeit nicht durchgesetzt werden konnte.

Dafür haben am 2. Juli 1931 mehrmonatige Verhandlungen zum Abschluß eines Vertrages über die Gründung des Kunstseide-Verkaufsbüros und die Ordnung der Marktverhältnisse in Deutschland auf dem Gebiete der Viskosekunstseide geführt.

Zweck des Zusammenschlusses der vorher teilweise in scharfem gegenseitigen Konkurrenzkampf gestandenen Mitgliederfirmen ist, die Marktverhältnisse auf dem Gebiete der Viskosekunstseide in Deutschland durch Absatzkontingentierung, größere Wirtschaftlichkeit bei Verteilung der Erzeugnisse und Bekämpfung von Mißständen im Wettbewerb zu ordnen und damit den Interessen von Erzeugern und Verbrauchern zu dienen.

Diese Ziele sollen durch eine mengenmäßige Aufteilung des deutschen Viskoseabsatzes nach festgelegten Quoten, ferner durch eine gemeinsame Verkaufs- und Preispolitik verfolgt werden. Als ausführendes Organ wurde von den Vertragsparteien die „Kunstseide-Verkaufsbüro G. m. b. H.", mit dem Sitz in Berlin, gebildet. Dieser Gesellschaft wurde der ausschließliche Verkauf aller von den Mitgliedsfirmen für den deutschen Markt bestimmten Kunstseide übertragen. Das Syndikat, das zunächst auf die Dauer von 10 Jahren gegründet wurde, nahm am 1. Oktober 1931 seine Tätigkeit auf.

Als Vertragspartner haben sich alle in Frage kommenden deutschen Viskosefabriken, ferner die wichtigsten holländischen, italienischen und schweizerischen

Kunstseideproduzenten im Kunstseide-Verkaufsbüro zusammengefunden, nämlich:

Vereinigte Glanzstoff-Fabriken A.-G., Elberfeld,
Glanzstoff-Courtaulds G.m.b.H., Köln/Rhein,
I. G. Farbenindustrie A.-G., Frankfurt/Main,
Fr. Küttner A.-G., Pirna/Sa.,
Spinnstoffabrik Zehlendorf G.m.b.H., Berlin,
Herminghaus & Co. G.m.b.H., Elberfeld,
Algemeene Kunstzijde Unie N.V., Arnhem,
Hollandsche Kunstzijde-Industrie N.V., Breda,
Snia Viscosa Societa Nazionale Industria Applicazione Viscosa, Mailand,
Châtillon S.A., Mailand,
Commerciale Italiana Seta Artificiale (Cisa) S.A., Rom,
Steckborn Kunstseide A.-G., Steckborn/Schweiz.

Zu diesen Gründungsfirmen kam noch vor Ablauf des ersten Tätigkeitsjahres des Kunstseide-Verkaufsbüros die Feldmühle A.-G., Rorschach/Schweiz, hinzu. Ferner traten mit Wirkung vom 1. Januar 1933 ab auch die französischen und belgischen Viskoseproduzenten dem Kunstseideverkaufsbüro bei, und zwar die Franzosen mit der Apesa (Alliance de Producteurs Exportateurs de Soie Artificielle), welche die Exportorganisation des Mitte des Jahres 1932 gegründeten Inlandskartells (Centrale des Producteurs Français de Soie Artificielle) ist, während die belgischen Viscosefabriken sich sowohl für den Inlands- als auch für den Auslandsmarkt in einer neuen Firma, der Fabelta fusioniert haben.

Gleichzeitig mit der Gründung des Viskosesyndikats wurde auch die Kupferkunstseideverkaufsbüro G.m.b.H. ins Leben gerufen. Diesem Syndikat sind außer der Firma J. P. Bemberg A.-G., Barmen, noch die I. G. Farbenindustrie A.-G. (Fabrik Leverkusen, Dormagen) und die Fr. Küttner A.-G., Pirna (Fabriken Sehma und Pirna) angeschlossen. Da Kupferkunstseide in Deutschland lediglich von den Vertragspartnern und außerhalb Deutschlands ganz überwiegend von den Tochterfabriken der J. P. Bemberg A.-G. hergestellt wird, hat auf dem Gebiet der Kupferseide die innerdeutsche Verständigung die Bedeutung einer internationalen Marktbereinigung.

Schließlich ist auch für den Verkauf von Azetatseide eine Verständigung seitens derjenigen Firmen, die am deutschen Kunstseide-Verkaufsbüro beteiligt sind, anläßlich der Vertragsgründung in Aussicht genommen worden. Es steht zu hoffen, daß nach erfolgter Einbeziehung der Azetatseide und aufbauend auf den schon bestehenden nationalen Syndikaten eine Verständigung zwischen diesen sowohl für sämtliche europäische als auch für außereuropäische Märkte erzielt wird. Zweifellos würde eine solche Verständigung nicht nur für die Kunstseidenerzeuger, sondern auch für die Kunstseidenverbraucher von umwälzender Bedeutung sein, da sie der Konkurrenz der Kunstseidefabrikanten und der Kunstseideverarbeiter in den einzelnen Ländern ein Ende machen und die Grundlage zu einer planmäßigen und stetigen Weiterentwicklung der Kunstseide bilden würde.

Literaturverzeichnis.

Bücher:

Avram, M. N.: The Rayon Industry. New York 1927.

Becker, F.: Die Kunstseide. Halle 1912.

Bronnert, E.: Emploi de la cellulose pour la fabrication de fils brillants, imitant la soie. Mülhausen 1909.

Chaplet, A.: Les Soies Artificielles. Paris 1926.

Eggert, J.: Die Herstellung und Verarbeitung der Viskose unter besonderer Berücksichtigung der Kunstseidenfabrikation. Berlin 1926.

Faust, O.: Kunstseide. Dresden u. Leipzig 1926 u. 1931.

Foltzer, J.: Artificial Silk and its manufacture. London 1926.

Herzog, A.: Die mikroskop. Untersuchung der Seide mit besonderer Berücksichtigung der Erzeugnisse der Kunstseidenindustrie. Berlin 1924.

Hölken, M.: Die Kunstseide auf dem Weltmarkt. Köln 1926.

Hottenroth, V.: Die Kunstseide. Leipzig 1926.

„Industrie de la Soie Artificielle“ Conférence Economique Internationale. Genf 1927.

Jentgen, A.: Laboratoriumsbuch für die Kunstseiden- und Ersatzfaserstoff-Industrie. Halle 1923.

Kaiser, H.: Holzzellstoffwirtschaft, ersch. im Handwörterbuch der Staatswissenschaften. Jena 1927.

Königsberger: Die deutsche Kunstseiden- und Kunstseidenfaserindustrie seit Ausbruch des Krieges und ihre Bedeutung für unsere Textilwirtschaft. Diss. Köln 1923. Die deutsche Kunstseiden- und Kunstfaserindustrie in den Kriegs- und Nachkriegsjahren. Berlin u. Leipzig 1925.

Loewy, F.: Die deutsche Kunstseiden- und Stapelfaserindustrie. Leipzig 1919.

Margosches, B. M.: Die Viskose. Leipzig 1906.

Rheintahler, F.: Die Kunstseide und andere seidenglänzende Fasern. Berlin 1926.

Süvern, Dr. K.: Die künstliche Seide. Berlin 1921.

Tacken, F.: Die wirtschaftliche Entwicklung der deutschen Kunstseidenindustrie. Diss. Köln 1923.

Zeitschriften:

Seide, Krefeld. Magazin der Wirtschaft, Berlin. Der deutsche Volkswirt, Berlin. Wirtschaftsdienst, Weltwirtschaftliche Nachrichten, herausgegeben vom Hamburgischen Weltwirtschafts-Archiv, Hamburg. Deutsche Kunstseiden Zeitung, Berlin. Der Manufakturist, Berlin. Der Konfektionär, Berlin. Die Kunstseide, Berlin. Zeitschrift für Textilwirtschaft, Berlin. Textilzeitung, Berlin. Wirtschaft und Statistik, herausgegeben vom Statistischen Reichsamt, Berlin. Mitteilungen über Textilindustrie, Zürich. Bulletin des Soies et des Soieries, Lyon. Zeitschrift für angewandte Chemie. Faserstoffe und Spinnpflanzen. Kunststoffe. Neue Faserstoffe.

Sachverzeichnis.

(Fortsetzung der Sammlung siehe folgende Anzeigenseite)

(„Technologie der Textilfasern“, Fortsetzung)

*VIII. Band, 1. Teil: **Wollkunde.** Bildung und Eigenschaften der Wolle. Bearbeitet von G. Frölich, W. Spöttel, E. Tänzer. Mit 172 Textabbildungen und 2 farbigen Tafeln. IX, 419 Seiten. 1929. Gebunden RM 54.—

2. Teil: **Die Wollspinnerei.**

A. **Streichgarnspinnerei** sowie Herstellung von Kunstwolle und Effiloché. Von O. Bernhardt und J. Marcher. Mit 357 Textabbildungen. VIII, 350 Seiten. 1932. Gebunden RM 37.50

B. **Kammgarnspinnerei.** Von G. Fritzsch. Mit 134 Abbildungen im Text und auf 1 farbigen Tafel. VIII, 184 Seiten. 1933. Gebunden RM 21.—

4. Teil: **Weltwirtschaft der Wolle.** Bearbeitet von H. Behnsen und W. Genzmer. IX, 195 Seiten. 1932. Gebunden RM 32.—

***Praktikum der Färberei und Druckerei** für die chemisch-technischen Laboratorien der Technischen Hochschulen und Universitäten, für die chemischen Laboratorien Höherer Textil-Fachschulen und zum Gebrauch im Hörsaal bei Ausführung von Vorlesungsversuchen. Von Professor Dr. **Kurt Brass**, Prag. Zweite, verbesserte Auflage. Mit 5 Textabbildungen. VIII, 104 Seiten. 1929. RM 5.25

***Praktischer Leitfaden zum Färben von Textilfasern in Laboratorien** für Studenten der Hochschulen und für Schüler an Höheren Textil-Fachschulen. Von Dr.-Ing. **Ed. Zühlke**, Krefeld. Mit 2 Textabbildungen. VII, 234 Seiten. 1930. RM 9.50

***Färberei- und textilchemische Untersuchungen.** Anleitung zur chemischen und koloristischen Untersuchung und Bewertung der Rohstoffe, Hilfsmittel und Erzeugnisse der Textilveredelungs-Industrie. Von Professor Dr. **Paul Heermann**, Berlin. Fünfte, ergänzte und erweiterte Auflage der „Färbereichemischen Untersuchungen“ und der „Koloristischen und textilchemischen Untersuchungen“. Mit 14 Textabbildungen. VIII, 435 Seiten. 1929. Gebunden RM 25.50

***Enzyklopädie der textilchemischen Technologie.** Herausgegeben von Professor Dr. **Paul Heermann**, früher Abteilungsvorsteher der Textilabteilung am Staatlichen Materialprüfungsamt Berlin-Dahlem. Mit 372 Textabbildungen. X, 970 Seiten. 1930. Gebunden RM 78.—

***Mikroskopische und mechanisch-technische Textiluntersuchungen.** Von Professor Dr. **Paul Heermann**, Berlin-Dahlem, und Professor Dr. **Alois Herzog**, Dresden. Dritte, vollständig neubearbeitete und erweiterte Auflage des Buches „Mechanisch- und physikalisch-technische Textiluntersuchungen“ von Dr. Paul Heermann. Mit 314 Textabbildungen. VIII, 451 Seiten. 1931. Gebunden RM 32.—

Physikalisch-technisches Faserstoff-Praktikum. (Übungsaufgaben, Tabellen, graphische Darstellungen.) Zum Gebrauche an Hochschulen, Textillehranstalten, Warenprüfungs- und Zollämtern, Industrielaboratorien und zum Selbststudium. Von Professor Dr. **Alois Herzog**, Dresden, und Dr. **Erich Wagner**, Hannover. Mit 2 Abbildungen im Text und 21 graphischen Darstellungen. VIII, 145 Seiten. 1931. Gebunden RM 15.—

** Auf die Preise der vor dem 1. Juli 1931 erschienenen Bücher wird ein Notnachlaß von 10% gewährt.*

*** Die künstliche Seide,** ihre Herstellung und Verwendung. Mit besonderer Berücksichtigung der Patent-Literatur bearbeitet von Dr. **K. Süvern,** Geh. Regierungsrat. Fünfte, stark vermehrte Auflage. Unter Mitarbeit von Dr. H. Frederking. Mit 634 Textfiguren. XIX, 1108 Seiten. 1926.
Gebunden RM 76.—

Ein für jeden an der Herstellung und der Verarbeitung der Kunstseide praktisch Interessierten schlechterdings unentbehrliches Buch, da es alle Patente eingehend beschreibt und teilweise kritisch würdigt. Dieses aus der rapiden Entwicklung der Kunstseide ungeheuer angeschwollene Material ist so umfangreich geworden, daß der theoretische Teil der früheren Auflagen hat fortbleiben müssen, ebenso wie die Patentliteratur über das Färben der Kunstseide. Dafür ist der gesamte Inhalt sehr glücklich und übersichtlich gruppiert, indem zunächst die Herstellung der verschiedenen Arten der Kunstseide je nach dem Ursprungsstoff behandelt wird, dann die Fabrikation künstlicher Roßhaare, künstlichen Strohes, künstlicher Baumwolle und schließlich die der Stapelfaser. Dann folgt ein sehr sorgfältig durchgearbeitetes Sachregister und schließlich ein sehr instruktives Verzeichnis, das die Patente noch einmal, nach Ländern geordnet, zusammenfaßt. Als einzige Darstellung alles Wissenswerten aus den Patentschriften ist das umfangreiche Werk wieder ein erfreuliches Zeichen deutscher wissenschaftlicher Gründlichkeit und Methodik... *„Zeitschrift für die gesamte Textil-Industrie“*

Erster Ergänzungsband. (1926 bis einschließlich 1928.) Mit 578 Textfiguren. XVI, 642 Seiten. 1931. Gebunden RM 74.50

*** Die Herstellung und Verarbeitung der Viskose** unter besonderer Berücksichtigung der Kunstseidenfabrikation. Von **Johann Eggert,** Ing.-Chemiker. Zweite, verbesserte und vermehrte Auflage. Mit 147 Textabbildungen. VII, 244 Seiten. 1931. Gebunden RM 26.—

Rohstoffe: Zellstoff. Natronlauge. Schwefelkohlenstoff. Wasser. — Herstellung der Viskose: Herstellung der Alkalizellulose (Merzerisation). Das Sulfidieren. Lösen des Xanthogenats. Die Filtration. Das Reifen der Viskose. Verarbeitung der Viskose. — Verwendung der Viskose zur Herstellung von Kunstseide. — Das Fällbad. — Spinnverfahren. — Mechanische Nachbehandlung der Kunstseidenfäden. — Chemische Nachbehandlung der Kunstseidenfäden. — Trocknen. — Physikalische Eigenschaften der Kunstseide. — Sortierung (Schönraum) und Verpackung der Kunstseide. — Behandlung der Raumluft und automatische Regulierung der Temperatur. — Anhang. — Literaturnachweis.

Die hochmolekularen organischen Verbindungen. Kautschuk und Cellulose. Von Dr. phil. **Hermann Staudinger,** o. Professor, Direktor des Chemischen Laboratoriums der Universität Freiburg i. Br. Mit 113 Abbildungen. XV, 540 Seiten. 1932. RM 49.60

*** Die Zellulose.** Die Zelluloseverbindungen und ihre technische Anwendung. Plastische Massen. Von **L. Clément** und Ing.-Chem. **C. Rivière.** Deutsche Bearbeitung von Dr. **Kurt Bratring.** Mit 65 Textabbildungen. XVI, 275 Seiten. 1923.
Gebunden RM 13.50

Celluloseverbindungen und ihre besonders wichtigen Verwendungsgebiete. Dargestellt an Hand der Patent-Weltliteratur. In zwei Bänden herausgegeben von Patentanwalt Dr. **O. Faust,** Berlin. Mit zahlreichen Textabbildungen.

Erster Band erscheint im September 1933.

Zweiter Band erscheint im November 1933.

---

* *Auf die Preise der vor dem 1. Juli 1931 erschienenen Bücher wird ein Notnachlaß von 10% gewährt.*

Das Selbstkostenproblem in der Kunstseidenindustrie. Von Dr.-Ing. **H. Wilbert.** („Industriewirtschaftliche Abhandlungen", Heft 5.) Mit 26 Abbildungen im Text und auf einer Tafel. VI, 106 Seiten. 1932. RM 10.—

***Die Kunstseide auf dem Weltmarkt.** Von Dr. **Martin Hölken jr.**, Barmen. Mit 1 Diagramm im Text. IV, 82 Seiten. 1926. RM 3.90

***Die Kunstseide und andere seidenglänzende Fasern.** Von Professor Dr. techn. **Franz Reinthaler**, Wien. Mit 102 Abbildungen im Text. V, 165 Seiten. 1926. Gebunden RM 14.40

***Die mikroskopische Untersuchung der Seide** mit besonderer Berücksichtigung der Erzeugnisse der Kunstseidenindustrie. Von Professor Dr. **Alois Herzog**, Dresden. Mit 102 Abbildungen im Text und auf 4 farbigen Tafeln. VII, 197 Seiten. 1924. Gebunden RM 15.—

Praktische Kunstseidenfärberei in Strang und Stück. Von Dr. **Kurt Götze**, Wuppertal-Elberfeld, und **C. Richard Merten**, Krefeld. Mit 101 Textabbildungen. IX, 144 Seiten. 1933. Gebunden RM 13.50

Hier ist ein Buch der Praxis für den Färbereileiter, das ihm möglichst viele praktische Rezepte bietet. Da die Kunstseiden als solche heute Standardqualitäten darstellen und grundlegende Abwandlungen für die nächste Zukunft kaum zu erwarten sind, war es Zeit, daß ein solches Buch, auf das der Betriebsleiter sich verlassen kann, geschrieben wurde. Die Verfasser sind selbst Männer der Praxis (Vereinigte Glanzstoff-Fabriken A.-G. bzw. J. P. Bemberg-Färberei), die ausgearbeiteten Verfahren sind für alle Färbereibetriebe — besonders auch die zahlreichen kleineren — von größtem Nutzen.

Die neuzeitliche Seidenfärberei. Handbuch für Seidenfärbereien, Färbereischulen und Färbereilaboratorien. Von Dr. phil. **Hermann Ley**, Elberfeld. Zweite, vermehrte und verbesserte Auflage. Mit 61 Textabbildungen. V, 241 Seiten. 1931. Gebunden RM 18.—

Diese zweite Auflage bedeutet eine wesentliche Erweiterung des in der Praxis bestens bewährten Handbuches. Alle Abschnitte sind entsprechend den Fortschritten der Technik überarbeitet worden. Die Kapitel über Seidendruck und Seidenappretur sind ganz neu eingefügt worden. Damit ist ein Buch entstanden, das für den praktischen Seidenfärber alles Wissenswerte enthält. Sehr wichtig für den Berufspraktiker ist es, daß alle in dem Buche erwähnten Verfahren und Arbeitsmethoden von dem Verfasser, einem allerersten Fachmann auf diesem Gebiete, selber praktisch durchgearbeitet und erprobt sind. Das Buch ist also ein Niederschlag seiner eigenen Erfahrungen und ist damit ein praktischer Leitfaden für den Seidenfärber und den Schülern von Färbereischulen ganz besonders wertvoller Art. *„Zeitschrift für die gesamte Textil-Industrie"*

---

* *Auf die Preise der vor dem 1. Juli 1931 erschienenen Bücher wird ein Notnachlaß von 10% gewährt.*